# 保 型 関 数

JN149692

# 保型関数

清水英男著

岩波書店

# 目　　次

# まえがき

保型関数論はさまざまな分野の数学者にとって格好の応用問題であった．この話題に関して“どんな問題を考えることができるか”と“どんな方法を適用することができるか”を考慮するならば，基礎理論に限ってさえも少なくとも三つまたは四つの異なる述べ方が可能である．本書の目的は保型関数論の古典的結果を，読みやすい形で，読者に提出することであるが，一つの教科書の中ではなにを述べるべきかについて選択を行なわざるを得ない．本書の内容をやや狭く，しかしそれだけ明確に述べるとすれば，数論的不連続群に対する1変数保型関数および整型保型形式の基礎理論ということになる．しかしここで保型関数のおおよその概念を述べておくのが適当である．

いま分離位相空間 $X$ の位相変換からなる群 $\Gamma$ が与えられているとする．$X$ の任意の二つのコンパクト集合 $C, C'$ に対して $\gamma C\cap C'\neq\phi$ となる $\Gamma$ の元 $\gamma$ は有限個しか存在しないとき，$\Gamma$ は $X$ に作用する不連続群であるという．このとき $X$ 上の関数 $f$ が $\Gamma$ 不変であるとき，すなわち

$$f(\gamma x)=f(x)\qquad(\forall\gamma\in\Gamma,\ \forall x\in X)$$

を満たすとき，$f$ は $\Gamma$ に対する保型関数であるという．実際は，$X$ のもつ解析的構造に応じた条件が $\Gamma$ および $f$ につけ加わる．われわれは $\Gamma$ 不変ではなく $\Gamma$ に対して‘相対不変’な関数も考えて，それを保型形式とよぶ．

習慣上，1変数保型関数というときは，$X$ は複素上半平面すなわち $\{z\in \boldsymbol{C}\mid \mathrm{Im}\,z>0\}$ である．$X$ の解析的変換の全体は1次分数変換

$$z\longrightarrow\frac{az+b}{cz+d},\qquad\begin{bmatrix}a & b\\ c & d\end{bmatrix}\in SL_2(\boldsymbol{R})$$

の全体と一致する．$\Gamma$ は $X$ の解析的変換群の部分群($SL_2(\boldsymbol{R})$ の部分群といってもほぼ同じことになる)であり，$\Gamma$ に対する保型関数は $\Gamma$ 不変な $X$ 上の有理型関数である．このとき商空間 $\Gamma\backslash X$ は Riemann 面(1次元複素多様体)となることが知られていて，保型関数はこの Riemann 面上の有理型関数と同一視されるのである．とくに $\Gamma$ が‘第1種 Fuchs 群’ならば，$\Gamma\backslash X$ を，有限個の点をつけ

加えることによって，コンパクト Riemann 面にすることができる．このとき $\Gamma$ に対する保型関数としては，上述のコンパクト化された Riemann 面上の有理型関数に延長されるもののみを考える．これからただちに $\Gamma$ に対する保型関数の全体は代数関数体であることが結論される（一般にコンパクト Riemann 面上の有理型関数の全体は代数関数体を作ることが知られている）．保型関数体と並んで，代数曲線としての $\Gamma\backslash X$ の考察は興味ある問題の一つである．

上半平面の不連続群の例にモジュラー群がある．これは $SL_2(\boldsymbol{R})$ の中で整係数行列全体の作る部分群であるが，このような不連続群の構成法は有理数体上定義された線型代数群に拡張されて，それらは一般に数論的不連続群とよばれる．本書でとり上げる例に対しては，この代数群は有理数体上の 4 元数環の乗法群である．数論的不連続群は‘代数群の整数論’の主研究対象となる．一方，上半平面の不連続群に対しては，上半平面の非 Euclid 幾何の意味での（初等）幾何学的構成法がよく知られているが，これは本書では省略されている．われわれは数論的不連続群よりも広い範囲の不連続群 $\Gamma$ を考察することから始めるが，ほとんど初めから商空間 $\Gamma\backslash X$ が有限な測度をもつものに限定する（われわれはこれを第1種 Fuchs 群の定義とする）．

保型関数に対する群論のもう一つの寄与がある．いま $\Gamma$（$SL_2(\boldsymbol{R})$ の部分群と見る）が上半平面の不連続変換群であるとする．簡単のために $\Gamma\backslash X$ はコンパクトと仮定する．このとき $\Gamma$ に対する保型形式を調べることは $\Gamma\backslash SL_2(\boldsymbol{R})$ 上の $L^2$ 空間に含まれる $SL_2(\boldsymbol{R})$ の既約ユニタリ表現を調べることと同値である．表現論の保型形式に対する有効性はすでにいくつもの点で証明ずみであるといわなければならない．

最後に，保型関数論の整数論への応用はつねにこの理論を推進する強力な動機づけであることに注意する．

以上に述べたことについてはさらに巻末の参考文献を参照していただきたい．

本書を読むためには，特別の箇所を除き，線型代数を含む代数学の初歩と位相，Lebesgue 積分，複素関数を含む解析の基礎知識があれば十分であると考える．初めに述べたことに対応して，読者もまた保型関数が以上の基礎知識の格好の応用問題であることを納得するであろう．

## 記 号

つぎの標準的記号は本文中で断らずに用いられる.

$R$ を単位元 1 をもつ環とする. $R$ の可逆元全体の作る乗法群を $R^\times$ で表わす. $R$ の元を成分とする $n$ 次行列全体の環を $M_n(R)$ で表わす. $GL_n(R)=M_n(R)^\times$. とくに $R$ が可換環ならば $SL_n(R)=\{x \in M_n(R) \mid \det x=1\}$. 有限集合 $X$ の元の個数を $|X|$ で表わす.

$\boldsymbol{Z}, \boldsymbol{Q}, \boldsymbol{R}, \boldsymbol{C}$ はそれぞれ有理整数環, 有理数体, 実数体, 複素数体を表わす.

# 第1章　上半平面に作用する不連続群

## §1.1　特殊線型群 $SL_2(\boldsymbol{R})$

$M_2(\boldsymbol{R})$ は $\boldsymbol{R}$ 上の線型空間としての自然な位相をもつ．その部分空間としての位相に関して $GL_2(\boldsymbol{R})\times GL_2(\boldsymbol{R})$ から $GL_2(\boldsymbol{R})$ の中への写像 $(x,y)\to xy$ および $GL_2(\boldsymbol{R})$ から $GL_2(\boldsymbol{R})$ の中への写像 $x\to x^{-1}$ は連続である．集合 $G$ が群と位相空間の構造をもち，$G\times G$ から $G$ の中への写像 $(x,y)\to xy$ および $G$ から $G$ の中への写像 $x\to x^{-1}$ が連続であるとき，$G$ は**位相群**と呼ばれるが，$GL_2(\boldsymbol{R})$ は位相群の簡単な実例である．$GL_2(\boldsymbol{R})$ は分離局所コンパクト位相群であるから，その任意の閉部分群も同じ性質をもつ．(位相群 $G$ の位相が分離かつ局所コンパクトであるとき，$G$ は**分離局所コンパクト位相群**であるという．**閉部分群**は閉集合である部分群を意味する．このようなよび方はこのほかの群論的または位相的性質についても同様である．) $SL_2(\boldsymbol{R})$ は $GL_2(\boldsymbol{R})$ の閉部分群，

$$SO_2(\boldsymbol{R}) = \{x\in SL_2(\boldsymbol{R})\mid x^t x=1\}$$

はコンパクト部分群である．しばらくの間 $SL_2(\boldsymbol{R})$ と商空間 $SL_2(\boldsymbol{R})/SO_2(\boldsymbol{R})$ を考察の対象とする．この商空間の一つの表現を得るために

$$SO_2(\boldsymbol{R})\ni k=\begin{bmatrix}\alpha & -\beta\\ \beta & \alpha\end{bmatrix},\qquad \alpha^2+\beta^2=1$$

はベクトル $\begin{bmatrix} i\\ 1\end{bmatrix}$ $(i=\sqrt{-1})$ を固有ベクトルとしてもつことに注意する．すなわち $k\begin{bmatrix} i\\ 1\end{bmatrix}=(\alpha+\beta i)\begin{bmatrix} i\\ 1\end{bmatrix}$．したがって $SL_2(\boldsymbol{R})\ni g$ に対して $g\begin{bmatrix} i\\ 1\end{bmatrix}=\begin{bmatrix} w_1\\ w_2\end{bmatrix}$ とおけば，$z=w_1/w_2$ は剰余類 $gSO_2(\boldsymbol{R})=p(g)$ のみで決まる．$p$ は $SL_2(\boldsymbol{R})$ から $SL_2(\boldsymbol{R})/SO_2(\boldsymbol{R})$ の上への標準的写像である．上述のように $SL_2(\boldsymbol{R})/SO_2(\boldsymbol{R})$ から $\boldsymbol{C}$ の中への写像 $\lambda$ が $\lambda(p(g))=z$ によって定まるが，この $\lambda$ は単射であることを示そう．実際，$\lambda(p(g))=\lambda(p(g'))$ ならば

$$g\begin{bmatrix} i\\ 1\end{bmatrix}=wg'\begin{bmatrix} i\\ 1\end{bmatrix}$$

となる $w\in\boldsymbol{C}^\times$ が存在する．両辺の複素共役をとれば

$$g\begin{bmatrix} i & -i \\ 1 & 1 \end{bmatrix} = g'\begin{bmatrix} i & -i \\ 1 & 1 \end{bmatrix}\begin{bmatrix} w & 0 \\ 0 & \bar{w} \end{bmatrix}.$$

行列式を考えれば $w\bar{w}=1$ となる．しかし $U=\frac{1}{\sqrt{2}}\begin{bmatrix} i & -i \\ 1 & 1 \end{bmatrix}$ はユニタリであるから，$g'^{-1}g=U\begin{bmatrix} w & 0 \\ 0 & \bar{w} \end{bmatrix}U^{-1}$ もユニタリ，ゆえに $g'^{-1}g \in SO_2(\boldsymbol{R})$．これは $p(g)=p(g')$ を示す．

定義によって，$g=\begin{bmatrix} a & b \\ c & d \end{bmatrix}$ と書けば

$$z = \lambda(p(g)) = \frac{ai+b}{ci+d}, \qquad \operatorname{Im} z = \frac{1}{c^2+d^2} > 0$$

が成り立つが，逆に $z \in \boldsymbol{C}$, $\operatorname{Im} z>0$ を $z=x+iy$ $(x, y \in \boldsymbol{R})$ と書き

$$g = q(z) = \begin{bmatrix} y^{1/2} & xy^{-1/2} \\ 0 & y^{-1/2} \end{bmatrix}$$

とおけば，明らかに $\lambda(p(g))=z$．ゆえに $\lambda$ は $SL_2(\boldsymbol{R})/SO_2(\boldsymbol{R})$ から

$$H = \{z \in \boldsymbol{C} \mid \operatorname{Im} z>0\}$$

の上への写像である．$H$ を**上半平面**とよぶ．

$\lambda\circ p$ は連続であるから，$SL_2(\boldsymbol{R})/SO_2(\boldsymbol{R})$ における商位相の定義によって $\lambda$ は連続である．一方，$\lambda\circ p\circ q$ は恒等写像，$p$ および $q$ は連続であるから $\lambda$ は双連続である．いい換えれば，商空間 $SL_2(\boldsymbol{R})/SO_2(\boldsymbol{R})$ は $H$ と同相である．さらに，$H\times SO_2(\boldsymbol{R})$ から $SL_2(\boldsymbol{R})$ の上への写像 $(z, k)\to q(z)k$ および $SL_2(\boldsymbol{R})$ から，$H\times SO_2(\boldsymbol{R})$ の上への写像 $g\to(\bar{p}(g), (q\circ\bar{p})(g)^{-1}g)$（ただし $\bar{p}=\lambda\circ p$）は互いに他の逆となり，したがって同相写像でなければならない．

いま

$$N = \left\{\begin{bmatrix} 1 & u \\ 0 & 1 \end{bmatrix} \middle| u \in \boldsymbol{R}\right\}, \qquad A = \left\{\begin{bmatrix} v & 0 \\ 0 & v^{-1} \end{bmatrix} \middle| v \in \boldsymbol{R}, v>0\right\}$$

とおく．$N, A$, および $NA$ は $SL_2(\boldsymbol{R})$ の部分群であるが，上に述べたことから $N\times A\times SO_2(\boldsymbol{R})$ から $SL_2(\boldsymbol{R})$ の上への写像 $(n, a, k)\to nak$ は同相写像となる（実際，$q$ は $H$ から $NA$ の上への同相写像，$NA$ は $N\times A$ と同相であるから）．

$SL_2(\boldsymbol{R})$ は自然に $SL_2(\boldsymbol{R})/SO_2(\boldsymbol{R})$ の上の可移変換群となるが，この作用を上半平面 $H$ に移してみる．$g, h \in SL_2(\boldsymbol{R})$, $z \in H$, $z=\lambda(p(h))$ に対して，$g(z)=\lambda(g\cdot p(h))=\lambda(p(gh))$ とおくのである．$\lambda$ の定義に帰ってみれば

$$gh\begin{bmatrix} i \\ 1 \end{bmatrix} = w\begin{bmatrix} g(z) \\ 1 \end{bmatrix}, \qquad h\begin{bmatrix} i \\ 1 \end{bmatrix} = w'\begin{bmatrix} z \\ 1 \end{bmatrix}, \qquad w, w' \in \boldsymbol{C}^\times.$$

ゆえに

$$w\begin{bmatrix} g(z) \\ 1 \end{bmatrix} = w'g\begin{bmatrix} z \\ 1 \end{bmatrix} = w'\begin{bmatrix} az+b \\ cz+d \end{bmatrix},$$

したがって

$$g(z) = \frac{az+b}{cz+d}, \qquad ただし \quad g = \begin{bmatrix} a & b \\ c & d \end{bmatrix}$$

となる．とくに $g(z)=z$ は $\begin{bmatrix} z \\ 1 \end{bmatrix}$ が $g$ の固有ベクトルであることと同じである．このとき $z$ は $g$ の固定点であるという．容易にわかるように，すべての $z \in H$ に対して $g(z)=z$ となるためには，$g=\pm 1$ が必要十分である．つまり上半平面の変換群と見る限り，

$$PSL_2(\boldsymbol{R}) = SL_2(\boldsymbol{R})/\{\pm 1\}$$

が固有の変換群となる．

**定理 1.1**　$R=SO_2(\boldsymbol{R})$，$R'=\left\{\pm\begin{bmatrix} v & 0 \\ 0 & v^{-1} \end{bmatrix} \middle| v>1\right\}$，$R''=\left\{\pm\begin{bmatrix} 1 & 1 \\ 0 & 1 \end{bmatrix}, \pm\begin{bmatrix} 1 & -1 \\ 0 & 1 \end{bmatrix}\right\}$ とおけば，$R \cup R' \cup R''$ は $SL_2(\boldsymbol{R})$ における共役類の代表系である．$SL_2(\boldsymbol{R})$ における $g$ の中心化群は，$g \in R-\{\pm 1\}$ ならば $SO_2(\boldsymbol{R})$，$g \in R'$ ならば $\{\pm 1\}A$，$g \in R''$ ならば $\{\pm 1\}N$ である．

**証明**　$g \in SL_2(\boldsymbol{R})$ として，まず $g$ の固有値が実数ではない場合を考える．$g$ の一つの固有ベクトルを $\begin{bmatrix} w_1 \\ w_2 \end{bmatrix}$ とすると，$w_2 \neq 0$，$w_1/w_2 \notin \boldsymbol{R}$．なぜなら $w_2=0$ または $w_1/w_2 \in \boldsymbol{R}$ ならば，$g$ は実固有ベクトルをもち，$g$ の固有値も実数でなければならないからである．必要ならば $\begin{bmatrix} w_1 \\ w_2 \end{bmatrix}$ をその複素共役ベクトルでおきかえて $\mathrm{Im}\,(w_1/w_2)>0$ と仮定しておく．このとき $z=w_1/w_2$ は $g$ の固定点である．逆に $z' \in H$ が $g$ の固定点ならば，$\begin{bmatrix} z' \\ 1 \end{bmatrix}$ は $\begin{bmatrix} z \\ 1 \end{bmatrix}$，または $\begin{bmatrix} \bar{z} \\ 1 \end{bmatrix}$ と比例しなければならない．これは $z'=z$ のときのみ可能である．ゆえに $g$ は $H$ 内にただ一つの固定点をもつ．

$z$ を上の通りとして，$h(i)=z$ となる $h \in SL_2(\boldsymbol{R})$ をとれば ($SL_2(\boldsymbol{R})$ は $H$ 上に可移的に作用することに注意)，$h^{-1}gh(i)=i$，ゆえに $h^{-1}gh \in SO_2(\boldsymbol{R})=R$.

いま $R-\{\pm 1\}$ の 2 元 $g, g'$ が共役であるとする．$g'=h^{-1}gh$ ($h \in SL_2(\boldsymbol{R})$) とすれば，$i=g'(i)=h^{-1}gh(i)$，ゆえに $gh(i)=h(i)$．$h(i)$ は $g$ の固定点であるから，

$i$ と一致して，$h \in SO_2(\boldsymbol{R})$．$SO_2(\boldsymbol{R})$ は可換であるから，$g'=g$ でなければならない．同時に $g$ の中心化群が $SO_2(\boldsymbol{R})$ であることも証明された．

つぎに $g$ の固有値が相異なる実数であるとする．このとき $g$ は $GL_2(\boldsymbol{R})$ の中で対角行列と共役である．しかし $GL_2(\boldsymbol{R})=\boldsymbol{R}^\times SL_2(\boldsymbol{R}) \cup \boldsymbol{R}^\times \begin{bmatrix} 1 & 0 \\ 0 & -1 \end{bmatrix} SL_2(\boldsymbol{R})$ であり，$\boldsymbol{R}^\times$ も $\begin{bmatrix} 1 & 0 \\ 0 & -1 \end{bmatrix}$ も対角行列と可換であるから，結局 $g$ は $SL_2(\boldsymbol{R})$ の中で対角行列と共役になる．$g=\begin{bmatrix} v & 0 \\ 0 & v^{-1} \end{bmatrix}$，$g'=\begin{bmatrix} v' & 0 \\ 0 & v'^{-1} \end{bmatrix}$，$h=\begin{bmatrix} a & b \\ c & d \end{bmatrix}$，$g'=h^{-1}gh$ とすれば，$av'=av$，$bv'^{-1}=bv$，$cv'=cv^{-1}$，$dv'^{-1}=dv^{-1}$．ゆえに $v=v'$ または $v=v'^{-1}$ であり，それに従って $b=c=0$ または $a=d=0$ となる．とくに $g, g'$ が $R'$ に属するならば，$g=g'$ でなければならない．これはまた $g \in R'$ の中心化群が対角行列の群 $\{\pm 1\}A$ であることを示す．

最後に $g$ はただ一つの固有値をもつとする．この固有値は $\pm 1$ である．$g \neq \pm 1$ ならば，$g$ は $GL_2(\boldsymbol{R})$ の中で $\begin{bmatrix} \pm 1 & 1 \\ 0 & \pm 1 \end{bmatrix}$ と共役であるが，

$$\begin{bmatrix} 1 & 0 \\ 0 & -1 \end{bmatrix}\begin{bmatrix} \pm 1 & 1 \\ 0 & \pm 1 \end{bmatrix}\begin{bmatrix} 1 & 0 \\ 0 & -1 \end{bmatrix} = \begin{bmatrix} \pm 1 & -1 \\ 0 & \pm 1 \end{bmatrix}$$

であるから，$g$ は $SL_2(\boldsymbol{R})$ の中では $R''$ の元と共役である．$g=\begin{bmatrix} \pm 1 & u \\ 0 & \pm 1 \end{bmatrix}$，$g'=\begin{bmatrix} \pm 1 & u' \\ 0 & \pm 1 \end{bmatrix}$ を $R''$ の2元，$g'=h^{-1}gh$ とすれば，$\pm a=uc\pm a$，$au'\pm b=ud\pm b$，$cu'\pm d=\pm d$，ゆえに $c=0$，$u=a^2u'$ でなければならない．しかし $u, u'$ とも $\pm 1$ であるから，$u=u'$，$a^2=1$ のときのみこれが成立する．$g$ の中心化群が $\{\pm 1\}N$ であることもわかる．▮

**系**　$SL_2(\boldsymbol{R})$ から $PSL_2(\boldsymbol{R})$ の上の標準写像を $\iota$ とすれば，$\iota(g)$ の $PSL_2(\boldsymbol{R})$ における中心化群は $g$ の $SL_2(\boldsymbol{R})$ における中心化群の $\iota$ による像である．

**証明**　$h \in SL_2(\boldsymbol{R})$，$h^{-1}gh=\pm g$ ならば，$h$ は $g$ と可換であることをいえばよい．実際，$g$ が $R \cup R' \cup R''$ に属するとすれば，$-g$ もそこに属するから，定理によって $g$ と $-g$ が共役になることはない．ゆえに $h^{-1}gh=-g$ は不可能である．▮

$g \in SL_2(\boldsymbol{R})$，$g \neq \pm 1$ に対して，$g$ が $R, R'$，または $R''$ の元と共役であるとき，それぞれ $g$ は**楕円的**，**双曲的**，または**放物的**であるという．定理1.1の証明によって，$|\mathrm{tr}\, g|<2$，$|\mathrm{tr}\, g|>2$，または $|\mathrm{tr}\, g|=2$ に従って $g$ は楕円的，双曲的，または放物的である．

$\boldsymbol{C}$ を Riemann 球面 $\bar{\boldsymbol{C}}=\boldsymbol{C} \cup \{\infty\}$ に埋め込むと，$\bar{\boldsymbol{C}}$ における上半平面 $H$ の境

界は $\bar{\boldsymbol{R}}=\boldsymbol{R}\cup\{\infty\}$ である．いま $GL_2(\boldsymbol{C})$ の $\bar{\boldsymbol{C}}$ への作用を

$$g(z)=\frac{az+b}{cz+d},\qquad \text{ただし}\quad g=\begin{bmatrix}a & b\\ c & d\end{bmatrix}\in GL_2(\boldsymbol{C})$$

によって定義しておく．ただし $g(\infty)=a/c$, $g(-d/c)=\infty$ とする．$SL_2(\boldsymbol{R})$ は $SL_2(\boldsymbol{C})$ の中で $\bar{\boldsymbol{R}}$ をそれ自身の中へ写す元の全体として特徴づけられる．それは $\bar{\boldsymbol{R}}$ の上で可移的である．

## §1.2　不変測度と不変計量

$SL_2(\boldsymbol{R})$ は局所コンパクト位相群として左または右不変測度をもつ．これを求めよう．ここでは局所コンパクト空間 $X$ 上の測度をつぎのようなものと理解しておく．$X$ 上のコンパクトな台をもつ連続関数の空間 $C(X)$ から $\boldsymbol{C}$ の中への線型写像 $m$ が与えられ，$X$ の任意のコンパクト集合 $K$ と，$K$ 内に台をもつ任意の $f\in C(X)$ に対して

$$|m(f)|\leqq c_K\|f\|_K,\qquad \|f\|_K=\max_{x\in K}|f(x)|$$

が成立するものとする．ただし $c_K$ は $K$ のみに依存する定数である．このとき $m$ は $X$ 上の**測度**であるといい，

$$m(f)=\int_X f(x)dm(x)$$

とも書く(記号 $dm(x)$ も測度とよぶ習慣である)．上述の意味の測度 $m$ が与えられると，それに関して可測な $X$ の部分集合 $A$ の測度 $m(A)$ を定義することができる．

$G$ は $X$ の変換群で，$g\in G$ に対し，$x\to gx$ は $X$ の同相写像であるとする．任意の $g\in G$ と $f\in C(X)$ に対して $m(f^g)=m(f)$ (ただし $f^g(x)=f(gx)$) が成り立つとき，$m$ は $G$ **不変**であるという．とくに $G$ が局所コンパクト位相群で，$G$ の $G$ への作用が左または右移動で定義されるとき，$G$ 不変な $G$ 上の測度はそれぞれ**左**または**右不変** (**Haar**) **測度**とよばれる．それぞれ定数倍を除いてただ一つ存在することが知られている．

$SL_2(\boldsymbol{R})$ の不変測度を求めるためには $GL_2(\boldsymbol{R})$ から始めるほうが考えやすい．$g\in GL_2(\boldsymbol{R})$ ならば，$M_2(\boldsymbol{R})$ の変換 $x\to gx$ の Jacobi 行列式は $|\det g|^2$ であるから，$GL_2(\boldsymbol{R})$ 上のコンパクトな台をもつ連続関数 $f$ に対して

$$\int_{GL_2(\boldsymbol{R})} f(x)|\det x|^{-2}dx_{11}dx_{12}dx_{21}dx_{22}$$
$$= \int_{GL_2(\boldsymbol{R})} f(gx)|\det x|^{-2}dx_{11}dx_{12}dx_{21}dx_{22}$$

が成立する．ただし $x=\begin{bmatrix} x_{11} & x_{12} \\ x_{21} & x_{22} \end{bmatrix}$．変換 $x\to xg$ に対しても同じである．これは $dm(g)=|\det g|^{-2}dg_{11}dg_{12}dg_{21}dg_{22}$ が $GL_2(\boldsymbol{R})$ の左かつ右不変測度であることを示す．

いま $GL_2(\boldsymbol{R})_+=\{g\in GL_2(\boldsymbol{R})\mid \det g>0\}$ とおき，これに属する元 $g$ を $g=tg_1$ $(t>0,\ g_1\in SL_2(\boldsymbol{R}))$ と書く．さらに

$$g_1 = \begin{bmatrix} 1 & u \\ 0 & 1 \end{bmatrix}\begin{bmatrix} v & 0 \\ 0 & v^{-1} \end{bmatrix}\begin{bmatrix} \cos\theta & \sin\theta \\ -\sin\theta & \cos\theta \end{bmatrix} \tag{1.1}$$

とおくとき，変換 $(t,u,v,\theta)\to(g_{11},g_{12},g_{21},g_{22})$ の Jacobi 行列式は $2t^3v^{-3}$ である．ゆえに

$$dm(g) = 2t^{-1}v^{-3}dtdudvd\theta.$$

$GL_2(\boldsymbol{R})_+$ は正の実数の乗法群 $\boldsymbol{R}_+^\times$ と $SL_2(\boldsymbol{R})$ の直積であり，$t^{-1}dt$ は $\boldsymbol{R}_+^\times$ の不変測度であることに注意すれば

$$dm(g_1) = 2v^{-3}dudvd\theta$$

が $SL_2(\boldsymbol{R})$ の左かつ右不変測度となることがわかる．

これから容易に上半平面 $H$ の $SL_2(\boldsymbol{R})$ 不変測度が導かれる．前節の通り $SL_2(\boldsymbol{R})$ から $SL_2(\boldsymbol{R})/SO_2(\boldsymbol{R})$ の上への標準写像を $p$，後者から $H$ の上への同相写像を $\lambda$ とする．以下 $\lambda$ によって $SL_2(\boldsymbol{R})/SO_2(\boldsymbol{R})$ と $H$ を同一視し，$\lambda\circ p$ をあらためて $p$ と書くことにする．$C(H)$ 上の線型形式を

$$\int_H f(z)dz = \frac{1}{2\pi}\int_{SL_2(\boldsymbol{R})} f(p(g_1))dm(g_1)$$

によって定義しよう $\left(\int_H \cdots dz\right.$ は上述の線型形式を表わす記号と考える$\left.\right)$ $g\in SL_2(\boldsymbol{R})$ ならば，明らかに

$$\int_H f(gz)dz = \int_H f(z)dz$$

が成立する．一方，$g_1$ を (1.1) のように表わせば

$$\int_H f(z)dz = \frac{1}{2\pi}\int_{SL_2(\boldsymbol{R})} f(u+iv^2)2v^{-3}dudvd\theta$$

$$= \int_H f(z)y^{-2}dxdy \qquad (z=x+iy).$$

これによって $dz$ が $H$ 上の $SL_2(\boldsymbol{R})$ 不変測度であること，および記号的に

$$dz = y^{-2}dxdy \tag{1.2}$$

と書くことができることがわかる．$dz$ に関する可測集合 $A$ の測度(面積ということがある)を $v(A)$ で表わす．

つぎに $H$ 上の $SL_2(\boldsymbol{R})$ 不変 Riemann 計量および $SL_2(\boldsymbol{R})$ 上の左不変 Riemann 計量を定めよう．こんども Riemann 計量の定義を思いだしておくのが便利である．Euclid 空間 $\boldsymbol{R}^N$ の部分位相空間 $M$ がつぎの条件を満たすとき，$M$ は **$n$ 次元 $C^\infty$ 級多様体**であるという．$M$ の開被覆 $\{U_\alpha\}$ と，$\boldsymbol{R}^n$ の開集合 $V_\alpha$ から $U_\alpha$ の上への同相写像 $\varphi_\alpha$ が存在し，

(1)　$\varphi_\alpha$ は $C^\infty$ 級写像である，

(2)　$u$ $(u\in V_\alpha)$ における $\varphi_\alpha$ の Jacobi 行列を $\varphi_\alpha'(u)$ で表わすとき，$V_\alpha$ の任意の点 $u$ で $\mathrm{rank}\,\varphi_\alpha'(u)=n$

が成立する($(U_\alpha, V_\alpha, \varphi_\alpha)$ を**局所座標系**という)．

この定義は通常の $C^\infty$ 級多様体の定義よりも狭いように見えるが，われわれの目的のためには適当である．

$\varphi_\alpha'(u)$ は $\boldsymbol{R}^n$ から $\boldsymbol{R}^N$ の中への線型写像を定義するが，その像 $\varphi_\alpha'(u)(\boldsymbol{R}^n)$ を $x=\varphi_\alpha(u)$ における $M$ の**接空間**といい，$T_x$ で表わす．$x_0=\varphi_\alpha(u_0)$ $(u_0\in V_\alpha)$ とし，$x_0$ を通る $M$ 上の $C^1$ 級曲線 $c: x=x(t)$ $(x_0=x(t_0))$ を考える．$x_0$ の近傍 $U_\alpha$ においては，それは $u_0$ を通る $V_\alpha$ 内の $C^1$ 級曲線 $u=u(t)$ の $\varphi_\alpha$ による像となる．$c$ の $x_0$ における接線ベクトルは $\xi=x'(t_0)=\varphi_\alpha'(u_0)(u'(t_0))$ であるから，$c$ が任意に動くとき，この接線ベクトルの全体が $x_0$ における $M$ の接空間を作る．とくに接空間は $x_0$ を含む開集合 $U_\alpha$ のとり方に依存しない．(通常 $x_0$ における接ベクトル $\xi$ は，$M$ 上の $C^\infty$ 級関数の空間 $C^\infty(M)$ から $\boldsymbol{R}$ の中への線型写像であって

$$\xi(fg) = \xi(f)g(x_0)+\xi(g)f(x_0) \qquad (f, g\in C^\infty(M))$$

を満たすものとして定義される．この意味の接ベクトルを得るには，$\xi=x'(t_0)$ に $\xi(f)=(df(x(t))/dt)_{t=t_0}$ を対応させればよい．)

いま，すべての接空間 $T_x$ 上に正値2次形式 $f_x$ が与えられているとする．$x \in U_\alpha$，$x=\varphi_\alpha(u)$ に対して，$e_1, \cdots, e_n$ を $\boldsymbol{R}^n$ の単位ベクトルとすれば，$\varphi_\alpha'(u)(e_i)$ $(1 \leqq i \leqq n)$ は $x$ における接空間の基底となる．この基底に関して

$$(1.3) \qquad \begin{cases} f_x(\xi) = \sum_{i,j=1}^{n} g_{ij}(x)\xi_i\xi_j, \\ \xi = \sum_{i=1}^{n} \xi_i \varphi_\alpha'(u)(e_i) \in T_x \end{cases}$$

と書くとき，$g_{ij}$ が $U_\alpha$ 上の $C^\infty$ 級関数（すなわち $g_{ij}\circ\varphi_\alpha$ が $V_\alpha$ 上の $C^\infty$ 級関数）であるとき，$\{f_x\}$ は $M$ 上の **Riemann 計量**を定めるという．

$c: x=x(t)$ $(0 \leqq t \leqq 1)$ を $M$ 上の $C^1$ 級曲線とする．接線ベクトル $x'(t)$ は $x(t)$ における接空間に属することに注意して

$$l(c) = \int_0^1 (f_{x(t)}(x'(t)))^{1/2} dt$$

によって $c$ の長さ $l(c)$ を定義する．あるいは $c \subset U_\alpha$ と仮定して，$x(t)=\varphi_\alpha(u(t))$ と書けば

$$l(c) = \int_0^1 \left( \sum_{i,j=1}^{n} g_{ij}(x(t)) \frac{du_i}{dt} \frac{du_j}{dt} \right)^{1/2} dt.$$

Riemann 計量 $\{f_x\}$ を

$$ds^2 = \sum_{i,j=1}^{n} g_{ij}(x) du_i du_j$$

と略記することがある．

$x_1, x_2 \in M$ に対し

$$r(x_1, x_2) = \inf_c l(c)$$

とおく．ただし右辺の $c$ は $x_1$ と $x_2$ を結ぶすべての $C^1$ 級曲線（区分的に $C^1$ 級の曲線としても同じ）を動く．

**補題 1.1**　$r(x_1, x_2)$ は距離の公理を満たし，それの定める $M$ の位相は従来の $M$ の位相と一致する．

**証明**　三角不等式 $r(x_1, x_3) \leqq r(x_1, x_2) + r(x_2, x_3)$ は明らかである．$r$ の定める位相が従来の位相と一致することをいうためには（それがいえれば $r(x_1, x_2)=0$ ならば $x_1=x_2$ であることもわかる），任意の点 $x_0$ とその開近傍 $U_\alpha$ をとり，$U_\alpha$ に誘導された位相を比較すれば十分である．$U_\alpha$ に補助的な Riemann 計量

$$f_x'(\xi) = \sum_{i=1}^{n} \xi_i^2$$

((1.3) の記号による) を入れて，それから定義される $r(x_1, x_2)$ $(x_i \in U_\alpha)$ を $r'(x_1, x_2)$ と書く．$U_\alpha$ を $x_0$ の相対コンパクトな開近傍でおきかえてもよいので，初めから2次形式 $f_x$ の固有値は $U_\alpha$ 上で正の上限および下限をもつと仮定することができる．ゆえに適当な正数 $a, b$ をとれば，$x_1, x_2 \in U_\alpha$ に対して

$$ar'(x_1, x_2) \leqq r(x_1, x_2) \leqq br'(x_1, x_2)$$

が成立する．$\{f_x'\}$ は Euclid 計量で $r'(x_1, x_2)$ は普通の意味の $u_1$ と $u_2$ の距離 (ただし $x_i = \varphi_\alpha(u_i)$) であることから結論が出る．▌

さて上半平面 $H$ は複素平面 $\boldsymbol{C}\ (=\boldsymbol{R}^2)$ の開集合であるから，$H$ の任意の点の接平面は自然に $\boldsymbol{C}$ と同一視される．このとき

$$f_z(\zeta) = y^{-2}(\xi^2+\eta^2), \qquad \zeta = \xi+i\eta \in \boldsymbol{C}$$

あるいは

$$ds^2 = y^{-2}(dx^2+dy^2) \tag{1.4}$$

は明らかに $H$ 上の Riemann 計量を定義する．ただし $z=x+iy$ とした．この計量に関する曲線の長さおよび2点間の距離を $l(c), r(z_1, z_2)$ で表わす．

計量 (1.4) が $SL_2(\boldsymbol{R})$ 不変であること，すなわち $g \in SL_2(\boldsymbol{R})$ に対して

$$l(gc) = l(c) \quad \text{あるいは} \quad r(gz_1, gz_2) = r(z_1, z_2) \tag{1.5}$$

の成立することを証明しよう．$z=z(t)$ を $H$ 内の $C^1$ 級曲線とする．$z \to gz$ が整型変換であることに注意すれば $(g(z(t)))' = dg(z(t))/dz \cdot z'(t)$ が得られる．したがって $g$ は $T_z$ から $T_{gz}$ (いずれも $\boldsymbol{C}$ と同一視されている) の上への線型写像

$$\zeta \longrightarrow \frac{dgz}{dz} \cdot \zeta$$

を引き起こす．$g = \begin{bmatrix} a & b \\ c & d \end{bmatrix}$ ならば $dgz/dz = (cz+d)^{-2}$，$\mathrm{Im}\, gz = \mathrm{Im}\, z|cz+d|^{-2}$ であるから

$$f_{gz}\left(\frac{dgz}{dz} \cdot \zeta\right) = (\mathrm{Im}\, gz)^{-2}\left|\frac{dgz}{dz} \cdot \zeta\right|^2$$
$$= (\mathrm{Im}\, z)^{-2}|\zeta|^2 = f_z(\zeta).$$

これから (1.5) はただちに出る．

**定理 1.2**　$z_1$ と $z_2$ を結ぶ $C^1$ 級曲線 $c$ で，$l(c) = r(z_1, z_2)$ となるものがただ一

つ存在する．$c$ は $z_1$ と $z_2$ を通り，実軸と直交する円(特別な場合として直線を含む)の弧である．また $z_1=g_1(i)$，$z_2=g_2(i)$，$(g_1{}^{-1}g_2)^t(g_1{}^{-1}g_2)$ の固有値を $\lambda$ とすれば $r(z_1, z_2)=|\log\lambda|$.

**証明**　$z_1$ を $i$ に，$z_2$ を虚軸上の点 $\lambda i$ $(\lambda>1)$ に移す $g\in SL_2(\boldsymbol{R})$ が存在することを示そう．$g_1{}^{-1}g_2$ を

$$g_1{}^{-1}g_2 = k\begin{bmatrix}\lambda^{1/2} & 0 \\ 0 & \lambda^{-1/2}\end{bmatrix}k' \qquad (k, k'\in SO_2(\boldsymbol{R}),\ \lambda>1)$$

の形に書くことができる．$g=k^{-1}g_1{}^{-1}$ とおけば $g(z_1)=i$，$g(z_2)=\lambda i$. $i$ と $\lambda i$ を結ぶ $C^1$ 級曲線 $c: z(t)$ $(0\leqq t\leqq 1)$，$z(0)=i$，$z(1)=\lambda i$，を任意にとれば

$$\begin{aligned} l(c) &= \int_0^1 y(t)^{-1}(x'(t)^2+y'(t)^2)^{1/2}dt \\ &\geqq \int_0^1 y(t)^{-1}y'(t)dt = \log\lambda. \end{aligned}$$

右辺の最小値は $c_0: z(t)=e^{t\log\lambda}i$ $(0\leqq t\leqq 1)$ によって到達される．また上式で等号が成立すれば $x'(t)$ は恒等的に 0. ゆえに $c$ は助変数 $t$ のとり方を除いて $c_0$ と一致する．

このとき $r(z_1, z_2)=l(g^{-1}c_0)=\log\lambda$ となる．複素平面における円(直線を含む)の方程式は

$$\alpha|z|^2+zw+\overline{zw}+\beta = 0 \qquad (\alpha, \beta\in\boldsymbol{R},\ w\in\boldsymbol{C})$$

の形に書くことができる．これが $SL_2(\boldsymbol{R})$ の作用で全体として不変であることは $z$ に $gz=(az+b)(cz+d)^{-1}$ を代入して見ればわかる．一方，$z\to gz$ は整型，したがって等角写像であるから，二つの円の交角を変えない．$c_0$ は実軸と直交する直線(の部分)であったが，$g$ は実軸をそれ自身の中に写すので，$gc_0$ は実軸と直交する円の弧である．∎

変分法によれば，$z_1$ と $z_2$ を結ぶ $C^1$ 級曲線 $c$ の長さ $l(c)$ が $c_0$ において最小になるならば，$c_0: z(t)=x(t)+iy(t)$ $(0\leqq t\leqq 1)$ はつぎの微分方程式を満たさなければならない．

$$(1.6)\qquad \begin{cases} \dfrac{\partial F}{\partial x}(x, y, x', y') = \dfrac{d}{dt}\dfrac{\partial F}{\partial \xi}(x, y, x', y'), \\[2ex] \dfrac{\partial F}{\partial y}(x, y, x', y') = \dfrac{d}{dt}\dfrac{\partial F}{\partial \eta}(x, y, x', y'). \end{cases}$$

ただし $F(x,y,\xi,\eta)=y^{-2}(\xi^2+\eta^2)$ とおいた．(1.6) の解を計量 (1.4) の**測地線**とよぶ．定理 1.2 によって実軸と直交する円は測地線であるが，この逆を示すことも易しい．

$H$ 上の $SL_2(\boldsymbol{R})$ 不変 Riemann 計量は定数倍を除き (1.4) と一致することが知られている．

つぎに $SL_2(\boldsymbol{R})$ に左不変（すなわち左移動 $x\to gx$ によって不変な）Riemann 計量を入れる．その準備として行列の指数関数のつぎの性質を引用する．

$$\exp x=\sum_{n=0}^{\infty}\frac{x^n}{n!}\qquad (x\in M_2(\boldsymbol{R}))$$

は $M_2(\boldsymbol{R})$ から $GL_2(\boldsymbol{R})$ の中への実解析的写像であり，

$$\frac{d}{dt}\exp tx=x\exp tx,\qquad \det(\exp x)=\exp(\mathrm{tr}\,x) \tag{1.7}$$

が成立する．(1.7) の第 1 式によって，$x\to\exp x$ の $x=0$ における Jacobi 行列式は 1 であり，したがってこの写像は $M_2(\boldsymbol{R})$ における 0 の或る近傍から $GL_2(\boldsymbol{R})$ における単位元の或る近傍の上への $C^\infty$ 同型写像を引き起こす．(1.7) の第 2 式によって $\mathfrak{g}=\{x\in M_2(\boldsymbol{R})\mid \mathrm{tr}\,x=0\}$ は $SL_2(\boldsymbol{R})$ の中へ写される．

$\mathfrak{g}$ における 0 の近傍 $V$ を十分小さく選んで $\exp x$ は $V$ から $SL_2(\boldsymbol{R})$ における 1 の近傍 $U$ の上への $C^\infty$ 同型であるようにする．$g\in SL_2(\boldsymbol{R})$ に対して $\varphi_g(x)=g\exp x\ (x\in V)$ とおけば，$(gU, V, \varphi_g)$ は $SL_2(\boldsymbol{R})$ の局所座標系となる．

$$\frac{d}{dt}\varphi_g(tx)_{t=0}=gx\qquad (x\in\mathfrak{g})$$

であるから $g$ における接空間 $T_g$ は $\{gx\mid x\in\mathfrak{g}\}$ に等しい．$f$ を $\mathfrak{g}$（これは $M_2(\boldsymbol{R})$ の線型部分空間である）上の任意の正値 2 次形式として，$T_g$ 上の 2 次形式を

$$f_g(x)=f(g^{-1}x)\qquad (x\in T_g) \tag{1.8}$$

によって定義する．$\{f_g\}$ が $SL_2(\boldsymbol{R})$ 上の Riemann 計量を定めること，すなわち (1.3) のあとで述べた条件を満たすことを示すのは易しいが，このことはすぐあとの議論によって自明となるので省略する．定義によって

$$f_{gh}(gx)=f_h(x)\qquad (x\in T_h)$$

が成立するが，一方，$x\to gx$ は $g$ による左移動が引き起こす $T_h$ から $T_{gh}$ の上への線型写像にほかならない．これは $\{f_g\}$ が左不変 Riemann 計量であること

を示す.

このように $SL_2(\boldsymbol{R})$ 上の左不変計量はただ一つではないが，われわれはすでに述べた上半平面上の不変計量と同調するものをとることにして

$$f(x) = 2\,\mathrm{tr}(x^t x)$$

とおく.

$SL_2(\boldsymbol{R})$ の任意の元は

$$(1.9)\qquad \begin{cases} g = n(u)a(v)k(\theta), \\ n(u) = \begin{bmatrix} 1 & u \\ 0 & 1 \end{bmatrix}, \quad a(v) = \begin{bmatrix} v & 0 \\ 0 & v^{-1} \end{bmatrix}, \quad k(\theta) = \begin{bmatrix} \cos\theta & \sin\theta \\ -\sin\theta & \cos\theta \end{bmatrix} \end{cases}$$

の形に表わされた．ゆえに $(u, v, \theta)\to g$ はまた $SL_2(\boldsymbol{R})$ の一つの局所座標系を定める．この座標系によって上述の Riemann 計量を表わそう.

(1.9) から $\partial g/\partial u = (\partial n/\partial u)ak$ が得られるが，$v, \theta$ に関しても同様であるから，$g$ における接空間の任意の元は

$$x = \frac{dn}{du}ak\xi_1 + n\frac{da}{dv}k\xi_2 + na\frac{dk}{d\theta}\xi_3 \qquad (\xi_i \in \boldsymbol{R})$$

の形に書かれなければならない．これを (1.8) に代入すれば

$$f_g(x) = 2\,\mathrm{tr}((g^{-1}x)^t(g^{-1}x)) = \frac{\xi_1{}^2}{v^4} + \frac{4\xi_2{}^2}{v^2} + 4\left(\xi_3 + \frac{\xi_1}{2v^2}\right)^2.$$

これを

$$(1.10)\qquad ds^2 = \frac{du^2}{v^4} + \frac{4dv^2}{v^2} + 4\left(d\theta + \frac{du}{2v^2}\right)^2$$

と略記することができる．この Riemann 計量に関する $SL_2(\boldsymbol{R})$ 上の距離を $\rho(g_1, g_2)$ で表わす．$\rho(g_1, g_2)$ を $r(z_1, z_2)$ と比べよう．$p(g) = z = x + iy$ とおけば，$x = u$, $y = v^2$，したがって $p$ の引き起こす $T_g$ から $T_z$ の上への線型写像を $p'(g)$ とするとき，$p'(g)(x) = \xi_1 + 2v\xi_2 i$．ゆえに

$$f_z(p'(g)(x)) = \frac{\xi_1{}^2}{v^4} + \frac{4\xi_2{}^2}{v^2} \leqq f_g(x).$$

(このような計算は，微分形式を使って (1.4), (1.10) のような略記法に意味を与えておくと，より簡明になる.)　これからただちに

$$(1.11)\qquad \rho(g_1, g_2) \geqq r(p(g_1), p(g_2))$$

が出る.

**定理 1.3**　$A_R=\{z\in H \mid r(z,i)\leqq R\}$ および $B_R=\{g\in SL_2(\boldsymbol{R}) \mid \rho(g,1)\leqq R\}$ はコンパクトである．

**証明**　$A_R\ni z=g(i)$，$g=k\begin{bmatrix}\lambda^{1/2} & 0\\ 0 & \lambda^{-1/2}\end{bmatrix}k'$ $(k,\ k'\in SO_2(\boldsymbol{R}))$ と書けば，定理1.2によって $|\log\lambda|\leqq R$ であるから，$g(i)\in A_R$ となる $g$ の集合はコンパクトである．ゆえに $A_R$ もコンパクトとなる．また(1.11)によって $p(B_R)\subseteqq A_R$，ゆえに $B_R$ もコンパクトである．▌

## §1.3　離散部分群の一般的性質

われわれの目標は $SL_2(\boldsymbol{R})$ の離散部分群を調べることであるが，本節では離散部分群の一般的性質を述べよう．位相群 $G$ がつぎの性質をもつことは定義からただちにわかる．

(1)　$a\in G$ を固定するとき，$x\to ax$ (または $xa$) は $G$ から $G$ の上への同相写像である．したがって $\{V\}$ が単位元1の近傍系ならば，$\{aV\}$ (または $\{Va\}$) は $a$ の近傍系である．

(2)　$G\times G$ から $G$ の中への写像 $(x,y)\to x^{-1}y$ は連続である．ゆえに任意の1の近傍 $U$ に対して，$V^{-1}V'\subseteqq U$ を満たす1の近傍 $V, V'$ が存在する．

分離位相群 $G$ の部分群 $\Gamma$ が $G$ の離散部分集合であるとき，すなわち任意の $\gamma\in\Gamma$ に対して $V\cap\Gamma=\{\gamma\}$ となる $\gamma$ の近傍 $V$ が存在するとき，$\Gamma$ は $G$ の**離散部分群**であるという．上の注意(1)によって，部分群 $\Gamma$ が離散であるためには $V\cap\Gamma=\{1\}$ となる1の近傍 $V$ が存在することが必要十分である．

**補題 1.2**　位相群 $G$ の部分集合 $A$ の閉包を $\bar{A}$ と書けば，

$$\bar{A}=\bigcap_V AV=\bigcap_V VA.$$

ここで $V$ は $G$ の単位元1のすべての近傍を動く．

**証明**　$x\in AV \Leftrightarrow xV^{-1}\cap A\neq\phi$ であるが，$xV^{-1}$ の全体が $x$ の近傍系を作る．これから $\bar{A}=\bigcap AV$ であることがわかる．もう一方の等式の証明も同じである．▌

**定理 1.4**　分離位相群 $G$ の離散部分群 $\Gamma$ は閉部分群である．

**証明**　補題1.2から $\bar{\Gamma}=\bigcap_V V\Gamma$．一方では $U\cap\Gamma=\{1\}$ となる1の近傍 $U$ が存在する．

$$V\Gamma\cap V'\Gamma\ni x=v\gamma=v'\gamma' \qquad (v\in V,\ v'\in V',\ \gamma,\gamma'\in\Gamma)$$

と書くとき，$V, V'$ が十分小さく $V'^{-1}V \subseteqq U$ ならば，$v'^{-1}v=\gamma'\gamma^{-1} \in U \cap \Gamma=\{1\}$. ゆえに $V$ が十分小さいとき，上のような $\gamma$ は $x$ によって一意に定まり，$V$ に依存しない．とくに $x \in \bar{\Gamma}$ ならば $x\gamma^{-1} \in \bigcap_V V=\{1\}$，ゆえに $x=\gamma \in \Gamma$. ▌

**補題 1.3**　$X$ を分離局所コンパクト位相空間，$f$ を $X$ から分離位相空間 $Y$ の上への連続開写像とする．$Y$ の任意のコンパクト集合 $C$ に対して $f(B)=C$ となる $X$ のコンパクト集合 $B$ が存在する．

**証明**　$X$ の各点 $x$ のコンパクト近傍 $V_x$ をとれば

$$C \subseteqq \bigcup_{x \in X} f(\mathring{V}_x).$$

ただし $\mathring{V}_x$ は $V_x$ の内部である．$C$ はコンパクトであるから有限個の点 $x_1, \cdots, x_N$ をとれば $C$ は $f(V_{x_i})$ の合併に含まれる．このとき $B=f^{-1}(C) \cap \left(\bigcup_{i=1}^{N} V_{x_i}\right)$ とおけばよい．▌

$G$ を位相群，$K$ を $G$ の部分群とする．$G$ から商空間 $X=G/K$ の上への標準写像を $p$ とすれば，任意の $g \in G$ に対して，$x \to gx$ ($x=p(h)$，$h \in G$ ならば，$gx=p(gh)$ とおく) は $X$ から $X$ の上への同相写像である．また $1x=x$，$g_1(g_2x)=(g_1g_2)x$ および $G$ の $X$ への作用が可移的であることは自明である．

$G$ が分離，$K$ が $G$ の閉部分群ならば，$X$ も分離である (補題 1.2 から容易に出る)．

**定理 1.5**　$G$ を分離局所コンパクト位相群，$K$ を $G$ のコンパクト部分群，$X=G/K$ とする．$\Gamma$ が $G$ の離散部分群であるならば，$X$ の任意のコンパクト集合 $C, C'$ に対して $\gamma C \cap C' \neq \phi$ となる $\Gamma$ の元 $\gamma$ は有限個である．

**証明**　補題 1.3 によって $p(B)=C$，$p(B')=C'$ となる $G$ のコンパクト集合 $B$, $B'$ が存在する．このとき

$$\gamma C \cap C' \neq \phi \iff \gamma BK \cap B'K \neq \phi \iff \gamma \in B'KB^{-1}.$$

しかし $\Gamma \cap B'KB^{-1}$ は離散かつコンパクトであるから，それは有限集合である．▌

この定理から，とくに $X$ が可算個のコンパクト集合の合併であるならば，$\Gamma$ は可算であることがわかる．

$X$ の変換群 $\Gamma$ が定理 1.5 に述べた性質をもつとき，$\Gamma$ は $X$ に**不連続的**に作用するという．

$X$ の 2 点 $x, x'$ は，$x'=\gamma x$ となる $\gamma \in \Gamma$ が存在するとき，$\Gamma$ **同値**であるとい

う．実際，これは同値関係となる．$X$ を $\Gamma$ 同値で割って得られる商空間を $\Gamma\backslash X$ と書く．$X$ から $\Gamma\backslash X$ への標準写像 $\pi$ は連続開写像であることに注意する．

**定理 1.6**　定理 1.5 と同じ仮定のもとで，$\Gamma\backslash X$ は分離である．

**証明**　$\Delta$ は $\Gamma$ の部分集合，$x, x'$ は $X$ の 2 点，$\Delta\{x\}\cap\{x'\}=\phi$ であるとする．このとき $x, x'$ の近傍 $V, V'$ で $\Delta V\cap V'=\phi$ となるものが存在することを示そう．実際 $x, x'$ のコンパクト近傍 $W, W'$ をとれば，$\gamma W\cap W'\neq\phi$ となる $\gamma\in\Delta$ は定理 1.5 によって有限個である．それを $\gamma_1, \cdots, \gamma_m$ と書けば，$W'$ に含まれる $x'$ の近傍 $V'$ と $\gamma_i x$ の近傍 $V_i$ で $V_i\cap V'=\phi$ $(1\leqq i\leqq m)$ となるものが存在する（$X$ は分離だから）．

$$V = W\cap\gamma_1{}^{-1}V_1\cap\cdots\cap\gamma_m{}^{-1}V_m$$

は $x$ の近傍で $\Delta V\cap V'=\phi$．とくに $x$ と $x'$ が $\Gamma$ 同値でなければ，$\Gamma V\cap V'=\phi$ となる $x, x'$ の近傍 $V, V'$ が存在する．このとき $\pi(V), \pi(V')$ はそれぞれ $\pi(x)$, $\pi(x')$ の近傍で $\pi(V)\cap\pi(V')=\phi$ となる．▌

**系**　$x\in X$ に対して $\Gamma_x=\{\gamma\in\Gamma\mid\gamma x=x\}$ は有限群である．また，$x$ の近傍 $U$ で $\Gamma_x U=U$, $\gamma U\cap U=\phi$ $(\gamma\in\Gamma-\Gamma_x)$ となるものが存在する．

**証明**　$\Gamma_x$ が有限であることは定理 1.5 から出る．定理 1.6 の証明で $x=x'$, $\Delta=\Gamma-\Gamma_x$ とおけば $x$ の近傍 $V$ で $\gamma V\cap V=\phi$ $(\forall\gamma\in\Gamma-\Gamma_x)$ となるものが存在することがわかる．$\gamma V$ $(\gamma\in\Gamma_x)$ の共通部分 $U$ が求めるものである．▌

つぎの補題は $SL_2(\boldsymbol{R})$ の離散部分群に関するものである．

**補題 1.4**　$SL_2(\boldsymbol{R})$ の単位元の近傍 $V_0$ でつぎの性質をもつものが存在する：

$SL_2(\boldsymbol{R})$ の任意の離散部分群 $\Gamma$ に対して，$\Gamma\cap V_0$ は可換群を生成する．

**証明**　$x\in M_2(\boldsymbol{R})$ に対して $\|x\|=(\mathrm{tr}(x^t x))^{1/2}$ とおく．§1.2 で述べたように，$x\to\exp x$ は $M_2(\boldsymbol{R})$ における 0 の或る近傍 $N$ から $GL_2(\boldsymbol{R})$ における 1 の近傍の上への同相写像である．$M_1>1$ とすると，$N$ を十分小さくとり $N$ 上で $\|x\|\leqq M_1\|\exp x-1\|$ が成立していると仮定してよい（$\exp x$ の Jacobi 行列は $x=0$ において単位行列であるから）．$g, h\in GL_2(\boldsymbol{R})$ の交換子 $g^{-1}h^{-1}gh$ を $(g, h)$ で表わす．$x_1, y_1\in M_2(\boldsymbol{R})$, $\|x_1\|=\|y_1\|=1$, $s, t\in\boldsymbol{R}$ に対して

$$\exp(-sx_1)\exp(-ty_1)\exp sx_1\exp ty_1 = 1+f(s, t)$$

とおくと，$f(s, t)$ は行列を係数にもつ $s, t$ の巾級数で，係数は $x_1, y_1$ の実解析的関数である．$f(0, t)=f(s, 0)=0$ であるから，$f(s, t)=\sum_{m,n\geqq 1}c_{mn}s^m i^n$ と書くことが

できる．ゆえに任意の $\varepsilon>0$ に対して，$|s|\leqq\varepsilon$, $|t|\leqq\varepsilon$ ならば，$x_1, y_1$ に関して一様に $\|f(s,t)\|\leqq M_2|s||t|$ が成り立つような定数 $M_2$ がある ($x_1, y_1$ はコンパクト集合内を動くからである)．$\varepsilon$ が十分小さければ $\|x\|\leqq\varepsilon$, $\|y\|\leqq\varepsilon$ に対して $(\exp x, \exp y)$ は exp による $N$ の像に属する．このとき $(\exp x, \exp y)=\exp z$ $(z\in N)$ と書けば

$$\|z\| \leqq M_1M_2\|x\|\|y\|.$$

$\varepsilon$ をなお小さくして $\{x\mid\|x\|<\varepsilon\}\subset N$, かつ $\varepsilon M_1M_2<1$ と仮定しておく．

$V(r)=\{\exp x\mid\|x\|<r\}$ とおくとき $V_0=SL_2(\boldsymbol{R})\cap V(\varepsilon)$ が求めるものである．実際，$\Gamma$ を $SL_2(\boldsymbol{R})$ の離散部分群とする．$D_0=\Gamma\cap V_0$, $D_1=(D_0, D_0)$, $\cdots$, $D_n=(D_0, D_{n-1})$ (ただし $(A, B)=\{(g, h)\mid g\in A,\ h\in B\}$) とおけば，$D_n\subseteqq V(\varepsilon(\varepsilon M_1M_2)^n)\cap\Gamma$, したがって $n$ が十分大きければ $D_n=\{1\}$ となる．いま $D_n=\{1\}$, $D_{n-1}\ni\gamma\neq1$ とする．$\Gamma\cap V_0$ の元は $\gamma$ と可換であるが，定理1.1によって $\gamma$ の中心化群は可換である．以上で補題は証明された．▌

## §1.4　基本領域

この節では $SL_2(\boldsymbol{R})$ の離散部分群を考察する．前節の定理1.5によって，それは $SL_2(\boldsymbol{R})$ あるいは $SL_2(\boldsymbol{R})/SO_2(\boldsymbol{R})$ に不連続的に作用している (それぞれ $K=\{1\}$ あるいは $SO_2(\boldsymbol{R})$ とする)．$SL_2(\boldsymbol{R})/SO_2(\boldsymbol{R})$ は上半平面 $H$ と同相であった．

$g\in SL_2(\boldsymbol{R})$ が $H$ 上に恒等変換を引き起こすためには，$g=\pm1$ が必要十分であった．$SL_2(\boldsymbol{R})$ から $PSL_2(\boldsymbol{R})$ の上への標準写像を $\iota$ で表わす．また $SL_2(\boldsymbol{R})$ から $H$ の上への標準写像を $p$ とする．($p$ は $SL_2(\boldsymbol{R})$ から $SL_2(\boldsymbol{R})/SO_2(\boldsymbol{R})$ の上への標準写像であったが，われわれは $p(g)=g(i)$ となるように $SL_2(\boldsymbol{R})/SO_2(\boldsymbol{R})$ と $H$ を同一視する.)

$\Gamma$ を $SL_2(\boldsymbol{R})$ の離散部分群とする．

一つの問題は $\Gamma\backslash H$ の $H$ における代表系を定めることである．この目的のために，§1.2で定義された $SL_2(\boldsymbol{R})$ 不変な距離 $r(z_1, z_2)$ を利用するが，まずつぎの補題を必要とする．

**補題1.5**　$H$ の2点 $z_1, z_2$ $(z_1\neq z_2)$ を与えるとき，$r(z, z_1)=r(z, z_2)$ を満たす点 $z$ の軌跡は測地線である．

**証明**　$z_1=i$, $z_2=\lambda i$ $(\lambda>0,\ \lambda\neq1)$ の場合に証明すれば十分である．

$$z = x+iy, \qquad g = \begin{bmatrix} y^{1/2} & xy^{-1/2} \\ 0 & y^{-1/2} \end{bmatrix}, \qquad g_2 = \begin{bmatrix} \lambda^{1/2} & 0 \\ 0 & \lambda^{-1/2} \end{bmatrix}$$

とおけば，定理1.2によって $r(z, z_1)=r(z, z_2) \Leftrightarrow \mathrm{tr}(g\,{}^tg)=\mathrm{tr}((g_2{}^{-1}g)\,{}^t(g_2{}^{-1}g))$ $\Leftrightarrow y+x^2y^{-1}+y^{-1}=\lambda^{-1}y+\lambda^{-1}x^2y^{-1}+\lambda y^{-1} \Leftrightarrow x^2+y^2=\lambda$. 最後の方程式は原点を中心とする円，したがって一つの測地線を表わす. ▌

$z \in H$ に対して $\gamma z=z$, $\iota(\gamma) \neq 1$ となる $\gamma \in \Gamma$ が存在するとき，$z$ は $\Gamma$ の**固定点**であるという.

**定理 1.7** $\Gamma$ は $SL_2(\boldsymbol{R})$ の離散部分群，$z_0$ は $\Gamma$ の固定点ではないとする. このとき $H$ の部分集合

$$D = \{z \in H \mid r(z, z_0) \leqq r(z, \gamma z_0), \forall\gamma \in \Gamma\}$$

はつぎの性質をもつ.

(1) $H = \bigcup_{\gamma \in \Gamma} \gamma D$. $\iota(\gamma) \neq \iota(\gamma')$ ならば $\gamma\mathring{D} \cap \gamma'\mathring{D} = \phi$.

(2) $D$ は測地線で囲まれる多角形で，$H$ の任意のコンパクト集合と交わる $D$ の辺は有限個である.

ただし $\mathring{D}$ は $D$ の内部を表わす.

**証明** $H$ の点 $z$ を任意にとる. 定理1.5によって $r(\gamma z, z_0) \leqq R$ となる $\gamma \in \Gamma$ は，与えられた $R$ に対して，有限個である. ゆえに $\gamma$ が $\Gamma$ を動くとき $r(\gamma z, z_0)$ の最小値が存在するが，この最小値を与える $\gamma$ を $\delta$ と書く. すると任意の $\gamma \in \Gamma$ に対して

$$r(\delta z, z_0) \leqq r(\gamma^{-1}\delta z, z_0) = r(\delta z, \gamma z_0)$$

が成り立つから，$\delta z \in D$. ゆえに(1)の第1式が証明された.

補題1.5によって $c_\gamma = \{z \in H \mid r(z, z_0)=r(z, \gamma z_0)\}$ は測地線であるから，不等式 $r(z, z_0) \leqq r(z, \gamma z_0)$ を満たす点 $z$ の全体は $c_\gamma$ によって分けられる $H$ の二つの部分(測地線を'直線'と見るときの $H$ の'半平面')の一方と一致する. それらの共通部分として $D$ が測地線によって囲まれる多角形となることは明らかである. とくに $D$ の任意の2点を結ぶ測地線は $D$ に含まれる.

$H$ のコンパクト集合 $C$ と交わる $D$ の辺が有限であることをいうためには，$C$ と交わる $c_\gamma$ が有限であることを言えば十分である. $M=\max_{z \in C} r(z, z_0)$ とおく. $C \cap c_\gamma$ に属する点 $z$ が存在すれば

$$r(z_0, \gamma z_0) \leqq r(z_0, z)+r(z, \gamma z_0) = 2r(z_0, z) \leqq 2M.$$

定理1.3によって $\{z \mid r(z_0, z) \leqq 2M\}$ はコンパクト，ゆえに定理1.5によって，このような $\gamma$ は有限個である．以上で(2)は証明された．

つぎに $D$ の内部 $\mathring{D}$ が

$$\mathring{D} = \{z \mid r(z, z_0) < r(z, \gamma z_0), \forall \gamma \in \Gamma, \iota(\gamma) \neq 1\}$$

によって与えられることを示そう．$r(z, z_0) = r(z, \gamma z_0)$ すなわち $z \in c_\gamma$ となる $\gamma \in \Gamma$, $\iota(\gamma) \neq 1$, が存在すれば，$z$ の任意の近傍内に $D$ に属さない点があることは明らかで，$z$ は $D$ の内点ではない．反対に，$z \in D$ がどの $c_\gamma$ の上にもなければ，$z$ のコンパクト近傍と交わる $c_\gamma$ は有限個であるから，それらと交わらない開円板 $U$ で $z$ を含むものをとることができる．もし $U$ の点 $z'$ が $D$ に属さなければ，$r(z', z_0) > r(z', \gamma z_0)$ となる $\gamma \in \Gamma$ が存在する．$r(z, z_0) < r(z, \gamma z_0)$ であるから，$z$ と $z'$ を結ぶ線分は $c_\gamma$ と交わり，これは $U$ のとり方に反する．したがって $z$ は $D$ の内点である．

そこで(1)の第2式を証明しよう．$\gamma\mathring{D} \cap \gamma'\mathring{D} \neq \phi$ とする．$\delta = \gamma^{-1}\gamma'$ とおけば，$\delta z = w$ となる $\mathring{D}$ の点 $z, w$ が存在する．このとき $r(z, z_0) < r(z, \delta^{-1}z_0) = r(w, z_0)$ が成り立つが，$z$ と $w$ を入れ換えれば逆向きの不等式が得られるから，これは不可能である．▌

定理1.7で構成した集合 $D$ は $\Gamma\backslash H$ の正確な代表系ではない．しかし $\iota(\gamma) \neq 1$ ならば $D \cap \gamma D$ は $D$ の境界に含まれ，$D$ の境界は可算個の測地線の合併であるから測度0である．一般に $H$ の部分集合 $D$ が定理1.7の性質(1), (2)をもつとき，$D$ は $\Gamma$ の**基本領域**であるという．本書ではつぎのより弱い条件(1.12), (1.13)を満たす集合 $D$ をも $\Gamma$ の基本領域と呼んでおく．

(1.12)　$$H = \bigcup_{\gamma \in \Gamma} \gamma D.$$

(1.13)　$\gamma \in \Gamma$,　$\iota(\gamma) \neq 1$　ならば　$D \cap \gamma D$ は測度0.

少なくとも一つの基本領域が存在することから，自然に $\Gamma\backslash H$ 上の測度が導かれる．$dz = y^{-2}dxdy$ を§1.2で定義された $H$ 上の $SL_2(\boldsymbol{R})$ 不変な測度として，$\Gamma\backslash H$ 上のコンパクトな台をもつ連続関数 $f$ に対して

$$\int_{\Gamma\backslash H} f dz = \int_D f(\pi(z)) dz$$

とおくのである．ここで $\pi$ は $H$ から $\Gamma\backslash H$ への標準写像である．上式の右辺は $D$ を別の基本領域 $E$ で置き換えても変らない．実際，

$$\int_D f(\pi(z))dz = \sum_{\gamma\in\Gamma}\int_{D\cap\gamma E} f(\pi(z))dz$$
$$= \sum_{\gamma\in\Gamma}\int_{\gamma^{-1}D\cap E} f(\pi(z))dz$$
$$= \int_E f(\pi(z))dz.$$

$\Gamma\backslash H$ の可測集合 $A$ の測度を $v(A)$ で表わす．とくに $v(\Gamma\backslash H)=v(D)$ が有限のとき，$\Gamma$ を**第1種 Fuchs 群**と呼ぶ.

**補題 1.6** $\Gamma$ を $SL_2(\boldsymbol{R})$ の離散部分群，$\Gamma'$ を $\Gamma$ の指数有限な部分群とする．このとき

$$v(\Gamma'\backslash H) = v(\Gamma\backslash H)[\iota(\Gamma):\iota(\Gamma')].$$

**証明** $\Gamma$ の基本領域を $D$，$\iota(\Gamma)/\iota(\Gamma')$ の代表系を $\iota(\gamma_1),\cdots,\iota(\gamma_n)$ $(\gamma_i\in\Gamma)$ とすれば

$$D' = \gamma_1 D\cup\cdots\cup\gamma_n D$$

は $\Gamma'$ の基本領域であるから．▌

以上の議論は，$\Gamma$ を $SL_2(\boldsymbol{R})$ の不連続変換群と考えるときもほとんどそのまま通用する．定理 1.7 と同じ仕方で $SL_2(\boldsymbol{R})$ における $\Gamma$ の基本領域が作られるが，$H$ における基本領域 $D$ が得られた以上は

$$\mathscr{D} = \begin{cases} q(D)\cdot SO_2(\boldsymbol{R}), & \Gamma\not\ni -1, \\ q(D)\cdot SO_2(\boldsymbol{R})/\{\pm 1\}, & \Gamma\ni -1 \end{cases} \tag{1.14}$$

(ここで $SO_2(\boldsymbol{R})/\{\pm 1\}$ は $SO_2(\boldsymbol{R})$ における商群 $SO_2(\boldsymbol{R})/\{\pm 1\}$ の適当な代表系を表わすものとする．たとえば (1.9) の記号で $\{k(\theta)\,|\,0\leqq\theta<\pi\}$) が $SL_2(\boldsymbol{R})$ における $\Gamma$ の基本領域となることは容易にわかる．ここで基本領域とは弱い意味でいう．すなわち，$\mathscr{D}$ が $SL_2(\boldsymbol{R})$ における $\Gamma$ の基本領域であるとは

$$SL_2(\boldsymbol{R}) = \Gamma\mathscr{D},$$
$$\gamma\neq 1 \quad \text{ならば} \quad \mathscr{D}\cap\gamma\mathscr{D}\ \text{は測度}\ 0 \tag{1.15}$$

となることである．$\Gamma\backslash SL_2(\boldsymbol{R})$ 上の測度も同じようにして定義される．

明らかに $v(\Gamma\backslash SL_2(\boldsymbol{R}))$ が有限のとき，またそのときに限り，$v(\Gamma\backslash H)$ は有限である．このような離散部分群 $\Gamma$ の基本領域をより詳しく調べることにする．

初めに $\Gamma\backslash H$ がコンパクトとなる場合を考える．

**定理 1.8**　$D$ を定理1.7で定義された $\Gamma$ の基本領域とする．$\Gamma\backslash H$ がコンパクトであるためには，$D$ がコンパクトであることが必要十分である．このとき $D$ の辺は有限個である．

**証明**　$H$ から $\Gamma\backslash H$ への標準写像を $\pi$ と書く．$\Gamma\backslash H=\pi(D)$ であるから，$D$ がコンパクトならば $\Gamma\backslash H$ もコンパクトである．逆に $\Gamma\backslash H$ をコンパクトと仮定する．補題1.3によって $\Gamma\backslash H=\pi(C)$ となる $H$ のコンパクト集合 $C$ が存在する．したがって任意の $z\in D$ に対して $\gamma^{-1}z\in C$ となる $\gamma\in\Gamma$ があるが，このとき $D$ の定義から

$$r(z,z_0)\leqq r(z,\gamma z_0)=r(\gamma^{-1}z,z_0)\leqq\max_{w\in C}r(w,z_0).$$

$C$ はコンパクトであるから最後の項は有限である．これは $D$ がコンパクトであることを示す．このとき $D$ の辺が有限なことは定理1.7の(2)から出る．▮

以下 $\Gamma\backslash H$ は測度有限であるが，コンパクトではないと仮定しよう．定理1.7において $z_0$ は $\Gamma$ の固定点ではないとしたが，$z_0=g(i)$ $(g\in SL_2(\boldsymbol{R}))$ ならば，$\Gamma$ を共役部分群 $g^{-1}\Gamma g$ で置き換えることによって，$i$ が $\Gamma$ の固定点ではないと仮定することができる．このとき

$$D=\{z\,|\,r(z,i)\leqq r(z,\gamma(i)),\ \forall\gamma\in\Gamma\}$$

は $\Gamma$ の基本領域となる．

**補題 1.7**　$i$ を出る測地線 $z(t)$ $(0\leqq t<\infty)$ で $D$ に含まれるものがある．

**証明**　$H$ の任意の点は $k\in SO_2(\boldsymbol{R})$ によって虚軸上の点に移されるから，$i$ を通る任意の測地線は $kf(t)$，$k\in SO_2(\boldsymbol{R})$，$f(t)=ie^t$，の形に書くことができることを注意しておく．$D$ はコンパクトではないので，$D$ の点列 $z_n$ で $r(z_n,i)\to\infty$ $(n\to\infty)$ となるものが存在する(定理1.3)．$i$ と $z_n$ を結ぶ測地線を

$$k_nf(t),\qquad 0\leqq t\leqq t_n=r(z_n,i)$$

と書く．$SO_2(\boldsymbol{R})$ はコンパクトであるから，適当な部分列をとって $k_n$ は $k\in SO_2(\boldsymbol{R})$ に収束するとしてよい．また $t_n$ は単調増大であるとしてよい．$z(t)=kf(t)$ とおく．任意の $t\geqq 0$ に対して $k_nf(t)\to z(t)$ $(n\to\infty)$ であるが，$t\leqq t_n$ ならば $k_nf(t)\in D$ ($i$ と $z_n$ を結ぶ測地線は $D$ に含まれる)，$D$ は閉集合であるから $z(t)\in D$ となる．▮

$z(t)=kf(t)$ を補題の通りとして，$\Gamma$ をふたたび共役部分群 $k^{-1}\Gamma k$ で置き換え

てみる．このとき $D$ は $k^{-1}D$ で置き換えられる．ゆえに $z(t)=f(t)$ と仮定しても一般性は失われない．

**補題 1.8** 測地線 $z(t)=ie^t$ $(0\leqq t<\infty)$ が $D$ に含まれているとする．このとき $g=\begin{bmatrix} e^{1/2} & 0 \\ 0 & e^{-1/2} \end{bmatrix}$ とおけば，$SL_2(\boldsymbol{R})$ における単位元の任意の近傍 $V$ に対して，つぎのような整数 $n_0$ が存在する：$n\geqq n_0$ ならば $g^{-n}\Gamma g^n\cap V$ は 1 以外の元を含む．

**証明** $\rho$ を §1.2 で定義された $SL_2(\boldsymbol{R})$ 上の左不変な距離とする．$R>0$ に対して $B_R=\{g\in SL_2(\boldsymbol{R})\mid \rho(g,1)\leqq R\}$ は $SL_2(\boldsymbol{R})$ のコンパクト集合である (定理 1.3)．$v(\Gamma\backslash SL_2(\boldsymbol{R}))<\infty$ であるから，$\pi$ を $SL_2(\boldsymbol{R})$ から $\Gamma\backslash SL_2(\boldsymbol{R})$ の上への標準写像とすれば

$$\lim_{R\to\infty} v(\Gamma\backslash SL_2(\boldsymbol{R})-\pi(B_R))=0.$$

ゆえに任意の $\varepsilon$ $(0<\varepsilon<1)$ に対してつぎのような整数 $n_0$ がある：$n\geqq n_0$ ならば

$$v(\Gamma\backslash SL_2(\boldsymbol{R})-\pi(B_n))<v(B_\varepsilon). \tag{1.16}$$

このとき $\pi(B_n)\cap\pi(g^{n+1}B_\varepsilon)=\phi$ となることを証明しよう．もしそうではないとすれば，$\gamma h=g^{n+1}h'$ となる $\gamma\in\Gamma$，$h\in B_n$，$h'\in B_\varepsilon$ が存在する．

$$\begin{aligned}\rho(hh'^{-1},1)&\leqq\rho(hh'^{-1},h)+\rho(h,1)\\&\leqq\rho(h'^{-1},1)+\rho(h,1)\\&\leqq\varepsilon+n<1+n,\end{aligned}$$

ゆえに $z=hh'^{-1}(i)$ とおけば，(1.11) によって $r(z,i)\leqq\rho(hh'^{-1},1)<n+1$．一方では $\gamma hh'^{-1}=g^{n+1}$ であるから，$\gamma z=g^{n+1}(i)=e^{n+1}i$．定理 1.2 により $r(\gamma z,i)=n+1>r(z,i)$ となる．しかし測地線 $z(t)=e^ti$ が $D$ に含まれるという仮定により $\gamma z\in D$ であるからこれは矛盾である．

つぎに $\pi$ は $A=g^{n+1}B_\varepsilon$ 上で単射ではないことを示そう．もし単射であるとすれば，$\Gamma$ の異なる 2 元 $\gamma,\delta$ に対して $\gamma A\cap\delta A=\phi$ となり，

$$\begin{aligned}v(\pi(A))&=\sum_{\gamma\in\Gamma}\int_{\mathcal{D}\cap\gamma A}dm(g)\\&=\sum_{\gamma\in\Gamma}\int_{\gamma^{-1}\mathcal{D}\cap A}dm(g)=\int dm(g)=v(A).\end{aligned}$$

しかし $\pi(B_n)\cap\pi(A)=\phi$，$v(A)=v(B_\varepsilon)$ であるから，これは (1.16) と矛盾する．したがって $\pi$ は $A$ 上で単射ではなく，$\gamma\in\Gamma$，$\gamma\neq 1$，$\gamma A\cap A\neq\phi$，すなわち，$g^{-n-1}\gamma g^{n+1}\in B_\varepsilon B_\varepsilon^{-1}$ となる $\gamma$ が存在する．これで補題は証明された．∎

しばらくの間補題1.8と同じ仮定(および同じ記号)のもとで考える．補題1.4によれば $SL_2(\boldsymbol{R})$ における1の近傍 $V_0$ で，任意の離散部分群 $\Gamma'$ に対して $\Gamma'\cap V_0$ が可換群を生成するものが存在する．この $V_0$ に対して

$$gV_1g^{-1}\subseteqq V_0,\qquad V_1\subseteqq V_0$$

となる1の近傍 $V_1$ をとる．$V_1$ に補題1.8を適用すれば，$n\geqq n_1$ ならば $\Gamma\cap g^nV_1g^{-n}$ が1以外の元を含むような整数 $n_1$ が存在することがわかる．$n,m\geqq n_1$ ならば，$\Gamma\cap g^nV_1g^{-n}$ の元 $\gamma$ と $\Gamma\cap g^mV_1g^{-m}$ の元 $\delta$ は可換であることを証明しよう．$m=n+1$ のときは

$$g^{-n}\delta g^n=g(g^{-n-1}\delta g^{n+1})g^{-1}\subseteqq gV_1g^{-1}\subseteqq V_0,$$
$$g^{-n}\gamma g^n\in V_1\subseteqq V_0.$$

離散部分群 $g^{-n}\Gamma g^n$ に補題1.4を適用して $\gamma$ と $\delta$ は可換であることがわかる．ここで $\gamma$ あるいは $\delta$ として $\pm1$ 以外の元をとることができること($V_0$ は $-1$ を含まない)と $\pm1$ 以外の元の中心化群は可換であること(定理1.1)から，帰納的に任意の $n,m$ に対して結論が出る．

$V_1$ に含まれ，1に収束する近傍の列

$$V_1\supseteqq V_2\supseteqq\cdots\supseteqq V_k\supseteqq\cdots$$

を与えれば，補題1.8によって単調増大する整数の列 $n_k$ と $\gamma_k\in\Gamma\cap g^{n_k}V_kg^{-n_k}$, $\gamma_k\neq1$ となる $\gamma_k$ の列をとることができる．すでに証明したように $\gamma_k$ は互いに可換であるから，共通の中心化群 $Z$ をもつ．定理1.1によって

$$h^{-1}Zh=SO_2(\boldsymbol{R}),\ \{\pm1\}A\ \text{または}\ \{\pm1\}N$$

となる $h\in SL_2(\boldsymbol{R})$ が存在する．しかし第一と第二の場合には，$\gamma_k$ は $GL_2(\boldsymbol{C})$ の中で一斉に対角化され，ゆえに $\gamma_k$ の固有値が1に集積することはない．一方では $g^{-n_k}\gamma_kg^{n_k}$ が1に収束するのであるから，これは不可能である．

ゆえに第三の場合のみが起こる．このとき

$$h^{-1}\gamma_kh=\pm\begin{bmatrix}1&\mu_k\\0&1\end{bmatrix},\qquad h=\begin{bmatrix}a&b\\c&d\end{bmatrix}$$

と書けば，

$$g^{-n_k}\gamma_kg^{n_k}=\pm\begin{bmatrix}1-ac\mu_k&a^2e^{-n_k}\mu_k\\-c^2e^{n_k}\mu_k&1+ac\mu_k\end{bmatrix}$$

となる．これが1に収束するならば $c=0$ でなければならない．$\mu_k$ が0に収束す

ることはないからである．ゆえに十分大きい $k$ に対して

$$\gamma_k = \begin{bmatrix} 1 & a^2\mu_k \\ 0 & 1 \end{bmatrix}$$

が得られる．すなわち $\Gamma_\infty=\Gamma\cap\{\pm 1\}N$ とおけば，$\iota(\Gamma_\infty)\neq\{1\}$ であることが示された．

$\gamma\in\Gamma$ に対して $H_\gamma=\{z\,|\,r(z,i)\leqq r(z,\gamma(i))\}$ とおけば，すべての $H_\gamma$ の共通部分が $D$ となる．$\gamma$ として $\Gamma_\infty$ の元をとることによって $D$ は或る帯領域 $\{z\,|\,|\mathrm{Re}\,z|\leqq\mu\}$ に含まれることがわかる．$\lambda$ を十分大きい正数とするとき $D(\infty)=D\cap\{z\,|\,\mathrm{Im}\,z>\lambda\}$ は

$$D(\infty) = \{z\,|\,\mu'\leqq\mathrm{Re}\,z\leqq\mu'',\ \mathrm{Im}\,z>\lambda\} \tag{1.17}$$

の形であることを示そう．

$H_\gamma$ の境界 $c_\gamma$ は実軸と直交する円または直線である．半直線 $z(t)=ie^t$ $(0\leqq t<\infty)$ が $D$ に含まれることから，$c_\gamma$ が円であるとすれば，$H_\gamma$ は $c_\gamma$ の外側，$H-H_\gamma$ は $c_\gamma$ の内側である．$c_\gamma$ が実軸と直交する直線ならば，$H_\gamma$ は $c_\gamma$ によって分けられる $H$ の二つの部分のうち点 $i$ を含む方である．いずれにしても，もし $H-H_\gamma$ が $|\mathrm{Re}\,z_0|\leqq\mu$, $\mathrm{Im}\,z_0\geqq 1$ となる点 $z_0$ を含むとすれば，それは $z_0$ から実軸へ下した垂線上の点 $z_1$（ただし $\mathrm{Im}\,z_1=1$）も含み，したがって $r(i,\gamma(i))\leqq 2r(i,z_1)$．$|\mathrm{Re}\,z_1|\leqq\mu$, $\mathrm{Im}\,z_1=1$ であるから，$r(i,\gamma(i))$ は有界である．定理1.5によって，このような $\gamma$ は有限個しかない．ゆえに $\lambda$ を十分大きく，$|\mu'|,|\mu''|$ を十分小さくとれば，(1.17) の右辺はすべての $H_\gamma$ に含まれる．また (1.17) において等号の成立するような $\mu',\mu''$ の存在することは明らかである．

以上の結果は測地線 $z(t)=f(t)$ $(0\leqq t<\infty)$ が $D$ に含まれているという仮定のもとで得られたものである．測地線 $kf(t)$, $k\in SO_2(\boldsymbol{R})$, が $D$ に含まれるときの結果は，これを変換 $z\to kz$ によって移すことによって得られる．補題としてこれを述べておく．

**補題 1.9** 測地線 $z(t)=kf(t)$ $(0\leqq t<\infty)$, $k\in SO_2(\boldsymbol{R})$, が $D$ に含まれているとする．このとき

$$x = k(\infty), \qquad \Gamma_x = \Gamma\cap k\{\pm 1\}Nk^{-1}$$

とおけば $\iota(\Gamma_x)\neq\{1\}$ である．また十分大きい $\lambda$ に対して $D(x)=D\cap k\{z\,|\,\mathrm{Im}\,z>\lambda\}$ とおけば

$$D(x) = k\{z \mid \mu' \leqq \mathrm{Re}\, z \leqq \mu'', \mathrm{Im}\, z > \lambda\}$$

となる $\mu', \mu''$ が存在する．$D(x)$ を図示すればつぎのようになる．

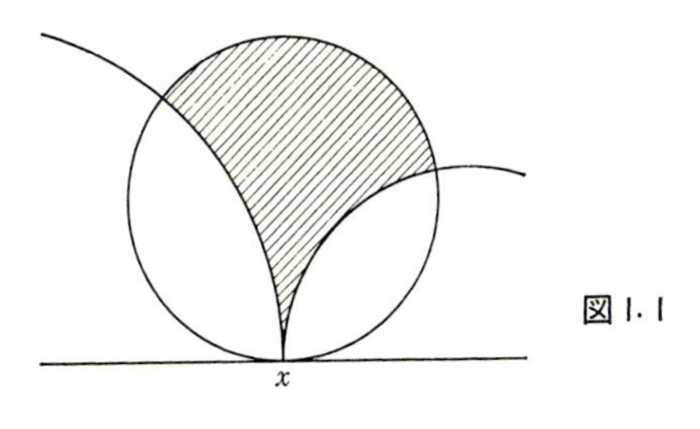


図 1.1

**補題 1.10**　測地線 $z(t)=kf(t)$ $(0\leqq t<\infty)$，$k\in SO_2(\boldsymbol{R})$，で $D$ に含まれるものは有限個である．

**証明**　$z(t)=kf(t)$ が $D$ に含まれているとき，$k'\in SO_2(\boldsymbol{R})$ が $k$ に十分近ければ ($k'\neq k$ とする)，$z'(t)=k'f(t)$ $(0\leqq t<\infty)$ は $D$ に含まれないことをいえばよい．$k=1$ としてよく，このとき $D$ は或る帯領域 $|\mathrm{Re}\, z|\leqq\mu$ に含まれる．$k'=\begin{bmatrix}\alpha & \beta\\ -\beta & \alpha\end{bmatrix}$ と書けば，$\lim_{t\to\infty} z'(t)=-\alpha/\beta$．$k'$ が十分 1 に近ければ $|\alpha/\beta|>\mu$ となり，$z'(t)$ $(0\leqq t<\infty)$ は $D$ に含まれない．▌

**補題 1.11**　$i$ を出る測地線で $D$ に含まれるものの全体を $z_i(t)=k_if(t)$ $(0\leqq t<\infty)$，$i=1,\cdots,t'$，とする．$x_i=k_i(\infty)$ とおき，$x_i$ に対して補題 1.9 の $D(x_i)$ を作る．このとき $D_0=D-\bigcup_{i=1}^{t'}D(x_i)$ は相対コンパクトである．

**証明**　$D_0$ が相対コンパクトではないとすれば，$r(z_n, i)\to\infty$ $(n\to\infty)$ となる $D_0$ の点列 $z_n$ が存在する．$i$ と $z_n$ を結ぶ測地線を $h_nf(t)$ $(0\leqq t\leqq t_n)$，$h_n\in SO_2(\boldsymbol{R})$，とする．部分列をとって $h_n\to h$ $(n\to\infty)$ と仮定してよい．このとき補題 1.7 と同様にして $z(t)=hf(t)$ $(0\leqq t<\infty)$ は $D$ に含まれることがわかる．ゆえに $z(t)$ は $z_i(t)$ のどれかと一致しなければならない．これから矛盾を導けば証明が終るのであるが，そのためには $h=1$ と仮定してよい．$D$ は帯領域 $|\mathrm{Re}\, z|\leqq\mu$ に含まれる．$h_n=\begin{bmatrix}\alpha_n & \beta_n\\ -\beta_n & \alpha_n\end{bmatrix}$，$\lambda_n=e^{t_n}$ とおけば

$$z_n = \frac{\alpha_n\lambda_n i+\beta_n}{-\beta_n\lambda_n i+\alpha_n} = \frac{-\alpha_n\beta_n(\lambda_n^2-1)+\lambda_n i}{\beta_n^2(\lambda_n^2-1)+1},$$

$\alpha_n\to 1$，$\beta_n\to 0$，$\lambda_n\to\infty$ である．$|\mathrm{Re}\, z_n|\leqq\mu$ と $n$ が十分大きいとき $\alpha_n\geqq 1/2$ となることから，$|\beta_n|(\lambda_n^2-1)\leqq 2(\beta_n^2(\lambda_n^2-1)+1)\mu$，$|\beta_n|(1-2|\beta_n|\mu)(\lambda_n^2-1)\leqq 2\mu$，

$\beta_n{}^2(\lambda_n{}^2-1)+1\leqq(1-2|\beta_n|\mu)^{-1}$. ゆえに $\lim_{n\to\infty}\operatorname{Im} z_n=\infty$ となり，十分大きい $n$ に対して $z_n\in D(\infty)$. これは矛盾である. ▌

以上の結果をまとめておく.

**定理 1.9** $D$ を定理 1.7 で定義された $\Gamma$ の基本領域とする. $\Gamma\backslash H$ が測度有限ならば，$D$ はつぎの形に表わされる.

$$D = D_0\cup D(x_1)\cup\cdots\cup D(x_{t'}).$$

ここで $D_0$ は $H$ の相対コンパクト集合, $x_1,\cdots,x_{t'}$ は $\boldsymbol{R}\cup\{\infty\}$ に属する有限個の点で，おのおのの $x_i$ に対して $D(x_i)$ は補題 1.9 に述べられた通りである.

**系** $D$ の辺は有限個である.

**証明** $D(x_i)$ と交わる辺は二つ, $D_0$ と交わる辺は定理 1.7 によって有限個である. ▌

ここで離散部分群 $\Gamma$ の尖点を定義しよう. $\boldsymbol{R}\cup\{\infty\}$ の点 $x$ を $x=g(\infty)$, $g\in SL_2(\boldsymbol{R})$ と書き,

$$\Gamma_x = \Gamma\cap g\{\pm 1\}Ng^{-1}$$

とおく. これは $g$ のとり方に依存しない. $\iota(\Gamma_x)\neq\{1\}$ となるとき，$x$ は $\Gamma$ の**尖点**であるという. いい換えれば，$x$ が $\Gamma$ の尖点であるとは，$\Gamma$ が $x$ を固定する放物的元を含むことである. 補題 1.9 によって，定理 1.9 の $x_1,\cdots,x_{t'}$ はすべて $\Gamma$ の尖点である (尖点というよび方はこの基本領域の形からきている).

**補題 1.12** $x$ が $\Gamma$ の尖点であるならば, $\iota(\Gamma_x)$ は無限次巡回群である. また $x$ を固定する $\Gamma$ の任意の元は $\Gamma_x$ に属する.

**証明** $\iota(\Gamma_x)$ は $N(\cong\boldsymbol{R})$ の離散部分群と同型であるから前半は明らかである. $\gamma\in\Gamma$, $\gamma x=x$ ならば，$\gamma=g\begin{bmatrix}a & b\\ 0 & d\end{bmatrix}g^{-1}$ と書くことができる. ゆえに $\gamma$ は $\Gamma_x$ を正規化する. $\Gamma_x$ の自己同型 $\delta\to\gamma\delta\gamma^{-1}$ は同型 $\iota(\Gamma_x)\cong\boldsymbol{Z}$ によって $\boldsymbol{Z}$ の自己同型 $n\to a^2n$ に移る. したがって $a=\pm1$, $\gamma\in\Gamma_x$. ▌

**補題 1.13** $\infty$ が $\Gamma$ の尖点であるとすれば，つぎのような定数 $M>0$ が存在する:

$$\text{任意の } \gamma=\begin{bmatrix}a & b\\ c & d\end{bmatrix}\in\Gamma-\Gamma_\infty \quad \text{に対して} \quad |c|\geqq M.$$

**証明** 与えられた定数 $M$ に対して $|c|\leqq M$ となる $\gamma$ の全体を $\Gamma_M$ として，両側剰余類 $\Gamma_\infty\backslash\Gamma_M/\Gamma_\infty$ が有限なことを示せばよい. $g=\begin{bmatrix}a & b\\ c & d\end{bmatrix}\in SL_2(\boldsymbol{R})$ は，$c\neq0$

ならば,

$$g = n'\begin{bmatrix}1 & 0\\ c & 1\end{bmatrix}n \qquad (n, n' \in N)$$

の形に一意に表わされる. $N/\Gamma_\infty$ はコンパクトであるから, $\Gamma_\infty\backslash\Gamma_M/\Gamma_\infty$ の代表系を $M$ と $\Gamma_\infty$ のみで定まるコンパクト集合の中から選ぶことができる. $\Gamma_M$ は離散であるからこの代表系は有限でなければならない. ▌

$x=g(\infty)$ を $\Gamma$ の尖点とすれば, $\lambda>0$ に対して $U(x)=g\{z \mid \mathrm{Im}\, z>\lambda\}$ は $\Gamma_x$ で不変である. この形の集合を尖点 $x$ の**近傍**という. $U(x)$ は $\lambda$ のみでなく $g$ のとり方に依存することに注意する.

**補題 1.14**　$x$ を $\Gamma$ の尖点とする. 任意の $H$ のコンパクト集合 $C$ に対して, $\Gamma C\cap U(x)=\phi$ となる $x$ の近傍 $U(x)$ が存在する.

**証明**　$x=\infty$ と仮定してよく, このとき補題は

$$\sup\{\mathrm{Im}\,\gamma z \mid \gamma\in\Gamma, z\in C\} < \infty$$

と同値である. $\gamma=\begin{bmatrix}a & b\\ c & d\end{bmatrix}$ に対して, $c=0$ ならば補題 1.12 によって $\gamma\in\Gamma_\infty$, ゆえに $\mathrm{Im}\,\gamma z=\mathrm{Im}\, z$. $c\neq 0$ ならば

$$\mathrm{Im}\,\gamma z = \frac{\mathrm{Im}\, z}{|cz+d|^2} \leqq \frac{1}{c^2\,\mathrm{Im}\, z}.$$

補題 1.13 によって $|c|\geqq M$, $z\in C$ に対して $\mathrm{Im}\, z$ は上下から有界である. ▌

**補題 1.15**　$x, x'$ を $\Gamma$ の尖点, $U(x)$ を $x$ の任意の近傍とすれば, つぎの性質をもつ $x'$ の近傍 $U(x')$ が存在する:

$$\gamma U(x)\cap U(x') \neq \phi \quad (\gamma\in\Gamma) \quad ならば \quad \gamma x = x'.$$

**証明**　$\iota(\Gamma_x), \iota(\Gamma_{x'})$ の生成元がそれぞれ $\gamma_0=\pm g\begin{bmatrix}1 & 1\\ 0 & 1\end{bmatrix}g^{-1}$, $\gamma_0'=\pm g'\begin{bmatrix}1 & 1\\ 0 & 1\end{bmatrix}g'^{-1}$ であると仮定してよい. $\gamma z=z'$, $z\in U(x)$, $z'\in U(x')$ となる $\gamma, z, z'$ が存在すると仮定する. $z=gw$, $z'=g'w'$, $\delta=g'^{-1}\gamma g=\begin{bmatrix}a & b\\ c & d\end{bmatrix}$ とおいて $\delta w=w'$ の虚数部分をくらべれば $c^2\,\mathrm{Im}\, w\,\mathrm{Im}\, w'\leqq 1$ が得られる. $\mathrm{Im}\, w>\lambda$, $\mathrm{Im}\, w'>\lambda'$ であるから, $c^2\lambda\lambda'<1$. $\delta'=\delta g^{-1}\gamma_0 g\delta^{-1}=g'^{-1}\gamma\gamma_0\gamma^{-1}g'=\begin{bmatrix}a' & b'\\ c' & d'\end{bmatrix}$ とおけば, $c'=\pm c^2$. $g'^{-1}\Gamma g'$ に補題 1.13 を適用する. この補題の定数 $M$ に対して $(\lambda\lambda')^{-1}\leqq M$ が成り立つように $\lambda'$ を大きくとっておけば, $|c'|<M$. ゆえに $c'=0$ でなければならない. これから $c=0$, $\delta(\infty)=\infty$, $\gamma x=x'$ がでる. ▌

**定理 1.10**　$\Gamma$ の尖点の $\Gamma$ 同値類は有限個である.

**証明** 記号は定理 1.9 の通りとして，任意の尖点 $x$ が $x_i$ のどれかと $\Gamma$ 同値であることをいえばよい．$D(x_i)$ は $D$ と $x_i$ の或る近傍 $U(x_i)$ との共通部分にほかならないが，補題 1.14 および 1.15 によって任意の $\iota$ に対して $\gamma U(x)\cap U(x_i)\neq\phi$ $(\gamma\in\Gamma)$ ならば $\gamma x=x_i$，$\Gamma D_0\cap U(x)=\phi$ となる $x$ の近傍 $U(x)$ がある．$U(x)\subset\Gamma D$ であるから $U(x)\subseteqq\bigcup_{i=1}^{t'}\Gamma D(x_i)$．すなわち或る $i$ と $\gamma\in\Gamma$ に対して $U(x)\cap\gamma U(x_i)\neq\phi$．ゆえに $x=\gamma x_i$．▌

**注意** 定理 1.9 により，$D$ がコンパクトでないならば $\Gamma$ の尖点が存在しなければならないが，上の定理の証明によって，この逆の成り立つことがわかる．一方，定義によって，$\Gamma$ の尖点が存在することは $\Gamma$ が放物的元を含むことと同値である．

定理 1.9 において $x_i$ と $x_j$ が $\Gamma$ 同値なとき，$D(x_i)$ と $D(x_j)$ をまとめておくのが応用上便利である．$x_i$ の任意の一つ，たとえば $x_1$ をとり，$x_i$ $(1\leqq i\leqq a)$ が $x_1$ と $\Gamma$ 同値なものの全体であるとする．$x_1$ の近傍 $U(x_1)$ が十分小さければ，$U(x_1)\subseteqq\bigcup_{i=1}^{a}\Gamma D(x_i)$ であるが，$U(x_1)\cap\gamma D(x_i)\neq\phi$ となる $\gamma$ の全体は $\Gamma_{x_1}$ の一つの剰余類 $\Gamma_{x_1}\gamma_i$ と一致する．ゆえに $U(x_1)\subseteqq\bigcup_{i=1}^{a}\Gamma_{x_1}\gamma_i D(x_i)$．したがって $\left(\bigcup_{i=1}^{a}\gamma_i D(x_i)\right)\cap U(x_1)$ を $U(x_1)$ における $\Gamma_{x_1}$ の‘任意の’基本領域 $V(x_1)$ で置き換えることが許される．残りの部分 $\bigcup_{i=1}^{a}\gamma_i D(x_i)-U(x_1)$ は相対コンパクトであるから，$D_0$ の中へ入れておく．$x_1,\cdots,x_{t'}$ の中から $\Gamma$ 同値類の代表系を選び，おのおのに対して同じことを行なえばつぎの結果が得られる．

**定理 1.11** $\Gamma\backslash H$ が測度有限であるならば，$\Gamma$ は

$$D=D_0\cup V(x_1)\cup\cdots\cup V(x_t)$$

の形の(弱い意味の)基本領域 $D$ をもつ．ここで $D_0$ は $H$ の相対コンパクト集合，$x_1,\cdots,x_t$ は $\Gamma$ の尖点の $\Gamma$ 同値類の代表系である．また尖点 $x$ に対して $\iota(\Gamma_x)$ の生成元を $\pm g\begin{bmatrix}1&\mu\\0&1\end{bmatrix}g^{-1}$ と書くとき

$$V(x)=g\{z\mid|\mathrm{Re}\,z|\leqq\mu/2,\ \mathrm{Im}\,z>\lambda\},$$

$\lambda$ は十分大きい正数である．——

$H$ の点 $z$ を固定する $\Gamma$ の元の全体を $\Gamma_z$ とする．$\iota(\Gamma_z)\neq\{1\}$ のとき，$z$ を $\Gamma$ の固定点ということを思いだそう．

**定理 1.12** $\Gamma\backslash H$ が測度有限であるならば，$\Gamma$ の固定点の $\Gamma$ 同値類は有限個である．

**証明** $D$ に含まれる固定点が有限個であることをいえばよい．補題 1.15 に

よって $V(x_i)$ は固定点を含まない．一方，固定点の集合は弧立点集合（$\Gamma_z$ の元は $z$ 以外に固定点をもたないことと定理1.6の系による）であるから，$D_0$ に属する固定点は有限個である．▌

$z_1, \cdots, z_s$ を $\Gamma$ の固定点の $\Gamma$ 同値類の代表系，$x_1, \cdots, x_t$ を $\Gamma$ の尖点の $\Gamma$ 同値類の代表系とする．$\iota(\Gamma_{z_i})$ の位数が $n_i$ であるとき

$$\{n_1, \cdots, n_s, \infty, \cdots, \infty\}$$

を $\Gamma$ の**符号分布**とよぶ．ただし $\infty$ を $t$ 個並べる．

**定理 1.13**　$\bigcup_{i=1}^{s} \Gamma_{z_i} - \{\pm 1\}$ は $\Gamma$ の楕円的共役類の代表系，$\bigcup_{j=1}^{t} \Gamma_{x_j} - \{\pm 1\}$ は $\Gamma$ の放物的共役類の代表系である．

**証明**　$\gamma \in \Gamma$ が楕円的ならば，$\gamma$ は $H$ の1点 $z$ を固定する．$z$ は $z_i$ のどれかと $\Gamma$ 同値である．$z = \delta z_i$ $(\delta \in \Gamma)$ ならば $\delta^{-1}\gamma\delta \in \Gamma_{z_i}$．$\gamma \in \Gamma_{z_i}$，$\gamma' \in \Gamma_{z_j}$，$\gamma' = \delta^{-1}\gamma\delta$ $(\delta \in \Gamma)$ ならば $\delta z_j = z_i$，ゆえに $i=j$．また $\Gamma_{z_i}$ は $SL_2(\boldsymbol{R})$ の中で $SO_2(\boldsymbol{R})$ の部分群と共役であるから，定理1.1によって $\Gamma_{z_i}$ の異なる2元が共役となることはない．以上で前半が証明された．後半の証明も同様である．▌

$D$ を定理1.9で述べた $\Gamma$ の基本領域とする．定理1.5と補題1.14によって，$C$ を $H$ のコンパクト集合とすれば $\gamma D \cap C \neq \phi$ となる $\gamma \in \Gamma$ は有限個しかない．また補題1.15を考慮すれば，$\gamma D \cap D \neq \phi$ となる $\gamma \in \Gamma$ も有限個である．

**定理 1.14**　$\gamma D \cap D \neq \phi$ となる $\gamma \in \Gamma$ の集合を $S$ とすれば，$S$ は $\Gamma$ を生成する．とくに $\Gamma$ は有限生成である．

**証明**　任意に $\gamma \in \Gamma$ をとり，$D$ の1点と $\gamma D$ の1点を連続曲線によって結ぶ．この曲線と交わる $D$ の像は有限であるから，$\Gamma$ の元の列 $\gamma_0 = 1, \gamma_1, \cdots, \gamma_n = \gamma$ であって $\gamma_i D \cap \gamma_{i+1} D \neq \phi$ $(0 \leqq i \leqq n-1)$ となるものを選ぶことができる．このとき $\gamma_i^{-1}\gamma_{i+1} \in S$．ゆえに $S$ の生成する部分群は $\gamma$ を含む．▌

$\gamma \in S$，$\gamma \neq \pm 1$ ならば，$D \cap \gamma D$ は1点であるか，測地線分であるか，いずれかである．$D \cap \gamma D$ が1点ではないような $\gamma$ の全体を $S'$ とすれば，上の証明と同じようにして $S'$ が $\Gamma$ を生成することを証明することができる．

さらに $S$ の元の間の $\{\pm 1\}$ を法とするすべての関係は $\sigma\sigma'\sigma'' = \pm 1$ $(\sigma, \sigma', \sigma'' \in S)$ の形の関係によって生成されることが示される．これを $D$ の図形的性質によってより詳しく記述することも可能である．

## §1.5 モジュラー群とその合同部分群

### モジュラー群

$$SL_2(\boldsymbol{Z}) = \left\{\begin{bmatrix} a & b \\ c & d \end{bmatrix} \in SL_2(\boldsymbol{R}) \mid a, b, c, d \in \boldsymbol{Z}\right\}$$

は第1種 Fuchs 群の古典的な例である．モジュラー群と以下に定義する主合同部分群に対して，基本領域と符号分布を求めよう．

$N$ を正の整数とすると

$$\Gamma(N) = \left\{\begin{bmatrix} a & b \\ c & d \end{bmatrix} \in SL_2(\boldsymbol{Z}) \,\middle|\, \begin{bmatrix} a & b \\ c & d \end{bmatrix} \equiv \begin{bmatrix} 1 & 0 \\ 0 & 1 \end{bmatrix} (\mathrm{mod}\, N)\right\}$$

はつぎの補題によって $SL_2(\boldsymbol{Z})$ の正規部分群となる．$\Gamma(N)$ を $N$ **段 (level) の主合同部分群**という．この記号によれば $SL_2(\boldsymbol{Z})=\Gamma(1)$ である．

**補題 1.16** $\Gamma(N)$ は $\Gamma(1)$ の正規部分群で，

$$\Gamma(1)/\Gamma(N) \cong SL_2(\boldsymbol{Z}/N\boldsymbol{Z}).$$

**証明** 整数 $n$ の $\mathrm{mod}\, N$ の剰余類を $\bar{n}$ と書く．$\gamma=\begin{bmatrix} a & b \\ c & d \end{bmatrix} \in \Gamma(1)$ に対して $\bar{\gamma}=\begin{bmatrix} \bar{a} & \bar{b} \\ \bar{c} & \bar{d} \end{bmatrix}$ とおけば，$\gamma \to \bar{\gamma}$ は $\Gamma(1)$ から $SL_2(\boldsymbol{Z}/N\boldsymbol{Z})$ の中への準同型写像である．$\Gamma(N)$ はそれの核であるから，$\Gamma(1)$ の正規部分群である．$\gamma \to \bar{\gamma}$ が全射であることをいえば補題の証明が終る．

$SL_2(\boldsymbol{Z}/N\boldsymbol{Z})$ の任意の元 $\begin{bmatrix} \bar{a} & \bar{b} \\ \bar{c} & \bar{d} \end{bmatrix}$ をとれば，$ad-bc \equiv 1\ (\mathrm{mod}\, N)$，したがって $a, b, N$ の最大公約数は1である．$a$ を割り，$b$ を割らない素数の積を $t$ とすれば，$a$ と $b+tN$ は互いに素となる．したがって $ax-(b+tN)y=1$ となる整数 $x, y$ がある．$ad-(b+tN)c=1+uN$ と書けば，$a(d-uNx)-(b+tN)(c-uNy)=1$．ゆえに $a'=a$, $b'=b+tN$, $c'=c-uNy$, $d'=d-uNx$ とすれば，$\gamma=\begin{bmatrix} a' & b' \\ c' & d' \end{bmatrix} \in SL_2(\boldsymbol{Z})$，$\bar{\gamma}=\begin{bmatrix} \bar{a} & \bar{b} \\ \bar{c} & \bar{d} \end{bmatrix}$．∎

**補題 1.17** $SL_2(\boldsymbol{Z}/N\boldsymbol{Z})$ の位数は $N^3 \prod_{p|N}(1-p^{-2})$ である．

**証明** $N=\prod_i p_i^{e_i}$ を $N$ の素因数分解とする．$\boldsymbol{Z}/N\boldsymbol{Z} \cong \prod_i \boldsymbol{Z}/p_i^{e_i}\boldsymbol{Z}$ であるから，

$$SL_2(\boldsymbol{Z}/N\boldsymbol{Z}) \cong \prod_i SL_2(\boldsymbol{Z}/p_i^{e_i}\boldsymbol{Z}).$$

ゆえに $SL_2(\boldsymbol{Z}/p^e\boldsymbol{Z})$ の位数が $p^{3e}(1-p^{-2})$ であることをいえばよい．

$(\boldsymbol{Z}/p^e\boldsymbol{Z})^2 \ni (\bar{x}, \bar{y})$ に $SL_2(\boldsymbol{Z}/p^e\boldsymbol{Z})$ を右から作用させるとき，$(1, 0)$ を固定する部分群は $\left\{\begin{bmatrix} 1 & 0 \\ \bar{c} & 1 \end{bmatrix}\right\}$ で，その位数は $p^e$ である．$SL_2(\boldsymbol{Z}/p^e\boldsymbol{Z})$ による $(1, 0)$ の像全体は $\{(\bar{x}, \bar{y}) \mid (x, y, p)=1\}$ であり，その元の個数は

$$(p^e-p^{e-1})p^e+p^{e-1}(p^e-p^{e-1})=p^{2e}(1-p^{-2}).$$

これから上の結果がでる. ∎

$-1$ は $\Gamma(1), N(2)$ に含まれるが $\Gamma(N)$ $(N>2)$ には含まれない. 補題1.16および1.17によって

$$(1.18)\qquad [\iota(\Gamma(1)):\iota(\Gamma(N))]=\begin{cases} 6, & N=2, \\ \dfrac{1}{2}N^3\prod_{p|N}(1-p^{-2}), & N>2. \end{cases}$$

$\Gamma(N)$ は $\begin{bmatrix}1 & N\\ 0 & 1\end{bmatrix}$ を含むから, $\infty$ は $\Gamma(N)$ の尖点である. このような離散部分群の基本領域を作るには, 定理1.7とは別の方法がある.

**定理 1.15** $\Gamma$ は $SL_2(\boldsymbol{R})$ の離散部分群, $\infty$ は $\Gamma$ の尖点であるとする. $\Gamma_\infty$ の生成元を $\gamma_0=\pm\begin{bmatrix}1 & \mu\\ 0 & 1\end{bmatrix}$ とすれば

$$|\mathrm{Re}\, z| \leqq \mu/2,$$

$$|cz+d| \geqq 1, \qquad \forall\begin{bmatrix}a & b\\ c & d\end{bmatrix}\in\Gamma$$

を満たす $z\in H$ の全体 $D$ は $\Gamma$ の基本領域である(すなわち $D$ は定理1.7の条件(1), (2)を満たす).

**証明** $\gamma=\begin{bmatrix}a & b\\ c & d\end{bmatrix}$ ならば $\mathrm{Im}\,\gamma z=\mathrm{Im}\, z|cz+d|^{-2}$ であるから, 上の第2式は $\mathrm{Im}\,\gamma z\leqq\mathrm{Im}\, z$ $(\forall\gamma\in\Gamma)$ と同値である. $z$ を $H$ の任意の点とする. $\delta=\gamma_0{}^n$ ならば $\delta z=z+n\mu$. ゆえに任意の $\gamma\in\Gamma$ に対して $|\mathrm{Re}\,\delta\gamma z|\leqq\mu/2$ となる $\delta\in\Gamma_\infty$ が存在し, $\mathrm{Im}\,\delta\gamma z=\mathrm{Im}\,\gamma z$. このことと定理1.5によって, 与えられた正数 $M, M'$ に対して $M'\leqq\mathrm{Im}\,\gamma z\leqq M$ となる $\Gamma_\infty$ の剰余類 $\Gamma_\infty\gamma$ は有限個しかないことがわかる. 補題1.14によって $\mathrm{Im}\,\gamma z$ $(\gamma\in\Gamma)$ は上に有界であるから, いま述べた注意によりその最大値が存在する. 最大値を与える $\gamma$ の一つを $\gamma_1$ と書き, それに対して $|\mathrm{Re}\,\gamma_1 z|\leqq\mu/2$ が成り立つと仮定してよい. $w=\gamma_1 z$ とおけば $\mathrm{Im}\, w=\mathrm{Im}\,\gamma_1 z\geqq\mathrm{Im}\,\gamma\gamma_1 z=\mathrm{Im}\,\gamma w$ $(\forall\gamma\in\Gamma)$. ゆえに $w\in D$. これは $H=\Gamma D$ を示す.

$\gamma\in\Gamma-\Gamma_\infty$ に対し実軸上に中心をもつ半円 $\{z\in H\,|\,|cz+d|=1\}$ を $c_\gamma'$ で表わす. $c_\gamma'$ は測地線で明らかに剰余類 $\Gamma_\infty\gamma$ のみに依存する. これが与えられたコンパクト集合 $C$ と点 $z$ を共有すれば, $\mathrm{Im}\,\gamma z=\mathrm{Im}\, z$ が成り立ち, $z\in C$ であるから $\mathrm{Im}\,\gamma z$ は上下から有界である. ふたたび上の注意によって, このような $\Gamma_\infty\gamma$ は有限個である. これからコンパクト集合と交わる $D$ の辺は有限個であることがわかる.

定理 1.7 の証明と同様に $D$ の内部 $\mathring{D}$ は

$$\{z \mid |\mathrm{Re}\, z| < \mu/2,\ |cz+d| > 1,\ \forall\gamma \in \Gamma - \Gamma_\infty\}$$

と一致することが示される．そうすれば $\iota(\gamma) \neq \iota(\gamma')$ のとき $\gamma\mathring{D} \cap \gamma'\mathring{D} = \phi$ となることはこれまでの議論によって明らかである．▌

この定理を $\Gamma(N)$ に適用してみる．$(c,d)$ が $\Gamma(N)$ の元の第2行となるためには，$c \equiv 0 \pmod N$，$d \equiv 1 \pmod N$，$(c,d)=1$ となることが必要十分である．このようなすべての $c,d$ に対して $|cz+d| \geqq 1$，かつ $|\mathrm{Re}\, z| \leqq N/2$ となる $z$ の全体 $D(N)$ が $\Gamma(N)$ の基本領域である．$D(1)$ を図示しておく．$|\mathrm{Re}\, z| \leqq 1/2$ の範囲では円 $|cz+d|=1$ $(|c| \geqq 2)$ は円 $|z|=1$ の内部に含まれる．ゆえに

$$D(1) = \{z \mid |\mathrm{Re}\, z| \leqq 1/2,\ |z| \geqq 1\}.$$

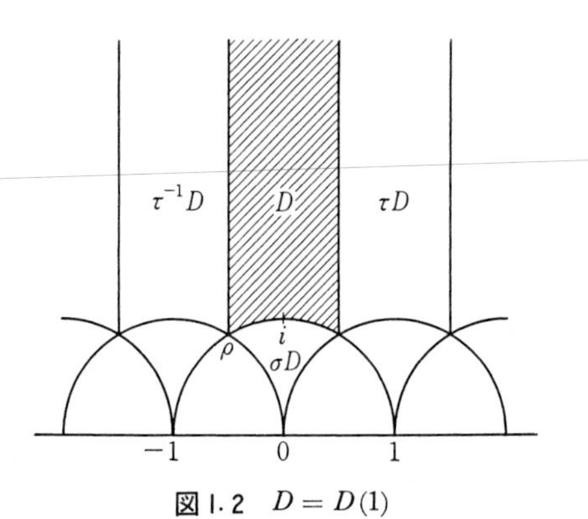


図 1.2　$D = D(1)$

定理 1.14 は定理 1.15 において定義された基本領域 $D$ に対しても成立する．ゆえに $\Gamma(1)$ は $\sigma = \begin{bmatrix} 0 & 1 \\ -1 & 0 \end{bmatrix}$ と $\tau = \begin{bmatrix} 1 & 1 \\ 0 & 1 \end{bmatrix}$ によって生成される．

$\Gamma(1)$ の符号分布を求めよう．簡単のため以下では $\Gamma = \Gamma(1)$ と書くことにする．$D(1)$ 内の固定点は $D(1)$ の境界上になければならないが，図を見ればそれは二つの頂点 $\rho, \tau(\rho)$ $(\rho = (-1+\sqrt{3}i)/2)$ を除き $\tau^{-1}, \sigma, \tau$ のいずれかによって固定される．しかし $\tau^{-1}, \tau$ は固定点をもたないから，$D(1)$ 内の固定点は $i, \rho, \tau(\rho)$ のみである（実際，$i$ は $\sigma$ によって，$\rho$ は $\sigma\tau$ によって固定される）．$\iota(\Gamma_i) = \{1, \sigma\}$ は明らかである．また $\iota(\Gamma_\rho) = \{1, \sigma\tau, (\sigma\tau)^2\}$．なぜなら $\iota(\Gamma_\rho)$ の生成元は $\rho$ のまわりの $60°$ の整数倍の回転でなければならないからである．一方，$D(1)$ 内の尖点は $\infty$ のみであるから，定理 1.10 と同じ証明によって，$\Gamma$ の任意の尖点は $\infty$ と

同値であることがわかる．ゆえに $\Gamma$ の尖点の集合は $\Gamma$ による $\infty$ の像，つまり有理数の全体および $\infty$ である．しかしこれは直接確かめられる．

$\Gamma(N)$ が $\Gamma$ の正規部分群であることから，$\Gamma(N)$ の符号分布は $\Gamma$ のそれから容易に求まる．$\Gamma(N)$ の固定点は $i$ または $\rho$ と $\Gamma$ 同値でなければならない．たとえば $z=\gamma(i)\,(\gamma\in\Gamma)$ が $\Gamma(N)$ の固定点であるとすれば，$\Gamma(N)_z=\Gamma(N)\cap\gamma\Gamma_i\gamma^{-1}=\gamma(\Gamma(N)\cap\Gamma_i)\gamma^{-1}$．しかし $N\geqq 2$ ならば $\Gamma(N)\cap\Gamma_i$ は $\pm 1$ 以外の元を含まない．$\rho$ に関しても同じであるから，結局 $\Gamma(N)$ は固定点をもたない．

一方，$\Gamma$ と $\Gamma(N)$ の尖点の集合は一致する．$x$ が $\Gamma$ の尖点であるならば，$\Gamma_x$ の元の十分大きい巾は $\Gamma(N)_x$ に属するからである．このことから $\Gamma(N)$ の尖点の $\Gamma(N)$ 同値類は両側剰余類 $\Gamma(N)\backslash\Gamma/\Gamma_\infty$ と1対1に対応することがわかる．これはまた $\Gamma/\Gamma(N)\Gamma_\infty$ したがって $SL_2(\boldsymbol{Z}/N\boldsymbol{Z})/B$ と1対1に対応する．ただし $B$ は $\Gamma_\infty$ の $SL_2(\boldsymbol{Z}/N\boldsymbol{Z})$ における像である．$B$ の位数は $N=2$ ならば 2，$N>2$ ならば $2N$ であるから，補題1.17によって，尖点の $\Gamma(N)$ 同値類の個数を $t(N)$ とすれば

$$t(N)=\begin{cases}3, & N=2,\\ \dfrac{1}{2}N^2\displaystyle\prod_{p|N}(1-p^{-2}), & N>2.\end{cases}\tag{1.19}$$

$\gamma,\gamma'\in\Gamma$ の第1列をそれぞれ $(a,c),(a',c')$ とすれば，明らかに

$$\bar{\gamma}B=\bar{\gamma}'B \iff (a,c)\equiv\pm(a',c') \pmod N$$

が成立する．ゆえに対 $(a,c)$ (ただし $a$ と $c$ は互いに素) を上の同値関係により分類し，その代表を $(a_i,c_i)$ $(i=1,\cdots,t(N))$ とすれば，$a_i/c_i$ が $\Gamma(N)$ の尖点の同値類の代表となる．

まとめれば $\Gamma(N)$ の符号分布は

$$\begin{array}{lll}\{2,3,\infty\}, & & N=1,\\ \{\infty,\cdots,\infty\} & (t(N)\text{個}), & N>1.\end{array}$$

さて $D(1)$ の面積を直接計算すると

$$v(D(1))=\int_{-1/2}^{1/2}\left\{\int_{\sqrt{1-x^2}}^{\infty}\frac{dy}{y^2}\right\}dx=\frac{\pi}{3}.$$

ゆえに (1.18) と補題1.6によって

$$(1.20)\qquad v(D(N)) = \begin{cases} \dfrac{\pi}{3}, & N=1, \\ 2\pi, & N=2, \\ \dfrac{\pi}{6}N^3 \prod_{p|N}(1-p^{-2}), & N>2. \end{cases}$$

## 問　題

**1**　$P^1$ を $n$ 次の正値対称行列 $x$ で $\det x=1$ となるものの全体とする．このとき $SL_n(\boldsymbol{R})/SO_n(\boldsymbol{R})$ は $P^1$ と同相である．ただし

$$SO_n(\boldsymbol{R}) = \{g \in SL_n(\boldsymbol{R}) \mid {}^t gg=1\}.$$

**2**　$G$ は分離局所コンパクト位相群，$\Gamma$ は $G$ の離散部分群，$\Gamma\backslash G$ はコンパクトであると仮定する．$\Gamma$ を含む $G$ の離散部分群 $\Gamma'$ に対して，$\Gamma'\backslash G$ がコンパクトになるためには，$\Gamma$ が $\Gamma'$ の指数有限な部分群であることが必要十分である．

**3**　$G$ を連結位相群，$\Gamma$ を $G$ の部分群とする．$G$ の開集合 $U$ が $G=\Gamma U$ を満たすならば，$\Gamma$ は $\Gamma\cap UU^{-1}$ によって生成される（$\Gamma\cap UU^{-1}$ によって生成される部分群を $\Gamma_0$ とし，$\Gamma_0 U$ およびその補集合がいずれも開集合であることを示す）．とくに前問の仮定のもとでは，$\Gamma$ は有限個の元によって生成される．

**4**　上半平面 $H$ において測地線分によって囲まれた三角形 $A$ を考える．$A$ の頂点は $\overline{\boldsymbol{R}}$ 上にあってもよい．$A$ の頂角（すなわち頂点において $A$ の辺を作る二つの測地線のなす角）を $\alpha, \beta, \gamma$ とすれば

$$v(A) = \pi-\alpha-\beta-\gamma.$$

**5**　$\Gamma$ を $v(\Gamma\backslash H)$ が有限な $SL_2(\boldsymbol{R})$ の離散部分群とする．

(1)　$\infty$ が $\Gamma$ の尖点であるとする．$\Gamma_\infty \ni \gamma = \pm\begin{bmatrix}1 & \mu \\ 0 & 1\end{bmatrix}$ $(\mu\neq 0)$，$\Gamma \ni \gamma_1 = \begin{bmatrix}a & b \\ c & d\end{bmatrix}$ $(c\neq 0)$ ならば，つねに $|c\mu|\geqq 1$ が成り立つ．($\gamma_{n+1}=\gamma_n\gamma\gamma_n{}^{-1}$ $(n\geqq 1)$ によって帰納的に $\gamma_n\in\Gamma$ を定義する．$|c\mu|<1$ ならば，$\gamma_n\to\gamma$ $(n\to\infty)$ を示す．)

(2)　定理 1.11 の記号で，$\Gamma$ の尖点 $x$ に対して

$$V_x = g\{z \mid |\mathrm{Re}\, z|<|\mu|/2, \mathrm{Im}\, z>|\mu|\}$$

とおく．$\Gamma$ の尖点 $x, x'$ が $\Gamma$ 同値でなければ $\Gamma V_x \cap V_{x'}=\phi$.

(3)　$\Gamma$ の尖点の $\Gamma$ 同値類の数を $t$ とすれば，$t\leqq v(\Gamma\backslash H)$.

**6**　$SL_2(\boldsymbol{Z})$ を含む $SL_2(\boldsymbol{R})$ の離散部分群は $SL_2(\boldsymbol{Z})$ 以外にはない．

**7**　§1.5 で定義した $SL_2(\boldsymbol{Z})$ の基本領域 $D(1)$ に対して

$$D(1) = \{z\in H \mid r(z,2i) \leqq r(z,\gamma(2i)),\ \forall\gamma\in SL_2(\boldsymbol{Z})\}.$$

# 第2章　整型保型形式の解析的理論

## §2.1　保型形式

$g=\begin{bmatrix} a & b \\ c & d \end{bmatrix} \in SL_2(\boldsymbol{R})$, $z \in H$ に対して

$$j(g, z) = (cz+d)^{-1}$$

とおく．このとき

$$j(g_1 g_2, z) = j(g_1, g_2 z) j(g_2, z) \qquad (g_1, g_2 \in SL_2(\boldsymbol{R}),\ z \in H)$$

が成り立つ．

$SL_2(\boldsymbol{R})$ の離散部分群 $\Gamma$ で，$\Gamma\backslash H$ が測度有限となるもの(すなわち第1種 Fuchs 群)が与えられているとする．$m$ を整数として，条件

$$f(\gamma z) j(\gamma, z)^m = f(z) \qquad (\forall z \in H,\ \forall \gamma \in \Gamma) \tag{2.1}$$

を満たす $H$ 上の複素数値関数 $f$ を考えよう．もし $m=0$ ならば，(2.1) は

$$f(\gamma z) = f(z) \qquad (\forall z \in H,\ \forall \gamma \in \Gamma)$$

となり，これは $f$ が商空間 $\Gamma\backslash H$ 上の関数を定義することにほかならない．第4章で見るように $\Gamma\backslash H$ は1次元複素多様体の構造をもち，このとき $f$ が $\Gamma\backslash H$ 上の有理型関数を定義するためには，$f$ が $H$ 上で有理型であることが必要十分であることが証明される．しかし，さしあたりわれわれは与えられた整数 $m$ に対して (2.1) を満足し，さらに $H$ 上で整型な関数 $f$ を考察する．$g \in SL_2(\boldsymbol{R})$ に対して $dg(z)/dz = j(g, z)^2$ となるから，$m$ が偶数ならば，(2.1) の等式を

$$f(\gamma z)(d\gamma(z)/dz)^{m/2} = f(z)$$

と書くことができることを注意しておく．

$\Gamma\backslash H$ がコンパクトでないときは，$f$ にさらに一つの条件をつけ加える．一般に $g \in SL_2(\boldsymbol{R})$ に対し

$$f(gz) j(g, z)^m = f^g(z)$$

とおく(この定義はもちろん $m$ に依存するが，$m$ は固定しておくのである)．この記号によれば，(2.1) は $f^\gamma = f$ $(\forall \gamma \in \Gamma)$ と同じである．初めに述べた $j(g, z)$ の性質によって $f^{gg'} = (f^g)^{g'}$ が成り立つから

$$f^{g\gamma} = f^g \qquad (\forall \gamma \in g^{-1}\Gamma g). \tag{2.2}$$

いま $\Gamma$ が $x=g(\infty)$, $g \in SL_2(\boldsymbol{R})$ を尖点としてもつとする($\Gamma$ の尖点が存在しなければ，すなわち $\Gamma\backslash H$ がコンパクトならば，以下しばらくの間の議論は不要である)．このとき $\infty$ は $g^{-1}\Gamma g$ の尖点となる．$\iota((g^{-1}\Gamma g)_\infty)$ の生成元の $(g^{-1}\Gamma g)_\infty$ における代表を $\pm\begin{bmatrix}1 & \mu \\ 0 & 1\end{bmatrix}$ と書けば，(2.2)によって

$$f^g(z+n\mu) = (\pm 1)^{mn} f^g(z) \qquad (n \in \boldsymbol{Z}).$$

ゆえに $M=2\mu$ とおけば，$f^g$ は $z \to z+M$ によって不変である．$z=x+iy$ と書き，$x$ の $C^\infty$ 級関数として $f^g$ を Fourier 級数に展開する．

$$f^g(z) = \sum_{n=-\infty}^{\infty} c_n(y) e^{2\pi i n x/M}.$$

ここで

$$c_n(y) = \frac{1}{M}\int_0^M f^g(iy+u) e^{-2\pi i n u/M} du$$

であるから

$$\begin{aligned} c_n(y) e^{2\pi i n x/M} &= \frac{1}{M}\int_0^M f^g(z+u) e^{-2\pi i n u/M} du \\ &= \frac{1}{M}\int_0^M f^g(z+u) e^{-2\pi i n (z+u)/M} du \cdot e^{2\pi i n z/M}. \end{aligned}$$

最後の積分は $z$ によらない定数である．実際，$z, z' \in H$ として，$z$, $z+M$, $z'$, $z'+M$ を頂点とする平行四辺形の周を $c$ とする($c$ に向きをつけておく)．Cauchy の積分定理から

$$\int_c f^g(w) e^{-2\pi i n w/M} dw = 0$$

が得られるが，被積分関数は $w \to w+M$ で不変であるから，$z$ と $z'$ を結ぶ辺と $z+M$ と $z'+M$ を結ぶ辺の上の積分は打消し合う．したがって

$$\int_z^{z+M} f^g(w) e^{-2\pi i n w/M} dw = \int_{z'}^{z'+M} f^g(w) e^{-2\pi i n w/M} dw.$$

これは

$$c_n = \frac{1}{M}\int_0^M f^g(z+u) e^{-2\pi i n (z+u)/M} du \tag{2.3}$$

が $z$ に依存しないことを示す．結局 $f^g$ は級数

$$(2.4)\qquad f^g(z)=\sum_{n=-\infty}^{\infty} c_n e^{2\pi inz/M}$$

によって表わされ，この級数は $H$ 上到る所で収束する．$s=e^{2\pi iz/M}$ とおいて，(2.4)をあらためて

$$(2.5)\qquad f^g(z)=\sum_{n=-\infty}^{\infty} c_n s^n, \qquad s=e^{2\pi iz/M}$$

と書く．(2.5)は $f^g$ が $s$ の関数として $0<|s|<1$ において整型であることを主張しているが，一方，これは $f^g$ が $H$ において整型であることの当然の帰結である．

$x=g(\infty)$ を $\Gamma$ の尖点とする．(2.5)において $f^g$ が $s$ の整級数で表わされるとき，$f$ は $x$ **において有限**であるという．とくに整級数の定数項が0であるとき，$f$ は $x$ **において零**であるという．

以上の準備をすれば，保型形式の定義はつぎのように述べられる．$H$ 上の関数 $f$ が条件

(i) $f$ は $H$ 上で整型である，

(ii) $f(\gamma z)j(\gamma, z)^m=f(z) \quad (\forall\gamma\in\Gamma,\ \forall z\in H)$，

(iii) $f$ は $\Gamma$ の任意の尖点で有限である

を満たすとき，$f$ は $\Gamma$ **に対する重さ** $m$ **の(整型)保型形式**であるという．このような $f$ は $\boldsymbol{C}$ 上の線型空間を作る．これを $G(m,\Gamma)$ で表わす．$f\in G(m,\Gamma)$ がさらに

(iv) $f$ は $\Gamma$ の任意の尖点で零である

を満たすとき，$f$ は**尖点形式**であるという．尖点形式の全体は $G(m,\Gamma)$ の部分空間となる．これを $S(m,\Gamma)$ で表わす．

とくにモジュラー群 $SL_2(\boldsymbol{Z})$ (および部分群 $\Gamma(N)$)に対する保型形式を**モジュラー形式**とよぶ．$m$ が2より大きい偶数ならば

$$f(z)=\sum_{\substack{(c,d)\in\boldsymbol{Z}^2\\(c,d)\neq(0,0)}}(cz+d)^{-m}$$
$$=2\sum_{d=1}^{\infty}d^{-m}+2\frac{(-2\pi i)^m}{(m-1)!}\sum_{n=1}^{\infty}\Bigl(\sum_{\substack{l|n\\l>0}}l^{m-1}\Bigr)e^{2\pi inz}$$

は $G(m,SL_2(\boldsymbol{Z}))$ に属する．このことは§2.4で示す．この場合 $f$ は尖点形式ではなく，$G(m,SL_2(\boldsymbol{Z}))$ は $f$ と $S(m,SL_2(\boldsymbol{Z}))$ によって張られる．尖点形式の真に具体的な例をあげるのは比較的難しい問題に属する．

なお $\Gamma$ の尖点が存在しなければ，条件(iii), (iv)は空な条件であり，$G(m,\Gamma)=S(m,\Gamma)$ となる．

保型形式の定義をいく分拡げよう．$\chi$ は $\Gamma$ の $N$ 次ユニタリ行列による表現で，その核 $\mathrm{Ker}\,\chi$ は $\Gamma$ の指数有限な部分群であるとする．$\boldsymbol{C}^N$ に値をとる $H$ 上の整型関数 $f$ で(これはベクトル $f(z)$ の各成分が $H$ 上の整型関数であることを意味する)，

$$f(\gamma z)j(\gamma,z)^m=\chi(\gamma)f(z)\qquad(\forall\gamma\in\Gamma,\ \forall z\in H)$$

を満たすものを考える．$x=g(\infty)$ を $\Gamma$ の尖点，$\gamma_0=\pm g\begin{bmatrix}1&\mu\\0&1\end{bmatrix}g^{-1}$ を $\iota(\Gamma_x)$ の生成元の $\Gamma_x$ における代表とすれば

$$f^g(z+\mu n)=(\pm1)^{mn}\chi(\gamma_0{}^n)f(z)\qquad(\forall n\in\boldsymbol{Z}).$$

ゆえに $M=2\mu[\Gamma_x:\Gamma_x\cap\mathrm{Ker}\,\chi]$ とおけば，$f^g$ は $z\to z+M$ で不変であり，この場合も展開(2.5)が成立する(ただし $c_n\in\boldsymbol{C}^N$)．前と同様に $f$ が $x$ で有限または零であることを定義しておく．$\boldsymbol{C}^N$ に値をとる $H$ 上の関数 $f$ が条件

(i) $f$ は $H$ 上で整型である，

(ii) $f(\gamma z)j(\gamma,z)^m=\chi(\gamma)f(z)\quad(\forall\gamma\in\Gamma,\ \forall z\in H)$，

(iii) $f$ は $\Gamma$ の任意の尖点で有限である

を満足するとき，$f$ は $(m,\chi,\Gamma)$ **型の保型形式**であるという．

$f$ がさらに $\Gamma$ の任意の尖点で零となるとき $f$ は**尖点形式**であるという．$(m,\chi,\Gamma)$ 型の保型形式の作る線型空間，および尖点形式の作るその部分空間をそれぞれ $G(m,\chi,\Gamma)$，$S(m,\chi,\Gamma)$ で表わす．

$\Gamma$ が $-1$ を含むときは，任意の $f\in G(m,\chi,\Gamma)$ に対して

$$(-1)^m f(z)=\chi(-1)f(z)$$

となることに注意する必要がある．$\chi$ は既約表現の直和であるから，$\chi$ 自身が既約であると仮定しても一般性を失わない．このとき $\chi(-1)$ はスカラー行列であるから，$\chi(-1)=(-1)^m$ でなければ $f$ は恒等的に零となる．この自明な場合を除くために，$\chi$ が既約かどうかにかかわらず，つぎのことを仮定しておく．

(2.6)　$$\Gamma\ni-1\quad ならば\quad \chi(-1)=(-1)^m.$$

とくに $\chi$ が単位表現のときは，$\Gamma\ni-1$ ならば $m$ を偶数とするのである．

保型形式の諸性質を導くためには，$H$ からそれと解析的に同型な開単位円板

$$E = \{w \in \boldsymbol{C} \mid |w|<1\}$$

に移るほうが好都合なことがある．$H$ から $E$ の上への同型は

$$z \longrightarrow w = \frac{z-i}{z+i},$$

その逆写像は

$$w \longrightarrow z = \frac{iw+i}{-w+1}$$

によって与えられる．$GL_2(\boldsymbol{C})$ が $\bar{\boldsymbol{C}}$ の変換群となることを思いだそう．上の対応 $w \to z$ は $\sigma=\begin{bmatrix} i & i \\ -1 & 1 \end{bmatrix}$ の作用と一致する．ゆえに $G_E=\sigma^{-1}SL_2(\boldsymbol{R})\sigma$ は $E$ をそれ自身の中に写す．$H$ 上の $SL_2(\boldsymbol{R})$ 不変測度 $dz$ は $E$ 上の測度

$$dw = \frac{4}{(1-|w|^2)^2}dudv$$

(ただし $w=u+iv$) に対応し，それは $G_E$ 不変である．$E$ 上の関数としての保型形式を定義するには，対応 $\Gamma \to \sigma^{-1}\Gamma\sigma$，$f(z) \to f^{\sigma}(w)=f(\sigma w)j(\sigma, w)^m$ によってすでに述べた保型形式の定義を $E$ に移せばよい．($g=\begin{bmatrix} a & b \\ c & d \end{bmatrix} \in GL_2(\boldsymbol{C})$, $z \in \boldsymbol{C}$ に対して，$cz+d \neq 0$ ならば $j(g, z)=(cz+d)^{-1}$ とおく．$j(g_1g_2, z)=j(g_1, g_2z)j(g_2, z)$ は両辺が定義される限り成立することに注意する.)

この節で述べる主な結果は，$m<0$ ならば $G(m, \chi, \Gamma)$ は $\{0\}$ であること，$G(0, \chi, \Gamma)$ は定値関数のみからなること，一般に $S(m, \chi, \Gamma)$ の次元は有限であることである．$G(m, \chi, \Gamma)$ が有限次元であることは §2.4 で証明する．

記号はこれまでの通りとして，$\boldsymbol{C}^N$ に $\|u\|=({}^t u\bar{u})^{1/2}$ によってノルムを定義しておく．

**補題 2.1** $f \in S(m, \chi, \Gamma)$ ならば $y^{m/2}\|f(z)\|$ ($y=\mathrm{Im}\, z$) は $H$ 上で有界である．さらに $H$ の適当なコンパクト集合 $K$ をとれば，任意の $f \in S(m, \chi, \Gamma)$ に対して

$$\sup_{z \in H} y^{m/2}\|f(z)\| = \max_{z \in K} y^{m/2}\|f(z)\|. \tag{2.7}$$

$m \leqq 0$ ならば $G(m, \chi, \Gamma)$ に関しても同じ結果が成り立つ．

**証明** $\mathrm{Im}(\gamma z)=\mathrm{Im}\, z|j(\gamma, z)|^2$ であるから，$y^{m/2}\|f(z)\|$ は $z \to \gamma z$ ($\gamma \in \Gamma$) によって不変である．定理 1.11 に述べた $\Gamma$ の基本領域

$$D = D_0 \cup V(x_1) \cup \cdots \cup V(x_t)$$

を考える．$y^{m/2}\|f(z)\|$ が $H$ 上で有界なことをいうには，それが $V(x_i)$ 上で有界

なことをいえばよい．$D_0$ は相対コンパクトだからである．そのために $\Gamma$ の任意の尖点 $x=g(\infty)$ をとり，$V(x)=g\{z\,|\,|\mathrm{Re}\,z|\leqq\mu/2,\ \mathrm{Im}\,z>\lambda\}$ 上で $y^{m/2}\|f(z)\|$ が有界なことを示す．$f\in G(m,\chi,\Gamma)$ とすれば，(2.5) の記号で

$$f^g(z)=\sum_{n=0}^{\infty}c_ns^n,\qquad s=e^{2\pi iz/M}.$$

まず $c_0=0$ と仮定する．$\sum_{n=1}^{\infty}c_ns^{n-1}$ は $y>\lambda$，すなわち $|s|<e^{-2\pi\lambda/M}$ で有界，$y\to\infty$ のとき $y^{m/2}s\to0$ であるから，$y^{m/2}\|f^g(z)\|$ は $y>\lambda$ で有界となる．$m\leqq0$ ならば $c_0=0$ でなくても同じ結論が得られる．これで補題の前半は証明された．

等式 (2.7) の成立するような $K$ の存在を示そう．$f$ を上の通りとして，ふたたび $c_0=0$ と仮定する．$y^{m/2}|s|=y^{m/2}e^{-2\pi y/M}$ は，$\rho$ が十分大きい正数ならば，$y\geqq\rho$ において単調減少する．$r=e^{-2\pi\rho/M}$ とおけば，最大値の原理によって

$$\max_{|s|\leqq r}\left\|\sum_{n=1}^{\infty}c_ns^{n-1}\right\|=\max_{|s|=r}\left\|\sum_{n=1}^{\infty}c_ns^{n-1}\right\|.$$

(この弱い意味の最大値の原理はベクトル値整型関数に対しても成立する．これは Cauchy の積分表示の直接の結果であるから.) ゆえに $y\geqq\rho$ に対して

$$y^{m/2}\|f^g(z)\|=y^{m/2}|s|\left\|\sum_{n=1}^{\infty}c_ns^{n-1}\right\|$$
$$\leqq\rho^{m/2}r\max_{|s|=r}\left\|\sum_{n=1}^{\infty}c_ns^{n-1}\right\|=\max_{y=\rho}y^{m/2}\|f^g(z)\|.$$

$m\leqq0$ ならば $y^{m/2}$ が単調減少であるから，$c_0=0$ でなくても，上の不等式は任意の $\rho$ に対して成立する．したがって $V(x_i)=g_i\{z\,|\,|\mathrm{Re}\,z|\leqq\mu_i/2,\ \mathrm{Im}\,z>\lambda\}$ と書くとき，$\rho$ を十分大きくとり，$K=\bar{D}_0\cup K_1\cup\dots\cup K_t$,

$$K_i=g_i\{z\,|\,|\mathrm{Re}\,z|\leqq\mu_i/2,\ \lambda\leqq\mathrm{Im}\,z\leqq\rho\}$$

とおけばよい．▌

**補題 2.2**　$m>0$ とする．$f$ が条件 (i), (ii) を満たし，$y^{m/2}\|f(z)\|$ が $H$ 上で有界ならば，$f\in S(m,\chi,\Gamma)$.

**証明**　前の補題 2.1 と同じ記号を用いる．仮定から

$$f^g(z)=F(s)=\sum_{n=-\infty}^{\infty}c_ns^n$$

と書くことができる．$s=0$ が $F(s)$ の真性特異点であるならば，Weierstrass の定理によって，$\|F(s_\nu)\|\to\infty$ となる 0 に収束する点列 $s_\nu$ が存在し，$y^{m/2}\|f(z)\|$ が

有界であるという仮定に反する．$s=0$ が極であっても同様である．したがって $F(s)$ は $s=0$ で正則でなければならない．$y\to\infty$ のとき，$y^{m/2}\sum_{n=1}^{\infty}c_n s^n\to 0$ であるから，$y^{m/2}c_0$ は有界，ゆえに $c_0=0$. ▌

**補題 2.3** $m<0$ ならば $G(m,\chi,\Gamma)=\{0\}$.

**証明** $f\in G(m,\chi,\Gamma)$ とすれば，補題2.1により $y^{m/2}\|f(z)\|$ の最大値を与える点 $z_0\in H$ が存在する．単位円板 $E$ に移って議論するために $f^\sigma(w)=f(\sigma w)j(\sigma,w)^m$, $z_0=\sigma(w_0)$ とおく．このとき

$$y^{m/2}\|f(z)\|=(1-|w|^2)^{m/2}\|f^\sigma(w)\|$$

は $w_0$ で最大値(それを $\mu$ とする)をとる．$|w_0|<r<1$ となる $r$ をとれば，最大値の原理によって

$$(1-|w_0|^2)^{-m/2}\mu=\|f^\sigma(w_0)\|\leqq\max_{|w|=r}\|f^\sigma(w)\|\leqq(1-r^2)^{-m/2}\mu.$$

しかし $\mu>0$ ならばこれは不可能である．ゆえに $f=0$. ▌

**補題 2.4** $G(0,\chi,\Gamma)$ は $\boldsymbol{C}^N$ に値をとる定値関数のみからなり，それらを $\boldsymbol{C}^N$ の元と同一視すれば

$$G(0,\chi,\Gamma)=\{u\in\boldsymbol{C}^N\mid\chi(\gamma)u=u,\ \forall\gamma\in\Gamma\}.$$

**証明** $f\in G(0,\chi,\Gamma)$ が定値関数であることをいえばよい．$\chi$ の核 $\Gamma'$ は仮定により $\Gamma$ の指数有限な部分群である．ベクトル $f(z)$ の成分は $\Gamma'$ 不変であるから，$\Gamma$ を $\Gamma'$ で置き換えることによって，初めから $\chi$ は単位表現であると仮定することができる．$f\in G(0,\Gamma)$ ならば，補題2.1により $|f(z)|$ は $H$ の点で最大値をとる．ゆえに $f$ は定数でなければならない．(強い意味の最大値の原理による．すなわち複素平面の開集合 $D$ で定義された複素数値整型関数が定数でなければ，$|f(z)|$ は $D$ において最大値をとることはない.) ▌

結局 $m\leqq 0$ に対する保型形式は自明なもののみである．以後 $m>0$ とする．補題2.1によって $f\in S(m,\chi,\Gamma)$ ならば

$$|f|_\infty=\sup_{z\in H}y^{m/2}\|f(z)\|$$

は有限である．ゆえに

$$|f|_2=\left(\int_{\Gamma\backslash H}y^m\|f(z)\|^2dz\right)^{1/2}\leqq v(\Gamma\backslash H)^{1/2}|f|_\infty.$$

上式において $y^{m/2}\|f(z)\|$ は $\Gamma$ 不変であるから，$\Gamma\backslash H$ 上の積分が定義されるので

ある(§1.4). それは $\Gamma$ の任意の基本領域上の積分である. Schwarz の不等式によって, $f,g$ が $S(m,\chi,\Gamma)$ に属するならば

$$(f,g)=\int_{\Gamma\backslash H} y^{m}\,{}^{t}f(z)\overline{g(z)}dz$$

が定義され, $(f,g)$ は $S(m,\chi,\Gamma)$ 上の正値 Hermite 形式となる.

**補題 2.5**　$K$ を $H$ のコンパクト集合とすれば

$$\|f(z)\|\leqq c(K)|f|_2 \qquad (\forall z\in K,\ \forall f\in S(m,\chi,\Gamma))$$

が成立するような定数 $c(K)$ が存在する.

**証明**　$a\in H$ を中心とする半径 $r$ の円板が $H$ に含まれているとする. $f\in S(m,\chi,\Gamma)$ ならば

$$f(a)=\frac{1}{\pi r^2}\int_{|z-a|\leqq r} f(z)dxdy$$

が成り立つことは Cauchy の積分公式から容易にわかる. ゆえに, Schwarz の不等式によって

$$\begin{aligned}\|f(a)\|&\leqq \frac{1}{\pi r^2}\int_{|z-a|\leqq r}\|f(z)\|dxdy\\ &\leqq\left[\int_{|z-a|\leqq r}1\cdot\frac{dxdy}{\pi r^2}\int_{|z-a|\leqq r}\|f(z)\|^2\frac{dxdy}{\pi r^2}\right]^{1/2}\\ &=\left[\frac{1}{\pi r^2}\int_{|z-a|\leqq r}\|f(z)\|^2dxdy\right]^{1/2}.\end{aligned}$$

$K$ を $H$ のコンパクト集合とし, $K'=\{z'\mid \exists z\in K, |z'-z|\leqq r\}$ とおけば, $K'$ もコンパクトであり, $r$ が十分小さければ $K'\subseteqq H$ となる. 任意の $z'\in K'$ に対して $(\mathrm{Im}\,z')^{m-2}\geqq M>0$ となる定数 $M$ が存在する. $D$ を定理 1.11 で述べた $\Gamma$ の基本領域とすれば, 定理 1.5 および補題 1.14 によって, $\gamma D\cap K'\neq\phi$ となる $\gamma\in\Gamma$ は有限個しかない. その個数を $n$ とする. そうすれば任意の $a\in K$ に対して

$$\begin{aligned}\|f(a)\|&\leqq\left[\frac{1}{\pi r^2M}\int_{K'}y^{m-2}\|f(z)\|^2dxdy\right]^{1/2}\\ &\leqq\left[\frac{n}{\pi r^2M}\int_{D}y^{m-2}\|f(z)\|^2dxdy\right]^{1/2}\\ &=\left(\frac{n}{\pi r^2M}\right)^{1/2}|f|_2.\end{aligned}$$

これで補題は証明された. ∎

この補題と補題2.1の等式(2.7)を合せれば

$$|f|_\infty \leqq c|f|_2 \qquad (\forall f \in S(m,\chi,\Gamma)) \tag{2.8}$$

となる定数 $c>0$ が存在することがわかる.

**定理 2.1** $S(m,\chi,\Gamma)$ は有限次元である.

**証明** もし $S(m,\chi,\Gamma)$ が有限次元ならば, その上の任意のノルムは同値であるから, (2.8)は自明であるが, われわれが証明したいのはこの逆である.

$f_1,\cdots,f_n$ を $S(m,\chi,\Gamma)$ に属する正規直交系とする. 任意の $a_i \in \boldsymbol{C}$ をとり, $f=\sum_{i=1}^n a_i f_i$ に不等式(2.8)を適用すれば

$$\left\| \sum_{i=1}^n a_i y^{m/2} f_i(z) \right\| \leqq c\left(\sum_{i=1}^n |a_i|^2\right)^{1/2}$$

が得られる. $f_i(z)={}^t(f_{i1}(z),\cdots,f_{iN}(z))$ と書けば, $k=1,\cdots,N$ に対して

$$\left| \sum_{i=1}^n a_i y^{m/2} f_{ik}(z) \right| \leqq c\left(\sum_{i=1}^n |a_i|^2\right)^{1/2}$$

$z$ を任意に固定して $a_i=\overline{f_{ik}(z)}$ とおくと

$$y^{m/2}\left(\sum_{i=1}^n |f_{ik}(z)|^2\right)^{1/2} \leqq c$$

が得られ, これを平方して $k$ に関して加えれば

$$y^m \sum_{i=1}^n \|f_i(z)\|^2 \leqq c^2 N.$$

ゆえに $\Gamma\backslash H$ 上で積分して

$$\int_{\Gamma\backslash H} y^m \sum_{i=1}^n \|f_i(z)\|^2 dz \leqq c^2 N v(\Gamma\backslash H).$$

しかし左辺は $\sum_{i=1}^n |f_i|_2{}^2=n$ に等しい. これは

$$\dim S(m,\chi,\Gamma) \leqq c^2 N v(\Gamma\backslash H)$$

を示す. ∎

## §2.2 上半平面上の2乗可積分な整型関数

$S(m,\chi,\Gamma)$ の次元が与えられたデータ $m,\chi,\Gamma$ によってどのように表わされるかという問題は, $\chi$ を単位表現とすれば, Riemann-Roch の定理を応用することによって早くから解かれていた(§4.3を参照). Riemann-Roch の定理そのもの

は必ずしも初等的ではなく，本書では証明することができない．その代りにこれから述べる方法は Selberg の理論に基づくもので，表現 $\chi$ を制限することなく通用し，最小限の解析の予備知識で足りるという長所がある．しかし次元公式の計算のある部分が少々煩わしいことと，$m\leqq 2$ の場合を取り扱うことができないことが短所である．

$m$ を正の整数とするとき，$H$ 上の複素数値整型関数 $f$ で

$$|f|_2=\left(\int_H y^m|f(z)|^2dz\right)^{1/2}$$

が有限となるものの全体を $\mathcal{H}^2(m)$ で表わそう．

$$(f,g)=\int_H y^m f(z)\overline{g(z)}dz$$

は $\mathcal{H}^2(m)$ 上の正値 Hermite 形式を定める．補題2.5と同じ証明によって，任意のコンパクト集合 $K$ に対し

$$|f(z)|\leqq c(K)|f|_2 \qquad (\forall f\in\mathcal{H}^2(m))$$

となる定数 $c(K)$ が存在することがわかる．ゆえに $\mathcal{H}^2(m)$ の関数列 $f_n$ が $|\ |_2$ に関する Cauchy 列であるならば，それは $H$ の任意のコンパクト集合上で一様収束し，その極限 $f$ は $H$ 上で整型である．一方，$|f|_2$ が有限であることは2乗可積分関数のよく知られた性質である．これは $\mathcal{H}^2(m)$ が $|\ |_2$ に関して完備であって，Hilbert 空間となることを示す．

さて $f\in\mathcal{H}^2(m)$ に対して $f^\sigma(w)=f(\sigma(w))j(\sigma,w)^m$ $(w\in E)$ とおけば，$z=\sigma(w)$ のとき

$$(\operatorname{Im} z)^{m/2}|f(z)|=(1-|w|^2)^{m/2}|f^\sigma(w)|.$$

ゆえに $E$ 上の整型関数 $\varphi$ で

$$|\varphi|_2=\left(\int_E(1-|w|^2)^m|\varphi(w)|^2dw\right)^{1/2}$$

が有限となるものの全体を $\mathcal{H}_E{}^2(m)$ によって表わせば，$f\to f^\sigma$ は $\mathcal{H}^2(m)$ から $\mathcal{H}_E{}^2(m)$ の上への等長線型写像となる．

$\mathcal{H}^2(m)$ の代りにしばらくの間 $\mathcal{H}_E{}^2(m)$ を考えよう．$m>1$ とすれば

$$\int_E(1-|w|^2)^m dw=\int_0^{2\pi}\int_0^1(1-r^2)^{m-2}4rdrd\theta=\frac{4\pi}{m-1}.$$

したがって $\mathcal{H}_E{}^2(m)$ は $E$ 上の有界な整型関数をすべて含む．とくに関数 $w^n$ $(n=$

$0, 1, 2, \cdots$) は $\mathscr{H}_E^2(m)$ に属し，$w^n$ と $w^l$ の内積は

$$\int_E (1-|w|^2)^m w^n \bar{w}^l dw = \begin{cases} \dfrac{4\pi}{m-1}\dfrac{(m-1)!n!}{(m+n-1)!}, & n=l, \\ 0, & n \neq l \end{cases} \tag{2.9}$$

である．そこで $\varphi_n(w)=\alpha_n w^n$ とおき，$|\varphi_n|_2=1$ となるように正数 $\alpha_n$ を定めれば，$\varphi_n$ は正規直交系を作る．

任意の $\varphi \in \mathscr{H}_E^2(m)$ は $E$ 上で整型なので，0を中心とする整級数に展開される(その収束半径は少なくとも1である)．ゆえに

$$\varphi = \sum_{n=0}^{\infty} c_n \varphi_n \tag{2.10}$$

と書くことができるが，右辺が $\mathscr{H}_E^2(m)$ のノルムに関して収束するかどうかはまだ明らかではない．しかし $R<1$ とすれば，(2.10) は $|w| \leqq R$ において絶対一様収束するから

$$\begin{aligned} &\int_{|w|\leqq R} (1-|w|^2)^m \varphi(w)\overline{\varphi_l(w)}dw \\ &= \sum_{n=0}^{\infty} c_n \alpha_n \alpha_l \int_0^{2\pi}\int_0^R (1-r^2)^{m-2}(re^{i\theta})^n (re^{-i\theta})^l 4rdrd\theta \\ &= c_l \alpha_l^2 \int_0^{2\pi}\int_0^R (1-r^2)^{m-2} r^{2l} 4rdrd\theta. \end{aligned}$$

$R \to 1$ とすれば $\alpha_l$ のとり方により $(\varphi, \varphi_l)=c_l$ が得られ，正規直交系のよく知られた性質によって

$$|\varphi|_2^2 \geqq \sum_{n=0}^{\infty} |c_n|^2$$

が成立する．一方では同じ $R<1$ の仮定のもとで

$$\begin{aligned} &\int_{|w|\leqq R} (1-|w|^2)^m |\varphi(w)|^2 dw \\ &= \sum_{n,l=0}^{\infty} c_n \bar{c}_l \alpha_n \alpha_l \int_0^{2\pi}\int_0^R (1-r^2)^{m-2}(re^{i\theta})^n (re^{-i\theta})^l 4rdrd\theta \\ &= \sum_{n=0}^{\infty} |c_n|^2 \alpha_n^2 \int_0^{2\pi}\int_0^R (1-r^2)^{m-2} r^{2n} 4rdrd\theta \leqq \sum_{n=0}^{\infty} |c_n|^2. \end{aligned}$$

$R \to 1$ とすれば

$$|\varphi|_2^{\,2} \leqq \sum_{n=0}^{\infty} |c_n|^2$$

が得られる．結局，上式において等号が成立し，$\{\varphi_n\}$ は完備正規直交系を作る．

いま $w, w' \in E$ に対して

$$k_E(w, w') = \sum_{n=0}^{\infty} \varphi_n(w)\overline{\varphi_n(w')}$$

とおけば，(2.9) によって

$$k_E(w, w') = \frac{m-1}{4\pi} \sum_{n=0}^{\infty} \frac{(m+n-1)!}{(m-1)!\,n!} (w\bar{w}')^n$$

$$= \frac{m-1}{4\pi}(1-w\bar{w}')^{-m}$$

となる．$w$ を固定すると，$\sum_{n=0}^{\infty} |\varphi_n(w)|^2$ は収束するので（その和は $k_E(w, w)$ に等しい），

$$k_w = \overline{k_E(w, *)} = \sum_{n=0}^{\infty} \overline{\varphi_n(w)}\varphi_n$$

は $\mathcal{H}_E^{\,2}(m)$ に属し，$(\varphi_n, k_w) = \varphi_n(w)$ となる．ゆえに任意の $\varphi = \sum_{n=0}^{\infty} c_n\varphi_n \in \mathcal{H}_E^{\,2}(m)$ に対して

$$\int_E (1-|w'|^2)^m k_E(w, w')\varphi(w')dw'$$

$$= (\varphi, k_w) = \sum_{n=0}^{\infty} c_n(\varphi_n, k_w)$$

$$= \varphi(w).$$

以上の結果を定理として述べておく．

**定理 2.2** $m>1$ ならば

$$k_E(w, w') = \frac{m-1}{4\pi}(1-w\bar{w}')^{-m}$$

はつぎの性質をもつ．

(1) $\overline{k_E(w, w')} = k_E(w', w)$.

(2) $w$ の関数として $k_E(w, w')$ は $\mathcal{H}_E^{\,2}(m)$ に属する．

(3) 任意の $\varphi \in \mathcal{H}_E^{\,2}(m)$ に対し

$$\varphi(w) = \int_E (1-|w'|^2)^m k_E(w, w')\varphi(w')dw'. \qquad \text{——}$$

上の性質(1), (2), (3)をもつ関数 $k_E(w,w')$ はただ一つである．実際，別の関数 $k_E'(w,w')$ が同じ性質をもつならば

$$\begin{aligned} k_E'(w,w'') &= \int_E (1-|w'|^2)^m k_E(w,w') k_E'(w',w'')dw' \\ &= \int_E (1-|w'|^2)^m \overline{k_E'(w'',w')}\,\overline{k_E(w',w)}dw' \\ &= \overline{k_E(w'',w)} \\ &= k_E(w,w''). \end{aligned}$$

$g\in G_E$ に対し $\varphi^g(w)=\varphi(gw)j(g,w)^m$ とおけば，$\varphi\to\varphi^g$ は $\mathcal{H}_E{}^2(m)$ のユニタリ変換となる．$\{\varphi_n{}^g\}$ も $\mathcal{H}_E{}^2(m)$ の正規直交基底であるから，上の注意によって

$$k_E(w,w') = \sum_{n=0}^{\infty} \varphi_n{}^g(w)\overline{\varphi_n{}^g(w')}.$$

実際，$\{\varphi_n\}$ の場合と同様，右辺は(1), (2), (3)を満たす．すなわち

$$k_E(w,w') = k_E(gw,gw')j(g,w)^m\overline{j(g,w')}^m \tag{2.11}$$

が成り立つ．

**補題 2.6** $m>2$ ならば，積分

$$\int_E (1-|w'|^2)^{m/2}|k_E(w,w')|dw'$$

は収束する．

**証明** $w=g(0)$ となる $g\in G_E$ をとる．$w'=gw''$ とおけば，

$$\begin{aligned} &(1-|w'|^2)^{m/2}|k_E(w,w')| \\ &\quad = (1-|w''|^2)^{m/2}|k_E(0,w'')||j(g,0)|^{-m}. \end{aligned}$$

ここで(2.11)を用いた．$k_E(0,w'')=(m-1)/4\pi$ は定数である．$m>2$ ならば

$$\int_E (1-|w''|^2)^{m/2}dw''$$

が収束することは容易にわかる．▌

**定理 2.3** $m>2$ とする．$E$ の整型関数 $\varphi$ で

$$\sup_{w\in E}(1-|w|^2)^{m/2}|\varphi(w)|$$

が有限となるものの全体を $\mathcal{H}_E{}^\infty(m)$ で表わせば，任意の $\varphi\in\mathcal{H}_E{}^\infty(m)$ に対して

$$\varphi(w) = \int_E (1-|w'|^2)^m k_E(w,w')\varphi(w')dw'$$

が成り立つ.

**証明**　補題2.6により上の積分は絶対収束する. $g\in G_E$ とすれば, $\varphi\to\varphi^g$ によって $\mathcal{H}_E^\infty(m)$ は不変である. $w=g(0)$ となる $g\in G_E$ をとり, $w'=gw''$ とおけば

$$\int_E(1-|w'|^2)^m k_E(w,w')\varphi(w')dw'$$
$$=\int_E(1-|w''|^2)^m k_E(0,w'')\varphi^g(w'')dw''\cdot j(g,0)^{-m}.$$

ゆえに定理の等式を $w=0$ に対して証明すれば十分である. $k_E(0,w)=(m-1)/4\pi$ に注意すれば, 証明すべき等式は

$$\varphi(0)=\frac{m-1}{4\pi}\int_E(1-|w|^2)^m\varphi(w)dw \tag{2.12}$$

となる. $\varphi(w)=\sum_{n=0}^{\infty}a_nw^n$ を $\varphi$ の整級数展開とする. $R<1$ とすれば, それは $|w|\leqq R$ において一様収束するから

$$\begin{aligned}\int_{|w|\leqq R}(1-|w|^2)^m\varphi(w)dw &= \sum_{n=0}^{\infty}a_n\int_{|w|\leqq R}(1-|w|^2)^m w^n dw\\ &= \sum_{n=0}^{\infty}a_n\int_0^{2\pi}\int_0^R(1-r^2)^{m-2}r^n e^{in\theta}4rdrd\theta\\ &= 8\pi a_0\int_0^R(1-r^2)^{m-2}rdr.\end{aligned}$$

ここで $R\to1$ とすれば (2.12) が得られる. ▌

ふたたび上半平面上の関数空間に戻る. $f^\sigma(w)=f(\sigma(w))j(\sigma,w)^m$ としたとき $f\to f^\sigma$ が $\mathcal{H}^2(m)$ から $\mathcal{H}_E{}^2(m)$ の上への同型写像であったから, $z=\sigma(w)$, $z'=\sigma(w')$ に対して

$$k(z,z')=k_E(w,w')j(\sigma,w)^{-m}\overline{j(\sigma,w')}^{-m}$$

とおけば, $k$ が $\mathcal{H}^2(m)$ において $k_E$ の役割を果す. 上式の右辺を計算すれば

$$k(z,z')=\frac{m-1}{4\pi}\left(\frac{z-\bar{z}'}{2i}\right)^{-m}.$$

つぎの二つの定理は定理2.2, 2.3のいい換えである.

**定理 2.4**　$m>1$ ならば, $k(z,z')$ はつぎの性質をもつ.

(1)　$\overline{k(z,z')}=k(z',z)$.

(2)　$z$ の関数として $k(z,z')$ は $\mathcal{H}^2(m)$ に属する.

(3)　任意の $f\in\mathcal{H}^2(m)$ に対し

$$f(z)=\int_H y'^m k(z,z')f(z')dz'.$$

**定理 2.5**　$m>2$ とする. $H$ 上の整型関数 $f$ で

$$|f|_\infty=\sup_{z\in H} y^{m/2}|f(z)|$$

が有限となるものの全体を $\mathcal{H}^\infty(m)$ で表わせば, 任意の $f\in\mathcal{H}^\infty(m)$ に対し

$$f(z)=\int_H y'^m k(z,z')f(z')dz'. \qquad ——$$

定理 2.3 の証明から明らかなように, この積分は絶対収束する. また $g\in SL_2(\boldsymbol{R})$ に対して

$$k(gz,gz')j(g,z)^m\overline{j(g,z')}^m=k(z,z') \tag{2.13}$$

が成立することに注意する.

$\Gamma, m, \chi$ は §2.1 の通りとして, $m>2$ と仮定しておく. $f(z)={}^t(f_1(z),\cdots,f_N(z))$ を $(m,\chi,\Gamma)$ 型の尖点形式とする. 補題 2.1 によって $f_i\in\mathcal{H}^\infty(m)$ $(1\leqq i\leqq N)$ であるから, 定理 2.5 によって

$$f(z)=\int_H y'^m k(z,z')f(z')dz'.$$

$Z(\Gamma)=\Gamma\cap\{\pm1\}$ とおく. $D$ を $\Gamma$ の基本領域とすれば, 定義から $H=\Gamma D$, また $\iota(\gamma)\neq\iota(\gamma')$ ならば $\gamma D\cap\gamma' D$ は測度 0 である. ゆえに

$$\begin{aligned} f(z)&=\sum_{\gamma\in\Gamma/Z(\Gamma)}\int_{\gamma D} y'^m k(z,z')f(z')dz' \\ &=\sum_{\gamma\in\Gamma/Z(\Gamma)}\int_D y'^m k(z,\gamma z')\overline{j(\gamma,z')}^m\chi(\gamma)f(z')dz'. \end{aligned} \tag{2.14}$$

同じ理由で

$$\begin{aligned} &\int_H y'^m|k(z,z')|\|f(z')\|dz \\ &=\sum_{\gamma\in\Gamma/Z(\Gamma)}\int_D y'^m|k(z,z')||j(\gamma,z')|^m\|f(z')\|dz' \end{aligned}$$

が成り立つから, Lebesgue の定理によって (2.14) の和と積分を交換することが

許される．また

$$K_{\Gamma}(z,z')=\sum_{\gamma\in\Gamma/Z(\Gamma)}k(z,\gamma z')\overline{j(\gamma,z')}^{m}\chi(\gamma) \tag{2.15}$$

とおけば，級数 $K_{\Gamma}(z,z')f(z')$ はほとんど到る所絶対収束することがわかる．したがって，任意の $f\in S(m,\chi,\Gamma)$ に対して

$$f(z)=\int_{D}y'^{m}K_{\Gamma}(z,z')f(z')dz' \tag{2.16}$$

が成立する．

**補題 2.7**　$m>2$ ならば，$z,z'$ が $H$ のコンパクト集合内にあるとき，級数 $\sum_{\gamma\in\Gamma}k(z,\gamma z')\overline{j(\gamma,z')}^{m}$ は絶対一様収束する．また $K'$ を $H$ のコンパクト集合とすれば，任意の $z'\in K'$ に対して

$$\sup_{z\in H}y^{m/2}\sum_{\gamma\in\Gamma}|k(z,\gamma z')||j(\gamma,z')|^{m}\leqq c'.$$

ここで $c'$ は $K'$ のみに依存する定数である．

**証明**　$r>0$ を十分小さくとり $K''=\{z''\mid\exists z'\in K',|z''-z'|\leqq r\}$ が $H$ に含まれるようにする．$z$ を固定すると $\overline{k(z,\gamma z')}j(\gamma,z')^{m}$ は $z'$ に関して整型であるから，補題 2.5 と同じ証明によって

$$|k(z,\gamma z')||j(\gamma,z')|^{m}\leqq c\int_{K''}y''^{m/2}|k(z,\gamma z'')||j(\gamma,z'')|^{m}dz''$$

が任意の $z'\in K'$ に対して成立する．ただし $c$ は $K'$ のみで定まる定数である．積分の変数を $\zeta=\gamma z''$ $(\zeta=\xi+i\eta)$ に変えて

$$|k(z,\gamma z')||j(\gamma,z')|^{m}\leqq c\int_{\gamma K''}\eta^{m/2}|k(z,\zeta)|d\zeta. \tag{2.17}$$

補題 2.6 によって積分 $\int_{H}\eta^{m/2}|k(z,\zeta)|d\zeta$ は収束する．ゆえに任意の $\varepsilon>0$ に対して

$$\int_{H-A}\eta^{m/2}|k(i,\zeta)|d\zeta<\varepsilon$$

となる $H$ のコンパクト集合 $A$ が存在する．

$K$ を $H$ のコンパクト集合とする．このとき $p^{-1}(K)=\{g\in SL_2(\boldsymbol{R})\mid g(i)\in K\}$ および $B=\bigcup_{g\in p^{-1}(K)}gA$ もコンパクトである．したがって $S=\{\gamma\in\Gamma\mid\gamma K''\cap B\neq\phi\}$ は有限集合となる．また $\gamma K''\cap K''\neq\phi$ となる $\gamma$ の個数を $n$ とする．$z\in K$ ならば，(2.17) によって

$$\begin{aligned}
&\sum_{\gamma\in\Gamma-S} |k(z,\gamma z')||j(\gamma,z')|^m \\
&\leqq c\sum_{\gamma\in\Gamma-S}\int_{\gamma K''}\eta^{m/2}|k(z,\zeta)|d\zeta \\
&\leqq nc\int_{H-B}\eta^{m/2}|k(z,\zeta)|d\zeta \\
&\leqq nc\int_{H-gA}\eta^{m/2}|k(z,\zeta)|d\zeta \qquad (z=g(i)) \\
&\leqq nc\int_{H-A}\eta'^{m/2}|k(i,\zeta')|d\zeta'\cdot y^{-m/2} \qquad (\zeta=g\zeta') \\
&\leqq nc\varepsilon M.
\end{aligned}$$

ただし $M=\max_{z\in K} y^{-m/2}$ とおいた．これは補題の級数がコンパクト集合 $K\times K'$ 上で絶対一様収束することを示す．また $A$ として空集合をとれば

$$\begin{aligned}
&y^{m/2}\sum_{\gamma\in\Gamma}|k(z,\gamma z')||j(\gamma,z')|^m \\
&\leqq nc\int_H \eta'^{m/2}|k(i,\zeta')|d\zeta'
\end{aligned}$$

が任意の $z$ に対して成立することがわかる．▌

**定理 2.6**　$K_\Gamma(z,z'):H\times H\to M_N(\boldsymbol{C})$ はつぎの性質をもつ．

(1)　$K_\Gamma(z,z')^*=K_\Gamma(z',z)$.

(2)　任意の $u\in\boldsymbol{C}^N$ に対して $K_\Gamma(z,z')u$ は $z$ の関数として $S(m,\chi,\Gamma)$ に属する．

(3)　任意の $f\in S(m,\chi,\Gamma)$ に対して

$$f(z)=\int_{\Gamma\backslash H} y'^m K_\Gamma(z,z')f(z')dz'.$$

ただし $X\in M_N(\boldsymbol{C})$ の随伴行列 ${}^t\bar{X}$ を $X^*$ で表わしている．

**証明**　(3) はすでに証明されている．補題 2.7 により $K_\Gamma(z,z')$ は $H\times H$ のコンパクト集合上で一様収束し，$z$ あるいは $\bar{z}'$ の関数として整型となる．(2.13) を考慮すれば

$$K_\Gamma(z,z')=\sum_{\gamma\in\Gamma/Z(\Gamma)}k(\gamma z,z')j(\gamma,z)^m\chi(\gamma^{-1}) \tag{2.18}$$

と書くことができて，これから $K_\Gamma(\gamma z,z')j(\gamma,z)^m=\chi(\gamma)K_\Gamma(z,z')$ $(\forall\gamma\in\Gamma)$ の成立することがわかる．補題 2.7 によって，$u\in\boldsymbol{C}^N$ に対し $\sup_{z\in H} y^{m/2}\|K_\Gamma(z,z')u\|$ は

有限である．ゆえに(2)は補題2.2から出る．(1)を見るには(2.15)と(2.18)を比較すればよい．∎

定理の性質(1), (2), (3)をもつ $K_\Gamma(z,z')$ はただ一つであることを証明しておく．実際，別の $K_\Gamma'(z,z')$ が同じ性質をもつならば

$$\begin{aligned}K_\Gamma'(z,z'') &= \int_{\Gamma\backslash H} y'^m K_\Gamma(z,z')K_\Gamma'(z',z'')dz' \\ &= \int_{\Gamma\backslash H} y'^m K_\Gamma(z',z)^* K_\Gamma'(z'',z')^* dz' \\ &= \int_{\Gamma\backslash H} y'^m (K_\Gamma'(z'',z')K_\Gamma(z',z))^* dz' \\ &= K_\Gamma(z'',z)^* = K_\Gamma(z,z'').\end{aligned}$$

**定理 2.7**　$m>2$ ならば

$$\dim S(m,\chi,\Gamma) = \int_{\Gamma\backslash H} y^m \operatorname{tr} K_\Gamma(z,z)dz.$$

**証明**　$\{f_1,\cdots,f_n\}$ を $S(m,\chi,\Gamma)$ の正規直交基底とする．$f\in S(m,\chi,\Gamma)$ に対して

$$(f,f_i) = \int_{\Gamma\backslash H} y^m\, {}^t f(z)\overline{f_i(z)}dz$$

であった．ゆえに

$$\begin{aligned}f(z) &= \sum_{i=1}^n (f,f_i)f_i(z) \\ &= \sum_{i=1}^n \int_{\Gamma\backslash H} y'^m\, {}^t f(z')\overline{f_i(z')}dz'\cdot f_i(z) \\ &= \int_{\Gamma\backslash H} y'^m \sum_{i=1}^n f_i(z)\, {}^t\overline{f_i(z')}f(z')dz'.\end{aligned}$$

前定理2.6のあとの注意によって

$$K_\Gamma(z,z') = \sum_{i=1}^n f_i(z)\, {}^t\overline{f_i(z')} \tag{2.19}$$

が成立しなければならない．ゆえに

$$\begin{aligned}\int_{\Gamma\backslash H} y^m \operatorname{tr} K_\Gamma(z,z)dz &= \int_{\Gamma\backslash H} y^m \sum_{i=1}^n \|f_i(z)\|^2 dz \\ &= \sum_{i=1}^n |f_i|_2{}^2 = n.\end{aligned}$$ ∎

**系**　$y^{m/2}y'^{m/2}K_\Gamma(z,z')$ は $H\times H$ 上で有界である.

**証明**　これは補題2.1および(2.19)から出る. ▌

## §2.3　尖点形式の空間の次元公式

この節を通して $SL_2(\boldsymbol{R})$ を $G$ と書くことにする. 定理2.7によって尖点形式の空間 $S(m,\chi,\Gamma)$ $(m>2)$ の次元は

$$\dim S(m,\chi,\Gamma)=\int_{\Gamma\backslash H}y^m\,\mathrm{tr}\,K_\Gamma(z,z)dz \tag{2.20}$$

によって与えられる. $K_\Gamma$ は(2.15)で定義されたが, われわれは $-1\in\Gamma$ ならば $\chi(-1)=(-1)^m$ と仮定しているので

$$K_\Gamma(z,z)=\frac{1}{|Z(\Gamma)|}\sum_{\gamma\in\Gamma}k(z,\gamma z)\overline{j(\gamma,z)}^m\chi(\gamma) \tag{2.21}$$

と書くことができる. ただし $Z(\Gamma)=\Gamma\cap\{\pm1\}$. いま $g\in G$ に対して

$$k(g)=(2\pi)^{-1}k(i,g(i))\overline{j(g,i)}^m$$

とおく. $y^mk(z,\gamma z)\overline{j(\gamma,z)}^m=k(i,g^{-1}\gamma g(i))\overline{j(g^{-1}\gamma g,i)}^m$ $(z=g(i))$ の成立することに注意すれば

$$\dim S(m,\chi,\Gamma)=\int_{\Gamma\backslash G}\sum_{\gamma\in\Gamma}k(g^{-1}\gamma g)\,\mathrm{tr}\,\chi(\gamma)dg. \tag{2.22}$$

ここで $dg$ は $G$ 上の不変測度である(§1.2では $dm(g)$ と書いた). 積分は $G$ における $\Gamma$ の基本領域 $\mathscr{D}$ 上の積分と考えてよい. 補題2.7によって(2.22)の級数は $G$ のコンパクト集合上で絶対一様収束するから, もし $\mathscr{D}$ がコンパクトならば(2.22)を項別に積分することが許される. $\mathscr{D}$ がコンパクトではないときの手続きはあとで論じることにして, いまは上述の仮定のもとで話をすすめる.

$\Gamma$ における $\gamma\in\Gamma$ の中心化群を $\Gamma_\gamma$ で表わせば, $\delta$ が $\Gamma_\gamma\backslash\Gamma$ の代表系を動くとき, $\delta^{-1}\gamma\delta$ は $\gamma$ の共役類 $[\gamma]$ のすべての元を重複なく動く. ゆえに

$$\dim S(m,\chi,\Gamma)=\sum_{[\gamma]}\sum_{\delta\in\Gamma_\gamma\backslash\Gamma}\int_{\mathscr{D}}k(g^{-1}\delta^{-1}\gamma\delta g)\,\mathrm{tr}\,\chi(\gamma)dg$$
$$=\sum_{[\gamma]}\int_{\Gamma_\gamma\backslash G}k(g^{-1}\gamma g)\,\mathrm{tr}\,\chi(\gamma)dg.$$

なぜなら $\bigcup_\delta\delta\mathscr{D}$ は $G$ における $\Gamma_\gamma$ の基本領域となるからである.

$\gamma$ の $G$ における中心化群 $G_\gamma$ は, 内部自己同型を除いて定理1.1で求めてある.

$G_\gamma$ の不変測度 $d\zeta$ に対して $dg=d\zeta d\dot{g}$ となる $G_\gamma\backslash G$ 上の右不変測度 $d\dot{g}$ が定まる．このとき

$$(2.23)\qquad \int_{\Gamma_\gamma\backslash G} k(g^{-1}\gamma g)dg = v(\Gamma_\gamma\backslash G_\gamma)\int_{G_\gamma\backslash G} k(g^{-1}\gamma g)d\dot{g}.$$

$v(\Gamma_\gamma\backslash G_\gamma)$ は $d\zeta$ に関するこの商空間の体積である．右辺の積分が $\gamma$ の $G$ における共役類のみで決まることは容易にわかる．

$\Gamma$ の各共役類 $[\gamma]$ に対して (2.23) を求めよう．定理 1.1 のあとの定義に従えば，つぎの場合が起こる．

（Ⅰ） $\gamma=\pm 1$.

（Ⅱ） $\gamma$ は楕円的.

（Ⅲ） $\gamma$ は双曲的.

われわれは $\Gamma\backslash H$ をコンパクトと仮定しているので，$\Gamma$ は放物的共役類を含まない．

定義から

$$(2.24)\qquad k(g) = \frac{m-1}{8\pi^2}\left[\frac{2i}{(c-b)+(a+d)i}\right]^m, \qquad g=\begin{bmatrix} a & b \\ c & d\end{bmatrix}.$$

$k(h^{-1}gh)=k(g)$ $(h\in SO_2(\boldsymbol{R}))$ に注意する．

（Ⅰ） $\gamma=\pm 1$ とする．$\Gamma_\gamma=\Gamma$ であるから

$$\int_{\Gamma_\gamma\backslash G} k(g^{-1}\gamma g)dg = \frac{m-1}{8\pi^2}v(\Gamma\backslash G)\zeta(\gamma)^m,$$

ただし $\gamma=\pm 1$ に従って $\zeta(\gamma)=\pm 1$.

（Ⅱ） $\gamma$ を楕円的とする．$\Gamma_\gamma$ は有限巡回群である．$G_\gamma$ は $SO_2(\boldsymbol{R})$ と同型であるから，その全測度を $2\pi$ と定めれば $v(\Gamma_\gamma\backslash G_\gamma)=2\pi/|\Gamma_\gamma|$. (2.23) の第2因子を計算するためには $\gamma=\begin{bmatrix} \cos\varphi & \sin\varphi \\ -\sin\varphi & \cos\varphi\end{bmatrix}$ と仮定してよい．このとき $\zeta(\gamma)=e^{i\varphi}$ とおく．$G$ の任意の元は

$$g=h'ah \quad (h, h'\in SO_2(\boldsymbol{R})), \qquad a=\begin{bmatrix} v & 0 \\ 0 & v^{-1}\end{bmatrix} \quad (v\geqq 1)$$

の形に書かれるが，$v>1$ とすれば $h_1'a_1h_1=h'ah$ が成立するのは $h_1=\pm h$, $h_1'=\pm h'$, $a_1=a$ のときに限る．このとき $h=\begin{bmatrix} \cos\theta & \sin\theta \\ -\sin\theta & \cos\theta\end{bmatrix}$ 等と書けば

$$dg = 2(1-v^{-4})vdvd\theta d\theta'$$

となる．ゆえに

$$\begin{aligned}\int_{G_\gamma\backslash G} k(g^{-1}\gamma g)d\dot{g} &= \frac{(m-1)(2i)^m}{8\pi^2}\int_1^\infty\int_0^\pi \frac{2(1-v^{-4})vdvd\theta}{(-\sin\varphi(v^2+v^{-2})+2\cos\varphi i)^m} \\ &= \frac{(m-1)(2i)^m}{8\pi}\int_2^\infty \frac{dt}{(-\sin\varphi t+2\cos\varphi i)^m} \\ &= \frac{1}{2\pi}\frac{\zeta(\gamma)^{-m}}{1-\zeta(\gamma)^{-2}}.\end{aligned}$$

（III）$\gamma$ を双曲的とする．$\gamma=\begin{bmatrix}\lambda & 0\\ 0 & \lambda^{-1}\end{bmatrix}$ と仮定することができて，このとき $G_\gamma=\{\pm1\}A$．$g\in G$ を

$$g = anh = \begin{bmatrix}v & 0\\ 0 & v^{-1}\end{bmatrix}\begin{bmatrix}1 & u\\ 0 & 1\end{bmatrix}\begin{bmatrix}\cos\theta & \sin\theta\\ -\sin\theta & \cos\theta\end{bmatrix}$$

と書けば，$d\dot{g}=2v^{-1}dvdud\theta$．ゆえに

$$\int_{G_\gamma\backslash G} k(g^{-1}\gamma g)d\dot{g}$$

は定数倍を除いて

$$\int_{-\infty}^\infty\int_0^\pi \frac{dud\theta}{((1-\lambda^2)u+(1+\lambda^2)i)^m}\ (=0)$$

に等しい．したがって双曲的共役類は次元公式に寄与しない．

これまでの結果をひとまずまとめておく．

**定理 2.8**　$m>2$，$\Gamma\backslash H$ をコンパクトと仮定すれば

$$\dim S(m,\chi,\Gamma) = \frac{m-1}{4\pi}v(\Gamma\backslash H)\operatorname{tr}\chi(1) + \sum_\gamma \frac{1}{|\Gamma_\gamma|}\frac{\zeta(\gamma)^{-m}}{1-\zeta(\gamma)^{-2}}\operatorname{tr}\chi(\gamma).$$

ここで $\gamma$ はすべての楕円的共役類の代表系を動く．

**証明**　これまでに述べたことからただちに出るが，第1項を導くところでは，$\Gamma\not\ni -1$ ならば $v(\Gamma\backslash G)=2\pi v(\Gamma\backslash H)$，$\Gamma\ni -1$ ならば $v(\Gamma\backslash G)=\pi v(\Gamma\backslash H)$ に注意する．∎

定理 1.13 によって $\Gamma$ の楕円的共役類は有限個であるから，$S(m,\chi,\Gamma)$ の次元が有限な形に表わされたことになる．

$\Gamma\backslash H$ は測度有限であるがコンパクトではないと仮定しよう．結論からいえば，次元公式は定理2.8とほぼ同じ形になるが，こんどは $\Gamma$ の中に放物的共役類が存在し，それらの次元公式への寄与は，共通の中心化群をもつ共役類を一まとめにして初めて有限な形をとる．(2.22) を項別に積分すれば発散することは容易にわかるので，適当な総和法を採用しなければならない．これはまったく計算技術の問題である．そのために二,三の補題を用意する．

**補題 2.8** $f(x)$ は $\boldsymbol{R}^n$ 上の正値2次形式で，$(x,x)=\sum_{i=1}^n x_i^2$ に対して $\beta(x,x)\leqq f(x)\leqq\alpha(x,x)$ $(\alpha,\beta>0)$ が成り立つとする．$\mu>n/2$ ならば

$$\sum_{\xi\in\boldsymbol{Z}^n}(a+f(\xi))^{-\mu}\leqq e^{Kn/2}\int_{\boldsymbol{R}^n}(a+f(x))^{-\mu}dx_1\cdots dx_n \qquad (a>0),$$

$$\sum_{\substack{\xi\in\boldsymbol{Z}^n\\ \xi\neq 0}}f(\xi)^{-\mu}\leqq e^{K'n/2}\int_{(x,x)\geqq 1/4}f(x)^{-\mu}dx_1\cdots dx_n.$$

ただし $K=\max\{4\mu(\alpha/\beta)^{1/2},\ \mu\alpha/a\}$，$K'=4\mu(\alpha/\beta)^{1/2}$.

**証明** $f(x,y)$ を $f(x,x)=f(x)$ となる対称双1次形式とする．このとき

$$\frac{\partial}{\partial x_i}f(x)=\frac{\partial}{\partial x_i}f(x,x)=f\left(\frac{\partial x}{\partial x_i},\ x\right)+f\left(x,\ \frac{\partial x}{\partial x_i}\right)=2f(e_i,x).$$

$e_i$ は $i$ 成分のみが1，他の成分は0となるベクトルである．Schwarz の不等式によって $|f(e_i,x)|\leqq f(e_i)^{1/2}f(x)^{1/2}$. ゆえに，$(x,x)\geqq 1/4$ ならば

$$\left|\frac{\partial}{\partial x_i}\log(a+f(x))^{-\mu}\right|=\mu\left|\frac{\partial}{\partial x_i}f(x)\right|(a+f(x))^{-1}$$
$$\leqq\mu\left|\frac{\partial}{\partial x_i}f(x)\right|f(x)^{-1}\leqq 2\mu f(e_i)^{1/2}f(x)^{-1/2}$$
$$\leqq 4\mu(\alpha/\beta)^{1/2}.$$

一方，$(x,x)\leqq 1/4$ ならば

$$\left|\frac{\partial}{\partial x_i}\log(a+f(x))^{-\mu}\right|\leqq(\mu/a)\left|\frac{\partial}{\partial x_i}f(x)\right|\leqq(\mu/a)\alpha.$$

ゆえに任意の $x$ に対して $\left|\frac{\partial}{\partial x_i}\log(a+f(x))^{-\mu}\right|\leqq K$ が成り立つ．平均値の定理によれば，$\xi\in\boldsymbol{Z}^n$，$|x_i-\xi_i|\leqq 1/2$ ならば

$$|\log(a+f(\xi))^{-\mu}-\log(a+f(x))^{-\mu}|\leqq K\sum_{i=1}^n|x_i-\xi_i|=Kn/2,$$

したがって

$$(a+f(\xi))^{-\mu} \leqq e^{Kn/2} \int_{|x_i-\xi_i| \leqq 1/2} (a+f(x))^{-\mu} dx_1 \cdots dx_n.$$

これから第1の評価式が出る．第2の評価式の証明も同様である．∎

$\Gamma$ の尖点に関する考察は，$\Gamma$ を適当な共役部分群で置き換えることによって，その尖点が $\infty$ であり，$\Gamma_\infty$ の生成元が $\pm\begin{bmatrix} 1 & 1 \\ 0 & 1 \end{bmatrix}$ であると仮定しても一般性を失わない．補題2.9-2.11においては $\infty$ は $\Gamma$ の尖点であると仮定する．

**補題 2.9**　$\varepsilon>0$ ならば

$$\sum_\gamma |c|^{-2-2\varepsilon}$$

は収束する．ただし $\gamma=\begin{bmatrix} a & b \\ c & d \end{bmatrix}$ は両側剰余類 $\Gamma_\infty \backslash \Gamma - \Gamma_\infty / \Gamma_\infty$ の代表系を動く．

**証明**　定理1.11の記号で $\infty$ は $x_1, \cdots, x_t$ の一つであると仮定してよい．$V(\infty) = \{z \mid |\mathrm{Re}\, z| \leqq 1/2, \mathrm{Im}\, z > \lambda\}$ であることを思いだそう．$D' = D - V(\infty)$ とおけば $\Gamma D' \subset \{z \in H \mid \mathrm{Im}\, z \leqq \lambda\}$．ゆえに

$$\int_{D'} \sum_{\gamma \in \Gamma_\infty \backslash \Gamma} \left(\frac{y}{|cz+d|^2}\right)^{1+\varepsilon} dz \leqq \int_0^1 \int_0^\lambda y^{1+\varepsilon} dz < \infty.$$

これから $\sum_{\gamma \in \Gamma_\infty \backslash \Gamma} \left(\frac{y}{|cz+d|^2}\right)^{1+\varepsilon}$ はほとんど到る所収束することがわかる．補題1.11により $\Gamma - \Gamma_\infty = \{\gamma \in \Gamma \mid c \neq 0\}$ であるから，$\Gamma_\infty \backslash \Gamma - \Gamma_\infty / \Gamma_\infty$ の各剰余類から代表 $\gamma$ を適当に選んで $|d| \leqq |c|$ とすることができる．このとき，$z$ を固定すれば，$\gamma$ によらない定数 $K$ に対して

$$\left(\frac{y}{|cz+d|^2}\right)^{1+\varepsilon} \geqq K|c|^{-2-2\varepsilon}$$

が成立することは明らかである．ゆえに $\gamma$ が上述の代表系を動くとき $\sum_\gamma |c|^{-2-2\varepsilon}$ は収束する．∎

**補題 2.10**　$\mathcal{V}(\infty) = q(V(\infty)) \cdot SO_2(\boldsymbol{R}) / Z(\Gamma)$ とおけば (§1.4 (1.14) 参照)

$$\int_{\mathcal{V}(\infty)} \sum_{\gamma \in \Gamma - \Gamma_\infty} |k(g^{-1}\gamma g)| dg$$

は収束する．したがって

$$\int_{\mathcal{V}(\infty)} \sum_{\gamma \in \Gamma - \Gamma_\infty} k(g^{-1}\gamma g)\, \mathrm{tr}\, \chi(\gamma) dg$$

は項別積分可能である．

**証明**
$$F(g)=\sum_{\gamma\in\Gamma-\Gamma_\infty}|k(g^{-1}\gamma g)|$$
が $\mathcal{V}(\infty)$ 上で有界なことを示せばよい．$\gamma$ が $\Gamma_\infty\backslash\Gamma-\Gamma_\infty/\Gamma_\infty$ の代表系を動くとき
$$F(g)\leqq\sum_{\gamma}\sum_{\delta,\delta'\in\Gamma_\infty}|k(g^{-1}\delta\gamma\delta' g)|$$
となるが，ここで $\Gamma_\infty\backslash\Gamma-\Gamma_\infty/\Gamma_\infty$ の代表元 $\gamma$ を
$$\gamma=\begin{bmatrix}1&b\\0&1\end{bmatrix}\begin{bmatrix}0&-c^{-1}\\c&0\end{bmatrix}\begin{bmatrix}1&b'\\0&1\end{bmatrix}$$
の形に書くことができる．$n=\begin{bmatrix}1&x\\0&1\end{bmatrix}$, $n'=\begin{bmatrix}1&x'\\0&1\end{bmatrix}$, $g=\begin{bmatrix}1&u\\0&1\end{bmatrix}\begin{bmatrix}v&0\\0&v^{-1}\end{bmatrix}\in\mathcal{V}(\infty)$ とすれば
$$g^{-1}n\gamma n'g=\begin{bmatrix}cx&(cxx'-c^{-1})v^{-2}\\cv^2&cx'\end{bmatrix}.$$
($b=b'=u=0$ とおいた．以下の議論のためにはこう仮定してもさしつかえない.)
ゆえに
$$\begin{aligned}|k(g^{-1}n\gamma n'g)|&\leqq K[(cv^2+c^{-1}v^{-2}-cv^{-2}xx')^2+c^2(x+x')^2]^{-m/2}\\&\leqq K|c|^{-m}[(v^2+c^{-2}v^{-2})^2+x^2-2c^{-2}v^{-4}xx'+x'^2]^{-m/2}.\end{aligned}$$
ここで $K$ は $m$ のみで定まる定数である (以下の $K'$ も同じ)．$v$ が十分大きければ $v>1$ かつ任意の $\gamma$ に対して $c^{-2}v^{-4}\leqq 1/2$ が成立する．2次形式 $f(x,x')=x^2-2c^{-2}v^{-4}xx'+x'^2$ の固有値は $1\pm c^{-2}v^{-4}$ であるから，補題2.8により
$$\begin{aligned}&\sum_{l,l'=-\infty}^{\infty}[(v^2+c^{-2}v^{-2})^2+f(l,l')]^{-m/2}\\&\leqq e^{2\sqrt{3}m}\int_{\boldsymbol{R}^2}[(v^2+c^{-2}v^{-2})^2+f(x,x')]^{-m/2}dxdx'\\&\leqq e^{2\sqrt{3}m}\int_{\boldsymbol{R}^2}[1+(x^2+x'^2)/2]^{-m/2}dxdx'.\end{aligned}$$
これは
$$F(g)\leqq K'\sum_{\gamma}|c|^{-m}$$
を示す．最後の級数は前補題2.9によって収束し，$F(g)$ は $\mathcal{V}(\infty)$ 上で有界である．▌

$g\in G$ は $g=nah$ ($n\in N, a\in A, h\in SO_2(\boldsymbol{R})$) と一意的に表わされる．$a=\begin{bmatrix}v&0\\0&v^{-1}\end{bmatrix}$ であるとき，$v=v(g)$ と書くことにする．

**補題 2.11**　$\varepsilon>0$ に対して

$$\int_{\mathcal{V}(\infty)} v(g)^{-\varepsilon} \sum_{\gamma \in \Gamma_\infty} |k(g^{-1}\gamma g)| dg$$

は収束する．

**証明**　$g=\begin{bmatrix}1 & u\\0 & 1\end{bmatrix}\begin{bmatrix}v & 0\\0 & v^{-1}\end{bmatrix}$ $(v>\lambda^{1/2}\geqq 1)$, $n=\begin{bmatrix}1 & x\\0 & 1\end{bmatrix}$ とおけば，$g^{-1}ng=\begin{bmatrix}1 & v^{-2}x\\0 & 1\end{bmatrix}$.
ゆえに

$$\begin{aligned}\sum_{\gamma \in \Gamma_\infty} |k(g^{-1}\gamma g)| &= K \sum_{l=-\infty}^{\infty} (v^{-4}l^2+4)^{-m/2} \\ &\leqq Ke^m \int_{-\infty}^{\infty} (v^{-4}x^2+4)^{-m/2} dx = K'v^2.\end{aligned}$$

ここで補題 2.8 を用いた．ゆえに補題の積分は

$$\int_{\lambda^{1/2}}^{\infty} v^{-\varepsilon-1} dv < \infty$$

によって押えられる．∎

さて $\sum_{\gamma \in \Gamma_\infty} k(g^{-1}\gamma g)$ は $\mathcal{V}(\infty)$ 上で有界である．(実際，補題 2.10 の記号を用いれば，これは $\left|\sum_{\gamma \in \Gamma} k(g^{-1}\gamma g)\right| + F(g)$ で押えられるが，第 1 項は定理 2.7 の系により有界，第 2 項は補題 2.10 の証明により有界である．しかし直接の証明も難しくない.) また $\varepsilon>0$ ならば $v(g)^{-\varepsilon}$ も有界であるから，Lebesgue の定理により

$$\begin{aligned}&\int_{\mathcal{V}(\infty)} \sum_{\gamma \in \Gamma_\infty} k(g^{-1}\gamma g)\, \mathrm{tr}\, \chi(\gamma) dg \\ &= \lim_{\varepsilon \to 0} \int_{\mathcal{V}(\infty)} v(g)^{-\varepsilon} \sum_{\gamma \in \Gamma_\infty} k(g^{-1}\gamma g)\, \mathrm{tr}\, \chi(\gamma) dg \\ &= \lim_{\varepsilon \to 0} \sum_{\gamma \in \Gamma_\infty} \int_{\mathcal{V}(\infty)} v(g)^{-\varepsilon} k(g^{-1}\gamma g)\, \mathrm{tr}\, \chi(\gamma) dg.\end{aligned}$$

最後の等式は補題 2.11 による．

$G$ における $\Gamma_\infty$ の基本領域として

$$E(\infty) = \left\{\begin{bmatrix}1 & u\\0 & 1\end{bmatrix}\begin{bmatrix}v & 0\\0 & v^{-1}\end{bmatrix}h \,\middle|\, 0\leqq u\leqq 1, v>0, h \in SO_2(\boldsymbol{R})/Z(\Gamma)\right\}$$

をとることができる．このとき

$$(2.25)\qquad \sum_{\substack{\gamma \in \Gamma_\infty \\ \gamma \neq \pm 1}} \int_{E(\infty)-\mathcal{V}(\infty)} k(g^{-1}\gamma g)\, \mathrm{tr}\, \chi(\gamma) dg$$

$$= \lim_{\varepsilon\to 0} \sum_{\substack{\gamma\in\Gamma_\infty \\ \gamma\neq\pm 1}} \int_{E(\infty)-\mathcal{V}(\infty)} v(g)^{-\varepsilon} k(g^{-1}\gamma g)\,\mathrm{tr}\,\chi(\gamma)\,dg$$

が成立することを示そう．実際，$\gamma=\pm\begin{bmatrix}1 & n\\ 0 & 1\end{bmatrix}\in\Gamma_\infty$ に対し

$$\int_{E(\infty)-\mathcal{V}(\infty)} v(g)^{-1}|k(g^{-1}\gamma g)|\,dg$$

は $n^{-m}$ の定数倍で押えられ，これの $\gamma\in\Gamma_\infty, \gamma\neq\pm 1$ に関する和は有限である．一方，$0<\varepsilon<1$ ならば $\mathcal{V}(g)^{1-\varepsilon}$ は $E(\infty)-\mathcal{V}(\infty)$ 上で有界である．ゆえに Lebesgue の定理を適用すればよい．

$D$ を定理1.11の基本領域とすれば，§1.4で注意したように

$$\mathcal{D} = q(D)\cdot SO_2(\boldsymbol{R})/Z(\Gamma)$$

は $G$ における $\Gamma$ の基本領域である．$\mathcal{V}(x_i)=q(V(x_i))\cdot SO_2(\boldsymbol{R})/Z(\Gamma)$ $(1\leqq i\leqq t)$ とおく．さらに $S_i=\Gamma_{x_i}-Z(\Gamma)$，$S=\bigcup_{i=1}^{t}S_i$ とおけば，補題2.10，および補題2.11のあとの注意によって

$$\begin{aligned}\dim S(m,\chi,\Gamma) &= \int_{\mathcal{D}}\sum_{\gamma\in\Gamma}k(g^{-1}\gamma g)\,\mathrm{tr}\,\chi(\gamma)\,dg\\ &= \sum_{\gamma\in\Gamma-S}\int_{\mathcal{D}}k(g^{-1}\gamma g)\,\mathrm{tr}\,\chi(\gamma)\,dg\\ &\quad+\sum_{i=1}^{t}\sum_{\gamma\in S_i}\int_{\mathcal{D}-\mathcal{V}(x_i)}k(g^{-1}\gamma g)\,\mathrm{tr}\,\chi(\gamma)\,dg\\ &\quad+\lim_{\varepsilon\to 0}\sum_{i=1}^{t}\sum_{\gamma\in S_i}\int_{\mathcal{V}(x_i)}v(g_i^{-1}g)^{-\varepsilon}k(g^{-1}\gamma g)\,\mathrm{tr}\,\chi(\gamma)\,dg.\end{aligned}$$

ここで $\Gamma$ を共役類に分ける．定理1.13によって $S$ は $\Gamma$ の放物的共役類の代表系である．ゆえに $\gamma\in S$，$\delta\in\Gamma$，$\delta^{-1}\gamma\delta\in S$ ならば，$\gamma=\delta^{-1}\gamma\delta$ すなわち $\delta\in\Gamma_\gamma$ となる．$\gamma$ が $\pm 1$，または楕円的，または双曲的ならばもちろん $[\gamma]\cap S=\phi$．ゆえに

$$\begin{aligned}&\sum_{\gamma\in\Gamma-S}\int_{\mathcal{D}}k(g^{-1}\gamma g)\,\mathrm{tr}\,\chi(\gamma)\,dg\\ &= \sum_{[\gamma]\cap S=\phi}\ \sum_{\delta\in\Gamma_\gamma\backslash\Gamma}\int_{\mathcal{D}}k(g^{-1}\delta^{-1}\gamma\delta g)\,\mathrm{tr}\,\chi(\gamma)\,dg\\ &\quad+\sum_{\gamma\in S}\ \sum_{\delta\in\Gamma_\gamma\backslash\Gamma-\Gamma_\gamma}\int_{\mathcal{D}}k(g^{-1}\delta^{-1}\gamma\delta g)\,\mathrm{tr}\,\chi(\gamma)\,dg.\end{aligned}$$

さらに(2.25)を適用すれば

$$\dim S(m, \chi, \Gamma) = \sum_{[\gamma]\cap S=\phi} \int_{\Gamma_\gamma\backslash G} k(g^{-1}\gamma g)\,\mathrm{tr}\,\chi(\gamma)dg$$
$$+\lim_{\varepsilon\to 0}\sum_{i=1}^{t}\sum_{\gamma\in S_i}\int_{\Gamma_\gamma\backslash G} v(g_i{}^{-1}g)^{-\varepsilon}k(g^{-1}\gamma g)\,\mathrm{tr}\,\chi(\gamma)dg$$

が得られる．上式の第1項はすでに計算した通りである．第2項を求めよう．

(IV) 放物的共役類の次元公式への寄与.

ふたたび $\infty$ が $\Gamma$ の尖点であると仮定して

$$w = \lim_{\varepsilon\to 0}\sum_{\substack{\gamma\in\Gamma_\infty \\ \gamma\neq\pm 1}}\int_{\Gamma_\infty\backslash G} v(g)^{-\varepsilon}k(g^{-1}\gamma g)\,\mathrm{tr}\,\chi(\gamma)dg$$

の値がわかればよいのである．$\gamma\in\Gamma_\infty$ を $\gamma=\zeta(\gamma)\begin{bmatrix}1 & n\\ 0 & 1\end{bmatrix}$, $\zeta(\gamma)=\pm 1$, $n\in \boldsymbol{Z}$ と書けば

$$\int_{E(\infty)} v(g)^{-\varepsilon}k(g^{-1}\gamma g)dg$$
$$= \frac{(m-1)\zeta(\gamma)^m}{2\pi|Z(\Gamma)|}\int_0^\infty \frac{v^{2m-3-\varepsilon}}{(v^2+ni/2)^m}dv$$
$$= \frac{(m-1)\zeta(\gamma)^m}{4\pi|Z(\Gamma)|}\int_0^\infty \frac{t^{m-2-\varepsilon/2}}{(t+ni/2)^m}dt$$
$$= \frac{(m-1)\zeta(\gamma)^m 2^s}{4\pi|Z(\Gamma)|}\frac{\Gamma(m-s)\Gamma(s)}{\Gamma(m)}\frac{e^{-(\mathrm{sgn}\,n)\pi i s/2}}{|n|^s},$$

ただし $s=1+\varepsilon/2$.

仮定 $\chi(-1)=(-1)^m$ から $\gamma\to\zeta(\gamma)^m\chi(\gamma)$ は $\iota(\Gamma_\infty)$ の表現となり，それは1次元表現の直和でなければならない．ゆえに

$$\zeta(\gamma)^m\,\mathrm{tr}\,\chi(\gamma) = \omega_1{}^n+\cdots+\omega_N{}^n$$

と書くことができる．$\omega_\nu$ $(1\leqq\nu\leqq N)$ は1の巾根である．上の計算によって

$$w = \frac{1}{2\pi}\lim_{\substack{s\to 1\\ s>1}}\sum_{n=1}^\infty\sum_{\nu=1}^N\frac{e^{-\pi i s/2}\omega_\nu{}^n+e^{\pi i s/2}\omega_\nu{}^{-n}}{n^s}.$$

$\omega_\nu=1$ とすれば

$$\lim_{\substack{s\to 1\\ s>1}}\sum_{n=1}^\infty\frac{e^{-\pi i s/2}+e^{\pi i s/2}}{n^s} = -\pi.$$

$\left(\lim_{\substack{s\to 1\\ s>1}}(s-1)\sum_{n=1}^\infty n^{-s}=1\right.$ である．級数 $\left.\sum_{n=1}^\infty n^{-s}\right.$ を積分によって評価せよ．$\Big)$ $\omega_\nu\neq 1$ な

らば $\sum_{n=1}^{\infty}\omega_\nu{}^n n^{-s}$ は $s=1$ で正則であるから (Abel の級数変形法による),

$$\lim_{s\to1}\sum_{n=1}^{\infty}\frac{e^{-\pi is/2}\omega_\nu{}^n+e^{\pi is/2}\omega_\nu{}^{-n}}{n^s} = -i\sum_{n=1}^{\infty}\frac{\omega_\nu{}^n-\omega_\nu{}^{-n}}{n}$$
$$= i[\log(1-\omega_\nu)-\overline{\log(1-\omega_\nu)}] = -2\arg(1-\omega_\nu),$$

ただし $-\pi<\arg(1-\omega_\nu)<\pi$ とした. ゆえに

$$w = -\frac{1}{2}\sum_{\omega_\nu=1}1-\frac{1}{\pi}\sum_{\omega_\nu\neq1}\arg(1-\omega_\nu), \tag{2.26}$$

あるいは $0<\arg\omega_\nu\leqq2\pi$ と定めれば

$$w = \sum_{\nu=1}^{N}\left(\frac{1}{2}-\frac{1}{2\pi}\arg\omega_\nu\right). \tag{2.27}$$

以上で $S(m,\chi,\Gamma)$ の次元の計算は終ったが, 定理1.13を考慮して結果をつぎのように述べておく.

**定理 2.9** $m>2$, $\Gamma\backslash H$ の測度は有限であるとすれば

$$\dim S(m,\chi,\Gamma) = \frac{m-1}{4\pi}v(\Gamma\backslash H)\operatorname{tr}\chi(1)$$
$$+\sum_{i=1}^{s}\sum_{\substack{\gamma\in\Gamma_{z_i}\\ \gamma\neq\pm1}}\frac{1}{|\Gamma_{z_i}|}\frac{\zeta(\gamma)^{-m}}{1-\zeta(\gamma)^{-2}}\operatorname{tr}\chi(\gamma)+\sum_{j=1}^{t}w_j.$$

ここで $z_i$ $(1\leqq i\leqq s)$ は $\Gamma$ の固定点の $\Gamma$ 同値類の代表系である. $\gamma\in\Gamma_{z_i}$ が $SO_2(\boldsymbol{R})$ の元 $\begin{bmatrix}\cos\varphi & \sin\varphi\\ -\sin\varphi & \cos\varphi\end{bmatrix}$ と共役であるとき $\zeta(\gamma)=e^{i\varphi}$ とおく. また $x_j$ $(1\leqq j\leqq t)$ は $\Gamma$ の尖点の $\Gamma$ 同値類の代表系である. $\gamma_j=\zeta(\gamma_j)g_j\begin{bmatrix}1 & 1\\ 0 & 1\end{bmatrix}g_j{}^{-1}$ $(\zeta(\gamma_j)=\pm1)$ を $\iota(\Gamma_{x_j})$ の生成元の $\Gamma_{x_j}$ における代表, $\omega_\nu$ $(1\leqq\nu\leqq N)$ を $\zeta(\gamma_j)^m\chi(\gamma_j)$ の固有値とするとき, $w_j$ は

$$w_j = \sum_{\nu=1}^{N}\left(\frac{1}{2}-\frac{1}{2\pi}\arg\omega_\nu\right)$$

によって定義される. ただし $0<\arg\omega_\nu\leqq2\pi$ (とくに $\arg 1=2\pi$) とする. ——

定理2.9の次元公式はやや複雑であるが, $m$ の関数と見れば第2項以下は有界である. ゆえに, $m$ を無限大にするとき

$$\dim S(m,\chi,\Gamma) = (4\pi)^{-1}v(\Gamma\backslash H)\operatorname{tr}\chi(1)m+O(1)$$

が成立する. いい換えれば $S(m,\chi,\Gamma)$ の次元はほぼ $m$ に比例して増大する.

**系** $m$ が偶数 $>2$ ならば,

$$\dim S(m,\Gamma)=\frac{m-1}{4\pi}v(\Gamma\backslash H)+\sum_{i=1}^{s}\left\{\frac{m}{2n_i}-\left[\frac{m-2}{2n_i}\right]-1+\frac{1}{2}\left(1-\frac{1}{n_i}\right)\right\}-\frac{t}{2}.$$

ただし $n_i$ は $\iota(\Gamma_{z_i})$ の位数，$[x]$ は $x$ の整数部分を表わす．

**証明**　一般に $z$ を $\Gamma$ の固定点，$\iota(\Gamma_z)$ の位数を $n$ とすれば，$\gamma\to\zeta(\gamma)^2$ は $\iota(\Gamma_z)$ から 1 の $n$ 乗根の群の上への同型を与える．ゆえに

$$\frac{1}{|\Gamma_z|}\sum_{\gamma\in\Gamma_z-Z(\Gamma)}\frac{\zeta(\gamma)^{-m}}{1-\zeta(\gamma)^{-2}}=\frac{1}{n}\sum_{\zeta^n=1,\zeta\neq1}\frac{\zeta^l}{1-\zeta}$$

が成り立つ．ここで $m=2l$ とおいた．

$$\sum_{\zeta^n=1,\zeta\neq1}\frac{\zeta^l}{1-\zeta}=\sum_{\zeta}\left\{-(1+\zeta+\cdots+\zeta^{l-1})+\frac{1}{1-\zeta}\right\}.$$

$1/(1-\zeta)+1/(1-\zeta^{-1})=1$ であるから $\sum_{\zeta}1/(1-\zeta)=(n-1)/2$．$0\leqq k<l$ に対して

$$\sum_{\zeta^n=1,\zeta\neq1}\zeta^k=\sum_{\zeta^n=1}\zeta^k-1=\begin{cases}n-1, & n\mid k,\\ -1, & n\nmid k.\end{cases}$$

ゆえに

$$\sum_{\zeta^n=1,\zeta\neq1}\frac{\zeta^l}{1-\zeta}=-n\left(\left[\frac{l-1}{n}\right]+1\right)+l+\frac{n-1}{2}.$$

系はこれからすぐに出る．▌

この場合 $S(m,\Gamma)$ の次元は $m$ と $\Gamma$ の符号分布で決まることがわかる．引用の便利のために $m=2$ に対する次元公式をあげておく．証明は第4章で与える．

$$(2.28)\qquad \dim S(2,\Gamma)=\frac{1}{4\pi}v(\Gamma\backslash H)-\frac{1}{2}\sum_{i=1}^{s}\left(1-\frac{1}{n_i}\right)-\frac{t}{2}+1.$$

簡単な実例を述べよう．§1.5 でモジュラー群の主合同部分群に対して基本領域と符号分布を求めた．$\Gamma(1)=SL_2(\boldsymbol{Z})$ に対しては $v(\Gamma(1)\backslash H)=\pi/3$，符号分布は $\{2,3,\infty\}$ であった．ゆえに

$$(2.29)\qquad \dim S(m,\Gamma(1))=\begin{cases}\dfrac{m}{2}-\left[\dfrac{m-2}{4}\right]-\left[\dfrac{m-2}{6}\right]-2 & (m=\text{偶数}>2),\\ 0 & (m=2).\end{cases}$$

同様に

(2.30)
$$\dim S(m,\Gamma(2))=\begin{cases}\dfrac{m-4}{2} & (m=\text{偶数}>2),\\ 0 & (m=2).\end{cases}$$

$N>2$ ならば

(2.31)
$$\dim S(m,\Gamma(N))=\begin{cases}\dfrac{m-1}{24}N^3\prod_{p|N}(1-p^{-2})-\dfrac{1}{4}N^2\prod_{p|N}(1-p^{-2}) & (m=\text{偶数}>2),\\ \dfrac{1}{24}N^3\prod_{p|N}(1-p^{-2})-\dfrac{1}{4}N^2\prod_{p|N}(1-p^{-2})+1 & (m=2).\end{cases}$$

## §2.4 Eisenstein 級数

われわれは前節で $S(m,\chi,\Gamma)$ の次元公式を与えたが，つぎに $G(m,\chi,\Gamma)$ の中で $S(m,\chi,\Gamma)$ の一つの補空間が 'Eisenstein 級数' によって張られることを証明しよう．$\Gamma\backslash H$ がコンパクトならば $G(m,\chi,\Gamma)$ と $S(m,\chi,\Gamma)$ は同じものであるから，この問題は自明である．

はじめに $\infty$ が $\Gamma$ の尖点であると仮定しておく．

**補題 2.12** $m>2$ ならば，任意の $A,B>0$, $g\in SL_2(\boldsymbol{R})$ に対して，級数
$$\sum_{\gamma\in\Gamma_\infty\backslash\Gamma} j(\gamma g,z)^m$$
は $\{z\,|\,|\mathrm{Re}\,z|\leqq A,\ \mathrm{Im}\,z\geqq B\}$ において絶対一様収束する．

**証明** 補題 2.9 の証明によって $E(z)=\sum_{\gamma\in\Gamma_\infty\backslash\Gamma} j(\gamma,z)^m$ はほとんど到る所絶対収束するから，$E(gz)j(g,z)^m=\sum_{\gamma\in\Gamma_\infty\backslash\Gamma} j(\gamma g,z)^m$ も同様である．ゆえにこの級数が絶対収束するような点 $z_0=x_0+iy_0$ の中に $|x_0|\leqq A$, $B/2\leqq y_0\leqq B$ を満たすものが存在する．$z=x+iy$ ($|x|\leqq A$, $y\geqq B$) に対して，$z_1=x+iy_0$ とおく．$\gamma g=\begin{bmatrix} a & b\\ c & d\end{bmatrix}$ と書けば，明らかに $|j(\gamma g,z)|=|cz+d|^{-1}\leqq|cz_1+d|^{-1}=|j(\gamma g,z_1)|$．一方では，
$$\left|\frac{cz_0+d}{cz_1+d}-1\right|=\frac{|c(z_0-z_1)|}{|cz_1+d|}\leqq\frac{|x_0-x|}{y_0}\leqq\frac{4A}{B}.$$
ゆえに
$$\left|\frac{cz_0+d}{cz_1+d}\right|\leqq 1+\frac{4A}{B}.$$

すなわち $|j(\gamma g, z)|\leqq|j(\gamma g, z_1)|\leqq|j(\gamma g, z_0)|(1+4A/B)$ が成り立つが，$z_0$ のとり方から $\sum_{\gamma\in\Gamma_\infty\backslash\Gamma}|j(\gamma g, z_0)|^m$ は収束する．以上で補題は証明された．∎

$\delta\in\Gamma_\infty$ の固有値 $(=\pm1)$ を $\zeta(\delta)$ と書けば前節で注意したように，$\delta\to\zeta(\delta)^m\chi(\delta)$ は $\iota(\Gamma_\infty)$ の表現を引き起こす．いま

$$\zeta(\delta)^m\chi(\delta)u = u \qquad (\forall\delta\in\Gamma_\infty)$$

となる $u\in \boldsymbol{C}^N$ をとり

$$E_u(z) = \sum_{\gamma\in\Gamma_\infty\backslash\Gamma} j(\gamma, z)^m\chi(\gamma^{-1})u \tag{2.32}$$

とおく．補題 2.12 によって $E_u$ は $H$ 上整型，明らかに

$$E_u(\gamma z)j(\gamma, z)^m = \chi(\gamma)E_u(z) \qquad (\forall\gamma\in\Gamma)$$

が成立する．$E_u$ の尖点の近傍での様子を調べよう．

まず $z=x+iy$ とおき，$y\to\infty$ のときの $E_u$ の極限を考える．補題 2.12 により，(2.32) においての極限と級数の和を交換することができる．$\gamma\notin\Gamma_\infty$ ならば $\gamma=\begin{bmatrix} a & b \\ c & d\end{bmatrix}$ と書くとき $c\neq0$，したがって $j(\gamma, z)\to0$ $(y\to\infty)$ であるから，

$$\lim_{y\to\infty}E_u(z) = u.$$

これは $E_u$ が $\infty$ において有限であり，$\infty$ における値（すなわち Fourier 展開における定数項）は $u$ に等しいことを示す．つぎに $\infty$ と $\Gamma$ 同値ではない尖点 $x=g(\infty)$ $(g\in SL_2(\boldsymbol{R}))$ においては

$$E_u(gz)j(g, z)^m = \sum_{\gamma\in\Gamma_\infty\backslash\Gamma} j(\gamma g, z)^m\chi(\gamma^{-1})u$$

の $y\to\infty$ のときの極限は 0 である．なぜなら，ふたたび補題 2.12 によって極限と和を交換することができるが，$\gamma g=\begin{bmatrix} a & b \\ c & d\end{bmatrix}$ においてつねに $c\neq0$ となるからである（$c=0$ ならば $\gamma g(\infty)=\infty$，$\gamma x=\infty$ となり，仮定に反する）．すなわち $E_u$ は $\infty$ と同値ではない尖点においては有限で，かつ零となる．

$\infty$ が $\Gamma$ の尖点であるという仮定をはずし，$x_1, \cdots, x_t$ を $\Gamma$ の尖点の同値類の代表とし，$x_i=g_i(\infty)$ $(1\leqq i\leqq t)$ と書く．$\boldsymbol{C}^N$ の部分空間 $U_i$ を

$$U_i = \{u\in\boldsymbol{C}^N \mid \zeta(\delta)^m\chi(\delta)u=u, \forall\delta\in\Gamma_{x_i}\} \tag{2.33}$$

によって定義し，$u\in U_i$ に対して

$$E_{i,u}(z) = \sum_{\gamma\in\Gamma_{x_i}\backslash\Gamma} j(g_i^{-1}\gamma, z)^m\chi(\gamma^{-1})u \tag{2.34}$$

とおく．（これは $\infty$ に対して定義された $E_u$ を $z\to g_iz$ によって移したものであ

る．詳しくは，$g_i^{-1}\Gamma g_i$ とその表現 $\chi_i(g_i^{-1}\gamma g_i)=\chi(\gamma)$ $(\gamma\in\Gamma)$ に対して定義された $E_u$ との関係は $E_u(z)=E_{i,u}(g_iz)j(g_i,z)^m$ である.)

$E_{i,u}$ を尖点 $x_i$ に付属する **Eisenstein 級数**とよぶ．とくに $\chi$ が1次元表現で $U_i=\boldsymbol{C}$ のときは，$u=1$ をとることができる．このときの $E_{i,u}$ をたんに $E_i$ と書く．

すでに証明したことによって，$E_{i,u}$ は $G(m,\chi,\Gamma)$ に属し，尖点 $x_i$ では値 $u$ をとり，$x_i$ と $\Gamma$ 同値ではない尖点では零となる．$u\to E_{i,u}$ はしたがって線型同型である．その像を $\mathcal{E}_i$ と書く．

$$\mathcal{E}_i=\{E_{i,u}\,|\,u\in U_i\}. \tag{2.35}$$

$f\in G(m,\chi,\Gamma)$ ならば

$$f^{g_i}(g_i^{-1}\delta g_iz)\zeta(\delta)^{-m}=\chi(\delta)f^{g_i}(z) \qquad (\forall\delta\in\Gamma_{x_i})$$

が成り立つから，$f^{g_i}$ の展開を

$$f^{g_i}(z)=\sum_{n=0}^{\infty}c_ne^{2\pi inz/M}$$

とすれば，$c_0=\zeta(\delta)^m\chi(\delta)c_0$ $(\forall\delta\in\Gamma_{x_i})$．すなわち $c_0\in U_i$．したがって $f$ から $E_{i,u}$ の線型結合を引くことによって，その差がすべての $x_i$ で零となるようにすることができる．ゆえにつぎの定理が証明された．

**定理 2.10**　記号は (2.33)-(2.35) の通りとする．$m>2$ ならば

$$G(m,\chi,\Gamma)=S(m,\chi,\Gamma)\oplus\mathcal{E}_1\oplus\cdots\oplus\mathcal{E}_t.$$

とくに $\chi$ が単位表現で $m$ が偶数 $>2$ ならば

$$G(m,\Gamma)=S(m,\Gamma)\oplus\boldsymbol{C}E_1\oplus\cdots\oplus\boldsymbol{C}E_t.$$

**系**　定理の仮定のもとで

$$\dim G(m,\chi,\Gamma)=\dim S(m,\chi,\Gamma)+\sum_{i=1}^{t}\dim U_i,$$

$$\dim G(m,\Gamma)=\dim S(m,\Gamma)+t.$$

——

例として主合同部分群 $\Gamma(N)$ の Eisenstein 級数をあげる．表現 $\chi$ として単位表現をとり，$m$ を整数 $>2$ とする．$\Gamma(N)$ の尖点は $x=\sigma_0(\infty)$ $(\sigma_0\in\Gamma(1))$ の形に書くことができて，$\Gamma(N)$ は $\Gamma(1)$ の正規部分群であるから，$\sigma_0^{-1}\Gamma(N)_x\sigma_0=\Gamma(N)_\infty$．

$$B_\infty = \begin{cases} \left\{\pm\begin{bmatrix}1 & b\\ 0 & 1\end{bmatrix} \middle| b \in \boldsymbol{Z}\right\}, & N \leqq 2, \\ \left\{\begin{bmatrix}1 & b\\ 0 & 1\end{bmatrix} \middle| b \in \boldsymbol{Z}\right\}, & N > 2 \end{cases}$$

とおけば，$\Gamma(N)_\infty=\Gamma(N)\cap B_\infty$ となる．

$\gamma, \gamma' \in \Gamma(N)$ に対して

$$\Gamma(N)_x\gamma = \Gamma(N)_x\gamma' \Leftrightarrow \Gamma(N)_\infty\sigma_0^{-1}\gamma = \Gamma(N)_\infty\sigma_0^{-1}\gamma'$$
$$\Leftrightarrow B_\infty\sigma_0^{-1}\gamma = B_\infty\sigma_0^{-1}\gamma'.$$

一方，$\sigma, \sigma' \in \Gamma(1)$ の第2行をそれぞれ $(c, d), (c', d')$ とすれば

$$B_\infty\sigma\Gamma(N) = B_\infty\sigma'\Gamma(N) \Leftrightarrow (c, d) \equiv (c', d') \pmod N.$$

したがって

$$\sum_{\gamma \in \Gamma(N)_x\backslash\Gamma(N)} j(\sigma_0^{-1}\gamma, z)^m = \sum_{\sigma \in B_\infty\backslash B_\infty\sigma_0^{-1}\Gamma(N)} j(\sigma, z)^m$$
$$= \sum_{\substack{(c,d)\equiv(r,s) \pmod N\\ (c,d)=1}} (cz+d)^{-m}.$$

ただし $\sigma_0^{-1}$ の第2行を $(r, s)$ とかいた．これが尖点 $x$ に付属する Eisenstein 級数である．$x=-s/r$ に注意する．以上のことを見て，$(r, s)=1$ となる整数の対 $(r, s)$ に対し

$$G_m^*(z\,; r, s, N) = \sum_{\substack{(c,d)\equiv(r,s) \pmod N\\ (c,d)=1}} (cz+d)^{-m} \tag{2.36}$$

とおく．ここで条件 $(r, s)=1$ を条件 $(r, s, N)=1$ で置き換えてもよい．なぜなら (2.36) は $(r, s) \pmod N$ のみで定まるが，$(r, s, N)=1$ ならば $r'\equiv r$, $s'\equiv s \pmod N$ かつ $(r', s')=1$ となる整数 $r', s'$ がつねに存在するからである (補題 1.16 の証明を見よ)．

Möbius 関数 $\mu(n)$ は，$\mu(1)=1$, $n$ が異なる $\nu$ 個の素数の積であるならば $\mu(n)=(-1)^\nu$, $n$ が平方因数を含むならば $\mu(n)=0$ として定義される関数である．それは性質

$$\sum_{l|n}\mu(l) = \begin{cases} 1, & n=1, \\ 0, & n>1 \end{cases} \tag{2.37}$$

によって特徴づけられる．整数 $r$ に対し

$$c(r) = \sum_{\substack{n\geqq 1\\ nr\equiv 1 \pmod N}} \frac{1}{n^m}, \qquad c^*(r) = \sum_{\substack{n\geqq 1\\ nr\equiv 1 \pmod N}} \frac{\mu(n)}{n^m}$$

によって $c(r), c^*(r)$ を定義する．(2.37) によって

$$\sum_{\substack{rs\equiv t \\ r \bmod N}} c(r)c^*(s) = \begin{cases} 1, & t\equiv 1 \pmod N, \\ 0, & t\not\equiv 1 \pmod N \end{cases}$$

が成立する．ゆえに

$$G_m(z\,;r,s,N) = \sum_{t=1}^{N} c(t)G_m{}^*(z\,;rt,st,N)$$

とおけば

$$G_m{}^*(z\,;r,s,N) = \sum_{t=1}^{N} c^*(t)G_m(z\,;rt,st,N).$$

したがって $G_m{}^*(z\,;r,s,N)$ の全体と $G_m(z\,;r,s,N)$ の全体は同じ空間を生成する．定義から容易に

$$G_m(z\,;r,s,N) = \sum_{\substack{(c,d)\equiv(r,s) \pmod N \\ (c,d)\neq(0,0)}} (cz+d)^{-m} \tag{2.38}$$

が得られる．$G_m(z\,;r,s,N)$ も Eisenstein 級数とよばれる．

$G_m(z)=G_m(z\,;0,0,1)$ の $\infty$ における Fourier 展開を求めてみる．まず整数 $m\geqq 2$ に対して級数

$$\varphi(z) = \sum_{n=-\infty}^{\infty} \frac{1}{(z+n)^m}$$

は上半平面 $H$ のコンパクト集合上で一様収束することに注意する．$\varphi(z+1)=\varphi(z)$ であるから，これを $x=\mathrm{Re}\,z$ の関数として Fourier 展開する．

$$\varphi(z) = \sum_{n=-\infty}^{\infty} a_n(y)e^{2\pi inx} \qquad (z=x+iy).$$

Fourier 係数

$$a_n(y) = \int_0^1 \varphi(x+iy)e^{-2\pi inx}dx = \int_{-\infty}^{\infty} \frac{e^{-2\pi inx}}{(x+iy)^m}dx$$

を留数定理を用いて計算すれば

$$a_n(y) = \begin{cases} \dfrac{(-2\pi i)^m n^{m-1}}{(m-1)\,!}e^{-2\pi ny}, & n>0, \\ 0, & n\leqq 0. \end{cases}$$

ゆえに

$$\sum_{n=-\infty}^{\infty} \frac{1}{(z+n)^m} = \frac{(-2\pi i)^m}{(m-1)\,!}\sum_{n=1}^{\infty} n^{m-1}e^{2\pi inz} \tag{2.39}$$

が得られる．いま $m$ を偶数 $>2$ とすれば

$$G_m(z) = 2\sum_{d=1}^{\infty}\frac{1}{d^m}+2\sum_{c=1}^{\infty}\sum_{d=-\infty}^{\infty}\frac{1}{(cz+d)^m} \tag{2.40}$$

$$= 2\zeta(m)+2\sum_{c=1}^{\infty}\frac{(-2\pi i)^m}{(m-1)!}\sum_{n=1}^{\infty}n^{m-1}e^{2\pi incz}$$

$$= 2\zeta(m)+2\frac{(-2\pi i)^m}{(m-1)!}\sum_{n=1}^{\infty}\sigma_{m-1}(n)e^{2\pi inz}.$$

ただし $\zeta$ は Riemann のゼータ関数 $\zeta(s)=\sum_{n=1}^{\infty}n^{-s}$, $\sigma_k(n)=\sum_{\substack{l|n\\ l>0}}l^k$ である．

## §2.5 保型関数の存在

$\Gamma$ は $SL_2(\boldsymbol{R})$ の離散部分群で $v(\Gamma\backslash H)$ は有限であると仮定する．つぎの条件を満たす $H$ 上の関数 $f$ を **$\Gamma$ に対する保型関数**という．

(1) $f$ は $H$ 上で有理型である．

(2) $f(\gamma z)=f(z)$ $(\gamma\in\Gamma)$.

(3) $\Gamma$ の尖点が存在するならば $x=g(\infty)$, $g\in SL_2(\boldsymbol{R})$, を $\Gamma$ の任意の尖点，$\iota(\Gamma_x)$ の生成元を $\pm g\begin{bmatrix}1 & \mu\\ 0 & 1\end{bmatrix}g^{-1}$ とする．$\mathrm{Im}\,z$ が十分大きいとき

$$f(gz)=\sum_{n=N}^{\infty}c_n e^{2\pi inz/\mu} \qquad (N\in\boldsymbol{Z})$$

の形の展開が成立する．

このとき $\lim_{\mathrm{Im}\,z\to\infty}f(gz)$ は，$\infty$ になることも許せば，確定する．この値を $f(x)$ と書くことにする．

$f_1, f_2\in G(m,\Gamma)$ ならば，$f_1/f_2$ は $\Gamma$ に対する保型関数である．

**定理 2.11** $\Gamma$ は $SL_2(\boldsymbol{R})$ の離散部分群，$v(\Gamma\backslash H)$ は有限であるとする．$H$ と $\Gamma$ の尖点全体の集合との合併を $H^*$ とする．$H^*$ の2点 $z_1, z_2$ が $\Gamma$ 同値ではないならば，$f(z_1)\neq f(z_2)$ となる保型関数 $f$ が存在する．

定理を証明するために一つの準備をする．まず補題 2.7 をつぎのように書き換えておく：

$m>2$ ならば，$z, z'$ が $H$ のコンパクト集合内にあるとき，級数 $\sum_{\gamma\in\Gamma}k(\gamma z, z')j(\gamma, z)^m$ は絶対一様収束する．また $z'\in K'$ に対して

$$\sup_{z\in H}y^{m/2}\sum_{\gamma\in\Gamma}|k(\gamma z, z')||j(\gamma, z)|^m \leqq \bar{c}'.$$

これを見れば，$F(z)$ が $H$ 上の整型関数で，或る定数 $c$ に対して

$$|F(z)| \leqq c|k(z,i)| \tag{2.41}$$

を満足すれば，級数

$$f(z) = \sum_{\gamma\in\Gamma} F(\gamma z) j(\gamma,z)^m \tag{2.42}$$

はコンパクト集合上で一様収束し，$f$ は $H$ において整型となること，および $\sup_{z\in H} y^{m/2}|f(z)|$ は有限であることがわかる．ただし $m>2$ と仮定している．定義から

$$f(\gamma z)j(\gamma,z)^m = f(z) \qquad (\gamma\in\Gamma)$$

が成立するから，補題2.2によって $f\in S(m,\Gamma)$．(2.42) の形の級数を **Poincaré 級数**という．

ここで $H$ から開単位円板 $E$ に移る．$w\to\sigma w$，$\sigma=\begin{bmatrix} i & i \\ -1 & 1\end{bmatrix}$，は $E$ から $H$ の上への整型双射であった．$\varphi(w)=f(\sigma w)j(\sigma,w)^m$，$\Phi(w)=F(\sigma w)j(\sigma,w)^m$，$\Delta=\sigma^{-1}\Gamma\sigma$ とおけば (2.42) はつぎの形をとる．

$$\varphi(w) = \sum_{\delta\in\Delta} \Phi(\delta w) j(\delta,w)^m. \tag{2.43}$$

$z=\sigma w$ に対して $\Phi(w)=((m-1)/4\pi)F(z)k(z,i)^{-m}$ となるから，(2.41) は $|\Phi(w)|\leqq((m-1)/4\pi)c$ と同値である．ゆえに $\Phi$ を $E$ において整型かつ有界な関数，たとえば $w$ の多項式，とすれば，(2.43) は $E$ のコンパクト集合上で絶対一様収束し，$\varphi$ は $E$ 上で整型となる ($\Delta$ に対する重さ $m$ の尖点形式である)．$\varphi(w)=h(m,\Phi;w)$ と書くことにする．

**補題2.13**　$w_1, w_2$ を $\Delta$ 同値ではない $E$ の2点とする．$\alpha_1,\alpha_2\in \boldsymbol{C}$ を任意に与えるとき

$$\lim_{\substack{m\to\infty \\ k|m}} h(m,\Phi;w_i) = \alpha_i \qquad (i=1,2)$$

を満たす $w$ の多項式 $\Phi$ が存在する．ここで $k$ は $\Delta$ のすべての楕円的元 (すなわち位数有限な元) の位数の最小公倍数で，$m$ は $k$ の倍数値をとりながら $\infty$ に近づくものとする．

**証明**　(2.43) において $\Phi$ を定数とすれば，$m>2$ に対して級数

$$\sum_{\delta\in\Delta} j(\delta,w)^m$$

の収束することがわかる．ゆえに $0<u<1$ となる $u$ を任意に与えるとき，$\delta\notin S$

ならば $|j(\delta, w_i)|<u$ $(i=1,2)$ となる $\varDelta$ の有限部分集合 $S$ がある．このような $u$ と $S$ を固定しておく．

$\varDelta_i=\{\delta\in\varDelta\mid\delta w_i=w_i\}$ は $\varDelta$ の有限部分群である．$\delta\in\varDelta_i$ ならば $\delta w_i=w_i$，したがって $\delta\begin{bmatrix}w_i\\1\end{bmatrix}=\zeta\begin{bmatrix}w_i\\1\end{bmatrix}$ となる $\zeta\in\boldsymbol{C}$ が存在する．$\zeta$ は $\delta$ の固有値である．$j(\delta, w_i)=\zeta^{-1}$ および $k$ は $\delta$ の位数の倍数であることから $j(\delta, w_i)^k=1$ $(\delta\in\varDelta_i)$.

多項式 $\varPhi$ を $\varPhi(w_i)=\alpha_i/|\varDelta_i|$, $\varPhi(\delta w_i)=0$ $(\forall\delta\in S-\varDelta_i,\ i=1,2)$ を満たすように選ぶ．このような $\varPhi$ は確かに存在する．$m$ を $k$ の倍数とすれば

$$h(m,\varPhi;w_i)=\sum_{\delta\in\varDelta_i}\varPhi(\delta w_i)j(\delta,w_i)^m+\sum_{\delta\notin S}\varPhi(\delta w_i)j(\delta,w_i)^m$$
$$=\alpha_i+\sum_{\delta\notin S}\varPhi(\delta w_i)j(\delta,w_i)^m.$$

$m>2$ ならば $|j(\delta, w_i)|^m\leqq u^{m-3}|j(\delta, w_i)|^3$ となるから，第2項は $m$ を無限大にするとき0に収束する．ゆえに補題は証明された．∎

この補題によれば，とくに $\lim_{m\to\infty}h(m,\varPsi;w_i)=1$ $(i=1,2)$ となる多項式 $\varPsi$ が存在する．したがって $\varPhi$ を補題2.13の通りとすれば

$$\lim_{\substack{m\to\infty\\k|m}}\frac{h(m,\varPhi;w_i)}{h(m,\varPsi;w_i)}=\alpha_i\qquad(i=1,2). \tag{2.44}$$

以上の結果を上半平面に引き戻すとき，(2.44)はそのまま成立する（$j(\sigma, w)^m$ という因子を乗ずるために，補題2.13は成り立たない）．これをつぎの形に述べておく．

**補題 2.14**　$z_1, z_2$ を $\varGamma$ 同値ではない $H$ の2点とする．$\alpha_1,\alpha_2\in\boldsymbol{C}$ を任意に与えるとき

$$\lim_{\substack{m\to\infty\\k|m}}\frac{f_m(z_i)}{g_m(z_i)}=\alpha_i\qquad(i=1,2)$$

を満たす重さ $m$ の尖点形式 $f_m, g_m$ が存在する．ただし $k$ は $\varGamma$ の位数有限な元の位数の最小公倍数である．——

定理2.11は補題2.14と Eisenstein 級数の性質を用いて容易に証明される．実際，$z_1, z_2\in H$ に対しては定理2.11は補題2.14に含まれている．$z_1\in H$, $z_2$ が尖点ならば，補題2.14によって $f_m(z_1)\neq0$ となる $f_m\in S(m,\varGamma)$ が存在し，一方§2.4で示したように，$z_2$ において0ではない重さ $m$ の Eisenstein 級数 $E$ が存在する．$f=E/f_m$ とおけば，$f(z_1)$ は有限，$f(z_2)$ は $\infty$ である．$z_1, z_2$ とも尖点で

あるならば，$z_i$ と同値な尖点においてのみ0ではない Eisenstein 級数 $E_i$ の比 $f$ が定理の条件を満たす．

第4章で示すように $\Gamma\backslash H^*$ は Riemann 面の構造をもち，$\Gamma$ に対する保型関数はその上の有理型関数と解釈するのがもっとも自然である．定理2.11は Riemann 面 $\Gamma\backslash H^*$ 上に十分多くの有理型関数が存在することを保証する．

## 問　題

**1**　§2.1の記号で

$$G_E=\sigma^{-1}SL_2(\boldsymbol{R})\sigma=\left\{\begin{bmatrix}a & b\\ \bar{b} & \bar{a}\end{bmatrix}\middle|\, a, b\in\boldsymbol{C}, |a|^2-|b|^2=1\right\}.$$

開単位円板 $E$ において

$$ds^2=\frac{4(du^2+dv^2)}{(1-|w|^2)^2},\qquad w=u+iv\in E$$

は $G_E$ 不変 Riemann 計量である．この計量に関する測地線は単位円周と直交する円の弧となる．

**2**　$\Delta$ を $G_E$ の離散部分群とする ($SL_2(\boldsymbol{C})$ の位相から導入された位相に関して．あるいは $\Delta=\sigma^{-1}\Gamma\sigma$ と書くとき，$\Gamma$ が $SL_2(\boldsymbol{R})$ の離散部分群であるといってもよい)．このとき原点0が $\Delta$ の固定点ではないとするならば

$$D=\left\{w\in E\,\middle|\,\left|\frac{d\delta(w)}{dw}\right|\leqq 1, \forall\delta\in\Delta\right\}$$

は $E$ における $\Delta$ の基本領域である (あるいは $\sigma(D)$ は $H$ における $\Gamma$ の基本領域である)．

**3**　$\Gamma$ を $v(\Gamma\backslash H)$ が有限な $SL_2(\boldsymbol{R})$ の離散部分群とする．また $\infty$ は $\Gamma$ の尖点であり，$\Gamma_\infty$ の生成元 ($\Gamma\cap\{\pm 1\}$ を法とする) は $\pm\begin{bmatrix}1 & 1\\ 0 & 1\end{bmatrix}$ の形であると仮定する．$m$ を整数 $>2$ とする．$\Gamma\not\ni -1$，$m$ が奇数，$\Gamma_\infty$ の生成元の固有値が $-1$ のときは

$$g_n(z)=\sum_{\gamma\in\Gamma_\infty\backslash\Gamma}e^{2\pi i(n-1/2)\gamma(z)}j(\gamma, z)^m,$$

そのほかの場合は

$$g_n(z)=\sum_{\gamma\in\Gamma_\infty\backslash\Gamma}e^{2\pi in\gamma(z)}j(\gamma, z)^m$$

とおく (ただし $n=1,2,\cdots$)．右辺の級数は $H$ のコンパクト集合上で絶対一様収束して，$g_n$ は $S(m,\Gamma)$ に属する．また $S(m,\Gamma)$ は $g_n$ ($n=1,2,\cdots$) によって生成される (§2.1で定義した $S(m,\Gamma)$ の内積に関して，すべての $g_n$ と直交する $S(m,\Gamma)$ の元は0であることを示す)．

**4**　$N$ ($N>1$)，$r, s$ を整数，$m=1,2$ とする．$z\in H$，$u\in\boldsymbol{C}$ に対して

$$\sum_{\substack{(c,d)\equiv(r,s)\ (\mathrm{mod}\ N)\\ (c,d)\neq(0,0)}}(cz+d)^{-m}|cz+d|^{-u}$$

は $\mathrm{Re}\,u$ の十分大きいとき収束して，$u$ の整型関数を表わすが，それは $u=0$ の近傍まで解析接続される．この関数の $u=0$ における値を $G_m(z;r,s,N)$ で表わす．このとき

$$G_1(z;r,s,N) \quad \text{および} \quad G_2(z;r,s,N)+\frac{2\pi i}{N^2(z-\bar{z})}$$

は $z$ に関して整型である．任意の $(r,s)$, $(r',s')$ に対して $G_1(z;r,s,N)\in G(1,\Gamma(N))$, $G_2(z;r,s,N)-G_2(z;r',s',N)\in G(2,\Gamma(N))$．（上述の級数は $z\to z+N$ で不変である．その Fourier 展開を用いて $u=0$ への解析接続が可能であることを示す．$G_m(z;r,s,N)$ $(m=1,2)$ は $m>2$ に対する Eisenstein 級数と類似の性質をもつ．）

**5**　$SL_2(\boldsymbol{Z})$ は $\sigma=\begin{bmatrix}0 & 1\\ -1 & 0\end{bmatrix}$, $\tau=\begin{bmatrix}1 & 1\\ 0 & 1\end{bmatrix}$ で生成され，$\sigma,\tau$ の間の基本関係は

$$\sigma^4=1,\qquad (\sigma\tau)^3=1,\qquad \sigma^2\tau\sigma^{-2}\tau^{-1}=1$$

であることを認めた上で，任意の 1 の 12 乗根 $\zeta$ に対して $\chi(\tau)=\zeta$ を満たす $SL_2(\boldsymbol{Z})$ の 1 次元表現 $\chi$ が一意的に定義されることを示せ．この $\chi$ に対して $S(m,\chi,SL_2(\boldsymbol{Z}))$ の次元公式を求めよ．

**6**　$\Gamma$ を $v(\Gamma\backslash H)$ が有限な $SL_2(\boldsymbol{R})$ の離散部分群，$\Gamma'$ を $\Gamma$ の指数有限な正規部分群とする．$f\in G(m,\Gamma')$, $\gamma\in\Gamma$ ならば $f^\gamma\in G(m,\Gamma')$．ただし $f^\gamma(z)=f(\gamma z)j(\gamma,z)^m$．$\rho(\gamma)f=f^\gamma$ とおけば，$\rho$ は $\Gamma/\Gamma'$ の $G(m,\Gamma')$ における表現を定義する．

$\boldsymbol{C}$ 上の有限次元線型空間 $E$ における $\Gamma$ の表現 $\chi$ で，$[\Gamma:\mathrm{Ker}\,\chi]$ は有限なものを考える．$E$ に値をとる $H$ 上の関数 $f$ が $(m,\chi,\Gamma)$ 型の保型形式であることを §2.1 と同様に定義する．その全体を $G(m,\chi,\Gamma)$ で表わす．

$\rho$ を上の通りとする．$\Gamma/\Gamma'$ の既約表現 $\chi$（その表現空間を $E$ とする）の $\rho$ における重複度 $n$ は $\dim G(m,\chi^*,\Gamma)$ に等しい．ただし $\chi^*$ は $\chi$ の随伴表現（その表現空間は $E$ の双対 $E^*$）である．$\rho$ の既約表現への分解に応じて，$G(m,\Gamma')$ は既約部分空間の直和に分解されるが，$\chi$ と同値な表現を引き起こす既約部分空間の和空間を $G(m,\Gamma')_\chi$ で表わす．$f\in G(m,\chi^*,\Gamma)$, $u\in E$ ならば $(u,f(z))\in G(m,\Gamma')$ に注意する（ただし $u\in E$, $u^*\in E^*$ に対し $(u,u^*)=u^*(u)$）．$G(m,\chi^*,\Gamma)$ の任意の基底を $\{f_1,\cdots,f_n\}$ とするとき

$$G(m,\Gamma')_\chi=\sum_{i=1}^{n}V_i,$$

$$V_i=\{(u,f_i(z))\mid u\in E\}\qquad(1\leqq i\leqq n).$$

右辺の和は直和である．

# 第3章　数論的不連続群の実例

## §3.1　数論的部分群(要約)

本章では有理数体上の4元数環とその整環によって定義される $SL_2(\boldsymbol{R})$ の離散部分群を考察する．このような離散部分群は数論的部分群とよばれるものの一例である．多元環の基礎事項を既知として(のちに4元数環の諸性質をあらためて証明する) $SL_2(\boldsymbol{R})$ の数論的部分群の定義を述べよう．$F$ は有限次代数体で，その共役体はすべて実数体 $\boldsymbol{R}$ に含まれているとする．$F$ の $\boldsymbol{Q}$ 上の次数を $n$ とすれば，$F\otimes_{\boldsymbol{Q}}\boldsymbol{R}$ は $n$ 個の $\boldsymbol{R}$ の直和と同型である．したがって $A$ を $F$ 上の4元数環，すなわち $F$ 上階数4の正規単純多元環とすれば，$A_{\boldsymbol{R}}=A\otimes_{\boldsymbol{Q}}\boldsymbol{R}$ は $\boldsymbol{R}$ 上の4元数環 $A_i$ $(1\leqq i\leqq n)$ の直和と同型である．$A_{\boldsymbol{R}}$ から $\sum_{i=1}^{n} A_i$ の上への同型写像を $\varphi$，$\varphi$ と $i$ 番目の成分への射影との合成を $\varphi_i$ とすれば，$A$ は単純であるから，$\varphi_i$ は $A$ から $A_i$ の中への同型写像を引き起こす．$\boldsymbol{R}$ 上の4元数環は同型を除き二つしかなく，一つは2次の行列の環 $M_2(\boldsymbol{R})$，もう一つは Hamilton の4元数環 $\boldsymbol{H}$ である．われわれは $A_i$ $(1\leqq i\leqq n)$ のうちただ一つ，たとえば $A_1$ のみが $M_2(\boldsymbol{R})$ と同型であると仮定することにする．

$A$ は多元体であるか，$M_2(F)$ と同型になるかいずれかであること，また位数2の $F$ 上の反自己同型(対合) $a\to a^{\iota}$ をもつことが知られている．$A=M_2(F)$ ならば，$\iota$ は

$$\begin{bmatrix}\alpha & \beta\\ \gamma & \delta\end{bmatrix}\longrightarrow\begin{bmatrix}\delta & -\beta\\ -\gamma & \alpha\end{bmatrix}$$

と一致する．$n(a)=aa^{\iota}$，$\mathrm{tr}(a)=a+a^{\iota}$ はそれぞれ $A/F$ の被約ノルム，被約トレースとよばれる．

いま $A$ の整環 $\mathfrak{O}$ を任意に与える．定義によって $\mathfrak{O}$ は1を含む $A$ の部分環，$F$ の整数環 $\mathfrak{o}$ 上の有限生成加群であって，$A/F$ の基底を含む．

$$\Gamma=\Gamma(A,\mathfrak{O})=\{x\in\mathfrak{O}\mid n(x)=1\}$$

は $A^{\times}$ の部分群である．$\mathfrak{O}$ の $\boldsymbol{Z}$ 上の基底は $A$ の $\boldsymbol{Q}$ 上の基底，したがって $A_{\boldsymbol{R}}$

の $\boldsymbol{R}$ 上の基底となる．ゆえに $\mathfrak{O}$ は $A_{\boldsymbol{R}}$ の中で離散である．いうまでもなく $A_{\boldsymbol{R}}$ には $\boldsymbol{R}$ 上の有限次元線型空間としての位相を入れている．さて

$$\varphi_1(\Gamma) \subseteqq \{x \in M_2(\boldsymbol{R}) \mid n(x)=1\} = SL_2(\boldsymbol{R}),$$
$$\varphi_i(\Gamma) \subseteqq \{x \in \boldsymbol{H} \mid n(x)=1\} = \boldsymbol{H}^1 \qquad (i>1)$$

であるから，$\varphi(\Gamma)$ は $SL_2(\boldsymbol{R})\times\boldsymbol{H}^1\times\cdots\times\boldsymbol{H}^1$ の離散部分群である．$\boldsymbol{H}^1$ はコンパクトなので，これから容易に $\varphi_1(\Gamma)$ は $SL_2(\boldsymbol{R})$ の離散部分群であることがわかる．$\varphi_1(\Gamma)$ をあらためて $\Gamma$ と書くことにする．$SL_2(\boldsymbol{R})$ の離散部分群 $\Gamma'$ が，或る $A$, $\mathfrak{O}$ に対して，$\Gamma(A,\mathfrak{O})$ と通約可能であるとき，$\Gamma'$ は数論的部分群であるという．ここで $\Gamma$ と $\Gamma'$ が通約可能であるとは，$\Gamma\cap\Gamma'$ が $\Gamma$ および $\Gamma'$ の中で指数有限となることである．なお $\mathfrak{O},\mathfrak{O}'$ を $A$ の二つの整環とすれば，$\Gamma(A,\mathfrak{O})$ と $\Gamma(A,\mathfrak{O}')$ は通約可能であることを注意しておく．

われわれの仮定から，$A=M_2(\boldsymbol{Q})$ の場合を除き，$A$ は多元体となる．このとき $SL_2(\boldsymbol{R})/\Gamma(A,\mathfrak{O})$ はコンパクトであることが知られている．一方，$A=M_2(\boldsymbol{Q})$, $\mathfrak{O}=M_2(\boldsymbol{Z})$ ならば $\Gamma(A,\mathfrak{O})$ はすでに述べたモジュラー群にほかならない（このとき $SL_2(\boldsymbol{R})/\Gamma(A,\mathfrak{O})$ はコンパクトではないが測度有限である）．われわれは $\boldsymbol{Q}$ 上の4元数環に対してのみ，上述の商空間のコンパクト性の証明を与え，適当な形の整環 $\mathfrak{O}$ に対して $\Gamma(A,\mathfrak{O})$ の基本領域の面積，符号数等を決定する．その議論によって $\Gamma(A,\mathfrak{O})$ の不連続群としての諸不変量が4元数環 $A$ の整数論と密接に関係することがわかる．§3.2で定義する $\Gamma_0(N)$ はこのような $\Gamma(A,\mathfrak{O})$ の一例であるけれども，この群に対する諸結果は4元数環の理論を用いず，直接に導くことにする．§3.5以下では整数論，とくに2次形式論から大幅に引用する．読者は§3.4までを読んで，あとは飛ばしてもよい．

## §3.2　合同部分群 $\Gamma_0(N)$

$N$ を正の整数とする．モジュラー群 $\Gamma(1)=SL_2(\boldsymbol{Z})$ の部分群 $\Gamma_0(N)$ を

$$\Gamma_0(N) = \left\{\begin{bmatrix} a & b \\ c & d \end{bmatrix} \in \Gamma(1) \mid c\equiv 0 \pmod N\right\}$$

によって定義する．補題1.16, 1.17によって

$$[\Gamma(1):\Gamma(N)] = N^3\prod_{p|N}(1-p^{-2}),$$

一方，$\varphi$ を Euler の関数とすれば，明らかに

$$[\Gamma_0(N):\Gamma(N)] = \varphi(N)N = N^2\prod_{p|N}(1-p^{-1})$$

が成り立つ．ゆえに

$$(3.1)\qquad [\Gamma(1):\Gamma_0(N)] = N\prod_{p|N}(1+p^{-1}).$$

これらの離散部分群の上半平面 $H$ における基本領域の面積を考える．(1.20) によって $v(\Gamma(1)\backslash H)$ は $\pi/3$ である．補題1.6と (3.1) によって

$$(3.2)\qquad v(\Gamma_0(N)\backslash H) = \frac{\pi}{3}N\prod_{p|N}(1+p^{-1})$$

が得られる．　ただし $\Gamma_0(N)$ は $-1$ を含むから $[\Gamma(1):\Gamma_0(N)]=[\iota(\Gamma(1)):\iota(\Gamma_0(N))]$ であることに注意する．

剰余類 $\Gamma_0(N)\backslash\Gamma(1)$ の代表系を求めよう．$\gamma=\begin{bmatrix} a & b \\ c & d \end{bmatrix}\in\Gamma(1)$, $(d,N)=d_0>0$ とする．$(d,b)=1$, ゆえに $(d,bN)=d_0$ であるから $xd+ybN=d_0$ となる整数 $x$, $y$ が存在する．この一組の解を $x_0, y_0$ とすれば，任意の解は $x=x_0+tbN/d_0$, $y=y_0-td/d_0$ $(t\in \boldsymbol{Z})$ と書くことができる．$x_0$ と $bN/d_0$ は互いに素であるから，$N$ を割り，$x_0$ を割らない素数の積を $t$ とすれば，$(x,N)=1$ となる．$(x,y)=1$ に注意すれば，$(x,yN)=1$. したがって $(yN,x)$ を第2行とする $\Gamma_0(N)$ の元 $\delta$ が存在する．このとき

$$\delta\gamma = \begin{bmatrix} * & * \\ * & d_0 \end{bmatrix}.$$

ゆえに初めから $d\,|\,N$, $d>0$ と仮定してよい．

いま $c'\equiv c \pmod{N/d}$, $(c',d)=1$ を満たす任意の整数 $c'$ を考える．$c'=c+y'N/d$ $(y'\in\boldsymbol{Z})$ と書けるが，$x'=1-y'bN/d$ とおけば

$$\begin{aligned} Ny'a+x'c &= c+Ny'(a-bc/d) \\ &= c+Ny'/d = c'. \end{aligned}$$

この式から，$x'$ と $d$ の共通素因子 $p$ があれば $p$ は $c'$ を割ることがわかる．これは仮定 $(c',d)=1$ と矛盾するので $(x',d)=1$ でなければならない．$x'$ の定義から $(x',y'N/d)=1$, ゆえに $(x',y'N)=1$. ゆえに $(y'N,x')$ を第2行とする $\Gamma_0(N)$ の元 $\delta'$ が存在し

$$\delta'\gamma = \begin{bmatrix} * & * \\ c' & d \end{bmatrix}$$

となる．以上の議論によって，つぎのようにいうことができる．$d$ を $N$ の正の

約数とし，mod $N/d$ の剰余類で $d$ と素な元を含むものの中から $d$ と素な元 $c$ を任意に選んでおく．この $c$ 全体の集合を $S_d$ とする．すると $\Gamma_0(N)\backslash\Gamma(1)$ の代表系を

$$\gamma=\begin{bmatrix} * & * \\ c & d \end{bmatrix}\in\Gamma(1) \qquad (d\mid N,\ c\in S_d)$$

の形の元の中からとることができる．

上の形の $\gamma$ の一つを $\gamma_{(c,d)}$ と書けば，$\{\gamma_{(c,d)}\mid d\mid N, c\in S_d\}$ が $\Gamma_0(N)\backslash\Gamma(1)$ の代表系となることを示そう．実際

$$\begin{bmatrix} z & w \\ Ny & x \end{bmatrix}\begin{bmatrix} a & b \\ c & d \end{bmatrix}=\begin{bmatrix} a' & b' \\ c' & d' \end{bmatrix}$$

とすれば，$d'=Nyb+xd$, $c'=Nya+xc$. $d, d'$ が $N$ の正の約数であるならば，$d\mid d'$, $d'\mid d$, ゆえに $d=d'$. このとき $x\equiv 1 \pmod{N/d}$. ゆえに $c'\equiv c \pmod{N/d}$ となる．

**定理 3.1**　$\Gamma_0(N)$ の固定点の位数は2または3である．位数2または3の固定点の $\Gamma_0(N)$ 同値類の数をそれぞれ $\nu_2, \nu_3$ とすれば

$$\nu_2=\begin{cases} 1, & N=2, \\ 0, & 4\mid N, \\ \displaystyle\prod_{p\mid N, p\neq 2}\left(1+\left(\frac{-1}{p}\right)\right), & 4\nmid N, \end{cases}$$

$$\nu_3=\begin{cases} 1, & N=3, \\ 0, & 9\mid N \text{ または } 2\mid N, \\ \displaystyle\prod_{p\mid N, p\neq 3}\left(1+\left(\frac{-3}{p}\right)\right), & 9\nmid N,\ 2\nmid N. \end{cases}$$

ただし $\left(\dfrac{*}{p}\right)$ は平方剰余記号である．

**証明**　$\Gamma(1)$ の楕円的元は $\Gamma(1)$ の中で

$$\pm\begin{bmatrix} 0 & 1 \\ -1 & 0 \end{bmatrix},\quad \pm\begin{bmatrix} 0 & 1 \\ -1 & -1 \end{bmatrix},\quad \pm\begin{bmatrix} -1 & -1 \\ 1 & 0 \end{bmatrix}$$

の一つと共役である．はじめに $\nu_2$ を求めよう．$\sigma=\begin{bmatrix} 0 & 1 \\ -1 & 0 \end{bmatrix}$ とおけば，$\Gamma_0(N)$ における位数4の共役類の代表は

$$\pm\gamma_{(c,d)}\sigma\gamma_{(c,d)}{}^{-1} \qquad (d\mid N,\ c\in S_d)$$

の中から選べる．この元が $\Gamma_0(N)$ に属するためには $c^2+d^2\equiv 0 \pmod{N}$ が必要十分である．これが成立するならば，$d|N$ であるから $d$ の素因子は $c$ を割る．一方では $(c,d)=1$ であるから $d=1$ でなければならない．$c$ は $c^2+1\equiv 0 \pmod{N}$ の解となる．二つの解 $c, c'$ ($c\not\equiv c' \pmod{N}$) が存在するとき，$\gamma_{(c,1)}, \gamma_{(c',1)}$ は $\Gamma_0(N)\backslash\Gamma(1)/\Gamma(1)_i$ の異なる両側剰余類に属することを示そう．ただし $\Gamma(1)_i$ は $\{\pm 1, \pm\sigma\}$，すなわち $\sigma$ で生成される群である．もしそうではないとすれば，

$$\delta\gamma_{(c,1)}\sigma = \gamma_{(c',1)}$$

となる $\delta\in\Gamma_0(N)$ が存在する．

$$\gamma_{(c,1)}\sigma = \begin{bmatrix} a & b \\ c & 1 \end{bmatrix}\begin{bmatrix} 0 & 1 \\ -1 & 0 \end{bmatrix} = \begin{bmatrix} -b & a \\ -1 & c \end{bmatrix}$$

となるが，$(c,N)=1$ であるから，$\Gamma_0(N)\backslash\Gamma(1)$ の代表系を求めるときに示したように

$$\delta'\begin{bmatrix} -b & a \\ -1 & c \end{bmatrix} = \gamma_{(c'',1)}$$

となる $\delta'\in\Gamma_0(N)$ がある．このとき $cc''\equiv -1 \pmod{N}$，したがって $c\equiv c'' \pmod{N}$．$\Gamma_0(N)\gamma_{(c'',1)}=\Gamma_0(N)\gamma_{(c',1)}$ によって $c''\equiv c' \pmod{N}$．しかしこれは不可能である．

以上のことから $\Gamma_0(N)$ における位数 4 の共役類の数は $c^2+1\equiv 0 \pmod{N}$ の解の数 $\nu_2(N)$ の 2 倍に等しいことがわかる．いい換えれば $\Gamma_0(N)$ の位数 2 の固定点の同値類の数は $\nu_2(N)$ に等しい．$N=N'N''$，$(N', N'')=1$ ならば，明らかに $\nu_2(N)=\nu_2(N')\nu_2(N'')$．$N=p^f$ ($p$ は素数) とする．$c^2+1\equiv 0 \pmod{p^f}$ の解は，$p=2$，$f=1$ ならばただ一つである．$p=2$，$f>1$ ならば解は存在しない．$p>2$ に対して解が存在すれば $(-1/p)=1$．逆に $(-1/p)=1$ ならば $a^2=-1$ となる $p$ 進整数 $a$ が存在する．$(\boldsymbol{Z}/p^f\boldsymbol{Z})^\times$ は巡回群であるから，位数 2 の元は $\pm 1$ 以外にはない．ゆえに $c^2+1\equiv 0 \pmod{p^f}$ ならば $c\equiv \pm a \pmod{p^f}$．すなわち解は二つある．これをまとめれば

$$\nu_2(p^f) = \begin{cases} 1, & p=2,\quad f=1, \\ 0, & p=2,\quad f>1, \\ 1+\left(\dfrac{-1}{p}\right), & p>2. \end{cases}$$

ゆえに $\nu_2$ は定理に述べた通りとなる．$\nu_3$ も同じようにして求められるので証明は略する．▌

**定理 3.2** $\Gamma_0(N)$ の尖点の $\Gamma_0(N)$ 同値類の数を $t$ とすれば

$$t = \sum_{d|N,d>0} \varphi(e).$$

ただし $e=(d, N/d)$．$\varphi$ は Euler の関数である．

**証明** $\Gamma_0(N)$ は $\Gamma(1)$ の中で指数有限であるから，$\Gamma_0(N)$ の尖点の全体は $\Gamma(1)$ のそれと一致する．また $\Gamma(1)$ の尖点はすべて0と $\Gamma(1)$ 同値である．したがって

$$\Gamma(1)_0 = \left\{\pm\begin{bmatrix}1 & 0\\ n & 1\end{bmatrix}\middle| n \in \boldsymbol{Z}\right\}$$

とおけば，$t$ は両側剰余類 $\Gamma_0(N)\backslash\Gamma(1)/\Gamma(1)_0$ の数に等しい．

$$\Gamma_0(N)\gamma_{(c',d')} = \Gamma_0(N)\gamma_{(c,d)}\begin{bmatrix}1 & 0\\ n & 1\end{bmatrix}$$

となる $n\in\boldsymbol{Z}$ が存在するための必要十分条件は，$d'=d$，かつ $c'\equiv c+dn \pmod{N/d}$ となる $n$ が存在すること，すなわち $d'=d$，かつ $c'\equiv c \pmod{e}$ となることである．とくに $N$ の正の約数 $d$ を固定するとき

$$\Gamma_0(N)\gamma_{(c,d)}\Gamma(1)_0 \longrightarrow c \pmod{e}$$

は $(\boldsymbol{Z}/e\boldsymbol{Z})^\times$ の中への単射となる．しかしこれは全射でもある．なぜなら mod $e$ の任意の既約剰余類は $d$ と素な元 $c$ を含むからである．ゆえに $t$ は定理に述べた通りとなる．▌

## §3.3 4 元 数 環

$F$ は可換体，$E$ は $F$ の分離2次拡大であるか，または $F$ の直和 $F\oplus F$ であるとする．$u\to\bar{u}$ は，$E$ が分離2次拡大ならば $E/F$ の自己同型 $(\neq 1)$ を，$E=F\oplus F$ ならば $E$ の自己同型 $(\xi,\eta)\to(\eta,\xi)$ を表わすものとする．

$\alpha\in F^\times$ に対して

$$A = \left\{\begin{bmatrix}u & v\\ \alpha\bar{v} & \bar{u}\end{bmatrix}\middle| u, v\in E\right\}$$

は $M_2(E)$ の部分環である．実際，$u''=uu'+\alpha\bar{v}v'$，$v''=uv'+v\bar{u}'$ とおけば

$$\begin{bmatrix} u & v \\ \alpha\bar{v} & \bar{u} \end{bmatrix}\begin{bmatrix} u' & v' \\ \alpha\bar{v}' & \bar{u}' \end{bmatrix} = \begin{bmatrix} u'' & v'' \\ \alpha\bar{v}'' & \bar{u}'' \end{bmatrix}.$$

$A$ は $F$ 上階数 4 の多元環となる．この形の多元環を $F$ 上の **4 元数環**と呼ぶ．

$\begin{bmatrix} u & 0 \\ 0 & \bar{u} \end{bmatrix}$ を $u$ と同一視し，$a=\begin{bmatrix} 0 & 1 \\ \alpha & 0 \end{bmatrix}$ とおけば，$A=E+Ea$ と書くことができて，$a^2=\alpha$, $au=\bar{u}a$ $(u \in E)$ が成立する．

$x=\begin{bmatrix} u & v \\ \alpha\bar{v} & \bar{u} \end{bmatrix}$ に対し $x^\iota=\begin{bmatrix} \bar{u} & -v \\ -\alpha\bar{v} & u \end{bmatrix}$ とおく．$x \to x^\iota$ は $A$ の位数 2 の反自己同型写像 (対合) である．すなわち

$$(x+y)^\iota = x^\iota+y^\iota,$$
$$(xy)^\iota = y^\iota x^\iota,$$
$$(x^\iota)^\iota = x.$$

$x^\iota=x$ となるのは $x \in F$ のときに限る．任意の $x \in A$ に対し $x+x^\iota$, $xx^\iota$ は $x$ のトレース，行列式に等しく，いずれも $F$ に属するから，$x \notin F$ ならば $X^2-(x+x^\iota)X+xx^\iota$ は $x$ の $F$ 上の最小多項式である．$\iota$ はこの性質によって一意に定まる．

$$\mathrm{tr}_{A/F}(x) = x+x^\iota, \qquad n_{A/F}(x) = xx^\iota$$

をそれぞれ $x$ の**被約トレース**，**被約ノルム**という．添字 $A/F$ は省略することがある．$E/F$ の正則表現を $\rho_0$ とすれば

$$\rho(x) = \begin{bmatrix} \rho_0(u) & \rho_0(v) \\ \alpha\rho_0(\bar{v}) & \rho_0(\bar{u}) \end{bmatrix}$$

は $A/F$ の正則表現となる．これから容易に

(3.3)
$$\det \rho(x) = n(x)^2$$

であることがわかる．

今後つねに $F$ の標数は 2 ではないと仮定する．この仮定のもとでは $E/F$ の基底 $\{1, b\}$ で，$b^2=\beta \in F^\times$, $\bar{b}=-b$ となるものが存在する．ゆえに

$$A = F+Fa+Fb+Fab$$

と書くことができて

(3.4)
$$a^2 = \alpha, \qquad b^2 = \beta, \qquad ab = -ba$$

が成立する．明らかにこれから $1, a, b, ab$ の間のすべての結合 (乗法に関する) が導かれる．$A$ は $\{1, a, b, ab\}$ を基底とし，(3.4) によって定義される $F$ 上の多元環であるといってもよい．

$A$ の元 $x=\xi_0+\xi_1 a+\xi_2 b+\xi_3 ab$ ($\xi_i \in F$) に対し

$$x^{\iota} = \xi_0-\xi_1 a-\xi_2 b-\xi_3 ab,$$

$$n(x) = \xi_0{}^2-\alpha\xi_1{}^2-\beta\xi_2{}^2+\alpha\beta\xi_3{}^2.$$

したがって $n(x)$ は $A$ 上の2次形式となる．これに付随する双1次形式は

$$B(x, y) = n(x+y)-n(x)-n(y) = xy^{\iota}+yx^{\iota}$$

である．一般に2次形式 $f(x_1, \cdots, x_n)=\sum_{i,j} a_{ij}x_i x_j$ ($a_{ij}=a_{ji}$) に対して，$\det(a_{ij})$ の $(F^{\times})^2$ を法とする剰余類を $d(f)$ で表わす．2次形式 $n$ に対しては

$$d(n) = 1(-\alpha)(-\beta)\alpha\beta \equiv 1 \pmod{(F^{\times})^2}.$$

4元数環のノルムとして得られる4変数2次形式 $f$ の同値類は

(1)　$f$ は1を表わす,

(2)　$d(f)=1$

という二つの性質によって特徴づけられる．

**補題 3.1**　$F$ 上の4元数環 $A, A'$ が $F$ 上同型であるためには，2次形式 $n_{A/F}$ と $n_{A'/F}$ が $F$ 上同値であることが必要十分である．

**証明**　簡単のために $n=n_{A/F}$，$n'=n_{A'/F}$ とおく．$\sigma: A\to A'$ を $F$ 上の同型写像とする．すでに注意したように反自己同型 $\iota$ は一意に定まるから，$\sigma(x^{\iota})=\sigma(x)^{\iota}$ ($x \in A$)．ゆえに $n'(\sigma(x))=n(x)$．逆に $n$ と $n'$ が $F$ 上同値であるとして，$\sigma: A\to A'$ を $n'(\sigma(x))=n(x)$ を満たす $F$ 線型写像とする．$A, A'$ の単位元を $1, 1'$ とする．$n, n'$ に付随する双1次形式を $B, B'$ として，これに関する $F1, F1'$ の直交補空間を $V, V'$ とする．$n(1)=n'(1')=1$ であるから，Witt の定理により2次形式のついた空間として $V, V'$ は同型である．すなわち $F$ 線型同型 $\tau: V\to V'$ で $n'(\tau(x))=n(x)$ ($x \in V$) となるものが存在する．$x \in V$ ならば $B(1, x)=x^{\iota}+x=0$，ゆえに $x, y \in V$ に対して $B(x, y)=-xy-yx$．$V'$ の元に対しても同様である．いま $A$ が

$$A = F+Fa+Fb+Fab, \quad a^2 = \alpha, \quad b^2 = \beta, \quad ab = -ba$$

によって定義されているとする．$\tau(a)=a'$，$\tau(b)=b'$，$\tau(ab)=u'$ とおく．$B(a, b)=0$，$n(a)=-\alpha$，$n(b)=-\beta$ であるから $B'(a', b')=-a'b'-b'a'=0$，$n'(a')=-a'^2=-\alpha$，$n'(b')=-b'^2=-\beta$．同様に $B'(a', u')=B'(b', u')=0$，$u'^2=-\alpha\beta$．この条件によって $u'$ は $\pm1$ の因子を除き一意に定まる．一方では $(a'b')^{\iota}=b'^{\iota}a'^{\iota}=(-b')(-a')=-a'b'$．ゆえに $a'b' \in V'$.

$$B'(a', a'b') = -a'(a'b') - (a'b')a' = -a'^2(b'-b') = 0.$$

同様に $B'(b', a'b')=0$, $(a'b')^2=-\alpha\beta$. したがって $u'=\pm a'b'$ となる．以上から $\{1', a', b', a'b'\}$ は $A'/F$ の基底であり，$a'^2=\alpha$, $b'^2=\beta$, $a'b'=-b'a'$ が成立することがわかる．このとき $\xi_0+\xi_1 a+\xi_2 b+\xi_3 ab \to \xi_0+\xi_1 a'+\xi_2 b'+\xi_3 a'b'$ は $A$ から $A'$ の上への同型を与える．▌

**補題 3.2**　$n_{A/F}$ が 0 を表わさなければ，$A$ は多元体となる．

**証明**　$x\neq 0$ ならば $n(x)\neq 0$. ゆえに $n(x)^{-1}x^{\iota}$ が $x$ の逆元となる．▌

**補題 3.3**　$n_{A/F}$ が 0 を表わせば，$A$ は $M_2(F)$ と同型である．

**証明**　仮定から $n$ は 2 次形式

$$x_0^2-x_1^2+f(x_2, x_3)$$

と同値になる．ここで $f$ は $x_2, x_3$ の或る 2 次形式である．$d(n)=1$, $d(x_0^2-x_1^2)=-1$ であるから，$d(f)=-1$. $f$ を対角化して $f=\alpha x_2^2+\beta x_3^2$ と書けば $\alpha\beta\equiv -1 \pmod{(F^\times)^2}$. ゆえに $f$ は 0 を表わし，したがって $x_2^2-x_3^2$ と同値である．結局 $n$ は 2 次形式

$$x_0^2-x_1^2+x_2^2-x_3^2$$

と同値である．補題 3.1 を考慮すれば

$$A = F+Fa+Fb+Fab, \quad a^2 = 1, \quad b^2 = -1, \quad ab = -ba$$

によって定義される 4 元数環 $A$ が $M_2(F)$ と同型であることをいえばよい．$e_{11}=(1+ab)/2$, $e_{22}=(1-ab)/2$, $e_{21}=(a+b)/2$, $e_{12}=(a-b)/2$ とおく．$E_{ij}$ を $(i, j)$ 成分は 1，他の成分は 0 となる行列とすれば，$e_{ij}\to E_{ij}$ $(1\leqq i, j\leqq 2)$ が $A$ から $M_2(F)$ の上への同型を与える．▌

実数体 $\boldsymbol{R}$ 上の 4 変数正値 2 次形式は $x_0^2+x_1^2+x_2^2+x_3^2$ と同値である．このことと上の三つの補題によれば，$\boldsymbol{R}$ 上の 4 元数環は $M_2(\boldsymbol{R})$ かまたは Hamilton の 4 元数環

$$\boldsymbol{H} = \boldsymbol{R}+\boldsymbol{R}a+\boldsymbol{R}b+\boldsymbol{R}ab, \quad a^2 = -1, \quad b^2 = -1, \quad ab = -ba$$

のいずれかに同型である．

## §3.4　コンパクトな基本領域をもつ数論的部分群

$A$ を $\boldsymbol{Q}$ 上の 4 元数環とする．$\mathfrak{O}$ が $A$ の**整環**であるとはつぎの二つの性質をもつことである．

(1) $\mathfrak{O}$ は1を含む $A$ の部分環である.

(2) $\mathfrak{O}$ は有限生成の $\boldsymbol{Z}$ 加群で, $A/\boldsymbol{Q}$ の基底を含む.

包含関係に関して極大な整環を**極大整環**という.

整環が確かに存在することを示しておく. $e_1=1$, $e_2, e_3, e_4$ を $A/\boldsymbol{Q}$ の基底とする.

$$e_ie_j = \sum_{k=1}^{4} \alpha_{ijk}e_k \qquad (\alpha_{ijk} \in \boldsymbol{Q})$$

と書くとき, $N\alpha_{ijk} \in \boldsymbol{Z}$ $(\forall i, j, k)$ となる整数 $N$ が存在する. $e_1'=1, e_i'=Ne_i$ $(i>1)$ とおく. このとき

$$\mathfrak{O} = \boldsymbol{Z}e_1'+\boldsymbol{Z}e_2'+\boldsymbol{Z}e_3'+\boldsymbol{Z}e_4'$$

は整環となる. 実際, $\mathfrak{O}$ が乗法に関して閉じていることをいえば十分であるが, $i, j>1$ ならば

$$\begin{aligned} e_i'e_j' &= N^2e_ie_j = \sum N^2\alpha_{ijk}e_k \\ &= N^2\alpha_{ij1}e_1'+\sum_{k>1} N\alpha_{ijk}e_k' \in \mathfrak{O}. \end{aligned}$$

$\mathfrak{O}$ を任意の整環とすると, $x \in \mathfrak{O}$ は $\boldsymbol{Z}$ 上の整元であるから ($x$ のすべての巾は $\boldsymbol{Z}$ 上の有限生成加群 $\mathfrak{O}$ に属する), $\mathrm{tr}(x) \in \boldsymbol{Z}$. $\boldsymbol{Z}$ は $\mathfrak{O}$ に含まれるので $x^{\iota}=\mathrm{tr}(x)-x \in \mathfrak{O}$. ゆえに $\mathfrak{O}$ は $\iota$ によって不変である. $\mathfrak{O}'$ を $\mathfrak{O}$ を含む整環とすると, 上の注意によって

$$\mathfrak{O}' \subseteqq L = \{x \in A \mid \mathrm{tr}(x\mathfrak{O}) \subseteqq \boldsymbol{Z}\}$$

となる. $L$ が有限生成の $\boldsymbol{Z}$ 加群となることは容易にわかる. ゆえに $\mathfrak{O}$ を含む整環は有限個しかなく, その中に極大なものが存在する. ゆえに任意の整環は或る極大整環に含まれる.

$A$ の整環 $\mathfrak{O}$ に対して

$$\Gamma = \Gamma(A, \mathfrak{O}) = \{x \in \mathfrak{O} \mid n(x)=1\}$$

とおく. $\mathfrak{O}^{\times}$ の元を $\mathfrak{O}$ の単数という. $x \in \Gamma$ ならば $x^{-1}=x^{\iota} \in \mathfrak{O}$ となるから $\Gamma$ は $\mathfrak{O}$ のノルム1の単数の全体と一致して, 群をつくることがわかる. 別の整環 $\mathfrak{O}'$ に対して $\Gamma'=\Gamma(A, \mathfrak{O}')$ とおくとき, $\Gamma$ と $\Gamma'$ は通約可能であることを証明しよう. $N\mathfrak{O} \subseteqq \mathfrak{O}'$ となる整数 $N$ が存在するが, この $N$ に対して

$$\Gamma'' = \{x \in \Gamma \mid x \equiv 1 \pmod{N\mathfrak{O}}\}$$

は $\Gamma$ および $\Gamma'$ の部分群となる. $\mathfrak{O}/N\mathfrak{O}$ は有限であるから $[\Gamma : \Gamma'']<\infty$, ゆえに $[\Gamma : \Gamma \cap \Gamma']<\infty$. 同様にして $[\Gamma' : \Gamma \cap \Gamma']<\infty$ も示される.

$A$ が $A=\boldsymbol{Q}+\boldsymbol{Q}a+\boldsymbol{Q}b+\boldsymbol{Q}ab$, $a^2=\alpha$, $b^2=\beta$, $ab=-ba$ によって定義されているとき，$A_{\boldsymbol{R}}=A\otimes_{\boldsymbol{Q}}\boldsymbol{R}$ は $A_{\boldsymbol{R}}=\boldsymbol{R}+\boldsymbol{R}a+\boldsymbol{R}b+\boldsymbol{R}ab$, $a^2=\alpha$, $b^2=\beta$, $ab=-ab$ によって定義される $\boldsymbol{R}$ 上の4元数環である．$A_{\boldsymbol{R}}\simeq M_2(\boldsymbol{R})$ または $\boldsymbol{H}$ に従って，$A$ は**不定符号**または**定符号**であるという．

$A$ を不定符号とする．$A_{\boldsymbol{R}}$ を $M_2(\boldsymbol{R})$ と同一視し，また $A$ を $A_{\boldsymbol{R}}$ の中へ埋め込んでおく．このとき，§3.1で述べたように，$\Gamma(A,\mathfrak{O})$ は $SL_2(\boldsymbol{R})$ の離散部分群である．

**定理 3.3**　$A$ を $\boldsymbol{Q}$ 上の不定符号4元数環，$\mathfrak{O}$ を $A$ の整環とする．$A$ が多元体であるならば，$\Gamma(A,\mathfrak{O})\backslash SL_2(\boldsymbol{R})$ はコンパクトである．——

定理の証明のためにいくつかの補題を証明しておく．まずつぎの事実は Minkowski の補題としてよく知られているものである．

**Minkowski の補題**　$f(x)$ を $\boldsymbol{R}^n$ 上の正値2次形式，$L$ を $\boldsymbol{R}^n$ の格子群とする．$L/\boldsymbol{Z}$ の基底 $\{e_1,\cdots,e_n\}$ に対して $f(\sum\xi_ie_i)=\sum\alpha_{ij}\xi_i\xi_j$，$A=(\alpha_{ij})$ とおけば

$$\min_{x\in L,x\neq 0} f(x)\leqq c_n(\det A)^{1/n}.$$

ここで $c_n$ は $n$ のみに依存する定数である．

**補題 3.4**　$a\in M_2(\boldsymbol{R})$ を正値対称行列とすれば

$$(\det a)^{1/2}\leqq\frac{1}{2}\mathrm{tr}(a).$$

**証明**　$k^{-1}ak=\begin{bmatrix}\alpha_1 & 0\\ 0 & \alpha_2\end{bmatrix}$ となる直交行列 $k$ が存在する．ゆえに $\det a=\alpha_1\alpha_2$, $\mathrm{tr}(a)=\alpha_1+\alpha_2$．補題の不等式はこれからすぐに出る．▌

**補題 3.5**　$c,c'$ を正の定数とすると

$$\{g\in GL_2(\boldsymbol{R})\,|\,\mathrm{tr}(g^tg)\leqq c,\ (\det g)^2\geqq c'\}$$

はコンパクトである．

**証明**　$kgk'=\begin{bmatrix}\alpha_1 & 0\\ 0 & \alpha_2\end{bmatrix}$, $\alpha_1$, $\alpha_2>0$ となる直交行列 $k,k'$ が存在する．$kg^tgk^{-1}=\begin{bmatrix}\alpha_1{}^2 & 0\\ 0 & \alpha_2{}^2\end{bmatrix}$ によって，$\alpha_1{}^2+\alpha_2{}^2\leqq c$, $\alpha_1{}^2\alpha_2{}^2\geqq c'$．これから $c'/c\leqq\alpha_i{}^2\leqq c$ が出る．ゆえに

$$T=\left\{\begin{bmatrix}\alpha_1 & 0\\ 0 & \alpha_2\end{bmatrix}\middle|\,(c'/c)^{1/2}\leqq\alpha_i\leqq c^{1/2}\right\}$$

とおけば $g\in O_2(\boldsymbol{R})TO_2(\boldsymbol{R})$．▌

**補題 3.6**　$c$ を定数とする．定理 3.3 と同じ仮定のもとで

$$\{x \in \mathfrak{O} \mid x \neq 0, |n(x)| \leqq c\}$$

は有限個の剰余類 $x_i\mathfrak{O}^\times$ $(1 \leqq i \leqq r)$ の合併である.

**証明** 補題の集合を $J$ で表わす. $\mathfrak{O}/\boldsymbol{Z}$ の基底に関する $A$ の正則表現を $\rho$ とする. $x \in \mathfrak{O}$ ならば $\rho(x) \in M_4(\boldsymbol{Z})$. また $\det \rho(x) = n(x)^2$ ((3.3)). 単因子論によって

$$\{X \in M_4(\boldsymbol{Z}) \mid 0 < \det X \leqq c^2\}$$

は $SL_4(\boldsymbol{Z})$ の有限個の両側剰余類の合併となる. おのおのの $X$ に対し剰余類 $SL_4(\boldsymbol{Z})XSL_4(\boldsymbol{Z})/SL_4(\boldsymbol{Z})$ の数, すなわち剰余類 $SL_4(\boldsymbol{Z})/SL_4(\boldsymbol{Z}) \cap XSL_4(\boldsymbol{Z})X^{-1}$ の数は有限である. ゆえに

$$\{\rho(x) \mid x \in \mathfrak{O}, x \neq 0, |n(x)| \leqq c\} \subseteqq \bigcup_{i=1}^{r} \rho(x_i) SL_4(\boldsymbol{Z})$$

となる $x_i \in J$ が存在する. ここで $A$ は多元体と仮定されているので, $x \neq 0$ ならば $n(x) \neq 0$ となることを用いた. 任意の $x \in J$ に対し $\rho(x) = \rho(x_i)M$ となる $x_i$ と $M \in SL_4(\boldsymbol{Z})$ がある. $e = x_i^{-1}x$ とおけば $\rho(e) = M \in SL_4(\boldsymbol{Z})$ によって $e \in \mathfrak{O}^\times$. ∎

**定理 3.3 の証明** これから定理 3.3 の証明に移る. $a$ を $A_{\boldsymbol{R}} = M_2(\boldsymbol{R})$ の正値対称行列とすれば, $f(x) = \mathrm{tr}(xa{}^tx)$ は $A_{\boldsymbol{R}}$ 上の正値2次形式である. $A_{\boldsymbol{R}}$ の基底に関する $f$ の行列式は明らかに $(\det a)^2$ に比例する. ゆえに $\mathfrak{O}/\boldsymbol{Z}$ の基底に関する $f$ の行列式を $c(\det a)^2$ と書くことができる. $c$ は $\mathfrak{O}$ のみで定まる定数である. Minkowski の補題によって

$$\min_{x \in \mathfrak{O}, x \neq 0} f(x) \leqq c'(\det a)^{1/2}.$$

$c'$ はまた $\mathfrak{O}$ のみで定まる定数である.

$g \in SL_2(\boldsymbol{R})$ を任意にとり, $a = g{}^tg$ に上のことを適用する. すると $\mathrm{tr}(xa{}^tx) \leqq c'$ を満たす $x \in \mathfrak{O}$, $x \neq 0$ が存在する. $a' = xa{}^tx$, $g' = xg$ とおけば,

$$|\det x| = (\det a')^{1/2} \leqq (\det a')^{1/2} \frac{c'}{\mathrm{tr}(a')} \leqq \frac{c'}{2}.$$

最後の不等式は補題 3.4 による. $\Gamma = \Gamma(A, \mathfrak{O})$ とおけば $[\mathfrak{O}^\times : \Gamma] \leqq 2$. ゆえに補題 3.6 は $\mathfrak{O}^\times$ を $\Gamma$ で置き換えても成立する. とくに上の $x$ は有限個の剰余類 $x_i\Gamma$ $(1 \leqq i \leqq s)$ の合併に含まれる. 一方では, $\det x \in \boldsymbol{Z}$ であるから $\det a' \geqq 1$. ゆえに $g'$ は $C = \{g \in GL_2(\boldsymbol{R}) \mid \mathrm{tr}(g{}^tg) \leqq c', (\det g)^2 \geqq 1\}$ に属する. ゆえに $B = \bigcup_{i=1}^{s} x_i^{-1}C \cap SL_2(\boldsymbol{R})$ とおけば $g \in \Gamma B$. $g$ は $SL_2(\boldsymbol{R})$ の任意の元であるから $SL_2(\boldsymbol{R})$

$=\Gamma B$. 補題3.5により $C$ はコンパクト，したがって $B$ もコンパクトである．以上で定理3.3は証明された．∎

## §3.5 $\boldsymbol{Q}$ 上の4元数環の分類

$\boldsymbol{Q}$ の素点(無限素点を含む)を $p$, $p$ に関する $\boldsymbol{Q}$ の完備化を $\boldsymbol{Q}_p$ とする．$\boldsymbol{Q}_p$ は $p$ 進体 ($p\neq\infty$) または実数体 ($p=\infty$) である．

$\boldsymbol{Q}$ 上の4元数環 $A$ が $A=\boldsymbol{Q}+\boldsymbol{Q}a+\boldsymbol{Q}b+\boldsymbol{Q}ab$, $a^2=\alpha$, $b^2=\beta$, $ab=-ba$ ($\alpha,\beta\in\boldsymbol{Q}^\times$) によって定義されているならば，$A_p=A\otimes_{\boldsymbol{Q}}\boldsymbol{Q}_p$ は $A_p=\boldsymbol{Q}_p+\boldsymbol{Q}_pa+\boldsymbol{Q}_pb+\boldsymbol{Q}_pab$, $a^2=\alpha$, $b^2=\beta$, $ab=-ba$ によって定義される $\boldsymbol{Q}_p$ 上の4元数環である．2次形式 $n_{A_p/\boldsymbol{Q}_p}$ は $n_{A/\boldsymbol{Q}}$ の $\boldsymbol{Q}_p$ への係数拡大にほかならない．

補題3.1によって $A$ の同型類は $n_{A/\boldsymbol{Q}}$ の同値類によって決まる．Hasse-Minkowski の定理を考慮すれば $A$ の同型類はすべての $n_{A_p/\boldsymbol{Q}_p}$ の同値類によって決まることがわかる．

ここで Hilbert 記号の定義を述べ，主要性質を引用しておくことにする．$\alpha$, $\beta\in\boldsymbol{Q}_p^\times$ に対して $\boldsymbol{Q}_p$ 上の2次形式 $\alpha x^2+\beta y^2$ が1を表わすときは $(\alpha,\beta)_p=1$, そうでないときは $(\alpha,\beta)_p=-1$ と定める．これを **Hilbert 記号**という．$E=\boldsymbol{Q}_p(\sqrt{\alpha})$ が $\boldsymbol{Q}_p$ の2次拡大となるならば $(\alpha,\beta)_p=1$ は $\beta\in N_{E/\boldsymbol{Q}_p}(E)$ と同じである．Hilbert 記号はつぎの(I)-(IV)の性質をもつ．

(I) $(\alpha,\beta)_p=(\beta,\alpha)_p,\quad (\alpha,\beta)_p=(\alpha,-\alpha\beta)_p,\quad (\alpha,\beta\gamma)_p=(\alpha,\beta)_p(\alpha,\gamma)_p.$

(II) $\alpha,\beta\in\boldsymbol{Z}_p^\times$ とする．$p>2$ ならば

$$(\alpha,\beta)_p=1,\qquad (\alpha,p)_p=\left(\frac{\alpha}{p}\right).$$

$(\alpha/p)$ は平方剰余記号である．また

$$(\alpha,\beta)_2=(-1)^{(a-1)(b-1)/4},\qquad (\alpha,2)_2=(-1)^{(a^2-1)/8}.$$

ただし $a,b$ は $a\equiv\alpha\ (\mathrm{mod}\ 8)$, $b\equiv\beta\ (\mathrm{mod}\ 8)$ を満たす整数である．

(III) $\alpha,\beta\in\boldsymbol{Q}^\times$ ならば，ほとんどすべての $p$ に対して $(\alpha,\beta)_p=1$ となり，さらに $\prod_{p\leqq\infty}(\alpha,\beta)_p=1$ が成り立つ．

(IV) $\alpha\in\boldsymbol{Q}^\times$, $\beta_p\in\boldsymbol{Q}_p^\times$ が与えられていて，ほとんどすべての $p$ に対して $(\alpha,\beta_p)_p=1$, かつ $\prod_{p\leqq\infty}(\alpha,\beta_p)_p=1$ であるとする．このときすべての $p$ に対して

$$(\alpha,\xi)_p=(\alpha,\beta_p)_p$$

を満たす $\xi \in \boldsymbol{Q}^\times$ が存在する.

(III) を Hilbert 記号の積公式とよぶ.

**補題 3.7**　$\boldsymbol{Q}_p$ 上の2次形式

$$f = x_0^2 - \alpha x_1^2 - \beta x_2^2 + \alpha\beta x_3^2$$

の同値類を $\{\alpha, \beta\}_p$ で表わせば

(1)　$\{\alpha, \beta\}_p = \{\beta, \alpha\}_p$,

(2)　$(\alpha, \gamma)_p = 1$　ならば　$\{\alpha, \beta\}_p = \{\alpha, \beta\gamma\}_p$.

**証明**　(1) は自明であるから (2) を証明する. 2次形式

$$f' = x_0^2 - \alpha x_1^2 - \beta\gamma x_2^2 + \alpha\beta\gamma x_3^2 = x_0^2 - \alpha x_1^2 - \beta(\gamma x_2^2 - \alpha\gamma x_3^2)$$

を考える. $(\gamma, -\alpha\gamma)_p = (\gamma, \alpha)_p = 1$ によって $\gamma x_2^2 - \alpha\gamma x_3^2$ は1を表わす. ゆえにそれは $x_2^2 - \delta x_3^2$ の形の2次形式と同値になるが, 行列式をくらべれば $\delta \equiv -\alpha$ $(\mathrm{mod}\ (\boldsymbol{Q}_p^\times)^2)$. $\delta = -\alpha$ としてよい. ゆえに $f'$ は $f = x_0^2 - \alpha x_1^2 - \beta(x_2^2 - \alpha x_3^2)$ と同値である. ▌

**補題 3.8**　$\boldsymbol{Q}_p$ 上の2次形式 $f = x_0^2 - \alpha x_1^2 - \beta x_2^2 + \alpha\beta x_3^2$ が0を表わすための必要十分条件は $(\alpha, \beta)_p = 1$ である.

**証明**　$f$ が0を表わすとすれば, 補題3.3の証明によって $f$ は $x_0^2 - x_1^2 + x_2^2 - x_3^2$ と同値である. Witt の定理により2次形式 $g = -\alpha x_1^2 - \beta x_2^2 + \alpha\beta x_3^2$ は $-x_1^2 + x_2^2 - x_3^2$ と同値になる. とくに $g$ は0を表わすから, $-\alpha\xi_1^2 - \beta\xi_2^2 + \alpha\beta\xi_3^2 = 0$ となる $\xi_1, \xi_2, \xi_3 \in \boldsymbol{Q}_p$ ですべては0でないものが存在する. $\xi_3 = 0$ ならば $\alpha x_1^2 + \beta x_2^2$ は0を表わし, したがって任意の数を表わす. $\xi_3 \neq 0$ ならば

$$1 = \frac{\alpha\xi_1^2}{\alpha\beta\xi_3^2} + \frac{\beta\xi_2^2}{\alpha\beta\xi_3^2} = \beta\left(\frac{\xi_1}{\beta\xi_3}\right)^2 + \alpha\left(\frac{\xi_2}{\alpha\xi_3}\right)^2.$$

いずれにしても $\alpha x_1^2 + \beta x_2^2$ は1を表わす. この逆は明らかである. ▌

**定理 3.4**　0を表わさない $\boldsymbol{Q}_p$ 上の2次形式 $f = x_0^2 - \alpha x_1^2 - \beta x_1^2 + \alpha\beta x_3^2$ の同値類はただ一つである. $f$ は $p > 2$ ならば

$$x_0^2 - \alpha x_1^2 - p x_2^2 + \alpha p x_3^2 \qquad \left(\alpha \in \boldsymbol{Z}_p^\times,\ \left(\frac{\alpha}{p}\right) = -1\right)$$

と同値, $p = 2$ ならば

$$x_0^2 - 3x_1^2 - 2x_2^2 + 6x_3^2$$

と同値である.

**証明**　$(\boldsymbol{Q}_p^{\times})^2$ に属さない $\boldsymbol{Q}_p^{\times}$ の元 $\alpha$ をとる．$\xi\to(\alpha,\xi)_p$ は $\boldsymbol{Q}_p^{\times}$ から $\{\pm 1\}$ の上への準同型で，その核を $N$ とすると $[\boldsymbol{Q}_p^{\times}:N]=2$．補題3.7の(2)によって $\xi\in N$ ならば $\{\alpha,\beta\}_p=\{\alpha,\beta\xi\}_p$．ゆえに $\alpha$ を固定するとき，0を表わさない2次形式の同値類 $\{\alpha,\beta\}_p$ (すなわち補題3.8により $(\alpha,\beta)_p=-1$ となるもの)はただ一つである．0を表わさない別の同値類 $\{\alpha',\beta'\}_p$ を考える．上の注意によって $(\alpha,\alpha')_p=-1$ ならば

$$\{\alpha,\beta\}_p=\{\alpha,\alpha'\}_p=\{\alpha',\beta'\}_p.$$

$\alpha$ を $\beta$ で，または $\alpha'$ を $\beta'$ で置き換えても同じである．しかし $(\alpha,\alpha')_p=(\beta,\beta')_p=1$ ならば補題3.7によって

$$\{\alpha,\beta\}_p=\{\alpha,\beta\alpha'\}_p,\qquad \{\alpha',\beta'\}_p=\{\alpha'\beta,\beta'\}_p.$$

ゆえに $\{\alpha,\beta\}_p=\{\alpha',\beta'\}_p$．これは0を表わさない同値類 $\{\alpha,\beta\}_p$ がただ一つであることを示す．$(\alpha,p)_p=-1$，$(3,2)_2=-1$ であることから後半の命題が出る．▌

**系**　$\boldsymbol{Q}_p$ 上の4元数体は同型を除きただ一つ存在する．

**証明**　補題3.1-3.3と定理3.4による．▌

$\boldsymbol{Q}$ 上の4元数環

$$A=\boldsymbol{Q}+\boldsymbol{Q}a+\boldsymbol{Q}b+\boldsymbol{Q}ab,$$
$$a^2=\alpha,\qquad b^2=\beta,\qquad ab=-ba\qquad (\alpha,\beta\in\boldsymbol{Q}^{\times})$$

を考えよう．補題3.2, 3.3および補題3.8によって $A_p$ が多元体であるためには $(\alpha,\beta)_p=-1$ であることが必要十分である．このとき $A$ は $p$ において(または $p$ は $A$ において) **分岐する**という．Hilbert 記号の積公式によって分岐する素点の数は偶数である．

**定理 3.5**　$S$ を偶数個の素点の集合とすると，$p\in S$ においてのみ分岐する $\boldsymbol{Q}$ 上の4元数環 $A$ が同型を除きただ一つ存在する．

**証明**　$p\in S$ に対し $(\alpha_p,\beta_p)_p=-1$ となる $\alpha_p,\beta_p\in\boldsymbol{Q}_p^{\times}$ を選んでおく．近似定理により

$$\alpha/\alpha_p\in(\boldsymbol{Q}_p^{\times})^2\qquad(\forall p\in S)$$

を満たす $\alpha\in\boldsymbol{Q}^{\times}$ が存在する．$p\in S$ ならば $(\alpha,\beta_p)_p=(\alpha_p,\beta_p)_p=-1$ となる．$p\notin S$ に対して $\beta_p=1$ とおけばもちろん $(\alpha,\beta_p)_p=1$．$\prod_{p\leqq\infty}(\alpha,\beta_p)_p=1$ が成立する．Hilbert 記号の性質(IV)によって $(\alpha,\beta)_p=(\alpha,\beta_p)_p$ $(\forall p)$ となる $\beta\in\boldsymbol{Q}^{\times}$ が存在する．このとき $\boldsymbol{Q}$ 上の4元数環 $A=\boldsymbol{Q}+\boldsymbol{Q}a+\boldsymbol{Q}b+\boldsymbol{Q}ab$, $a^2=\alpha$, $b^2=\beta$, $ab=-ba$ が求

めるものである．一意性は Hasse-Minkowski の定理による．▌

$A$ で分岐する有限素点の積を $A$ の**判別式**という．

## §3.6 整環とイデアル

### a) 格 子

$V$ を $\boldsymbol{Q}$ 上の有限次元線型空間とする．$V \supseteq L$ が有限生成の $\boldsymbol{Z}$ 加群であり，$V/\boldsymbol{Q}$ の基底を含むとき，$L$ を $\boldsymbol{Z}$ **格子**とよぶ．$\boldsymbol{Z}$ を Dedekind 整域 $\mathfrak{o}$ で，$\boldsymbol{Q}$ を $\mathfrak{o}$ の商体 $F$ で置き換えるとき，$F$ 上有限次元の線型空間の中の $\mathfrak{o}$ 格子の定義も同様である．

$V_p = \boldsymbol{Q}_p \otimes_{\boldsymbol{Q}} V$ とおけば，$L_p = \boldsymbol{Z}_p L$ は $V_p$ の中の $\boldsymbol{Z}_p$ 格子となる．

**補題 3.9** $L$ を $V$ の中の $\boldsymbol{Z}$ 格子とすれば

$$L = \bigcap_p (V \cap L_p).$$

ここで $p$ はすべての有限素点を動く．

**証明** $L/\boldsymbol{Z}$ の基底を $\{e_1, \cdots, e_n\}$ とする．これは $V/\boldsymbol{Q}$ および $V_p/\boldsymbol{Q}_p$ の基底となる．$x \in V \cap L_p \ (\forall p)$ ならば，$x = \sum_{i=1}^{n} \xi_i e_i \ (\xi_i \in \boldsymbol{Q})$ と書くとき $\xi_i \in \boldsymbol{Z}_p \ (\forall p)$．ゆえに $\xi_i \in \boldsymbol{Z}$．したがって $\bigcap_p (V \cap L_p) \subseteq L$ となる．逆の包含関係は明らかである．▌

**補題 3.10** $V$ の $\boldsymbol{Z}$ 格子 $L$ を任意にとって固定する．$V_p$ の $\boldsymbol{Z}_p$ 格子 $M_p^*$ がおのおのの $p$ に対し与えられているとき，すべての $p$ に対し $M_p = M_p^*$ となる $V$ の $\boldsymbol{Z}$ 格子 $M$ が存在するためには，ほとんどすべての $p$ に対して $M_p^*$ が $L_p$ に等しいことが必要十分である．

**証明** まず条件の必要なことを示す．$M$ を $V$ の $\boldsymbol{Z}$ 格子とすれば，$\alpha M \subseteq L$, $\beta L \subseteq M$ となる整数 $\alpha, \beta \ (\alpha, \beta \neq 0)$ が存在する．このとき $\alpha$ および $\beta$ を割らない素数 $p$ に対して $M_p = L_p$ となる．

つぎに条件の十分なことをいう．$M_p^*$ が与えられているとき，$M = \bigcap_p (V \cap M_p^*)$ とおく．ほとんどすべての $p$ に対し $M_p^* = L_p$ であるから，$\alpha M_p^* \subseteq L_p \ (\forall p)$ となる $\alpha \in \boldsymbol{Z} \ (\alpha \neq 0)$ が存在する．補題 3.9 によって $\alpha M \subseteq L$．ゆえに $M$ は有限生成である．また上と同じ理由で $\beta L \subseteq M$ となる $\beta \in \boldsymbol{Z} \ (\beta \neq 0)$ も存在するから，$M$ は $V$ の $\boldsymbol{Q}$ 上の基底を含む．

$M_p = M_p^*$ を証明しよう．$M$ の定義から $M_p \subseteq M_p^*$ は自明であるから逆の包含関係を示す．$\{e_1, \cdots, e_n\}$ を $M/\boldsymbol{Z}$ の基底とする．それは $V_p/\boldsymbol{Q}_p$ の基底であるから，

任意の $x \in M_p{}^*$ は $x=\sum_i \xi_i e_i$ $(\xi_i \in \boldsymbol{Q}_p)$ の形に書くことができる．$\xi_i-\eta_i \in \boldsymbol{Z}_p$ となる $\eta_i \in \boldsymbol{Q}$ をとり，$y=\sum \eta_i e_i$ とおけば，$x-y \in M_p \subseteqq M_p{}^*$，ゆえに $y \in M_p{}^*$．$x \in M_p$ をいうためには，$y \in M_p$ をいえば十分である．$y$ は $V$ の元であるから，$\alpha y \in M$ となる $\alpha \in \boldsymbol{Z}$ $(\alpha \neq 0)$ が存在する．$\alpha=p^f\beta$，$\beta \in \boldsymbol{Z}$，$(p,\beta)=1$ と書く．このとき $\gamma \equiv 1 \pmod{p}$，$\gamma \equiv 0 \pmod{\beta}$ を満たす $\gamma \in \boldsymbol{Z}$ が存在する．$\gamma y \in M_p{}^*$，また $p$ と異なる素数 $q$ に対して $\gamma y \in \boldsymbol{Z}_q \alpha y \subseteqq M_q \subseteqq M_q{}^*$．ゆえに $\gamma y \in M$．$\gamma$ は $\boldsymbol{Z}_p$ の単数なので $y \in M_p$．∎

なお任意の(有限または無限)素点 $p$ に対して，$V_p$ に $\boldsymbol{Q}_p$ 上の有限次元線型空間としての自然な位相($\boldsymbol{Q}_p$ の位相の直積位相)を入れることができる．このとき $V_p$ は局所コンパクト Abel 群となる．$p$ が有限素点ならば，$V_p$ の $\boldsymbol{Z}_p$ 格子は開かつコンパクト部分群である．

**b) 整　環**

この項では $p$ を有限素点とする．$A$ を $\boldsymbol{Q}_p$ 上の多元環とする．1を含む $A$ の部分環 $\mathfrak{O}$ が同時に $\boldsymbol{Z}_p$ 格子であるとき，$\mathfrak{O}$ を $A$ の**整環**という．

**定理 3.6** $A=M_n(\boldsymbol{Q}_p)$ とする．$A$ の任意の極大整環は内部自己同型によって $M_n(\boldsymbol{Z}_p)$ に移される．

**証明** $A$ を $\boldsymbol{Q}_p$ 上 $n$ 次元の線型空間 $V$ の自己準同型写像の全体と考えておく．$\mathfrak{O}$ を $A$ の整環とする．$V$ の任意の $\boldsymbol{Z}_p$ 格子 $L$ に対して $M=\mathfrak{O}L$ はまた $\boldsymbol{Z}_p$ 格子となる．$M$ の $\boldsymbol{Z}_p$ 上の基底を用いて $\mathrm{End}(V)$ を行列で表現すれば，$\mathfrak{O}M \subseteqq M$ から $\mathfrak{O} \subseteqq M_n(\boldsymbol{Z}_p)$．とくに $\mathfrak{O}$ が極大ならば $\mathfrak{O}=M_n(\boldsymbol{Z}_p)$ となる．∎

**定理 3.7** $A$ を $\boldsymbol{Q}_p$ 上の多元体とする．$\rho$ を $A/\boldsymbol{Q}_p$ の正則表現とし，$N(a)=\det\rho(a)$ とおく．このとき $a \in A$ が $\boldsymbol{Z}_p$ 上の整元であるためには，$N(a)$ が $\boldsymbol{Z}_p$ に属することが必要十分である．$\boldsymbol{Z}_p$ 上の整元の全体は $A$ のただ一つの極大整環を作る．

**証明** $E=\boldsymbol{Q}_p(a)$ は $A$ の可換部分体である．$\rho(a)$ は $a$ の $E$ における正則表現の直和であるから，第1の主張は可換体に対する既知の結果から出る．ゆえに $\boldsymbol{Z}_p$ 上の整元の全体 $\mathfrak{O}$ が整環となることを証明すればよい．$x, y$ を $\mathfrak{O}$ の元とする．$N(x), N(y) \in \boldsymbol{Z}_p$ によって $N(xy)=N(x)N(y) \in \boldsymbol{Z}_p$，ゆえに $xy \in \mathfrak{O}$．$x+y \in \mathfrak{O}$ をいうためには $N(x)^{-1}N(y) \in \boldsymbol{Z}_p$ と仮定してよい．このとき $x^{-1}y$ は $\boldsymbol{Z}_p$ 上の整元となるが，1と $x^{-1}y$ は可換であるから $1+x^{-1}y$ も $\boldsymbol{Z}_p$ 上の整元となる．

すなわち $1+x^{-1}y\in\mathfrak{O}$. ゆえに $x+y=x(1+x^{-1}y)\in\mathfrak{O}$. $\mathfrak{O}$ は $A$ の部分環となる.

任意の $x\in A$ に対し $\alpha x\in\mathfrak{O}$ となる $\alpha\in\boldsymbol{Z}_p$ が存在するから, $\mathfrak{O}$ は $A/\boldsymbol{Q}_p$ の基底を含む. この基底によって生成される $\boldsymbol{Z}_p$ 加群を $L$ とする. $\mathrm{Tr}(a)=\mathrm{tr}\,\rho(a)$ とおけば, $a\in\mathfrak{O}$ に対して $\mathrm{Tr}(a)\in\boldsymbol{Z}_p$ が成り立つ. ゆえに

$$\mathfrak{O}\subseteqq L^*=\{x\in A\,|\,\mathrm{Tr}(xL)\subseteqq\boldsymbol{Z}_p\}.$$

$(x,y)\to\mathrm{Tr}(xy)$ は非退化双1次形式であるから, $L^*$ は有限生成 $\boldsymbol{Z}_p$ 加群となる. したがって $\mathfrak{O}$ も $\boldsymbol{Z}_p$ 上有限生成である. ▮

$|\ |_p$ を $p$ 進付値とする. 上の定理の証明を見れば, $|a|=|N(a)|_p$ は $A$ の付値となることがわかる. これから $\mathfrak{P}=\{x\in A\,|\,|x|<1\}$ は $\mathfrak{O}$ のただ一つの極大イデアルであること, $\mathfrak{O}$ の任意の左または右イデアルは単項であること, それらはすべて $\mathfrak{P}$ の巾であること等が導かれる.

**c) アデール環とイデール群**

こんどは $A$ を有理数体 $\boldsymbol{Q}$ 上の4元数環として, そのアデール環とイデール群の定義を述べよう. $A$ の一つの整環 $\mathfrak{O}$ を固定する. $\prod_{p\leqq\infty}A_p$ の元 $x=(x_p)$ で, ほとんどすべての $p$ に対し $x_p\in\mathfrak{O}_p$ となるものの全体を $A_A$ と書く. $S$を無限素点 $\infty$ を含む素点の有限集合とし

$$A_S=\prod_{p\notin S}\mathfrak{O}_p\times\prod_{p\in S}A_p$$

とおけば $A_A=\bigcup_S A_S$. $A_S$ には $\mathfrak{O}_p$ および $A_p$ の位相の直積位相を入れ, $A_A$ には $A_S$ が $A_A$ の開集合となるような位相を入れる. このとき $A_A$ は局所コンパクト位相環となる. $A_A$ を $A$ の**アデール環**という.

$A$ から $A_p$ の中への埋め込みを $f_p$ とし, $A$ から $A_A$ の中への埋め込み $f:a\to(f_p(a))$ を定義する. 今後は $f$ によって $A$ と $f(A)$ を同一視する ($f(A)$ は $A_A$ の中で離散であることが知られている).

$A_A$ の可逆元のつくる群 $A_A^\times$ は $x=(x_p)\in A_A$ で, すべての $p$ に対し $x_p\in A_p^\times$, ほとんどすべての $p$ に対し $x_p\in\mathfrak{O}_p^\times$ となるものの全体と一致する. $A_A^\times$ には $A_A$ から導入された位相よりも強いつぎのような位相を入れる. まず $A_p^\times$ に $A_p$ から導入された位相を入れると $A_p^\times$ は局所コンパクト群になる. $p$ が有限素点ならば, $\mathfrak{O}_p^\times$ は $A_p^\times$ の開かつコンパクト部分群である.

$$A_S^\times=\prod_{p\notin S}\mathfrak{O}_p^\times\times\prod_{p\in S}A_p^\times$$

とおき，$A_S^\times$ には直積位相を，$A_{\boldsymbol{A}}^\times$ には $A_S^\times$ が $A_{\boldsymbol{A}}^\times$ の開集合となるような位相を入れる．この位相によって $A_{\boldsymbol{A}}^\times$ は局所コンパクト位相群となる．$A_{\boldsymbol{A}}^\times$ を $A$ の**イデール群**という．

**d）イデアル**

補題 3.10 によって $A_{\boldsymbol{A}}$ および $A_{\boldsymbol{A}}^\times$ は初めに固定した整環 $\mathfrak{O}$ のとり方によらない．$\mathfrak{O}$ を任意の整環とするとき，$A_{\boldsymbol{A}}^\times$ の部分群

$$\mathfrak{O}_{\boldsymbol{A}}^\times = \prod_{p<\infty} \mathfrak{O}_p^\times \times A_\infty^\times$$

を定義し，剰余類 $\mathfrak{O}_{\boldsymbol{A}}^\times a$ $(a \in A_{\boldsymbol{A}}^\times)$ に，$\boldsymbol{Z}$ 格子

$$\mathfrak{A} = \bigcap_p (A \cap \mathfrak{O}_p a_p)$$

を対応させる．$\mathfrak{O}\mathfrak{A} \subseteq \mathfrak{A}$ の成り立つことは明らかである．この形の $\boldsymbol{Z}$ 格子を**左 $\mathfrak{O}$ イデアル**という．$\mathfrak{A} \subseteq \mathfrak{O}$ とは限らないが，これの成立するとき $\mathfrak{A}$ は**整イデアル**であるという．$\boldsymbol{Z}$ イデアル $n(\mathfrak{A}) = \bigcap_p (\boldsymbol{Q} \cap \boldsymbol{Z}_p n(a_p))$ を $\mathfrak{A}$ の**ノルム**という．左 $\mathfrak{O}$ イデアル $\mathfrak{A}, \mathfrak{B}$ が**同値**であるとは，$\mathfrak{A} = \mathfrak{B}c$ となる $c \in A^\times$ が存在することであるとする．左 $\mathfrak{O}$ イデアルの同値類の集合は両側剰余類の集合 $\mathfrak{O}_{\boldsymbol{A}}^\times \backslash A_{\boldsymbol{A}}^\times / A^\times$ と 1 対 1 に対応する．われわれはこの対応が成立するように左 $\mathfrak{O}$ イデアルを定義したので，ここでいうところの整の左 $\mathfrak{O}$ イデアルは環 $\mathfrak{O}$ の普通の意味の左イデアルよりは狭い概念である．

右 $\mathfrak{O}$ イデアル，右 $\mathfrak{O}$ イデアルの同値類等も同じようにして定義する．$x \to x^{-1}$ は $\mathfrak{O}_{\boldsymbol{A}}^\times \backslash A_{\boldsymbol{A}}^\times / A^\times$ から $A^\times \backslash A_{\boldsymbol{A}}^\times / \mathfrak{O}_{\boldsymbol{A}}^\times$ の上への双射を引き起こすから左 $\mathfrak{O}$ イデアルの同値類の数と右 $\mathfrak{O}$ イデアルの同値類の数は等しい．これを $\mathfrak{O}$ の**類数**という．

$A_p/\boldsymbol{Q}_p$ のノルムを $n$ で表わすとき，

$$n:\ x = (x_p) \longrightarrow (n(x_p))$$

は $A_{\boldsymbol{A}}^\times$ から $\boldsymbol{Q}_{\boldsymbol{A}}^\times$ の中への写像である．$n(x)$ を $x$ のノルムとよぶ．$A_{\boldsymbol{A}}^\times, A^\times, A_p^\times$ の中でノルム 1 の元の作る部分群をそれぞれ $A_{\boldsymbol{A}}^1, A^1, A_p^1$ と書くことにする．

**定理 3.8** $A$ を $\boldsymbol{Q}$ 上の不定符号 4 元数環とすれば，$A_{\boldsymbol{A}}^1$ の中で $A_\infty^1 A^1$ は密である．——

これは代数群における近似定理をわれわれの場合に適用したものであるが，いまは証明なしに承認してもらわなければならない．

**補題 3.11** $A$ を $\boldsymbol{Q}$ 上の 4 元数環とする．$A$ が不定符号ならば $n(A_{\boldsymbol{A}}^\times) = \boldsymbol{Q}_{\boldsymbol{A}}^\times$,

$A$ が定符号ならば $n(A_A{}^\times)$ は無限成分が正の $\boldsymbol{Q}_A{}^\times$ の元の全体である．

**証明** 正の実数の全体を $\boldsymbol{R}_+$ で表わせば，$n(M_2(\boldsymbol{R})^\times)=\boldsymbol{R}^\times$，$n(\boldsymbol{H}^\times)=\boldsymbol{R}_+$．$p$ が有限素点のとき $n(A_p{}^\times)=\boldsymbol{Q}_p{}^\times$ を示そう．$\pi$ を $\boldsymbol{Q}_p$ の任意の素元とする．$-\pi\notin(\boldsymbol{Q}_p{}^\times)^2$ であるから

$$(-\pi,\beta)_p=\begin{cases}1, & A_p=M_2(\boldsymbol{Q}_p),\\ -1, & A_p=\text{多元体}\end{cases}$$

となる $\beta\in\boldsymbol{Q}_p{}^\times$ が存在する．このとき $A_p$ を

$$A_p=\boldsymbol{Q}_p+\boldsymbol{Q}_pa+\boldsymbol{Q}_pb+\boldsymbol{Q}_pab, \qquad a^2=-\pi,\ b^2=\beta$$

の形に書くことができる．ゆえに $\pi=n(a)\in n(A_p{}^\times)$．$\boldsymbol{Q}_p$ の任意の単数は素元の商として表わされることに注意すれば $\boldsymbol{Q}_p{}^\times=n(A_p{}^\times)$ の成立することがわかる．一方，$\alpha\in\boldsymbol{Z}_p{}^\times$，$A_p=M_2(\boldsymbol{Q}_p)$ ならば，$n(a)=\alpha$ となる $a\in M_2(\boldsymbol{Z}_p)^\times$ が存在することは明らかである．以上で補題は証明された．▌

**補題 3.12** $A$ が不定符号ならば $n(A^\times)=\boldsymbol{Q}^\times$，$A$ が定符号ならば $n(A^\times)$ は正の有理数の全体である．

**証明** これは補題3.11と，2次形式 $n$ に Hasse-Minkowski の定理を適用することによって得られる．▌

**e) 段 $dd'$ の整環**

ここで特殊な形の整環を導入する．$N\in\boldsymbol{Z}_p$ に対し $x=\begin{bmatrix}\alpha & \beta\\ \gamma & \delta\end{bmatrix}\in M_2(\boldsymbol{Z}_p)$，$\gamma\equiv 0 \pmod{N\boldsymbol{Z}_p}$ を満たす $x$ の全体を

$$\begin{bmatrix}\boldsymbol{Z}_p & \boldsymbol{Z}_p\\ N\boldsymbol{Z}_p & \boldsymbol{Z}_p\end{bmatrix}$$

によって表わす．これは $M_2(\boldsymbol{Q}_p)$ の一つの整環となる．

$A$ を $\boldsymbol{Q}$ 上の4元数環，その判別式を $d$，$d'$ を $d$ と素な整数とする．$A$ の $\boldsymbol{Z}$ 格子 $\mathfrak{O}$ がつぎの性質をもつとする．

(1) $p\nmid d'$ ならば $\mathfrak{O}_p$ は $A_p$ の極大整環である．

(2) $p\mid d'$ ならば

$$\mathfrak{O}_p=a\begin{bmatrix}\boldsymbol{Z}_p & \boldsymbol{Z}_p\\ d'\boldsymbol{Z}_p & \boldsymbol{Z}_p\end{bmatrix}a^{-1}$$

となる $a\in A_p{}^\times$ が存在する．

補題3.10によってこのような $\boldsymbol{Z}$ 格子は確かに存在し，それは $A$ の整環とな

る．$\mathfrak{O}$ を**段**(**level**) $dd'$ **の整環**という．たとえば $A=M_2(\boldsymbol{Q})$ とするとき，$\mathfrak{O}=\left\{\begin{bmatrix}\alpha & \beta\\ \gamma & \delta\end{bmatrix}\in M_2(\boldsymbol{Z})\mid \gamma\equiv 0 \pmod N\right\}$ は段 $N$ の整環である．このとき $\Gamma(A,\mathfrak{O})$ は §3.2 の $\Gamma_0(N)$ にほかならない．

**定理 3.9** $A$ が不定符号ならば，段 $dd'$ の整環 $\mathfrak{O}$ の類数は 1 である．

**証明** $\mathfrak{O}_p$ の形から $n(\mathfrak{O}_{\boldsymbol{A}}^\times)=\prod_p \boldsymbol{Z}_p^\times\times\boldsymbol{R}^\times$ が得られる．$\boldsymbol{Q}$ の類数は 1 であるから $\boldsymbol{Q}_{\boldsymbol{A}}^\times=\prod_p \boldsymbol{Z}_p^\times\cdot\boldsymbol{R}^\times\boldsymbol{Q}^\times$．ゆえに任意の $x\in A_{\boldsymbol{A}}^\times$ に対して $n(x)=n(u)n(a)$ となる $u\in\mathfrak{O}_{\boldsymbol{A}}^\times$ と $a\in A^\times$ が存在し，したがって $A_{\boldsymbol{A}}^\times=\mathfrak{O}_{\boldsymbol{A}}^\times A_{\boldsymbol{A}}^1A^\times$．$\mathfrak{O}_{\boldsymbol{A}}^\times\cap A_{\boldsymbol{A}}^1$ は $A_{\boldsymbol{A}}^1$ の開部分群となるから，定理 3.8 によって $A_{\boldsymbol{A}}^1=(\mathfrak{O}_{\boldsymbol{A}}^\times\cap A_{\boldsymbol{A}}^1)A_\infty^1A^1=(\mathfrak{O}_{\boldsymbol{A}}^\times\cap A_{\boldsymbol{A}}^1)A^1$．ゆえに $A_{\boldsymbol{A}}^\times=\mathfrak{O}_{\boldsymbol{A}}^\times A^\times$．▮

**定理 3.10** 前定理 3.9 と同じ仮定のもとで，$A$ の段 $dd'$ の整環は $A$ の内部自己同型によって互いに移り合う．

**証明** $\mathfrak{O},\mathfrak{O}'$ を段 $dd'$ の整環とすれば，すべての $p$ に対して $\mathfrak{O}_p'=x_p^{-1}\mathfrak{O}_px_p$ となる $x=(x_p)\in A_{\boldsymbol{A}}^\times$ が存在する．これは段 $dd'$ の整環の定義と定理 3.6, 3.7 から出る．定理 3.9 によって $x=ua$, $u\in\mathfrak{O}_{\boldsymbol{A}}^\times$, $a\in A^\times$, と書くことができる．このとき $\mathfrak{O}_p'=a^{-1}u_p^{-1}\mathfrak{O}_pu_pa^{-1}=a^{-1}\mathfrak{O}_pa\ (\forall p)$．ゆえに $\mathfrak{O}'=a^{-1}\mathfrak{O}a$．▮

上の記号を用いれば $\Gamma(A,\mathfrak{O}')=a^{-1}\Gamma(A,\mathfrak{O})a$ となるが，すぐあとで証明するように $\mathfrak{O}$ はノルム $-1$ の単数 $e$ を含むので，$a$ を $ea$ で置き換えることによって $n(a)>0$ と仮定してよい．そうすれば $\Gamma(A,\mathfrak{O}')$ と $\Gamma(A,\mathfrak{O})$ は，$SL_2(\boldsymbol{R})$ の部分群として，共役である．ゆえに $\Gamma(A,\mathfrak{O})$ の離散部分群としての性質は $\mathfrak{O}$ の段 $dd'$ のみで決まるわけである．

$A$ を不定符号 4 元数環とすれば，$A$ の段 $dd'$ の整環 $\mathfrak{O}$ はノルム $-1$ の単数を含む．実際，補題 3.12 により $n(a)=-1$ となる $a\in A^\times$ が存在する．一方，$\mathfrak{O}_p$ の形から $n(u)=-1$ となる $u\in\mathfrak{O}_{\boldsymbol{A}}^\times$ が存在する．$ua\in A_{\boldsymbol{A}}^1$ となるから，定理 3.8 によって $ua=u_1a_1$, $u_1\in\mathfrak{O}_{\boldsymbol{A}}^\times\cap A_{\boldsymbol{A}}^1$, $a_1\in A^1$ と書くことができる．このとき $e=a_1a^{-1}=u_1^{-1}u\in\mathfrak{O}^\times$, $n(e)=-1$.

### f) 整環の判別式

$\mathfrak{O}$ を $\boldsymbol{Q}$ 上の 4 元数環 $A$ の整環とする．$\mathfrak{O}$ の $\boldsymbol{Z}$ 上の基底 $\{e_1,\cdots,e_4\}$ をとり，$\det(\mathrm{tr}(e_ie_j))$ で生成される $\boldsymbol{Z}$ イデアルを $D(\mathfrak{O})$ と書き，これを $\mathfrak{O}$ の**判別式**という．$\mathfrak{O}_p$ の判別式 $D(\mathfrak{O}_p)$ を $\boldsymbol{Z}_p$ 上の基底を用いて同様に定義すれば

$$D(\mathfrak{O})=\bigcap_p(\boldsymbol{Z}\cap D(\mathfrak{O}_p))$$

が成立する．

**補題 3.13**　$A_p$ を $p$ 進体 $\boldsymbol{Q}_p$ 上の4元数体とする．$A_p$ の極大整環 $\mathfrak{O}_p$ の判別式は $(p^2)$ である．また $\mathfrak{P}$ を $\mathfrak{O}_p$ の極大イデアルとすれば $\mathfrak{P}^2=p\mathfrak{O}_p$，$n(\mathfrak{P})=(p)$.

**証明**　$\beta$ を $E=\boldsymbol{Q}_p(\sqrt{\beta})$ が不分岐拡大となる $\boldsymbol{Q}_p$ の元とすれば，$p\notin N_{E/\boldsymbol{Q}_p}(E)$. ゆえに $(p,\beta)_p=-1$. したがって $A_p=E+Ea$，$a^2=p$，$au=\bar{u}a\ (u\in E)$ と書くことができる．$x=u+va\ (u,v\in E)$ に対して $n(x)=u\bar{u}-pv\bar{v}$ であるから，$n(x)\in\boldsymbol{Z}_p$ となるためには $u\bar{u}, v\bar{v}\in\boldsymbol{Z}_p$ が必要十分である．ゆえに定理 3.7 によって $\mathfrak{O}_p=\mathfrak{o}+\mathfrak{o}a$ となる．ただし $\mathfrak{o}$ は $E$ の極大整環である．

$$\mathrm{tr}\{(u+va)(u'+v'a)\} = \mathrm{tr}(uu')+p\,\mathrm{tr}(v\bar{v}')$$

$(u,u',v,v'\in E)$ に注意する．$E$ は不分岐であるから $\mathfrak{o}=\{u\in E\mid \mathrm{tr}(u\mathfrak{o})\subset\boldsymbol{Z}_p\}$.

したがって $\mathfrak{o}/\boldsymbol{Z}_p$ の任意の基底 $\{e_1,e_2\}$, $\{e_1',e_2'\}$ に対して $\det(\mathrm{tr}(e_ie_j'))\in\boldsymbol{Z}_p^\times$ となる．ゆえに $\mathfrak{O}_p/\boldsymbol{Z}_p$ の基底として $\{e_1,e_2,e_1a,e_2a\}$ をとれば $D(\mathfrak{O}_p)=(p^2)$. 定理 3.7 のあとの注意によって $\{x\in\mathfrak{O}_p\mid n(x)\in p\boldsymbol{Z}_p\}$ が $\mathfrak{O}_p$ の極大イデアルである．これから容易に $\mathfrak{P}=\mathfrak{O}_pa$，$\mathfrak{P}^2=p\mathfrak{O}_p$，$n(\mathfrak{P})=(p)$ が出る．∎

$M_2(\boldsymbol{Q}_p)$ の整環

$$\begin{bmatrix} \boldsymbol{Z}_p & \boldsymbol{Z}_p \\ p^f\boldsymbol{Z}_p & \boldsymbol{Z}_p \end{bmatrix}$$

の判別式が $(p^{2f})$ に等しいことは直ちにわかる．このことと補題 3.13 から，$\mathfrak{O}$ が $\boldsymbol{Q}$ 上の4元数環の段 $dd'$ の整環であるならば

$$D(\mathfrak{O}) = (dd')^2.$$

**g)　極大整環**

$\boldsymbol{Q}$ 上の4元数環の極大整環の例をあげる．数論的離散群を作るために必要なのは不定符号4元数環であるけれども，定符号の場合も含めて結果を述べておく．(この例は，伊吹山知義，有理数体上の4元数環の基底と極大整数環，数学，**24** (1972) による.)

(I)　$p_1,\cdots,p_r$ を相異なる素数とする．$\varepsilon=(-1)^r$ とおき，$\varepsilon q\equiv 5 \pmod 8$，かつ $p_i\neq 2$ となる $p_i$ に対して $(\varepsilon q/p_i)=-1$ を満たす素数 $q$ をとる．このような素数 $q$ の存在は Dirichlet の算術級数定理による．$\alpha=\varepsilon p_1\cdots p_r$，$\beta=\varepsilon q$ とおいて，$\boldsymbol{Q}$ 上の4元数環 $A$ を

$$A = \boldsymbol{Q}+\boldsymbol{Q}a+\boldsymbol{Q}b+\boldsymbol{Q}ab, \quad a^2=\alpha,\ \ b^2=\beta,\ \ ab=-ba$$

によって定義する．$A$ は $r$ が偶数または奇数であるにしたがって不定符号または定符号となり，その判別式は $p_1\cdots p_r$ である．実際

$$
\begin{aligned}
&(\alpha,\beta)_{p_i}=\left(\frac{\beta}{p_i}\right)=-1 && (p_i\neq 2),\\
&(\alpha,\beta)_2=(-1)^{(\beta^2-1)/8+(\alpha/2-1)(\beta-1)/4}=-1 && (2\mid p_1\cdots p_r),\\
&(\alpha,\beta)_2=(-1)^{(\alpha-1)(\beta-1)/4}=1 && (2\nmid p_1\cdots p_r),\\
&(\alpha,\beta)_p=1 && (p\nmid 2p_1\cdots p_r q),\\
&(\alpha,\beta)_\infty=(-1)^r.
\end{aligned}
$$

ゆえに Hilbert 記号の積公式により $(\alpha,\beta)_q=1$.

$(\alpha,\beta)_q=(\alpha/q)=1$ であるから，$\gamma^2\equiv\alpha\ (\mathrm{mod}\ q)$ となる整数 $\gamma$ が存在する．このとき

$$\mathfrak{O}=\boldsymbol{Z}+\boldsymbol{Z}\frac{1+b}{2}+\boldsymbol{Z}\frac{a(1+b)}{2}+\boldsymbol{Z}\frac{(a+\gamma)b}{q}$$

は $A$ の極大整環である．これを見るためには $\mathfrak{O}$ が部分環であることおよび $D(\mathfrak{O})=(p_1\cdots p_r)^2$ を確かめればよい．

(II) $p$ を $p\equiv 3\ (\mathrm{mod}\ 4)$ となる素数とする．

$$A=\boldsymbol{Q}+\boldsymbol{Q}a+\boldsymbol{Q}b+\boldsymbol{Q}ab,\qquad a^2=-p,\quad b^2=-1,\quad ab=-ba$$

は判別式 $p$ の定符号4元数環，

$$\mathfrak{O}=\boldsymbol{Z}+\boldsymbol{Z}b+\boldsymbol{Z}\frac{1+a}{2}+\boldsymbol{Z}\frac{b(1+a)}{2}$$

は $A$ の極大整環である．

(III) $p$ を $p\equiv 7\ (\mathrm{mod}\ 8)$ となる素数とする．

$$A=\boldsymbol{Q}+\boldsymbol{Q}a+\boldsymbol{Q}b+\boldsymbol{Q}ab,\qquad a^2=-p,\quad b^2=-2,\quad ab=-ba$$

は判別式 $p$ の定符号4元数環，

$$\mathfrak{O}=\boldsymbol{Z}+\boldsymbol{Z}b+\boldsymbol{Z}\frac{1+a}{2}+\boldsymbol{Z}\frac{b(1+a)}{2}$$

は $A$ の極大整環である．

(II), (III) とも (I) と同じようにして確かめられる．定理 3.10 により $\boldsymbol{Q}$ 上の不定符号4元数環の極大整環はすべて内部自己同型により移り合う．この場合は一つの極大整環の例をあげれば十分である．$A, \mathfrak{O}$ が (I) によって定義されているとき，$\Gamma(A,\mathfrak{O})$ を実2次体 $\boldsymbol{Q}(\sqrt{\alpha})$ または $\boldsymbol{Q}(\sqrt{\beta})$ の元を要素とする行列の群と

して表わすことは容易であり，それはそのまま $\Gamma(A,\mathfrak{O})$ の $SL_2(\boldsymbol{R})$ の中への埋め込みを与えることになる．

## §3.7 基本領域の面積

$A$ を $\boldsymbol{Q}$ 上の不定符号4元数環，$\mathfrak{O}$ を段 $dd'$ の整環とする．Dirichlet 級数

$$\zeta(s,\mathfrak{O}) = \sum_{\mathfrak{A}} n(\mathfrak{A})^{-2s}$$

を考えよう．ここで $\mathfrak{A}$ はすべての整の左 $\mathfrak{O}$ イデアルを動く．$n(\mathfrak{A})$ は $\boldsymbol{Z}$ イデアルであるが，それを生成する正の整数を表わすものと約束する．定理3.9によって $\mathfrak{A}$ は単項である．定理3.10のあとで述べたように $\mathfrak{O}$ はノルム $-1$ の単数を含むので，$n(\mathfrak{A})=n$ ならば，$\mathfrak{A}=\mathfrak{O}a$，$n(a)=n$ と書くことができる．

ゆえに正の整数 $n$ に対してノルム $n$ の整の左 $\mathfrak{O}$ イデアルの個数 $\alpha_n$ は剰余類 $\{\Gamma a \mid a\in\mathfrak{O}, n(a)=n\}$ の個数に等しい．ここで $\Gamma=\Gamma(A,\mathfrak{O})$ とおいた．定義によって

$$\zeta(s,\mathfrak{O}) = \sum_{n=1}^{\infty} \alpha_n n^{-2s}$$

である．

**補題 3.14** $\{a_n\}$ を複素数列とする．極限 $\lim_{n\to\infty} n^{-1}(a_1+\cdots+a_n)=a$ が存在すれば，Dirichlet 級数

$$f(s) = \sum_{n=1}^{\infty} a_n n^{-s}$$

は $s>1$ で収束し，$\lim_{s\to 1}(s-1)f(s)=a$ が成り立つ．

**証明** Riemann のゼータ関数 $\zeta(s)=\sum_{n=1}^{\infty} n^{-s}$ が $s>1$ で収束し，$\lim_{s\to 1}(s-1)\zeta(s)=1$ が成立することは既知とする．これを認めれば $f(s)$ を $f(s)-a\zeta(s)$ で置き換えて，初めから $a=0$ と仮定してよい．$A_n=a_1+\cdots+a_n$ とおけば，整数 $N, M$ $(M>N)$ に対して

$$\sum_{n=N}^{M} a_n n^{-s} = A_M M^{-s} - A_{N-1}N^{-s} + \sum_{n=N}^{M-1} A_n(n^{-s}-(n+1)^{-s}).$$

不等式 $n^{-s}-(n+1)^{-s}=n^{-s}(1-(1+1/n)^{-s})\leqq sn^{-s-1}$ を用いれば

$$\left|\sum_{n=N}^{M} a_n n^{-s}\right| \leqq \varepsilon_M M^{1-s} + \varepsilon_{N-1}N^{1-s} + s\sum_{n=N}^{M-1} \varepsilon_n n^{-s}$$

が得られる．ただし $\varepsilon_n=n^{-1}|A_n|$．仮定から $\varepsilon_n$ は有界である．ゆえに $s>1$ なら

ば，$N\to\infty$ とするとき，$\sum_{n=N}^{M}a_n n^{-s}\to 0$. 任意の $\varepsilon>0$ に対して，$N$ を十分大きくとれば，$n\geqq N-1$ ならば $\varepsilon_n<\varepsilon$ となる．このとき上の評価式から

$$|f(s)|\leqq\left|\sum_{n=1}^{N-1}a_n n^{-s}\right|+\varepsilon N^{1-s}+\varepsilon s\sum_{n=N}^{\infty}n^{-s}.$$

ゆえに

$$\lim_{s\to 1}(s-1)|f(s)|\leqq\varepsilon\lim_{s\to 1}(s-1)\sum_{n=N}^{\infty}n^{-s}=\varepsilon.$$

$\varepsilon$ は任意なので左辺の極限は 0 である．∎

補題 3.14 を $\zeta(s,\mathfrak{O})$ に適用しよう．$r>0$ に対して $A(r)=\sum_{n^2\leqq r}\alpha_n$ とおく．$\mathfrak{O}\subset A_{\boldsymbol{R}}=A\otimes_{\boldsymbol{Q}}\boldsymbol{R}$ と見れば $A(r)$ は剰余類

$$\{\Gamma a\mid a\in\mathfrak{O},0<n(ar^{-1/4})\leqq 1\}$$

の個数に等しい．$\mathfrak{O}/\boldsymbol{Z}$ の基底を $\{e_1,\cdots,e_4\}$ とし，$x\in A_{\boldsymbol{R}}$ を $x=\sum_{i=1}^{4}x_ie_i$ と書く．座標 $(x_i)$ に関して $ar^{-1/4}$ は幅 $r^{-1/4}$ の格子点を表わす．ゆえに $\gamma\in\Gamma$ を左移動 $(\gamma:x\to\gamma x)$ によって $A_{\boldsymbol{R}}$ に作用させ，$\{x\in A_{\boldsymbol{R}}\mid 0<n(x)\leqq 1\}$ における $\Gamma$ の基本領域を $F$ とすれば

$$\lim_{r\to\infty}r^{-1}A(r)=\int_F dx_1\cdots dx_4. \tag{3.5}$$

この値を $w$ で表わす．

$A$ は不定符号であるから $A_{\boldsymbol{R}}=M_2(\boldsymbol{R})$ となる．$(i,j)$ 成分のみ 1，他の成分は 0 となる行列を $E_{ij}$ で表わし，$x\in A_{\boldsymbol{R}}$ を $x=\sum_{i,j=1}^{2}x_{ij}E_{ij}$ と書く．一般に $A_{\boldsymbol{R}}/\boldsymbol{R}$ の基底 $\{u_1,\cdots,u_4\}$ に対して

$$D(u_1,\cdots,u_4)=\det(\mathrm{tr}(u_iu_j))$$

とおけば，基底の変換 $v_i=\sum_{j=1}^{4}a_{ij}u_j\ (1\leqq i\leqq 4)$ を行なうとき

$$D(v_1,\cdots,v_4)=D(u_1,\cdots,u_4)\det(a_{ij})^2$$

が成立する．$|D(E_{11},\cdots,E_{22})|=1$ となることは直接計算すればわかる．一方では，$D(e_1,\cdots,e_4)$ は $\mathfrak{O}$ の判別式であるから，§3.6, f) によって

$$|D(e_1,\cdots,e_4)|=(dd')^2. \tag{3.6}$$

ゆえに (3.5) において変数を $x_{11},\cdots,x_{22}$ に変換すれば

$$w=\frac{1}{dd'}\int_F dx_{11}\cdots dx_{22}.$$

ここで $x=tx_1$, $t\in \boldsymbol{R}_+$, $x_1\in SL_2(\boldsymbol{R})$ と書く. §1.2で定義された $SL_2(\boldsymbol{R})$ の不変測度を $dx_1$ とすれば, $dx_{11}\cdots dx_{22}=t^3dtdx_1$, したがって

$$w=\frac{1}{dd'}\int_0^1 t^3dt\int_{\Gamma\backslash SL_2(\boldsymbol{R})}dx_1=\frac{1}{4dd'}v(\Gamma\backslash SL_2(\boldsymbol{R})).$$

これと補題3.14からつぎの等式が得られる.

$$v(\Gamma(A,\mathfrak{O})\backslash SL_2(\boldsymbol{R}))=4dd'\lim_{s\to 1}(s-1)\zeta(s,\mathfrak{O}). \tag{3.7}$$

上式によって $v(\Gamma(A,\mathfrak{O})\backslash SL_2(\boldsymbol{R}))$ を求めるためには, $\zeta(s,\mathfrak{O})$ を計算しなければならない. 左 $\mathfrak{O}$ イデアル $\mathfrak{A}$ に対して $n(\mathfrak{A})=\prod_p n(\mathfrak{A}_p)$ が成立することから, $\zeta(s,\mathfrak{O})$ は Euler 積をもつ:

$$\zeta(s,\mathfrak{O})=\prod_p\zeta(s,\mathfrak{O}_p).$$

ただし

$$\zeta(s,\mathfrak{O}_p)=\sum n(\mathfrak{A}_p)^{-2s}$$

とおいた. ここで $\mathfrak{A}_p$ はすべての整の単項左 $\mathfrak{O}_p$ イデアルを動く.

$p|d$, すなわち $A_p$ が多元体ならば, 補題3.13により $n(\mathfrak{P})=p$. $\mathfrak{O}_p$ の任意のイデアルは $\mathfrak{P}$ の巾であるから

$$\zeta(s,\mathfrak{O}_p)=\sum_{n=0}^{\infty}p^{-2ns}=(1-p^{-2s})^{-1}. \tag{3.8}$$

**補題3.15** $A=M_2(\boldsymbol{Q}_p)$, $\mathfrak{O}_p=\begin{bmatrix}\boldsymbol{Z}_p & \boldsymbol{Z}_p\\ p^f\boldsymbol{Z}_p & \boldsymbol{Z}_p\end{bmatrix}$ とする. ノルム $p^n$ の整の単項左 $\mathfrak{O}_p$ イデアルの個数は, $f=0$ ならば

$$(p^{n+1}-1)(p-1)^{-1},$$

$f>0$ ならば

$$\begin{cases} fp^n+p^{f-1}(p+1)(p^{n-f+1}-1)(p-1)^{-1} & (n\geqq f),\\ (n+1)p^n & (n<f)\end{cases}$$

に等しい.

**証明** まず $f=0$ とする. $x\in\mathfrak{O}_p$, $(n(x))=(p^n)$ となる $x$ を左側から $\mathfrak{O}_p^\times$ で分けるとき, 代表元として

$$\begin{bmatrix}p^i & \xi\\ 0 & p^{n-i}\end{bmatrix},\qquad \xi\pmod{p^{n-i}}\qquad (0\leqq i\leqq n)$$

をとることができる. この代表元の数は

$$\sum_{i=0}^{n} p^{n-i} = (p^{n+1}-1)(p-1)^{-1}$$

である．

つぎに $f>0$ とする．$\mathfrak{O}_p^{\times}$ を，$f$ を明示するために $G_f$ と書くことにする．$u=\begin{bmatrix}\alpha & \beta \\ \gamma & \delta\end{bmatrix} \in G_0$, $x=\begin{bmatrix}p^i & \xi \\ 0 & p^{n-i}\end{bmatrix}$ に対して，$ux \in \mathfrak{O}_p$ となるためには，$\gamma p^i \equiv 0 \pmod{p^f}$ が必要十分である．いい換えれば $i \geqq f$ ならば $u$ は任意，$i<f$ ならば $u \in G_{f-i}$. $[G_0 : G_f]=p^{f-1}(p+1)$，$[G_{f-i} : G_f]=p^i$ に注意すれば，$(n(x))=(p^n)$ となる $x \in \mathfrak{O}_p$ を左側から $G_f$ で分けるとき，代表元の数は

$$\sum_{i\leqq n,\, i<f} p^{n-i}\cdot p^i + \sum_{i\leqq n,\, i\geqq f} p^{n-i}\cdot p^{f-1}(p+1)$$

である．補題はこれから出る．∎

補題 3.15 によって，$p \nmid dd'$ ならば

$$\zeta(s,\mathfrak{O}_p) = \sum_{n=0}^{\infty}(p^{n+1}-1)(p-1)^{-1}p^{-2ns} = (1-p^{-2s})^{-1}(1-p^{1-2s})^{-1}. \tag{3.9}$$

また $p \mid d'$ ならば，$d'$ を割る $p$ の最高巾を $f$ とするとき，

$$\begin{aligned}\zeta(s,\mathfrak{O}_p) &= \sum_{0\leqq n<f}(n+1)p^n p^{-2ns} \\ &\quad + \sum_{f\leqq n}(fp^n+p^{f-1}(p+1)(p^{n-f+1}-1)(p-1)^{-1})p^{-2ns} \\ &= \frac{1-p^{-2s}+p^{f-1}p^{-2fs}-p^{f+1}p^{-2(f+1)s}}{(1-p^{-2s})(1-p^{1-2s})^2}.\end{aligned} \tag{3.10}$$

(3.8)-(3.10) を Riemann のゼータ関数の Euler 積 $\zeta(s)=\prod_p(1-p^{-s})^{-1}$ と比べれば

$$\zeta(s,\mathfrak{O}) = \zeta(2s)\zeta(2s-1)\prod_{p\mid d}F_p(p^{-2s}) \times \prod_{p\mid d'}\frac{G_p(p^{-2s}\,;f_p)}{F_p(p^{-2s})} \tag{3.11}$$

が得られる．ただし $d'=\prod p^{f_p}$，$F_p(X)=1-pX$，$G_p(X\,;f)=1-X+p^{f-1}X^f-p^{f+1}X^{f+1}$ とした．

$\lim_{s\to 1}(s-1)\zeta(2s-1)=1/2$，$\zeta(2)=\pi^2/6$ を用いると，(3.7) によって

$$v(\Gamma(A,\mathfrak{O})\backslash SL_2(\boldsymbol{R})) = \frac{\pi^2}{3}dd'\prod_{p\mid d}(1-p^{-1})\prod_{p\mid d'}(1+p^{-1}). \tag{3.12}$$

$\Gamma(A,\mathfrak{O}) \ni -1$ であるから，つぎの結果が得られる。

**定理 3.11**　$A$ を $\boldsymbol{Q}$ 上の不定符号4元数環，$\mathfrak{O}$ を段 $dd'$ の整環，$\Gamma(A,\mathfrak{O})=\{x\in\mathfrak{O}\mid n(x)=1\}$ とすれば

$$v(\Gamma(A,\mathfrak{O})\backslash H)=\frac{\pi}{3}dd'\prod_{p|d}(1-p^{-1})\prod_{p|d'}(1+p^{-1}).$$

## §3.8　楕円的共役類または固定点

前節の通り $A$ を $\boldsymbol{Q}$ 上の不定符号4元数環，$\mathfrak{O}$ を段 $dd'$ の整環とする．$\Gamma=\Gamma(A,\mathfrak{O})$ の楕円的共役類または固定点を決定しよう．$\gamma\in\Gamma$ が楕円的であることは $|\mathrm{tr}\,\gamma|<2$ または $\gamma$ の位数が有限であること（$\pm1$ ではないという仮定のもとで）によって特徴づけられる．ゆえに $A$ の中で $\boldsymbol{Q}$ 上 $\gamma$ の生成する体 $\boldsymbol{Q}(\gamma)$ は虚2次体で，$\gamma$ はそれに属する1の巾根である．$\pm1$ 以外の1の巾根を含む虚2次体は $\boldsymbol{Q}(\sqrt{-1}),\boldsymbol{Q}(\sqrt{-3})$ 以外にはない．したがって $\gamma$ の位数は 3, 4 または 6 である．$\gamma$ が位数4ならば，$E=\boldsymbol{Q}(\sqrt{-1})$，$\zeta=\sqrt{-1}$ とおく．$\gamma$ が位数3（または6）ならば，$E=\boldsymbol{Q}(\sqrt{-3})$，$\zeta=(-1+\sqrt{-3})/2$（または $(1-\sqrt{-3})/2$）とおく．いずれにしても $E$ から $A$ の中への $\boldsymbol{Q}$ 上の同型写像 $\varphi$ で，$\varphi(\zeta)=\gamma$ となるものが存在し，$\varphi$ は $\gamma$ によって一意的に決まる．$E$ の極大整環 $\mathfrak{o}$ は $\boldsymbol{Z}$ 上 $\zeta$ によって生成されるので，$\varphi(\mathfrak{o})$ は $\mathfrak{O}$ に含まれることに注意する．

$\varphi,\varphi'$ を $E$ から $A$ の中への同型写像とする．$\varphi'(u)=\delta\varphi(u)\delta^{-1}$ $(u\in E)$ となる $\delta\in\Gamma$ が存在するとき，$\varphi$ と $\varphi'$ は $\Gamma$ 同値であるという．以上の考察から $\Gamma$ の楕円的元を共役類に分類することは，$E$ から $A$ の中への同型写像 $\varphi$ で $\varphi(\mathfrak{o})\subseteq\mathfrak{O}$ を満たすものを $\Gamma$ 同値類に分類することに帰着される．

**補題 3.16**　$F$ を標数が2ではない体，$A$ を $F$ 上の4元数環とする．$E,E'$ は $A$ の部分多元環で，$F$ の2次拡大または $F\oplus F$ に同型であるとする．$E,E'$ が $F$ 上同型ならば，この同型写像は $A$ の内部自己同型によって引き起こされる．

**証明**　$A/F$ のノルム $n$ に付随する双1次形式を $B$，$B$ に関する1の直交補空間を $V$ とする．$x,y\in V$ ならば，$x^\iota=-x$，$B(x,y)=-xy-yx$ が成り立つ．$x,a\in V$，$n(a)\neq0$ とすれば

$$\begin{aligned}a^{-1}xa&=n(a)^{-1}a^\iota xa=-n(a)^{-1}axa\\&=-n(a)^{-1}a(-B(x,a)-ax)\\&=n(a)^{-1}B(x,a)a-x=\tau_a(x).\end{aligned}$$

$\tau_a$ は $a$ に関する折り返しである．折り返し $\tau_a$ の全体が $SO(V)$ を生成するから，$SO(V)$ の任意の元は $A$ の内部自己同型によって引き起こされることがわかる．

$E=F+Fa$, $\bar{a}=-a$, $a^2=\alpha$ $(\alpha\in F^\times)$ と書く．$\varphi$ を $E$ から $E'$ の上への同型写像とし，$\varphi(a)=a'$ とおけば，$a, a'\in V$, $n(a)=n(a')=-\alpha$ が成り立つから，Witt の定理により $\sigma(a)=a'$ となる $\sigma\in SO(V)$ が存在する．すでに証明したことによって $\sigma(x)=y^{-1}xy$ $(x\in V)$ を満たす $y\in A^\times$ が存在する．ゆえに $\varphi$ は $A$ の内部自己同型によって引き起こされる．▌

**補題 3.17**　$A$ を $\boldsymbol{Q}$ 上の 4 元数環，$E$ を $\boldsymbol{Q}$ の 2 次拡大とする．$A$ が $E$ と同型な体を含むための必要十分条件は $A$ で分岐するすべての素点 $p$ が $E$ において分解しないことである．

**証明**　条件の必要なことを示す．$E_p=E\otimes_{\boldsymbol{Q}}\boldsymbol{Q}_p$ とおく．$A\supseteq E$ ならば $A_p\supseteq E_p$．$p$ が $A$ で分岐すれば，$A_p$ は多元体であるから，$E_p$ は零因子を含まない．ゆえに $p$ は $E$ で分解しない．

つぎに条件の十分なことを示す．$E=\boldsymbol{Q}(a)$, $a^2=\alpha\in\boldsymbol{Q}^\times$ と書く．$p$ が $A$ で分岐するとき，$p$ は $E$ で分解しないから，$E_p$ は $\boldsymbol{Q}_p$ の 2 次拡大となる．したがって $\alpha\notin(\boldsymbol{Q}_p{}^\times)^2$．このとき $(\alpha,\beta_p)_p=-1$ となる $\beta_p\in\boldsymbol{Q}_p{}^\times$ が存在する．一方，$p$ が $A$ で分岐しないときは $\beta_p=1$ とおく．Hilbert 記号の性質 (IV) により，すべての $p$ に対して $(\alpha,\beta)_p=(\alpha,\beta_p)_p$ を満たす $\beta\in\boldsymbol{Q}^\times$ をとることができる．定理 3.5 によって $A'=\boldsymbol{Q}+\boldsymbol{Q}a+\boldsymbol{Q}b+\boldsymbol{Q}ab$, $a^2=\alpha$, $b^2=\beta$, $ab=-ba$ により定義される $\boldsymbol{Q}$ 上の 4 元数環 $A'$ は $A$ と同型である．ゆえに $A$ は $E$ と同型な体を含む．▌

$A$ を $\boldsymbol{Q}$ 上の不定符号 4 元数環，$\mathfrak{O}$ を $A$ の段 $dd'$ の整環とする．$E$ を $\boldsymbol{Q}$ の 2 次拡大，$\mathfrak{o}$ を $E$ の極大整環とする．$E_p=E\otimes_{\boldsymbol{Q}}\boldsymbol{Q}_p$, $\mathfrak{o}_p=\boldsymbol{Z}_p\mathfrak{o}$ とおく．いま $E\subseteq A$ と仮定する．

$E$ から $A$ の中への $\boldsymbol{Q}$ 上の同型写像 $\varphi$ で，$\varphi(\mathfrak{o})\subseteq\mathfrak{O}$ を満たすものの全体を $I$ で表わす．$\varphi,\varphi'\in I$ に対して，$\varphi'(z)=e^{-1}\varphi(z)e$ $(z\in E)$ となる $e\in\mathfrak{O}^\times$ が存在するとき，$\varphi$ と $\varphi'$ は $\mathfrak{O}^\times$ 同値であるという．補題 3.16 によって $\varphi\in I$ は $A$ の内部自己同型によって引き起こされる．すなわち $\varphi(z)=a^{-1}za$ となる $a\in A^\times$ が存在する．$E$ のすべての元と可換な $A$ の元は $E$ に属するから，$a$ は左側から $E^\times$ の元を乗ずることを除いて一意に決まる．ゆえに $B=\{a\in A^\times\mid a^{-1}\mathfrak{o}a\subseteq\mathfrak{O}\}$ とおけば，$I$ における $\mathfrak{O}^\times$ 同値類は両側剰余類 $E^\times\backslash B/\mathfrak{O}^\times$ と 1 対 1 に対応する．

いま $B_A=\{x\in A_A{}^\times \mid x_p{}^{-1}\mathfrak{o}_p x_p\subseteqq\mathfrak{O}_p, \forall p\}$ とおく．定理3.9によって $x\in A_A{}^\times$ を $x=au$, $a\in A^\times$, $u\in\mathfrak{O}_A{}^\times$ と書くことができるが，

$$x_p{}^{-1}\mathfrak{o}_p x_p \subseteqq \mathfrak{O}_p,\ \ \forall p \iff a^{-1}\mathfrak{o}_p a \subseteqq u_p\mathfrak{O}_p u_p{}^{-1} = \mathfrak{O}_p,\ \ \forall p$$
$$\iff a^{-1}\mathfrak{o}a \subseteqq \mathfrak{O}.$$

いい換えれば $B_A=B\mathfrak{O}_A{}^\times$．ゆえに $E^\times\backslash B/\mathfrak{O}^\times$ は $E^\times\backslash B_A/\mathfrak{O}_A{}^\times$ と1対1に対応する．$E^\times\backslash B_A/\mathfrak{O}_A{}^\times$ の代表系 $\Sigma$ を求めよう．

$E$ の類数を $h$ として，$E_A{}^\times=\bigcup_{i=1}^{h}E^\times z_i\mathfrak{o}_A{}^\times$ と書く．ただし $\mathfrak{o}_A{}^\times=\prod\mathfrak{o}_p{}^\times\cdot E_\infty{}^\times$．$E_A{}^\times\backslash B_A/\mathfrak{O}_A{}^\times$ の代表系を $\Sigma'$ とすれば，$z_i x$ $(1\leqq i\leqq h,\ x\in\Sigma')$ の全体が $E^\times\backslash B_A/\mathfrak{O}_A{}^\times$ の代表系となることは容易に確かめられる．$\Sigma'$ を決定することは明らかに局所的な問題である．

$B_p=\{x\in A_p{}^\times \mid x^{-1}\mathfrak{o}_p x\subseteqq\mathfrak{O}_p\}$ とおき，$E_p{}^\times\backslash B_p/\mathfrak{O}_p{}^\times$ の代表系を $\Sigma_p'$ とする．

**補題 3.18**　$p$ は $A$ で分岐するとして，$\mathfrak{O}_p$ の極大イデアルを $\mathfrak{P}=\mathfrak{O}_p\Pi$ と書く $(\Pi\in A_p{}^\times)$．このとき $p$ が $E$ で分岐すれば $\Sigma_p'=\{1\}$，$p$ が $E$ で素ならば $\Sigma_p'=\{1,\Pi\}$．

**証明**　$\mathfrak{O}_p$ は $A_p$ のただ一つの極大整環であるから，$\mathfrak{o}_p\subseteqq\mathfrak{O}_p$．また任意の $x\in A_p{}^\times$ に対し $x\mathfrak{O}_p x^{-1}=\mathfrak{O}_p$．ゆえに $B_p=A_p{}^\times$．$\mathfrak{o}_p$ の素イデアルを $\mathfrak{p}$ とする．$p$ が $E$ で分岐すれば $\mathfrak{p}^2=(p)$．補題3.13によって $\mathfrak{p}\mathfrak{O}_p=\mathfrak{P}$．このとき $A_p{}^\times=E_p{}^\times\mathfrak{O}_p{}^\times$ となる．$p$ が $E$ で素ならば $\mathfrak{p}=(p)$．$\mathfrak{P}^2=(p)$ であるから $A_p{}^\times=E_p{}^\times\mathfrak{O}_p{}^\times\cup E_p{}^\times\mathfrak{O}_p{}^\times\Pi$．∎

**補題 3.19**　$A_p=M_2(\boldsymbol{Q}_p)$，$\mathfrak{O}_p=\begin{bmatrix}\boldsymbol{Z}_p & \boldsymbol{Z}_p\\ p^f\boldsymbol{Z}_p & \boldsymbol{Z}_p\end{bmatrix}$ とする．$\Sigma_p'$ の元の個数を $|\Sigma_p'|$ で表わす．このとき $f=0$ ならばつねに $|\Sigma_p'|=1$．$f>0$ ならば，$p$ が $E$ で分解するとき $|\Sigma_p'|=2$，$p$ が $E$ で分岐しかつ $f=1$ のとき $|\Sigma_p|=1$，その他の場合は $\Sigma_p'=\phi$．

**証明**　$V$ を2次元列ベクトルの作る $\boldsymbol{Q}_p$ 上の線型空間とする．

$$L=\left\{\begin{pmatrix}\xi\\ p^f\eta\end{pmatrix}\middle|\,\xi,\eta\in\boldsymbol{Z}_p\right\},\qquad L^*=\left\{\begin{pmatrix}\xi\\ \eta\end{pmatrix}\middle|\,\xi,\eta\in\boldsymbol{Z}_p\right\}$$

とおく．$A_p$ を左側からの乗法によって $V$ に作用させる．$v\in V$ に対して $\{z\in E_p \mid zv=0\}$ は $E_p$ のイデアルであることに注意すれば，$zv_0=0$ ならば $z=0$ となる $v_0\in V$ が存在することがわかる．このとき $V=E_p v_0$ となる．これによって $A_p$ を $E_p$ (線型空間としての) の自己準同型環とみなすことができる．

$$\mathfrak{O}_p{}^*=\{y\in A_p \mid yL^*\subseteqq L^*\}=M_2(\boldsymbol{Z}_p),$$

$$\mathfrak{O}_p = \{y \in A_p \mid yL \subseteq L, yL^* \subseteq L^*\}$$

が成立する．一方，$L=\mathfrak{a}v_0$，$L^*=\mathfrak{a}^*v_0$ となる $E_p$ の中の $\boldsymbol{Z}_p$ 格子 $\mathfrak{a}, \mathfrak{a}^*$ が存在する．$x \in B_p$ ならば $\mathfrak{o}_p \subseteq x\mathfrak{O}_p x^{-1}$．ゆえに $zxL \subseteq xL$，$zxL^* \subseteq xL^*$ $(\forall z \in \mathfrak{o}_p)$．これは $x\mathfrak{a}$ および $x\mathfrak{a}^*$ が $\mathfrak{o}_p$ イデアルであることを意味する．

$\mathfrak{O}_p{}^*$ が $\mathfrak{o}_p$ と同型な環を含むことは明らかであるから，初めから $\mathfrak{o}_p \subseteq \mathfrak{O}_p{}^*$ と仮定してさしつかえない．このとき上の注意によって $\mathfrak{a}^*$ は $\mathfrak{o}_p$ イデアルとなる．

$[L^*:L]=p^f$，$L \subsetneqq pL^*$ であるから，$x \in B_p$ とすれば，$(x\mathfrak{a})(x\mathfrak{a}^*)^{-1}=\mathfrak{b}$ は整の $\mathfrak{o}_p$ イデアルで

$$N(\mathfrak{b}) = p^f, \qquad \mathfrak{b} \subsetneqq p\mathfrak{o}_p \tag{3.13}$$

を満足する．逆にこのようなイデアル $\mathfrak{b}$ が存在すれば，単因子論により

$$\mathfrak{a}^*v_0 = \boldsymbol{Z}_pv_1+\boldsymbol{Z}_pv_2, \qquad \mathfrak{b}\mathfrak{a}^*v_0 = \boldsymbol{Z}_pv_1+p^f\boldsymbol{Z}_pv_2$$

となる $V$ の基底 $\{v_1, v_2\}$ が求まる．ゆえに $xL^*=\mathfrak{a}^*v_0$，$xL=\mathfrak{b}\mathfrak{a}^*v_0$ となる $x \in A_p{}^\times$ が存在する．このとき $x\mathfrak{a}^*=\mathfrak{a}^*$，$x\mathfrak{a}=\mathfrak{b}\mathfrak{a}^*$，したがって $x\mathfrak{a}^*, x\mathfrak{a}$ は $\mathfrak{o}_p$ イデアルとなり，$x \in B_p$．さらに $(x\mathfrak{a})(x\mathfrak{a}^*)^{-1}=\mathfrak{b}$ となる $x$ の $E_p{}^\times \backslash B_p / \mathfrak{O}_p{}^\times$ における剰余類は $\mathfrak{b}$ によって一意に決まる．実際，$\mathfrak{o}_p$ は単項イデアル環であるから，初めから $x\mathfrak{a}^*=\mathfrak{o}_p$ と仮定してよいが，二つの $x, x'$ が同じ $\mathfrak{b}$ に対応すれば，$x\mathfrak{a}^*=x'\mathfrak{a}^*$，$x\mathfrak{a}=x'\mathfrak{a}$，ゆえに $x^{-1}x' \in \mathfrak{O}_p{}^\times$．

結局(3.13)を満たす整の $\mathfrak{o}_p$ イデアル $\mathfrak{b}$ の数を数えればよい．$f=0$ ならば $\mathfrak{b}=\mathfrak{o}_p$．$f>0$ とする．$E_p=\boldsymbol{Q}_p\oplus\boldsymbol{Q}_p$ ならば $\mathfrak{o}_p=\boldsymbol{Z}_p\oplus\boldsymbol{Z}_p$ であり，$\mathfrak{b}$ は $\boldsymbol{Z}_p\oplus p^f\boldsymbol{Z}_p$ または $p^f\boldsymbol{Z}_p\oplus\boldsymbol{Z}_p$ である．$p$ が $E$ で素ならば，すべての $\mathfrak{o}_p$ イデアルは $(p)$ の巾であるから，(3.13)を満たす $\mathfrak{b}$ は存在しない．$p$ が $E$ で分岐すれば，$\mathfrak{o}_p$ の素イデアルを $\mathfrak{p}$ とするとき，$f=1$ ならば $\mathfrak{b}=\mathfrak{p}$，$f>1$ ならば(3.13)を満たす $\mathfrak{b}$ は存在しない．∎

上の補題の仮定のもとで，$\Sigma_p{}' \neq \phi$ のとき，$\Sigma_p{}'$ に対応する $\mathfrak{o}_p$ から $\mathfrak{O}_p$ の中への同型写像 $\varphi$ はつぎの通りである．

(1) $\mathfrak{o}_p = \boldsymbol{Z}_p\oplus\boldsymbol{Z}_p$.

$$\varphi:\ \xi\oplus\eta \longrightarrow \begin{bmatrix}\xi & 0\\ 0 & \eta\end{bmatrix} \text{ または } \begin{bmatrix}\eta & 0\\ 0 & \xi\end{bmatrix}.$$

(2) $p$ が $E$ で分岐し，$f=1$.

$$\varphi:\ \xi+\eta z \longrightarrow \begin{bmatrix} \xi & \eta \\ -\beta\eta & \xi+\alpha\eta \end{bmatrix}.$$

ただし $\{1, z\}$ は $\mathfrak{o}_p/\boldsymbol{Z}_p$ の底で，$z$ の最小多項式が $X^2+\alpha X+\beta\ (\alpha, \beta\equiv 0 \pmod p)$ となるものである．

補題3.19によって，ほとんどすべての $p$ に対して $\Sigma_p'=\{1\}$ となる．実際，ほとんどすべての $p$ に対して $\mathfrak{o}_p\subseteqq\mathfrak{O}_p$ であるから．ゆえに $E_A{}^\times\backslash B_A/\mathfrak{O}_A{}^\times$ の代表系として

$$\Sigma' = \prod_p \Sigma_p'$$

をとることができる．

ここで $E$ を虚2次体と仮定する．$\Gamma=\Gamma(A, \mathfrak{O})$，$e\in\mathfrak{O}^\times$，$n(e)=-1$ とする．$\Sigma$ が $E^\times\backslash B/\mathfrak{O}^\times$ の代表系ならば，$\Sigma\cup\Sigma e$ は $E^\times\backslash B/\Gamma$ の代表系であることを示そう．そのためには $E^\times\Sigma\Gamma\cap\Sigma e=\phi$ をいえば十分である．$x, x'\in\Sigma$，$z\in E^\times$，$\gamma\in\Gamma$ に対して $zx\gamma=x'e$ が成立すれば，$x=x'$ でなければならない．両辺のノルムを考えると $n(z)=n(e)=-1$．$E$ は虚2次体であるから，これは不可能である．

$E^\times\backslash B/\Gamma$ の元の個数のみに注目すれば，つぎの補題が得られる．

**補題3.20** $A$ を $\boldsymbol{Q}$ 上の不定符号4元数環，$\mathfrak{O}$ を段 $dd'$ の整環，$\Gamma=\Gamma(A, \mathfrak{O})$ とする．$E$ を虚2次体，$\mathfrak{o}$ を $E$ の極大整環とする．$E$ から $A$ の中への $\boldsymbol{Q}$ 上の同型写像 $\varphi$ で，$\varphi(\mathfrak{o})\subseteqq\mathfrak{O}$ となるものの全体を $I$ とする．$\varphi, \varphi'\in I$ に対して $\varphi'(z)=\gamma^{-1}\varphi(z)\gamma\ (z\in E)$ となる $\gamma\in\Gamma$ が存在するとき，$\varphi$ と $\varphi'$ は $\Gamma$ 同値であるという．このとき $I$ における $\Gamma$ 同値類の個数 $l(dd', E)$ は $d'$ が $E$ で分岐する素数の平方で割れるならば0，そうでなければ

$$2h\prod_{p|d}\left(1-\left(\frac{E}{p}\right)\right)\prod_{p|d'}\left(1+\left(\frac{E}{p}\right)\right)$$

に等しい．ここで $h$ は $E$ の類数，$(E/p)$ は Artin 記号である．すなわち $p$ が $E$ において分解，分岐，素であるにしたがって $(E/p)=1, 0, -1$．

**証明** $I$ における $\Gamma$ 同値類の集合は $E^\times\backslash B/\Gamma$ と1対1に対応する．ゆえに $l(dd', E)=2|\Sigma|=2h|\Sigma'|=2h\prod_p|\Sigma_p'|$．$|\Sigma_p'|$ は補題3.18, 3.19から出る．∎

この節の初めに述べたことによって $\Gamma$ の位数4の共役類の数は $l(dd', \boldsymbol{Q}(\sqrt{-1}))$ に等しい．そのうちのちょうど二つが一つの固定点を共有するから，位数2の固定点の $\Gamma$ 同値類の数は $l(dd', \boldsymbol{Q}(\sqrt{-1}))/2$ である．また位数3および位数6の共

役類の数はいずれも $l(dd', \boldsymbol{Q}(\sqrt{-3}))$ に等しい．これらの共役類のうちのちょうど四つが一つの固定点を共有する．ゆえに位数 3 の固定点の $\Gamma$ 同値類の数は $l(dd', \boldsymbol{Q}(\sqrt{-3}))/2$ である．$\boldsymbol{Q}(\sqrt{-1}), \boldsymbol{Q}(\sqrt{-3})$ の類数は 1 であるから，補題 3.20 によってつぎの定理が得られる．

**定理 3.12**　$A$ を $\boldsymbol{Q}$ 上の不定符号 4 元数環，$\mathfrak{O}$ を段 $dd'$ の整環，$\Gamma=\Gamma(A, \mathfrak{O})$ とする．$\Gamma$ の固定点の位数は 2 または 3 である．位数 $i$ の固定点の $\Gamma$ 同値類の数を $\nu_i$ とすれば

$$\nu_2 = \begin{cases} 0, & 4 \mid d', \\ \prod_{p|d}\left(1-\left(\frac{-1}{p}\right)\right)\prod_{p|d'}\left(1+\left(\frac{-1}{p}\right)\right), & 4 \nmid d', \end{cases}$$

$$\nu_3 = \begin{cases} 0, & 9 \mid d', \\ \prod_{p|d}\left(1-\left(\frac{-3}{p}\right)\right)\prod_{p|d'}\left(1+\left(\frac{-3}{p}\right)\right), & 9 \nmid d'. \end{cases}$$

ただし

$$\left(\frac{-1}{p}\right) = \begin{cases} 0, & p=2, \\ 1, & p\equiv 1 \pmod 4, \\ -1, & p \equiv 3 \pmod 4, \end{cases}$$

$$\left(\frac{-3}{p}\right) = \begin{cases} 0, & p=3, \\ 1, & p\equiv 1 \pmod 3, \\ -1, & p \equiv 2 \pmod 3. \end{cases}$$

——

この定理においては 2 次体 $\boldsymbol{Q}(\sqrt{m})$ の Artin 記号を $(m/p)$ と書いている．

$\Gamma$ を定理 3.12 の通り，$m$ を偶数 $\geqq 2$ とすれば，$\Gamma$ に対する重さ $m$ の尖点形式の空間 $S(m, \Gamma)$ の次元は定理 2.9 の系および (2.28)，定理 3.11 (または (3.2))，定理 3.12 (または定理 3.1)，および定理 3.2 から計算することができる．

$\Gamma$ の表現の一つの例を与えよう．$\psi$ を $\bmod d'$ の指標，すなわち $(\boldsymbol{Z}/d'\boldsymbol{Z})^\times$ の指標とする．直積分解

$$(\boldsymbol{Z}/d'\boldsymbol{Z})^\times = \prod_{p|d'}(\boldsymbol{Z}_p/d'\boldsymbol{Z}_p)^\times$$

を考えて $\psi$ の $(\boldsymbol{Z}_p/d'\boldsymbol{Z}_p)^\times$ への制限を $\psi_p$ と書く．

$$\mathfrak{O}_p = \begin{bmatrix} \boldsymbol{Z}_p & \boldsymbol{Z}_p \\ d'\boldsymbol{Z}_p & \boldsymbol{Z}_p \end{bmatrix}, \qquad p \mid d'$$

と仮定してよい．$u=\begin{bmatrix}\alpha & \beta \\ \gamma & \delta\end{bmatrix}\in\mathfrak{O}_p^{\times}$ に対して

$$\chi_p(u)=\psi_p(\alpha) \tag{3.14}$$

とおけば，$\chi_p$ は $\mathfrak{O}_p^{\times}$ の1次元表現となる．$\mathfrak{O}$ から $\mathfrak{O}_p$ の中への埋め込みを $i_p$ で表わし，

$$\chi(\gamma)=\prod_{p|d'}\chi_p(i_p(\gamma)) \qquad (\gamma\in\Gamma) \tag{3.15}$$

によって $\Gamma$ の1次元表現 $\chi$ を定義する(以後，記号 $i_p$ は省略する)．

$m$ を $(-1)^m\chi(-1)=(-1)^m\psi(-1)=1$ を満足する整数 $>2$ として，$(m,\chi,\Gamma)$ 型の尖点形式の空間 $S(m,\chi,\Gamma)$ の次元を求めよう．定理2.9を見れば，そのためには $\Gamma$ の楕円的または放物的共役類における $\chi$ の値を知らなければならない．初めに楕円的共役類をとり上げる．

補題3.20に到る証明を復習しよう．たとえば位数4の共役類を考えることにする．$E=\boldsymbol{Q}(\sqrt{-1})$，$i=\sqrt{-1}$ とおく．$\varphi$ が $I$ における $\Gamma$ 同値類の代表系を動くとき，$\varphi(i)$ は $\Gamma$ の位数4の共役類の代表系を動く．定理2.9の記号で $\zeta(\varphi(i))=\pm i$．$e\in\mathfrak{O}^{\times}$，$n(e)=-1$ とすれば，$\zeta(e^{-1}\varphi(i)e)=\overline{\zeta(\varphi(i))}$，$\chi(e^{-1}\varphi(i)e)=\chi(\varphi(i))$ が成り立つ．ゆえに

$$e_2(m)=\frac{i^m}{1-i^2}+\frac{(-i)^m}{1-(-i)^2}$$

とおけば，$S(m,\chi,\Gamma)$ の次元公式への位数4の共役類の寄与は

$$\frac{1}{4}e_2(m)\sum_{\varphi}\chi(\varphi(i)) \tag{3.16}$$

に等しい．ここで $\varphi$ は $I$ における $\mathfrak{O}^{\times}$ 同値類の代表系を動く．そのためには $\varphi(z)=a^{-1}za\ (z\in E)$ とおいて，$a$ が $E^{\times}\backslash B/\mathfrak{O}^{\times}$ の代表系を動けばよい．いま表現 $\chi$ を

$$\chi(u)=\prod_{p|d'}\chi_p(u_p) \qquad (u\in\mathfrak{O}_A^{\times})$$

により $\mathfrak{O}_A^{\times}$ の表現に拡張しておく．明らかに $\chi(\varphi(i))$ の値に関する限り，$a$ を $E_A^{\times}\backslash B_A/\mathfrak{O}_A^{\times}$ の代表系 $\Sigma$ の元 $x$ で置き換えることができる．このとき

$$\varphi(z)=(\varphi_p(z_p)), \qquad \varphi_p(z_p)=x_p^{-1}z_px_p \tag{3.17}$$

は $E_A$ から $A_A$ の中への埋め込みとなる．

$\Sigma\neq\phi$ となるためには，$4\nmid d'$ かつ2以外の，すべての $d'$ の素因数 $p$ が $p\equiv1\pmod 4$ を満たさなければならない．$\psi_2=1$，したがって $\chi_2=1$ であるから，素

数2は考慮する必要がない．$p|d'$, $p>2$ とする．$\alpha_p{}^2=-1$ となる $\alpha_p\in\boldsymbol{Z}_p$ が存在し，$E_p=\boldsymbol{Q}_p\oplus\boldsymbol{Q}_p$ において $i=(\alpha_p,\alpha_p{}^{-1})$ となる．ゆえに $\varphi_p$ の2通りのとり方にしたがって $\chi_p(\varphi_p(i))=\psi_p(\alpha_p)$ または $\psi_p(\alpha_p{}^{-1})$．ゆえに (3.16) は

$$\frac{1}{4}e_2(m)\prod_{p|d}\left(1-\left(\frac{-1}{p}\right)\right)\prod_{p|d',p\neq 2}(\psi_p(\alpha_p)+\psi_p(\alpha_p{}^{-1}))$$

である．

位数3の共役類の寄与を求めるためには，$E=\boldsymbol{Q}(\sqrt{-3})$，$\rho=(-1+\sqrt{-3})/2$ とおく．上と同じ理由から

$$e_3(m)=\frac{\rho^m}{1-\rho^2}+\frac{\bar{\rho}^m}{1-\bar{\rho}^2}$$

とおけば，これらの共役類の次元公式への寄与は

$$\frac{1}{6}e_3(m)\sum_{\varphi}\chi(\varphi(\rho)) \tag{3.18}$$

である．ここで $\varphi$ は (3.17) によって定義される $E_A$ から $A_A$ の中への埋め込みの全体を動く．

$\Sigma\neq\phi$ となるためには $9\nmid d'$ かつ3以外のすべての $d'$ の素因子が $p\equiv 1 \pmod 3$ を満足しなければならない．$p=3$ に対しては $\mathfrak{o}_3=\boldsymbol{Z}_3+\boldsymbol{Z}_3z$, $z=(3+\sqrt{-3})/2$. $z$ の最小多項式は $X^2-3X+3$ である．ゆえに

$$\varphi_3:\ \xi+\eta z\longrightarrow\begin{bmatrix}\xi & \eta\\ -3\eta & \xi-3\eta\end{bmatrix}.$$

$\rho=-2+z$ であるから，$\chi_3(\varphi_3(\rho))=\psi_3(-2)=1$. $p\,|\,d'$, $p\neq 3$ とする．$\beta_p{}^2+\beta_p+1=0$ を満たす $\beta_p\in\boldsymbol{Z}_p$ が存在し，$E_p=\boldsymbol{Q}_p\oplus\boldsymbol{Q}_p$ において $\rho=(\beta_p,\beta_p{}^{-1})$．したがって (3.18) は

$$\frac{1}{6}e_3(m)\prod_{p|d}\left(1-\left(\frac{-3}{p}\right)\right)\prod_{p|d',p\neq 3}(\psi_p(\beta_p)+\psi_p(\beta_p{}^{-1}))$$

となる．

$\gamma$ が $\Gamma$ の位数3の共役類の代表系を動くとき，$-\gamma$ は位数6の共役類の代表系を動く．ゆえに位数6の共役類の次元公式への寄与は位数3の共役類の寄与に等しい．

$A$ が多元体ならば放物的共役類は現われない．ゆえにつぎの定理が得られる．

**定理 3.13**　$A$ を $\boldsymbol{Q}$ 上の不定符号4元数環，$\mathfrak{O}$ を段 $dd'$ の整環，$\Gamma=\Gamma(A,\mathfrak{O})$

とする．$\psi$ を $\bmod d'$ の指標，$m>2$ を $(-1)^m\psi(-1)=1$ を満たす整数とする．$\chi$ を (3.14), (3.15) によって定義される $\Gamma$ の1次元表現とし，$(m,\chi,\Gamma)$ 型の尖点形式の空間を $S(m,\chi,\Gamma)$ とする．$A$ を多元体と仮定すれば

$$\begin{aligned}\dim S(m,\chi,\Gamma) &= \frac{1}{12}(m-1)dd'\prod_{p|d}(1-p^{-1})\prod_{p|d'}(1+p^{-1})\\ &\quad+\frac{1}{4}e_2(m)\prod_{p|d}\left(1-\left(\frac{-1}{p}\right)\right)\sum_a\psi(a)\\ &\quad+\frac{1}{3}e_3(m)\prod_{p|d}\left(1-\left(\frac{-3}{p}\right)\right)\sum_b\psi(b).\end{aligned}$$

ただし

$$e_2(m)=\begin{cases}1, & m\equiv 0 \pmod 4,\\ -1, & m\equiv 2 \pmod 4,\\ 0, & m\equiv 1,3 \pmod 4,\end{cases}$$

$$e_3(m)=\begin{cases}1, & m\equiv 0 \pmod 3,\\ 0, & m\equiv 1 \pmod 3,\\ -1, & m\equiv 2 \pmod 3.\end{cases}$$

また $a,b$ はそれぞれ $a^2+1\equiv 0 \pmod{d'}$，$b^2+b+1\equiv 0 \pmod{d'}$ のすべての解を動く．

**注意**　$a^2+1\equiv 0 \pmod{d'}$ の解の個数は $4|d'$ ならば $0$, $4\nmid d'$ ならば $\prod_{p|d'}(1+(-1/p))$ である．また $b^2+b+1\equiv 0 \pmod{d'}$ の解の個数は $9|d'$ ならば $0$, $9\nmid d'$ ならば $\prod_{p|d'}(1+(-3/p))$ である．

放物的共役類は $A$ が $M_2(\boldsymbol{Q})$ のときのみ現われる．定理3.10のあとで述べたことから，$\Gamma$ はこのとき $SL_2(\boldsymbol{R})$ の中で $\Gamma_0(d')$ と共役である．ゆえに $\Gamma=\Gamma_0(d')$ と仮定してよい．§3.2の記号に合せて $d'=N$ とおく．$d$ が $N$ の正の約数を動き，$c$ が $(\boldsymbol{Z}/e\boldsymbol{Z})^\times$ (ただし $e=(d,N/d)$) を動くとき，$\gamma_{(c,d)}(0)$ が $\Gamma_0(N)$ の尖点の同値類の代表系であった．簡単のため $\gamma=\gamma_{(c,d)}$，$x=\gamma(0)$ とおく．

$$\Gamma_0(N)_x=\left\{\pm\gamma\sigma\begin{bmatrix}1 & mN/de\\ 0 & 1\end{bmatrix}(\gamma\sigma)^{-1}\,\middle|\, m\in\boldsymbol{Z}\right\}$$

$\left(\text{ただし } \sigma=\begin{bmatrix}0 & 1\\ -1 & 0\end{bmatrix}\right)$ はすぐにわかる．ゆえに $\delta_0=\gamma\sigma\begin{bmatrix}1 & N/de\\ 0 & 1\end{bmatrix}(\gamma\sigma)^{-1}$ は $\Gamma_0(N)_x/\{\pm 1\}$ の生成元である．このとき $\chi(\delta_0)=\psi(1+c'N/e)$．ただし $c'$ は $c'c\equiv 1 \pmod e$ となる整数である．定理2.9によって，$x$ を固定する放物的共役類の $S(m,\chi,\Gamma)$

の次元公式への寄与は

$$\frac{1}{2}-\frac{1}{2\pi}\arg\psi(1+c'N/e)$$

である．ゆえにつぎの定理が得られる．

**定理 3.14**　$\psi$ を $\bmod N$ の指標，$m>2$ を $(-1)^m\psi(-1)=1$ を満たす整数とする．$\Gamma_0(N)$ の 1 次元表現 $\chi$ を

$$\chi(\gamma)=\psi(a), \qquad \gamma=\begin{bmatrix} a & b \\ c & d \end{bmatrix}\in\Gamma_0(N)$$

によって定義する．このとき

$$\dim S(m,\chi,\Gamma_0(N))=\frac{1}{12}(m-1)N\prod_{p|N}(1+p^{-1})$$
$$+\frac{1}{4}e_2(m)\sum_a\psi(a)+\frac{1}{3}e_3(m)\sum_b\psi(b)$$
$$+\sum_{d|N,d>0}\ \sum_{c\in(\boldsymbol{Z}/e\boldsymbol{Z})^\times}\left(\frac{1}{2}-\frac{1}{2\pi}\arg\psi(1+cN/e)\right).$$

ただし $e=(d,N/d)$，$0<\arg\psi(1+cN/e)\leqq 2\pi$．そのほかの記号は定理 3.13 と同じである．

## 問　題

**1**　$f\in G(m,\Gamma_0(N))$ (または $S(m,\Gamma_0(N))$) ならば，$f(Mz)\in G(m,\Gamma_0(MN))$ (または $S(m,\Gamma_0(MN))$)．

**2**
$$\mathfrak{O}=\left\{\begin{bmatrix} a & b \\ c & d \end{bmatrix}\in M_2(\boldsymbol{Z})\,\middle|\, c\equiv 0 \pmod N,\ b\equiv 0 \pmod M\right\}$$

は $M_2(\boldsymbol{Q})$ の段 $NM$ の整環である．

**3**
$$\Gamma=\left\{\begin{bmatrix} a & b \\ c & d \end{bmatrix}\in SL_2(\boldsymbol{Z})\,\middle|\, a\equiv d\equiv 1 \pmod N,\ c\equiv 0 \pmod N\right\}$$

の符号分布を求めよ．

**4**　(1)　$A$ を $\boldsymbol{Q}$ 上の不定符号 4 元数環とする．$A$ の部分多元環 $B$ が $A$ のすべての実 2 次部分体 (すなわち $A$ の部分多元環で実 2 次体と同型なもの) を含むならば，$B=A$．

(2)　$\mathfrak{O}$ を $A$ の整環，$E$ を $A$ の実 2 次部分体とする．$\Delta$ が $\Gamma(A,\mathfrak{O})$ の指数有限な部分群ならば，$E\cap\Delta$ は $E$ の単数群の中で指数有限である．$E$ は $\boldsymbol{Q}$ 上の線型空間として $E\cap\Delta$ によって生成される．

(3)　記号は (2) の通りとする．このとき $A$ は $\boldsymbol{Q}$ 上の線型空間として $\Delta$ によって生成さ

れる.

(4)　$\boldsymbol{Q}$ 上の不定符号4元数環とその整環の組 $(A, \mathfrak{O})$, $(A', \mathfrak{O}')$ に対して, $\Gamma(A, \mathfrak{O})$ と $\Gamma(A', \mathfrak{O}')$ が通約可能ならば, $A \simeq A'$.

5　$A$ を $\boldsymbol{Q}$ 上の判別式 $d$ の不定符号4元数環, $\mathfrak{O}$ を $A$ の極大整環, $\Gamma = \Gamma(A, \mathfrak{O})$ とする. 任意の $p|d$ に対し $\mathfrak{P}_p$ を $\mathfrak{O}_p$ の極大イデアルとする.

$$\mathfrak{P} = \bigcap_q (\mathfrak{O}_q \cap A) \cap (\mathfrak{P}_p \cap A)$$

($q$ は $p$ と異なるすべての有限素点を動く) は $\mathfrak{O}$ の両側イデアルである. 定理3.9により $\mathfrak{P} = a_p \mathfrak{O}$ となる $a_p \in A^\times$ が存在する. このとき $a_p \mathfrak{O} = \mathfrak{O} a_p$. $n(a_p) > 0$ と仮定してよい. $A^\times$ を $A_{\boldsymbol{R}}{}^\times = GL_2(\boldsymbol{R})$ に埋め込んだ上で, $\gamma_p = n(a_p)^{-1/2} a_p$ とおき, $\Gamma$ と $\gamma_p$ $(\forall p|d)$ で生成される $SL_2(\boldsymbol{R})$ の部分群を $\Gamma'$ とする. このとき $\Gamma$ は $\Gamma'$ の正規部分群, $d$ の素因子の個数を $\nu$ とすれば, $\Gamma'/\Gamma$ は位数 $2^\nu$, $(2, \cdots, 2)$ 型の Abel 群である.

# 第4章　Riemann 面と保型関数

## §4.1　Riemann 面とその上の有理型関数

1次元連結複素多様体はとくに Riemann 面とよばれる．$\Gamma$ が $SL_2(\boldsymbol{R})$ の離散部分群ならば，$\Gamma\backslash H$ は Riemann 面の構造をもつこと，さらに $\Gamma\backslash H$ が測度有限(すなわち $\Gamma$ が第1種 Fuchs 群)であるならば，$\Gamma\backslash H^*$ はコンパクト Riemann 面の構造をもつことが証明される．ここで $H^*$ は $\Gamma$ の尖点全体と $H$ との合併である．この事実があるために，Riemann 面上の関数論を用いることによって，1変数保型関数の基礎理論が極めて容易になる．たとえば，第1種 Fuchs 群に対する保型関数が1変数代数関数体を作るということはコンパクト Riemann 面上の有理型関数の全体が1変数代数関数体であることの直接の結果である．

### a) Riemann 面

まず Riemann 面の定義を述べよう．$R$ を分離連結位相空間とする．$R$ の開被覆 $\{U_\alpha\}_{\alpha\in A}$ と $U_\alpha$ から $\boldsymbol{C}$ の開集合の上への同相写像 $\varphi_\alpha$ の族 $\{\varphi_\alpha\}_{\alpha\in A}$ が与えられ，それらがつぎの性質をもつとする．

(4.1)　$U_\alpha\cap U_\beta\neq\phi$ $(\alpha,\beta\in A)$ ならば，

$$\varphi_\beta\circ\varphi_\alpha{}^{-1}:\ \varphi_\alpha(U_\alpha\cap U_\beta)\longrightarrow\varphi_\beta(U_\alpha\cap U_\beta)$$

は整型写像である．

このとき $R$ は **Riemann 面**であるという．$P\in U_\alpha$ ならば，$U_\alpha$ を $P$ の**座標近傍**，$\varphi_\alpha(P)$ を $P$ の**局所座標**という．また $U_\alpha$ と $\varphi_\alpha$ の組 $(U_\alpha,\varphi_\alpha)$ を**局所座標系**という．

より正確には，局所座標系の族 $\{(U_\alpha,\varphi_\alpha)\}_{\alpha\in A}$ は $R$ に Riemann 面の構造を定めるといい，二つの局所座標系 $\{(U_\alpha,\varphi_\alpha)\}_{\alpha\in A}$，$\{(V_\beta,\psi_\beta)\}_{\beta\in B}$ はそれらの合併がふたたび条件(4.1)を満たすとき，すなわち

(4.2)　$U_\alpha\cap V_\beta\neq\phi$ $(\alpha\in A,\ \beta\in B)$ ならば，

$$\psi_\beta\circ\varphi_\alpha{}^{-1}:\ \varphi_\alpha(U_\alpha\cap V_\beta)\longrightarrow\psi_\beta(U_\alpha\cap V_\beta)\qquad\text{および}$$

$$\varphi_\alpha\circ\psi_\beta{}^{-1}:\ \psi_\beta(U_\alpha\cap V_\beta)\longrightarrow\varphi_\alpha(U_\alpha\cap V_\beta)$$

は整型写像である

が成り立つとき，同じ Riemann 面の構造を定めるという．((4.2) は局所座標系の族の間の同値関係を定義するが，その同値類が Riemann 面の構造であるということができる．$R$ とその上の Riemann 面の構造との複合概念が Riemann 面である.)

複素平面の開集合は Riemann 面であるが(この場合は一つの局所座標系で足りる．座標近傍としてこの開集合それ自身を，局所座標として恒等写像をとる)，これほど自明でない例としては Riemann 球面がある．$\bar{\boldsymbol{C}}=\boldsymbol{C}\cup\{\infty\}$ とおき，$\boldsymbol{C}$ におけるコンパクト集合の補集合を $\infty$ の近傍と定めると，$\bar{\boldsymbol{C}}$ は2次元球面と同相なコンパクト位相空間となる．局所座標系として

$$U_1=\boldsymbol{C},\qquad \varphi_1(z)=z,$$

$$U_2=\{z\in\boldsymbol{C}\,|\,|z|>1\}\cup\{\infty\},\qquad \varphi_2(z)=\frac{1}{z}\quad (z\neq\infty),\qquad \varphi_2(\infty)=0$$

をとることによって $\bar{\boldsymbol{C}}$ は Riemann 面となる．これを **Riemann 球面**という．

**b) 有理型関数**

われわれは複素平面の開集合における有理型関数の概念を既知とするが，この場合，極における関数の値は $\infty$ であると約束する．いま $R$ を Riemann 面として，$R$ から $\bar{\boldsymbol{C}}$ の中への写像 $f$ を考える．$R$ の任意の局所座標系 $(U_\alpha,\varphi_\alpha)$ に対して，$f\circ\varphi_\alpha^{-1}$ が $\varphi_\alpha(U_\alpha)$ 上の有理型関数であるとき，$f$ は $R$ 上の**有理型関数**であるという．

$P\in R$, $U_\alpha$ を $P$ の座標近傍とする．$f$ が $P$ の近傍において恒等的に0ではないとするならば，$f\circ\varphi_\alpha^{-1}$ は $\varphi_\alpha(U_\alpha)$ における $\varphi_\alpha(P)$ の近傍で Laurent 級数

$$f\circ\varphi_\alpha^{-1}(t)=\sum_{n=\nu}^{\infty}c_n(t-\varphi_\alpha(P))^n,\qquad c_\nu\neq 0 \tag{4.3}$$

に展開される．これから $P$ の近傍 $U$ で，任意の $P'\in U$, $P'\neq P$ に対して $f(P')\neq 0$ となるものが存在することは明らかである．ゆえに $P$ の或る近傍で $f$ が恒等的に0ではないような $P\in R$ の全体を $O$ とすれば，$O$ は $R$ の開集合となる．一方 $O$ の補集合は，$P$ の或る近傍で $f$ が恒等的に0となる，$P$ の全体であるから，それも $R$ の開集合である．$R$ は連結と仮定されているので $O=R$ または $O=\phi$. ゆえに $f\neq 0$, すなわち $f$ が $R$ 上で恒等的に0ではないならば，$f$ はいかなる点の近傍においても恒等的に0となることはない．

$R$ 上の有理型関数の全体を $K(R)$ で表わすことにする. $f, g \in K(R)$ ならば $f \pm g$, $fg \in K(R)$ は自明である. しかし上の注意により $f \neq 0$ ならば $f^{-1}$ も $K(R)$ に属する. ゆえに $K(R)$ は体を作ることがわかる.

$f \in K(R)$, $f \neq 0$ に対して, $P$ を $R$ の任意の点, (4.3) を $\varphi_\alpha(P)$ における $f \circ \varphi_\alpha{}^{-1}$ の展開とする. このとき $\nu_P(f) = \nu$ と書く. $\nu > 0$ のとき, $P$ は $f$ の $\nu$ **位の零点**であるといい, $\nu < 0$ のとき, $P$ は $f$ の $(-\nu)$ **位の極**であるという. $\nu$ の値にかかわらず, $P$ の十分近くには $P$ 以外の $f$ の零点も極も存在しないので, $f$ の零点および極の集合は $R$ の中に集積点をもたない. とくに $R$ がコンパクトならば, $f$ の零点および極の集合は有限集合でなければならない.

**注意** 上で定義した $\nu_P(f)$ は局所座標系のとり方によらない. 実際, $(V_\beta, \psi_\beta)$ を $P \in V_\beta$ となる別の局所座標系とすれば, (4.2) により

$$\varphi_\alpha \circ \psi_\beta{}^{-1}: \ \psi_\beta(U_\alpha \cap V_\beta) \longrightarrow \varphi_\alpha(U_\alpha \cap V_\beta)$$

は整型双射である. ゆえに, これを

$$t = \varphi_\alpha \circ \psi_\beta{}^{-1}(s) = \varphi_\alpha(P) + \sum_{n=1}^{\infty} a_n (s - \psi_\beta(P))^n \tag{4.4}$$

と書くとき, $a_1 = d(\varphi_\alpha \circ \psi_\beta{}^{-1})(\psi_\beta(P))/ds \neq 0$. (4.4) を (4.3) に代入すれば, $f \circ \psi_\beta{}^{-1}$ の Laurent 展開における $(s - \psi_\beta(P))$ の最小巾指数は (4.3) と同じ $\nu$ であることがわかる.

### c) Riemann 面のあいだの整型写像

Riemann 面 $R, S$ の局所座標系の族をそれぞれ $\{(U_\alpha, \varphi_\alpha)\}_{\alpha \in A}$, $\{(V_\beta, \psi_\beta)\}_{\beta \in B}$ とする. $R$ から $S$ の中への写像 $f$ が整型であるとは, 任意の $\alpha \in A$, $\beta \in B$ $(f(U_\alpha) \cap V_\beta \neq \phi)$ に対して

$$\psi_\beta \circ f \circ \varphi_\alpha{}^{-1}: \ \varphi_\alpha(U_\alpha \cap f^{-1}(V_\beta)) \longrightarrow \psi_\beta(V_\beta \cap f(U_\alpha)) \tag{4.5}$$

が整型写像となることである. このとき $P \in U_\alpha \cap f^{-1}(V_\beta)$, $Q = f(P)$ に対して, $s = \psi_\beta \circ f \circ \varphi_\alpha{}^{-1}(t)$ は

$$s = \psi_\beta(Q) + \sum_{n=1}^{\infty} c_n (t - \varphi_\alpha(P))^n \tag{4.6}$$

の形に表わされる. いま $\psi_\beta \circ f \circ \varphi_\alpha{}^{-1}$ が定値関数ではないとすれば, 一致の定理により $\psi_\beta \circ f \circ \varphi_\alpha{}^{-1}$ はいかなる点の近傍においても定値となることはない. これから $f$ が $R$ 上の定値関数でなければ, $f$ は $R$ のいかなる点の近傍においても定値ではないことが導かれる (b) を参照). $f$ は定値ではないとして (4.6) において $c_n \neq 0$ となる最小の $n$ を $\nu$ とする. 整型関数のよく知られた性質により $f$ は $P$

の或る近傍 $U$ を $Q$ の近傍 $V$ の上に $\nu$ 重に写像する. すなわち $Q$ と異なる $V$ の任意の点は $U$ の中にちょうど $\nu$ 個の逆像をもつ. とくに $f$ は開写像である. 上の $\nu$ は局所座標系のとり方に依存しない. $\nu$ を $f$ の $P$ における**分岐指数**といい, $\nu>1$ となる点 $P$ を $f$ に関する**分岐点**という. 容易にわかるように $f$ に関する分岐点の集合は $R$ の中に集積点をもたない.

Riemann 面 $R$ 上の有理型関数は $R$ から Riemann 球面 $\bar{C}$ の中への整型写像にほかならない. しかし恒等的に $\infty$ に等しい写像を除く.

**補題 4.1** $f$ をコンパクト Riemann 面 $R$ から Riemann 面 $S$ の中への整型写像とすれば, $f$ は定値であるか, または $S$ の上への写像である.

**証明** $f$ は定値ではないとする. このとき $f$ は開写像であるから, $f(R)$ は $S$ の開集合である. しかし $f(R)$ は閉集合(コンパクトであるから)でもある. $S$ は連結なので $f(R)=S$ が結論される. ∎

とくにコンパクト Riemann 面 $R$ 上の定数ではない有理型関数は必ず零点と極をもつ. 上の補題によってそれは $R$ から $\bar{C}$ の上への写像となるからである.

$f$ が $R$ から $S$ の上への整型写像であるとき, $(R,f)$ を $S$ の**被覆**(**Riemann 面**)ということがある. いま $R$ をコンパクトと仮定する. このとき任意の $Q\in S$ に対して $f^{-1}(Q)$ は有限集合である. なぜなら, すでに注意したように, 任意の $P\in R$ の近傍における $Q$ の逆像は有限であるから. $P\in R$ における $f$ の分岐指数を $e_P$ とし, $P$ が $f^{-1}(Q)$ を動くときの $e_P$ の和を $n(Q)$ で表わす. $f^{-1}(Q)=\{P_1, \cdots, P_k\}$ とおく. 互いに交わらない $P_i$ の開近傍 $U_i'$ をとり, $V$ を $f(U_i')$ に含まれる $Q$ の近傍とする. $V$ を十分小さくとれば $f^{-1}(V)\subseteqq\bigcup_i U_i'$ となる. 実際, $R$ における $\bigcup_i U_i'$ の補集合を $C$ とすれば, $f(C)$ は閉集合で $Q$ を含まない. ゆえに $V\cap f(C)=\phi$ となる $V$ をとればよい. $U_i=f^{-1}(V)\cap U_i'$ とおけば, $f^{-1}(V)=\bigcup_{i=1}^{k} U_i$, $f(U_i)=V\ (1\leqq i\leqq k)$. $f$ の $P_i$ における分岐指数を $e_i$ とする. 必要ならば $U_i$ をさらに小さくとり, $U_i$ は $P_i$ を除いて $f$ に関する分岐点を含まず, 任意の $Q'\in V\ (Q'\neq Q)$ は $U_i$ の中に $e_i$ 個の逆像をもつと仮定することができる. この考察から $n(Q')$ は $V$ 上で一定であることがわかる. したがって $Q\to n(Q)$ は整数値をとる $S$ 上の連続関数となる. $S$ は連結なので, $n(Q)$ は $S$ 上で一定でなければならない. この一定値 $n$ を被覆 $(R,f)$ の**次数**という(**被覆次数**ともいうことにする).

### d）代数関数体

$K$ を複素数体 $\boldsymbol{C}$ の拡大体とする．$K=\boldsymbol{C}(x)$ となる $\boldsymbol{C}$ 上の超越元 $x$ が $K$ の中に存在するとき，$K$ は $\boldsymbol{C}$ 上の**1変数有理関数体**であるという．いうまでもなく $\boldsymbol{C}(x)$ は $\boldsymbol{C}$ 上に $x$ の生成する体で，これは $\boldsymbol{C}$ 上の1変数多項式環の商体と同型である．また $K$ が $\boldsymbol{C}(x)$ 上の有限次代数拡大となるような $\boldsymbol{C}$ 上の超越元 $x$ が $K$ の中に存在するとき，$K$ は $\boldsymbol{C}$ 上の**1変数代数関数体**であるという．

誤解の恐れのないときは，$\boldsymbol{C}$ 上の1変数有理関数体または $\boldsymbol{C}$ 上の1変数代数関数体をそれぞれ有理関数体または代数関数体と略称する．

**定理 4.1**　$\bar{\boldsymbol{C}}$ を Riemann 球面とする．このとき $K(\bar{\boldsymbol{C}})$ は有理関数体である．詳しくは，$\bar{\boldsymbol{C}}$ からそれ自身の上への恒等写像を $\bar{\boldsymbol{C}}$ 上の有理型関数と見て，それを $z$ で表わせば，$K(\bar{\boldsymbol{C}})=\boldsymbol{C}(z)$．

**証明**　$z$ は $\infty$ においてのみ1位の極をもつ $\bar{\boldsymbol{C}}$ 上の有理型関数である．$\bar{\boldsymbol{C}}$ はコンパクトであるから任意の $f\in K(\bar{\boldsymbol{C}})$ の極は有限個である（b）を参照）．$\infty$ と異なる $f$ の極を $a_1,\cdots,a_k$ とし，$a_i$ における極の位数を $m_i$ とすれば，$g=(z-a_1)^{m_1}\cdots(z-a_k)^{m_k}f$ は $\boldsymbol{C}$ 上では整型となる．$g$ の $\infty$ における極の位数を $m$（$\infty$ が $g$ の極でなければ $m=0$）とする．このとき $z^{-m}g$ は $\infty$ の近傍で有界であるから，$g$ は $z$ の高々 $m$ 次の多項式でなければならない（Liouville の定理の拡張）．ゆえに $f$ は $z$ の有理式である．▮

一般に Riemann 面上に定数ではない有理型関数が存在するかどうかはもっとも基礎的な問題でなければならないが，実際は，任意の Riemann 面 $R$ に対して，つぎの事実が知られている．

(4.7)　任意の $P,Q\in R$，$P\neq Q$，に対して $f(P)\neq f(Q)$ となる $R$ 上の有理型関数 $f$ が存在する．

われわれはこれを証明なしに引用する．しかし§4.2で述べるように，$SL_2(\boldsymbol{R})$ の離散部分群によって定義される Riemann 面に対しては，(4.7) はこれに相当する性質をもつ保型関数の存在によって保証される．

**定理 4.2**　$R$ がコンパクト Riemann 面ならば，$K(R)$ は $\boldsymbol{C}$ 上の1変数代数関数体である．$f$ を定数ではない $K(R)$ の元とする．このとき $(R,f)$ は $\bar{\boldsymbol{C}}$ の被覆となり，その被覆次数は $[K(R):\boldsymbol{C}(f)]$ に等しい．

**証明**　$f$ を定数ではない $K(R)$ の元とすれば，補題4.1により $f(R)=\bar{\boldsymbol{C}}$．ゆえ

に $(R, f)$ は $\bar{\boldsymbol{C}}$ の被覆である．その被覆次数を $n$ とする．

$f$ に関する分岐点の集合の $f$ による像を $\Delta$ で表わそう．$z_0 \in \bar{\boldsymbol{C}}-\Delta$ ならば，$f^{-1}(z_0)$ は $n$ 個の点からなる．$f^{-1}(z_0)=\{P_1, \cdots, P_n\}$ と書くとき，すでに証明したように (c) を参照)，

$$f^{-1}(V)=\bigcup_{i=1}^{n} U_i, \quad f(U_i)=V \quad (1 \leqq i \leqq n)$$

を満たす $P_i$ の近傍 $U_i$ と $z_0$ の近傍 $V$ が存在する．$P_i$ が分岐点ではないことから $f$ は $U_i$ から $V$ の上への整型双射を引き起こす．その逆写像を $\varphi_i$ とする．任意の $g \in K(R)$ に対して，$g(\varphi_1(z)), \cdots, g(\varphi_n(z))$ $(z \in V)$ の基本対称式

$$s_1(z)=\sum_{i=1}^{n} g(\varphi_i(z)),$$
$$s_2(z)=\sum_{i<j} g(\varphi_i(z)) g(\varphi_j(z)),$$
$$\cdots\cdots\cdots\cdots\cdots$$
$$s_n(z)=g(\varphi_1(z)) \cdots g(\varphi_n(z))$$

は $V$ 上で有理型であり，$\varphi_1(z), \cdots, \varphi_n(z)$ が $z$ の $f$ の逆像の全部であることから，$s_1(z), \cdots, s_n(z)$ は $z$ によって一意的に定まる．ゆえに $z_0$ が $\bar{\boldsymbol{C}}-\Delta$ を動くとき，$s_1, \cdots, s_n$ は $\bar{\boldsymbol{C}}-\Delta$ 上の有理型関数を定義する．一方，$z_0 \in \Delta$ の近傍においては $\varphi_i(z)$ の局所座標は $z-z_0$ $(z_0 \neq \infty)$，または $z^{-1}$ $(z_0=\infty)$ の或る巾根に関する整級数で表わされているので，$z_0$ における $s_i$ の特異性は高々極でなければならない．結局 $s_1, \cdots, s_n$ は $\bar{\boldsymbol{C}}$ 上で有理型となり，定理 4.1 により $z$ の有理型関数である．

$s_1, \cdots, s_n$ の定義から，$P$ が $f$ の分岐点でなければつねに

$$g(P)^n-s_1(f(P)) g(P)^{n-1}+\cdots+(-1)^n s_n(f(P))=0$$

が成立する．したがって $R$ 上の有理型関数として

$$g^n-s_1(f) g^{n-1}+\cdots+(-1)^n s_n(f)=0.$$

ゆえに任意の $g \in K(R)$ は $\boldsymbol{C}(f)$ 上代数的であり，$g$ の満たす $\boldsymbol{C}(f)$ 上の既約方程式は高々 $n$ 次である．これは

$$[\boldsymbol{C}(f, g): \boldsymbol{C}(f)] \leqq n \tag{4.8}$$

と同じことであるが，$g$ を $[\boldsymbol{C}(f, g): \boldsymbol{C}(f)]$ を最大にする $K(R)$ の元とすれば，$K(R)=\boldsymbol{C}(f, g)$ が成立する．実際，任意の $h \in K(R)$ に対して，$\boldsymbol{C}(f, g, h)$ は $\boldsymbol{C}(f)$ に一つの元 $k$ を添加することによって生成される（有限次分離拡大は単純拡大で

ある). $g$ のとり方によって $[\boldsymbol{C}(f,k):\boldsymbol{C}(f)]\leqq[\boldsymbol{C}(f,g):\boldsymbol{C}(f)]$. これは $\boldsymbol{C}(f,g,h)=\boldsymbol{C}(f,k)=\boldsymbol{C}(f,g)$ を示す. $h$ は任意であるから $K(R)=\boldsymbol{C}(f,g)$. 初めに注意したように $f(R)=\bar{\boldsymbol{C}}$ であるから, 明らかに $f$ は $\boldsymbol{C}$ 上超越的である. ゆえに $K(R)$ は $\boldsymbol{C}$ 上の1変数代数関数体となる.

定理の後半を証明するためには, $K(R)=\boldsymbol{C}(f,g)$ ならば (4.8) において等号が成り立つことをいえばよい. $[\boldsymbol{C}(f,g):\boldsymbol{C}(f)]=m$ とおき, $g$ の満たす $\boldsymbol{C}(f)$ 上の既約方程式を

$$g^m+a_1(f)g^{m-1}+\cdots+a_m(f)=0 \qquad (a_k(f)\in\boldsymbol{C}(f))$$

と書く. 記号はこれまでの通りとして, $P_1,\cdots,P_n$ が $f,g$ および $a_k(f)$ $(1\leqq k\leqq m)$ の極ではないように $z_0\in\boldsymbol{C}-\varDelta$ を選ぶことができる. このとき $g(P_i)$ $(1\leqq i\leqq n)$ はすべて異なる. なぜなら, $g(P_i)=g(P_j)$ $(i\neq j)$ ならば, 任意の $h\in K(R)$ は $f,g$ の有理式であるから, $P_i$ と $P_j$ において等しい値をとることになり, これは (4.7) に反するからである. 一方では $g(P_i)$ $(1\leqq i\leqq n)$ は

$$g(P_i)^m+a_1(z_0)g(P_i)^{m-1}+\cdots+a_m(z_0)=0$$

を満たさなければならない. このことから $m\geqq n$ が出る. これと (4.8) と合せれば, $m=n$ が結論される. ▌

**系** $R,S$ をコンパクト Riemann 面とする. $(R,\pi)$ が $S$ の $n$ 次の被覆であるならば, $K(R)$ は $K(S)$ の $n$ 次拡大体である. ただし $K(S)$ から $K(R)$ の中への同型写像 $f\rightarrow f\circ\pi$ によって $K(S)$ を $K(R)$ の部分体と同一視する.

**証明** $f$ を定数ではない $K(S)$ の元とする. $\bar{\boldsymbol{C}}$ の被覆 $(S,f)$ の次数を $m$ とすれば, 被覆 $(R,f\circ\pi)$ の次数は $mn$ である. 実際, $z\in\bar{\boldsymbol{C}}$ が $f\circ\pi$ に関する分岐点の像でなければ, $f^{-1}(z)$ の各点は $f$ に関する分岐点ではなく, それはまた $\pi$ に関する分岐点の像ではない. ゆえに $(f\circ\pi)^{-1}(z)$ は $mn$ 個の点からなる. 定理4.2によって $[K(S):\boldsymbol{C}(f)]=m$, $[K(R):\boldsymbol{C}(f\circ\pi)]=mn$, したがって $[K(R):K(S)]=n$ が得られる. あるいは定理4.2と同じようにして系を直接証明してもよい. ▌

## §4.2 Riemann 面としての $\Gamma\backslash H$

$\Gamma$ を $SL_2(\boldsymbol{R})$ の離散部分群とする. 商空間 $R=\Gamma\backslash H$ に Riemann 面の構造を入れよう. そのためには, 任意の $P\in R$ に対して $P$ の開近傍 $U_P$ と $U_P$ から $\boldsymbol{C}$ の開集合の上への同相写像 $\varphi_P$ を与えて, 条件 (4.1) が満足されるようにすれば

十分である．いい換えれば，$R$ のすべての点を添字とする局所座標系の族 $\{(U_P, \varphi_P)\}$ を与えるのである．

$H$ から $\Gamma\backslash H$ の上への標準写像を $\pi$ で表わす．定理1.6の系により，任意の $z\in H$ に対しつぎの性質をもつ $z$ の開近傍 $U_z$ が存在する．

$$\Gamma_z U_z = U_z, \qquad \gamma U_z \cap U_z = \phi \quad (\forall\gamma\in\Gamma-\Gamma_z).$$

ここで $\Gamma_z$ は $z$ を固定する $\Gamma$ の元の全体であった．したがって $\pi$ は商空間 $\Gamma_z\backslash U_z$ から $\pi(U_z)$ の上への同相写像を引き起こす．

$P\in R$ に対して $P=\pi(z)$ となる $z\in H$ をとる．$z$ が $\Gamma$ の固定点でない（すなわち $\iota(\Gamma_z)=\{1\}$，$\iota$ は $SL_2(\boldsymbol{R})$ から $PSL_2(\boldsymbol{R})$ の上への標準写像）ときは，$P$ における局所座標系のとり方は簡単である．このとき $\pi$ は $U_z$ から $\pi(U_z)$ の上への同相写像であることに注意して

$$U_P = \pi(U_z), \qquad \varphi_P(\pi(z')) = z' \quad (z'\in U_z)$$

と置く．もし $\Gamma$ が固定点をもたなければ，これによって $\Gamma\backslash H$ に Riemann 面の構造が入ることはほとんど自明である．

$\Gamma$ の固定点における局所座標系を定義する前に，一つの補題を証明する．

**補題 4.2**　$g\in SL_2(\boldsymbol{R})$ が $SO_2(\boldsymbol{R})$ の元 $\begin{bmatrix}\cos\theta & \sin\theta\\ -\sin\theta & \cos\theta\end{bmatrix}$ と共役であるとき，$\zeta(g)=e^{i\theta}$ とおく．$g$ が $H$ の点 $z$ を固定するならば，$g$ は

$$\frac{gz'-z}{gz'-\bar{z}} = \zeta(g)^2\frac{z'-z}{z'-\bar{z}} \qquad (\forall z'\in H)$$

の形に表わされる．

**証明**　§1.1の議論によって $g\begin{bmatrix}z\\1\end{bmatrix}=\alpha\begin{bmatrix}z\\1\end{bmatrix}$ となる $\alpha\in\boldsymbol{C}$ が存在するが，$\alpha=\overline{\zeta(g)}$ となることはただちにわかる．上の等式から $-g\begin{bmatrix}\bar{z}\\1\end{bmatrix}=-\bar{\alpha}\begin{bmatrix}\bar{z}\\1\end{bmatrix}$ が出るから

$$g\begin{bmatrix}-\bar{z} & z\\ -1 & 1\end{bmatrix} = \begin{bmatrix}-\bar{z} & z\\ -1 & 1\end{bmatrix}\begin{bmatrix}\zeta(g) & 0\\ 0 & \overline{\zeta(g)}\end{bmatrix}$$

あるいは

$$\begin{bmatrix}1 & -z\\ 1 & -\bar{z}\end{bmatrix}g = \begin{bmatrix}\zeta(g) & 0\\ 0 & \overline{\zeta(g)}\end{bmatrix}\begin{bmatrix}1 & -z\\ 1 & -\bar{z}\end{bmatrix}$$

が成立する．これを $z'\in H$ に作用させることによって，補題の等式が得られる（$GL_2(\boldsymbol{C})$ の複素平面への作用については§1.1を見よ）．▌

$P=\pi(z)$ $(z\in H)$ において $z$ が $\Gamma$ の固定点であるとする．$n$ を $z$ の位数，すな

わち $\iota(\Gamma_z)$ の位数とする．このとき $P$ における局所座標系として $U_P=\pi(U_z)$,

$$\varphi_P(\pi(z'))=\left(\frac{z'-z}{z'-\bar{z}}\right)^n \qquad (z'\in U_z)$$

をとる．$\iota(\gamma)\rightarrow\zeta(\gamma)^2$ は $\iota(\Gamma_z)$ から 1 の $n$ 乗根の群の上への同型であるから，補題4.2によって $\varphi_P$ は確かに $U_P$ から $\boldsymbol{C}$ の開集合の上への同相写像を与えるのである．$U_P$ は $P$ 以外に $\Gamma$ の固定点の像を含まないことに注意する．

上のようにして定義された $\{(U_P,\varphi_P)\}_{P\in R}$ が条件(4.1)を満たすことを確かめよう．$P\neq Q$, $U_P\cap U_Q\neq\phi$ とする．もし $P,Q$ とも $\Gamma$ の固定点の像であるならば，任意の $P'\in U_P\cap U_Q$ は $\Gamma$ の固定点の像ではない．これを見れば $P,Q$ のうち少なくとも一方は $\Gamma$ の固定点の像ではない場合を考えれば十分である．(任意の $P'\in U_P\cap U_Q$ と $U_P\cap U_Q$ に含まれる $P'$ の近傍 $U'$ に対して

$$\varphi_{P'}\circ\varphi_P^{-1}:\ \varphi_P(U')\longrightarrow\varphi_{P'}(U'),$$
$$\varphi_Q\circ\varphi_{P'}^{-1}:\ \varphi_{P'}(U')\longrightarrow\varphi_Q(U')$$

が整型写像であることがいえれば，

$$\varphi_Q\circ\varphi_P^{-1}:\ \varphi_P(U_P\cap U_Q)\longrightarrow\varphi_Q(U_P\cap U_Q)$$

も整型となる．) $P=\pi(z)$, $Q=\pi(w)$ とおく．

(1) $z,w$ とも $\Gamma$ の固定点でない場合．$\gamma U_z\cap U_w\neq\phi$ となる $\gamma\in\Gamma$ が存在するが，$U=\pi(\gamma U_z\cap U_w)$ に対して

$$\varphi_Q\circ\varphi_P^{-1}:\ \varphi_P(U)\longrightarrow\varphi_Q(U)$$

が整型であることをいえばよい．$\varphi_P(U)=U_z\cap\gamma^{-1}U_w$, $\varphi_Q\circ\varphi_P^{-1}(z')=\gamma z'$ ($z'\in\varphi_P(U)$) であるから，これは明らかである．

(2) $w$ が $\Gamma$ の固定点，$z$ が $\Gamma$ の固定点ではない場合．$U$ を(1)の通りとすれば，$\varphi_P(U)=U_z\cap\gamma^{-1}U_w$,

$$\varphi_Q\circ\varphi_P^{-1}(z')=\left(\frac{\gamma z'-w}{\gamma z'-\bar{w}}\right)^n \qquad (z'\in\varphi_P(U)).$$

ただし $n$ は $w$ の位数である．ゆえに

$$\varphi_Q\circ\varphi_P^{-1}:\ \varphi_P(U)\longrightarrow\varphi_Q(U)$$

は整型である．しかしそれが双射であることはあらかじめわかっているので，逆写像

$$\varphi_P\circ\varphi_Q^{-1}:\ \varphi_Q(U)\longrightarrow\varphi_P(U)$$

もまた整型である.

以上で $\Gamma\backslash H$ が Riemann 面の構造をもつことが証明された. $\Gamma\backslash H$ がコンパクトならば, それはもちろんコンパクト Riemann 面である. しかし, そうではない場合でも, $\Gamma\backslash H$ が測度有限ならば, $\Gamma\backslash H$ に有限個の点($\Gamma$ の尖点の同値類に対応する)をつけ加えて, それをコンパクト Riemann 面とすることが可能である. われわれが主として第1種 Fuchs 群を考察するのはこの理由による.

$\Gamma$ の尖点全体と $H$ との合併を $H^*$ とし, $H^*$ につぎのような位相を入れよう.

(1) $H^*$ の部分空間としての $H$ の位相は従来の位相と一致する.

(2) $x=g(\infty)$, $g\in SL_2(\boldsymbol{R})$, が $\Gamma$ の尖点であるならば

$$U(x,\lambda)=\{gz\,|\,\mathrm{Im}\,z>\lambda\}\cup\{x\}\qquad(\lambda>0)\tag{4.9}$$

の形の集合全体を $x$ の近傍の基本系とする. いい換えれば, $H^*$ の部分集合 $O$ が開集合であるとは, $O\cap H$ が $H$ の開集合であり, 尖点 $x$ が $O$ に属するならば $x$ の或る近傍 $U(x,\lambda)$ が $O$ に含まれることであるとするのである.

$\gamma\in\Gamma$ ならば $z\to\gamma z$ は $H^*$ から $H^*$ の上への同相写像であることは容易に確かめられる. $H^*$ の2点が $\Gamma$ の元により移り合うとき $\Gamma$ 同値であるといい, その同値類の集合を $\Gamma\backslash H^*$ で表わす. $\Gamma\backslash H^*$ に上述の $H^*$ の位相から定まる商位相を入れることにする. $H^*$ から $\Gamma\backslash H^*$ の上への標準写像 $\pi$ はこのとき連続開写像となる.

**定理 4.3** $\Gamma\backslash H$ が測度有限ならば, $\Gamma\backslash H^*$ はコンパクトである.

**証明** まず $\Gamma\backslash H^*$ が分離であることを証明する. $\pi(H)=\Gamma\backslash H$ が分離なことは証明ずみである(定理1.6). $D=D_0\cup V(x_1)\cup\cdots\cup V(x_t)$ を定理1.11に述べた $\Gamma$ の基本領域とする. $x_1,\cdots,x_t$ は $\Gamma$ の尖点の $\Gamma$ 同値類の代表系であった. ゆえに $\Gamma\backslash H^*=\pi(H)\cup\{\pi(x_1),\cdots,\pi(x_t)\}$. 任意の $x_i$ と $z\in H$ に対し, $C$ を $z$ のコンパクト近傍とすれば, $U(x_i,\lambda)\cap\Gamma C=\phi$, すなわち $\pi(U(x_i,\lambda))\cap\pi(C)=\phi$ となる $\lambda$ が存在する(補題1.14). ゆえに $\pi(x_i)$ と $\pi(z)$ は近傍によって分離される. また $i\neq j$ ならば, $\Gamma U(x_i,\lambda_i)\cap U(x_j,\lambda_j)=\phi$ となる $\lambda_i,\lambda_j$ が存在する(補題1.15). これは $\pi(x_i)$ と $\pi(x_j)$ が近傍によって分離されることを示す.

$D^*=\bar{D}\cup\{x_1,\cdots,x_t\}$ とおけば, $\Gamma\backslash H^*=\pi(D^*)$ であるから, $D^*$ が $H^*$ の位相でコンパクトなことを証明すればよい. 実際, $D^*$ が $H^*$ の開集合族 $\{O_\alpha\}$ によって覆われているとすれば, 任意の $x_i$ は或る $O_{\alpha_i}$ に属し, したがって $x_i$ の近

傍 $U(x_i, \lambda_i)$ が $O_{\alpha_i}$ に含まれる．しかし $D^*-\bigcup_{i=1}^{t} U(x_i, \lambda_i)$ はコンパクトなので，それはまた $\{O_\alpha\}$ のうちの有限個で覆われる．▌

$x$ を $\Gamma$ の尖点とする． $x=g(\infty)$， $g\in SL_2(\boldsymbol{R})$ ならば， $\iota(\Gamma_x)$ の生成元を $\pm g\begin{bmatrix}1 & \mu\\ 0 & 1\end{bmatrix}g^{-1}$ $(\mu>0)$ の形に書くことができる． $U(x,\lambda)$ は $\Gamma_x$ によって不変であるが，補題 1.15 により，$\lambda$ が十分大きければ $\gamma U(x,\lambda)\cap U(x,\lambda)=\phi$ $(\forall\gamma\in\Gamma-\Gamma_x)$．
$P=\pi(x)$， $U_P=\pi(U(x,\lambda))$，

$$\varphi_P(\pi(z))=\begin{cases}\exp(2\pi i g^{-1}(z)/\mu) & (z\in U(x,\lambda),\ z\neq x),\\ 0 & (z=x)\end{cases}$$

とおけば，$\varphi_P$ は $U_P$ から $\boldsymbol{C}$ の開集合(原点を中心とする開円板)の上への同相写像となる． $P\in\pi(H)$ ならば，$(U_P,\varphi_P)$ はすでに定義した通りとする．このとき $\{(U_P,\varphi_P)\}_{P\in\Gamma\backslash H^*}$ が条件 (4.1) を満足し，$\Gamma\backslash H^*$ 上に Riemann 面の構造を定義することは以前と同様にして証明される．

以上のように $\Gamma\backslash H^*$ はコンパクト Riemann 面となった． $\Gamma\backslash H$ から $\Gamma\backslash H^*$ の中への埋め込みは定義によって整型単射である． $\Gamma\backslash H$ が測度有限な離散部分群に対しては，われわれはつねにこのコンパクト化された Riemann 面を考えることにする． $R(\Gamma)=\Gamma\backslash H^*$ と書く．

$R(\Gamma)$ 上の有理型関数 $f$ に対して，$f\circ\pi$ の $H$ への制限を $h=h_f$ で表わせば，$h$ は明らかにつぎの性質をもつ．

(1) $h$ は $H$ 上で有理型である．

(2) $h(\gamma z)=h(z)$ $(\forall\gamma\in\Gamma,\ z\in H)$．

(3) $x$ を $\Gamma$ の尖点とすれば，$U(x,\lambda)$ 上で $h$ は $t=\varphi_P(\pi(z))$ (ただし $P=\pi(x)$) の Laurent 級数

$$h(z)=\sum_{n=\nu}^{\infty}c_n t^n \qquad (\nu\in\boldsymbol{Z})$$

に展開される．

これは $h$ が $\Gamma$ に対する保型関数であることにほかならない．しかし逆に，$\Gamma$ に対する任意の保型関数 $h$ は $R(\Gamma)$ 上の有理型関数 $f$ を定義する．(実際，(2) によって $h$ は $\Gamma\backslash H$ 上の関数 $f$ を定める． $\Gamma\backslash H$ から $\Gamma$ の固定点の像を除く集合上で $f$ が有理型なことは局所座標の定義から自明である．したがって固定点の像 $P$ においては $f$ は $\varphi_P(P')$ $(P'\in U_P)$ の Laurent 級数で表わされる．一方では

$P=\pi(z)$, $P'=\pi(z')$ とおけば, $f$ は $z'-z$, すなわち $\varphi_P(P')$ の巾根に関する整級数, の有限個の負巾の項をもつ Laurent 級数である. これは $f$ が $P$ の近傍においても有理型であることを示す. また(3)によって $f$ は $\Gamma\backslash H^*$ 上の有理型関数に延長される.) ゆえに $f\to h_f$ は $K(R(\Gamma))$ から $\Gamma$ に対する保型関数の体の上への同型である. $R(\Gamma)$ に対しては, 仮定(4.7)は定理2.11において証明されていることがわかる. 定理4.2によりつぎの結果が得られる.

**定理 4.4** $\Gamma\backslash H$ が測度有限ならば, $\Gamma$ に対する保型関数の全体は $\boldsymbol{C}$ 上の1変数代数関数体を作る.

**系** $\Gamma$ を定理の通り, $\Gamma'$ を $\Gamma$ の指数有限な部分群とする. $R=R(\Gamma)$, $R'=R(\Gamma')$ とおく. このとき $K(R')$ は $K(R)$ の拡大体で, 拡大次数は $[\iota(\Gamma):\iota(\Gamma')]$ に等しい. とくに $\Gamma'$ が $\Gamma$ の正規部分群ならば, $K(R')$ は $K(R)$ の Galois 拡大で, Galois 群は $\iota(\Gamma)/\iota(\Gamma')$ と同型である.

**証明** $\Gamma, \Gamma'$ を $\Gamma\{\pm1\}$, $\Gamma'\{\pm1\}$ で置き換えることによって, $\Gamma, \Gamma'$ とも $\{\pm1\}$ を含むと仮定してよい. $[\Gamma:\Gamma']$ は有限であるから, $\Gamma$ の尖点の集合と $\Gamma'$ の尖点の集合は一致する(尖点の定義からただちに出る). これと $H$ との合併をこれまでのように $H^*$ とする. $H^*$ から $R$ および $R'$ の上への標準写像をそれぞれ $\pi, \pi'$ で表わす.

$\varphi(\pi'(z))=\pi(z)$ $(z\in H^*)$ によって定義される $R'$ から $R$ の上への写像 $\varphi$ は, 容易にわかるように, 整型である. $[\Gamma:\Gamma']=n$, $\Gamma=\bigcup_{i=1}^{n}\Gamma'\gamma_i$ と書く. $z$ が $\Gamma$ の固定点でなければ

$$\varphi^{-1}(\pi(z))=\{\pi'(\gamma_1 z), \cdots, \pi'(\gamma_n z)\}$$

となり, $\varphi$ は $\pi'(\gamma_i z)$ において不分岐である. (すなわち $\pi'(\gamma_i z)$ における $\varphi$ の分岐指数は1である. これは局所座標のとり方を考えればわかる.) したがって $R$ の被覆 $(R', \varphi)$ の次数は $n$ である. ゆえに定理4.2の系によって $[K(R'):K(R)]=n$. ここまでの結果は $\Gamma'$ が $\Gamma$ の正規部分群でなくても成立する.

$\Gamma'$ が $\Gamma$ の正規部分群であるならば, 任意の $\gamma\in\Gamma$ に対して, $\pi'(z)\to\pi'(\gamma z)$ $(z\in H^*)$ は $R'$ の自己同型, すなわち $R'$ からそれ自身の上への整型双射 $\varphi_\gamma$ を定義する. $\varphi_\gamma$ は $\Gamma'$ に関する $\gamma$ の剰余類 $\bar{\gamma}$ のみに依存するが, $\bar{\gamma}\to\varphi_\gamma$ は $\Gamma/\Gamma'$ から $R'$ の自己同型群の中への同型である. つぎにこれを証明しよう. この対応が単射であることをいえば十分である. $\varphi_\gamma=\varphi_\delta$, すなわち $\pi'(\gamma z)=\pi'(\delta z)$ $(\forall z\in H^*)$

と仮定する．$\gamma z_0$ が $\Gamma'$ の固定点ではないような $z_0$ をとれば，$\gamma z_0$ の近傍 $U$ で，$\pi'$ が $U$ 上で単射となるものが存在する．仮定により $\gamma z_0=\gamma'\delta z_0$ となる $\gamma'\in\Gamma'$ がある．ゆえに $z_0$ の十分小さい近傍 $U_0$ に対して $\gamma U_0\subseteq U$, $\gamma'\delta U_0\subseteq U$ が成立する．このとき任意の $z\in U_0$ に対して $\pi'(\gamma z)=\pi'(\delta z)=\pi'(\gamma'\delta z)$．$\pi'$ は $U$ 上で単射であるから $\gamma z=\gamma'\delta z$．ゆえに $\gamma=\pm\gamma'\delta$，すなわち $\bar{\gamma}=\bar{\delta}$.

$f\in K(R')$ に対して $\varphi_\gamma{}^*(f)=f\circ\varphi_\gamma{}^{-1}$ とおけば，$\varphi_\gamma{}^*$ は当然に $K(R')/K(R)$ の自己同型である．$\varphi_\gamma\neq\varphi_\delta$ ならば $\varphi_\gamma{}^{-1}(P)\neq\varphi_\delta{}^{-1}(P)$ となる $P\in R'$ がある．(4.7) によって $f(\varphi_\gamma{}^{-1}(P))\neq f(\varphi_\delta{}^{-1}(P))$ となる $f\in K(R')$ が存在し，したがって $\varphi_\gamma{}^*\neq\varphi_\delta{}^*$．ゆえに $\bar{\gamma}\to\varphi_\gamma{}^*$ は $\Gamma/\Gamma'$ から $\mathrm{Aut}(K(R')/K(R))$ の中への同型写像である．しかし $[K(R'):K(R)]=n$ であるから，それは上への写像である．以上で系は証明された．▮

## §4.3 Riemann-Roch の定理の応用

### a) 因子群

$R$ をコンパクト Riemann 面とする．$R$ の点の集合を生成元とする自由加群を $R$ の**因子群**といい，$\mathfrak{D}$ で表わす．$\mathfrak{D}$ の元を因子という．$\mathfrak{D}\ni A=\sum a_P P$ $(P\in R,$ $a_P\in \boldsymbol{Z})$ に対して

$$\deg A=\sum_P a_P$$

とおく．$A\to\deg A$ は $\mathfrak{D}$ から $\boldsymbol{Z}$ の上への準同型写像となる．その核を $\mathfrak{D}_0$ で表わす．

$K(R)\ni f\neq 0$ に対して

$$(f)=\sum_{P\in R}\nu_P(f)P$$

を $f$ の因子という ($\nu_P(f)\neq 0$ となる $P$ は有限個であることに注意する)．

$$(f)_0=\sum_{\nu_P(f)>0}\nu_P(f)P, \qquad (f)_\infty=\sum_{\nu_P(f)<0}(-\nu_P(f))P$$

とおけば，$(f)=(f)_0-(f)_\infty$．$f$ が定数ならば $(f)=0$ である．しかし $f$ が定数でなければ，補題4.1により $f$ は $\bar{\boldsymbol{C}}$ の任意の値をとる．とくに $f$ の零点も極も存在するので $(f)\neq 0$．いま $f^{-1}(0)=\{P_1,\cdots,P_k\}$ とおく．定義によって $\nu_{P_i}(f)$ は $R$ から $\bar{\boldsymbol{C}}$ の上への写像としての $f$ の $P_i$ における分岐指数に等しい．したがって

$$\deg(f)_0 = \sum_{i=1}^{k} \nu_{P_i}(f)$$

は $\bar{\boldsymbol{C}}$ の被覆 $(R, f)$ の次数にほかならない．$\deg(f)_\infty$ についても同様である．定理4.2によって

$$\deg(f)_0 = \deg(f)_\infty = [K(R) : \boldsymbol{C}(f)]. \tag{4.10}$$

とくに

$$\deg(f) = 0 \tag{4.11}$$

が任意の $f \in K(R)^\times$ に対して成立する．

$f, g \in K(R)$ ならば，$\nu_P(fg) = \nu_P(f) + \nu_P(g)$，したがって $(fg) = (f) + (g)$．これによって

$$\mathfrak{D}_H = \{(f) \mid f \in K(R)^\times\}$$

は $\mathfrak{D}$ の部分群であることがわかる．$\mathfrak{D}_H$ の元を**主因子**，$\mathfrak{D}/\mathfrak{D}_H$ を**因子類群**とよぶ．

### b) 微　分

Riemann 面 $R$ 上の微分の定義を述べよう．整数 $m$ に対して $R$ の局所座標系の族 $\{(U_\alpha, \varphi_\alpha)\}_{\alpha \in A}$ と $\varphi_\alpha(U_\alpha)$ 上の有理型関数 $f_\alpha$ の集合 $\{f_\alpha\}_{\alpha \in A}$ が与えられていて，

$$\begin{cases} U_\alpha \cap U_\beta \neq \phi \text{ ならば } \varphi_\alpha(U_\alpha \cap U_\beta) \text{ 上で} \\ f_\alpha = f_\beta \circ \varphi_\beta \circ \varphi_\alpha^{-1} ((\varphi_\beta \circ \varphi_\alpha^{-1})')^m \end{cases} \tag{4.12}$$

が成立すると仮定する．ここで $(\varphi_\beta \circ \varphi_\alpha^{-1})'$ は $\varphi_\alpha(U_\alpha \cap U_\beta)$ 上の整型関数 $\varphi_\beta \circ \varphi_\alpha^{-1}$ の導関数である．あるいは同じことであるが，$P \in U_\alpha \cap U_\beta$ に対して $\varphi_\alpha(P) = t_\alpha$，$\varphi_\beta(P) = t_\beta$ とおけば

$$\begin{cases} U_\alpha \cap U_\beta \neq \phi \text{ ならば } \varphi_\alpha(U_\alpha \cap U_\beta) \text{ 上で} \\ f_\alpha(t_\alpha) = f_\beta(t_\beta) \left(\dfrac{dt_\beta}{dt_\alpha}\right)^m. \end{cases} \tag{4.13}$$

このとき $\{(U_\alpha, \varphi_\alpha, f_\alpha)\}_{\alpha \in A}$ は $R$ 上の **$m$ 次の微分**を定義するという．同じ性質をもつ局所座標系の族 $\{(V_\beta, \psi_\beta)\}_{\beta \in B}$ と $\psi_\beta(V_\beta)$ 上の有理型関数 $g_\beta$ の集合 $\{g_\beta\}_{\beta \in B}$ に対して

$$\begin{cases} U_\alpha \cap V_\beta \neq \phi \ (\alpha \in A,\ \beta \in B) \text{ ならば } \varphi_\alpha(U_\alpha \cap V_\beta) \text{ 上で} \\ f_\alpha = g_\beta \circ \psi_\beta \circ \varphi_\alpha^{-1} ((\psi_\beta \circ \varphi_\alpha^{-1})')^m \end{cases} \tag{4.14}$$

が成立するとき，$\{(U_\alpha, \varphi_\alpha, f_\alpha)\}_{\alpha\in A}$ と $\{(V_\beta, \psi_\beta, g_\beta)\}_{\beta\in B}$ は同じ $m$ 次の微分を定義するという(詳しくは，(4.12)を満足する $\{(U_\alpha, \varphi_\alpha, f_\alpha)\}$ の間に(4.14)によって同値関係を入れ，その同値類が $m$ 次の微分であるといえばよい).

$\{(U_\alpha, \varphi_\alpha, f_\alpha)\}$ の定義する微分 $\omega$ を $\omega=(U_\alpha, \varphi_\alpha, f_\alpha)$ と略記する．いま $R$ の局所座標系の族 $\{(V_\beta, \psi_\beta)\}$ に対して，$\{V_\beta\}$ が $\{U_\alpha\}$ より細かい(すなわち任意の $V_\beta$ は或る $U_\alpha$ に含まれる)ならば，$V_\beta$ を含む $U_\alpha$ の一つをとり，$\psi_\beta(V_\beta)$ 上の関数 $g_\beta$ を

$$g_\beta = f_\alpha\circ\varphi_\alpha\circ\psi_\beta{}^{-1}((\varphi_\alpha\circ\psi_\beta{}^{-1})')^m$$

によって定義する．このとき明らかに $\{(V_\beta, \psi_\beta, g_\beta)\}$ は $\omega$ を定義する．この注意によって，任意の二つの微分 $\omega, \eta$ は共通の局所座標系を用いて

$$\omega = (U_\alpha, \varphi_\alpha, f_\alpha), \qquad \eta = (U_\alpha, \varphi_\alpha, g_\alpha)$$

のように表わされることがわかる．$\omega$ が $m$ 次，$\eta$ が $n$ 次の微分であるならば，$\{(U_\alpha, \varphi_\alpha, f_\alpha g_\alpha)\}$ は $mn$ 次の微分を定義する．これを $\omega\eta$ で表わす．

また $\omega, \eta$ とも $m$ 次の微分であるならば，$\{(U_\alpha, \varphi_\alpha, f_\alpha+g_\alpha)\}$ は $m$ 次の微分を定義する．これを $\omega+\eta$ によって表わす($\omega\eta$, $\omega+\eta$ とも $\omega$ および $\eta$ のみで決まり，$\{(U_\alpha, \varphi_\alpha)\}$ のとり方によらない)．ゆえに $m$ 次の微分の全体 $\Omega_m$ は加群をつくる．$(\omega, \eta)\to\omega\eta$ は $\Omega_m\times\Omega_n$ から $\Omega_{m+n}$ の中への双線型写像である．とくに，0次の微分は $R$ 上の有理型関数と自然に同一視されるので，$\Omega_m$ は $K(R)$ 上の線型空間となる．

$f\in K(R)$ と任意の局所座標系の族 $\{(U_\alpha, \varphi_\alpha)\}$ に対して，$f_\alpha=(f\circ\varphi_\alpha{}^{-1})'$ とおけば，$\{(U_\alpha, \varphi_\alpha, f_\alpha)\}$ は1次の微分を定義する．実際，(4.13)の記号で $f\circ\varphi_\alpha{}^{-1}(t_\alpha)=f\circ\varphi_\beta{}^{-1}(t_\beta)$ であるから，$t_\alpha$ で微分すれば $f_\alpha(t_\alpha)=f_\beta(t_\beta)(dt_\beta/dt_\alpha)$．この微分を $df$ で表わす．$f$ が定数でなければ $df\neq 0$ となる．

**補題 4.3** $\Omega_m$ は $K(R)$ 上の1次元線型空間である．

**証明** $\eta$ を0ではない $\Omega_m$ の元とする(たとえば定数ではない $K(R)$ の元 $f$ をとり $\eta=(df)^m$ とおく)．任意の $\omega\in\Omega_m$ を $\eta$ と共通の局所座標系を用いて

$$\omega = (U_\alpha, \varphi_\alpha, f_\alpha), \qquad \eta = (U_\alpha, \varphi_\alpha, g_\alpha)$$

と表わしておく．$\eta\neq 0$ であるから，任意の $\alpha$ に対して $g_\alpha\neq 0$．また(4.12)により $U_\alpha\cap U_\beta\neq\phi$ ならば $\varphi_\alpha(U_\alpha\cap U_\beta)$ 上で $f_\alpha/g_\alpha=(f_\beta/g_\beta)\circ\varphi_\beta\circ\varphi_\alpha{}^{-1}$．ゆえに $\{(U_\alpha, \varphi_\alpha, f_\alpha/g_\alpha)\}$ は $R$ 上の有理型関数 $h$ を定義し，$\omega=h\eta$ となる．∎

$\omega=(U_\alpha,\varphi_\alpha,f_\alpha)\neq 0$ を $m$ 次の微分とする．$U_\alpha\cap U_\beta\neq\phi$ ならば，$\varphi_\alpha(U_\alpha\cap U_\beta)$ 上で $(\varphi_\beta\circ\varphi_\alpha^{-1})'$ が0となることはない．ゆえに $P\in U_\alpha\cap U_\beta$ に対して $\nu_P(f_\alpha\circ\varphi_\alpha)=\nu_P(f_\beta\circ\varphi_\beta)$．これを $\nu_P(\omega)$ と書く．とくに $R$ がコンパクトならば $\nu_P(\omega)\neq 0$ となる $P$ は有限個である．

$$(\omega)=\sum_{P\in R}\nu_P(\omega)P$$

を微分 $\omega$ の因子という．補題4.3によって $(\omega)$ の属する因子類は次数 $m$ のみで決まる．1次の微分の因子をたんに**微分因子**といい，それの属する因子類を**標準類**とよぶ．

### c) Riemann-Roch の定理

ここで Riemann-Roch の定理を引用する．$R$ をコンパクト Riemann 面とする．$R$ の因子 $A=\sum a_P P$ に対して，すべての $a_P$ が $\geqq 0$ であるとき，$A\succ 0$ と書く．任意の因子 $A$ に対して

$$L(A)=\{f\mid f\in K(R),\nu_P(f)+a_P\geqq 0,\forall P\in R\} \tag{4.15}$$

は，容易にわかるように，$\boldsymbol{C}$ 上の線型空間である．あるいは

$$L(A)=\{f\mid f\in K(R)^\times,(f)+A\succ 0\}\cup\{0\} \tag{4.16}$$

と書いてもよい．$L(A)$ は有限次元であることが知られている．とくに $L(0)=\boldsymbol{C}$ である．なぜなら $L(0)\ni f\neq 0$ ならば，$(f)\succ 0$，ゆえに $(f)_\infty=0$．$f$ が定数でなければ，これは(4.10)と矛盾する．

$L(A)$ の $\boldsymbol{C}$ 上の次元を $l(A)$ で表わす．$g\in K(R)^\times$ ならば $L(A+(g))=\{g^{-1}f\mid f\in L(A)\}$ となるから，$l(A)$ は $A$ の因子類のみで決まる．

**定理4.5**(Riemann-Roch)　$R$ をコンパクト Riemann 面とする．このとき $R$ の任意の因子 $A$ に対して

$$l(A)=\deg A-g+1+l(W-A) \tag{4.17}$$

が成り立つ．ただし $W$ は標準類に属する任意の因子，$g$ は $R$ のみに依存する定数である．——

$g$ を $R$ の**種数**という．実際，$g$ は $R$ の位相幾何的種数に等しいのであるけれども，われわれはたんに上の定理を成立させるような定数 $g$ の存在を認めることにしよう．

**系1**　　$\deg W=2g-2,\quad l(W)=g.$

**証明** (4.17)の $A$ に $W-A$ を代入すれば

$$l(W-A) = \deg W - \deg A - g + 1 + l(A).$$

これと(4.17)を比較して $\deg W = 2g-2$ が出る．ゆえに

$$l(W) = \deg W - g + 1 + 1 = g.$$

ここで $l(0)=1$ を用いた．∎

$(\omega)>0$ となる1次の微分を**第1種微分**という．

**系2** ちょうど $g$ 個の $\boldsymbol{C}$ 上線型独立な第1種微分が存在する．

**証明** 1次の微分 $\omega_0 \neq 0$ を固定すれば，補題4.3により任意の1次の微分 $\omega$ は $\omega = f\omega_0$，$f \in K(R)$，と書ける．$\omega$ が第1種微分であるためには $f \in L((\omega_0))$ が必要十分である．系1によって $\dim L((\omega_0)) = l(W) = g$．これから系2が出る．∎

**系3** $\deg A > 2g-2$ ならば $l(A) = \deg A - g + 1$.

**証明** $l(W-A)=0$ を示せば十分である．仮定によって $\deg(W-A)<0$ となる．$L(W-A) \ni f \neq 0$ ならば $(f)+(W-A)>0$．したがって

$$\deg(f) + \deg(W-A) \geqq 0.$$

ゆえに $\deg(f)>0$ となるが，これは(4.11)に矛盾する．ゆえに $L(W-A)=\{0\}$，すなわち $l(W-A)=0$．∎

系1によって，つねに $g \geqq 0$．また系3によって，$\deg A$ が十分大きければ $g = \deg A - l(A) + 1$．ゆえに $g$ は $A$ が $R$ のすべての因子を動くときの $\deg A - l(A) + 1$ の最大値として特徴づけられる．

**系4** $R$ の種数が0であるためには，$K(R)$ が有理関数体であることが必要十分である．

**証明** $R$ の種数を $g$ とする．$g=0$ ならば，任意の $P \in R$ に対して，$\deg P = 1 > 2g-2 = -2$．系3によって $l(P)=2$．ゆえに $L(P)$ は定数でない元 $x$ を含む．このとき $(x)_\infty = P$ でなければならない．(4.10)によって $[K(R):\boldsymbol{C}(x)] = \deg(x)_\infty = 1$．ゆえに $K(R) = \boldsymbol{C}(x)$．逆に $K(R) = \boldsymbol{C}(x)$ と仮定する．定理4.2によって $(R, x)$ は $\bar{\boldsymbol{C}}$ の次数1の被覆である．ゆえに任意の $z \in \bar{\boldsymbol{C}}$ に対して $x^{-1}(z)$ は1点から成り，$x$ の $x^{-1}(z)$ における分岐指数は1である．これは $x$ が $R$ から $\bar{\boldsymbol{C}}$ の上への同型写像であることを意味する．ゆえに $\bar{\boldsymbol{C}}$ の種数が0であることをいえば十分である．$\bar{\boldsymbol{C}}$ 上の関数 $z$(すなわち関数 $z \to z$)の微分 $dz$ を考える．$a \in \boldsymbol{C}$ ならば，$a$ の近傍における局所座標は $t=z$ であるから，$\nu_a(dz/dt)=0$．$\infty$ の近傍

における局所座標は $t=1/z$ であるから，$\nu_\infty(dz/dt)=-2$．$a\in\bar{C}$ を因子と見るときは $P_a$ と書くことにすれば，上の結果から $(dz)=-2P_\infty$ が得られる．系1によって $\deg(dz)=2g-2=-2$ となり，これから $g=0$ が出る．(一方，$\bar{\boldsymbol{C}}$ は2次元球面と同相であり，その位相幾何的種数が0であることはよく知られた事実である.) ❚

**d) 次元公式への応用**

$\Gamma$ を $SL_2(\boldsymbol{R})$ の離散部分群で，$\Gamma\backslash H$ の測度が有限となるものとする．$\Gamma$ に対する重さ $m$ の整型保型形式(または尖点形式)の空間 $G(m,\Gamma)$ (または $S(m,\Gamma)$) の次元(定理2.9を見よ)は Riemann-Roch の定理を用いても計算されることを示そう．簡単のために $m$ が偶数の場合のみを考察する．

$m=2k$ とおき，$R(\Gamma)=\Gamma\backslash H^*$ 上の $k$ 次の微分と $\Gamma$ に対する重さ $m$ の(有理型)保型形式とをつぎのような仕方で対応させる．

$R(\Gamma)$ 上の $k$ 次の微分 $\omega=(U_P,\varphi_P,f_P)$ ($(U_P,\varphi_P)$ は§4.2において定義されたものと仮定しても一般性を失わない)に対して

$$f(z)=f_P(\varphi_P\circ\pi(z))(\varphi_P\circ\pi)'(z)^k \qquad (z\in H\cap\pi^{-1}(U_P)) \tag{4.18}$$

(ただし $(\varphi_P\circ\pi)'(z)=d(\varphi_P\circ\pi)(z)/dz$) とおく．右辺は $z\in\pi^{-1}(U_P)$ となる $P$ のとり方によらないのである．実際，$z\in\pi^{-1}(U_P)\cap\pi^{-1}(U_Q)$ ならば，$t_P=\varphi_P\circ\pi(z)$, $t_Q=\varphi_Q\circ\pi(z)$ とおくとき

$$f_P(t_P)\left(\frac{dt_P}{dz}\right)^k=f_P(t_P)\left(\frac{dt_P}{dt_Q}\right)^k\left(\frac{dt_Q}{dz}\right)^k=f_Q(t_Q)\left(\frac{dt_Q}{dz}\right)^k$$

((4.13)による)．ゆえに $f$ は $H$ 上の有理型関数となる．(4.18)において $z$ を $\gamma z$ ($\gamma\in\Gamma$) で置き換える．$\varphi_P\circ\pi(\gamma z)=\varphi_P\circ\pi(z)$ の両辺を $z$ で微分して

$$(\varphi_P\circ\pi)'(\gamma z)\frac{d\gamma z}{dz}=(\varphi_P\circ\pi)'(z)$$

が得られるが，$d\gamma z/dz=j(\gamma,z)^2$ に注意すれば $f(\gamma z)j(\gamma,z)^m=f(z)$．つぎに $P=\pi(x)$ ($x\in H^*-H$) ならば $gz\in U(x,\lambda)$ となる $z$ (ただし $x=g(\infty)$, $g\in SL_2(\boldsymbol{R})$) に対して $t_P=\varphi_P\circ\pi(gz)=\exp(2\pi iz/\mu)$ とおけば

$$\begin{aligned}f(gz)j(g,z)^m&=f_P(\varphi_P\circ\pi(gz))(\varphi_P\circ\pi)'(gz)^k\left(\frac{dgz}{dz}\right)^k\\&=f_P(t_P)\left(\frac{dt_P}{dz}\right)^k.\end{aligned}$$

$f_P$ はもちろん $t_P$ の有理型関数であるから，その Laurent 展開を

$$f_P(t_P)=\sum_{n=\nu}^{\infty}c_n t_P{}^n$$

と書けば

$$f(gz)j(g,z)^m=(2\pi i/\mu)^k t_P{}^k\sum_{n=\nu}^{\infty}c_n t_P{}^n. \tag{4.19}$$

あらためて $f$ の性質を書き上げるならば

(1) $f$ は $H$ 上で有理型である，

(2) $f(\gamma z)j(\gamma,z)^m=f(z) \quad (\forall\gamma\in\Gamma,\ \forall z\in H)$,

(3) $f$ は“尖点 $x$ の近傍において有理型”である．すなわち，これまでと同じ記号を用いれば，$gz\in U(x,\lambda)$ となる $z$ に対して

$$f(gz)j(g,z)^m=\sum_n a_n t_P{}^n$$

の形の展開(ただし負巾の項は有限)が成り立つ．

$f$ は $\Gamma$ に対する重さ $m$ の有理型保型形式というべきものである．$f$ が上述のようにして $\omega$ から得られるとき，$f=\pi^*(\omega)$ と書く ($f(z)dz^k=\pi^*(\omega)$ と書くのがより正確であろう)．逆に (1), (2), (3) を満足する任意の $f$ に対して $f=\pi^*(\omega)$ となる $R(\Gamma)$ 上の $k$ 次微分形式 $\omega$ が存在することはこれまでの議論によって明らかである．

$f$ が $G(m,\Gamma)$ または $S(m,\Gamma)$ に属するための条件を $\omega$ によって表わしてみる．$P=\pi(z)$ $(z\in H)$ とする．$\iota(\Gamma_z)$ の位数を $n$ とすれば $z'\in U_z$ に対して

$$\varphi_P\circ\pi(z')=\left(\frac{z'-z}{z'-\bar{z}}\right)^n, \qquad (\varphi_P\circ\pi)'(z')=n\left(\frac{z'-z}{z'-\bar{z}}\right)^{n-1}\frac{z-\bar{z}}{(z'-\bar{z})^2}.$$

ただし $n=1$ ならば $\varphi_P\circ\pi(z')=z'$，$(\varphi_P\circ\pi)'(z')=1$ となる．ゆえに，(4.18)によって

$$\begin{aligned}\nu_z(f)&=n\nu_P(f_P\circ\varphi_P)+k\nu_z((\varphi_P\circ\pi)')\\&=n\nu_P(\omega)+k(n-1).\end{aligned} \tag{4.20}$$

($\nu_z, \nu_P$ の定義については §4.1, b) を参照.) こんどは $P=\pi(x)$ $(x\in H^*-H)$ とする．上述の (3) の記号で $a_n\neq 0$ となる最小の $n$ を $\nu_x(f)$ で表わすことにすれば，(4.19) により

$$\nu_x(f)=\nu_P(f_P\circ\varphi_P)+k=\nu_P(\omega)+k. \tag{4.21}$$

$f\in G(m,\Gamma)$ は $\nu_z(f)\geqq 0\ (\forall z\in H)$, $\nu_x(f)\geqq 0\ (\forall x\in H^*-H)$ と同値である. (4.20), (4.21) によって, それはまた

$$(4.22)\qquad \begin{cases} \nu_P(\omega)+k\left(1-\dfrac{1}{n}\right)\geqq 0 & (\forall P\in\pi(H)),\\ \nu_P(\omega)+k\geqq 0 & (\forall P\in\pi(H^*-H)) \end{cases}$$

と同値であることがわかる. いま $z_1,\cdots,z_s$ を $\Gamma$ の固定点の $\Gamma$ 同値類の代表系, $z_i$ の位数を $n_i$, $x_1,\cdots,x_t$ を $\Gamma$ の尖点の $\Gamma$ 同値類の代表系とする. $P_i=\pi(z_i)$, $Q_j=\pi(x_j)$,

$$D=\sum_{i=1}^{s}\left(1-\frac{1}{n_i}\right)P_i+\sum_{j=1}^{t}Q_j$$

とおく. $D$ の係数は有理整数ではない. しかし, 一般に $R(\Gamma)$ の点の有理係数線型結合(すなわち $R(\Gamma)$ の因子群の $\boldsymbol{Q}$ への係数拡大の元) $A=\sum a_PP$ を考えて,

$$[A]=\sum[a_P]P$$

を $A$ の整数部分ということにする. ここで [ ] は Gauss の記号である. この記号によれば, (4.22) は $(\omega)+[kD]\succ 0$ と同じことである. このような $\omega$ の全体を $M_k$ で表わす. すなわち

$$M_k=\{\omega\in\Omega_k\,|\,(\omega)+[kD]\succ 0\}.$$

1次の微分 $\omega_1\neq 0$ を固定し, $W=(\omega_1)$ とおく. 任意の $\omega\in\Omega_k$ は $\omega=h\omega_1{}^k$, $h\in K(R)$ の形に書ける(補題4.3). $\omega\in M_k$ となるためには, $(h)+kW+[kD]\succ 0$ すなわち $h\in L(kW+[kD])$ が必要十分である. 結局 $G(m,\Gamma)\simeq M_k\simeq L(kW+[kD])$. 後者の次元は Riemann-Roch の定理によって計算されるはずである.

**補題 4.4**　　$\deg(W+D)>0.$

**証明**　すでに証明したように $\omega\to\pi^*(\omega)=f$ は $M_k$ から $G(m,\Gamma)$ の上への同型である. (4.20), (4.21) により

$$k\deg(W+D)=\deg(\omega)+k\deg D=\sum_z n_z{}^{-1}\nu_z(f)+\sum_x\nu_x(f).$$

ただし $n_z$ は $\iota(\Gamma_z)$ の位数であり, $z\in H$, $x\in H^*-H$ はそれぞれ $\Gamma$ 同値類の代表系を動く. 補題2.14によって十分大きい $m$ に対して $f\in S(m,\Gamma)$, $f\neq 0$ が存在する. この $f$ に対して $\nu_z(f)\geqq 0$, $\nu_x(f)\geqq 1$ であるから

$$k\deg(W+D)\geqq t.$$

ゆえに $\deg(W+D)\geqq 0$. もし $\deg(W+D)=0$ ならば, $t=0$, $\nu_z(f)=0\ (\forall z\in H)$

でなければならない．このとき任意の $g\in S(m,\Gamma)$ に対して $g/f$ は $R(\Gamma)$ 上の到る所整型な関数となる．ゆえに $g/f$ は定数である（補題4.1のあとの注意による）．しかし補題2.14によって，これは不可能である．▌

**補題 4.5** 任意の自然数 $k,n$ に対して

$$\left[k\left(1-\frac{1}{n}\right)\right] \geqq (k-1)\left(1-\frac{1}{n}\right).$$

**証明** $a=[k(1-1/n)]$ とおけば，$a\leqq k(1-1/n)<a+1$．ゆえに $(k-1)(1-1/n)<a+1-(1-1/n)=a+1/n$．左辺は $n$ を分母とする分数であるから $(k-1)(1-1/n)\leqq a$．▌

さて定理4.5の系1により $\deg W=2g-2$ である．ゆえに

$$\begin{aligned}\deg(kW+[kD]) &= k(2g-2)+\sum_{i=1}^{s}\left[k\left(1-\frac{1}{n_i}\right)\right]+kt \\ &\geqq k(2g-2)+(k-1)\sum_{i=1}^{s}\left(1-\frac{1}{n_i}\right)+kt \\ &= 2g-2+(k-1)\left(2g-2+\sum_{i=1}^{s}\left(1-\frac{1}{n_i}\right)+t\right)+t \\ &= 2g-2+(k-1)\deg(W+D)+t.\end{aligned}$$

ここで補題4.5の不等式を用いた．補題4.4により，$k>1$ または $t>0$ ならば $\deg(kW+[kD])>2g-2$．このとき定理4.5の系3により

$$l(kW+[kD]) = \deg(kW+[kD])-g+1.$$

また $k=1$，$t=0$ ならば，定理4.5の系1によって

$$l(kW+[kD]) = l(W) = g.$$

ゆえにつぎの定理が証明された．

**定理 4.6** $\Gamma$ を $SL_2(\boldsymbol{R})$ の離散部分群とし，$\Gamma\backslash H$ を測度有限とする．このとき偶数 $m\geqq 2$ に対して

$$\dim G(m,\Gamma) = m(g-1)+\sum_{i=1}^{s}\left[\frac{m}{2}\left(1-\frac{1}{n_i}\right)\right]+\frac{mt}{2}-g+1 \qquad (m>2),$$

$$\dim G(2,\Gamma) = \begin{cases} g & (t=0), \\ g+t-1 & (t>0). \end{cases}$$

ただし $g$ は $R(\Gamma)$ の種数，$s$ は $\Gamma$ の固定点の $\Gamma$ 同値類の数，$n_i$ $(1\leqq i\leqq s)$ は各同値類に属する固定点の位数，$t$ は $\Gamma$ の尖点の $\Gamma$ 同値類の数である．——

定理4.6の証明はほとんどそのまま $S(m,\Gamma)$ にも通用する．こんどは $M_k{}^0 = \left\{\omega\in\Omega_k \mid (\omega)+[kD]-\sum_{j=1}^{t}Q_j\succ 0\right\}$ とおけば，$S(m,\Gamma)\simeq M_k{}^0\simeq L\left(kW+[kD]-\sum_{j=1}^{t}Q_j\right)$．ゆえに

**定理 4.7**　前定理4.6と同じ記号で，偶数 $m\geqq 2$ に対して

$$\dim S(m,\Gamma) = m(g-1)+\sum_{i=1}^{s}\left[\frac{m}{2}\left(1-\frac{1}{n_i}\right)\right] + \left(\frac{m}{2}-1\right)t-g+1 \qquad (m>2),$$

$$\dim S(2,\Gamma) = g.$$

$d_m=\dim S(m,\Gamma)$ とおく．定理4.7によれば

$$\lim_{m\to\infty}\frac{d_m}{m} = g-1+\sum_{i=1}^{s}\frac{1}{2}\left(1-\frac{1}{n_i}\right)+\frac{t}{2}.$$

一方，定理2.9によれば

$$\lim_{m\to\infty}\frac{d_m}{m} = \frac{1}{4\pi}v(\Gamma\backslash H)$$

となるから，これを比較して

$$g = \frac{1}{4\pi}v(\Gamma\backslash H)-\frac{1}{2}\sum_{i=1}^{s}\left(1-\frac{1}{n_i}\right)-\frac{t}{2}+1 \tag{4.23}$$

が得られる．とくに $\dim S(2,\Gamma)$ は上式の右辺に等しい．この結果は第2章で引用した((2.28))．

定理4.5における種数 $g$ が $R$ の位相幾何的種数に等しいことについて，二つの注意をつけ加える．

(1)　Riemann 面 $R$ は三角形分割可能であり，かつ可符号であることが知られている．$p$ 次元(整係数)ホモロジー群を $H_p(R)$ で表わす．$g$ が $R$ の位相幾何的種数であることは $\dim H_1(R)=2g$ であることにほかならない．さらにつぎのことが知られている．$c\in H_1(R)$ に関する第1種微分 $\omega$ の周期(その定義はいまは省略する．第6章でより詳しく述べる)を

$$\int_c\omega$$

で表わせば

$$(c, \omega) \longrightarrow \mathrm{Re}\int_c \omega$$

によって $H_1(R)\otimes\boldsymbol{R}$ と $\boldsymbol{R}$ 上の線型空間としての第1種微分の空間 $\Omega$ は互いに他の双対である ($\Omega$ は定理4.5の系2によって $\boldsymbol{C}$ 上 $g$ 次元である).

$R$ の Euler 数 $\chi$ は

$$\chi = \dim H_0(R) - \dim H_1(R) + \dim H_2(R)$$

によって定義される. $R$ が連結可符号多様体であることから $\dim H_0(R) = \dim H_2(R) = 1$ が出る. ゆえに $\chi = 2-2g$. なお $R$ の三角形分割における頂点, 辺, 三角形の数をそれぞれ $P_0, P_1, P_2$ とすれば $\chi = P_0 - P_1 + P_2$ が成り立つ.

(2) $\Gamma$ を定理4.6の通りとする. $R(\Gamma)$ の位相幾何的種数が (4.23) に等しいことはつぎのように初等的に証明することができる. 第2章で見たように $\Gamma$ は有限個の測地線分で囲まれた基本領域 $D$ をもつ. $D\cap\gamma D$ $(\gamma\in\Gamma)$ が測地線分であるとき, $D\cap\gamma D \neq D\cap\gamma^{-1}D$ ならば $l(\gamma) = D\cap\gamma D$ とおく. $D\cap\gamma D = D\cap\gamma^{-1}D$ ならば, $D\cap\gamma D$ 上に $\gamma$ の固定点があるから, それによって $D\cap\gamma D$ を二分しておのおのを $l(\gamma), l(\gamma^{-1})$ とする. $l(\gamma)$ をあらためて $D$ の辺とよぶ. $D$ の境界は有限個の辺の対 $\{l(\gamma), l(\gamma^{-1})\}$ からなり, $l(\gamma)$ と $l(\gamma^{-1})$ を $\gamma$ によって同一視して得られる曲面は $R(\Gamma)$ と同相である. $D$ の十分細かい三角形分割から $R(\Gamma)$ の三角形分割が得られる. $D$ の三角形分割として, その辺がすべて測地線分であるものをとることができる.

$R(\Gamma)$ の Euler 数, 位相幾何的種数をそれぞれ $\chi, g$ とする. (1) で述べたことによって

$$\chi = 2-2g = P_0 - P_1 + P_2.$$

$P_0, P_1, P_2$ は $R(\Gamma)$ の三角形分割における頂点, 辺, 三角形の数である. $D$ の三角形分割に現われる三角形のすべての頂角に番号をつけて $\{\alpha_k\}$ で表わせば, 第1章の問題4により

$$v(\Gamma\backslash H) = v(D) = P_2\pi - \sum\alpha_k. \tag{4.24}$$

一方, $R(\Gamma)$ の三角形分割の頂点 $P$ が $\Gamma$ の位数 $n_P$ の固定点(または尖点)の像であるならば, $P$ のまわりに集まる頂角の和は $2\pi/n_P$ (または0) である. ゆえに

$$\sum\alpha_k = 2\pi(P_0 - s - t) + 2\pi\sum_{i=1}^{s}\frac{1}{n_i}. \tag{4.25}$$

(4.25) を (4.24) に代入して

$$v(\Gamma\backslash H) = 2\pi\left(\frac{P_2}{2}-P_0\right)+2\pi t+2\pi\sum_{i=1}^{s}\left(1-\frac{1}{n_i}\right).$$

しかし各辺はちょうど二つの三角形に共有されるので $2P_1=3P_2$，したがって $2-2g=P_0-P_2/2$. これと上式から (4.23) が得られる.

## §4.4　楕円関数

$\omega_1, \omega_2 \in \boldsymbol{C}$ が $\boldsymbol{R}$ 上線型独立ならば，$L=\boldsymbol{Z}\omega_1+\boldsymbol{Z}\omega_2$ は $\boldsymbol{C}$ の加法群の離散部分群となり，商空間 $\boldsymbol{C}/L$ はコンパクトである.（$L$ が離散部分群であることは明らかである. また $D=\{x_1\omega_1+x_2\omega_2 \mid 0\leqq x_i\leqq 1\}$ とおけば $\boldsymbol{C}=D+L$. これから $\boldsymbol{C}/L$ がコンパクトであることがわかる.）しかし $\boldsymbol{C}/L$ はつぎに示すように Riemann 面の構造をもつ. 0 を中心とする開円板 $U$ を $(U+U)\cap L=\{0\}$ が成り立つようにとる. $\boldsymbol{C}$ から $\boldsymbol{C}/L$ の上への標準写像 $\pi$ はこのとき $U$ 上で 1 対 1 である. $\boldsymbol{C}/L$ の任意の点 $P=\pi(u)$ に対して，$U_P=\pi(u+U)$，$\varphi_P(\pi(u+u'))=u'$ $(u'\in U)$ とおけば，$\{(U_P, \varphi_P)\}$ が条件 (4.1) を満たすことはほとんど明らかである. ゆえに $\{(U_P, \varphi_P)\}$ を局所座標系の族として $\boldsymbol{C}/L$ はコンパクト Riemann 面となる.

この局所座標系の入れ方から，$\boldsymbol{C}/L$ 上の有理型関数 $f$ は

$$f(u+\omega) = f(u) \qquad (\forall\omega\in L)$$

を満たす $\boldsymbol{C}$ 上の有理型関数にほかならない（$f\in K(\boldsymbol{C}/L)$ を $f\circ\pi$ と同一視するならば，という意味である）. このような関数 $f$ を **$L$ の元を周期とする楕円関数**という. 定理 4.2 により，$L$ の元を周期とする楕円関数の全体 $K$ $(=K(\boldsymbol{C}/L))$ は $\boldsymbol{C}$ 上の 1 変数代数関数体となる.

定数ではない $K$ の元の例として Weierstrass の $\wp$ **関数**をあげる. まず補題 2.8 によって，$\mu>1$ ならば

$$\sum_{\substack{\omega\in L\\ \omega\neq 0}}|\omega|^{-2\mu}$$

は収束することに注意する（$u=x\omega_1+y\omega_2$ $(x, y\in\boldsymbol{R})$ に対して $|u|^2$ は $x, y$ の正値 2 次形式であるから）. $c$ を任意の正数とする. $|u|\leqq c$ $(u\in\boldsymbol{C})$，$|\omega|\geqq 2c$ $(\omega\in L)$ ならば $|u/\omega|\leqq 1/2$ であるから，

$$\left|\frac{1}{(u-\omega)^2}-\frac{1}{\omega^2}\right| = \left|\frac{u(2\omega-u)}{\omega^2(u-\omega)^2}\right|$$

$$= |u|\left|\frac{2-u/\omega}{\omega^3(1-u/\omega)^2}\right| \leqq c\frac{5/2}{(1/4)|\omega|^3}.$$

上の注意によって，級数

$$\sum_{\substack{\omega\in L\\|\omega|\geqq 2c}}\left(\frac{1}{(u-\omega)^2}-\frac{1}{\omega^2}\right)$$

は $|u|\leqq c$ において絶対一様収束し，$|u|<c$ において整型な関数を表わす．ゆえに

$$\wp(u) = \frac{1}{u^2}+\sum_{\substack{\omega\in L\\\omega\neq 0}}\left(\frac{1}{(u-\omega)^2}-\frac{1}{\omega^2}\right)$$

は $\boldsymbol{C}$ 上の有理型関数となる．明らかに $\wp(u)$ は偶関数 $(\wp(-u)=\wp(u))$ である．$\wp(u)$ を項別に微分すれば

$$\wp'(u) = -2\sum_{\omega\in L}\frac{1}{(u-\omega)^3}.$$

これから $\wp'(u+\omega)=\wp'(u)$ $(\omega\in L)$ の成立することがわかる．とくに $\wp(u+\omega_1)-\wp(u)$ の導関数は恒等的に 0 となるから，$\wp(u+\omega_1)-\wp(u)$ は定数でなければならない．しかし $u=-\omega_1/2$ における値は

$$\wp\left(\frac{\omega_1}{2}\right)-\wp\left(-\frac{\omega_1}{2}\right) = 0.$$

ゆえに $\wp(u+\omega_1)=\wp(u)$ $(\forall u\in\boldsymbol{C})$．$\omega_2$ についても同様である．したがって $\wp(u)$，$\wp'(u)$ はいずれも $L$ の元を周期とする楕円関数であることが証明された．

$\wp, \wp'$ はそれぞれ $\omega\in L$ においてのみ 2 位および 3 位の極をもつから，(4.10) によって $[K:\boldsymbol{C}(\wp)]=2$，$[K:\boldsymbol{C}(\wp')]=3$．ゆえに $K=\boldsymbol{C}(\wp,\wp')$．

$\wp$ と $\wp'$ の間の代数的関係を調べよう．$\omega\neq 0$ ならば $(u-\omega)^{-2}$ の $u=0$ における整級数展開は

$$\frac{1}{(u-\omega)^2} = \sum_{n=0}^{\infty}(n+1)\frac{u^n}{\omega^{n+2}}$$

である．ゆえに $\wp(u)$ の $u=0$ における Laurent 展開は

$$\wp(u) = \frac{1}{u^2}+\sum_{\substack{n\equiv 0(2)\\n\geqq 1}}\left(\sum_{\substack{\omega\in L\\\omega\neq 0}}\frac{n+1}{\omega^{n+2}}\right)u^n$$

となる．いま

$$a_n = \sum_{\substack{\omega\in L\\\omega\neq 0}}\frac{1}{\omega^n}$$

とおけば

$$\wp(u)=\frac{1}{u^2}+\sum_{n=1}^{\infty}(2n+1)a_{2n+2}u^{2n}.$$

したがって

$$\wp'(u)=-\frac{2}{u^3}+\sum_{n=1}^{\infty}2n(2n+1)a_{2n+2}u^{2n-1}.$$

これから

$$\wp(u)^3=\frac{1}{u^6}+\frac{9a_4}{u^2}+15a_6+\cdots,$$

$$\wp'(u)^2=\frac{4}{u^6}-\frac{24a_4}{u^2}-80a_6+\cdots,$$

したがって

$$\wp'(u)^2-4\wp(u)^3+60a_4\wp(u)=-140a_6+\cdots$$

が出る．左辺が極をもつとすれば，それは $u\equiv0 \pmod L$ 以外にはないが，右辺を見れば，$u=0$ も極ではないことがわかる．しかし極をもたない $\boldsymbol{C}/L$ 上の有理型関数は定数でなければならないから

$$\wp'(u)^2-4\wp(u)^3+60a_4\wp(u)=-140a_6$$

が成立する．$\gamma_2=60a_4$，$\gamma_3=140a_6$ とおけば

$$\wp'(u)^2=4\wp(u)^3-\gamma_2\wp(u)-\gamma_3. \tag{4.26}$$

**定理 4.8**　$\boldsymbol{C}/L$ の種数は1である．

**証明**　$\boldsymbol{C}/L$ の局所座標 $(U_P,\varphi_P)$ はすでに述べた通りとする．$P'\in U_P\cap U_Q$，$t_P=\varphi_P(P')$，$t_Q=\varphi_Q(P')$ とおけば，つねに $dt_P/dt_Q=1$．ゆえに $f_P=1$ とおいて $\boldsymbol{C}/L$ 上の1次の微分 $\omega=(U_P,\varphi_P,f_P)$ を定義することができる．$f_P$ は零点も極ももたないので $(\omega)=0$．定理4.5の系1によって $2g-2=\deg(0)=0$，ゆえに $g=1$．▌

**系**　(4.26)の記号で $4X^3-\gamma_2X-\gamma_3$ は重根をもたない．ゆえにその判別式 $\gamma_2{}^3-27\gamma_3{}^2$ は0ではない．

**証明**　$x$ を $\boldsymbol{C}$ 上の変数(すなわち超越元)，$y$ を $\boldsymbol{C}(x)$ 上の2次方程式 $y^2=4x^3-\gamma_2x-\gamma_3$ の根とする．$K=K(\boldsymbol{C}/L)$ は $\boldsymbol{C}(x,y)$ と同型である．$4x^3-\gamma_2x-\gamma_3$ が重根をもつならば $y^2=4(x-\alpha)^2(x-\beta)$ $(\alpha,\beta\in\boldsymbol{C})$ と書くことができる．$z=y/(x-\alpha)$ とおけば，$x=z^2/4+\beta$．ゆえに $\boldsymbol{C}(x,y)=\boldsymbol{C}(z)$．このとき $K$ は有理関数

体となり，定理4.5の系4によって$\boldsymbol{C}/L$の種数は0でなければならない．これは定理の結論と矛盾する．▮

$L=\boldsymbol{Z}\omega_1+\boldsymbol{Z}\omega_2$ において $\mathrm{Im}(\omega_2/\omega_1)>0$ と仮定してよい(そうでなければ $\omega_1$ と $\omega_2$ を入れ換える)．このとき $z=\omega_2/\omega_1$ は上半平面 $H$ の点である．$\gamma_2, \gamma_3$ の定義によって

$$\gamma_2 = 60a_4 = 60\omega_1^{-4}\sum_{\substack{(m,n)\in \boldsymbol{Z}^2\\(m,n)\neq(0,0)}}\frac{1}{(mz+n)^4},$$

$$\gamma_3 = 140a_6 = 140\omega_1^{-6}\sum_{\substack{(m,n)\in \boldsymbol{Z}^2\\(m,n)\neq(0,0)}}\frac{1}{(mz+n)^6}.$$

§2.4で定義された$\Gamma(1)=SL_2(\boldsymbol{Z})$に対する Eisenstein 級数 $G_m(z\,;0,0,1)$ を簡単のために $G_m(z)$ と書けば，$\gamma_2=60\omega_1^{-4}G_4(z)$，$\gamma_3=140\omega_1^{-6}G_6(z)$ となる．ゆえに

$$\varDelta(z) = \omega_1^{12}(\gamma_2^3-27\gamma_3^2), \qquad j(z) = \frac{\gamma_2^3}{\gamma_2^3-27\gamma_3^2}$$

はそれぞれ$\Gamma(1)$に対する重さ12のモジュラー形式およびモジュラー関数である．(2.40)によって $G_4, G_6$ の Fourier 展開は

$$G_4(z) = 2\zeta(4)+2\frac{(2\pi)^4}{3!}\sum_{n=1}^{\infty}\sigma_3(n)e^{2\pi inz},$$

$$G_6(z) = 2\zeta(6)-2\frac{(2\pi)^6}{5!}\sum_{n=1}^{\infty}\sigma_5(n)e^{2\pi inz}$$

である．$t=e^{2\pi iz}$ とおく．

$$\zeta(4) = \frac{\pi^4}{2\cdot 3^2\cdot 5}, \qquad \zeta(6) = \frac{\pi^6}{3^3\cdot 5\cdot 7}.$$

を用いれば

$$60G_4(z) = (2\pi)^4\left\{\frac{1}{12}+20t+\cdots\right\},$$

$$140G_6(z) = (2\pi)^6\left\{\frac{1}{2^3\cdot 3^3}-\frac{7}{3}t+\cdots\right\}.$$

したがって

$$\varDelta(z) = (2\pi)^{12}t+\cdots.$$

これから$\varDelta$は尖点形式であること，$j=(60G_4)^3/\varDelta$ は $t=0$ において1位の極をも

つことがわかる．(2.29) によって $\dim S(12, \Gamma(1))=1$ であるから，$S(12, \Gamma(1))$ は $\Delta$ によって生成される．$j$ は Riemann 面 $R(\Gamma(1))=\Gamma(1)\backslash H^*$ 上の関数とみなされる．$t$ は $\pi(\infty)$ ($\pi$ は $H^*$ から $R(\Gamma(1))$ の上への標準写像) における局所座標であることに注意しよう．定理4.8の系により $\Delta$ は $H$ において零点をもたないので，$j$ の極は $\pi(\infty)$ のみである．したがって，$\deg(j)_\infty=1$. (4.10) によって $R(\Gamma(1))$ 上の有理関数体は $\boldsymbol{C}(j)$ に等しい．これはまた $j: R(\Gamma(1))\to\bar{\boldsymbol{C}}$ の被覆次数が1であること，すなわち $j$ が $R(\Gamma(1))$ から $\bar{\boldsymbol{C}}$ の上への同型写像であることを示す．とくに $z, z'\in H$ に対して $j(z)=j(z')$ となるためには $z$ と $z'$ が $\Gamma(1)$ 同値であることが必要十分である．

$L=\boldsymbol{Z}\omega_1+\boldsymbol{Z}\omega_2$，$L'=\boldsymbol{Z}\omega_1'+\boldsymbol{Z}\omega_2'$ に対して $z=\omega_2/\omega_1$，$z'=\omega_2'/\omega_1'$ とおく．これまでのように $z, z'\in H$ と仮定する．$z'=\gamma z$ となる $\gamma\in\Gamma(1)$ が存在するならば，$\gamma\begin{bmatrix}\omega_2\\ \omega_1\end{bmatrix}=a\begin{bmatrix}\omega_2'\\ \omega_1'\end{bmatrix}$ を満たす $a\in\boldsymbol{C}^\times$ があり，このとき $aL'=L$ となる．ゆえに $u\to au$ は $\boldsymbol{C}/L'$ から $\boldsymbol{C}/L$ の上への同型 (Riemann 面としての) を引き起こす．すぐ前に述べた $j$ の性質を見れば，$j(z)=j(z')$ ならば $\boldsymbol{C}/L$ と $\boldsymbol{C}/L'$ は同型であることが結論される．実はこの逆も成立する (第6章を見よ) ので，$j(z)$ は $\boldsymbol{C}/L$ の同型類の不変量となるわけである．

**注意**　種数1の代数関数体についてつぎのことが知られている．$K$ を ($\boldsymbol{C}$ 上の1変数) 代数関数体とする．$K$ の種数が1ならば，それは

$$K=\boldsymbol{C}(x, y),\quad y^2=4x^3-\gamma_2x-\gamma_3,\quad \gamma_2^3-27\gamma_3^2\neq 0$$

の形に表わされる．これを Weierstrass の標準形という．このとき $j_K=\gamma_2^3/(\gamma_2^3-27\gamma_3^2)$ は標準形のとり方によらない．種数1の代数関数体 $K, K'$ が同型であるためには，$j_K=j_{K'}$ が必要十分である．

$L=\boldsymbol{Z}\omega_1+\boldsymbol{Z}\omega_2$ $(\mathrm{Im}(\omega_2/\omega_1)>0)$ に対して定義された $\gamma_2, \gamma_3$ を $\gamma_2(\omega_1, \omega_2)$，$\gamma_3(\omega_1, \omega_2)$ と書くことにする．

**補題 4.6**　$\gamma_2(\omega_1, \omega_2)$ と $\gamma_3(\omega_1, \omega_2)$ は $\omega_1, \omega_2$ の関数として代数的独立である．

**証明**　まず $\gamma_2, \gamma_3$ はそれぞれ重さ $-4, -6$ の斉次関数であることを注意する．すなわち $\gamma_i(\lambda\omega_1, \lambda\omega_2)=\lambda^{-2i}\gamma_i(\omega_1, \omega_2)$ $(i=2, 3)$.

$$c_2\neq 0,\quad c_3\neq 0,\quad c_2^3-27c_3^2\neq 0 \tag{4.27}$$

を満たす任意の $c_2, c_3\in\boldsymbol{C}$ に対して $\gamma_2(\omega_1, \omega_2)=c_2$，$\gamma_3(\omega_1, \omega_2)=c_3$ となる $\omega_1, \omega_2$ が存在することを示そう．$j$ は $H$ において任意の有限な値をとる ($j$ は $R(\Gamma(1))$ から $\bar{\boldsymbol{C}}$ の上への写像で，$\pi(\infty)$ においてのみ値 $\infty$ をとる) から，

$$j(z)=\frac{c_2{}^3}{c_2{}^3-27c_3{}^2}$$

となる $z\in H$ が存在する. 仮定から $j(z)\neq 0, 1$ となるが, 一方では $j(z)=\gamma_2(1,z)^3/(\gamma_2(1,z)^3-27\gamma_3(1,z)^2)$ であるから, $\gamma_2(1,z)\neq 0$, $\gamma_3(1,z)\neq 0$. したがって

$$\lambda^2\frac{\gamma_2(1,z)}{\gamma_3(1,z)}=\frac{c_2}{c_3}$$

を満たす $\lambda\in \boldsymbol{C}^\times$ をとることができる. これから容易に $\gamma_2(1,z)=\lambda^4c_2$, $\gamma_3(1,z)=\lambda^6c_3$ が出る. ゆえに $\gamma_2(\lambda,\lambda z)=c_2$, $\gamma_3(\lambda,\lambda z)=c_3$.

$F(\gamma_2(\omega_1,\omega_2),\gamma_3(\omega_1,\omega_2))=0$ を満たす $X, Y$ の多項式 $F(X,Y)$ が存在するならば, 上で証明したことによって, (4.27) を満足する任意の $c_2, c_3$ に対して $F(c_2,c_3)=0$. $F=0$ でなければ, これは不可能である. ($f(x_1,\cdots,x_n), g(x_1,\cdots,x_n)$ を $\boldsymbol{C}$ 上の多項式とする. $g(\xi_1,\cdots,\xi_n)\neq 0$ となる任意の $\xi_1,\cdots,\xi_n\in\boldsymbol{C}$ に対して $f(\xi_1,\cdots,\xi_n)=0$ ならば, $f=0$. これはたとえば $n$ に関する帰納法で証明される.) ▮

## §4.5 二,三のモジュラー関数およびモジュラー形式

§1.5および§3.2で定義された $\Gamma(N), \Gamma_0(N)$ はモジュラー群の指数有限な部分群(とくに $\Gamma(N)$ は正規部分群)である. $\Gamma(N)$ に対する保型関数体, または Riemann 面 $R(\Gamma(N))=\Gamma(N)\backslash H^*$ 上の有理関数体をいずれも $K(\Gamma(N))$ で表わすことにする. $\Gamma_0(N)$ についても同様の記号を用いる. $\Gamma(N)$ に対する保型関数を $N$ 段の**モジュラー関数**という.

$$K(\Gamma(1))=\boldsymbol{C}(j) \tag{4.28}$$

および

$$S(12,\Gamma(1))=\boldsymbol{C}\Delta \tag{4.29}$$

はすでに前節で証明されている.

**定理 4.9** $m$ が偶数 $>2$ ならば

$$G_4{}^aG_6{}^b \qquad (a,b\in\boldsymbol{Z},\ 4a+6b=m,\ a\geqq 0,\ b\geqq 0)$$

の全体は $G(m,\Gamma(1))$ の基底を作る.

**証明** $\gamma_2(1,z)=60G_4(z)$, $\gamma_3(1,z)=140G_6(z)$ であった. ゆえに, 補題4.6によって上の $G_4{}^aG_6{}^b$ の全体は線型独立である. それらは明らかに $G(m,\Gamma(1))$ に属するから, その個数が $G(m,\Gamma(1))$ の次元に等しいことをいえばよい. $4a+6b=m$

の整数解(ただし $a\geqq 0$, $b\geqq 0$) の個数を $N_m$ とする. $4a+6b=4a'+6b'$ ならば $a-a'=-3t$, $b-b'=2t$ となる整数 $t$ が存在する. ゆえに解の集合 $\{(a,b)\}$ における $b$ の最大値を $b_m$ とすれば, $N_m$ は $0\leqq t\leqq b_m/2$ を満たす $t$ の数, すなわち $[b_m/2]+1$ に等しい. 明らかに $b_{m+12}=b_m+2$ であるから, $N_{m+12}=N_m+1$. $N_m=1$ $(0\leqq m\leqq 10,\ m\neq 2)$, $N_2=0$ は直接確かめられる. ゆえに

$$N_m=\begin{cases}\left[\dfrac{m}{12}\right]+1, & m\not\equiv 2 \pmod{12},\\[2mm] \left[\dfrac{m}{12}\right], & m\equiv 2 \pmod{12}.\end{cases}$$

一方では, (2.29) および定理 2.10 の系によって $G(m,\Gamma(1))$ の次元は, $m>2$ ならば

$$d_m=\frac{m}{2}-\left[\frac{m-2}{4}\right]-\left[\frac{m-2}{6}\right]-1$$

に等しい. $d_{m+12}=d_m+1$, $d_m=1$ $(0\leqq m\leqq 10,\ m\neq 2)$, $d_2=0$ であるから, $N_m=d_m$. ▌

**定理 4.10** $$K(\Gamma_0(N))=\boldsymbol{C}(j(z),j(Nz)).$$

**証明** $g=\begin{bmatrix}N & 0\\ 0 & 1\end{bmatrix}$ とおけば, $\Gamma_0(N)=\Gamma(1)\cap g^{-1}\Gamma(1)g$ が成り立つ. $f(z)$ が $\Gamma(1)$ に対する保型関数ならば, $f(gz)$ は $g^{-1}\Gamma(1)g$ に対する保型関数であることは自明であるから, 定理 4.4 の系によって, $K(\Gamma_0(N))\supseteq\boldsymbol{C}(j(z),\ j(gz))$. 同じ系によって $K(\Gamma(N))/K(\Gamma(1))$ の Galois 群は $\Gamma(1)/\Gamma(N)\{\pm 1\}$, $K(\Gamma(N))/K(\Gamma_0(N))$ の Galois 群は $\Gamma_0(N)/\Gamma(N)\{\pm 1\}$ であることがわかる.

定理を証明するためには $\gamma\in\Gamma(1)$ の引き起こす $K(\Gamma(N))$ の自己同型が $\boldsymbol{C}(j(z),j(gz))$ の各元を固定するならば, $\gamma\in\Gamma_0(N)$ をいえば十分である. $\gamma$ が上述の性質をもつならば $j(g\gamma z)=j(gz)$ あるいは $j(g\gamma g^{-1}z)=j(z)$ $(\forall z\in H)$ が成り立つ. $H^*$ から $R(\Gamma(1))$ の上への標準写像を $\pi$ とする. $j:R(\Gamma(1))\to\bar{\boldsymbol{C}}$ は単射であるから $\pi(g\gamma g^{-1}z)=\pi(z)$ $(\forall z\in H)$. とくに $z$ が $\Gamma(1)$ の固定点でなければ, $\pi$ は $z$ の或る近傍 $U$ 上で単射である. $g\gamma g^{-1}z=\delta z$ となる $\delta\in\Gamma(1)$ が存在するが, $z$ に十分近い任意の $z'$ に対して $\delta^{-1}g\gamma g^{-1}z'=z''\in U$, $\pi(z'')=\pi(g\gamma g^{-1}z')=\pi(z')$, したがって $z'=z''$. これは $\delta^{-1}g\gamma g^{-1}=\pm 1$ を示す. ゆえに $g\gamma g^{-1}\in\Gamma(1)$, $\gamma\in\Gamma_0(N)$. ▌

$L$ を前節の初めに述べた通りとして，これに対して定義された $\wp$ 関数を $\wp(u\,;L)$ と書くことにする．$z\in H$ に対して $L_z=\boldsymbol{Z}+\boldsymbol{Z}z$ とおく．$\wp(u\,;L_z)$ の $N$ 等分値

$$\wp\left(\frac{rz+s}{N}\,;L_z\right),\qquad (r,s\in\boldsymbol{Z},\ \ (r,s)\not\equiv(0,0)\ (\mathrm{mod}\,N))$$

が $\Gamma(N)$ に対する重さ2の保型形式となることを証明しよう．ただし $N>1$ と仮定する．実際，それは Eisenstein 級数と類似の性質をもつのである．

$$E(z\,;r,s,N)=\wp\left(\frac{rz+s}{N}\,;L_z\right)$$

と書くことにする．

明らかに $\wp(\lambda u\,;\lambda L)=\lambda^{-2}\wp(u\,;L)$ $(\lambda\in\boldsymbol{C}^\times)$，および $L_{\gamma(z)}=j(\gamma,z)L_z$ $(\gamma\in\Gamma(1))$ が成り立つが，これから

$$(4.30)\quad \begin{cases} E(\gamma z\,;r,s,N)j(\gamma,z)^2=E(z\,;r',s',N) & (\forall\gamma\in\Gamma(1)) \\ \text{ただし}\quad (r',s')=(r,s)\gamma & \end{cases}$$

が出る．$E(z\,;r,s,N)$ は $(r,s)$ $(\mathrm{mod}\,N)$ のみに依存するので，とくに $\gamma\in\Gamma(N)$ ならば $E(\gamma z\,;r,s,N)j(\gamma,z)^2=E(z\,;r,s,N)$．一方では

$$E(z\,;r,s,N)=\frac{1}{(rz/N+s/N)^2}+\sum_{\substack{(m,n)\in\boldsymbol{Z}^2\\(m,n)\neq(0,0)}}\left\{\frac{1}{((r/N+m)z+(s/N+n))^2}-\frac{1}{(mz+n)^2}\right\}$$

が，任意の $A,B>0$ に対して，$|\mathrm{Re}\,z|\leqq A$，$\mathrm{Im}\,z\geqq B$ において一様収束することを見るのは容易である．ゆえに $E(z\,;r,s,N)$ は $H$ において整型となり，さらに

$$\lim_{y\to\infty}E(x+iy\,;r,s,N)=\begin{cases} -\displaystyle\sum_{n\neq0}\frac{1}{n^2} & (r\neq0), \\ \dfrac{N^2}{s^2}+\displaystyle\sum_{n\neq0}\left\{\frac{1}{(s/N+n)^2}-\frac{1}{n^2}\right\} & (r=0). \end{cases}$$

これは $E(z\,;r,s,N)$ が $\infty$ において有限であることを示しているが，(4.30) を見れば，$E(z\,;r,s,N)$ が $\Gamma(1)$（したがって $\Gamma(N)$）の任意の尖点において有限であることがわかる．以上で $E(z\,;r,s,N)$ が $G(2,\Gamma(N))$ に属することが証明された．

**定理 4.11**　$N>1$ とする．

$$f(z\,;r,s,N)=\frac{\gamma_2(1,z)\gamma_3(1,z)}{\Delta(z)}E(z\,;r,s,N)$$

とおけば，$K(\Gamma(N))$ は $\boldsymbol{C}$ 上で $j(z)$ と $f(z\,;r,s,N)$ $(0\leqq r,\ s<N,\ (r,s)\neq(0,0))$ の全体によって生成される．

**証明** 定理4.10の証明と同様に，

$$f(\gamma z\,;r,s,N)=f(z\,;r,s,N),\qquad \forall(r,s) \tag{4.31}$$

を満たす $\gamma\in\Gamma(1)$ はすべて $\Gamma(N)\{\pm1\}$ に属することをいえば十分である．$\bar{\boldsymbol{C}}$ の被覆 $\wp:\boldsymbol{C}/L\to\bar{\boldsymbol{C}}$ の次数は2であり，$\wp$ は偶関数であるから

$$\wp(u)=\wp(u')\iff u\equiv\pm u'\pmod{L}.$$

ゆえに(4.31)が成り立つならば，任意の $(r,s)$ に対して

$$\wp\left(\frac{rz+s}{N}\,;L_z\right)=\wp\left(\frac{r'z+s'}{N}\,;L_z\right),\qquad (r',s')=(r,s)\gamma,$$

ゆえに $(r,s)\gamma\equiv\pm(r,s)\pmod{N}$．$\gamma=\begin{bmatrix}a&b\\c&d\end{bmatrix}$ と書けば

$$(1,0)\gamma=(a,b)\equiv\pm(1,0),$$
$$(0,1)\gamma=(c,d)\equiv\pm(0,1),$$
$$(1,1)\gamma=(a+c,b+d)\equiv\pm(1,1).$$

これから $a\equiv d\equiv\pm1$，$b\equiv c\equiv0\pmod{N}$ が出る．▌

$R(\Gamma(N))$ の種数 $g(N)$ は(4.23)から求まるが，それは $S(2,\Gamma(N))$ の次元として，すでに第2章で与えておいた((2.29)-(2.31))．再記すれば

$$\begin{cases}g(1)=g(2)=0,\\ g(N)=\dfrac{1}{24}N^3\displaystyle\prod_{p|N}(1-p^{-2})-\dfrac{1}{4}N^2\prod_{p|N}(1-p^{-2})+1\\ \quad\ \ =\dfrac{N^2(N-6)}{24}\displaystyle\prod_{p|N}(1-p^{-2})+1\qquad(N>2).\end{cases} \tag{4.32}$$

ゆえに $N<6$ に対して $g(N)=0$．定理4.5の系4により，これらの $N$ に対して $K(\Gamma(N))$ は有理関数体である．

定理4.11の証明からわかるように，$(r,s)\equiv\pm(r',s')\pmod{N}$ ならば $f(z\,;r,s,N)=f(z\,;r',s',N)$．ゆえに $(r,s)$ $((r,s)\not\equiv(0,0)\pmod{N})$ が同値関係 $(r,s)\equiv\pm(r',s')\pmod{N}$ に関する同値類のすべての代表を動くとき

$$F_N(X)=\prod_{(r,s)}(X-f(z\,;r,s,N)) \tag{4.33}$$

の係数は $\boldsymbol{C}(j)$ に属し，$F_N(X)$ の根の全体が $\boldsymbol{C}(j)$ 上で $K(\Gamma(N))$ を生成する．

$F_2$ および $F_3$ を求めてみよう．$L=\boldsymbol{Z}\omega_1+\boldsymbol{Z}\omega_2$ の元を周期とする $\wp$ 関数に対して

$$\Psi_N(X) = \prod_{(r,s)}\left(X-\wp\left(\frac{r\omega_2+s\omega_1}{N}\right)\right) \tag{4.34}$$

とおく．ここでも (4.33) と同じ $(r,s)$ に関する積を作るのである．まず

$$4\Psi_2(X) = 4X^3-\gamma_2X-\gamma_3$$

を示す．実際，(4.26) において $\wp'(u)$ の零点を求めれば $u=\omega_1/2, \omega_2/2, (\omega_1+\omega_2)/2$. これらの点が零点であることは $\wp'$ が奇関数であることからわかるが，$\deg(\wp')_0=3$ なので，それ以外に $\wp'$ の零点はない．すでに注意したように $\wp(u)=\wp(u')$ は $u\equiv\pm u' \pmod L$ のときに限るから，$\wp(\omega_1/2)$，$\wp(\omega_2/2)$，$\wp((\omega_1+\omega_2)/2)$ は互いに異なる $4X^3-\gamma_2X-\gamma_3$ の 3 根である．(これは定理 4.8 の系の別証明となる．事実，この証明の方が直接的である.)

$\Psi_3$ を求めるために，関数 $f(u)=\wp(2u)-\wp(u)$ を考えよう．$f$ の極は $u\equiv0$, または $2u\equiv0 \pmod L$ を満たす点以外にはないが，$u=0$ においては

$$f(u) = \frac{1}{4u^2}-\frac{1}{u^2}+\cdots = -\frac{3}{4}\frac{1}{u^2}+\cdots,$$

$u=(r\omega_2+s\omega_1)/2$ $((r,s)=(1,0), (0,1), (1,1))$ においては

$$f(u) = \wp\left(2\left(u-\frac{r\omega_2+s\omega_1}{2}\right)\right)-\wp(u)$$

$$= \frac{1}{4\left(u-\frac{r\omega_2+s\omega_1}{2}\right)^2}+\cdots.$$

いずれも極の主要部のみを書いている．したがって $\deg(f)_\infty=8$. 一方，$f$ の零点は $2u\equiv\pm u \pmod L$，すなわち $u\equiv0$, または $3u\equiv0 \pmod L$ となる点である．このうち $u\equiv0$ は $f$ の極であるから除かなければならない．$3u\equiv0$, $u\not\equiv0 \pmod L$ となる点 $u$ はちょうど 8 個ある．(4.10) によって $\deg(f)_0=\deg(f)_\infty=8$. ゆえにこれらはすべて 1 位の零点である．

さて $a\not\equiv0 \pmod L$ に対して $\wp(u)-\wp(a)$ の零点 $u\equiv\pm a \pmod L$ は，$2a\not\equiv0 \pmod L$ ならば 1 位の零点，$2a\equiv0 \pmod L$ ならば 2 位の零点である．したがって

$$f(u)\frac{\Psi_2(\wp(u))}{\Psi_3(\wp(u))}$$

においては零点と極はすべて打消し合うので，これは定数でなければならないが，$u\to 0$ に対する極限を考えることによって，この定数は $-3/4$ に等しいことがわかる．結局

$$\wp(2u)-\wp(u) = -\frac{3}{4}\frac{\Psi_3(\wp(u))}{\Psi_2(\wp(u))} \tag{4.35}$$

が得られる．ここで $\wp$ 関数の加法公式

$$\wp(u+v) = -\wp(u)-\wp(v)+\frac{1}{4}\left(\frac{\wp'(u)-\wp'(v)}{\wp(u)-\wp(v)}\right)^2$$

を引用する (第6章を見よ)．とくに $u=v$ とおけば

$$\wp(2u) = -2\wp(u)+\frac{1}{4}\left(\frac{\wp''(u)}{\wp'(u)}\right)^2.$$

$\wp'^2=4\wp^3-\gamma_2\wp-\gamma_3$ および $2\wp''=12\wp^2-\gamma_2$ (前式を微分する) が成り立つことに注意する．これと (4.35) から

$$-\frac{3\Psi_3(\wp(u))}{4\Psi_2(\wp(u))} = -3\wp(u)+\frac{\left(6\wp(u)^2-\frac{\gamma_2}{2}\right)^2}{4\Psi_2(\wp(u))}.$$

$\wp(u)$ はもちろん $\boldsymbol{C}$ 上超越的であるから

$$\Psi_3(X) = 4X\Psi_2(X)-\frac{1}{3}\left(6X^2-\frac{\gamma_2}{2}\right)^2$$
$$= X^4-\frac{1}{2}\gamma_2X^2-\gamma_3X-\frac{1}{3\cdot 2^4}\gamma_2^2.$$

$z=\omega_2/\omega_1$ とおけば，定義によって

$$f(z\,;r,s,N) = \frac{\gamma_2\gamma_3}{\delta}\wp\left(\frac{r\omega_2+s\omega_1}{N}\right) \qquad (\delta=\gamma_2^3-27\gamma_3^2)$$

であった．ゆえに

$$F_N(X) = \left(\frac{\gamma_2\gamma_3}{\delta}\right)^n\Psi_N\left(\frac{\delta}{\gamma_2\gamma_3}X\right), \qquad n = \deg\Psi_N.$$

$\gamma_2^3/\delta=j$，$\gamma_3^2/\delta=3^{-3}(j-1)$ を用いて

$$F_2(X) = X^3-\frac{1}{4\cdot 3^3}j(j-1)X-\frac{1}{4\cdot 3^6}j(j-1)^2,$$

$$F_3(X) = X^4 - \frac{1}{2\cdot 3^3} j(j-1)X^2 - \frac{1}{3^6} j(j-1)^2 X - \frac{1}{2^4\cdot 3^7} j^2(j-1)^2$$

が得られる.

## 問　題

1　$\Gamma$ を $v(\Gamma\backslash H)$ が有限な $SL_2(\boldsymbol{R})$ の離散部分群とする. このとき $\Gamma$ に対する任意の保型関数 $f$ は整型保型形式の商である. すなわち与えられた $f$ に対して, 整数 $m$ と $f_1, f_2 \in G(m, \Gamma)$ が存在し, $f=f_1/f_2$ となる (Riemann-Roch の定理の応用).

2　$\gamma \in SL_2(\boldsymbol{Z})$ とする. $\Gamma(N)$ の任意の尖点 $x$ に対し $\gamma x$ と $x$ が $\Gamma(N)$ 同値ならば, $\gamma \in \Gamma(N)\{\pm 1\}$ となる.

3　$x_1, \cdots, x_t$ を $\Gamma(N)$ の尖点の $\Gamma(N)$ 同値類の代表系とする. $f \in K(\Gamma(N))$ に対して

(∗)　$$f(x_i) \neq f(x_j) \qquad (i \neq j,\ 1 \leqq i, j \leqq t)$$

が成り立つならば, $K(\Gamma(N)) = \boldsymbol{C}(j, f)$. たとえばつぎの (1), (2) において定義される $f \in K(\Gamma(N))$ はいずれも条件 (∗) を満たす.

(1)　$m$ を偶数 $>2$ とする. $x_i = -s_i/r_i$ $(1 \leqq i \leqq t,\ s_i, r_i \in \boldsymbol{Z},\ (r_i, s_i)=1)$ と書く. $\alpha_1, \cdots, \alpha_t$ を互いに異なる複素数として

$$f(z) = \frac{\sum_{i=1}^{t} \alpha_i G_m{}^*(z; r_i, s_i, N)}{G_m(z)}$$

とおく. ただし $G_m(z) = G_m(z; 0, 0, 1)$.

(2)　§4.5 で定義された $E(z; r, s, N)$ に対して

$$E^*(z; r, s, N) = \sum_{\substack{n \bmod N \\ (n,N)=1}} c^*(n) E(z; rn, sn, N)$$

とおく. ただし $c^*(n) = \sum_{\substack{l \geqq 1 \\ nl \equiv 1 \pmod N}} \frac{\mu(l)}{l^2}$.

$\beta_1 + \cdots + \beta_t = 0$, $\beta_i \neq \beta_j$ $(i \neq j)$ となる複素数 $\beta_1, \cdots, \beta_t$ をとり,

$$\begin{cases} \alpha_1(t-1) - \alpha_2 - \cdots - \alpha_t = \beta_1, \\ -\alpha_1 + \alpha_2(t-1) - \cdots - \alpha_t = \beta_2, \\ \cdots\cdots\cdots\cdots \\ -\alpha_1 - \alpha_2 - \cdots + \alpha_t(t-1) = \beta_t \end{cases}$$

の解 $\alpha_1, \cdots, \alpha_t$ に対して

$$f(z) = \frac{G_4(z)}{G_6(z)} \sum_{i=1}^{t} \alpha_i E^*(z; r_i, s_i, N)$$

とおく.

**4**
$$\lambda(z) = \frac{\wp\left(\frac{z+1}{2}; L_z\right) - \wp\left(\frac{z}{2}; L_z\right)}{\wp\left(\frac{1}{2}; L_z\right) - \wp\left(\frac{z}{2}; L_z\right)}$$

は $K(\Gamma(2))$ に属する．$\lambda$ は $H$ においては零点も極ももたない．$\Gamma(2)$ の尖点の同値類は 0, 1, $\infty$ によって代表される．$\lambda$ は，$\infty$ では1位の零点，1 では1位の極をもつ．0において $\lambda$ は有限で，零ではない．とくに $K(\Gamma(2)) = \boldsymbol{C}(\lambda)$.

**5**　$\Delta(z)$ は上半平面 $H$ において零点をもたず，$H$ は単連結であるから，$H$ 上の (1 価) 整型関数としての $\log \Delta(z)$ を定義することができる．

$$\Delta(z)^{1/12} = e^{(1/12)\log \Delta(z)}$$

とおく．$\gamma \in SL_2(\boldsymbol{Z})$ に対して

$$\chi(\gamma) = \Delta(\gamma z)^{1/12} j(\gamma, z) / \Delta(z)^{1/12}$$

は $z$ によらない定数である．このとき $\gamma \to \chi(\gamma)$ は $\chi(\tau) = e^{2\pi i/12}$ を満たす $SL_2(\boldsymbol{Z})$ の1次元表現となる．(第2章の問題5の結果を使う．しかし $\Delta$ の無限積展開

$$\Delta(z) = (2\pi)^{12} e^{2\pi i z} \prod_{n=1}^{\infty} (1 - e^{2\pi i n z})^{24}$$

を既知とすれば，これは自明である.)

**6**　$\Delta(z)^{1/2} \in S(6, \Gamma(2))$.

**7**　$\Delta(z)^{1/12} \Delta(11z)^{1/12} \in S(2, \Gamma_0(11))$.

**8**　§4.5 で定義された $\Psi_N$ に関して

(1)　$\Psi_4(X) = \Psi_2(X)\left(X^6 - \frac{5}{4}\gamma_2 X^4 - 5\gamma_3 X^3 - \frac{5}{16}X^2 - \frac{1}{4}\gamma_2\gamma_3 X + \frac{1}{64}\gamma_2^3 - \frac{1}{2}\gamma_3^2\right)$.

(2)　$f_1(u) = 1$,　$n > 1$ に対して

$$f_n(u) = \begin{cases} \Psi_n(\wp(u)) & (n \text{ 奇数}), \\ \Psi_n(\wp(u))\left(\dfrac{\wp'(u)}{2}\right)^{-1} & (n \text{ 偶数}) \end{cases}$$

とおけば

$$\wp(mu) - \wp(nu) = \frac{n^2 - m^2}{m^2 n^2} \frac{f_{m+n}(u) f_{m-n}(u)}{f_m(u)^2 f_n(u)^2} \qquad (m > n).$$

これから

$$\frac{n^2 - m^2}{m^2 n^2} \frac{f_{m+n} f_{m-n}}{f_m^2 f_n^2} = \frac{1 - m^2}{m^2} \frac{f_{m+1} f_{m-1}}{f_m^2} - \frac{1 - n^2}{n^2} \frac{f_{n+1} f_{n-1}}{f_n^2} \qquad (m > n > 1).$$

とくに $n > 1$ ならば

$$(2n+1) f_{2n+1} = n^3 (n+2) f_{n+2} f_n^3 - (n+1)^3 (n-1) f_{n+1}^3 f_{n-1},$$
$$2(2n+2) f_{2n+2} f_2 = n^2 (n+1)(n+3) f_{n+3} f_{n+1} f_n^2 - (n^2-1)(n+2)^2 f_{n-1} f_{n+1} f_{n+2}^2.$$

# 第5章　多変数複素関数の予備知識

## §5.1　整型関数

この章は次章 Abel 関数のための準備である．まず多変数整型関数を定義する．$\boldsymbol{C}^n$ の開集合 $A$ で定義された複素数値関数 $f$ を考えよう．$A$ の点 $z=(z_1, \cdots, z_n)$ における $f$ の値を $f(z)$ または $f(z_1, \cdots, z_n)$ で表わす．任意の $j=1, \cdots, n$ と $a=(a_1, \cdots, a_n) \in A$ に対して，関数

$$z_j \longrightarrow f(a_1, \cdots, a_{j-1}, z_j, a_{j+1}, \cdots, a_n)$$

が $a_j$ において微分可能(複素変数関数として)，かつ $\partial f/\partial z_j$ $(1 \leqq j \leqq n)$ が $A$ 上の連続関数であるとき，$f$ は $A$ において**整型**であるという．$z_j = x_j + iy_j$ $(x_j, y_j \in \boldsymbol{R},\ i=\sqrt{-1})$ と書いて，対応

$$(z_1, \cdots, z_n) \longrightarrow (x_1, y_1, \cdots, x_n, y_n)$$

によって $\boldsymbol{C}^n$ と $\boldsymbol{R}^{2n}$ を同一視しておく．$f$ が整型ならば，$f$ は $x_1, y_1, \cdots, x_n, y_n$ の関数として $C^1$ 級で

$$\frac{\partial f}{\partial x_1} = -i\frac{\partial f}{\partial y_1}, \quad \cdots, \quad \frac{\partial f}{\partial x_n} = -i\frac{\partial f}{\partial y_n} \tag{5.1}$$

を満たす．逆に (5.1) を満たす $x_1, y_1, \cdots, x_n, y_n$ の $C^1$ 級関数 $f$ は整型である．微分演算子

$$\frac{\partial}{\partial z_j} = \frac{1}{2}\left(\frac{\partial}{\partial x_j} - i\frac{\partial}{\partial y_j}\right), \qquad \frac{\partial}{\partial \bar{z}_j} = \frac{1}{2}\left(\frac{\partial}{\partial x_j} + i\frac{\partial}{\partial y_j}\right)$$

を導入すれば，(5.1) を

$$\frac{\partial f}{\partial \bar{z}_1} = 0, \quad \cdots, \quad \frac{\partial f}{\partial \bar{z}_n} = 0 \tag{5.2}$$

と書くことができる．のちに証明するように整型関数は $z_1, \cdots, z_n$ に関して任意回数微分可能であり，そのすべての高階偏導関数はまた整型である．

$\boldsymbol{C}^n$ の開集合 $A$ から $\boldsymbol{C}^m$ の中への写像

$$f(z) = (f_1(z), \cdots, f_m(z))$$

は，すべての $f_1, \cdots, f_m$ が整型であるとき，$A$ から $\boldsymbol{C}^m$ の中への**整型写像**であるという．$f$ が $\boldsymbol{C}^n=\boldsymbol{R}^{2n}$ の開集合 $A$ から $\boldsymbol{C}^m=\boldsymbol{R}^{2m}$ の中への $C^1$ 級写像であるならば，$f$ の導写像 $f'$ は

$$f'(a)(u) = \frac{d}{dt}f(a+tu)_{t=0}$$

によって定義される．ただし $a \in A$, $u \in \boldsymbol{C}^n$, $t$ は実変数とする．$f'(a)$ は $\boldsymbol{C}^n$ から $\boldsymbol{C}^m$ の中への $\boldsymbol{R}$ 線型写像である．$e_1, \cdots, e_n$ を $\boldsymbol{C}^n$ の単位ベクトルとすれば，$e_1, ie_1, \cdots, e_n, ie_n$ は $\boldsymbol{C}^n$ の $\boldsymbol{R}$ 上の基底となる．定義から

$$f'(a)(e_j) = \frac{\partial f}{\partial x_j}(a), \qquad f'(a)(ie_j) = \frac{\partial f}{\partial y_j}(a) \qquad (1 \leqq j \leqq n).$$

ゆえに $f$ が整型ならば，(5.1) によって

$$f'(a)(ie_j) = if'(a)(e_j) \qquad (1 \leqq j \leqq n)$$

が成り立ち，$f'(a)$ は $\boldsymbol{C}$ 線型となる．逆に任意の $a \in A$ に対して $f'(a)$ が $\boldsymbol{C}$ 線型であるならば，$f$ は整型である．

**定理 5.1** $f$ を $\boldsymbol{C}^n$ の開集合 $A$ から $\boldsymbol{C}^n$ の中への整型写像とする．$a \in A$ において $f'(a)$ が $\boldsymbol{C}^n$ から $\boldsymbol{C}^n$ の上への写像であるならば，$f$ は $a$ の十分小さい開近傍 $U$ から $f(a)$ の開近傍 $V$ の上への整型双射を引き起こす．

**証明** 仮定から $\boldsymbol{C}^n$ から $\boldsymbol{C}^n$ の中への $\boldsymbol{R}$ 線型写像としての $f'(a)$ の行列式は 0 ではない．実変数に対する逆関数の定理によって，$f$ は $a$ の十分小さい開近傍 $U$ から $f(a)$ の開近傍 $V$ の上への単射を引き起こし，この単射の逆写像 $g$ は $V$ において $C^1$ 級である．$g$ が $V$ において整型であることをいえばよい．$z \in U$ に対し $g'(f(z))$ は $f'(z)$ の逆写像である．$f'(z)$ は $\boldsymbol{C}$ 線型であるから，$g'(f(z))$ も $\boldsymbol{C}$ 線型である．∎

$I_1, \cdots, I_m$ を $\boldsymbol{R}$ の区間とする．$I_1 \times \cdots \times I_m$ の形の集合を $\boldsymbol{R}^m$ の**平行体**という．すでに述べたように $\boldsymbol{C}^n$ を $\boldsymbol{R}^{2n}$ と同一視するとき，$\boldsymbol{R}^{2n}$ の平行体を $\boldsymbol{C}^n$ の平行体という．すなわち $\boldsymbol{R}$ の区間 $I_j, J_j$ $(1 \leqq j \leqq n)$ に対して

$$P_j = \{z \in \boldsymbol{C} \mid \operatorname{Re} z \in I_j, \operatorname{Im} z \in J_j\}$$

とおくとき

$$P = P_1 \times \cdots \times P_n$$

の形の集合が $\boldsymbol{C}^n$ の平行体である．

**定理 5.2** $f_1, \cdots, f_n$ を開平行体 $P$ 上の整型関数とする.

$$\frac{\partial f_j}{\partial z_k} = \frac{\partial f_k}{\partial z_j} \qquad (1 \leqq j, k \leqq n)$$

ならば $\partial f/\partial z_j = f_j$ $(1 \leqq j \leqq n)$ を満たす $P$ 上の整型関数 $f$ が存在する.

**証明** $\boldsymbol{R}^m$ における微分形式と Poincaré の補題を既知として証明を述べる. 微分形式

$$\omega = \sum_{j=1}^{n} f_j dz_j$$

は閉形式である. 実際,

$$d\omega = \sum_{j,k} \frac{\partial f_j}{\partial z_k} dz_k \wedge dz_j = \sum_{j<k} \left( \frac{\partial f_j}{\partial z_k} - \frac{\partial f_k}{\partial z_j} \right) dz_k \wedge dz_j = 0.$$

ゆえに $P$ 上の $C^1$ 級関数 $f$ で $df = \omega$ となるものが存在する.

$$df = \sum_j \left( \frac{\partial f}{\partial z_j} dz_j + \frac{\partial f}{\partial \bar{z}_j} d\bar{z}_j \right) = \sum_j f_j dz_j$$

であるから $\partial f/\partial z_j = f_j$, $\partial f/\partial \bar{z}_j = 0$. ゆえに $f$ は整型である. ▌

**系** $f$ を開平行体 $P$ 上の整型関数とする. $f$ が零点をもたなければ, すなわち任意の $z \in P$ において $f(z) \neq 0$ ならば, $f(z) = e^{\varphi(z)}$ を満たす $P$ 上の整型関数 $\varphi$ が存在する. いい換えれば $\log f$ を $P$ において整型となるように定義することができる.

**証明** $f_j = (1/f)\partial f/\partial z_j$ は定理の条件を満たす. ゆえに $\partial \varphi/\partial z_j = f_j$ となる $P$ 上の整型関数 $\varphi$ が存在する. このとき

$$\frac{\partial}{\partial z_j}(e^{-\varphi} f) = -e^{-\varphi} \frac{\partial \varphi}{\partial z_j} f + e^{-\varphi} \frac{\partial f}{\partial z_j} = 0.$$

ゆえに $e^{-\varphi} f$ は定数である. $\varphi$ に適当な定数を加えて $f = e^{\varphi}$ となるようにすることができる. ▌

$A$ は $\boldsymbol{C}^n$ の開集合, $a \in A$, $B = \{z \in \boldsymbol{C}^n \mid |z_j - a_j| \leqq r_j \ (1 \leqq j \leqq n)\} \subset A$ と仮定する. $A$ 上の整型関数 $f$ に Cauchy の積分公式を繰り返し適用すれば, $z \in \mathring{B}$ に対し

$$f(z) = \frac{1}{(2\pi i)^n} \int_{\Gamma_1} \cdots \int_{\Gamma_n} \frac{f(\zeta_1, \cdots, \zeta_n) d\zeta_1 \cdots d\zeta_n}{(\zeta_1 - z_1) \cdots (\zeta_n - z_n)} \tag{5.3}$$

が得られる. ただし $\Gamma_j = \{\zeta_j \in \boldsymbol{C} \mid |\zeta_j - a_j| = r_j\}$. 一般に $f$ が $\Gamma_1 \times \cdots \times \Gamma_n$ 上の連

続関数であるとき，(5.3) の右辺を $z_1, \cdots, z_n$ に関して積分記号下で何回でも微分することができて，その結果は $\mathring{B}$ 上の連続関数となる．とくにつぎのことがわかる．

$g_1, g_2, \cdots, g_m, \cdots$ が $A$ 上の整型関数で，$A$ の任意のコンパクト集合上で極限 $g$ に一様収束するならば，$g$ は $A$ において整型である．

$z \in \mathring{B}$ ならば，

$$\frac{1}{(\zeta_1-z_1)\cdots(\zeta_n-z_n)} = \sum_{k_1,\cdots,k_n=0}^{\infty} \frac{(z_1-a_1)^{k_1}\cdots(z_n-a_n)^{k_n}}{(\zeta_1-a_1)^{k_1+1}\cdots(\zeta_n-a_n)^{k_n+1}}$$

は $\Gamma_1\times\cdots\times\Gamma_n$ 上で一様収束する．これを (5.3) に代入して項別に積分すれば，$f$ の点 $a$ における整級数展開が得られる．

$$f(z) = \sum_{k_1,\cdots,k_n=0}^{\infty} a_{k_1\cdots k_n}(z_1-a_1)^{k_1}\cdots(z_n-a_n)^{k_n}.$$

ただし

$$a_{k_1\cdots k_n} = \frac{1}{(2\pi i)^n}\int_{\Gamma_1}\cdots\int_{\Gamma_n}\frac{f(\zeta_1,\cdots,\zeta_n)\,d\zeta_1\cdots d\zeta_n}{(\zeta_1-a_1)^{k_1+1}\cdots(\zeta_n-a_n)^{k_n+1}}.$$

したがって $\Gamma_1\times\cdots\times\Gamma_n$ 上で $|f|\leqq M$ ならば

$$|a_{k_1\cdots k_n}| \leqq M r_1^{-k_1}\cdots r_n^{-k_n}.$$

ゆえに上の級数は $\mathring{B}$ において絶対収束する．

さて整級数

$$\sum_{k_1,\cdots,k_n=0}^{\infty} c_{k_1\cdots k_n}(z_1-a_1)^{k_1}\cdots(z_n-a_n)^{k_n}$$

が $|z_j-a_j|<r_j$ $(1\leqq j\leqq n)$ において絶対収束すれば，それは $|z_j-a_j|\leqq r_j'$ $(r_j'<r_j,\ 1\leqq j\leqq n)$ において絶対一様収束する．ゆえにその和は $|z_j-a_j|<r_j$ $(1\leqq j\leqq n)$ において整型な関数 $g$ を表わす．項別に微分して

$$c_{k_1\cdots k_n} = \frac{1}{k_1!\cdots k_n!}\frac{\partial^{k_1+\cdots+k_n}g(a)}{\partial z_1^{k_1}\cdots\partial z_n^{k_n}}.$$

これから整級数展開の一意性がでる．

**定理 5.3**　$A$ を $C^n$ の連結開集合とする．$A$ 上の整型関数 $f$ が $A$ の或る開部分集合の上で $0$ であるならば，$f$ は $A$ 全体の上で $0$ である．

**証明**　$f$ および $f$ のすべての高階導関数が $0$ となる点 $a\in A$ の集合を $F$ とする．定義から $F$ は $A$ の閉集合である．また $f$ が $A$ の開部分集合 $U$ 上で $0$ であ

るならば，$U \subseteqq F$. ゆえに $F$ は空集合ではない．しかし $f$ が整級数展開可能であることから，任意の $a \in F$ に対し $f$ は $a$ の近傍の上で 0 となる．ゆえに $F$ は開集合でもある．$A$ は連結であるから $F=A$ となる．▌

$\boldsymbol{C}^n$ の連結開集合 $A$ 上の整型関数の全体 $R(A)$ は可換環を作るが，定理 5.3 によれば $R(A)$ は零因子をもたない．

## §5.2　整型関数の芽．有理型関数

整型関数の局所的性質を調べよう．$f, g$ をそれぞれ点 $a \in \boldsymbol{C}^n$ の近傍で定義された整型関数とする．$a$ の或る近傍で $f$ と $g$ が一致するとき，$f$ と $g$ は**同値**であるといい，この意味の同値類を $a$ における**整型関数の芽**という．$f$ の属する同値類を $\gamma_a(f)$ で表わす．これを **$a$ において $f$ の定める芽**という．$f$ は $a$ の近傍で絶対収束する整級数で表わされ，$f$ と同値な関数は同じ整級数展開をもつ．ゆえに $\gamma_a(f)$ をこの整級数と同一視してもさしつかえない．

$f, g$ が $a$ の近傍で整型であるとき，$f+g$ および $fg$ が $a$ において定める芽をそれぞれ $\gamma_a(f)+\gamma_a(g)$，$\gamma_a(f)\gamma_a(g)$ と書くことにする．すなわち

$$\gamma_a(f+g) = \gamma_a(f)+\gamma_a(g), \qquad \gamma_a(fg) = \gamma_a(f)\gamma_a(g).$$

$\gamma_a(f)+\gamma_a(g)$ および $\gamma_a(f)\gamma_a(g)$ は $\gamma_a(f)$ と $\gamma_a(g)$ のみで定まり，それらに属する $f, g$ のとり方に依存しないことは自明である．この算法によって，$a$ における整型関数の芽の全体 $R_a$ は可換環となる．定理 5.3 によってこれは零因子をもたない．$f$ が $a$ の近傍で整型，$f(a) \neq 0$ ならば，$1/f$ はまた $a$ の近傍で整型である．ゆえに $\gamma_a(f)$ が $R_a$ の可逆元であるためには，$f(a) \neq 0$ であることが必要十分である．

$f$ が $a$ の近傍で整型ならば，$f_a(z)=f(z+a)$ は原点 0 の近傍で整型である．この逆も正しい．ゆえに $\gamma_a(f) \to \gamma_0(f_a)$ は $R_a$ から $R_0$ の上への同型写像となる．

$R_0$ を原点の近傍で絶対収束する整級数

$$f = \sum_{k_1, \cdots, k_n=0}^{\infty} c_{k_1 \cdots k_n} {z_1}^{k_1} \cdots {z_n}^{k_n} \tag{5.4}$$

の全体 $R$ と同一視することができる．$R$ は整級数環 $\boldsymbol{C}[[z_1, \cdots, z_n]]$ の部分環となる．$R'$ を原点の近傍で絶対収束する $z_1, \cdots, z_{n-1}$ の整級数の全体とすれば，$z_n$ を変数とする $R'$ 上の多項式環 $R'[z_n]$ は $R$ に含まれる．$R$ に関する議論は多か

れ少なかれ代数的に行なうことが可能である．(5.4) において

$$f_k = \sum_{k_1+\cdots+k_n=k} c_{k_1\cdots k_n} z_1^{k_1}\cdots z_n^{k_n}$$

を $f$ の **$k$ 次斉次部分**という．$f_k \neq 0$ となる $k$ の最小のものを $f$ の**位数**といい，ord $f$ で表わす．$f, g \in R$ に対して $\mathrm{ord}(fg) = \mathrm{ord}\, f + \mathrm{ord}\, g$ が成り立つ．

**定理 5.4** (Weierstrass の予備定理) $f \in R$ の位数が $k$ であって，$f$ の $k$ 次斉次部分が $z_n^k$ の項を含むとする(この条件が満たされるとき $f$ は**正規**であるという)．このとき $R$ の可逆元 $u$ を適当に選んで，$fu$ が $R'[z_n]$ に属する $z_n$ の $k$ 次多項式(ただし最高次の係数は 1) となるようにすることができる．

**証明** $f$ が (5.4) によって与えられているとする．これが $|z_j| < r$ $(1 \leqq j \leqq n)$ において絶対収束するならば，$|z_j| \leqq |z_n| < r_1 < r$ に対して

$$|c_{k_1\cdots k_n} z_1^{k_1}\cdots z_n^{k_n}||z_n|^{-k} \leqq |c_{k_1\cdots k_n}| r_1^{k_1+\cdots+k_n-k}.$$

$r_1$ が十分小さければ

$$\sum_{k_1+\cdots+k_n>k} |c_{k_1\cdots k_n}| r_1^{k_1+\cdots+k_n-k} < \frac{1}{2}$$

となる．なお $c_{0\cdots 0k} = 1$ と仮定してよい．$f$ の $k$ 次斉次部分を $f_k$ で表わし

$$f_k z_n^{-k} = 1 + p$$

とおけば，$p$ は $t_j = z_j/z_n$ $(1 \leqq j \leqq n-1)$ の定数項をもたない多項式である．ゆえに $r_2 \leqq 1$ が十分小さく，$|t_j| < r_2$ $(1 \leqq j \leqq n-1)$ ならば $|p| < 1/2$ となる．$(f - f_k) z_n^{-k}$ は $t_j$ および $z_n$ の整級数で，その各項は少なくとも $z_n$ の巾を含むことに注意する．

$$\frac{f}{f_k} = 1 + \frac{(f - f_k) z_n^{-k}}{f_k z_n^{-k}} = 1 + q$$

と書けば，$|t_j| < r_2$，$|z_n| < r_1$ において $|q| < 1$．ゆえに $\log(f/f_k)$ は $t_1, \cdots, t_{n-1}, z_n$ の整級数に展開される．この展開に定数項が現れることはない．これに $t_j = z_j/z_n$ を代入して

$$\log \frac{f}{f_k} = \sum_{m=-\infty}^{\infty} c_m z_n^m \qquad (c_m \in R') \tag{5.5}$$

と書く．$v = \sum_{m=0}^{\infty} c_m z_n^m$，$w = \sum_{m=-\infty}^{-1} c_m z_n^m$ とおく．(5.5) は $\delta < |z_n| < r_1$，$|z_j| < \delta r_2$ $(1 \leqq j \leqq n-1)$ において成立するが，$v$ は $z_1, \cdots, z_n$ の整級数なので $|z_n| < r_1$，$|z_j| < \delta r_2$ $(1 \leqq j \leqq n-1)$ において収束する．$v$ は定数項を含まないので $e^{-v} = 1 - v + \cdots$

は $R$ の可逆元である．一方では

$$fe^{-v} = f_k e^w = f_k(1+w+\cdots)$$

が成り立つ．左辺は $z_1, \cdots, z_n$ の整級数であるが，右辺を見ればこれは

$$z_n{}^k+\alpha_1 z_n{}^{k-1}+\cdots+\alpha_k \qquad (\alpha_1, \cdots, \alpha_k \in R')$$

の形でなければならない．▌

**注意** $\alpha_1, \cdots, \alpha_k$ の整級数展開に定数項は現れない．もし現れるならば $\mathrm{ord}\, f<k$ となり仮定に反することになる．

定理5.4において $f$ が正規であるという仮定は強い制限ではない．実際，つぎの補題によって，$\boldsymbol{C}^n$ の座標を変えることを許すならば，任意の $f\neq 0$ にこの定理を適用することができる．

**補題 5.1** $R$ の $0$ ではない元 $f_1, \cdots, f_m$ が与えられているとき，$z_1, \cdots, z_n$ に線型変換

$$z_i = \sum_{j=1}^{n} a_{ij} z_j' \qquad (1\leqq i\leqq n)$$

をほどこして，$f_1, \cdots, f_m$ が $z_1', \cdots, z_n'$ の整級数として正規であるようにすることができる．

**証明** $f_\mu\ (1\leqq\mu\leqq m)$ の位数を $d_\mu$，$f_\mu$ の $d_\mu$ 次斉次部分を $g_\mu$ とする．$g_\mu$ は $z_1, \cdots, z_n$ の $0$ ではない多項式であるから

$$g_\mu(a_1, \cdots, a_n) \neq 0 \qquad (1\leqq\mu\leqq m)$$

となる $a_1, \cdots, a_n \in \boldsymbol{C}$ が存在する．${}^t(a_1, \cdots, a_n)$ を第 $n$ 列とする正則行列 $(a_{ij})$ をとり，$z_i=\sum_{j=1}^{n} a_{ij} z_j'$ とおけばよい．▌

可換環 $R$ において約元，倍元の関係は普通のように定義される．真の約元をもたない元を**既約元**という．$a_1, a_2, \cdots$ が可逆元以外の公約元をもたないとき，$a_1, a_2, \cdots$ は**互いに素**であるという．

**定理 5.5** $R$ は一意分解整域である(すなわち $0$ でも可逆元でもない $R$ の元は既約元の積に，順序と可逆元の因子を除き一意的に，分解される)．

**証明** $f\in R^\times$ と $\mathrm{ord}\, f=0$ は同値であることに注意する．$f\in R$, $\mathrm{ord}\, f>0$ とする．$f$ が既約元でなければ，$f=gh$, $\mathrm{ord}\, g<\mathrm{ord}\, f$, $\mathrm{ord}\, h<\mathrm{ord}\, f$ となる $g, h\in R$ が存在する．ゆえに既約元分解の可能性は $\mathrm{ord}\, f$ に関する帰納法で証明される．

分解の一意性をいうには，つぎのことをいえばよい．

(5.6)　$f$ と $g$ が互いに素で，$f$ が $gh$ を割るならば，$f$ は $h$ を割る．

$R$ において (5.6) が成り立つことを変数 $z_1, \cdots, z_n$ の個数 $n$ に関する帰納法によって示す．$n=1$ ならば $R$ が一意分解整域であることは明らかである．これが $n-1$ に対しては正しいと仮定する．このとき原点の近傍で絶対収束する $z_1, \cdots, z_{n-1}$ の整級数の全体 $R'$ は一意分解整域となる．$R'$ 上の多項式

$$\alpha_0 z^k + \alpha_1 z^{k-1} + \cdots + \alpha_k$$

は，$\alpha_0, \alpha_1, \cdots, \alpha_k$ が $R'$ において互いに素であるとき，**原始的**であるという．Gauss の補題により原始的多項式の積はまた原始的である．多項式環 $R'[z]$ における Euclid の互除法はつぎのようになる．与えられた $f_1, f_2 \in R'[z]$ に対して

$$\alpha_2 f_1 = g_2 f_2 + f_3, \qquad d(f_3) < d(f_2),$$

$$\cdots\cdots\cdots\cdots\cdots$$

$$\alpha_i f_{i-1} = g_i f_i + f_{i+1}, \qquad d(f_{i+1}) < d(f_i)$$

を満たす $\alpha_i \in R'$，$f_i, g_i \in R'[z]$ を求めることができる．ただし $d(f_i)$ は $z$ の多項式としての $f_i$ の次数である．$r$ を $f_{r+1}=0$ となる最小の自然数とすれば，上の各式を順次あとの式に代入することによって

$$f_1 u_0 + f_2 v_0 = f_r$$

となる $u_0, v_0 \in R'[z]$ が存在することがわかる．一方，$f_r = \omega d$ ($\omega \in R'$，$d$ は $R'[z]$ の原始的多項式) と書けば，$d$ は $f_1, f_2$ の公約元である．

以上のことを注意しておいて，$R$ において (5.6) が成立することを証明しよう．補題 5.1 と Weierstrass の予備定理により $f, g, h$ はいずれも $R'[z_n]$ に属し，$z_n$ の多項式としての最高次の係数は 1 であると仮定してよい．$f, g$ に互除法を適用すれば，$R'[z_n]$ における $f, g$ の公約元 $d$ と $\omega \in R'$，$u_0, v_0 \in R'[z_n]$ が存在し $fu_0 + gv_0 = \omega d$ が成り立つ．$f, g$ は $R$ において互いに素であるから $d \in R^{\times}$．$u = u_0 d^{-1}$，$v = v_0 d^{-1}$ とおけば

$$fu + gv = \omega \qquad (u, v \in R).$$

ゆえに $fhu + ghv = \omega h$．仮定により $f$ は $gh$ を割るから，$f$ は $\omega h$ を割る．しかし $f$ は原始的多項式であるから，$h$ を割らなければならない．▌

上の証明に用いた Gauss の補題は整級数に対しても成立する．$R'$ を一意分解整域とする．$R'[[z]]$ の元 $f = \sum_{k=0}^{\infty} \alpha_k z^k$ は，係数 $\alpha_0, \alpha_1, \cdots$ が $R'$ において互いに素であるとき，**原始的**であるという．

**補題 5.2** $R'[[z]]$ の元 $f, g$ が原始的ならば, $fg$ も原始的である. ——

証明は多項式の場合と同様である.

すでに述べたように $a \in \boldsymbol{C}^n$ における整型関数の芽の環 $R_a$ は $R$ と同型である. したがって $R_a$ は一意分解整域となる. $R_a$ の商体を $K_a$ と書く. $K_a$ の元は互いに素な $R_a$ の 2 元の商として表わされる.

$A$ を $\boldsymbol{C}^n$ の開集合とする. $K_a$ の元 $\varphi_a/\psi_a$ $(\varphi_a, \psi_a \in R_a)$ の族 $\{\varphi_a/\psi_a\}_{a\in A}$ が与えられているとする. 任意の $a \in A$ に対し $a$ の近傍 $U$ と $U$ 上の整型関数 $f, g$ が存在し

$$\frac{\varphi_b}{\psi_b} = \frac{\gamma_b(f)}{\gamma_b(g)} \qquad (\forall b \in U)$$

が成り立つとき, $\{\varphi_a/\psi_a\}_{a\in A}$ は $A$ 上の**有理型関数**を定義するという. この有理型関数を $h$ で表わすとき, $a \in A$ における $h$ の値をつぎのように定める. $\varphi_a, \psi_a$ は互いに素であると仮定しておく. $\psi_a \in R_a^\times$ ならば $\varphi_a/\psi_a$ は $a$ における或る整型関数の芽に等しい. このとき $h(a)$ はこの整型関数の $a$ における値であるとする. $\psi_a \notin R_a^\times$, $\varphi_a \in R_a^\times$ ならば $h(a)=\infty$ とする. $\varphi_a \notin R_a^\times$, $\psi_a \notin R_a^\times$ ならば $a$ における $h$ の値は定義されない.

とくに $A$ が連結ならば, $A$ 上の有理型関数の全体 $K(A)$ は自明な算法によって体を作る ($\{\varphi_a/\psi_a\}_{a\in A}$ の定義する有理型関数 $h$ が 0 でなければ, 少なくとも 1 点 $a$ において $\varphi_a/\psi_a \neq 0$. このとき任意の $a$ に対して $\varphi_a/\psi_a \neq 0$ を示すのは易しい. ゆえに $\{\psi_a/\varphi_a\}_{a\in A}$ の定義する有理型関数は $h$ の逆元である). $f, g \in R(A)$, $g \neq 0$ ならば $\{\gamma_a(f)/\gamma_a(g)\}_{a\in A}$ が有理型関数を定義することは明らかである. これを $f/g$ で表わす. $f/g$ を $R(A)$ の商体の元と思ってもさしつかえないが, そうすれば $R(A)$ の商体は $K(A)$ に含まれる. $A=\boldsymbol{C}^n$ ならばこの両者は一致することが証明される (定理 5.6 の系).

$R_a$ は一意分解整域であるから, $K_a$ の中で整閉である. これから容易に $R(A)$ は $K(A)$ の中で整閉であることが導かれる.

**補題 5.3** $f, g$ を $a$ の近傍で整型な関数とする. $\gamma_a(f), \gamma_a(g)$ が $R_a$ において互いに素であるならば, 任意の $b \in U$ に対して $\gamma_b(f), \gamma_b(g)$ が $R_b$ において互いに素となるような $a$ の近傍 $U$ が存在する.

**証明** $R_a$ の元を表わすのに, それに属する整型関数を用いても誤解はないで

あろう．$f, g$ の一方が0ならば，他方は $R_a$ の可逆元となって，このときは補題は自明である．$f \neq 0$，$g \neq 0$ とする．補題5.1と定理5.3により $f, g$ はつぎのような形であると仮定してもよい．

$$(5.7)\qquad \begin{cases} f = c((z_n-a_n)^h+\gamma_1(z_n-a_n)^{h-1}+\cdots+\gamma_h), \\ g = d((z_n-a_n)^k+\delta_1(z_n-a_n)^{k-1}+\cdots+\delta_k), \end{cases}$$

$c, d \in R_a{}^\times$，$\gamma_i, \delta_j \in R_a'$．ただし $R_a'$ は $R_a$ の元で $z_1-a_1, \cdots, z_{n-1}-a_{n-1}$ の整級数となるものの全体である．$f, g$ は $R_a$ において互いに素であるから，定理5.4の証明によって，

$$(5.8)\qquad fu+gv = \omega$$

となる $u, v \in R_a$，$\omega \in R_a'$，$\omega \neq 0$，が存在する．(5.7)および(5.8)が $U$ において成立し，任意の $b \in U$ に対して $c, d \in R_b{}^\times$ となるような $a$ の近傍 $U$ をとる．$b \in U$ に対し $f, g$ の $R_b$ における公約元を $p$ とすれば，$R_b$ において $p$ は $\omega$ を割る．ゆえに $\omega = pq$，$q \in R_b$．$R_b$ を $R_b'$ 上の整級数環 $R_b'[[z_n-b_n]]$ に埋め込んでおく．そこで $p, q$ を $p=\alpha p_1$，$q=\beta q_1$ の形に書く．ただし $\alpha, \beta \in R_b'$，$p_1, q_1$ は原始的整級数である．補題5.2により，$p_1q_1$ は原始的であるから，$p_1q_1=\omega/\alpha\beta$ は $R_b'$ の可逆元である．ゆえに $p_1 \in R_b{}^\times$．$R_b$ において $p$ は $f$ を割るから，$\alpha$ は $fc^{-1}$ を割るが

$$fc^{-1} = ((z_n-b_n)+b_n-a_n)^h+\gamma_1((z_n-b_n)+b_n-a_n)^{h-1}+\cdots$$

は $R_b'[[z_n-b_n]]$ の原始的整級数である．ゆえに $\alpha \in (R_b')^\times$．これは $p \in R_b{}^\times$ を示す．▌

**系**　補題5.3と同じ仮定のもとで $\gamma_a(f)$ は $R_a$ の可逆元ではないとする．このとき $a$ の任意の近傍内に $f(z)=0$，$g(z) \neq 0$ となる $z$ が存在する．

**証明**　仮定から $\mathrm{ord}\, f=h>0$ である．$\omega \neq 0$ であるから $(a_1, \cdots, a_{n-1})$ の任意の近傍内に $\omega(z_1, \cdots, z_{n-1}) \neq 0$ となる $(z_1, \cdots, z_{n-1})$ がある．これに対して

$$(z_n-a_n)^h+\gamma_1(z_1, \cdots, z_{n-1})(z_n-a_n)^{h-1}+\cdots+\gamma_h(z_1, \cdots, z_{n-1}) = 0$$

を満たす $z_n$ をとれば，$z=(z_1, \cdots, z_n)$ に対して $f(z)=0$．(5.8)により $g(z) \neq 0$．$\gamma_i$ $(1 \leqq i \leqq h)$ は $(a_1, \cdots, a_{n-1})$ において0となる(定理5.4のあとの注意による)から $(z_1, \cdots, z_{n-1})$ が十分 $(a_1, \cdots, a_{n-1})$ に近ければ $\gamma_i(z_1, \cdots, z_{n-1})$ は任意に0に近くなる．ゆえに上の $z_n$ を任意に $a_n$ に近くすることができる．▌

有理型関数の定義に帰って $\varphi_a, \psi_a$ は互いに素であると仮定し $\varphi_a, \psi_a$ に属する

整型関数 $f_a, g_a$ をとる．有理型関数の定義と補題5.3により，$a$ の近傍 $U_a$ を十分小さくとれば，任意の $z \in U_a$ に対して $\varphi_z/\psi_z = \gamma_z(f_a)/\gamma_z(g_a)$，かつ $\gamma_z(f_a)$ と $\gamma_z(g_a)$ は互いに素となる．これから $\psi_z/\gamma_z(g_a) \in R_z^\times$ であることがわかる．任意の $z \in U_a \cap U_b$ に対して $\gamma_z(g_b)/\gamma_z(g_a)$ は $R_z^\times$ に属する．ゆえに $g_b/g_a$ およびその逆数は $U_a \cap U_b$ 上の整型関数である．

## §5.3　$C^n$ における Cousin の第2問題

$C^n$ の開集合 $A$ に対して，$A$ の開被覆 $\{U_\alpha\}$ と $U_\alpha$ 上の整型関数 $f_\alpha$ が与えられて，つぎの条件が満たされているとする．$U_\alpha \cap U_\beta \neq \phi$ ならば $f_\alpha/f_\beta$ および $f_\beta/f_\alpha$ は $U_\alpha \cap U_\beta$ 上で整型である．いい換えれば $f_\alpha/f_\beta$ は $U_\alpha \cap U_\beta$ 上の零点をもたない整型関数である．このとき"$A$ 上の整型関数 $f$ で，任意の $\alpha$ に対して $f/f_\alpha$ および $f_\alpha/f$ が $U_\alpha$ 上で整型となるものが存在するか"という問題を **Cousin の第2問題**という．

$B$ を $C^n$ の部分集合とする．便宜上 $B$ の或る近傍（$B$ を含む開集合）の上で整型な関数を $B$ 上の整型関数という．

**補題 5.4**
$$P = P_1 \times P_2 \times \cdots \times P_n,$$
$$P' = P_1' \times P_2 \times \cdots \times P_n$$
を $C^n$ の平行体とし，$P \cap P' \neq \phi$，$P_1, P_1'$ は有界と仮定する．$g$ を $P \cap P'$ 上で整型な関数とすれば，$P, P'$ 上で整型な関数 $f, f'$ で，$P \cap P'$ において $g = f - f'$ となるものが存在する．

**証明**　$g$ の定義される $P \cap P'$ の近傍 $A$ は開平行体であると仮定してよい．

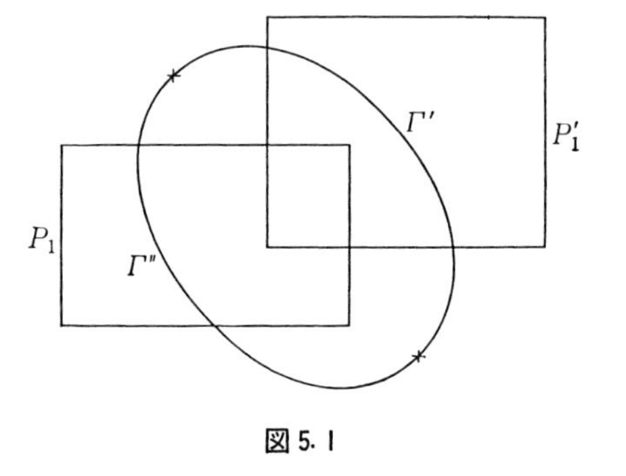


図 5.1

$$A = A_1 \times A_2 \times \cdots \times A_n$$

と書く．$A_1$ に含まれ $P_1 \cap P_1'$ を内部に含む単一閉曲線 $\Gamma$ をとる．$\Gamma$ を二つの曲線 $\Gamma', \Gamma''$ に分けて $\Gamma' \cap P_1 = \phi$，$\Gamma'' \cap P_1' = \phi$ となるようにする．

$z = (z_1, \cdots, z_n) \in P \cap P'$ ならば

$$g(z) = \frac{1}{2\pi i}\int_{\Gamma} \frac{g(\zeta, z_2, \cdots, z_n)}{\zeta - z_1} d\zeta$$

が成り立つから，

$$f(z) = \frac{1}{2\pi i}\int_{\Gamma'} \frac{g(\zeta, z_2, \cdots, z_n)}{\zeta - z_1} d\zeta,$$

$$f'(z) = \frac{1}{2\pi i}\int_{\Gamma''} \frac{g(\zeta, z_2, \cdots, z_n)}{\zeta - z_1} d\zeta$$

とおけば $g(z) = f(z) - f'(z)$．$P_1$ の近傍 $U_1$ で $U_1 \cap \Gamma' = \phi$ となるものをとれば，$f$ は $U_1 \times A_2 \times \cdots \times A_n$ 上で整型である．同様に $f'$ も $P'$ の近傍で整型となる．▌

**系**　$g$ が $P \cap P'$ 上で零点をもたない整型関数であるならば，$P, P'$ 上の零点をもたない整型関数 $f, f'$ で，$P \cap P'$ において $g = f/f'$ となるものが存在する．

**証明**　上の記号で $A$ は開平行体であるから，そこで $\log g$ の1価の枝が定まる(定理5.2の系)．$\log g$ に補題5.4を適用すればよい．▌

$\boldsymbol{C}^n$ においては Cousin の第2問題はつねに解をもつ．すなわち

**定理 5.6**　$\{U_\alpha\}$ を $\boldsymbol{C}^n$ の開被覆，$f_\alpha$ は $U_\alpha$ 上の整型関数で，$U_\alpha \cap U_\beta \neq \phi$ ならば $f_\alpha/f_\beta$ および $f_\beta/f_\alpha$ は $U_\alpha \cap U_\beta$ 上で整型であるとする．このとき $\boldsymbol{C}^n$ 上の整型関数 $f$ で，任意の $\alpha$ に対し $f/f_\alpha$ および $f_\alpha/f$ が $U_\alpha$ 上で整型となるものが存在する．

**証明**　まず有界平行体 $B = B_1 \times \cdots \times B_n$,

$$B_j = \{z_j \mid |\mathrm{Re}\, z_j| \leqq R, |\mathrm{Im}\, z_j| \leqq R\} \qquad (1 \leqq j \leqq n)$$

において解が存在することを示す．

$$U(a, \varepsilon) = \{z \in \boldsymbol{C}^n \mid |z - a| < \varepsilon\}$$

とおく．ただし $z = (z_1, \cdots, z_n)$ に対して $|z| = \max_{1 \leqq j \leqq n} |z_j|$．任意の $a \in \boldsymbol{C}^n$ に対し，$U(a, \varepsilon_a)$ が或る $U_\alpha$ に含まれるように，$\varepsilon_a$ を小さくとる．このとき $\{U(a, \varepsilon_a) \mid a \in \boldsymbol{C}^n\}$ は $\{U_\alpha\}$ より細かい $\boldsymbol{C}^n$ の開被覆であるから，$\{U_\alpha\}$ をこの開被覆で置き換えることができる．一方，$B$ はコンパクトなので $U(a, \varepsilon_a/2)$ の有限個

$$U\left(a_1, \frac{1}{2}\varepsilon_{a_1}\right), \quad \cdots, \quad U\left(a_r, \frac{1}{2}\varepsilon_{a_r}\right)$$

で覆われる．$\varepsilon=\min\{\varepsilon_{a_1}, \cdots, \varepsilon_{a_r}\}$ とおく．$2R/N<\varepsilon/\sqrt{2}$ となる自然数 $N$ をとり，$B_j$ $(1\leqq j\leqq n)$ を1辺の長さ $2R/N$ の閉正方形に分ける．この閉正方形の一つを $Q_j$ とすれば

$$Q = Q_1\times\cdots\times Q_n$$

は $U(a_\rho, \varepsilon_{a_\rho})$ $(\rho=1, \cdots, r)$ のどれかに含まれる．

$B_j$ に含まれる閉正方形につぎのように番号をつける．$[-R, R]$ を $N$ 等分して得られる閉区間を左から $I_1, \cdots, I_N$ とし

$$Q_{j\mu\nu} = \{z_j \in C \mid \mathrm{Re}\, z_j \in I_\mu, \mathrm{Im}\, z_j \in I_\nu\}.$$

任意の $Q_j, \cdots, Q_n$ に対し

$$P = B_1\times\cdots\times B_{j-1}\times Q_j\times\cdots\times Q_n$$

上の整型関数 $f$ で，$P\cap U_\alpha\neq\phi$ ならば $f/f_\alpha$ および $f_\alpha/f$ は $P\cap U_\alpha$ 上で整型となるものが存在することを示す（この $f$ を $P$ 上の解という）．これを $j$ に関する帰納法で証明しよう．

$j=1$ ならば，すでに注意したように

$$P = Q_1\times\cdots\times Q_n \subsetneqq U(a_\rho, \varepsilon_{a_\rho}) \subsetneqq U_\alpha$$

となる $\rho, \alpha$ が存在する．このとき $f=f_\alpha$ が $P$ 上の解となる．いま任意の $Q_j, \cdots, Q_n$ に対して $P=B_1\times\cdots\times B_{j-1}\times Q_j\times\cdots\times Q_n$ 上の解が存在すると仮定する．$Q_{j+1}, \cdots, Q_n$ を固定して

$$P_{\mu\nu} = B_1\times\cdots\times B_{j-1}\times Q_{j\mu\nu}\times Q_{j+1}\times\cdots\times Q_n$$

とおき，$P_{\mu\nu}$ 上の解を $f_{\mu\nu}$ とする．$P_{\mu1}, P_{\mu2}$ および $P_{\mu1}\cap P_{\mu2}$ 上の関数 $f_{\mu1}/f_{\mu2}$ に対して補題5.4の系を適用する．その結果 $P_{\mu1}, P_{\mu2}$ 上で零点をもたない整型関数 $f_1, f_2$ であって，$P_{\mu1}\cap P_{\mu2}$ 上では $f_{\mu1}/f_{\mu2}=f_1/f_2$ となるものが存在することがわかる．このとき $P_{\mu1}$ の近傍上で $f_{\mu1}/f_1$ に等しく，$P_{\mu2}$ の近傍上で $f_{\mu2}/f_2$ に等しい関数 $f$ は $P_{\mu1}\cup P_{\mu2}$ 上で整型である．こんどは $P_{\mu1}\cup P_{\mu2}, P_{\mu3}$，および $(P_{\mu1}\cup P_{\mu2})\cap P_{\mu3}$ 上の関数 $f/f_{\mu3}$ に補題5.4の系を適用する．以下同様にして

$$S_\mu = P_{\mu1}\cup\cdots\cup P_{\mu N}$$

上の解が得られる．さらに $S_1\cup\cdots\cup S_{\mu-1}$ および $S_\mu$ に対してつぎつぎに同じ議論を行なえば

$$S_1 \cup \cdots \cup S_N = B_1 \times \cdots \times B_j \times Q_{j+1} \times \cdots \times Q_n$$

上の解が求まる．以上で $B=B_1\times\cdots\times B_n$ 上の解が存在することが示された．

自然数 $m$ に対して

$$B(m) = \{z \in \boldsymbol{C}^n \mid |\mathrm{Re}\, z_j| \leqq m,\ |\mathrm{Im}\, z_j| \leqq m,\ 1 \leqq j \leqq n\},$$
$$C(m) = \{z \in \boldsymbol{C}^n \mid |z_j| \leqq m,\ 1 \leqq j \leqq n\}$$

とおく．$B(m)$ における解を $f_m$ とすれば，$f_{m+1}/f_m$ は $B(m)$ 上の零点をもたない整型関数である．ゆえに $\log(f_{m+1}/f_m)$ の $B(m)$ (の近傍) で整型な1価の枝を定めることができる(定理5.2の系)．Cauchy の積分公式によって $\log(f_{m+1}/f_m)$ は $C(m)$ において一様収束する $z_1, \cdots, z_n$ の整級数で表わされる．この級数の部分和 $p_m$ をとり

$$q_m = \log(f_{m+1}/f_m) - p_m \tag{5.9}$$

とおくとき

$$|q_m(z)| \leqq 2^{-m} \qquad (z \in C(m)) \tag{5.10}$$

が成立するようにする．$p_m$ は $z_1, \cdots, z_n$ の多項式であること，(5.10) によって $\sum_{k=m}^{\infty} q_k$ は $C(m)$ 上で一様収束することに注意して，$z \in C(m)$ に対し

$$g_m(z) = f_m(z) \exp\left\{-\sum_{k=1}^{m-1} p_k(z) + \sum_{k=m}^{\infty} q_k(z)\right\}$$

とおく．$g_m$ は $C(m)$ 上で整型となり，(5.9) により

$$\begin{aligned} g_m(z) &= f_m(z) \exp\left\{p_m(z) + q_m(z) - \sum_{k=1}^{m} p_k(z) + \sum_{k=m+1}^{\infty} q_k(z)\right\} \\ &= f_{m+1}(z) \exp\left\{-\sum_{k=1}^{m} p_k(z) + \sum_{k=m+1}^{\infty} q_k(z)\right\} \\ &= g_{m+1}(z) \end{aligned}$$

が成り立つ．ゆえに $C(m)$ において $g_m$ に等しい関数 $g$ が $\boldsymbol{C}^n$ における解となる．▌

**系**　$\boldsymbol{C}^n$ 上の有理型関数 $h$ は $\boldsymbol{C}^n$ 上で整型な関数 $f, g$ の商となる．このとき各点 $a$ で $\gamma_a(f)$ と $\gamma_a(g)$ が互いに素になるようにすることができる．

**証明**　$h$ が $\{\varphi_a/\psi_a\}_{a\in\boldsymbol{C}^n}$ によって定義されているものとする．$\varphi_a, \psi_a$ は互いに素であると仮定する．前節の終りに述べたように，$\varphi_a, \psi_a$ に属する $f_a, g_a$ と $a$ の或る近傍 $U_a$ をとるとき，$U_a \cap U_b \neq \phi$ ならば $U_a \cap U_b$ 上で $f_a/g_a = f_b/g_b$．さ

らに $g_a/g_b$，$g_b/g_a$ は $U_a\cap U_b$ 上で整型である．定理5.6によって $g/g_a$ および $g_a/g$ が $U_a$ 上で整型となるような $\boldsymbol{C}^n$ 上の整型関数 $g$ が存在する．このとき $(g/g_a)f_a$ は $U_a$ 上で整型であるが，$U_a\cap U_b\neq\phi$ ならば $U_a\cap U_b$ 上で

$$(g/g_a)f_a=(g/g_b)f_b.$$

ゆえに $U_a$ 上で $(g/g_a)f_a$ に等しい関数 $f$ が一意に定義されて，それは $\boldsymbol{C}^n$ 上で整型である．定義から任意の $a$ に対して $\gamma_a(f)/\gamma_a(g)=\varphi_a/\psi_a$ が成り立つ．▌

# 第6章　Abel 関数

## §6.1　格　子

$V$ を $\boldsymbol{R}$ 上の有限次元線型空間とする．$V$ はその加群の構造と通常の位相に関して位相群となる．$V$ の離散部分群 $L$ は，商空間 $V/L$ がコンパクトであるとき，$V$ の**格子**であるという．

**補題 6.1**　$\xi_1, \cdots, \xi_k$ を実数とする．任意の $\varepsilon>0$ に対して

$$|t\xi_j-t_j|<\varepsilon \qquad (1\leqq j\leqq k)$$

を満たす整数 $t>0$ と整数 $t_1, \cdots, t_k$ が存在する．

**証明**　任意の整数 $a\geqq 0$ に対して

$$0\leqq a\xi_j-a_j<1$$

となる整数 $a_1, \cdots, a_k$ が一意的にきまる．このとき $\boldsymbol{R}^k$ の点 $x_a=(a\xi_1-a_1, \cdots, a\xi_k-a_k)$ は単位立方体 $[0\ 1)\times\cdots\times[0\ 1)$ に属する．$m$ を任意の自然数として，区間 $[0\ 1)$ を $m$ 個の区間 $[0\ 1/m), \cdots, [(m-1)/m\ 1)$ に分割することにより $[0\ 1)\times\cdots\times[0\ 1)$ を $m^k$ 個の小立方体に分ける．$a=0, \cdots, m^k$ に対応する $m^k+1$ 個の点 $x_a$ のうち少なくとも二つは同じ小立方体に属する．$a$ および $a'$ $(a>a')$ に対応する点が同じ小立方体に属するならば，$t=a-a'$，$t_j=a_j-a_j'$ とおく．このとき

$$|t\xi_j-t_j|<\frac{1}{m} \qquad (1\leqq j\leqq k). \qquad \blacksquare$$

**定理 6.1**　$\boldsymbol{R}$ 上の有限次元線型空間 $V$ の部分群 $L$ が離散部分群であるためには，$L$ が有限階数の自由加群であり，$L$ の任意の $\boldsymbol{Z}$ 上の基底 $\{u_1, \cdots, u_k\}$ が $\boldsymbol{R}$ 上線型独立であることが必要十分である．このとき $L$ が $V$ の格子であるためには，$L$ の階数が $V$ の次元に等しいことが必要十分である．

**証明**　$V$ は位数有限な元を含まないから，$L$ の任意の有限生成部分群 $L'$ は自由加群である．$L$ が離散であるならば，$L'$ の $\boldsymbol{Z}$ 上の基底 $\{u_1, \cdots, u_k\}$ は $\boldsymbol{R}$ 上線型独立であることを示す．実際，

$$\xi_1 u_1 + \cdots + \xi_k u_k = 0 \qquad (\xi_j \in \boldsymbol{R})$$

とすれば，補題6.1により，任意の $\varepsilon>0$ に対して $|t\xi_j - t_j| < \varepsilon\ (1 \leqq j \leqq k)$ を満たす整数 $t, t_1, \cdots, t_k\ (t>0)$ が存在する．

$$t_1 u_1 + \cdots + t_k u_k = (t_1 - t\xi_1) u_1 + \cdots + (t_k - t\xi_k) u_k$$

が成り立つから，$V$ 上の任意のノルム $\|\ \|$ に対して

$$\|t_1 u_1 + \cdots + t_k u_k\| \leqq \varepsilon(\|u_1\| + \cdots + \|u_k\|).$$

$L$ は離散であると仮定しているので，$\varepsilon$ が十分小さければ $t_1 u_1 + \cdots + t_k u_k = 0$，したがって $t_1 = \cdots = t_k = 0$ となる．このとき $|t\xi_j| < \varepsilon\ (1 \leqq j \leqq k)$．ゆえに $\xi_1 = \cdots = \xi_k = 0$．これは $\mathrm{rank}\, L' \leqq \dim V$ を示す．ゆえに階数最大の有限生成部分群 $L'$ が存在し，$L'$ が生成する $V$ の部分空間 $V'$ は $L$ を含む．後に証明するように $V'/L'$ はコンパクトであるから $L/L'$ は有限群である．ゆえに $L$ は有限生成である．

逆に $L$ が有限階数の自由加群であり，$L$ の基底 $\{u_1, \cdots, u_k\}$ が $\boldsymbol{R}$ 上線型独立であるとする．これを $V$ の基底 $\{u_1, \cdots, u_k, u_{k+1}, \cdots, u_m\}$ に拡張することができる．

$$U = \left\{ \sum_{i=1}^{m} \xi_i u_i \,\middle|\, |\xi_i| < 1 \right\}$$

とおけば $U \cap L = \{0\}$．ゆえに $L$ は離散部分群である．このとき $k = \dim V$ ならば

$$D = \left\{ \sum_{i=1}^{k} \xi_i u_i \,\middle|\, 0 \leqq \xi_i \leqq 1 \right\}$$

とおくとき $V = D + L$．ゆえに $V/L$ はコンパクトである．$k < \dim V$ ならば，$L$ によって生成される $V$ の部分空間を $V'$，$V'$ の補空間を $V''$ とするとき $V/L \cong V'/L \times V''$ となり，$V/L$ はコンパクトではない．▌

## §6.2　テータ関数

$V$ を $\boldsymbol{C}$ 上 $n$ 次元の線型空間とする．$V$ の座標系を定めれば同型写像 $\varphi: V \to \boldsymbol{C}^n$ が得られ，これを用いて $V$ または $V$ の開集合上の関数 $f$ が整型(有理型)であることを定義することができる．すなわち $f$ が $V$ 上で整型(有理型)であるとは $f \circ \varphi^{-1}$ が $\boldsymbol{C}^n$ 上で整型(有理型)であることである．この定義は同型写像 $\varphi$ のとり方によらない($\boldsymbol{C}^n$ の線型変換は整型写像である)．定理6.1で見たように $V$ の離散部分群 $L$ は容易に記述される．とくに $L$ が格子であるとき，$L$ 不変な $V$ 上の有理型関数が第6章の主対象である．$V = \boldsymbol{C}$ の場合はそれは楕円関数にほか

ならないが，§4.4で述べた楕円関数の構成法はそのままでは高次元の場合に適用されない．しかし，すぐあとで述べるような意味で $L$ に対して相対不変な整型関数を作ることができるならば，その商として $L$ 不変な有理型関数が得られる．

簡単のため記号 $\boldsymbol{e}(\ )=\exp(2\pi i\ )$ を用いる．$V$ の格子 $L$ に対してつぎの性質をもつ $V$ 上の整型関数 $f$ を $V/L$ の**テータ関数**という．

(6.1) $$f(x+u) = f(x)\boldsymbol{e}(l_u(x)+c_u) \qquad (\forall x \in V,\ \forall u \in L).$$

ここで $l_u(x)$ は $V$ 上の $\boldsymbol{C}$ 線型形式，$c_u \in \boldsymbol{C}$ であるが，$l_u, c_u$ はいずれも $u$ に依存する．

$f \neq 0$ とする．$u, v \in L$ ならば，(6.1) によって

$$\begin{aligned} &f(x+u+v) \\ &\quad = f(x)\boldsymbol{e}(l_u(x)+l_v(x+u)+c_u+c_v) \\ &\quad = f(x)\boldsymbol{e}(l_{u+v}(x)+c_{u+v}). \end{aligned}$$

ゆえに

$$\begin{aligned} &l_{u+v}(x)+c_{u+v} \\ &\quad \equiv l_u(x)+l_v(x+u)+c_u+c_v \pmod{\boldsymbol{Z}} \end{aligned}$$

が成り立つ．$x=0$ とおけば

(6.2) $$c_{u+v} \equiv l_v(u)+c_u+c_v \pmod{\boldsymbol{Z}}.$$

ゆえに

(6.3) $$l_{u+v}(x) \equiv l_u(x)+l_v(x) \pmod{\boldsymbol{Z}}.$$

しかし $l_u(x)$ は $\boldsymbol{C}$ 線型であるから，(6.3) から

$$l_{u+v}(x) = l_u(x)+l_v(x)$$

がでる．$L$ の $\boldsymbol{Z}$ 上の基底は $V$ の $\boldsymbol{R}$ 上の基底となる．したがって

$$F(u, x) = l_u(x) \quad (x \in V,\ u \in L)$$

を満たす $V \times V$ 上の $\boldsymbol{R}$ 双線型形式 $F(x, y)$ が存在することがわかる．$l_u(x)$ に対する仮定から $F(x, y)$ は $y$ に関しては $\boldsymbol{C}$ 線型である．(6.2) によって $l_u(v) \equiv l_v(u) \pmod{\boldsymbol{Z}}$，ゆえに

(6.4) $$F(u, v) \equiv F(v, u) \pmod{\boldsymbol{Z}} \qquad (\forall u, v \in L).$$

いま

$$E(x, y) = F(x, y)-F(y, x)$$

とおけば，$E$ は交代形式となる．(6.4) によって

$$E(u, v) \in \boldsymbol{Z} \qquad (\forall u, v \in L). \tag{6.5}$$

$L$ は $\boldsymbol{R}$ 上で $V$ を生成するので，$E$ は $V\times V$ 上で実数値をとる．ゆえに $\mathrm{Im}\,F$ は対称形式である．$F(x, y)$ は $y$ に関しては $\boldsymbol{C}$ 線型であるから $F(x, iy)=iF(x, y)$，したがって

$$\begin{aligned} E(x, iy) &= \mathrm{Re}\,F(x, iy)-\mathrm{Re}\,F(iy, x) \\ &= -\mathrm{Im}\,F(x, y)+\mathrm{Im}\,F(iy, -ix) \\ &= -\mathrm{Im}\,F(x, y)-\mathrm{Im}\,F(iy, ix). \end{aligned}$$

これから $(x, y)\to E(x, iy)$ は対称形式であることがわかる（$\mathrm{Im}\,F$ が対称であるから）．すなわち

$$E(x, iy) = E(y, ix). \tag{6.6}$$

$E$ が交代形式であることと (6.5) から，$u, v\in L$ に対して $(1/2)E(u, v)\equiv(1/2)E(v, u) \pmod{\boldsymbol{Z}}$ が成り立つ．ゆえに

$$S(u, v) \equiv \frac{1}{2}E(u, v) \pmod{\boldsymbol{Z}} \qquad (\forall u, v \in L)$$

を満たす $V\times V$ 上の対称形式 $S(x, y)$ が存在する．たとえば $S$ をつぎのように定義すればよい．$L$ の基底 $\{u_1, \cdots, u_{2n}\}$ をとり，$S(u_j, u_k)=S(u_k, u_j)=(1/2)E(u_j, u_k)$ $(j\leqq k)$ とおき，これを $\boldsymbol{R}$ 双線型性をもつように拡張する．このような $S$ を任意に選んで

$$\begin{aligned} F_0(x, y) &= S(x, y)-\frac{1}{2}E(x, y)+F(x, y) \\ &= S(x, y)+\frac{1}{2}(F(x, y)+F(y, x)) \end{aligned}$$

とおく．$F_0$ は対称形式であって

$$F_0(u, v) \equiv F(u, v) \pmod{\boldsymbol{Z}} \qquad (\forall u, v \in L).$$

(6.2) によって

$$F_0(u, v) \equiv c_{u+v}-c_u-c_v \pmod{\boldsymbol{Z}}$$

となる．

$$b(u) = c_u-\frac{1}{2}F_0(u, u)$$

とおくことにすれば

$$\begin{aligned} b(u+v) &= c_{u+v}-\frac{1}{2}F_0(u+v, u+v) \\ &\equiv c_u+c_v+F_0(u, v)-\frac{1}{2}F_0(u+v, u+v) \\ &\equiv c_u+c_v-\frac{1}{2}F_0(u, u)-\frac{1}{2}F_0(v, v) \\ &\equiv b(u)+b(v) \quad (\mathrm{mod}\, \boldsymbol{Z}). \end{aligned}$$

これは $\chi(u)=\boldsymbol{e}(b(u))$ が $L$ から $\boldsymbol{C}^\times$ の中への準同型写像であることを示す．結局 (6.1) の右辺の因子はつぎのように書かれる．

$$\begin{aligned} &\boldsymbol{e}(l_u(x)+c_u) \\ &\quad = \boldsymbol{e}\left(F(u, x)+b(u)+\frac{1}{2}F_0(u, u)\right) \\ &\quad = \chi(u)\boldsymbol{e}\left(\frac{1}{2}S(u, u)\right)\boldsymbol{e}\left(F(u, x)+\frac{1}{2}F(u, u)\right). \end{aligned}$$

実際，$F_0$ の定義から

$$F_0(u, u)-F(u, u) = S(u, u)-\frac{1}{2}E(u, u) = S(u, u)$$

となるからである．以上の結果を定理として述べておく．

**定理 6.2** $V/L$ のテータ関数 $f\neq 0$ の変換公式はつぎの形に書くことができる．

$$f(x+u) = f(x)\psi(u)\boldsymbol{e}\left(F(u, x)+\frac{1}{2}F(u, u)\right) \qquad (\forall x \in V,\ \ \forall u \in L).$$

ここで $F(x, y)$ は $V\times V$ 上の $\boldsymbol{R}$ 双線型形式で $y$ に関しては $\boldsymbol{C}$ 線型となるものである．このとき

$$E(x, y) = F(x, y)-F(y, x)$$

とおけば，$E$ は $V\times V$ 上の交代形式でつぎの性質をもつ．

(i) $E(u, v) \in \boldsymbol{Z} \quad (\forall u, v \in L)$.

(ii) $E(x, iy) = E(y, ix) \quad (\forall x, y \in V)$.

また $S$ を

$$S(u, v) \equiv \frac{1}{2}E(u, v) \quad (\mathrm{mod}\, \boldsymbol{Z}) \qquad (\forall u, v \in L)$$

を満たす $V\times V$ 上の対称な $\boldsymbol{R}$ 双線型形式として

$$\psi(u) = \chi(u)\boldsymbol{e}\left(\frac{1}{2}S(u, u)\right)$$

とおけば，$\chi$ は $L$ から $\boldsymbol{C}^\times$ の中への準同型写像となる．

**注意** (1) $F$ および $\psi$ は $f$ によって一意的に決まる．$f'$ を別のテータ関数として，定理6.2により $f'$ に対応する $(F, \psi)$ を $(F', \psi')$ と書くことにする．このとき $ff'$ はまたテータ関数となり，$ff'$ には $(F+F', \psi\psi')$ が対応する．ただし $(\psi\psi')(u)=\psi(u)\psi'(u)$ $(u \in L)$．

(2) $a \in V$ ならば $x \to f(x+a)$ はテータ関数である．その変換公式は

$$f(x+a+u) = f(x+a)\psi(u)\chi_a(u)\boldsymbol{e}\left(F(u, x)+\frac{1}{2}F(u, u)\right) \qquad (\forall x \in V,\ \forall u \in L).$$

ただし $\chi_a(u)=\boldsymbol{e}(F(u, a))$．

(3) $u \in L$, $x \in V$ に対して

$$J(u, x) = \psi(u)\boldsymbol{e}\left(F(u, x)+\frac{1}{2}F(u, u)\right)$$

とおけば

$$J(u+v, x) = J(u, x+v)J(v, x).$$

同じ変換公式を満たす $V/L$ のテータ関数の全体は明らかに $\boldsymbol{C}$ 上の線型空間を作る．

$q(x)$ を $V$ 上の2次形式，$m(x)$ を $V$ 上の $\boldsymbol{C}$ 線型形式，$c \in \boldsymbol{C}$ とする．

$$g(x) = \boldsymbol{e}(q(x)+m(x)+c)$$

は，任意の格子 $L$ に対して，$V/L$ のテータ関数である．$g$ に対しては

$$F(x, y) = q(x+y)-q(x)-q(y),$$
$$\psi(u) = \chi(u) = \boldsymbol{e}(m(u)).$$

したがって $E(x, y)=0$ となる．この形のテータ関数 $g$ を**自明なテータ関数**という．$g, g'$ が自明なテータ関数であるならば，$g/g'$ も自明なテータ関数である．

$V/L$ のテータ関数 $f, f'$ は，$f'=fg$ となる自明なテータ関数 $g$ が存在するとき，**同値**であるという．これが実際に同値関係となることは明らかである．

任意のテータ関数 $(\neq 0)$ の属する同値類の中につぎのような意味で正規化されたテータ関数が定数倍を除きただ一つ存在することを示そう．定理6.2の記号で $F(x, y)$ が歪 Hermite 形式であり，$|\psi(u)|=1$ $(\forall u \in L)$ が成り立つとき，$f$ は**正規化されている**という．対称形式 $S$ は実数値をとるから，$|\psi(u)|=1$ $(\forall u \in L)$ は $\chi$ が $L$ の指標であることと同値である．一般に $E$ を $E(u, v) \in \boldsymbol{Z}$ $(\forall u, v \in L)$ を

満たす交代形式，$\psi$ を $L$ から $\boldsymbol{C}^{\times}$ の中への写像とする．

$$S(u, v) \equiv \frac{1}{2}E(u, v) \pmod{\boldsymbol{Z}} \qquad (\forall u, v \in L)$$

を満たす対称形式 $S$ に対して

$$u \longrightarrow \psi(u)\boldsymbol{e}\left(-\frac{1}{2}S(u, u)\right)$$

が $L$ の指標となるとき(この性質が $S$ のとり方によらないことは容易にわかる)，$\psi$ は $E$ に付随する**2次指標** (character of the second degree) であるという．定理6.2の交代形式 $E$ が $f$ の同値類のみで決まることに注意する．$f$ が正規化されているとき，$(E, \psi)$ を $f$ の**型**という．

$F$ が歪 Hermite 形式であると仮定すれば

$$\begin{aligned} E(x, y) &= F(x, y) - F(y, x) \\ &= F(x, y) + \overline{F(x, y)} = 2\,\mathrm{Re}\,F(x, y). \end{aligned}$$

$F(x, y)$ は $y$ に関して $\boldsymbol{C}$ 線型であるから，$E(x, iy) = -2\,\mathrm{Im}\,F(x, y)$．ゆえに

$$F(x, y) = \frac{1}{2}(E(x, y) - iE(x, iy)). \tag{6.7}$$

この場合 $F$ は $E$ によって一意に決まるわけである．

**定理6.3** $f \neq 0$ を $V/L$ のテータ関数とする．$f$ の同値類の中に正規化されたテータ関数が定数倍を除きただ一つ存在する．

**証明** $g$ を自明なテータ関数として $f' = fg$ とおく．$f', g$ に対する定理6.2の $(F, \psi)$ をそれぞれ $(F', \psi')$, $(G, \varphi)$ と書く．$F'$ が歪 Hermite 形式ならば，(6.7) によって

$$F'(x, y) = F(x, y) + G(x, y) = \frac{1}{2}(E(x, y) - iE(x, iy)).$$

ゆえに

$$G(x, y) = -\frac{1}{2}(F(x, y) + F(y, x) + iE(x, iy)). \tag{6.8}$$

逆にこの式によって $G$ を定義すれば定理6.2の (ii) によって $G$ は対称形式となる．

一方，$V$ 上の $\boldsymbol{C}$ 線型形式 $m$ をとって $\varphi(u) = \boldsymbol{e}(m(u))$ と書くことができる．$|\psi'(u)| = 1$ $(u \in L)$ は，定理6.2の記号を用いれば，$\log|\chi(u)| = 2\pi\,\mathrm{Im}\,m(u)$ $(u \in$

$L$) と同値である．この条件によって $\mathrm{Im}\, m$ は一意的に決まる．しかし $m$ は $\boldsymbol{C}$ 線型であるから $\mathrm{Re}\, m$ も一意的に決まる．すなわち $L$ から $\boldsymbol{R}$ の中への準同型写像

$$u \longrightarrow \frac{1}{2\pi}\log|\chi(u)|$$

を $V$ 上の $\boldsymbol{R}$ 線型形式 $\lambda$ に拡張すれば

$$m(x) = \lambda(ix)+i\lambda(x). \tag{6.9}$$

与えられた $(F, \psi)$ から (6.8), (6.9) によって $G, m$ を定義し，任意の $c \in \boldsymbol{C}$ をとって

$$g(x) = \boldsymbol{e}\left(\frac{1}{2}G(x, x)+m(x)+c\right)$$

とおけば，$f'=fg$ は正規化されたテータ関数となる．この性質をもつ $g$ が定数倍を除いて一意的であることは以上の証明によって明らかである．▌

$V\times V$ 上の $\boldsymbol{R}$ 双線型形式 $E$ がつぎの性質をもつとき，$E$ は $V/L$ 上の **Riemann 形式**であるという．

(1)　$E$ は交代形式である．

(2)　$u, v \in L$ ならば $E(u, v) \in \boldsymbol{Z}$.

(3)　$E(x, iy)$ は半正値対称形式である．すなわち

$$\begin{aligned} E(x, iy) &= E(y, ix) \\ E(x, ix) &\geqq 0 \end{aligned} \qquad (\forall x, y \in V).$$

$E$ が Riemann 形式であるならば

$$H(x, y) = E(x, iy)+iE(x, y) \tag{6.10}$$

は Hermite 形式である．また $H(x, x)=E(x, ix)\geqq 0$. このときつぎの3条件は同値である．

(a)　$H$ は正値である．

(b)　$E(x, iy)$ は正値である．

(c)　$E$ は非退化である．

実際，(a) $\Leftrightarrow$ (b) は明らかである．(b) は $E(x, iy)$ が非退化であることと，したがって (c) と同値である．

**定理 6.4**　$f\neq 0$ が型 $(E, \psi)$ の正規化されたテータ関数であるならば，$E$ は

$V/L$ 上の Riemann 形式である.

**証明** 定理6.2の(i), (ii)を見れば, $E(x, ix) \geqq 0$ $(x \in V)$ を示せば十分である. (ii)から(6.10)によって定義される $H$ は Hermite 形式となる. $H$ が半正値であることをいえばよい. (6.7)によって, $f$ の定める双線型形式を $F$ とすれば, $H=2iF$.

$$h(x) = f(x) \exp\left(-\frac{\pi}{2}H(x, x)\right)$$

とおけば, 容易な計算によって

$$h(x+u) = h(x)\psi(u) \exp(\pi i E(u, x)) \qquad (u \in L)$$

がでる. ゆえに $|h(x+u)|=|h(x)|$ $(u \in L)$ となり, $|h(x)|$ は有界である. ゆえにつぎの評価式が成り立つ.

$$(6.11) \qquad |f(x)| \leqq c \exp\left(\frac{\pi}{2}H(x, x)\right).$$

いま $H(x_0, x_0)<0$ となる $x_0 \in V$ があるとする. 任意の $x \in V$ と $z \in \boldsymbol{C}$ に対して

$$|f(x+zx_0)| \leqq c \exp\left(\frac{\pi}{2}(H(x, x)+2 \operatorname{Re} zH(x_0, x)+|z^2|H(x_0, x_0))\right).$$

右辺は $|z|\to\infty$ のとき0に近づくから, $z \to f(x+zx_0)$ は有界な整関数となり, Liouville の定理によって定数でなければならない. しかし上に述べたことからこの定数は0である. とくに $z=0$ として $f(x)=0$ が得られる. ゆえに $f=0$ となるが, これは仮定に反する. ▌

定理6.4の記号で, $E$ に対応する Hermite 形式 $H$ が正値ではない場合を考えて見よう. このとき

$$H(a_j, a_j) > 0 \qquad (1\leqq j\leqq m),$$
$$H(a_j, a_j) = 0 \qquad (m<j\leqq n),$$
$$H(a_j, a_k) = 0 \qquad (j\neq k)$$

を満たす $V$ の基底 $\{a_1, \cdots, a_n\}$ が存在する. $\{a_1, \cdots, a_m\}$, $\{a_{m+1}, \cdots, a_n\}$ によって張られる $V$ の部分空間をそれぞれ $V', V''$ とする. $V$ は $V'$ と $V''$ の直和である. $V$ から $V', V''$ への射影をそれぞれ $x\to x'$, $x \to x''$ で表わす. 任意の $x, y \in V$ に対して $H(x, y)=H(x', y')$ となる. このときつぎのことが成立する.

(1)　$f(x)=f(x')$　$(x \in V)$.

(2)　$x \to x'$ による $L$ の像を $L'$ とすれば，$L'$ は $V'$ の格子である．

いい換えれば $f$ は $V'/L'$ のテータ関数を射影 $x \to x'$ によって $V$ に引き戻したものである．

(1) を証明しよう．(6.11) から

$$|f(x)| \leqq c \exp\left(\frac{\pi}{2} H(x', x')\right)$$

がでる．したがって $f(x)=f(x'+x'')$ は $x''$ の関数としては有界な整関数となり，これは定数でなければならない．

つぎに (2) を証明する．$E(x, y)=E(x', y')$ $(x, y \in V)$ に注意する．ゆえに $u'$, $v' \in L'$ ならば $E(u', v') \in \boldsymbol{Z}$. $\{u_1, \cdots, u_{2n}\}$ を $L$ の基底とする．

$$U' = \{x' \in V' \mid |E(x', u_j)| < 1, 1 \leqq j \leqq 2n\}$$

は $V'$ における 0 の近傍となる．$u' \in U' \cap L'$ ならば

$$E(u', u_j') = 0 \qquad (1 \leqq j \leqq 2n).$$

$E(u', y')=0$ $(\forall y' \in V')$，したがって $H(u', y')=0$ $(\forall y' \in V')$．ゆえに $u'=0$. これは $L'$ が $V'$ の離散部分群であることを示す．$L'$ は $\boldsymbol{R}$ 上で $V'$ を生成するので $L'$ の階数は $2m$ である．

$L$ を $\boldsymbol{C}^n$ の格子，$E$ を $\boldsymbol{C}^n/L$ 上の Riemann 形式とする．$\{u_1, \cdots, u_{2n}\}$ を $L$ の基底とすれば

$$A = (E(u_j, u_k))_{1 \leqq j, k \leqq 2n}$$

は整係数交代行列である．$A$ を Riemann 形式 $E$ の**主行列**という．つぎの補題は整係数交代行列が或る非退化 Riemann 形式の主行列となるための必要十分条件を与える．

**補題 6.2**　$E$ を $\boldsymbol{C}^n$ 上の $\boldsymbol{R}$ 双線型交代形式とする．$\boldsymbol{C}^n$ の $\boldsymbol{R}$ 上の基底 $\{p_1, \cdots, p_{2n}\}$ に対して

$$A = (E(p_j, p_k)), \qquad P = (p_1, \cdots, p_{2n})$$

とおく ($P$ は $p_1, \cdots, p_{2n}$ を列ベクトルとする $(n, 2n)$ 行列)．このとき $E(x, iy)$ が正値対称形式であるためには，$PA^{-1}{}^tP=0$ かつ $-iPA^{-1}{}^t\bar{P}$ が正値 Hermite 行列となることが必要十分である．

**証明**　$\begin{bmatrix} P \\ \bar{P} \end{bmatrix}$ は正則行列である．そうではないとすれば，$Pz=\bar{P}z=0$ となる

$z \in \boldsymbol{C}^{2n}$, $z \neq 0$, が存在する．このとき $P(z+\bar{z})=0$ となるが，$p_1, \cdots, p_{2n}$ は $\boldsymbol{R}$ 上線型独立であるから $z+\bar{z}=0$. 同様に $z-\bar{z}=0$ となり，これは $z\neq 0$ と矛盾する．

$$ip_j = \sum_{k=1}^{2n} \gamma_{kj} p_k \qquad (\gamma_{kj} \in \boldsymbol{R}) \tag{6.12}$$

によって行列 $C=(\gamma_{jk})$ を定義する．

$$E(p_j, ip_k) = \sum_{l=1}^{2n} \gamma_{lk} E(p_j, p_l)$$

であるから

$$(E(p_j, ip_k)) = AC.$$

(6.12)によって $iP=PC$, ゆえに

$$i\begin{bmatrix} P \\ -\bar{P} \end{bmatrix} = \begin{bmatrix} P \\ \bar{P} \end{bmatrix} C \quad \text{あるいは} \quad C = i\begin{bmatrix} P \\ \bar{P} \end{bmatrix}^{-1} \begin{bmatrix} P \\ -\bar{P} \end{bmatrix}.$$

$$AC = iA\begin{bmatrix} P \\ \bar{P} \end{bmatrix}^{-1} \begin{bmatrix} P \\ -\bar{P} \end{bmatrix}$$

が正値対称行列であるためには，その逆行列

$$-i\begin{bmatrix} P \\ -\bar{P} \end{bmatrix}^{-1} \begin{bmatrix} P \\ \bar{P} \end{bmatrix} A^{-1}$$

が正値対称行列であることが必要十分である．そのためにはまた

$$-i\begin{bmatrix} P \\ \bar{P} \end{bmatrix} A^{-1}({}^t\bar{P} - {}^tP) = -i\begin{bmatrix} PA^{-1}{}^t\bar{P} & -PA^{-1}{}^tP \\ \bar{P}A^{-1}{}^t\bar{P} & -\bar{P}A^{-1}{}^tP \end{bmatrix}$$

が正値 Hermite 行列であることが必要十分である．右辺が正値 Hermite 行列であるとすれば，$A$ は交代行列であるから，$PA^{-1}{}^tP=0$ がでる．また $-iPA^{-1}{}^t\bar{P}$ は正値 Hermite 行列でなければならない．この逆も成立する．▌

## §6.3 次元公式

$E$ を $V/L$ 上の非退化 Riemann 形式，$\psi$ を $E$ に付随する 2 次指標とする．型 $(E, \psi)$ の正規化されたテータ関数および 0 の全体は $\boldsymbol{C}$ 上の線型空間を作る．これを $\mathcal{L}(E, \psi)$ で表わす．

**補題 6.3** $L$ を階数 $2n$ の自由加群，$\varphi(u, v)$ を整数値をとる $L$ 上の非退化交代形式とする．このとき $L$ の基底 $\{u_1, \cdots, u_{2n}\}$ でつぎの条件を満たすものが存在する．

$$\begin{aligned}&\varphi(u_j, u_{n+k}) = d_j\delta_{jk}\\&\varphi(u_j, u_k) = \varphi(u_{n+j}, u_{n+k}) = 0\end{aligned}\qquad (j, k=1, \cdots, n),$$
$$d_1 \mid d_2 \mid \cdots \mid d_n.$$

**証明**　$u \in L$, $u \neq 0$ に対して $\varphi(u, L) = \{\varphi(u, v) \mid v \in L\}$ は 0 ではない $\boldsymbol{Z}$ のイデアルであるから, $\varphi(u, L) = \boldsymbol{Z}d_u$ となる整数 $d_u > 0$ がある. $d_u$ が最小となる $u$ を $u_1$ として, $d_{u_1} = d_1$ と書く. $\varphi(u_1, v) = d_1$ となる $v \in L$ が存在する. このとき $d_v \mid d_1$ となるが, $u_1$ のとり方から $d_v = d_1$. この $v$ を $v_1$ と書く. 任意の $u \in L$ に対して $\varphi(u_1, u) = d_1 b$, $\varphi(v_1, u) = -d_1 a$ $(a, b \in \boldsymbol{Z})$ と書くことができる.

$$v = u - au_1 - bv_1$$

とおけば $v \in L$, かつ $\varphi(u_1, v) = \varphi(v_1, v) = 0$ となる.

$$L' = \{u \in L \mid \varphi(u_1, u) = \varphi(v_1, u) = 0\}$$

は $L$ の部分加群となるが, 上のことから

$$L = \boldsymbol{Z}u_1 + \boldsymbol{Z}v_1 + L' \quad (\text{直和}).$$

任意の $u', v' \in L'$ に対して $d_1 \mid \varphi(u', v')$ を示そう. そうではないとすれば, $\varphi(u', v') = ed_1 + d$ $(0 < d < d_1)$ となる整数 $e, d$ が存在する. このとき

$$\varphi(u_1 + u', -ev_1 + v') = -ed_1 + \varphi(u', v') = d.$$

これは $d_1$ が $d_u$ $(u \in L)$ の最小値であることに矛盾する. ゆえに補題は $L$ の階数に関する帰納法によって証明される. ▌

一般に $u_i$ $(1 \leqq i \leqq 2n)$ を $L$ の基底とすると, $\det(\varphi(u_i, u_j))$ は基底のとり方によらない. 補題 6.3 の基底に対しては

$$\det(\varphi(u_i, u_j)) = (d_1 \cdots d_n)^2$$

となる. $\det(\varphi(u_i, u_j))$ の正の平方根を $Pf(\varphi)$ で表わす. これは正の整数である.

$E$ が $V/L$ 上の非退化 Riemann 形式であるならば, $E$ の $L$ への制限 $E|L$ は $L$ 上の整数値非退化交代形式である.

**定理 6.5**　$E$ を $V/L$ 上の非退化 Riemann 形式, $\psi$ を $E$ に付随する 2 次指標とする. 型 $(E, \psi)$ の正規化されたテータ関数の空間 $\mathcal{L}(E, \psi)$ の次元は $Pf(E|L)$ に等しい.

**証明**　$E|L$ に関して補題 6.3 の条件を満たす $L$ の基底 $\{u_1, \cdots, u_{2n}\}$ をとる. $\{u_{n+1}, \cdots, u_{2n}\}$ によって生成される $\boldsymbol{R}$ 部分空間を $W'$ とする. $\{ix \mid x \in W'\}$ を

$iW'$ と書くことにすれば，$W', iW'$ はいずれも $\boldsymbol{R}$ 上 $n$ 次元である．いま $x=iy$ $(x, y \in W')$ とすれば

$$E(x, ix) = E(x, -y) = -E(x, y) = 0$$

($E$ は $\boldsymbol{R}$ 双線型，$E(u_j, u_k)=0\ (n<j, k\leqq 2n)$ であるから)．ゆえに $x=0$．これは $W' \cap iW' = \{0\}$ を示す．$\boldsymbol{R}$ 上の次元を考えれば $V=W'+iW'$ であることがわかる．とくに $\{u_{n+1}, \cdots, u_{2n}\}$ は $V$ の $\boldsymbol{C}$ 上の基底である．

$f \in \mathscr{L}(E, \psi)$ の変換公式に現れる双線型形式 $F$ は (6.7) によって与えられる．すなわち

$$F(x, y) = \frac{1}{2}(E(x, y) - iE(x, iy)).$$

$x, y \in W'$ ならば $E(x, y)=0$ であるから $F(x, y)=F(y, x)$．ゆえにこれを $\boldsymbol{C}$ 双線型になるように $V$ に拡張することによって

$$G(x, y) = F(x, y) \qquad (x, y \in W')$$

となる $V\times V$ 上の対称な $\boldsymbol{C}$ 双線型形式 $G$ が得られる．一方，$\psi$ は $L\cap W'$ 上に制限すれば $L \cap W'$ の指標となる．実際，2 次指標の定義によって，$S$ を

$$S(u, v) \equiv \frac{1}{2}E(u, v) \pmod{\boldsymbol{Z}} \qquad (\forall u, v \in L)$$

を満たす $V\times V$ 上の対称な $\boldsymbol{R}$ 双線型形式とすれば

$$u \longrightarrow \psi(u)\boldsymbol{e}\left(-\frac{1}{2}S(u, u)\right)$$

は $L$ の指標であった．しかし $u, v \in L\cap W'$ ならば $S(u, v)\equiv 0 \pmod{\boldsymbol{Z}}$ であるから

$$u \longrightarrow \boldsymbol{e}\left(\frac{1}{2}S(u, u)\right)$$

は $L\cap W'$ の指標となる．したがって $\psi$ も同じ性質をもつ．このことから

$$\psi(u) = \boldsymbol{e}(m(u)) \qquad (u \in L\cap W')$$

となる $V$ 上の $\boldsymbol{C}$ 線型形式 $m$ が存在することがわかる．

自明なテータ関数 $g$ を

$$g(x) = \boldsymbol{e}\left(\frac{1}{2}G(x, x) + m(x)\right)$$

によって定義し

$$\mathscr{L}' = \{fg^{-1} \mid f \in \mathscr{L}(E, \psi)\}$$

とおく．もちろん $\dim \mathscr{L}' = \dim \mathscr{L}(E, \psi)$ であって，$\dim \mathscr{L}'$ が $Pf(E \mid L)$ に等しいことを示せばよいのである．$F'(x, y) = F(x, y) - G(x, y)$ $(x, y \in V)$，$\psi'(u) = \psi(u)\boldsymbol{e}(-m(u))$ $(u \in L)$ とすれば，$f' \in \mathscr{L}'$ はつぎの変換公式を満足する．

$$f'(x+u) = f'(x)\psi'(u)\boldsymbol{e}\left(F'(u, x) + \frac{1}{2}F'(u, u)\right) \qquad (\forall u \in L). \tag{6.13}$$

$G, m$ のとり方から

$$F'(x, y) = 0 \qquad (x, y \in W'), \tag{6.14}$$

$$\psi'(u) = 1 \qquad (u \in L \cap W'). \tag{6.15}$$

$F'(x, y)$ は $y$ に関しては $\boldsymbol{C}$ 線型であるから，任意の $x \in W'$ と $y \in V$ に対して $F'(x, y) = 0$ が成り立つことに注意する．いま $\{u_1, \cdots, u_n\}$ によって生成される $\boldsymbol{R}$ 部分空間を $W$ とする．$x \in W'$，$y \in W$ ならば

$$F'(y, x) = E(y, x) + F'(x, y) = E(y, x).$$

$y = \sum_{j=1}^{n} \eta_j u_j$ $(\eta_j \in \boldsymbol{R})$ と書けば，$F'(y, u_{n+k}) = \sum_j \eta_j E(u_j, u_{n+k}) = d_k \eta_k$．ゆえに $x = \sum_{j=1}^{n} \zeta_j u_{n+j}$，$y = \sum_{j=1}^{n} \eta_j u_j$ $(\zeta_j \in \boldsymbol{C},\ \eta_j \in \boldsymbol{R})$ に対して

$$F'(y, x) = \sum_{j=1}^{n} d_j \zeta_j \eta_j. \tag{6.16}$$

$$u_j = \sum_{k=1}^{n} \rho_{jk} u_{n+k}$$

によって $\rho_{jk} \in \boldsymbol{C}$ を定める．$x, y \in W$ とし，これを $x = \sum_{j=1}^{n} \xi_j u_j$，$y = \sum_{j=1}^{n} \eta_j u_j$ $(\xi_j, \eta_j \in \boldsymbol{R})$ と書く．$x = \sum_{j=1}^{n} \left(\sum_{k=1}^{n} \rho_{kj} \xi_k\right) u_{n+j}$ となるから，(6.16) によって

$$F'(y, x) = \sum_{k, j=1}^{n} d_j \rho_{kj} \xi_k \eta_j. \tag{6.17}$$

さて任意の $f' \in \mathscr{L}'$ は，(6.13)-(6.15) によって，$L \cap W'$ の元を周期としてもつ．ゆえに

$$x = \sum_{j=1}^{n} \zeta_j u_{n+j} \qquad (\zeta_j \in \boldsymbol{C})$$

と書けば，$f'(x)$ はつぎのように Fourier 展開される．

$$f'(x) = \sum_{m} c(m)\boldsymbol{e}\left(\sum_{j=1}^{n} m_j \zeta_j\right). \tag{6.18}$$

ここで $m = (m_1, \cdots, m_n)$ は $\boldsymbol{Z}^n$ のすべての元を動く．しかし $f'$ はさらに $u \in L \cap$

$W$ に対して (6.13) を満足することから，Fourier 係数 $c(m)$ の間の関係が導かれる．

$$u = \sum_{k=1}^{n} l_k u_k = \sum_{j,k=1}^{n} l_k \rho_{kj} u_{n+j} \qquad (l_k \in \boldsymbol{Z})$$

とおけば

$$f'(x+u) = \sum_{m} c(m) \boldsymbol{e}\left(\sum_{j=1}^{n} m_j \left(\zeta_j + \sum_{k=1}^{n} l_k \rho_{kj}\right)\right).$$

一方では

$$f'(x)\psi'(u)\boldsymbol{e}\left(F'(u,x)+\frac{1}{2}F'(u,u)\right)$$
$$= \sum_{m} c(m)\psi'(u)\boldsymbol{e}\left(\sum_{j=1}^{n}(m_j+d_j l_j)\zeta_j + \frac{1}{2}F'(u,u)\right).$$

ここで (6.16) を用いた．これを比べて

$$c(m)\boldsymbol{e}\left(\sum_{k,j=1}^{n} m_j l_k \rho_{kj}\right)$$
$$= c\left(m - \sum_{j=1}^{n} l_j d_j e_j\right)\psi'(u)\boldsymbol{e}\left(\frac{1}{2}F'(u,u)\right)$$

が得られる．ただし $e_1, \cdots, e_n$ は $\boldsymbol{Z}^n$ の単位ベクトルである．あるいは

(6.19) $$w_m = \sum_{j=1}^{n} d_j^{-1} m_j u_j$$

とおけば，(6.17) によって

(6.20) $$c\left(m - \sum_{j=1}^{n} l_j d_j e_j\right)$$
$$= c(m)\psi'(u)^{-1}\boldsymbol{e}\left(F'(w_m, u) - \frac{1}{2}F'(u,u)\right).$$

逆に $f'$ が (6.18) の形の Fourier 展開をもち，$c(m)$ が (6.20) を満たすならば，$u \in L \cap W$ および $u \in L \cap W'$ それぞれに対して (6.13) が成立する．このとき任意の $u \in L$ に対して (6.13) が成立することは定理 6.2 のあとの注意 (3) によって明らかである．

$d_1 e_1, \cdots, d_n e_n$ で生成される $\boldsymbol{Z}^n$ の部分群を $\varDelta$，$\boldsymbol{Z}^n/\varDelta$ の代表系を $M$ とする．たとえば

$$M = \{m \mid 0 \leqq m_j < d_j,\ j=1, \cdots, n\}.$$

$m\in M$ に対し

$$f_m'(x)=\sum_{l\in \boldsymbol{Z}^n}\psi'(u)^{-1}\boldsymbol{e}\left(F'(w_m,u)-\frac{1}{2}F'(u,u)\right)\times\boldsymbol{e}\left(\sum_{j=1}^{n}(m_j-d_jl_j)\zeta_j\right) \tag{6.21}$$

とおく．ただし $u=\sum_{j=1}^{n}l_ju_j$, $x=\sum_{j=1}^{n}\zeta_ju_{n+j}$ $(\zeta_j\in\boldsymbol{C})$．この級数が $V$ の任意のコンパクト集合上で絶対一様収束することはあとで証明するが，これを認めれば $f_m'$ は $\mathcal{L}'$ に属し，(6.20) によって任意の $f'\in\mathcal{L}'$ は

$$f'(x)=\sum_{m\in M}c(m)f_m'(x)$$

と書かれる．$f_m'$ の形から $\{f_m'\mid m\in M\}$ は線型独立である．$|M|=d_1\cdots d_n=Pf(E\mid L)$ に注意すれば，これで定理が証明されたことになる．

$f_m'$ が $V$ のコンパクト集合 $K$ 上で絶対一様収束することを証明しよう．まず $-\mathrm{Im}\,F'(x,x)$ は $W$ 上の正値2次形式であることを示す．$x\in W$ とする．$V=W'+iW'$ であるから $x=y+iz$ $(y,z\in W')$ と書くことができる．任意の $x_1\in V$, $y_1\in W'$ に対して $F'(y_1,x_1)=0$ に注意すると

$$\begin{aligned}F'(x,x)&=F'(iz,y+iz)=E(iz,y+iz)+F'(y+iz,iz)\\&=E(iz,y)+iF'(iz,z)=E(iz,y)+i(E(iz,z)+F'(z,iz))\\&=E(iz,y)+iE(iz,z).\end{aligned}$$

ゆえに $-\mathrm{Im}\,F'(x,x)=E(z,iz)$．また $x\neq0$ ならば $z\neq0$．これは $-\mathrm{Im}\,F'(x,x)$ が正値であることを示す．したがって

$$-\mathrm{Im}\,F'(u,u)\geqq 4\alpha(l_1^2+\cdots+l_n^2)$$

となる $\alpha>0$ が存在する．級数 (6.21) の各項を $t(l)$ で表わせば $\log|t(l)|-\frac{1}{2}\mathrm{Im}\,F'(u,u)$ は $l_1,\cdots,l_n$ の1次式である．$x\in K$ ならば，$K$ のみできまる定数 $c>0$ が存在し，$l_1^2+\cdots+l_n^2\geqq c$ ならば

$$|t(l)|\leqq\exp(-\alpha(l_1^2+\cdots+l_n^2))$$

となる．一方

$$\sum_{l\in\boldsymbol{Z}^n}\exp(-\alpha(l_1^2+\cdots+l_n^2))$$

の収束は容易にわかる．実際，これは $\left(\sum_{l=-\infty}^{\infty}e^{-\alpha l^2}\right)^n$ に等しく，

$$\sum_{l=-\infty}^{\infty}e^{-\alpha l^2}\leqq 1+2\sum_{l=1}^{\infty}e^{-\alpha l}.$$

∎

**系**　$v \in V$ とする．すべての $f \in \mathscr{L}(E, \psi)$ に対して

$$f(x+v) = f(x)\boldsymbol{e}(F(v, x)+c_v) \tag{6.22}$$

となる定数 $c_v$ が存在すれば $v \in L$.

**証明**　定理の記号をそのまま使う．

$$c_v' = c_v\boldsymbol{e}\left(-\frac{1}{2}G(v, v)-m(v)\right)$$

とすれば，すべての $f' \in \mathscr{L}'$ に対して

$$f'(x+v) = f'(v)\boldsymbol{e}(F'(v, x)+c_v') \tag{6.23}$$

が成り立つ．(6.21) を

$$f_m'(x) = \sum c_m(l)\boldsymbol{e}\left(\sum_{j=1}^{n}(m_j-d_jl_j)\zeta_j\right)$$

と書いておく．

$$v = \sum_{j=1}^{n}\alpha_ju_j+\sum_{j=1}^{n}\beta_ju_{n+j} \qquad (\alpha_j, \beta_j \in \boldsymbol{R})$$

とする．$f'(x+v)$ および $f'(x)$ は $x \to x+u$ $(u \in L \cap W')$ によって不変であるから，(6.23) によって $F'(v, u)=\sum_{j=1}^{n} d_j\alpha_jl_j \in \boldsymbol{Z}$ $\left(ただし\ u=\sum_{j=1}^{n} l_ju_{n+j}\right)$. ゆえに $d_j\alpha_j \in \boldsymbol{Z}$. $f'$ に $f_m'$ を代入すれば

$$\sum_{l} c_m(l)\boldsymbol{e}\left(\sum_{j=1}^{n}(m_j-d_jl_j)\left(\zeta_j+\beta_j+\sum_{k=1}^{n}\rho_{kj}\alpha_k\right)\right)$$

$$= \sum_{l} c_m(l)\boldsymbol{e}\left(\sum_{j=1}^{n}(m_j-d_jl_j+d_j\alpha_j)\zeta_j+c_v'\right).$$

Fourier 展開の一意性から $(m_j-d_jl_j)$ の全体と $(m_j-d_jl_j+d_j\alpha_j)$ の全体は一致しなければならない．ゆえに $\alpha_j \in \boldsymbol{Z}$. $v$ を $v-\sum_{j=1}^{n}\alpha_ju_j$ で置き換えて初めから $\alpha_j=0$ と仮定してよい．このとき

$$\sum_{j=1}^{n}(m_j-d_jl_j)\beta_j \equiv c_v' \pmod{\boldsymbol{Z}}$$

が任意の $m \in M$ と $l \in \boldsymbol{Z}^n$ に対して成立する．これから $\beta_j \in \boldsymbol{Z}$ がでる．∎

## §6.4　射影空間への埋め込み

複素多様体の定義を述べよう．$M$ を分離位相空間とする．$M$ の開被覆 $\{U_\alpha\}_{\alpha\in A}$ と $U_\alpha$ から $\boldsymbol{C}^n$ の開集合の上への同相写像の族 $\{\varphi_\alpha\}_{\alpha\in A}$ が与えられ，それらがつ

ぎの性質をもつとき $M$ は **$n$ 次元複素多様体**であるという．

$U_\alpha \cap U_\beta \neq \phi$ $(\alpha, \beta \in A)$ ならば

$$\varphi_\beta \circ \varphi_\alpha^{-1}\colon \varphi_\alpha(U_\alpha \cap U_\beta) \longrightarrow \varphi_\beta(U_\alpha \cap U_\beta)$$

は整型写像である．ここで $(U_\alpha, \varphi_\alpha)$ を**局所座標系**という．

複素多様体 $M, N$ の局所座標系の族をそれぞれ $\{(U_\alpha, \varphi_\alpha)\}_{\alpha\in A}$, $\{(V_\beta, \psi_\beta)\}_{\beta\in B}$ とする．$f$ を $M$ から $N$ の中への連続写像とする．任意の $\alpha \in A$, $\beta \in B$ $(f(U_\alpha) \cap V_\beta \neq \phi)$ に対して

$$\psi_\beta \circ f \circ \varphi_\alpha^{-1}\colon \varphi_\alpha(U_\alpha \cap f^{-1}(V_\beta)) \longrightarrow \psi_\beta(V_\beta \cap f(U_\alpha))$$

が整型写像となるとき，$f$ は $M$ から $N$ の中への**整型写像**であるという．

$M$ は $n$ 次元，$N$ は $p$ 次元であるとする．$x \in M$ に対して $x \in U_\alpha$, $f(x) \in V_\beta$ となる $U_\alpha, V_\beta$ をとる．このとき $\psi_\beta \circ f \circ \varphi_\alpha^{-1}$ の $\varphi_\alpha(x)$ における導写像は $\boldsymbol{C}^n$ から $\boldsymbol{C}^p$ の中への $\boldsymbol{C}$ 線型写像である．この階数は局所座標系のとり方によらない．これを $x$ における $f$ の**階数**という．

$M$ から $N$ の中への整型写像 $f$ が $M$ から $f(M)$ の上への同相写像を与え，さらに $M$ の任意の点における $f$ の階数が $M$ の次元に等しいとき，$f$ は $M$ から $N$ の中への**埋め込み**であるという(このとき $f(M)$ は $N$ の部分多様体となる)．

複素射影空間はつぎのようにして定義される複素多様体である．$\boldsymbol{C}^{n+1}$ の点 $z$ の座標を $z_0, z_1, \cdots, z_n$ で表わすことにする．$\boldsymbol{C}^{n+1}-\{0\}$ の2点 $z, z'$ は，$z_i'=\alpha z_i$ $(0\leqq i\leqq n)$ となる $\alpha \in \boldsymbol{C}^\times$ が存在するとき，同値であるという．$\boldsymbol{C}^{n+1}-\{0\}$ をこの同値関係で割って得られる商空間を $P^n$ で表わす．$\boldsymbol{C}^{n+1}-\{0\}$ から $P^n$ の上への標準写像を $\lambda$ とする．$(z_0, \cdots, z_n)$ を $\lambda(z)$ の斉次座標という．

$$U_i = \lambda(\{z \mid z_i \neq 0\}),$$

$$\varphi_i(\lambda(z)) = \left(\frac{z_0}{z_i}, \cdots, \frac{z_{i-1}}{z_i}, \frac{z_{i+1}}{z_i}, \cdots, \frac{z_n}{z_i}\right)$$

とおく．$\{U_i\}_{0\leqq i\leqq n}$ は $P^n$ の開被覆である．また $\varphi_i$ は $U_i$ から $\boldsymbol{C}^n$ の上への同相写像となる．実際，$\varphi_i$ が連続かつ双射であることは明らかであるが，$\varphi_i$ の逆写像

$$(z_1, \cdots, z_n) \longrightarrow \lambda((z_1, \cdots, z_i, 1, z_{i+1}, \cdots, z_n))$$

もまた連続である．$\lambda(z) \in U_i \cap U_j$ ならば $\varphi_i(\lambda(z))$ と $\varphi_j(\lambda(z))$ の座標の間には

$$\frac{z_k}{z_j} = \left(\frac{z_j}{z_i}\right)^{-1}\left(\frac{z_k}{z_i}\right) \quad (k \neq i, j), \qquad \frac{z_i}{z_j} = \left(\frac{z_j}{z_i}\right)^{-1}$$

の関係がある．この座標の変換は確かに整型である．$P^n$ を **$n$ 次元複素射影空間**という．

$V$ を $C$ 上の $n$ 次元線型空間，$L$ を $V$ の格子とする．$V$ から $V/L$ の上への標準写像を $\pi$ で表わす．$L$ は $V$ の離散部分群であるから，$U_0 \cap L = \{0\}$ となる $V$ における 0 の近傍 $U_0$ が存在する．$-U=U$, $U+U \subseteq U_0$ となる 0 の開近傍 $U$ をとる．$V$ から $C^n$ の上への同型写像を固定し，$V$ を $C^n$ と同一視しておく．$p=\pi(x)$ $(x \in V)$ に対し

$$U_p = \pi(x+U),$$
$$\varphi_p(\pi(x+x')) = x' \qquad (x' \in U)$$

とおく．$\{(U_p, \varphi_p)\}_{p \in V/L}$ を局所座標系の族として $V/L$ は複素多様体となる．$V/L$ を **$n$ 次元複素トーラス**という．

$V/L$ 上に非退化 Riemann 形式が存在するとき，複素トーラス $V/L$ は **Abel 多様体**であるという．$E$ を $V/L$ 上の非退化 Riemann 形式，$\psi$ を $E$ に付随する 2 次指標とする．$\mathscr{L}(E, \psi)$ は $N+1$ 次元であるとして，その基底 $\{f_0, \cdots, f_N\}$ をとる．いま $V$ から $C^{N+1}$ の中への写像

$$\Phi:\ x \longrightarrow (f_0(x), \cdots, f_N(x))$$

の像が $C^{N+1}-\{0\}$ に含まれているとする．テータ関数の変換公式によって $\Phi$ は $V/L$ から $P^N$ の中への写像 $\varphi$ を引き起こす．図式によってこれを示せばつぎのようになる．

$$\begin{array}{ccc} V & \xrightarrow{\Phi} & C^{N+1}-\{0\} \\ \downarrow{\scriptstyle \pi} & & \downarrow{\scriptstyle \lambda} \\ V/L & \xrightarrow[\varphi]{} & P^N \end{array}$$

$\varphi$ が $V/L$ から $P^N$ の中への整型写像となることは明らかである．

$\{f_0', \cdots, f_N'\}$ を $\mathscr{L}(E, \psi)$ の別の基底とする．

$$f_i' = \sum_{j=0}^{N} t_{ij} f_j \qquad (t_{ij} \in C)$$

と書くことができて

$$T\colon\ (z_i) \longrightarrow \left(\sum_{j=0}^{N} t_{ij} z_j\right)$$

は $\boldsymbol{C}^{N+1}$ の正則線型変換である.

$$\Phi'\colon\ x \longrightarrow (f_0'(x),\ \cdots,\ f_N'(x))$$

は $T\circ\Phi$ に等しいから, $\Phi'$ の像も $\boldsymbol{C}^{N+1}-\{0\}$ に含まれる. $\Phi'$ の引き起こす $V/L$ から $P^N$ の中への写像を $\varphi'$, $T$ の引き起こす $P^N$ の射影線型変換を $\tau$ とすれば, $\varphi'=\tau\circ\varphi$ が成り立つ.

**定理 6.6** $E$ を $V/L$ 上の非退化 Riemann 形式, $\psi$ を $E$ に付随する2次指標とする. $\{f_0, \cdots, f_N\}$ を $\mathscr{L}(3E, \psi^3)$ の基底とすれば, $V$ から $\boldsymbol{C}^{N+1}$ の中への写像

$$\Phi\colon\ x \longrightarrow (f_0(x),\ \cdots,\ f_N(x))$$

の像は $\boldsymbol{C}^{N+1}-\{0\}$ に含まれる. $\Phi$ の引き起こす $V/L$ から $P^N$ の中への写像 $\varphi$ は $V/L$ から $P^N$ の中への埋め込みである. ——

定理を証明する前に一つの補題を述べる.

**補題 6.4** $v\in V$ とする. 0ではない任意の $g\in\mathscr{L}(E, \psi)$ に対して $g(x+v)/g(x)$ が $V$ 上の零点をもたない整型関数であるならば $v\in L$ となる.

**証明** $h(x)=g(x+v)/g(x)$ とおく. $g$ の変換公式を見れば $h$ は

$$h(x+u) = h(x)\boldsymbol{e}(F(u, v)) \qquad (\forall u\in L) \tag{6.24}$$

を満たさなければならない. ただし $F$ は (6.7) によって定義される双線型形式である. $V$ の基底を決めてそれに関する $x$ の座標を $x_j$ $(1\leqq j\leqq n)$ とする. (6.24) の対数微分を作れば

$$\frac{1}{h(x+u)}\frac{\partial h(x+u)}{\partial x_j} = \frac{1}{h(x)}\frac{\partial h(x)}{\partial x_j}.$$

これから $(1/h(x))\partial h(x)/\partial x_j$ は $V$ 上で有界な整型関数となり, したがって定数であることがわかる.

$$\frac{1}{h(x)}\frac{\partial h(x)}{\partial x_j} = c_j, \qquad \lambda(x) = \sum_{j=1}^{n} c_j x_j$$

とおけば

$$\frac{\partial}{\partial x_j}(h(x)e^{-\lambda(x)}) = 0 \qquad (1\leqq j\leqq n).$$

ゆえに $h(x)e^{-\lambda(x)}$ は定数である. (6.24) から任意の $u\in L$ に対して

$$(2\pi i)^{-1}\lambda(u) \equiv F(u, v) \pmod{\boldsymbol{Z}}$$

となるが，$L$ は $\boldsymbol{R}$ 上で $V$ を生成するから，任意の $x\in V$ に対して $(2\pi i)^{-1}\lambda(x)-F(x,v)\in\boldsymbol{R}$. しかし $F(x,v)=E(x,v)+F(v,x)$，$E(x,v)\in\boldsymbol{R}$ によって

$$(2\pi i)^{-1}\lambda(x)-F(v,x)\in\boldsymbol{R}.$$

左辺は $\boldsymbol{C}$ 線型であるから $(2\pi i)^{-1}\lambda(x)-F(v,x)=0$ でなければならない．結局

$$g(x+v)=C\boldsymbol{e}(F(v,x))g(x) \tag{6.25}$$

となる定数 $C$ が存在することが証明されたのであるが，$C$ は $g$ に依存するかもしれないので $C=C(g)$ と書いておく．しかし $C(\alpha g)=C(g)$ $(\alpha\in\boldsymbol{C})$，また $g_1$ と $g_2$ が線型独立ならば $C(g_1+g_2)=C(g_1)=C(g_2)$ はただちにわかるので，$C(g)$ は実は $g$ に依存しない．(6.25) は任意の $g\in\mathscr{L}(E,\psi)$ に対して成立する．定理6.5 の系により $v\in L$ となる．▌

**定理6.6の証明**　$\Phi$ の像が $\boldsymbol{C}^{N+1}-\{0\}$ に含まれることをいうには，任意の $x\in V$ に対して $f(x)\neq0$ となる $f\in\mathscr{L}(3E,\psi^3)$ が存在することをいえば十分である．$g\in\mathscr{L}(E,\psi)$，$a,b\in V$ ならば

$$f(x)=g(x-a)g(x-b)g(x+a+b) \tag{6.26}$$

が $\mathscr{L}(3E,\psi^3)$ に属することに注意する．0 ではない $g\in\mathscr{L}(E,\psi)$ をとれば，与えられた $x$ に対して $g(x-a)\neq0$ となる $a\in V$ が存在する．またこの $a$ に対して $g(x-b)g(x+a+b)\neq0$ となる $b\in V$ が存在する(関数 $y\to g(x-y)$，$y\to g(x+a+y)$ はいずれも 0 ではないから，その積も 0 ではない)．このとき (6.26) の $f$ に対して $f(x)\neq0$ となる．

つぎに $\varphi$ が単射であることを示す．$x,y\in V$ に対して $\varphi(\pi(x))=\varphi(\pi(y))$ と仮定する．これは任意の $f\in\mathscr{L}(3E,\psi^3)$ に対して $f(x)=\alpha f(y)$ となる $\alpha\in\boldsymbol{C}^\times$ が存在するということである．とくに任意の $g\in\mathscr{L}(E,\psi)$ $(g\neq0)$ と任意の $z,w\in V$ に対して

$$g(x-z)g(x-w)g(x+z+w)=\alpha g(y-z)g(y-w)g(y+z+w) \tag{6.27}$$

となる $\alpha\in\boldsymbol{C}^\times$ が存在する．$z$ の整型関数 $g(x-z)$，$g(y-z)$ の点 $a$ における芽を考える．$a$ における整型関数の芽の環 $R_a$ において $g(x-z)$ と $g(y-z)$ の最大公約元を $d(z)$ とし，$g(x-z)=d(z)p(z)$，$g(y-z)=d(z)q(z)$ とおく．$p,q$ は $R_a$ において互いに素である．もし $p$ が $R_a$ の可逆元でなければ，補題5.3の系によって，$a$ の任意の近傍内に $p(z)=0$，$q(z)\neq0$ となる $z$ が存在する．このとき (6.27) によって任意の $w$ に対し

$$g(y-w)g(y+z+w) = 0.$$

これは矛盾である．同じ理由から $q$ も $R_a$ の可逆元であることがわかる．ゆえに $g(x-z)/g(y-z)=p(z)/q(z)$ は任意の $a$ において $R_a$ の可逆元となる．いい換えれば $g(x-z)/g(y-z)$ は $V$ 上の零点をもたない整型関数である．$v=x-y$ とおき，$z$ を $-z+y$ に変える．すると $g(z+v)/g(z)$ は $V$ 上の零点をもたない整型関数となる．補題6.4により $v\in L$．ゆえに $\pi(x)-\pi(y)=\pi(v)=0$．以上で $\varphi$ が単射であることが証明された．

$\varphi$ は $V/L$ から $P^N$ の中への連続な単射であり，$V/L$ はコンパクトであるから，$\varphi$ は $V/L$ から $\varphi(V/L)$ の上への同相写像である．

$f_0, \cdots, f_N$ を $\mathcal{L}(3E, \psi^3)$ の基底とする．$f_\nu(x)\neq 0$ ならば

$$\left(\frac{f_0(x)}{f_\nu(x)}, \cdots, \frac{f_{\nu-1}(x)}{f_\nu(x)}, \frac{f_{\nu+1}(x)}{f_\nu(x)}, \cdots, \frac{f_N(x)}{f_\nu(x)}\right)$$

は $\varphi(\pi(x))$ の $P^N$ における局所座標である．

$$\frac{\partial}{\partial x_j}\left(\frac{f_\mu}{f_\nu}\right) = \frac{1}{f_\nu}\left(\frac{\partial f_\mu}{\partial x_j}-\frac{f_\mu}{f_\nu}\frac{\partial f_\nu}{\partial x_j}\right)$$

に注意すれば，$\pi(x)$ における $\varphi$ の階数が $n$ ($V$ の次元を $n$ とする) であることをいうためには，$x$ において

$$\operatorname{rank}\begin{bmatrix} f_0 & \dfrac{\partial f_0}{\partial x_1} & \cdots & \dfrac{\partial f_0}{\partial x_n} \\ & \cdots\cdots & & \\ f_N & \dfrac{\partial f_N}{\partial x_1} & \cdots & \dfrac{\partial f_N}{\partial x_n} \end{bmatrix} = n+1 \tag{6.28}$$

が成立することをいえばよい．$a\in V$ においてこれが成立しないと仮定しよう．このとき

$$\sum_{j=1}^n \alpha_j \frac{\partial f_\nu(a)}{\partial x_j}+\alpha_0 f_\nu(a) = 0 \qquad (0\leqq\nu\leqq N)$$

となる0ではないベクトル $(\alpha_0, \cdots, \alpha_n)\in \boldsymbol{C}^{n+1}$ が存在する．ゆえに任意の $f\in \mathcal{L}(3E, \psi^3)$ に対して

$$\sum_{j=1}^n \alpha_j \frac{\partial f(a)}{\partial x_j}+\alpha_0 f(a) = 0. \tag{6.29}$$

すでに証明したように $f(a)\neq 0$ となる $f\in \mathcal{L}(3E, \psi^3)$ が存在するのでベクトル

$(\alpha_1, \cdots, \alpha_n)$ は 0 ではない．$\partial x_j/\partial x_1'=\alpha_j$ $(1\leqq j\leqq n)$ となる座標変換 $(x_1, \cdots, x_n)\to(x_1', \cdots, x_n')$ を行なって，$x_1', \cdots, x_n'$ をあらためて $x_1, \cdots, x_n$ と書けば，(6.29) は

$$\frac{\partial f(a)}{\partial x_1}+\alpha_0 f(a)=0$$

となる．あるいは $f(a)\neq 0$ ならば

$$\frac{1}{f(a)}\frac{\partial f(a)}{\partial x_1}=-\alpha_0.$$

$\mathcal{L}(E, \psi)\ni g\neq 0$, $V\ni z, w$ をとり，$f(x)=g(x-z)g(x-w)g(x+z+w)$ をこれに代入する．そのために $g(a-w_0)\neq 0$ となる $w_0\in V$, さらに $g(a-z_0)g(a+z_0+w_0)\neq 0$ となる $z_0\in V$ をとる．$G(x)=(1/g(x))\partial g(x)/\partial x_1$ とおけば，$z, w$ がそれぞれ $z_0, w_0$ に十分近いとき

$$G(a-z)+G(a-w)+G(a+z+w)=-\alpha_0$$

が成り立つ．両辺を $z$ の関数として微分して $z=z_0$ とおくと

$$-\frac{\partial G}{\partial x_j}(a-z_0)+\frac{\partial G}{\partial x_j}(a+z_0+w)=0 \qquad (1\leqq j\leqq n).$$

第1項は $w$ を含まないから，有理型関数 $\partial G/\partial x_j$ は $a+z_0+w_0$ の近傍で一定，したがって $V$ 全体で一定である．ゆえに $G(x)=\sum_{j=1}^{n}\beta_j x_j+\gamma$ と書くことができる ($\beta_j, \gamma$ は定数)．

$$q(x)=\frac{1}{2}\beta_1 x_1{}^2+\beta_2 x_1 x_2+\cdots+\beta_n x_1 x_n+\gamma x_1$$

とおけば

$$\frac{\partial}{\partial x_1}(g(x)e^{-q(x)})=\frac{\partial g(x)}{\partial x_1}e^{-q(x)}-g(x)G(x)e^{-q(x)}=0.$$

これは $g_1(x)=g(x)e^{-q(x)}$ が $x_1$ を含まないことを示す．座標 $(1, 0, \cdots, 0)$ をもつ $V$ の元を $e_1$ で表わす．任意の $\alpha\in \boldsymbol{C}$ に対し $g(x+\alpha e_1)=g_1(x)e^{q(x+\alpha e_1)}$ となり，$g(x+\alpha e_1)/g(x)$ は $V$ 上の零点をもたない整型関数である．補題 6.4 によって，$\alpha e_1\in L$ が結論されるが，$L$ は離散部分群であるからこれは不可能である．ゆえに (6.28) が任意の点で成立しなければならない．▌

## §6.5 Abel 関数

複素多様体上の有理型関数は $C^n$ の場合と同様に定義される．連結複素多様体上の有理型関数の全体は体をつくる．複素トーラス $V/L$ 上の有理型関数を **Abel 関数**という．これは $V$ 上の有理型関数 $f$ で

$$f(x+u) = f(x) \qquad (\forall u \in L)$$

を満たすものと同一視される．以後われわれは $V/L$ が Abel 多様体となる場合，すなわち $V/L$ 上に非退化 Riemann 形式が存在する場合のみを考察する．

**定理 6.7** $V/L$ を Abel 多様体とする．$\dim V=n$ ならば，$V/L$ 上の有理型関数 $h_1, \cdots, h_n$ で代数的独立なものが存在する．また $h_1, \cdots, h_n$ は同じ形の変換公式を満たすテータ関数の商であると仮定することができる．

**証明** $E$ を $V/L$ 上の非退化 Riemann 形式，$\psi$ を $E$ に付随する 2 次指標とする．定理 6.6 の証明によって，$\{f_0, \cdots, f_N\}$ を $\mathcal{L}(3E, \psi^3)$ の基底とすれば，$V$ の任意の点で (6.28) が成立する．いま $f_0(a) \neq 0$ となる $a \in V$ をとる．$h_\nu = f_\nu/f_0$ $(1 \leqq \nu \leqq N)$ は明らかに $V/L$ 上の有理型関数であるが，(6.28) により

$$\operatorname{rank} \begin{bmatrix} \dfrac{\partial h_1}{\partial x_1} & \cdots & \dfrac{\partial h_1}{\partial x_n} \\ & \cdots\cdots & \\ \dfrac{\partial h_N}{\partial x_1} & \cdots & \dfrac{\partial h_N}{\partial x_n} \end{bmatrix} = n.$$

番号を付け換えて $a$ において $\det(\partial h_\nu/\partial x_j)_{1\leqq \nu, j \leqq n} \neq 0$ と仮定する．このとき $h_1, \cdots, h_n$ は $a$ の近傍において解析的独立，したがって代数的独立である．（ここで解析的独立であることの意味はつぎの通りである．$C^n$ における $(h_1(a), \cdots, h_n(a))$ の近傍で定義された整型関数 $F(z_1, \cdots, z_n)$ があって

$$F(h_1(x), \cdots, h_n(x)) = 0$$

が $a$ の近傍において成立するならば $F=0$ である．実際，上の等式を $x_j$ で微分すれば

$$\sum_{\nu=1}^{n} \frac{\partial F}{\partial z_\nu} \frac{\partial h_\nu}{\partial x_j} = 0 \qquad (1 \leqq j \leqq n).$$

$a$ の十分小さい近傍において $\det(\partial h_\nu/\partial x_j)_{1\leqq \nu, j \leqq n} \neq 0$ であるから $\partial F/\partial z_\nu = 0$ $(1 \leqq \nu \leqq n)$．ゆえに $F=0$.）∎

**注意** 定数以外の有理型関数をもたない複素トーラスの例があるので，任意の複素トーラスが Abel 多様体となるわけではない．われわれは証明しなかったがつぎの事実は重要である．

複素トーラス $V/L$ 上の有理型関数 $h$ に対して，$V$ の各点で互いに素な $V/L$ のテータ関数 $f, g$ で $h=f/g$ となるものが存在する．

これを認めれば，$n$ 次元複素トーラス上に $n$ 個の代数的独立な有理型関数が存在すれば，それは Abel 多様体であることを証明することができる．

**定理 6.8** $h_1, \cdots, h_n$ を代数的独立な $V/L$ 上の有理型関数とする．このとき $V/L$ 上の任意の有理型関数 $f$ は $\boldsymbol{C}(h_1, \cdots, h_n)$ 上代数的である．さらに $f$ の $\boldsymbol{C}(h_1, \cdots, h_n)$ 上の次数は有界である．

**証明** ここで述べるのは Siegel の証明である．$f=h_0$ とおく．定理 5.6 の系により $h_k\ (0\leqq k\leqq n)$ は $V$ 上の整型関数 $f_k, g_k$ の商となる：

$$h_k=\frac{f_k}{g_k} \qquad (0\leqq k\leqq n).$$

さらに $V$ の任意の点で $f_k, g_k$ の定める芽は互いに素であると仮定することができる．$h_k$ は $x\to x+u\ (u\in L)$ によって不変であるから

$$f_k(x+u)g_k(x)=g_k(x+u)f_k(x).$$

関数 $x\to f_k(x+u)$，$x\to g_k(x+u)$ の定める芽も各点で互いに素であるから，$V$ の任意の点で $g_k(x)$ の定める芽は $g_k(x+u)$ の定める芽を割り，またこの逆も成り立つ．ゆえに $g_k(x+u)/g_k(x)$ および $g_k(x)/g_k(x+u)$ は $V$ 上の整型関数である．

$\{u_1, \cdots, u_{2n}\}$ を $L$ の基底とし

$$D=\left\{x=\sum_{j=1}^{2n}\xi_j u_j \mid 0\leqq \xi_j\leqq 1\right\}$$

とおく．このとき $V=D+L$．$V$ にノルム $\|\ \|$ を定めておき

$$\|x\|\leqq (1+e)\max\{\|u_1\|, \cdots, \|u_{2n}\|\}$$

を満たす $x\in V$ の全体を $C$ とする．$C$ はコンパクトであるから

$$S=\{u\in L \mid (C-u)\cap D\neq\phi\}$$

は有限集合である．ゆえに，$k=0, 1, \cdots, n$ に対して

$$\left|\frac{g_k(x)}{g_k(x-u)}\right|\leqq \gamma_k \qquad (\forall x\in C,\ \forall u\in S) \tag{6.30}$$

となる定数 $\gamma_k$ が存在する．

$$\gamma = \max\{\gamma_1\gamma_2\cdots\gamma_n, 1\}$$

とおき，整数 $s$ を

$$s = [(\log\gamma)^n] \tag{6.31}$$

によって定める．整数 $t\geqq 0$ に対して $g=g_0{}^s(g_1\cdots g_n)^t$ とおき，$(s+1)(t+1)^n$ 個の関数

$$h_0{}^{a_0}h_1{}^{a_1}\cdots h_n{}^{a_n}g \qquad (0\leqq a_0\leqq s,\ \ 0\leqq a_k\leqq t,\ \ k=1,\cdots,n)$$

の線型結合

$$\varphi = \sum \alpha_{a_0a_1\cdots a_n}h_0{}^{a_0}h_1{}^{a_1}\cdots h_n{}^{a_n}g \tag{6.32}$$

を考える．$\varphi$ は $V$ 上の整型関数である．$\varphi$ の $r$ 階までの偏導関数の数は $r_1+\cdots+r_n\leqq r$ $(r_j\geqq 0)$ となる整数の組 $(r_1,\cdots,r_n)$ の数，すなわち $r_0+r_1+\cdots+r_n=r$ $(r_j\geqq 0)$ となる整数の組 $(r_0,\cdots,r_n)$ の数に等しい．この数は $\binom{n+r}{r}$ であるから

$$\binom{n+r}{r} < (s+1)(t+1)^n$$

ならば，任意に点 $a$ を固定するとき $\varphi$ の $r$ 階までの偏導関数が $a$ において $0$ になるように(すべてが $0$ ではないような) $\alpha_{a_0a_1\cdots a_n}$ を選ぶことができる．与えられた $r$ に対して上の不等式が成り立つような最小の $t$ をとることにする．また $a$ は $g_0(a)\cdots g_n(a)\neq 0$ となる $D$ の点であるとする(このような $a$ はもちろん存在する)．このとき $r$ が十分大きいならば $\varphi=0$ であることを証明しよう．

$\varphi$ が $0$ ではないとすれば，$|\varphi(x)|$ は $D$ において最大値 $\mu>0$ をとる．この最大値は $b\in D$ において到達されるとする．$a$ において $\varphi$ の $r$ 階までの偏導関数は $0$ であるから，複素変数 $\lambda$ の関数 $\varphi(a+\lambda(b-a))$ は原点において少なくとも $r+1$ 次の零点をもち，したがって

$$\psi(\lambda) = \frac{\varphi(a+\lambda(b-a))}{\lambda^{r+1}}$$

は $\boldsymbol{C}$ 上の整型関数である．$|\lambda|\leqq e$ における $|\psi(\lambda)|$ の最大値を考える．これが最大となる点 $\lambda_0$ は円 $|\lambda|=e$ 上にある(最大値の原理による)．このとき

$$|\psi(\lambda_0)| \geqq |\psi(1)| = |\varphi(b)| = \mu.$$

ゆえに

$$|\varphi(a+\lambda_0(b-a))| \geqq \mu e^{r+1}. \tag{6.33}$$

$a, b \in D,\ |\lambda_0|=e$ から

$$\|a+\lambda_0(b-a)\| \leqq \|a\|+e\|b-a\| \leqq (1+e)\max\{\|u_1\|, \cdots, \|u_{2n}\|\}.$$

すなわち $a+\lambda_0(b-a) \in C$ となる．$\varphi/g$ は $x \to x+u$ $(u \in L)$ によって不変であることに注意する．(6.30) により，$x \in C,\ u \in S$ ならば

$$\left|\frac{\varphi(x)}{\varphi(x-u)}\right| = \left|\frac{g(x)}{g(x-u)}\right| \leqq \gamma_0{}^s\gamma^t.$$

任意の $x \in C$ に対し $x-u \in D$ となる $u \in S$ が存在し，このとき $|\varphi(x-u)| \leqq \mu$. ゆえに $x \in C$ ならば

$$|\varphi(x)| \leqq \mu\gamma_0{}^s\gamma^t$$

が成り立つ．(6.33) と比較して

$$\mu e^{r+1} \leqq \mu\gamma_0{}^s\gamma^t$$

または

$$r+1 \leqq s\log\gamma_0+t\log\gamma$$

が得られる．$r$ が十分大きければこれは不可能である．実際，$t$ のとり方によって

$$\binom{n+r}{r} \geqq (s+1)t^n.$$

一方では

$$(r+1)^n \geqq \left(\frac{r}{1}+1\right)\left(\frac{r}{2}+1\right)\cdots\left(\frac{r}{n}+1\right) = \binom{n+r}{r}$$

であるから

$$r+1 \geqq (s+1)^{1/n}t.$$

しかし $(s+1)^{1/n}>\log\gamma$ であるから，$r$ が十分大きく，したがって $t$ が十分大きければ

$$r+1 \geqq (s+1)^{1/n}t > s\log\gamma_0+t\log\gamma$$

となる．

以上で $h_0, h_1, \cdots, h_n$ の間に自明でない代数的関係が存在することが証明されたが $h_1, \cdots, h_n$ は代数的独立なのでこれは必ず $h_0$ を含む．また $h_0$ の次数は $s$ を越えない．▌

**系**　定理6.8の記号で $V/L$ の有理型関数体は $\boldsymbol{C}(h_1, \cdots, h_n)$ の有限次拡大であ

る.

**証明**　$V/L$ の有理型関数体を $K$, $K_0=\boldsymbol{C}(h_1, \cdots, h_n)$ とする. 定理 6.8 により, $f\in K$ に対し $[K_0(f):K_0]$ は有界である. この次数が最大となる $f$ をとる. 任意の $g\in K$ に対し $K_0(f, g)=K_0(h)$ となる $h\in K$ が存在する (有限次分離拡大は単純拡大である). しかし

$$[K_0(h):K_0]\leqq[K_0(f):K_0]$$

であるから $K_0(f)=K_0(h)=K_0(f, g)$. $g$ は任意だから $K=K_0(f)$ となる. ▮

$\boldsymbol{C}$ を含む体 $K$ の中に $\boldsymbol{C}$ 上代数的独立な元 $x_1, \cdots, x_n$ が存在し, $K$ が $\boldsymbol{C}(x_1, \cdots, x_n)$ の有限次拡大となるとき, $K$ は **$n$ 変数($n$ 次元)代数関数体**であるという. 定理 6.7 と定理 6.8 の系によりつぎのことがわかる:

dim $V=n$ ならば, Abel 多様体 $V/L$ の有理型関数体は $n$ 変数代数関数体である.

## §6.6　楕円関数再論

$L=\boldsymbol{Z}\omega_1+\boldsymbol{Z}\omega_2$ を $\boldsymbol{C}$ の格子として, 必要ならば $\omega_1, \omega_2$ を入れ換えて $\mathrm{Im}(\omega_2/\omega_1)>0$ と仮定しておく. 複素トーラス $\boldsymbol{C}/L$ 上にはつねに非退化 Riemann 形式が存在することを示そう. $E$ を $\boldsymbol{C}\times\boldsymbol{C}$ 上の $\boldsymbol{R}$ 双線型交代形式とする. $E$ は $E(\omega_1, \omega_2)=\alpha$ によって決まるが, $E$ が非退化, かつ $L$ 上で整数値をとるならば, $\alpha\in\boldsymbol{Z}$ $(\alpha\neq 0)$.

$$A=\begin{bmatrix} 0 & \alpha \\ -\alpha & 0 \end{bmatrix}, \qquad P=(\omega_1, \omega_2)$$

とおいて, 補題 6.2 の条件を確かめよう.

$$PA^{-1}\,{}^tP=\alpha^{-1}(\omega_2\omega_1-\omega_1\omega_2)=0,$$

$$-iPA^{-1}\,{}^t\bar{P}=-i\alpha^{-1}(\omega_2\bar{\omega}_1-\omega_1\bar{\omega}_2)=2\alpha^{-1}|\omega_1|^2\,\mathrm{Im}(\omega_2/\omega_1).$$

ゆえに $\alpha>0$ ならば $E$ は $\boldsymbol{C}/L$ 上の非退化 Riemann 形式となる. また $\boldsymbol{C}/L$ 上の非退化 Riemann 形式は正の整数因子を除いてただ一つであることがわかる.

われわれは Weierstrass の $\wp$ 関数

$$\wp(u)=\frac{1}{u^2}+\sum_{\substack{\omega\in L\\ \omega\neq 0}}\left(\frac{1}{(u-\omega)^2}-\frac{1}{\omega^2}\right) \qquad (u\in\boldsymbol{C})$$

が $\boldsymbol{C}/L$ 上の有理型関数である (§4.4) ことをすでに知っているので, これから

$\boldsymbol{C}/L$ のテータ関数を作ることができる．上式の右辺は $\boldsymbol{C}$ のコンパクト集合上で一様収束するから

$$\int_0^u \sum_{\omega\neq 0}\left(\frac{1}{(u-\omega)^2}-\frac{1}{\omega^2}\right)du = \sum_{\omega\neq 0}\left(-\frac{1}{u-\omega}-\frac{1}{\omega}-\frac{u}{\omega^2}\right).$$

ゆえに

$$\zeta(u) = \frac{1}{u}+\sum_{\substack{\omega\in L\\ \omega\neq 0}}\left(\frac{1}{u-\omega}+\frac{1}{\omega}+\frac{u}{\omega^2}\right)$$

は $\boldsymbol{C}$ 上の有理型関数で $\zeta'(u)=-\wp(u)$ が成り立つ．$\zeta(u)$ は明らかに奇関数である．$\wp(u)$ は $L$ の元を周期とするので

$$\frac{d}{du}(\zeta(u+\omega)-\zeta(u)) = 0 \qquad (\omega\in L),$$

したがって $\zeta(u+\omega)-\zeta(u)$ は定数である．

$$\text{(6.34)} \qquad \zeta(u+\omega) = \zeta(u)+\eta(\omega) \qquad (\omega\in L)$$

と書く．ふたたび $\zeta(u)$ を積分しよう．$|u|\leqq c$ ならば

$$\int_0^u \sum_{\substack{\omega\in L\\ |\omega|>c}}\left(\frac{1}{u-\omega}+\frac{1}{\omega}+\frac{u}{\omega^2}\right)du = \sum_{\substack{\omega\in L\\ |\omega|>c}}\left(\log\left(1-\frac{u}{\omega}\right)+\frac{u}{\omega}+\frac{u^2}{2\omega^2}\right).$$

ゆえに

$$Y(u) = \log u+\sum_{\substack{\omega\in L\\ \omega\neq 0}}\left(\log\left(1-\frac{u}{\omega}\right)+\frac{u}{\omega}+\frac{u^2}{2\omega^2}\right)$$

は $\boldsymbol{C}-L$ における多価解析関数を定義し，$Y'(u)=\zeta(u)$ となる．(6.34) により

$$Y(u+\omega) = Y(u)+\eta(\omega)u+\gamma(\omega) \qquad (\omega\in L)$$

と書くことができる ($\gamma(\omega)$ は $2\pi i$ の整数倍を除いて決まる)．このとき

$$\sigma(u) = \exp Y(u) = u\prod_{\substack{\omega\in L\\ \omega\neq 0}}\left(1-\frac{u}{\omega}\right)\exp\left(\frac{u}{\omega}+\frac{u^2}{2\omega^2}\right)$$

は $\boldsymbol{C}-L$ における 1 価整型関数となるが，$|u|\leqq c$ ならば

$$\prod_{\substack{\omega\in L\\ |\omega|>c}}\left(1-\frac{u}{\omega}\right)\exp\left(\frac{u}{\omega}+\frac{u^2}{2\omega^2}\right)$$

の絶対一様収束は明らかなので，$\sigma(u)$ は $\boldsymbol{C}$ 全体で整型である．$\sigma(u)$ は

$$\sigma(u+\omega) = \sigma(u)\exp(\eta(\omega)u+\gamma(\omega)) \qquad (\omega \in L) \tag{6.35}$$

を満足し，したがって $\boldsymbol{C}/L$ のテータ関数である．定理6.2の記号を用いれば

$$\begin{aligned} F(\omega, u) &= (2\pi i)^{-1}\eta(\omega)u \qquad (\omega \in L,\ u \in \boldsymbol{C}), \\ E(\omega, \omega') &= F(\omega, \omega')-F(\omega', \omega) \\ &= (2\pi i)^{-1}(\eta(\omega)\omega'-\eta(\omega')\omega) \qquad (\omega, \omega' \in L). \end{aligned}$$

ここで $E(\omega_1, \omega_2)=1$ を証明しよう．$a \in \boldsymbol{C}$ に対し，$a$, $a+\omega_1$, $a+\omega_1+\omega_2$, $a+\omega_2$ を頂点とする平行四辺形の周を $\Gamma$ とする．$\Gamma$ に正の向きをつけておく．いま $a=-(\omega_1+\omega_2)/2$ とすれば，$\zeta(u)$ は $\Gamma$ の内部にただ一つの極0をもち，この点における $\zeta(u)$ の留数は1である．ゆえに

$$\int_\Gamma \zeta(u)\,du = 2\pi i.$$

(6.34) を考慮すれば

$$\begin{aligned} &\int_a^{a+\omega_1}\zeta(u)\,du+\int_{a+\omega_1+\omega_2}^{a+\omega_2}\zeta(u)\,du \\ &\quad= \int_a^{a+\omega_1}(\zeta(u)-\zeta(u+\omega_2))\,du = -\eta(\omega_2)\omega_1. \end{aligned}$$

同様に

$$\int_{a+\omega_1}^{a+\omega_1+\omega_2}\zeta(u)\,du+\int_{a+\omega_2}^{a}\zeta(u)\,du = \eta(\omega_1)\omega_2.$$

ゆえに

$$\eta(\omega_1)\omega_2-\eta(\omega_2)\omega_1 = 2\pi i.$$

したがって初めに述べた通り $E(\omega_1, \omega_2)=1$ となる．

$\sigma(u)$ は奇関数であることに注意する．(6.35) において $u=-\omega_j/2$, $\omega=\omega_j$ ($j=1, 2$) とおけば

$$-1 = \exp(-\eta(\omega_j)\omega_j/2+\gamma(\omega_j)) \qquad (j=1, 2). \tag{6.36}$$

$\boldsymbol{C}\times\boldsymbol{C}$ 上の $\boldsymbol{R}$ 双線型対称形式 $S$ を

$$S(\omega_1, \omega_1) = S(\omega_2, \omega_2) = 0, \qquad S(\omega_1, \omega_2) = S(\omega_2, \omega_1) = \frac{1}{2}$$

によって定義する．

$$\sigma(u+\omega) = \sigma(u)\psi(\omega)\exp\left(\eta(\omega)\left(u+\frac{\omega}{2}\right)\right),$$

$$\psi(\omega) = \chi(\omega)\exp(\pi i S(\omega, \omega))$$

とおけば，$\chi$ は $L$ から $\boldsymbol{C}^\times$ の中への準同型写像であった(定理6.2)．(6.36)によって $\chi(\omega_1)=\chi(\omega_2)=-1$．ゆえに $\omega=m\omega_1+n\omega_2$ $(m, n \in \boldsymbol{Z})$ ならば

$$\psi(\omega) = (-1)^{m+n+mn}.$$

**定理 6.9** $\pi$ を $\boldsymbol{C}$ から $\boldsymbol{C}/L$ の上への標準写像とする．$P_j=\pi(a_j)$，$Q_j=\pi(b_j)$ $(1 \leqq j \leqq n,\ a_j, b_j \in \boldsymbol{C})$ を $\boldsymbol{C}/L$ 上の点とする．

$$(f) = \sum_{j=1}^{n} P_j - \sum_{j=1}^{n} Q_j$$

を満たす $\boldsymbol{C}/L$ 上の有理型関数 $f$ が存在するならば

$$\sum_{j=1}^{n} a_j \equiv \sum_{j=1}^{n} b_j \pmod{L}.$$

逆にこれが成り立つならば，上のような有理型関数 $f$ は定数因子を除きただ一つ存在する．

$$\sum_{j=1}^{n} a_j = \sum_{j=1}^{n} b_j$$

が成り立つように $a_1, \cdots, a_n, b_1, \cdots, b_n$ を選べば，それは

$$f(u) = c\frac{\prod_{j=1}^{n}\sigma(u-a_j)}{\prod_{j=1}^{n}\sigma(u-b_j)} \qquad (c \in \boldsymbol{C}^\times)$$

によって与えられる．

**証明** まず前半を証明する．前のように $a$, $a+\omega_1$, $a+\omega_1+\omega_2$, $a+\omega_2$ を頂点とする平行四辺形の周を $\Gamma$ とする．$a$ を適当にとって $\Gamma$ 上には $f$ の零点および極がないようにしておく(ここでは $f$ を $L$ の元を周期とする $\boldsymbol{C}$ 上の関数と考えている)．このとき $a_j, b_j$ はすべて $\Gamma$ の内部にあると仮定してよい．留数定理によって

$$\int_\Gamma u\frac{f'(u)}{f(u)}du = 2\pi i\Bigl(\sum_j a_j - \sum_j b_j\Bigr)$$

が成り立つ．一方では

$$\int_a^{a+\omega_1} u\frac{f'(u)}{f(u)}du + \int_{a+\omega_1+\omega_2}^{a+\omega_2} u\frac{f'(u)}{f(u)}du \tag{6.37}$$

$$= \int_a^{a+\omega_1} \left( u\frac{f'(u)}{f(u)} - (u+\omega_2)\frac{f'(u)}{f(u)} \right) du$$
$$= -\omega_2 \int_a^{a+\omega_1} d\log f(u).$$

$a$ から $a+\omega_1$ に到る線分の $f(u)$ による像が原点のまわりを $m$ 回廻るものとすれば

$$\int_a^{a+\omega_1} d\log f(u) = 2\pi i m.$$

したがって (6.37) は $2\pi i\omega_2$ の整数倍である．同様に

$$\int_{a+\omega_1}^{a+\omega_1+\omega_2} u\frac{f'(u)}{f(u)} du + \int_{a+\omega_2}^{a} u\frac{f'(u)}{f(u)} du$$

は $2\pi i\omega_1$ の整数倍であることがわかる．ゆえに

$$\sum_j a_j - \sum_j b_j \equiv 0 \pmod{L}.$$

つぎに後半を証明する．$a_j, b_j$ のとり方はもともと $L$ の元だけは任意である．いま $\sum_j a_j \equiv \sum_j b_j \pmod{L}$ が成り立つならば，初めから $\sum_j a_j = \sum_j b_j$ であると仮定することができる．この条件のもとでは $\prod_j \sigma(u-a_j)$ と $\prod_j \sigma(u-b_j)$ は同じ変換公式を満たすテータ関数である (定理 6.2 のあとの注意 (2) による)．ゆえに

$$f(u) = \frac{\prod_j \sigma(u-a_j)}{\prod_j \sigma(u-b_j)}$$

は $L$ の元を周期とする有理型関数となる．$\sigma(u)$ は $\omega \in L$ においてのみ 1 位の零点をもつから，$f$ を $\boldsymbol{C}/L$ 上の有理型関数と見れば

$$(f) = \sum_j P_j - \sum_j Q_j.$$

これを満たす $f$ が定数因子を除いてただ一つであることは明らかである．▌

**注意** 定理 6.9 は $\boldsymbol{C}/L$ における Abel の定理である．

$v \in \boldsymbol{C}-L$ を固定すると $\wp(u)-\wp(v)$ は $\pm v$ において零点をもち，0 において 2 位の極をもつ．定理 6.9 によって

$$\wp(u)-\wp(v) = c\frac{\sigma(u-v)\sigma(u+v)}{\sigma(u)^2}.$$

$c$ は定数であるが，$u=0$ における極の主要部を比較して $c=-1/\sigma(v)^2$ であることがわかる．ゆえに

$$\wp(u)-\wp(v) = -\frac{\sigma(u-v)\sigma(u+v)}{\sigma(u)^2\sigma(v)^2}. \tag{6.38}$$

これの $u$ および $v$ に関する対数微分を作る：

$$\frac{\wp'(u)}{\wp(u)-\wp(v)} = \zeta(u-v)+\zeta(u+v)-2\zeta(u),$$

$$\frac{-\wp'(v)}{\wp(u)-\wp(v)} = -\zeta(u-v)+\zeta(u+v)-2\zeta(v).$$

両式を加えれば

$$\frac{1}{2}\frac{\wp'(u)-\wp'(v)}{\wp(u)-\wp(v)} = \zeta(u+v)-\zeta(u)-\zeta(v). \tag{6.39}$$

さらに $u$ および $v$ で微分してその結果を加えることによって

$$\frac{1}{2}\frac{\wp''(u)-\wp''(v)}{\wp(u)-\wp(v)}-\frac{1}{2}\frac{(\wp'(u)-\wp'(v))^2}{(\wp(u)-\wp(v))^2} = -2\wp(u+v)+\wp(u)+\wp(v)$$

が得られる．$\wp''(u)=6\wp(u)^2-\gamma_2/2$ であるから，

$$\wp(u+v) = -\wp(u)-\wp(v)+\frac{1}{4}\left(\frac{\wp'(u)-\wp'(v)}{\wp(u)-\wp(v)}\right)^2. \tag{6.40}$$

これは $\wp$ 関数の加法公式とよばれる．

さて $Pf(E|L)=1$ であるから，$\sigma$ と同じ変換公式を満たすテータ関数の空間は 1 次元である．

$$\varphi(u) = \sigma(u)\exp\left(-\frac{\eta(\omega_1)}{2\omega_1}u^2-\frac{\pi i}{\omega_1}u\right)$$

とおけば

$$\begin{cases} \varphi(u+\omega_1) = \varphi(u), \\ \varphi(u+\omega_2) = -\varphi(u)\exp\left(-2\pi i\dfrac{u}{\omega_1}-2\pi iz\right). \end{cases} \tag{6.41}$$

ただし $z=\omega_2/\omega_1$．定理 6.5 の証明により (6.41) を満足する $\varphi$ の空間は

$$\theta(u) = \sum_{l=-\infty}^{\infty}\exp\left(\pi izl^2+2\pi i\left(\frac{1+z}{2}+\frac{u}{\omega_1}\right)l-\frac{\pi iz}{4}\right)$$

によって張られる．したがって $\varphi(u)=c\theta(u)$ $(c\in \boldsymbol{C})$ あるいは

$$\sigma(u) = c\exp\left(\frac{\eta(\omega_1)}{2\omega_1}u^2+\frac{\pi i}{\omega_1}u\right)\theta(u)$$

が成り立つ．$\sigma(0)=0$，$\sigma'(0)=1$ から $c=1/\theta'(0)$ がでる．

## §6.7　Jacobi 多様体

Riemann 面 $R$ における特異単体とホモロジー群の定義を述べておく．まず $R$ の点を**0次元単体**という．すべての $R$ の点を生成元とする自由 $\boldsymbol{Z}$ 加群を $C_0(R)$ とする．閉区間 $[0,1]$ から $R$ の中への連続写像 $\gamma$ を**1次元単体**という($\gamma$ を $\gamma$ の像 $\gamma([0,1])$ と同一視することがある)．すべての1次元単体を生成元とする自由 $\boldsymbol{Z}$ 加群を $C_1(R)$ とする．

$$\partial\gamma = \gamma(1)-\gamma(0)$$

は $C_1(R)$ から $C_0(R)$ の中への準同型写像 $\partial$ を定義する．$\boldsymbol{R}^2$ において $(0,0)$, $(1,0)$, $(0,1)$ を頂点とする三角形を $T$ とする．$T$ から $R$ の中への連続写像 $\sigma$ を**2次元単体**という($\sigma$ を $\sigma(T)$ と同一視することがある)．すべての2次元単体を生成元とする自由 $\boldsymbol{Z}$ 加群を $C_2(R)$ とする．$[0,1]$ から $T$ の各辺の上への写像 $\tau_1, \tau_2, \tau_3$ をつぎのように定める．

$$\tau_1(x) = (x,0),$$
$$\tau_2(x) = (1-x,x),$$
$$\tau_3(x) = (0,1-x).$$

このとき

$$\partial\sigma = \sigma\circ\tau_1+\sigma\circ\tau_2+\sigma\circ\tau_3$$

によって $C_2(R)$ から $C_1(R)$ の中への準同型写像 $\partial$ が定義される．複体

$$0\longleftarrow C_0(R)\overset{\partial}{\longleftarrow} C_1(R)\overset{\partial}{\longleftarrow} C_2(R)\longleftarrow 0$$

のホモロジー群を $H_0(R), H_1(R), H_2(R)$ とする．すなわち

$$H_0(R) = C_0(R)/\partial C_1(R), \qquad H_1(R) = Z_1(R)/\partial C_2(R), \qquad H_2(R) = Z_2(R).$$

ただし $Z_1(R), Z_2(R)$ はそれぞれ $C_1(R), C_2(R)$ における $\partial$ の核である．$C_i(R)$ の元を**チェイン**，$Z_i(R)$ の元を**サイクル**という．

ここで§4.3の記号を用いる．$U$ を $R$ の開集合，$\omega$ を $U$ 上の1次の微分とする．任意の $P\in U$ に対し $\nu_P(\omega)\geqq 0$ となるとき，$\omega$ は $U$ 上で**整型**であるという．$R$ 上で整型な微分を第1種微分という．

開集合 $U$ 上で $\omega=df$ となる $U$ 上の有理型関数 $f$ が存在するとき，$f$ を $U$ における $\omega$ の**原始関数**という．$U$ が領域，すなわち連結開集合であるならば，$\omega$ の原始関数は定数の差を除いて一意的である．

$\gamma$ を $R$ の1次元単体とする．$\gamma$ の近傍 $U$ で整型な微分 $\omega$ に対して積分 $\int_\gamma \omega$

を定義しよう．$U$ の局所座標系 $\{U_\alpha, \varphi_\alpha\}_{\alpha\in A}$ をとり，$\omega=(U_\alpha, \varphi_\alpha, f_\alpha)$ とする．$\varphi_\alpha(U_\alpha)$ は $\boldsymbol{C}$ の開円板であると仮定してよい．$\varphi_\alpha(U_\alpha)$ において $f_\alpha$ の原始関数 $g_\alpha$ が存在するが，このとき $g_\alpha\circ\varphi_\alpha$ は $U_\alpha$ における $\omega$ の原始関数である．$\gamma$ が或る $U_\alpha$ に含まれているときは，$F_\alpha$ を $U_\alpha$ における $\omega$ の原始関数として

$$\int_\gamma \omega = F_\alpha(\gamma(1)) - F_\alpha(\gamma(0))$$

とおく．この定義は $U_\alpha$ のとり方によらない．一般には $\gamma$ を $\partial\gamma=\sum_i \partial\gamma_i$ が成り立つように1次単体 $\gamma_i$ $(1\leqq i\leqq k)$ に分割し，各 $\gamma_i$ は座標近傍 $U_\alpha$ のどれかに含まれるようにする．そうしておいて

$$\int_\gamma \omega = \sum_i \int_{\gamma_i} \omega$$

とおく．これはまた $\gamma$ の分割の仕方によらない．

$\gamma=\sum n_i\gamma_i \in C_1(R)$ と $\bigcup_i \gamma_i$ の近傍で整型な微分 $\omega$ に対しては

$$\int_\gamma \omega = \sum_i n_i \int_{\gamma_i} \omega$$

とおく．

任意の2次元単体 $\sigma$ と $\sigma$ の近傍で整型な微分 $\omega$ に対して

$$\int_{\partial\sigma} \omega = 0$$

が成り立つことは定義から明らかである(2次元単体を細分すれば，$\sigma$ の近傍で $\omega$ の原始関数が存在する場合に帰着される)．これからつぎの補題がでる．

**補題 6.5** $\omega$ を単連結領域 $D$ において整型な微分，$\gamma$ を $D$ 内の1次元サイクルとする．このとき

$$\int_\gamma \omega = 0.$$

**証明** 実際，$D$ が単連結であるという仮定から，$\gamma=\partial\sigma$ となる $D$ 内の2次元チェイン $\sigma$ が存在する．▮

$\omega$ が第1種微分ならば，任意の1次元サイクル $\gamma$ に対して $\int_\gamma \omega$ が定義され，これは $\omega$ と $\gamma$ のホモロジー類 $c$ のみで定まる．この値を $c$ に関する $\omega$ の周期という．

以下 $R$ を種数 $g>0$ のコンパクト Riemann 面とする．われわれはつぎの (1),

(2) の事実を既知とする.

(1) $R$ は位相空間としては正 $4g$ 角形 $V$ の辺をつぎのように貼り合わせてできる閉曲面 $S$ と同相である. $V$ の周に向きをつけておき, その順に $V$ の辺を $l_1, \cdots, l_{4g}$ と書く. $i=1, \cdots, g$ に対して $l_{4i-3}$ と $l_{4i-1}$, $l_{4i-2}$ と $l_{4i}$ をそれぞれ逆の向きに重なるように貼り合わせる.

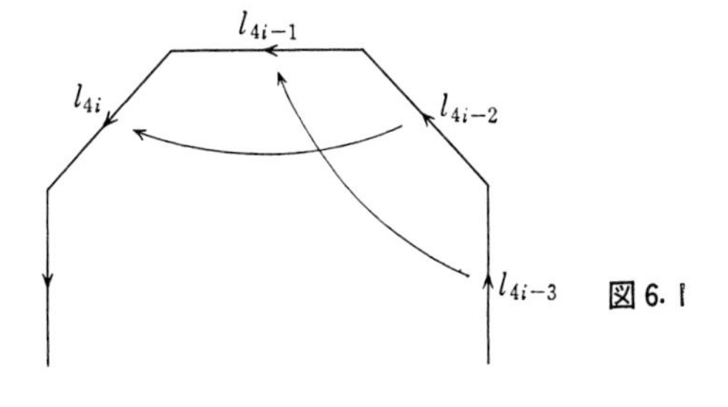

図 6.1

$S$ から $R$ の上への同相写像を $\iota$, $V$ から $S$ の上への標準写像を $\pi$ とし, $\varphi=\iota\circ\pi$ とおく. 貼り合わせの結果 $V$ の頂点は1点に集まるから, $l_j$ $(1\leqq j\leqq 4g)$ の $\varphi$ による像は $R$ 上の1次元サイクルである (向きのついた線分 $l$ から $R$ の中への連続写像は自明な仕方で $R$ の1次元単体と見なせる). $l_{4i-3}$, $l_{4i-2}$ の $\varphi$ による像をそれぞれ $\gamma_i, \gamma_{i+g}$ とし, それらの属するホモロジー類を $c_i, c_{i+g}$ とする. このとき

(2) $H_1(R)$ は $c_1, \cdots, c_{2g}$ によって生成される自由加群である.

第1種微分 $\omega$ の $c_1, \cdots, c_{2g}$ に関する周期 $\varpi_1, \cdots, \varpi_{2g}$ を $\omega$ の**基本周期**という.

**定理 6.10** (**Riemann の等式**) $R$ の第1種微分 $\omega, \omega'$ の基本周期を $\varpi_i, \varpi_i'$ $(1\leqq i\leqq 2g)$ とすれば

$$\sum_{i=1}^{g}(\varpi_i\varpi_{g+i}'-\varpi_{g+i}\varpi_i')=0.$$

**証明** $V$ の内部を $\mathring{V}$ で表わす. $\varphi(\mathring{V})$ の1点 $P_0$ を固定し, 任意の $P\in\varphi(\mathring{V})$ に対し $\varphi(\mathring{V})$ に含まれる1次元チェイン $\gamma$ で $\partial\gamma=P-P_0$ となるものをとる. 補題6.5により $\int_\gamma\omega$ は $P$ のみで決まる. これを $\int_{P_0}^{P}\omega$ と書く.

$$f(P)=\int_{P_0}^{P}\omega$$

は $\varphi(\mathring{V})$ 上の整型関数である.

$V$ の中心を $a_0$, $V$ の頂点を $a_1, \cdots, a_{4g}$ とする. $a_0$ と $a_j$ を結ぶ線分上に点 $b_j$

をとり，$b_1, \cdots, b_{4g}$ を頂点とする $4g$ 角形を $W$ とする．$W$ の周 $\dot{W}$ に $V$ の周 $\dot{V}$ と同じ向きをつけておく．$\varphi(\dot{W})$ を $R$ 上の1次元サイクルと見なすとき，それは明らかに $\partial C_2(R)$ に属するから

$$\int_{\varphi(\dot{W})} f\omega' = 0. \tag{6.42}$$

$b_j$ を $a_j$ に近づけるときの右辺の極限を考える．まず $f$ は任意の $P \in R$ の近傍に解析接続されることに注意する．実際，$P$ の単連結近傍 $U$ をとれば，$U$ は $\varphi(\mathring{V})$ の点 $Q$ を含む．任意の $P' \in U$ に対し

$$g(P') = f(Q) + \int_Q^{P'} \omega$$

によって定義される $g$ は $f$ の $U$ への解析接続である．$f$ の解析接続をふたたび $f$ と書くことにするが，それは $R$ 上では1価ではない．とくに $\varphi(l_j)$ 上で1価の枝を確定するためにつぎのようにする．$\varphi(l_j)$ の点 $P = \varphi(a)$ $(a \in l_j)$ に対し

$$f_j(P) = \lim_{p \to a} f(\varphi(p))$$

とおく．ただし $p$ は $\mathring{V}$ の中から $a$ に近づくものとする．(6.42) において $b_j \to a_j$ とすれば

$$\sum_{j=1}^{4g} \int_{\varphi(l_j)} f_j \omega' = 0.$$

左辺が

$$\sum_{i=1}^{g} (\varpi_i \varpi_{g+i}' - \varpi_{g+i} \varpi_i')$$

に等しいことを示せば定理の証明が終る．

$\varphi(l_1) = \varphi(l_3)$ 上の点 $P$ に対し $P = \varphi(a) = \varphi(a')$ となる $a \in l_1$ および $a' \in l_3$ をとる．$a$ から $a_1$ へ到る線分を $m$，$a_2$ から $a'$ へ到る線分を $m'$ とする．定義から

$$f_3(P) - f_1(P) = \int_{\varphi(m')} \omega + \int_{\varphi(l_2)} \omega + \int_{\varphi(m)} \omega$$

を示すことは容易である．しかし $\partial\varphi(m') = -\partial\varphi(m)$ であり，上式の第1項と第3項は打ち消し合う．ゆえに

$$f_3(P) - f_1(P) = \int_{\gamma_{g+1}} \omega = \varpi_{g+1}.$$

したがって $P$ の近傍における $f_i\omega'$ $(i=1,3)$ の原始関数を $F_i$，$\omega'$ の原始関数を

$f'$ とすれば $F_3-F_1=\varpi_{g+1}f'$. これから

$$\int_{\varphi(l_1)} f_1\omega'+\int_{\varphi(l_3)} f_3\omega' = \int_{\gamma_1}(f_1\omega'-f_3\omega') = -\varpi_{g+1}\int_{\gamma_1}\omega' = -\varpi_{g+1}\varpi_1'.$$

同様にして

$$\int_{\varphi(l_2)} f_2\omega'+\int_{\varphi(l_4)} f_4\omega' = \varpi_1\varpi_{g+1}'$$

が証明される. 残りの積分についても同様である. ▌

いま $R$ を2次元 $C^\infty$ 級多様体と考える. $\{(V_\alpha, \psi_\alpha)\}$ をこの意味での $R$ の局所座標系の族とする. $\gamma$ を $R$ の1次元単体とする. 任意の局所座標系 $(V_\alpha, \psi_\alpha)$ に対して $\psi_\alpha\circ\gamma$ が $(0,1)$ から $\boldsymbol{R}^2$ の中への $C^\infty$ 級写像であるとき, $\gamma$ は $C^\infty$ 級単体であるという. $S\subseteqq R$ がつぎの性質をもつとき, $S$ は**境界をもつ部分多様体**であるという. $R$ における $S$ の境界を $\dot{S}$ で表わすとき, 任意の $P\in\dot{S}$ に対し $P$ における局所座標系 $(V_\alpha, \psi_\alpha)$ で, $\psi_\alpha$ は $V_\alpha$, $S\cap V_\alpha$, $\dot{S}\cap V_\alpha$ をそれぞれ $D$, $\{(x,y)\in D\,|\,y\geqq 0\}$, $\{(x,y)\in D\,|\,y=0\}$ の上に写すものが存在する. ただし $D$ は $\boldsymbol{R}^2$ の原点を中心とする開円板である. 一方では $R$ は複素多様体であるから, それから定まる標準的な向きをもっている. ゆえに境界をもつ部分多様体 $S$ は $\dot{S}$ の向きを定める. このとき $S$ の近傍で定義された1次の $C^\infty$ 級微分形式 $\omega$ に対してつぎの Stokes の定理が成り立つ.

$$\int_{\dot{S}}\omega = \int_S d\omega.$$

**定理 6.11** (**Riemann の不等式**) $\omega$ を $R$ の第1種微分, $\omega$ の基本周期を $\varpi_j$ $(1\leqq j\leqq 2g)$ とする. $\omega\neq 0$ ならば

$$\frac{1}{2i}\sum_{j=1}^{g}(\overline{\varpi}_j\varpi_{g+j}-\overline{\varpi}_{g+j}\varpi_j) > 0.$$

**証明** 定理6.10の証明と同じ記号を用いる. 任意の1次元サイクルをそれと同じホモロジー類に属する $C^\infty$ 級サイクルでいくらでもよく近似することができる. $\gamma_i$ に十分近い $C^\infty$ 級サイクルをとり, それに沿って $R$ を切り開けばふたたび正 $4g$ 角形と同相な曲面が得られる. ゆえに初めから $\gamma_i$ は $C^\infty$ 級であると仮定することができる. 前定理の証明と同様に $V$ を $\mathring{V}$ の部分集合 $W$ で近似する

が，こんどは $W$ を多角形とする必要はなく，その代り $S=\varphi(W)$ が $R$ の境界をもつ部分多様体となるようにする．(これはつねに可能である．実際，$\sum_{j=1}^{4g}\varphi(l_j)$ を $\varphi(\mathring{V})$ 内の折線からなるサイクル $\gamma$ で近似する．ここで折線というのは，或る局所座標系 $(V_\alpha, \psi_\alpha)$ に対し $\psi_\alpha(\gamma\cap V_\alpha)$ が $\boldsymbol{R}^2$ における折線となることである．つぎに $\gamma$ の角を滑らかにしてそれが部分多様体の境界となるようにする.) $S$ は $\dot{S}$ の向き，したがって $\dot{W}$ の向きを定めるが，それは初めに $\dot{V}$ に入れた向きと一致するか，またはその逆である．あとの場合には $\dot{V}$ の向きを入れ換えておく．こうすることによって $\omega$ の $c_i$ に関する周期は一斉に符号を変えるが，それは証明すべき不等式に影響しない．

Stokes の定理を $S$ および 1 次の微分形式 $\bar{f}\omega$ に適用すれば

$$\int_{\dot{S}}\bar{f}\omega = \int_S d(\bar{f}\omega).$$

$W$ を $V$ に近づければ，定理 6.10 の証明と同じ議論により

$$\sum_{j=1}^{g}(\bar{\varpi}_j\varpi_{g+j}-\bar{\varpi}_{g+j}\varpi_j) = \int_R d(\bar{f}\omega).$$

$R$ の (Riemann 面としての) 局所座標系 $(U_\alpha, \varphi_\alpha)$ に対して

$$\varphi_\alpha(P) = t = x+iy \qquad (P\in U_\alpha),$$
$$f\circ\varphi_\alpha^{-1}(t) = u(t)+iv(t)$$

と書けば

$$\begin{aligned}\int_{U_\alpha} d(\bar{f}\omega) &= \int_{\varphi_\alpha(U_\alpha)} d[(u-iv)(du+idv)]\\ &= \int_{\varphi_\alpha(U_\alpha)}(du-idv)\wedge(du+idv)\\ &= \int_{\varphi_\alpha(U_\alpha)} 2idu\wedge dv.\end{aligned}$$

しかし

$$du\wedge dv = \left[\left(\frac{\partial u}{\partial x}\right)^2+\left(\frac{\partial v}{\partial x}\right)^2\right]dx\wedge dy$$

であるから，$\omega=(U_\alpha, \varphi_\alpha, f_\alpha)$ ならば

$$du\wedge dv = |f_\alpha|^2 dx\wedge dy.$$

ゆえに $\omega\neq 0$ ならば

$$\frac{1}{2i}\int_{U_\alpha} d(\bar{f}\omega) = \int_{\varphi_\alpha(U_\alpha)} |f_\alpha|^2 dxdy > 0. \qquad \blacksquare$$

$\Omega$ を第1種微分の空間とする．$H_1(R)_{\boldsymbol{R}} = H_1(R) \otimes_{\boldsymbol{Z}} \boldsymbol{R}$ と書く．$\omega \in \Omega$, $c \in H_1(R)$ に対して

$$(c, \omega) = \mathrm{Re}\int_c \omega$$

とおき，これを $H_1(R)_{\boldsymbol{R}} \times \Omega$ 上の $\boldsymbol{R}$ 双線型形式に拡張する．このとき

$$(c, \omega) = 0 \ \ (\forall c) \Longrightarrow \omega = 0$$

が成り立つことを示そう．実際，$\omega$ の基本周期を $\varpi_1, \cdots, \varpi_{2g}$ とする．$(c, \omega) = 0$ $(\forall c)$ ならば $\varpi_j$ は純虚数である．ゆえに

$$\sum_{j=1}^{g} (\bar{\varpi}_j \varpi_{g+j} - \bar{\varpi}_{g+j} \varpi_j) = \sum_{j=1}^{g} (-\varpi_j \varpi_{g+j} + \varpi_{g+j} \varpi_j) = 0.$$

$\omega \neq 0$ ならばこれは Riemann の不等式と矛盾する．

$H_1(R)_{\boldsymbol{R}}$ と $\Omega$ はいずれも $\boldsymbol{R}$ 上 $2g$ 次元であるから $(c, \omega)$ は非退化である．したがって

$$(c, \omega) = 0 \ \ (\forall \omega) \Longrightarrow c = 0.$$

$H_1(R)_{\boldsymbol{R}}$ と $\Omega$ は $\boldsymbol{R}$ 上の線型空間としては互いに他の双対である．

$\omega_1, \cdots, \omega_g$ を $\Omega$ の $\boldsymbol{C}$ 上の基底とする．上に述べたことから

$$\int_c \omega = 0 \ \ (\forall \omega) \Longrightarrow (c, \omega) = 0 \ \ (\forall \omega) \Longrightarrow c = 0.$$

ゆえに

$$\lambda\colon c \longrightarrow \begin{bmatrix} \int_c \omega_1 \\ \vdots \\ \int_c \omega_g \end{bmatrix}$$

は $H_1(R)_{\boldsymbol{R}}$ から $\boldsymbol{C}^g$ の中への単射である．しかし $\lambda$ は $\boldsymbol{R}$ 線型であるから，次元を考慮すれば，$\lambda$ は $H_1(R)_{\boldsymbol{R}}$ から $\boldsymbol{C}^g$ の上への双射となる．$\lambda$ によって $H_1(R)$ は

$$p_j = \lambda(c_j) \qquad (1 \leqq j \leqq 2g)$$

によって生成される自由加群 $L$ の上に写される．$L$ は明らかに $\boldsymbol{R}$ 上で $\boldsymbol{C}^g$ を生

成するから，$\boldsymbol{C}^g$ の格子でなければならない．

いま

$$J=\begin{bmatrix} 0 & 1_g \\ -1_g & 0 \end{bmatrix}, \qquad P=(p_1, \cdots, p_{2g})$$

とおく．ただし $1_g$ は $g$ 次の単位行列である．$\Omega \ni \omega=\sum_{i=1}^{g} \zeta_i \omega_i$ $(\zeta_i \in \boldsymbol{C})$ の基本周期を $\varpi_1, \cdots, \varpi_{2g}$ とする．$z=(\zeta_1, \cdots, \zeta_g)$ ならば $zP=(\varpi_1, \cdots, \varpi_{2g})$．Riemann の等式から $zPJ\,{}^tP\,{}^tz'=0$ $(\forall z, z' \in \boldsymbol{C}^g)$．ゆえに $PJ\,{}^tP=0$，したがって

$$PJ^{-1}\,{}^tP=0. \tag{6.43}$$

また Riemann の不等式から $(2i)^{-1}\bar{z}\bar{P}J\,{}^tP\,{}^tz>0$ $(\forall z \in \boldsymbol{C}^g,\ z\neq 0)$．ゆえに

$$-iPJ^{-1}\,{}^t\bar{P}>0. \tag{6.44}$$

$\boldsymbol{C}\times\boldsymbol{C}$ 上の $\boldsymbol{R}$ 双線型形式 $E$ を

$$(E(p_j, p_k))=J$$

によって定義すれば，(6.43), (6.44) および補題 6.2 により $E$ は $\boldsymbol{C}^g/L$ 上の非退化 Riemann 形式となる．すなわち $\boldsymbol{C}^g/L$ は Abel 多様体である．これを $R$ の **Jacobi 多様体**という．

## §6.8　準同型環の構造

$L$ は $\boldsymbol{C}$ 上 $n$ 次元の線型空間 $V$ の格子，$V/L$ は Abel 多様体であるとする．$V$ の線型部分空間 $V'$ に対して $L'=L\cap V'$ が $V'$ の格子であると仮定する．$E$ を $V/L$ の非退化 Riemann 形式とすれば，$E$ の $V'$ への制限は $V'/L'$ の非退化 Riemann 形式である．実際，$E(u,v)\in\boldsymbol{Z}$ $(u,v\in L')$，また $E(x,iy)$ は $V'\times V'$ 上の正値対称形式となるからである．したがって複素トーラス $V'/L'$ は Abel 多様体である．これを $V/L$ の**部分 Abel 多様体**という．$V'$ から $V$ の中への恒等写像によって $V'/L'$ から $V/L$ の中への埋め込み (§6.4 参照) が引き起こされることは容易にわかる．

**定理 6.12**　$V'/L'$ を $V/L$ の部分 Abel 多様体とする．$E$ を $V/L$ の非退化 Riemann 形式として，正値 Hermite 形式

$$H(x,y)=E(x,iy)+iE(x,y)$$

に関する $V'$ の直交補空間を $V''$ とする．このとき $V=V'\oplus V''$．$L''=L\cap V''$ とおけば，$V''/L''$ は $V/L$ の部分 Abel 多様体である．また $[L:L'\oplus L'']$ は有限

である.

**証明**　$V'$ は $\boldsymbol{R}$ 上 $L'$ によって生成されるから

$$L'' = \{u \in L \mid H(u, u')=0, \forall u' \in L'\}.$$

$u \in L''$ ならば $E(u, u') = \mathrm{Im}\, H(u, u') = 0\ (\forall u' \in L')$. 逆にこれが成り立つならば, $iu' \in V'$ は $L'$ の元の $\boldsymbol{R}$ 線型結合であるから $E(u, iu')=0$, ゆえに $H(u, u')=0$ $(\forall u' \in L')$. したがって

$$L'' = \{u \in L \mid E(u, u')=0, \forall u' \in L'\}$$

となる. $L$ によって生成される $\boldsymbol{Q}$ 上の線型空間を $L_{\boldsymbol{Q}}$ で表わす. $E$ は $L$ 上で整数値をとるから, それは $L_{\boldsymbol{Q}} \times L_{\boldsymbol{Q}}$ 上の有理数値非退化双線型形式である. 明らかに

$$L_{\boldsymbol{Q}}'' = \{x \in L_{\boldsymbol{Q}} \mid E(x, x')=0, \forall x' \in L_{\boldsymbol{Q}}'\}$$

が成り立つから

$$\dim L_{\boldsymbol{Q}}' + \dim L_{\boldsymbol{Q}}'' = 2n.$$

$L_{\boldsymbol{Q}}' \subseteqq V'$, $L_{\boldsymbol{Q}}'' \subseteqq V''$, $V' \cap V'' = \{0\}$ であるから

$$L_{\boldsymbol{Q}} = L_{\boldsymbol{Q}}' \oplus L_{\boldsymbol{Q}}''.$$

ゆえに $aL \subseteqq L' \oplus L''$ となる整数 $a \neq 0$ が存在する. これから $[L : L' \oplus L'']$ は有限であることがわかる. 次元を比べることによって $L''$ は $V''$ の格子であることが証明される. ∎

複素トーラスは位相 Abel 群の構造をもつことに注意しよう. 定理6.12の記号によれば, $V$ から $V$ の上への恒等写像は準同型写像(位相群としての)

$$V/L' \oplus L'' \longrightarrow V/L$$

を引き起こし, その核は位数有限である. 一方では

$$V/L' \oplus L'' \cong V'/L' \oplus V''/L''$$

が成り立つ.

$V/L$, $V'/L'$ を Abel 多様体, $\lambda$ を $V/L$ から $V'/L'$ の中への写像とする. つぎの2条件が満たされるとき, $\lambda$ は $V/L$ から $V'/L'$ の中への**準同型写像**であるという.

(1)　$V/L$, $V'/L'$ を複素多様体と見るとき, $\lambda$ は整型である.

(2)　$V/L$, $V'/L'$ を群と見るとき, $\lambda$ は準同型写像である.

**定理 6.13**　$V/L$, $V'/L'$ を Abel 多様体とする. $f$ を $V$ から $V'$ の中への $\boldsymbol{C}$ 線

型写像で $f(L)\subseteqq L'$ となるものとすれば，$f$ が引き起こす $V/L$ から $V'/L'$ の中への写像 $\lambda$ は $V/L$ から $V'/L'$ の中への準同型写像である．逆に $V/L$ から $V'/L'$ の中へのすべての準同型写像はこのようにして得られる．$f$ は $\lambda$ によって一意的にきまる．

**証明**　定理の前半は自明である．なお定理に述べた $f$ と $\lambda$ の関係はつぎのように表わされる．標準写像 $V\to V/L$, $V'\to V'/L'$ をそれぞれ $\pi, \pi'$ とすれば

$$\lambda\circ\pi = \pi'\circ f.$$

定理の後半を証明しよう．$\lambda$ を $V/L$ から $V'/L'$ の中への準同型写像とする．$V, V'$ の基底を固定して $V=\boldsymbol{C}^n$, $V'=\boldsymbol{C}^m$ と考えておく．つぎの性質をもつ $V'$ の原点の開近傍 $O'$ をとる：$-O'=O'$, $\pi'$ は $O'+O'$ 上で単射である．$U'=\pi'(O')$ とおく．$U'$ における $\pi'$ ($O'$ への制限)の逆写像を $\varphi'$ とすれば，$(U', \varphi')$ は $V'/L'$ の単位元における局所座標系となる．$\lambda\circ\pi$ による $U'$ の逆像を $O$ とし，$O$ から $O'$ の中への写像 $f_0$ を

$$f_0 = \varphi'\circ\lambda\circ\pi$$

によって定義する．明らかに $f_0$ は整型写像である．また $x, y, x+y\in O$ ならば

$$f_0(x)+f_0(y) = f_0(x+y).$$

ゆえに $x\in O$ に対して

$$\frac{\partial f_0}{\partial x_j}(x) = \frac{\partial f_0}{\partial x_j}(0) = a_j'\in V' \qquad (1\leqq j\leqq n).$$

いま

$$f(x) = \sum_{j=1}^{n} x_j a_j'$$

によって $V$ から $V'$ の中への線型写像 $f$ を定義する．$x\in O$ ならば

$$\frac{\partial f}{\partial x_j}(x) = \frac{\partial f_0}{\partial x_j}(x) \qquad (1\leqq j\leqq n)$$

となるから $O$ 上では $f-f_0$ は一定，しかし $f(0)=f_0(0)=0$ であるから $f=f_0$. したがって $x\in O$ に対して $f(x)=\varphi'\circ\lambda\circ\pi(x)$，すなわち $\pi'\circ f(x)=\lambda\circ\pi(x)$. $\pi'\circ f$, $\lambda\circ\pi$ はいずれも $V$ から $V'/L'$ の中への準同型であるから，結局

$$\pi'\circ f = \lambda\circ\pi$$

が成り立つ．

$f$ の一意性をいうには，$V$ から $V'$ の中への線型写像 $h$ に対し $\pi'\circ h=0$ ならば $h=0$ であることをいえばよい．実際，$O'$ を上の通りとすれば，任意の $x\in h^{-1}(O')$ に対し $\pi'\circ h(x)=0$ から $h(x)=0$ が出る．ゆえに $h=0$ となる．▌

**系**　$\lambda$ を $V/L$ から $V'/L'$ の中への準同型写像とする．このとき $\lambda(V/L)$ は $V'/L'$ の部分 Abel 多様体である．また $\mathrm{Ker}\,\lambda$ の単位元の連結成分 $(\mathrm{Ker}\,\lambda)_0$ は $V/L$ の部分 Abel 多様体である．

**証明**　定理の証明と同じ記号を使うことにする．$f(V)=W'$ とおけば，$\lambda(V/L)=\pi'(W')\cong W'/(W'\cap L')$．$\lambda(V/L)$ はコンパクトであるから，$W'\cap L'$ は $W'$ の格子である．また $W=\mathrm{Ker}\,f$ とすれば，$f$ は $V/W$ から $W'$ の上への同型を引き起こす．$L_1=f^{-1}(W'\cap L')$ とおく．$L_1/W$ は $W'$ の離散部分群 $W'\cap L'$ と同型である．ゆえに $V$ における 0 の開近傍 $U$ で $(W+U)\cap L_1=W$ となるものが存在する．これは $W$ が $L_1$ の開部分群であることを示す．ゆえに $\pi(W)$ は $\pi(L_1)$ の開部分群，したがって閉部分群である．$\pi(L_1)=\mathrm{Ker}\,\lambda$ は $V/L$ の閉部分群なので $\pi(W)$ は $V/L$ の閉部分群でもある．これから $\pi(W)$ がコンパクトであること，したがって $W\cap L$ は $W$ の格子であることがわかる．$\pi(W)$ は連結であるから，それが $\mathrm{Ker}\,\lambda$ の単位元の連結成分であることは明らかである．▌

Abel 多様体 $V/L$ から Abel 多様体 $V'/L'$ の中への準同型写像 $\lambda$ が全射であり，$\mathrm{Ker}\,\lambda$ が有限であるとき，$\lambda$ は**同種写像**(**isogeny**)であるという．$V/L$ から $V'/L'$ の上への同種写像が存在するとき，$V'/L'$ は $V/L$ に**同種**(**isogenous**)であるという．

**定理 6.14**　$\lambda$ を $V/L$ から $V'/L'$ の上への同種写像とする．$\mathrm{Ker}\,\lambda$ の位数が $e$ ならば

$$\mu\circ\lambda = e\varepsilon, \qquad \lambda\circ\mu = e\varepsilon'$$

を満たす $V'/L'$ から $V/L$ の上への同種写像 $\mu$ が存在する．ただし $\varepsilon, \varepsilon'$ はそれぞれ $V/L$，$V'/L'$ の恒等自己同型写像である．

**証明**　定理 6.13 によって $\lambda$ に対応する $V$ から $V'$ の上への線型写像を $f$ とする．$M=f^{-1}(L')$ とおけば $\mathrm{Ker}\,\lambda=M/L$．それが有限であるから $M$ は $V$ の格子である．一方では $M\supseteq f^{-1}(0)$ は $V$ の線型部分空間であるから $f^{-1}(0)=\{0\}$ となる．ゆえに $f$ は双射である．$g=ef^{-1}$ とおく．$[M:L]=e$ であるから $g(L')=eM\subseteq L$．$g$ の引き起こす $V'/L'$ から $V/L$ の上への準同型写像を $\mu$ とすれば，そ

れが定理の条件を満たす. ▮

上の定理により‘同種’の関係は同値関係であることがわかる.

真の部分 Abel 多様体を含まない Abel 多様体を**単純 Abel 多様体**という.

**定理 6.15** Abel 多様体はいくつかの単純 Abel 多様体の直積に同種である.

**証明** 定理 6.12 により Abel 多様体 $V/L$ が部分 Abel 多様体 $V'/L'$ を含むならば, 同じ定理の記号で $V/L$ は直積

$$(V'/L')\times(V''/L'')$$

に同種である. ゆえに定理は $V/L$ の次元に関する帰納法で証明される. ▮

Abel 多様体 $V/L$ からそれ自身の中への準同型写像の全体を $\mathrm{End}(V/L)$ で表わす. これは算法

$$(\lambda+\mu)(p)=\lambda(p)+\mu(p) \qquad (p\in V/L)$$
$$(\lambda\mu)(p)=\lambda(\mu(p))$$

によって環を作る.

$\lambda\in\mathrm{End}(V/L)$ に対応する $V$ の線型変換を $f$ とすれば $f(L)\subseteq L$. ゆえに $f$ は $L$ の自己準同型写像を引き起こし, それは $L$ の基底を固定すれば $2n$ 次 (ただし $n=\dim V$) の整係数行列によって表現される. このようにして $\mathrm{End}(V/L)$ から $M_{2n}(\boldsymbol{Z})$ の中への同型写像 $\lambda\to M(\lambda)$ が得られる. これから $\mathrm{End}(V/L)$ は有限生成の自由加群であることがわかる.

$$\mathrm{End}(V/L)_{\boldsymbol{Q}}=\mathrm{End}(V/L)\otimes_{\boldsymbol{Z}}\boldsymbol{Q}$$

は $\boldsymbol{Q}$ 上の多元環である. $\mathrm{End}(V/L)$, $\mathrm{End}(V/L)_{\boldsymbol{Q}}$ をそれぞれ $V/L$ の**準同型環**, **準同型多元環**という. $\lambda\to M(\lambda)$ は $\mathrm{End}(V/L)_{\boldsymbol{Q}}$ から $M_{2n}(\boldsymbol{Q})$ の中への同型写像に延長される. これを $\mathrm{End}(V/L)_{\boldsymbol{Q}}$ の**有理表現**という.

$V$ の $\boldsymbol{C}$ 上の基底に関する $f$ の行列を $S(\lambda)$ とすれば, $\lambda\to S(\lambda)$ はまた $\mathrm{End}(V/L)_{\boldsymbol{Q}}$ の表現である. $S$ を $\mathrm{End}(V/L)_{\boldsymbol{Q}}$ の**解析座標による表現**という. 表現 $\lambda\to\overline{S(\lambda)}$ を $\bar{S}$ によって表わすことにする. 有理表現 $M$ が $S$ と $\bar{S}$ の直和 $S\oplus\bar{S}$ に同値であることは容易にわかる.

**注意** 用語をはっきりさせるために多元環の表現の定義を述べておく. $\mathscr{A}$ を $F$ 上の多元環, $E$ を, $F$ を含む体とする. $\mathscr{A}$ から $M_n(E)$ の中への $F$ 上の多元環としての準同型写像を $\mathscr{A}$ の $M_n(E)$ における**表現**という. $n$ を表現の**次元**または**次数**という. $\mathscr{A}$ の $M_n(F)$ における表現をたんに $\mathscr{A}$ の $F$ **上の**表現という. 一方では $V$ が $E$ 上の $n$ 次元線

型空間であるならば，$\mathrm{End}(V)$ は $M_n(E)$ と同型である．$\mathscr{A}$ の $\mathrm{End}(V)$ における表現を $\mathscr{A}$ の $V$ **における表現**ともいう．

**定理 6.16** $V/L$ と $V'/L'$ が同種ならば

$$\mathrm{End}(V/L)_{\boldsymbol{Q}} \cong \mathrm{End}(V'/L')_{\boldsymbol{Q}}.$$

**証明** 定理 6.14 により準同型写像

$$\lambda:\ V/L \longrightarrow V'/L', \qquad \mu:\ V'/L' \longrightarrow V/L$$

であって

$$\mu\circ\lambda = e\varepsilon, \qquad \lambda\circ\mu = e\varepsilon'$$

となるものが存在する．自然数 $e$ に対し $\xi\to(1/e)\xi$ は $\mathrm{End}(V/L)_{\boldsymbol{Q}}$ の自己同型であることに注意する．$\boldsymbol{Z}$ 線型写像

$$i:\ \mathrm{End}(V'/L') \longrightarrow \mathrm{End}(V/L), \qquad j:\ \mathrm{End}(V/L) \longrightarrow \mathrm{End}(V'/L')$$

を

$$i(\xi') = \mu\circ\xi'\circ\lambda, \qquad j(\xi) = \lambda\circ\xi\circ\mu$$

$(\xi'\in\mathrm{End}(V'/L'),\ \xi\in\mathrm{End}(V/L))$ によって定義すれば，$j\circ i(\xi')=e^2\xi'$，$i\circ j(\xi)=e^2\xi$．$\mathrm{End}(V/L)$, $\mathrm{End}(V'/L')$ は自由加群なので $j$ は単射，かつ

$$\mathrm{rank}\, j(\mathrm{End}(V/L)) = \mathrm{rank}\,\mathrm{End}(V'/L')$$

となる．ゆえに $j$ を $\boldsymbol{Q}$ 線型に延長すれば，$j$ は $\mathrm{End}(V/L)_{\boldsymbol{Q}}$ から $\mathrm{End}(V'/L')_{\boldsymbol{Q}}$ の上への双射を与える．$\xi,\eta\in\mathrm{End}(V/L)_{\boldsymbol{Q}}$ に対して

$$\lambda\circ\xi\eta\circ\mu = \frac{1}{e}\lambda\circ\xi\circ\mu\circ\lambda\circ\eta\circ\mu.$$

したがって $\xi\to(1/e)j(\xi)$ は $\mathrm{End}(V/L)_{\boldsymbol{Q}}$ から $\mathrm{End}(V'/L')_{\boldsymbol{Q}}$ の上への同型写像である．∎

多元環 $\mathscr{A}$ の反自己同型写像 $a\to a^\rho$ が $(a^\rho)^\rho=a$ を満たすとき，$\rho$ は $\mathscr{A}$ の**対合**であるという．

**定理 6.17** $E$ を Abel 多様体 $V/L$ の非退化 Riemann 形式，

$$H(x,y) = E(x,iy)+iE(x,y)$$

とする．$\lambda\in\mathrm{End}(V/L)_{\boldsymbol{Q}}$ に対応する $V$ の線型変換を $f$ とする．Hermite 形式 $H$ に関する $f$ の随伴変換すなわち

$$H(f(x),y) = H(x,f^*(y)) \tag{6.45}$$

を満たす $V$ の線型変換を $f^*$ とすれば，$f^*$ は $\mathrm{End}(V/L)_{\boldsymbol{Q}}$ の元 $\lambda^*$ を定める．

$\lambda \to \lambda^*$ は $\mathrm{End}(V/L)_{\boldsymbol{Q}}$ の対合である．$\lambda \neq 0$ ならば

$$\mathrm{tr}\, M(\lambda\lambda^*) > 0$$

が成り立つ．ただし $M$ は $\mathrm{End}(V/L)_{\boldsymbol{Q}}$ の有理表現である．

**証明** (6.45) は

$$E(f(x), y) = E(x, f^*(y)) \tag{6.46}$$

と同値であることに注意する．$\lambda \in \mathrm{End}(V/L)$ とすれば $f(L) \subseteq L$ であるから，$x, y \in L$ ならば $E(x, f^*(y)) \in \boldsymbol{Z}$．ゆえに

$$f^*(L) \subseteq \hat{L} = \{x \in V \mid E(L, x) \subseteq \boldsymbol{Z}\}.$$

$\hat{L}$ が $L_{\boldsymbol{Q}}$ に含まれる $V$ の格子であることはただちにわかる．ゆえに $m\hat{L} \subseteq L$ となる整数 $m \neq 0$ が存在するが，このとき $mf^*(L) \subseteq L$．したがって $f^*$ は $\mathrm{End}(V/L)_{\boldsymbol{Q}}$ の元 $\lambda^*$ を定める．

$$(\lambda+\mu)^* = \lambda^*+\mu^*,$$
$$(\lambda\mu)^* = \mu^*\lambda^*,$$
$$(\lambda^*)^* = \lambda$$

は明らかである．すなわち $\lambda \to \lambda^*$ は（それを $\boldsymbol{Q}$ 線型に延長すれば）$\mathrm{End}(V/L)_{\boldsymbol{Q}}$ の対合となる．

$S$ を $\mathrm{End}(V/L)_{\boldsymbol{Q}}$ の解析座標系による表現とすれば

$$\mathrm{tr}\, M(\lambda) = \mathrm{tr}\, S(\lambda) + \mathrm{tr}\, \overline{S(\lambda)}$$

が成り立つ．$H$ は正値 Hermite 形式であるから

$$H(e_i, e_j) = \delta_{ij}$$

となる $V$ の $\boldsymbol{C}$ 上の基底 $\{e_1, \cdots, e_n\}$ がある．この基底に関して定義される $S(\lambda)$ に対しては $S(\lambda^*) = {}^t\overline{S(\lambda)}$．ゆえに $\lambda \neq 0$ ならば

$$\mathrm{tr}\, M(\lambda\lambda^*) = 2\, \mathrm{tr}\,(S(\lambda)\, {}^t\overline{S(\lambda)}) > 0.$$ ∎

以下この節の終りまで Abel 多様体を $A, B$ 等で表わす．いま Abel 多様体 $A$ が単純 Abel 多様体 $A_1, \cdots, A_s$ の直積であるとする．$A$ から $A_i$ への射影 $\pi_i$ は $\mathrm{End}(A)$ に属し

$$\varepsilon = \sum_{i=1}^{s} \pi_i, \qquad \pi_i\pi_j = 0 \quad (i \neq j).$$

$\lambda \in \mathrm{End}(A)$ に対し $\lambda_{ij} = \pi_i\lambda\pi_j$ とおく．$\lambda_{ij}$ は $A$ を $A_i$ の中へ写し，$A_j$ 以外の直積因子の上では 0 である．$\lambda_{ij}$ を $A_j$ から $A_i$ の中への準同型写像と見なすことが

できる．このようにして $\lambda$ は $A_j$ から $A_i$ の中への準同型写像を $(i,j)$ 成分とする行列

$$(\lambda_{ij})$$

によって表現される．$A_1,\cdots,A_s$ は単純であるから，$\lambda_{ij}\neq 0$ ならば

$$\lambda_{ij}(A_j)=A_i,\qquad (\mathrm{Ker}\,\lambda_{ij})_0=\{0\}.$$

したがって $\lambda_{ij}$ は $A_j$ から $A_i$ の上への同種写像となる(一般に Abel 多様体の間の準同型写像 $\lambda$ に対して $(\mathrm{Ker}\,\lambda)_0$ は $\mathrm{Ker}\,\lambda$ の有限指数の部分群である．実際，$(\mathrm{Ker}\,\lambda)_0$ は $\mathrm{Ker}\,\lambda$ の開部分群であるから，$\mathrm{Ker}\,\lambda/(\mathrm{Ker}\,\lambda)_0$ は離散かつコンパクトとなる)．$A_1,\cdots,A_s$ の中から互いに同種でないものの代表系を選び，それを $A_1,\cdots,A_t$ とする．また $A_1,\cdots,A_s$ の中に $A_i$ $(1\leqq i\leqq t)$ と同種なものが $m_i$ 個あるとする．$A$ をそれと同種な Abel 多様体

$$\underbrace{(A_1\times\cdots\times A_1)}_{m_1}\times\cdots\times\underbrace{(A_t\times\cdots\times A_t)}_{m_t}$$

で置き換える．$D_i=\mathrm{End}(A_i)_{\boldsymbol{Q}}$ とおけば，定理 6.16 によって

$$\mathrm{End}(A)_{\boldsymbol{Q}}\cong M_{m_1}(D_1)\times\cdots\times M_{m_t}(D_t).$$

さて $A$ を単純 Abel 多様体と仮定すれば，上に述べたように $\lambda\in\mathrm{End}(A)$ $(\lambda\neq 0)$ はつねに同種写像である．定理 6.14 により $\mu\circ\lambda=e\varepsilon$ ($e$ は $\mathrm{Ker}\,\lambda$ の位数) となる $\mu\in\mathrm{End}(A)$ が存在する．ゆえに $\lambda$ は $\mathrm{End}(A)_{\boldsymbol{Q}}$ の可逆元である．これは $\mathrm{End}(A)_{\boldsymbol{Q}}$ が多元体であることを示す．ゆえにつぎの定理が証明された．

**定理 6.18** Abel 多様体 $A$ が単純ならば，$\mathrm{End}(A)_{\boldsymbol{Q}}$ は多元体である．一般に $A$ が単純 Abel 多様体 $A_1,\cdots,A_s$ の直積に同種であるとする．$A_1,\cdots,A_s$ のうち互いに同種でないものの代表を $B_1,\cdots,B_t$ とし，$A_1,\cdots,A_s$ のうち $B_i$ $(1\leqq i\leqq t)$ と同種なものの個数を $m_i$ とする．このとき $D_i=\mathrm{End}(B_i)_{\boldsymbol{Q}}$ とおけば

$$\mathrm{End}(A)_{\boldsymbol{Q}}\cong M_{m_1}(D_1)\times\cdots\times M_{m_t}(D_t).$$

## 問　　題

**1** $f,g\in R(\boldsymbol{C}^n)$ が互いに素であるためには，任意の $a\in\boldsymbol{C}^n$ に対して $\gamma_a(f),\gamma_a(g)$ が互いに素であることが必要十分である．

**2** $P=\begin{bmatrix}1 & 0 & \sqrt{-1} & \sqrt{-2}\\ 0 & 1 & \sqrt{-3} & \sqrt{-5}\end{bmatrix}$ の列ベクトルによって生成される $\boldsymbol{C}^2$ の格子を $L$ とすれば，$\boldsymbol{C}^2/L$ 上には 0 以外の Riemann 形式は存在しない．

**3**　$\boldsymbol{C}^n/L$ を Abel 多様体とする．$\boldsymbol{C}^n/L$ 上の任意の有理型関数はテータ関数の商として表わされる(定理6.7, 6.8 と $R(\boldsymbol{C}^n)$ が整閉であることを用いる)．

**4**　つぎの事実(*)を承認した上で，複素トーラス $\boldsymbol{C}^n/L$ 上の任意の有理型関数はテータ関数 $f, g$ の商として表わされ，さらに $\boldsymbol{C}^n$ の各点 $a$ において $\gamma_a(f)$, $\gamma_a(g)$ は互いに素であると仮定することができることを示せ．

(*)　$h\in R(\boldsymbol{C}^n)$ に対し $h(x+u)/h(x)\in R(\boldsymbol{C}^n)^\times$ $(\forall u\in L)$ が成り立つならば，$h(x)/f(x)\in R(\boldsymbol{C}^n)^\times$ となる $\boldsymbol{C}^n/L$ 上のテータ関数 $f$ が存在する．

**5**　$E$ を $\boldsymbol{C}^n/L$ 上の Riemann 形式とすれば，$E(x, iy)\geqq E'(x, iy)$ $(\forall x, y\in \boldsymbol{C}^n)$ を満たす $\boldsymbol{C}^n/L$ 上の Riemann 形式 $E'$ は有限個しか存在しない．

**6**　$\boldsymbol{C}^n/L$ を複素トーラスとする．$\boldsymbol{C}^n/L$ 上のテータ関数の全体 $G$ は可換な単位的半群を作る．$G$ の可逆元の全体は自明なテータ関数の全体と一致する．$G$ において一意分解条件が成立する(約鎖条件は前問5から出る．素元条件を示すためには問題4における(*)を用いる．用語については岩波基礎数学選書“環と加群”を参照)．

**7**　$V, W$ を $\boldsymbol{C}$ 上の線型空間とする．$V$ から $W$ の中への写像 $f$ が

$$f(x+y) = f(x)+f(y) \qquad (x, y\in V),$$
$$f(\alpha x) = \bar{\alpha} f(x) \qquad (\alpha\in \boldsymbol{C},\ x\in V)$$

を満たすとき，$f$ は反線型であるという．$V$ を有限次元とし，$V$ 上の線型(反線型)形式の全体を $V^*(\hat{V})$ で表わす．$x^*\in V^*$ ならば $x^*(x)=\langle x, x^*\rangle$ と書く($\hat{x}\in\hat{V}$ に対しても同じ)．$L$ を $V$ の格子とすれば，任意の $x\in L$ に対し $\mathrm{Im}\langle x, x^*\rangle\in\boldsymbol{Z}$ $(\mathrm{Im}\langle x, \hat{x}\rangle\in\boldsymbol{Z})$ となる $x^*\in V^*$ $(\hat{x}\in\hat{V})$ の全体 $L^*(\hat{L})$ は $V^*(\hat{V})$ の格子である．とくに $V/L$ を Abel 多様体とする．$E$ を $V/L$ の非退化 Riemann 形式，$H(x, y)=E(x, iy)+iE(x, y)$ とすれば

$$\overline{H(x, y)} = \langle x, \varphi_H y\rangle \qquad (H(x, y)=\langle x, \varphi_H y\rangle)$$

によって $V$ から $V^*(\hat{V})$ の上への反線型(線型)双射 $\varphi_H$ が定まる．

$$E^*(x^*, y^*) = -E(\varphi_H{}^{-1}(x^*), \varphi_H{}^{-1}(y^*))$$
$$(\hat{E}(\hat{x}, \hat{y})=E(\varphi_H{}^{-1}(\hat{x}), \varphi_H{}^{-1}(\hat{y})))$$

の適当な整数倍は $V^*/L^*(\hat{V}/\hat{L})$ 上の非退化 Riemann 形式となる($\hat{V}/\hat{L}$ を $V/L$ の**双対 Abel 多様体**という．$V^*/L^*$ は $\hat{V}/\hat{L}$ の複素構造をその複素共役で置き換えたものである．$V^*/L^*$ を $V/L$ の**反双対 Abel 多様体**とよんでおく)．

**8**　$V/L$ を Abel 多様体とする．$V/L$ の非退化 Riemann 形式 $E_1, E_2$ で $E_2\neq rE_1$ $(\forall r\in\boldsymbol{Q})$ となるものが存在すれば，$\mathrm{End}(V/L)_{\boldsymbol{Q}}\neq\boldsymbol{Q}$．

# 第7章　Abel多様体の族と数論的不連続群

## §7.1　偏極 Abel 多様体

$E_1, E_2$ を Abel 多様体 $V/L$ の非退化 Riemann 形式とする．

$$E_2(x, y) = rE_1(x, y) \qquad (x, y \in V)$$

となる正の有理数 $r$ が存在するとき，$E_1$ と $E_2$ は**同値**であるという．この意味の非退化 Riemann 形式の同値類を $V/L$ の**偏極**とよび，これを $\mathcal{C}$ で表わす．Abel 多様体 $V/L$ とその偏極 $\mathcal{C}$ の組 $\mathcal{P}=(V/L, \mathcal{C})$ を**偏極 Abel 多様体**という．

$\mathcal{P}=(V/L, \mathcal{C})$，$\mathcal{P}'=(V'/L', \mathcal{C}')$ を偏極 Abel 多様体とする．$V/L$ から $V'/L'$ の中への準同型写像 $\lambda$ は $V$ から $V'$ の中への線型写像 $f$ によって引き起こされる(定理6.13)．任意の $E' \in \mathcal{C}'$ に対して

$$E(x, y) = E'(f(x), f(y))$$

によって定義される $V$ 上の $\boldsymbol{R}$ 双線型形式 $E$ が $\mathcal{C}$ に属するとき，$\lambda$ は $\mathcal{P}$ から $\mathcal{P}'$ の中への**準同型写像**であるという．とくに $\lambda$ が $V/L$ から $V'/L'$ の上への同型写像であるならば，$\lambda$ は $\mathcal{P}$ から $\mathcal{P}'$ の上への**同型写像**であるという．

$E$ を $V/L$ の非退化 Riemann 形式とする．$L$ の基底 $\{u_1, \cdots, u_{2n}\}$ $(n=\dim V)$ に対して定義される行列

$$(E(u_i, u_j))$$

が $E$ の主行列であった．整係数交代行列 $T, T'$ はつぎの条件が満たされるとき**同値**であるという：$T'=rUT{}^tU$ となる $U \in GL_{2n}(\boldsymbol{Z})$ と $r \in \boldsymbol{Q}$ $(r>0)$ が存在する．明らかに $V/L$ の偏極には，それに属する Riemann 形式の主行列の同値類が一意的に対応する．便宜上後者もまた $V/L$ の偏極ということにする．

$V/L$ を $n$ 次元 Abel 多様体，$E$ をその非退化 Riemann 形式とする．補題6.3により

$$\text{(7.1)} \qquad \begin{cases} E(u_i, u_{n+j}) = \delta_{ij} d_i \\ E(u_i, u_j) = E(u_{n+i}, u_{n+j}) = 0 \end{cases} \qquad (1 \leqq i, j \leqq n)$$

を満たす $L$ の基底 $\{u_1, \cdots, u_{2n}\}$ が存在する．すなわち

$$(7.2)\qquad T=\begin{bmatrix} 0 & S \\ -S & 0 \end{bmatrix},\qquad \text{ただし}\quad S=\begin{bmatrix} d_1 & & 0 \\ & \ddots & \\ 0 & & d_n \end{bmatrix}$$

がこの基底に関する $E$ の主行列である.

いま $V$ に座標系を定めて $V$ を $\boldsymbol{C}^n$ と同一視しておく. $\boldsymbol{C}^n$ の元を列ベクトルで表わして, $u_1, \cdots, u_{2n}$ を列ベクトルとする $(n, 2n)$ 行列を $X$ とする:

$$X=(u_1, \cdots, u_{2n}).$$

このとき補題 6.2 によって

$$(7.3)\qquad XT^{-1}\,{}^tX=0,\qquad -iXT^{-1}\,{}^t\bar{X}>0.$$

いま $W=\begin{bmatrix} -S & 0 \\ 0 & 1_n \end{bmatrix}$ とおけば

$$WT^{-1}\,{}^tW=\begin{bmatrix} 0 & 1_n \\ -1_n & 0 \end{bmatrix}=J.$$

ゆえに $XW^{-1}=(U, V)$ $(U, V\in M_n(\boldsymbol{C}))$ と書くとき, (7.3) はつぎの条件と同値である.

$$(7.4)\qquad -V\,{}^tU+U\,{}^tV=0,\qquad -i(-V\,{}^t\bar{U}+U\,{}^t\bar{V})>0.$$

とくに $V$ は正則行列である. この事実は定理 6.5 の証明において示されているが, (7.4) の第2式からでる. 実際, $V$ が正則でなければ ${}^tVx=0$ となる $\boldsymbol{C}^n$ のベクトル $x\neq 0$ が存在し, このとき

$$-i\,{}^tx(-V\,{}^t\bar{U}+U\,{}^t\bar{V})\bar{x}=0$$

となり矛盾が起こる. ゆえに $Z=V^{-1}U$ とおくことができて (7.4) は

$${}^tZ=Z,\qquad \operatorname{Im} Z=(2i)^{-1}(Z-\bar{Z})>0$$

と同値である.

$\Lambda\in GL_n(\boldsymbol{C})$ とする. $\boldsymbol{C}^n$ の座標系を変えて $\Lambda x$ をあらためて $x\in\boldsymbol{C}^n$ の座標と考える. このとき $L$ は $\Lambda L$ で置き換えられ, $E$ は $E_1(\Lambda x, \Lambda y)=E(x, y)$ を満たす $E_1$ で置き換えられる. 結局 $T$ は不変であり, $X$ は $\Lambda X$ に変る. $\Lambda$ として $V^{-1}$ をとることによって

$$(7.5)\qquad XW^{-1}=(Z, 1_n)$$

と仮定してよい.

$$\mathfrak{S}_n=\{Z\in M_n(\boldsymbol{C})\mid {}^tZ=Z, \operatorname{Im} Z>0\}$$

を **Siegel の上半空間**という. $Z\in\mathfrak{S}_n$ に対し (7.5) によって定まる $X$ を $X(Z, T)$

と書く．このとき (7.3) が成立し，これから $X(Z, T)$ の列ベクトル $u_1, \cdots, u_{2n}$ は $\boldsymbol{R}$ 上線型独立であることがわかる．$u_1, \cdots, u_{2n}$ によって生成される $\boldsymbol{Z}$ 加群 $L(Z, T)$ は $\boldsymbol{C}^n$ の格子である．(7.1) によって定義される $\boldsymbol{C}^n$ 上の $\boldsymbol{R}$ 双線型形式 $E$ が $\boldsymbol{C}^n/L(Z, T)$ の非退化 Riemann 形式であることは (7.3) が成立することによって保証される．ゆえに $T$ の同値類を偏極とする偏極 Abel 多様体 $\mathcal{P}(Z, T)$ が定義される．結局 $T$ の同値類を偏極とする任意の偏極 Abel 多様体は $\mathcal{P}(Z, T)$ の一つと同型であることが証明されたのである．

**注意** 任意の整係数交代行列の同値類は (7.2) の形の交代行列を含んでいる．この同値類の代表元 $T$ を一意的に定めようとするならば，(7.2) において $1=d_1|d_2|\cdots|d_n$, $d_j>0$ $(1\leqq j\leqq n)$ と仮定すればよい．

つぎに

$$\Sigma(T) = \{\mathcal{P}(Z, T) \mid Z \in \mathfrak{S}_n\}$$

とおいて，$\Sigma(T)$ の元 $\mathcal{P}(Z, T)$ と $\mathcal{P}(Z', T)$ が同型になるための条件を求めよう．$\mathcal{P}(Z, T)$ から $\mathcal{P}(Z', T)$ の上への同型写像 $\lambda$ は $\boldsymbol{C}^n$ から $\boldsymbol{C}^n$ の上への線型写像によって引き起こされる．この線型写像の行列を $\Lambda$ とすれば $\Lambda L(Z, T) = L(Z', T)$．ゆえに $X(Z, T) = (u_1, \cdots, u_{2n})$，$X(Z', T) = (u_1', \cdots, u_{2n}')$ と書くとき，$\Lambda u_j = \sum_{k=1}^{2n} g_{jk} u_k'$ $(1\leqq j\leqq 2n)$ すなわち

$$\Lambda X(Z, T) = X(Z', T)\,{}^tG \tag{7.6}$$

となる $G = (g_{jk}) \in GL_{2n}(\boldsymbol{Z})$ が存在する．一方では，Riemann 形式 $E, E'$ が $(E(u_j, u_k)) = (E'(u_j', u_k')) = T$ によって定義されているものとすれば

$$E'(\Lambda x, \Lambda y) = rE(x, y) \tag{7.7}$$

を満たす正の有理数 $r$ が存在する．ゆえに $GT\,{}^tG = rT$ となるが $\det G = \pm 1$ であるから $r=1$ でなければならない．$W$ の取り方から $g = W^{-1}GW$ とおけば

$$gJ\,{}^tg = J.$$

さて (7.6) によって

$$W\begin{bmatrix} Z \\ 1_n \end{bmatrix} {}^t\Lambda = GW\begin{bmatrix} Z' \\ 1_n \end{bmatrix}.$$

したがって

$$g = W^{-1}GW = \begin{bmatrix} A & B \\ C & D \end{bmatrix} \qquad (A, B, C, D \in M_n(\boldsymbol{R}))$$

と書けば

$$Z = (AZ'+B)(CZ'+D)^{-1}. \tag{7.8}$$

これまでの議論は逆にたどることができる．$GT\,{}^tG=T$ を満たす $G\in GL_{2n}(\boldsymbol{Z})$ が存在し，(7.8) が成立すれば ${}^t\Lambda=CZ'+D$ とおくことによって (7.6) および (7.7)（ただし $r=1$）が成り立つ．ゆえに $\Lambda$ は $\mathcal{P}(Z,T)$ から $\mathcal{P}(Z',T)$ の上への同型写像を引き起こす．以上によってつぎの定理が証明されたことになる．

**定理 7.1**　$T$ の同値類を偏極とする偏極 Abel 多様体は $\Sigma(T)$ の元と同型である．

$$\Gamma(T) = \{G\in GL_{2n}(\boldsymbol{Z})\,|\,GT\,{}^tG=T\},$$
$$\psi(G) = W^{-1}GW \qquad (G\in\Gamma(T))$$

とおく．$\Sigma(T)$ の2元 $\mathcal{P}(Z,T)$ と $\mathcal{P}(Z',T)$ が同型であるためには，$Z=\psi(G)(Z')$ となる $G\in\Gamma(T)$ が存在することが必要十分である．ただし

$$\psi(G) = \begin{bmatrix} A & B \\ C & D \end{bmatrix} \qquad (A,B,C,D\in M_n(\boldsymbol{R}))$$

と書くとき

$$\psi(G)(Z') = (AZ'+B)(CZ'+D)^{-1}. \qquad \text{——}$$

定理 7.1 の主張に対して二，三の補足をする．まず $\Gamma(T)$ が $GL_{2n}(\boldsymbol{Z})$ の部分群となることは明らかである．すでに注意したように $\psi(\Gamma(T))$ は斜交群

$$Sp_n(\boldsymbol{R}) = \{g\in GL_{2n}(\boldsymbol{R})\,|\,gJ\,{}^tg=J\}$$

に含まれる．

**補題 7.1**　$g=\begin{bmatrix} A & B \\ C & D \end{bmatrix}\in Sp_n(\boldsymbol{R})$，$Z\in\mathfrak{S}_n$ ならば，$CZ+D$ は正則行列で

$$g(Z) = (AZ+B)(CZ+D)^{-1}$$

は $\mathfrak{S}_n$ に属する．

**証明**
$$g\begin{bmatrix} Z \\ 1_n \end{bmatrix} = \begin{bmatrix} U \\ V \end{bmatrix} \qquad (U,V\in M_n(\boldsymbol{C}))$$

とおく．$Z\in\mathfrak{S}_n$ は

$$(Z,1_n)J\begin{bmatrix} {}^tZ \\ 1_n \end{bmatrix} = 0, \qquad -i(Z,1_n)J\begin{bmatrix} {}^t\bar{Z} \\ 1_n \end{bmatrix} > 0$$

と同値である．ゆえに

$$({}^tU,{}^tV)J\begin{bmatrix} U \\ V \end{bmatrix} = 0, \qquad -i({}^tU,{}^tV)J\begin{bmatrix} \bar{U} \\ \bar{V} \end{bmatrix} > 0.$$

これから $V$ が正則行列であること，および $g(Z)=UV^{-1}$ が $\mathfrak{S}_n$ に属することが

わかる. ▮

$1_{2n}(Z)=Z$, $(g_1g_2)(Z)=g_1(g_2(Z))$ $(Z\in\mathfrak{S}_n,\ g_1,g_2\in Sp_n(\boldsymbol{R}))$ は直接確かめられる. さらに $Sp_n(\boldsymbol{R})$ は $\mathfrak{S}_n$ に可移的に作用し, $i1_n\in\mathfrak{S}_n$ の固定群が $Sp_n(\boldsymbol{R})\cap O_{2n}(\boldsymbol{R})$ であることを示すのは易しい. $\mathfrak{S}_n$ は $Sp_n(\boldsymbol{R})$ のコンパクト部分群 $Sp_n(\boldsymbol{R})\cap O_{2n}(\boldsymbol{R})$ による商空間と同相である(§1.1と同様の議論による). 一方では $\psi(\Gamma(T))$ は $Sp_n(\boldsymbol{R})$ の離散部分群であるから, 定理1.5により $\psi(\Gamma(T))$ は $\mathfrak{S}_n$ に不連続的に作用することになる. とくに $T=J$ ならば $\Gamma(T)$ は

$$Sp_n(\boldsymbol{Z})=GL_{2n}(\boldsymbol{Z})\cap Sp_n(\boldsymbol{R})$$

である. これを **Siegel モジュラー群**という.

定理7.1によって $\Sigma(T)$ に属する偏極 Abel 多様体の同型類は商空間 $\psi(\Gamma(T))\backslash\mathfrak{S}_n$ と1対1に対応することに注意する.

## §7.2　正の対合をもつ多元環. 偏極 Abel 多様体の型

体 $F$ 上の多元環はその根基(最大巾零両側イデアル)が $\{0\}$ であるとき, **半単純**であるという. 真の両側イデアルをもたない多元環は**単純**とよばれる. 半単純多元環は単純多元環の直和である. また Wedderburn の定理により多元環が単純であるためには, それが多元体上の行列環と同型であることが必要十分である.

単純多元環 $\mathscr{A}$ が多元体 $D$ 上の行列環であるならば, $\mathscr{A}$ の中心 $K$ は $D$ の部分多元環となり, したがって可換体である.

$\mathscr{A}$ を体 $F$ 上の多元環とする. $a\in\mathscr{A}$ は $\mathscr{A}$ の $F$ 線型変換 $\rho_{\mathrm{reg}}(a):x\to ax$ $(x\in\mathscr{A})$ を定める. $a\to\rho_{\mathrm{reg}}(a)$ を $\mathscr{A}/F$ の**正則表現**という.

$$\mathrm{Tr}_{\mathscr{A}/F}(a)=\mathrm{tr}\,\rho_{\mathrm{reg}}(a),\qquad N_{\mathscr{A}/F}(a)=\det\rho_{\mathrm{reg}}(a)$$

をそれぞれ**正則表現のトレース**, **正則表現のノルム**という.

多元環の表現について二, 三の初等的な補題を述べておく.

**補題 7.2**　$K$ を体 $F$ の有限次分離拡大, $\Omega$ を $F$ を含む代数的閉体とする. $F$ 上の多元環としての $K$ の $M_n(\Omega)$ における表現 $R$ は

$$a\longrightarrow\begin{bmatrix}\tau_1(a) & & & & 0\\ & \ddots & & & \\ & & \tau_k(a) & & \\ & & & 0 & \\ 0 & & & & \ddots\ 0\end{bmatrix}\qquad(a\in K)$$

と同値である．ただし $\tau_1, \cdots, \tau_k$ は $K$ から $\Omega$ の中への $F$ 上の同型写像である．いい換えれば $R$ はいくつかの1次元表現と零表現の直和と同値である．

**証明**　$V=\Omega^n$ とおき，$M_n(\Omega)=\mathrm{End}(V)$ と考える．$R(1)^2=R(1)$ であるから $V'=R(1)V$, $V''=(1-R(1))V$ とおけば $V=V'\oplus V''$．任意の $a\in K$ に対し

$$R(a)V' \subseteqq V', \qquad R(a)V''=\{0\},$$

さらに $R(1)$ は $V'$ の恒等変換を引き起こす．ゆえに初めから $R(1)$ が $V$ の恒等変換の場合を考えれば十分である．$t$ を $K$ の $F$ 上の生成元とする．$R$ は $K$ から $M_n(\Omega)$ の中への $F$ 上の同型写像であるから，$R(t)$ の $F$ 上の最小多項式 $\varphi(X)$ は $t$ の $F$ 上の最小多項式に等しい．ゆえに $\varphi(X)$ は重根をもたない．$R(t)$ の $\Omega$ 上の最小多項式は $\varphi(X)$ の約元で，それもまた重根をもたない．したがって $R(t)$ は $M_n(\Omega)$ において対角化可能である．$R(t)$ の固有値を $t_1, \cdots, t_n$ とすれば，$t\to t_i$ は $K$ から $\Omega$ の中への同型写像 $\tau_i$ を定める．$R$ が1次元表現 $a\to\tau_i(a)$ $(1\leqq i\leqq n)$ の直和と同値なことは明らかである．▌

**補題 7.3**　$\mathscr{A}$ を $F$ 上の多元体とする．$\mathscr{A}$ の $F$ 上の表現 $R$ は $\mathscr{A}/F$ の正則表現のいくつかと零表現の直和と同値である．

**証明**　$V$ は $F$ 上の線型空間，$R$ は $\mathscr{A}$ の $\mathrm{End}(V)$ における表現であるとする．補題7.2の証明と同様に $R(1)$ が $V$ の恒等変換となる場合を考えれば十分である．このとき $V$ は $\mathscr{A}$ 上の線型空間となり，したがって $V/\mathscr{A}$ の基底 $\{e_1, \cdots, e_m\}$ が存在する：

$$V=\sum_{i=1}^{m} R(\mathscr{A})e_i.$$

$R(\mathscr{A})e_i$ における $\mathscr{A}$ の表現は $\mathscr{A}/F$ の正則表現 $\rho_{\mathrm{reg}}$ と同値である．ゆえに $R$ は $\rho_{\mathrm{reg}}$ の $m$ 個の直和と同値である．▌

**補題 7.4**　$M_m(F)$ の $F$ 上の表現 $R$ は恒等表現

$$I:\ a \longrightarrow a \qquad (a\in M_m(F))$$

のいくつかと零表現の直和に同値である．

**証明**　$M_m(F)/F$ の正則表現 $\rho_{\mathrm{reg}}$ が $I$ の $m$ 個の直和と同値であること，および $I$ が既約表現であることはただちにわかる．$R$ は $M_m(F)$ の $\mathrm{End}(V)$ における表現であるとする．こんども $R(1)$ は $V$ の恒等変換であると仮定してよい．任意の $x\in V$ に対し $\mathfrak{a}=\{a\in M_m(F)\mid R(a)x=0\}$ は $M_m(F)$ の左イデアルとな

り，$R(M_m(F))x$ における $M_m(F)$ の表現は $M_m(F)/\mathfrak{a}$ において $\rho_{\mathrm{reg}}$ の引き起こす表現と同値である．ゆえにそれは $I$ の直和と同値である．したがって $V$ は既約部分空間 $V_\alpha$ の和空間となり，おのおの $V_\alpha$ における $M_m(F)$ の表現は $I$ と同値である．このとき $V_{\alpha_1}+\cdots+V_{\alpha_k}$ が直和であるような $\{\alpha_1, \cdots, \alpha_k\}$ のうち，この和空間が $V$ と一致するものが存在することは容易にわかる．▌

つぎの補題は証明なしに引用するが，$\mathcal{A}$ が多元体，または $M_m(F)$ となる場合はそれぞれ補題 7.3, 7.4 に含まれている．

**補題 7.5** $\mathcal{A}$ を $F$ 上の単純多元環，$R$ を $\mathcal{A}$ の $F$ 上の $n$ 次表現とする．$R(1)=1_n$ と仮定する．$n$ が $[\mathcal{A}:F]$ の倍数であるならば，$R$ は $\mathcal{A}/F$ の正則表現のいくつかの直和と同値である．——

$\mathcal{A}$ を $\boldsymbol{Q}$（または $\boldsymbol{R}$）上の単純多元環，$\rho$ を $\mathcal{A}$ の対合とする．

$$\mathrm{Tr}_{\mathcal{A}/F}(aa^\rho) > 0 \qquad (\forall a \in \mathcal{A},\ a \neq 0) \tag{7.9}$$

が成り立つとき，$\rho$ は**正の対合**であるという．

**注意** 補題 7.5 により (7.9) における $\mathrm{Tr}_{\mathcal{A}/F}$ を $\mathcal{A}$ の $\boldsymbol{Q}$（または $\boldsymbol{R}$）上の任意の表現のトレースで置き換えてもよい．

$F$ を $d$ 次代数体とし，$\tau_1, \cdots, \tau_d$ を $F$ から $\boldsymbol{C}$ の中への同型写像の全体とする．これらの同型写像はつぎのように並べられているものとする．$1\leqq i\leqq r_1$ ならば $\tau_i(F)\subseteq\boldsymbol{R}$，$r_1<i\leqq r_1+r_2$ ならば $\tau_i(F)\subsetneq\boldsymbol{R}$，$\tau_{i+r_2}=\bar{\tau}_i$．ただし $\bar{\tau}_i$ は同型写像 $a\to\overline{\tau_i(a)}$ を表わす．$a\to|\tau_i(a)|$ は $F$ の付値 $v_i$ を定義する．$v_i$ に関する $F$ の完備化を $F_{v_i}$ とすれば

$$F_{v_i} = \begin{cases} \boldsymbol{R} & (1\leqq i\leqq r_1), \\ \boldsymbol{C} & (r_1<i\leqq r_1+r_2). \end{cases}$$

$v_1, \cdots, v_r$ $(r=r_1+r_2)$ が $F$ の Archimedes 的付値の全体である．$F$ のすべての共役体 $\tau_i(F)$ が $\boldsymbol{R}$ に含まれるとき，$F$ は**総実**であるという．$\tau_i(F)\subsetneq\boldsymbol{R}$ $(1\leqq i\leqq d)$ となるとき，$F$ は**総虚**であるという．

**定理 7.2** $\mathcal{A}$ を正の対合 $\rho$ をもつ $\boldsymbol{Q}$ 上の多元体とする．このとき $\mathcal{A}$ の中心 $K$ は総実代数体であるか，または総実代数体の総虚 2 次拡大である．さらに $K$ から $\boldsymbol{C}$ の中への任意の同型写像 $\tau$ に対して $\tau(a^\rho)=\overline{\tau(a)}$ $(a\in K)$ が成り立つ．

**証明** $\rho$ は $K$ の自己同型を引き起こす．$F=\{a\in K \mid a^\rho=a\}$ とおけば，$\rho^2=1$ であるから，$K=F$ であるかまたは $K$ は $F$ の 2 次拡大である．$F$ に対して $\tau_1, \cdots,$

$\tau_d, v_1, \cdots, v_r$ などの記号はすでに述べた通りとする．$a \to (\tau_1(a), \cdots, \tau_r(a))$ によって $F$ を $F_{v_1} \times \cdots \times F_{v_r}$ に埋め込むとき，$F$ は $F_{v_1} \times \cdots \times F_{v_r}$ の中で密である(近似定理)．もし $F_{v_r} = \boldsymbol{C}$ ならば，$F$ の元 $a$ を $(0, \cdots, 0, \sqrt{-1})$ に十分近くとるとき

$$\mathrm{Tr}_{F/\boldsymbol{Q}}(aa^\rho) = \mathrm{Tr}_{F/\boldsymbol{Q}}(a^2) = \sum_{i=1}^{d} \tau_i(a^2) < 0$$

となり，これは矛盾である．ゆえに $F$ は総実である．

$K \neq F$ ならば $K = F(t)$，$t^\rho = -t$ と書くことができて $t^2 \in F$ となる．$b \in F$，$b \neq 0$ に対し

$$\begin{aligned} \mathrm{Tr}_{K/\boldsymbol{Q}}((bt)(bt)^\rho) &= \mathrm{Tr}_{K/\boldsymbol{Q}}(-b^2t^2) \\ &= 2\,\mathrm{Tr}_{F/\boldsymbol{Q}}(-b^2t^2) = \sum_{i=1}^{d} \tau_i(b^2)\tau_i(-t^2) > 0. \end{aligned}$$

ふたたび近似定理を用いて $\tau_i(-t^2) > 0$ $(1 \leqq i \leqq d)$ が結論される．ゆえに $K$ は総虚である．さらに $K$ から $\boldsymbol{C}$ の中への任意の同型写像 $\tau$ に対して $\overline{\tau(t)} = -\tau(t)$ となる．したがって $a, b \in F$ ならば

$$\begin{aligned} \tau((a+bt)^\rho) &= \tau(a-bt) \\ &= \tau(a) - \tau(b)\tau(t) = \overline{\tau(a+bt)}. \end{aligned}$$

∎

$A$ を Abel 多様体，$\mathcal{C}$ を $A$ の偏極とすれば，$\mathcal{C}$ に属する Riemann 形式 $E$ は $\mathrm{End}(A)_{\boldsymbol{Q}}$ の対合 $\lambda \to \lambda^*$ を定義する(定理6.17)．この対合が偏極 $\mathcal{C}$ のみで決まることは明らかである．さらに $M$ を $\mathrm{End}(A)_{\boldsymbol{Q}}$ の有理表現とすれば

$$\mathrm{tr}\, M(\lambda\lambda^*) > 0 \qquad (\forall \lambda \in \mathrm{End}(A)_{\boldsymbol{Q}},\ \lambda \neq 0)$$

が成り立つ．

$\mathcal{A}$ を正の対合 $\rho$ をもつ $\boldsymbol{Q}$ 上の単純多元環とする．また $\Phi$ を $\mathcal{A}$ の $M_n(\boldsymbol{C})$ における表現とする．$n$ 次元 Abel 多様体 $A$，$A$ の偏極 $\mathcal{C}$，$\mathcal{A}$ から $\mathrm{End}(A)_{\boldsymbol{Q}}$ の中への同型写像 $\theta$ の組 $\mathcal{P} = (A, \mathcal{C}, \theta)$ は，つぎの条件が満たされるとき，$\{\mathcal{A}, \Phi, \rho\}$ **型の偏極 Abel 多様体**であるという．

(1)　$\theta(a)$ $(a \in \mathcal{A})$ の $A$ の解析座標系による表現は $\Phi$ と同値である．

(2)　$\mathcal{C}$ の定義する $\mathrm{End}(A)_{\boldsymbol{Q}}$ の対合は $\theta(\mathcal{A})$ 上では $\theta(a) \to \theta(a^\rho)$ と一致する．

$\mathcal{P} = (A, \mathcal{C}, \theta)$，$\mathcal{P}' = (A', \mathcal{C}', \theta')$ を $\{\mathcal{A}, \Phi, \rho\}$ 型の偏極 Abel 多様体とする．$(A, \mathcal{C})$ から $(A', \mathcal{C}')$ の上への同型写像 $\lambda$ がさらに $\lambda\theta(a) = \theta'(a)\lambda$ $(a \in \mathcal{A})$ を満たすとき，$\lambda$ は $\mathcal{P}$ から $\mathcal{P}'$ の上への**同型写像**であるという．とくに $\mathcal{A} = \boldsymbol{Q}$ (したが

って $\rho$ は恒等写像), $\Phi(a)=a1_n$ $(a\in \boldsymbol{Q})$ ならば, 条件 (1), (2) は自然に満たされている. 任意の $n$ 次元偏極 Abel 多様体 $(A,\mathcal{C})$ はこの型に属する. §7.1 と同様の意味で, 与えられた型 $\{\mathcal{A},\Phi,\rho\}$ に属する偏極 Abel 多様体の族を構成することができるが, われわれはつぎの特別な型のみを考えることにする(一般の場合は G. Shimura, On analytic families of polarized abelian varieties and automorphic functions, Ann. of Math., Vol. 78 (1963), pp. 149-192 参照).

(i)　$\{F,\Phi,\rho\}$ 型

$F$ は $n$ 次総実代数体, $\Phi$ は $n$ 次元表現, $\rho$ は恒等写像 1.

(ii)　$\{K,\Phi,\rho\}$ 型

$K$ は $n$ 次総実代数体 $F$ の総虚 2 次拡大, $\Phi$ は $n$ 次元表現, $\rho$ は $K/F$ の自己同型 $\neq 1$.

(iii)　$\{D,\Phi,\rho\}$ 型

$D$ は $\boldsymbol{Q}$ 上の不定符号 4 元数環, $\Phi$ は 2 次元表現.

(iii) において $D$ は多元体でなくてもよい. また $D$ が正の対合をもつことは §7.5 で示す.

## §7.3　準同型多元環が総実代数体を含む偏極 Abel 多様体

$F$ を $n$ 次総実代数体とする. $\boldsymbol{Q}$ 上の多元環としての $F$ の $M_k(\boldsymbol{C})$ における表現を $\Phi$ とする. $\rho=1$ として $\{F,\Phi,\rho\}$ 型の偏極 Abel 多様体 $\mathcal{P}=(A,\mathcal{C},\theta)$ が存在するための必要条件を求めておく. $M$ を $\mathrm{End}(A)_{\boldsymbol{Q}}$ の有理表現とすれば $\Phi\oplus\bar{\Phi}$ は $M\circ\theta$ と同値でなければならない. $\tau_1,\cdots,\tau_n$ を $F$ から $\boldsymbol{R}$ の中への同型写像の全体とする. 補題 7.2 により $\Phi$ は $\sum_{\nu=1}^{n} m_\nu\tau_\nu$ ($m_\nu$ は $\tau_\nu$ の重複度)と同値になるが, 一方では補題 7.3 によって $M\circ\theta$ は $F/\boldsymbol{Q}$ の正則表現 $\sum_{\nu=1}^{n}\tau_\nu$ のいくつかの直和と同値である. この重複度を $m$ とすれば, $2m_\nu=m$ $(1\leqq\nu\leqq n)$. ゆえに $k=m_1 n$ で, $\Phi$ は $m_1\sum_{\nu=1}^{n}\tau_\nu$ と同値である.

以下 $k=n$ として初めから

$$\Phi(a)=\begin{bmatrix}\tau_1(a) & & 0\\ & \ddots & \\ 0 & & \tau_n(a)\end{bmatrix}\qquad (a\in F)$$

と仮定する. $A=\boldsymbol{C}^n/L$ と書く. $\theta(a)$ の解析座標系による表現が $\Phi(a)$ であるよ

うな $\boldsymbol{C}^n$ の座標系をとる．$a \in F$ ならば $\Phi(a) L_{\boldsymbol{Q}} \subseteq L_{\boldsymbol{Q}}$．ゆえに $L_{\boldsymbol{Q}}$ は $F$ 上の線型空間と見なせる．しかし $\dim_{\boldsymbol{Q}} L_{\boldsymbol{Q}} = 2n$ であるから

$$L_{\boldsymbol{Q}} = \Phi(F) x_1 + \Phi(F) x_2 \tag{7.10}$$

と書くことができる．$F^2 = F \times F$ から $L_{\boldsymbol{Q}}$ の上への同型写像

$$(a_1, a_2) \longrightarrow \sum \Phi(a_j) x_j$$

による $L$ の逆像 $M$ は $F^2$ の $\boldsymbol{Z}$ 格子となる．定義によって

$$L = \{\sum \Phi(a_j) x_j \mid (a_1, a_2) \in M\}. \tag{7.11}$$

$E$ を $\mathscr{C}$ に属する非退化 Riemann 形式とする．$E$ の定める $\mathrm{End}(A)_{\boldsymbol{Q}}$ の対合を $\lambda \to \lambda^*$ で表わせば $\Phi(a)^* = \Phi(a)$ $(a \in F)$．ゆえに

$$E(\Phi(a) x, y) = E(x, \Phi(a) y) \qquad (x, y \in \boldsymbol{C}^n).$$

さて $a \to E(\Phi(a) x_j, x_k)$ は $F$ から $\boldsymbol{Q}$ の中への $\boldsymbol{Q}$ 線型写像である．ゆえに

$$E(\Phi(a) x_j, x_k) = \mathrm{Tr}_{F/\boldsymbol{Q}}\,(a t_{jk})$$

となる $F$ の元 $t_{jk}$ $(j, k = 1, 2)$ が存在する．このとき

$$E(\sum \Phi(a_j) x_j,\ \sum \Phi(b_k) x_k) = \sum_{j,k} \mathrm{Tr}_{F/\boldsymbol{Q}}\,(a_j t_{jk} b_k) \tag{7.12}$$

となる．$T = (t_{jk})$ とおけば，$T$ は交代行列である．また $E$ は $L \times L$ 上で整数値をとるので

$$\mathrm{Tr}_{F/\boldsymbol{Q}}\,(M T\, {}^t\! M) \subseteq \boldsymbol{Z} \tag{7.13}$$

が成り立つ．

$$F_{\boldsymbol{R}} = F \otimes_{\boldsymbol{Q}} \boldsymbol{R} = \boldsymbol{R} \times \cdots \times \boldsymbol{R} \quad (n\ \text{個の直積})$$

において，$F_{\boldsymbol{R}}$ から $\nu$ 番目の因子への射影を $\pi_\nu$ で表わす．$\pi_\nu$ は $F$ 上では $\tau_\nu$ と一致するものとする．$\Phi$ を $\boldsymbol{R}$ 線型に $F_{\boldsymbol{R}}$ の表現に拡張すれば，$a \in F_{\boldsymbol{R}}$ に対し

$$\Phi(a) = \begin{bmatrix} \pi_1(a) & & 0 \\ & \ddots & \\ 0 & & \pi_n(a) \end{bmatrix}.$$

ゆえにベクトル $x_j$ $(j = 1, 2)$ の成分を $x_{1j}, \cdots, x_{nj}$ と書けば，$\Phi(F_{\boldsymbol{R}}) x_1 + \Phi(F_{\boldsymbol{R}}) x_2$ は $2n$ 個のベクトル

$$\begin{bmatrix} x_{11} \\ 0 \\ \vdots \\ 0 \end{bmatrix}, \quad \begin{bmatrix} x_{12} \\ 0 \\ \vdots \\ 0 \end{bmatrix}, \quad \cdots, \quad \begin{bmatrix} 0 \\ \vdots \\ 0 \\ x_{n1} \end{bmatrix}, \quad \begin{bmatrix} 0 \\ \vdots \\ 0 \\ x_{n2} \end{bmatrix} \tag{7.14}$$

の $\boldsymbol{R}$ 線型結合の全体である．$L_{\boldsymbol{Q}}$ は $\boldsymbol{R}$ 上で $\boldsymbol{C}^n$ を生成するから，(7.14) が $\boldsymbol{C}^n$ の $\boldsymbol{R}$ 上の基底でなければならない．

$a_j, b_k \in F_{\boldsymbol{R}}$ $(j, k=1, 2)$ に対し

$$E\left(\sum_j \Phi(a_j)x_j,\ \sum_k \Phi(b_k)x_k\right)$$
$$= \mathrm{Tr}_{F/\boldsymbol{Q}}\left(\sum_{j,k} a_j t_{jk} b_k\right) = \sum_\nu \sum_{j,k} \pi_\nu(a_j t_{jk} b_k).$$

ゆえに基底 (7.14) に関する $E$ の主行列は

$$T_* = \begin{bmatrix} T_1 & & 0 \\ & \ddots & \\ 0 & & T_n \end{bmatrix}, \qquad \text{ただし} \quad T_\nu = (\pi_\nu(t_{jk})) \quad (1 \leqq \nu \leqq n)$$

である．いま

$$X = \begin{bmatrix} X_1 & & 0 \\ & \ddots & \\ 0 & & X_n \end{bmatrix}, \qquad X_\nu = (x_{\nu_1}, x_{\nu_2}) \quad (1 \leqq \nu \leqq n) \tag{7.15}$$

とおけば，補題 6.2 によって

$$XT_*^{-1}\,{}^tX = 0, \qquad -iXT_*^{-1}\,{}^t\bar{X} > 0 \tag{7.16}$$

が成立する．$T_\nu$ は交代行列であるから

$$W_\nu T_\nu^{-1}\,{}^tW_\nu = \begin{bmatrix} 0 & 1 \\ -1 & 0 \end{bmatrix}$$

となる $W_\nu \in GL_2(\boldsymbol{R})$ が存在する．$X_\nu W_\nu^{-1} = (u_\nu, v_\nu)$ とおく．このとき (7.16) は

$$-i(-v_\nu \bar{u}_\nu + u_\nu \bar{v}_\nu) > 0 \qquad (1 \leqq \nu \leqq n)$$

と同値である ((7.16) の第 1 式は自明な等式となる)．ゆえに $v_\nu \neq 0$. $z_\nu = u_\nu/v_\nu$ とおけば，これは

$$\mathrm{Im}\, z_\nu > 0 \qquad (1 \leqq \nu \leqq n)$$

と同値である．すなわち $z_\nu$ は上半平面 $H$ に属する．

$$\Lambda = \begin{bmatrix} \Lambda_1 & & 0 \\ & \ddots & \\ 0 & & \Lambda_n \end{bmatrix} \qquad (\Lambda_\nu \in \boldsymbol{C}^\times)$$

の形の行列は $\Phi(a)$ $(a \in F_{\boldsymbol{R}})$ と可換である．$\boldsymbol{C}^n$ の座標系を取り換えて $\Lambda x$ を $x$ の座標として採用することができる．これによって $T, M$ は不変であることに注

意する．$\Lambda$ を適当に選んで

$$X_\nu W_\nu^{-1} = (z_\nu, 1) \tag{7.17}$$

であると仮定してよい．以上で $\{F, \Phi, \rho\}$ 型の偏極 Abel 多様体の標準形が得られたのである．

逆に交代行列 $T \in M_2(F)$ と $F \times F$ の $\boldsymbol{Z}$ 格子 $M$ で (7.13) を満たすものが与えられているとする．$z=(z_1, \cdots, z_n) \in H^n$ に対し (7.17), (7.15) によって定まる $X, x_1, x_2$ をそれぞれ $X(z, T)$, $x_1(z, T)$, $x_2(z, T)$ と書く．また (7.11) によって定義される $\boldsymbol{C}^n$ の格子 $L$ を $L(z, T, M)$ とする．(7.12) の $E$ は $\boldsymbol{C}^n/L(z, T, M)$ の非退化 Riemann 形式となる．$\Phi(a)$ $(a \in F)$ は明らかにこの Abel 多様体の準同型多元環の元 $\theta(a)$ を引き起こす．このように任意の $z \in H^n$ に対し $\{F, \Phi, \rho\}$ 型の偏極 Abel 多様体 $\mathcal{P}(z, T, M)$ が定義される．

$$\Sigma(T, M) = \{\mathcal{P}(z, T, M) \mid z \in H^n\}$$

とおく．$\Sigma(T, M)$ の2元 $\mathcal{P}(z, T, M)$, $\mathcal{P}(z', T, M)$ が同型であるための必要十分条件を調べよう．

$\lambda$ を $\mathcal{P}(z, T, M)$ から $\mathcal{P}(z', T, M)$ の上への同型写像とする．$\lambda$ に対応する $\boldsymbol{C}^n$ から $\boldsymbol{C}^n$ の上への線型写像の行列を $\Lambda$ とすれば，$\Lambda$ は $\Phi(a)$ $(a \in F)$ と可換であるから

$$\Lambda = \begin{bmatrix} \Lambda_1 & & 0 \\ & \ddots & \\ 0 & & \Lambda_n \end{bmatrix} \qquad (\Lambda_\nu \in \boldsymbol{C}^\times)$$

の形でなければならない．また

$$\Lambda L(z, T, M) = L(z', T, M) \tag{7.18}$$

が成り立つから，$x_j = x_j(z, T)$, $x_j' = x_j(z', T)$ と書けば

$$\Lambda x_j = \sum_{k=1}^{2} \Phi(u_{jk}) x_k' \qquad (j=1, 2) \tag{7.19}$$

となる $u_{jk} \in F$ が存在する．$U = (u_{jk})$ とおけば，(7.18) によって

$$MU = M. \tag{7.20}$$

さらに $\mathcal{P}(z, T, M)$, $\mathcal{P}(z', T, M)$ の偏極に属する Riemann 形式 $E, E'$ に対して

$$E'(\Lambda x, \Lambda y) = rE(x, y) \qquad (x, y \in \boldsymbol{C}^n)$$

を満たす $r \in \boldsymbol{Q}$ $(r>0)$ が存在する．定義によって

$$E(\sum \Phi(a_j)x_j, \sum \Phi(b_k)x_k) = \sum_{j,k} \mathrm{Tr}_{F/Q}(a_j t_{jk} b_k),$$
$$E'(\sum \Phi(a_j)x_j', \sum \Phi(b_k)x_k') = \sum_{j,k} \mathrm{Tr}_{F/Q}(a_j t_{jk} b_k)$$

であるから，これは

$$UT\,{}^tU = rT$$

と同値である．しかし (7.20) により

$$\mathrm{Tr}_{F/Q}(MT\,{}^tM) = \mathrm{Tr}_{F/Q}(MUT\,{}^tU\,{}^tM) = r\,\mathrm{Tr}_{F/Q}(MT\,{}^tM).$$

ゆえに $r=1$ となる．

$$U_\nu = (\pi_\nu(u_{jk})), \qquad g_\nu = {}^tW_\nu^{-1}U_\nu\,{}^tW_\nu \qquad (1\leqq\nu\leqq n)$$

とおけば

$$g_\nu\begin{bmatrix} 0 & 1 \\ -1 & 0 \end{bmatrix}{}^tg_\nu = \begin{bmatrix} 0 & 1 \\ -1 & 0 \end{bmatrix},$$

すなわち $g_\nu \in SL_2(\boldsymbol{R})$ となる．一方，(7.19) は

$$\Lambda_\nu\begin{bmatrix} z_\nu \\ 1 \end{bmatrix} = g_\nu\begin{bmatrix} z_\nu' \\ 1 \end{bmatrix} \qquad (1\leqq\nu\leqq n)$$

と同値である．ゆえに §1.1 の記号で

$$z_\nu = g_\nu(z_\nu') \qquad (1\leqq\nu\leqq n).$$

与えられた $T, M$ に対し

$$\Gamma(T,M) = \{U\in M_2(F) \mid UT\,{}^tU=T, MU=M\},$$
$$\psi(U) = ({}^tW_1^{-1}U_1\,{}^tW_1, \cdots, {}^tW_n^{-1}U_n\,{}^tW_n)$$

とおく．$\psi$ は $\Gamma(T,M)$ から $SL_2(\boldsymbol{R})^n=SL_2(\boldsymbol{R})\times\cdots\times SL_2(\boldsymbol{R})$ の中への同型写像である．$g=(g_1,\cdots,g_n)\in SL_2(\boldsymbol{R})^n$ の $H^n$ への作用を

$$g(z) = (g_1(z_1), \cdots, g_n(z_n))$$

によって定義しておく．以上をまとめればつぎの定理が得られる．

**定理 7.3** $F$ を $n$ 次総実代数体，$\Phi$ を $F/\boldsymbol{Q}$ の正則表現，$\rho$ を恒等写像とする．$\{F,\Phi,\rho\}$ 型の任意の偏極 Abel 多様体 $\mathcal{P}$ に対し (7.13) を満たす交代行列 $T\in M_2(F)$ と $F\times F$ の $\boldsymbol{Z}$ 格子 $M$ が存在し，$\mathcal{P}$ は $\Sigma(T,M)$ の元の一つと同型になる．$\Sigma(T,M)$ の 2 元 $\mathcal{P}(z,T,M)$ と $\mathcal{P}(z',T,M)$ が同型であるためには

$$\psi(U)(z') = z$$

となる $U\in\Gamma(T,M)$ が存在することが必要十分である．

**注意** $\Sigma(T,M)$ の元が $\Sigma(T',M')$ の元のどれかと同型であるためには

$$UT'{}^tU = rT, \qquad MU = M'$$

となる $U \in M_2(F)$ と $r \in \boldsymbol{Q}$ $(r>0)$ が存在することが必要十分である.

$U=(u_{jk}) \in SL_2(F_{\boldsymbol{R}})$ に対し $U_\nu=(\pi_\nu(u_{jk}))$ とおく.

$$U \longrightarrow (U_1, \cdots, U_n)$$

は $SL_2(F_{\boldsymbol{R}})$ から $SL_2(\boldsymbol{R})^n$ の上への同型写像を与える. また

$$\mathfrak{O} = \{U \in M_2(F) \mid MU \subseteqq M\}$$

は $M_2(F)$ の整環となり, $\Gamma(T, M) \subseteqq \mathfrak{O}^\times$. この事実から $\psi(\Gamma(T, M))$ が $SL_2(\boldsymbol{R})^n$ の離散部分群であることを示すことができる(§3.1を参照). $H^n$ は $SL_2(\boldsymbol{R})^n$ の $SO_2(\boldsymbol{R})^n$ による商空間と同相であるから $\psi(\Gamma(T, M))$ は $H^n$ に不連続的に作用する. $\mathfrak{o}$ を $F$ の整数環とする. $T=\begin{bmatrix} 0 & 1 \\ -1 & 0 \end{bmatrix}$, $M=\mathfrak{o}\times\mathfrak{o}$ ならば $\Gamma(T, M)=SL_2(\mathfrak{o})$ となる. $SL_2(\mathfrak{o})$ を **Hilbert モジュラー群**という.

## §7.4　CM 型の偏極 Abel 多様体

$K$ を $n$ 次総実代数体 $F$ 上の総虚2次拡大とする. $\rho$ を $K/F$ の自己同型 $\neq 1$ とする. $\boldsymbol{Q}$ 上の多元環として $K$ の $M_k(\boldsymbol{C})$ における表現 $\Phi$ を考える. いま $\{K, \Phi, \rho\}$ 型の偏極 Abel 多様体 $\mathcal{P}=(A, \mathcal{C}, \theta)$ が存在するものとすれば, $\mathrm{End}(A)_{\boldsymbol{Q}}$ の有理表現 $M$ に対して $M\circ\theta$ は $\Phi\oplus\bar{\Phi}$ と同値でなければならない. $\tau_1, \cdots, \tau_{2n}$ を $K$ から $\boldsymbol{C}$ の中への同型写像の全体とする. 補題7.2により $\Phi$ は $\sum_\nu m_\nu\tau_\nu$ と同値である. ただし $m_\nu$ は $\tau_\nu$ の重複度である. 補題7.3により $M\circ\theta$ は $K/\boldsymbol{Q}$ の正則表現 $\sum_{\nu=1}^{2n}\tau_\nu$ の直和と同値である. その重複度を $m$ とする. ここで $\tau_\nu$ は

$$\bar{\tau}_\nu = \tau_{n+\nu} \qquad (1 \leqq \nu \leqq n)$$

となるように番号をつけられているものとすれば

$$m_\nu + m_{n+\nu} = m \qquad (1 \leqq \nu \leqq n) \tag{7.21}$$

が成り立つ. また表現の次数を比べることによって

$$k = mn. \tag{7.22}$$

以後 $k=n$ とする. (7.21)により, 必要ならば $\tau_\nu$ と $\tau_{n+\nu}$ を入れ換えて, $m_\nu=1$, $m_{n+\nu}=0$ $(1\leqq\nu\leqq n)$ としても一般性を失わない.

偏極 Abel 多様体 $\mathcal{P}=(A, \mathcal{C}, \theta)$ が $\{K, \Phi, \rho\}$ 型であるとして $A=\boldsymbol{C}^n/L$ と書く. $\theta(a)$ $(a\in K)$ の解析座標系による表現が

$$\Phi(a) = \begin{bmatrix} \tau_1(a) & & 0 \\ & \ddots & \\ 0 & & \tau_n(a) \end{bmatrix} \qquad (a \in K)$$

であると仮定することができる．このとき $L_{\boldsymbol{Q}}$ は $K$ 上の線型空間となるが，次元を考慮すれば

$$L_{\boldsymbol{Q}} = \Phi(K)x$$

となる $x \in \boldsymbol{C}^n$ が存在することがわかる．したがって $K$ の或る $\boldsymbol{Z}$ 格子 $M$ に対して

$$L = \Phi(M)x \tag{7.23}$$

が成り立つ．$\mathcal{C}$ に属する Riemann 形式を $E$ とする．このとき

$$E(\Phi(a)y, z) = E(y, \Phi(a^\rho)z) \qquad (a \in K,\ \ y, z \in \boldsymbol{C}^n).$$

ゆえに

$$E(\Phi(a)x, \Phi(b)x) = \mathrm{Tr}_{K/\boldsymbol{Q}}\,(atb^\rho) \qquad (a, b \in K) \tag{7.24}$$

となる $t \in K$ が存在し，$E$ が交代形式であることから $t^\rho = -t$ となる．(7.23) から

$$\mathrm{Tr}_{K/\boldsymbol{Q}}\,(MtM^\rho) \subseteq \boldsymbol{Z}. \tag{7.25}$$

$K_{\boldsymbol{R}} = K \otimes_{\boldsymbol{Q}} \boldsymbol{R} = \boldsymbol{C} \times \cdots \times \boldsymbol{C}$ ($n$ 個の直積) において，$\nu$ 番目の因子への射影を $\pi_\nu$ とする．$\pi_\nu$ は $K$ 上では $\tau_\nu$ と一致しているものとする．$\Phi$ を $\boldsymbol{R}$ 線型に $K_{\boldsymbol{R}}$ に延長するとき

$$\Phi(a) = \begin{bmatrix} \pi_1(a) & & 0 \\ & \ddots & \\ 0 & & \pi_n(a) \end{bmatrix} \qquad (a \in K_{\boldsymbol{R}}).$$

$a \in K_{\boldsymbol{R}}$ に対し $a_\nu = \pi_\nu(a)$ とおけば，(7.24) により

$$E(\Phi(a)x, \Phi(b)x) = \sum_{\nu=1}^{n} (a_\nu t_\nu \bar{b}_\nu + \bar{a}_\nu \bar{t}_\nu b_\nu)$$

$$= \sum_{\nu=1}^{n} t_\nu (a_\nu \bar{b}_\nu - \bar{a}_\nu b_\nu).$$

実際，定理 7.2 により $a \in K$ に対し $\pi_\nu(a^\rho) = \overline{\pi_\nu(a)}$ であるから．ゆえに

$$E(\Phi(a)x, i\Phi(b)x) = \sum_{\nu=1}^{n} (-it_\nu)(a_\nu \bar{b}_\nu + \bar{a}_\nu b_\nu).$$

$E(\Phi(a)x, i\Phi(a)x) > 0$ ($\forall a \in K_{\boldsymbol{R}},\ a \neq 0$) となるためには

$$\operatorname{Im} t_\nu > 0 \qquad (1 \leqq \nu \leqq n)$$

でなければならない.

ベクトル $x$ の成分を $x_1, \cdots, x_n$ とする. $\boldsymbol{C}^n = \Phi(K_{\boldsymbol{R}})x$ は $x_\nu \neq 0$ $(1 \leqq \nu \leqq n)$ と同値である. $\boldsymbol{C}^n$ の座標系を変えて $x_\nu = 1$ $(1 \leqq \nu \leqq n)$ とすることができる.

結局, 偏極 Abel 多様体 $\mathcal{P}$ の標準形は $t, M$ によって一つに決まる. 逆に

$$t^\rho = -t, \qquad \operatorname{Im} t_\nu > 0 \quad (1 \leqq \nu \leqq n), \qquad \operatorname{Tr}_{K/\boldsymbol{Q}}(MtM^\rho) \subseteqq \boldsymbol{Z}$$

を満たす $t \in K$ と $K$ の $\boldsymbol{Z}$ 格子 $M$ が与えられたとき, $\{K, \Phi, \rho\}$ 型の偏極 Abel 多様体 $\mathcal{P}(t, M)$ が存在することは明らかである. 実際, (7.23) によって $\boldsymbol{C}^n$ の格子 $L$ を ($x$ の成分はすべて 1 であるとする), (7.24) によって $\boldsymbol{C}^n/L$ の非退化 Riemann 形式 $E$ を定義する. $\Phi(a)$ $(a \in K)$ の引き起こす $\operatorname{End}(\boldsymbol{C}^n/L)_{\boldsymbol{Q}}$ の元を $\theta(a)$ とする. $E$ の属する偏極を $\mathcal{C}$ として $\mathcal{P}(t, M) = (\boldsymbol{C}^n/L, \mathcal{C}, \theta)$ とおくのである.

以上でつぎの定理が証明された.

**定理 7.4**　$K$ を $n$ 次総実代数体 $F$ 上の総虚 2 次拡大, $\rho$ を $K/F$ の自己同型 $(\neq 1)$ とする. $\tau_1, \cdots, \tau_n$ は $K$ から $\boldsymbol{C}$ の中への同型写像で $\tau_1, \cdots, \tau_n, \bar{\tau}_1, \cdots, \bar{\tau}_n$ が $K$ から $\boldsymbol{C}$ の中への同型写像の全体となるものとする.

$$\Phi(a) = \begin{bmatrix} \tau_1(a) & & 0 \\ & \ddots & \\ 0 & & \tau_n(a) \end{bmatrix} \qquad (a \in K)$$

とおく. このとき $\{K, \Phi, \rho\}$ 型の任意の偏極 Abel 多様体 $\mathcal{P}$ に対し

$$(7.26) \quad t^\rho = -t, \qquad \operatorname{Im} \tau_\nu(t) > 0 \quad (1 \leqq \nu \leqq n), \qquad \operatorname{Tr}_{K/\boldsymbol{Q}}(MtM^\rho) \subseteqq \boldsymbol{Z}$$

を満たす $t \in K$ と $K$ の格子 $M$ が存在し $\mathcal{P}$ は $\mathcal{P}(t, M)$ と同型になる.

**注意**　$\mathcal{P}(t, M)$ と $\mathcal{P}(t', M')$ が同型であるためには

$$ss^\rho t' = rt, \qquad M' = Ms$$

を満たす $s \in K$ と $r \in \boldsymbol{Q}$ $(r > 0)$ が存在することが必要十分である.

一般に $2n$ 次代数体 $E$ と $E$ から $\boldsymbol{C}$ の中への同型写像 $\tau_1, \cdots, \tau_n$ の組 $(E, \{\tau_\nu\})$ は, $n$ 次元 Abel 多様体 $A$ と $E$ から $\operatorname{End}(A)_{\boldsymbol{Q}}$ の中への同型写像 $\theta$ が存在して $\theta(a)$ $(a \in E)$ の解析座標系による表現が $\tau_1, \cdots, \tau_n$ の直和と同値であるとき, **CM 型**であるという.

定理 7.4 においてわれわれは CM 型の特殊な場合を考察したことになる. 実

際，定理に述べた条件 (7.26) を満たす $t$ と $M$ が存在することはつぎのようにしてわかる．$K$ の $F$ 上の生成元 $t_0$ を $t_0^\rho=-t_0$ となるようにとることができる．$t\in K$, $t^\rho=-t$ ならば $t=at_0$ $(a\in F)$ と書くことができる．このとき $\mathrm{Im}\,\tau_\nu(t)>0$ $(1\leqq\nu\leqq n)$ となるように $a$ を選ぶことができる．$M$ を $K$ の任意の $\boldsymbol{Z}$ 格子とするとき，$t$ または $M$ を適当な有理整数倍で置き換えれば (7.26) の第3の条件も満足される．

記号を定理 7.4 の通りとする．$\Phi, \rho$ の $F$ への制限をそのまま $\Phi, \rho$ と書くならば $\mathcal{P}(t, M)$ は $\{F, \Phi, \rho\}$ 型の偏極 Abel 多様体でもある．定理 7.3 により $T_F\in M_2(F)$, ${}^tT_F=-T_F$, と $F\times F$ の $\boldsymbol{Z}$ 格子 $M_F$ が存在して $\mathcal{P}(t, M)$ は $\Sigma(T_F, M_F)$ の元 $\mathcal{P}(z, T_F, M_F)$ と同型でなければならない．これを求めてみる．

$K=F+Fu$ と書く．(7.23) から ($x$ の各成分は 1 としている)

$$L_{\boldsymbol{Q}} = \Phi(F)\,x+\Phi(F)\,\Phi(u)\,x,$$
$$L = \{\Phi(a_1+a_2u)\,x \mid (a_1, a_2)\in M_F\}.$$

ただし $M_F=\{(a_1, a_2)\in F\times F \mid a_1+a_2u\in M\}$．(7.24) によって定義された $E$ に対して

$$\begin{aligned} &E(\Phi(a_1+a_2u)\,x, \Phi(b_1+b_2u)\,x)\\ &\quad= \mathrm{Tr}_{K/\boldsymbol{Q}}\,(t\,(a_1+a_2u)(b_1+b_2u^\rho))\\ &\quad= \mathrm{Tr}_{F/\boldsymbol{Q}}\,(d\,(a_1b_2-a_2b_1)) \qquad (a_1, a_2, b_1, b_2\in F)\end{aligned}$$

が成り立つ．ただし $d=-\mathrm{Tr}_{K/F}\,(tu)$ とおいている．ゆえに

$$T_F = \begin{bmatrix} 0 & d\\ -d & 0\end{bmatrix}.$$

$a\in K$ に対し $a_\nu=\tau_\nu(a)$ と書けば，$\mathcal{P}(t, M)\cong\mathcal{P}(z, T_F, M_F)$ となる $z=(z_1, \cdots, z_n)\in H^n$ は

$$(1, u_\nu) = \Lambda_\nu(z_\nu, 1)\,W_\nu \qquad (1\leqq\nu\leqq n)$$

によって決まる．ここで $\Lambda_\nu\in\boldsymbol{C}^\times$, $W_\nu=\begin{bmatrix} -d_\nu & 0\\ 0 & 1\end{bmatrix}$ である．ゆえに

$$z_\nu = -\frac{1}{d_\nu u_\nu} \qquad (1\leqq\nu\leqq n).$$

したがって $a\to(\tau_1(a), \cdots, \tau_n(a))$ によって $K$ を $K_{\boldsymbol{R}}$ に埋め込むならば $z$ は $K$ に属する．しかし逆に $z\in H^n$ が $K$ に属するならば $\mathcal{P}(z, T_F, M_F)$ は $\{K, \Phi, \rho\}$ 型

であることが容易に示される．

**注意**　一般に $\mathcal{P}$ を $\{\mathcal{A}, \Phi, \rho\}$ 型の偏極 Abel 多様体とする．$\mathcal{A}$ の単純部分多元環 $\mathcal{B}$ が $\rho$ 不変ならば，$\Phi, \rho$ の $\mathcal{B}$ への制限をそのまま $\Phi, \rho$ と書くとき，$\mathcal{P}$ は $\{\mathcal{B}, \Phi, \rho\}$ 型の偏極 Abel 多様体 でもある．たとえば§7.3 の記号で $\{F, \Phi, \rho\}$ 型の偏極 Abel 多様体はまた $\{\boldsymbol{Q}, \Phi, \rho\}$ 型である．ゆえに交代行列 $T_F \in M_2(F)$，$F \times F$ の $\boldsymbol{Z}$ 格子 $M_F$ ($\mathrm{Tr}_{F/\boldsymbol{Q}}(M_F T_F {}^t M_F) \subseteq \boldsymbol{Z}$ と仮定する) および $z \in H^n$ に対して，有理整係数交代行列 $T_{\boldsymbol{Q}}$ と $Z \in \mathfrak{S}_n$ が存在し

$$\mathcal{P}(z, T_F, M_F) \cong \mathcal{P}(Z, T_{\boldsymbol{Q}})$$

が成立する．$T_{\boldsymbol{Q}}$ が $T_F$ と $M_F$ のみで決まることはただちにわかる．より詳しくつぎのことが示される．$SL_2(\boldsymbol{R})^n$ から $Sp_n(\boldsymbol{R})$ の中への埋め込み $\varphi$ と $H^n$ から $\mathfrak{S}_n$ の中への埋め込み $\bar{\varphi}$ が存在し

$$\varphi(g)(\bar{\varphi}(z)) = \bar{\varphi}(g(z)) \qquad (\forall g \in SL_2(\boldsymbol{R})^n,\ z \in H^n),$$
$$\varphi \circ \psi_F(\Gamma(T_F, M_F)) \subseteq \psi_{\boldsymbol{Q}}(\Gamma(T_{\boldsymbol{Q}})),$$
$$\mathcal{P}(z, T_F, M_F) \cong \mathcal{P}(\bar{\varphi}(z), T_{\boldsymbol{Q}}) \qquad (\forall z \in H^n)$$

が成立する．ただし $\psi_{\boldsymbol{Q}}$ は $\Gamma(T_{\boldsymbol{Q}})$ から $Sp_n(\boldsymbol{R})$ の中への同型写像，$\psi_F$ は $\Gamma(T_F, M_F)$ から $SL_2(\boldsymbol{R})^n$ の中への同型写像で，§7.1, §7.3 ではいずれも $\psi$ と書いていたものである．本章の問題 4, 5 参照．

## §7.5　準同型多元環が不定符号 4 元数環を含む偏極 Abel 多様体

$D$ を $\boldsymbol{Q}$ 上の不定符号 4 元数環とする．初めに $D$ が正の対合をもつことを証明する．$a \to a^\iota$ を §3.3 で定義された $D$ の対合とする．このとき

$$\mathrm{tr}_{D/\boldsymbol{Q}}(a) = a + a^\iota, \qquad n_{D/\boldsymbol{Q}}(a) = aa^\iota$$

がそれぞれ $a$ の被約トレース，被約ノルムであった．いま $a \to a^\rho$ を $D$ の任意の対合とすれば，$a \to (a^\rho)^\iota$ は $D$ の自己同型である．それは $D$ の内部自己同型でなければならない．すなわち

$$(a^\rho)^\iota = sas^{-1} \qquad (\forall a \in D) \tag{7.27}$$

となる $s \in D^\times$ が存在する．(一般に単純多元環の自己同型が中心の各元を固定するならば，それは内部自己同型である．われわれの場合には補題 3.16 と同様につぎのようにしてこれを証明することができる．$\sigma$ を $D$ の自己同型写像とする．$\sigma$ は $n_{D/\boldsymbol{Q}}$ を不変にする．2 次形式 $n_{D/\boldsymbol{Q}}$ のついた空間 $D$ において 1 の直交補空間を $V$ とする．$\sigma(1)=1$ であるから $\sigma(V)=V$．$\sigma$ の $V$ への制限 $\bar{\sigma}$ は $O(V)$ に属する．$\bar{\sigma} \in SO(V)$ ならば補題 3.16 と同じ理由で $\bar{\sigma}(v)=svs^{-1}$ ($v \in V$) となる $s \in D^\times$ が存在する．このとき明らかに $\sigma(a)=sas^{-1}$ ($\forall a \in D$)．もし $\bar{\sigma} \notin SO(V)$ なら

ば $-\bar{\sigma}\in SO(V)$. ゆえに $-\bar{\sigma}(v)=svs^{-1}$ となる $s\in D^{\times}$ が存在することになる. すると $D$ の自己同型 $a\to s^{-1}\sigma(a)s$ は対合 $\iota$ と一致しなければならないが, これは不可能である.) (7.27) から $a^{\rho}=(s^{\iota})^{-1}a^{\iota}s^{\iota}$. ゆえに $a=(a^{\rho})^{\rho}=(s^{\iota})^{-1}sas^{-1}s^{\iota}$. これは $s^{-1}s^{\iota}$ が $D$ の中心 $\boldsymbol{Q}$ に属することを示す. $s^{-1}s^{\iota}=\alpha$ とおく. $s=(s^{\iota})^{\iota}$ から $\alpha^2=1$ がでる. ゆえに

$$a^{\rho}=s^{-1}a^{\iota}s, \qquad s^{\iota}=\pm s \tag{7.28}$$

と書くことができる. $(s^2)^{\iota}=s^2$ であるから $s^2\in\boldsymbol{Q}$.

**補題 7.6**　$\rho$ が正の対合であるためには, $s^2<0$ であることが必要十分である.

**証明**　$\rho$ が正の対合であるとすれば

$$\mathrm{tr}_{D/\boldsymbol{Q}}(ss^{\rho})=\pm\mathrm{tr}_{D/\boldsymbol{Q}}(s^2)>0. \tag{7.29}$$

もし $s^{\iota}=s$ ならば $a^{\rho}=a^{\iota}$ となり

$$\mathrm{tr}_{D/\boldsymbol{Q}}(aa^{\rho})=\mathrm{tr}_{D/\boldsymbol{Q}}(aa^{\iota})=2n_{D/\boldsymbol{Q}}(a).$$

$D$ は不定符号4元数環であるから $n_{D/\boldsymbol{Q}}$ は不定符号2次形式であって, これは $\rho$ が正の対合であることと矛盾する. ゆえに $s^{\iota}=-s$ でなければならない. (7.29) から $s^2<0$ がでる.

逆に $s^2<0$ と仮定する. $E=\boldsymbol{Q}(s)$ は $D$ に含まれる虚2次体である. $u\to\bar{u}$ を $E$ の自己同型 $\neq 1$ とする. 補題3.16により $zuz^{-1}=\bar{u}$ となる $z\in D^{\times}$ が存在する. このとき $E\cap Ez=\{0\}$ となるから

$$D=E+Ez$$

が成り立つ. ここで $E$ のすべての元と可換な $D$ の元は $E$ に属することに注意する. 実際, $D$ の元を $a=u+vz$ $(u,v\in E)$ と書くとき, $au_1=u_1a$ $(\forall u_1\in E)$ ならば $u_1vz=vzu_1=v\bar{u}_1z$ $(\forall u_1\in E)$. ゆえに $v=0$. $\alpha=z^2$ とおけば, $\alpha$ は $E$ のすべての元と可換となるから $\alpha\in E$. しかし $\bar{\alpha}=z\alpha z^{-1}=\alpha$ であるから $\alpha\in\boldsymbol{Q}$. とくに $\alpha^2=n_{D/\boldsymbol{Q}}(\alpha)=n_{D/\boldsymbol{Q}}(z)^2$. $\alpha=\pm n_{D/\boldsymbol{Q}}(z)=\pm zz^{\iota}=z^2$. ゆえに $\pm z=z^{\iota}$ であるが, 明らかに $z=z^{\iota}$ ではあり得ないので $-z=z^{\iota}$.

$u\in E$ に対して $u^{\iota}=\bar{u}$ が成り立つ. ゆえに $a=u+vz$ $(u,v\in E)$ ならば $a^{\iota}=\bar{u}+z^{\iota}\bar{v}=\bar{u}-vz$. (7.28) により

$$\begin{aligned}\mathrm{tr}_{D/\boldsymbol{Q}}(aa^{\rho})&=\mathrm{tr}_{D/\boldsymbol{Q}}((u+vz)s^{-1}(\bar{u}-vz)s)\\&=\mathrm{tr}_{D/\boldsymbol{Q}}((u+vz)(\bar{u}+vz))\\&=2(u\bar{u}+v\bar{v}\alpha).\end{aligned} \tag{7.30}$$

一方では

$$n_{D/\boldsymbol{Q}}(a) = (u+vz)(\bar{u}-vz)$$
$$= u\bar{u}-v\bar{v}\alpha.$$

$n_{D/\boldsymbol{Q}}$ は不定符号であるから $\alpha>0$. したがって (7.30) は $\rho$ が正の対合であることを示す. ▮

$D$ の正の対合 $\rho$ を一つ固定しておく. $\Phi$ を $D$ の $M_k(\boldsymbol{C})$ における表現とする. $\Phi$ は $D\otimes_{\boldsymbol{Q}}\boldsymbol{C}=M_2(\boldsymbol{C})$ の $M_k(\boldsymbol{C})$ における表現に ($\boldsymbol{C}$ 線型に) 拡張される. このとき $\Phi(1)=1_k$ ならば, $\Phi$ は $M_2(\boldsymbol{C})$ の恒等表現の直和と同値である (補題 7.4). ゆえに $k$ は偶数である. 以後 $k=2$ の場合を考える. このとき $\Phi$ は $M_2(\boldsymbol{C})$ の恒等表現から引き起こされる $D$ の表現と同値であるが $D_{\boldsymbol{R}}=D\otimes_{\boldsymbol{Q}}\boldsymbol{R}=M_2(\boldsymbol{R})$ であるから, $\Phi$ は $D$ の $M_2(\boldsymbol{R})$ における表現であると仮定してよい.

さて $\mathcal{P}=(\boldsymbol{C}^2/L, \mathcal{C}, \theta)$ を $\{D, \Phi, \rho\}$ 型の偏極 Abel 多様体とする. $\theta(a)$ $(a\in D)$ の解析座標系による表現がちょうど $\Phi$ であると仮定しておく. $\Phi(D)L_{\boldsymbol{Q}}\subseteq L_{\boldsymbol{Q}}$ となるから $L_{\boldsymbol{Q}}$ における $D$ の表現が得られるが, 補題 7.5 によりそれは $D$ の正則表現と同値である. したがって

$$L_{\boldsymbol{Q}} = \Phi(D)x$$

となる $x\in L_{\boldsymbol{Q}}$ が存在し, $a\to\Phi(a)x$ は $D$ から $L_{\boldsymbol{Q}}$ の上への同型写像である. ゆえに

$$L = \Phi(M)x \tag{7.31}$$

を満たす $D$ の $\boldsymbol{Z}$ 格子 $M$ が存在する. また偏極 $\mathcal{C}$ に属する Riemann 形式 $E$ はつぎの形に表わされる: $a, b\in D$ に対し

$$E(\Phi(a)x, \Phi(b)x) = \mathrm{tr}_{D/\boldsymbol{Q}}(b^\rho at) = \mathrm{tr}_{D/\boldsymbol{Q}}(atb^\rho). \tag{7.32}$$

ただし $t$ は $t^\rho=-t$ となる $D$ の元である. このとき

$$\mathrm{tr}_{D/\boldsymbol{Q}}(MtM^\rho) \subseteq \boldsymbol{Z} \tag{7.33}$$

が成り立つ.

$\rho$ が (7.28) によって与えられているとして, $S=\Phi(s)$ とおく. $J=\begin{bmatrix} 0 & 1 \\ -1 & 0 \end{bmatrix}$ ならば

$$\Phi(a^\rho) = S^{-1}\Phi(a^\iota)S = S^{-1}J^{-1}{}^t\Phi(a)JS.$$

$s^\iota=-s$ であるから $J^{-1}{}^tSJ=-S$. ゆえに $P=JS$ は対称行列である. $\det P=\det S=n_{D/\boldsymbol{Q}}(s)>0$ であることを見れば, $\pm P$ のどちらかは正値対称行列である. $s$

を $-s$ で置き換えても $\rho$ は変らないので，$P$ は正値であると仮定してよい．$P=P_0^2$ となる正値対称行列 $P_0$ をとれば

$$P_0\Phi(a^\rho)P_0^{-1} = {}^t(P_0\Phi(a)P_0^{-1}).$$

$\Phi$ を $a\to P_0\Phi(a)P_0^{-1}$ で置き換えて

$$\Phi(a^\rho) = {}^t\Phi(a)$$

が成り立つと仮定しておく．

$\boldsymbol{C}^2=\Phi(D_{\boldsymbol{R}})x=M_2(\boldsymbol{R})x$ となるから，$x$ の成分を $x_1, x_2$ と書くとき

$$X = \begin{bmatrix} x_1 & x_2 & 0 & 0 \\ 0 & 0 & x_1 & x_2 \end{bmatrix}$$

の列ベクトルが $\boldsymbol{C}^2$ の $\boldsymbol{R}$ 上の基底である．この基底に関する $E$ の主行列は

$$T_* = \begin{bmatrix} T & 0 \\ 0 & T \end{bmatrix}, \quad ただし \quad T = \Phi(t)$$

となる．ゆえに補題6.2によって

$$XT_*^{-1}{}^tX = 0, \qquad -iXT_*^{-1}{}^t\bar{X} > 0,$$

すなわち

$$(7.34) \qquad {}^tx\,T^{-1}x = 0, \qquad -i\,{}^tx\,T^{-1}\bar{x} > 0.$$

${}^tT=-T$ であるから

$$WT^{-1}{}^tW = J$$

となる $W\in M_2(\boldsymbol{R})$ が存在する．${}^txW^{-1}=(u, v)$ とおけば (7.34) は

$$-i(u\bar{v}-v\bar{u}) > 0$$

と同値である．とくに $v\neq 0$．$z=u/v$ とおけば，これはまた $\mathrm{Im}\, z>0$ と同値である．$\boldsymbol{C}^2$ の座標系を変えて

$$(7.35) \qquad {}^txW^{-1} = (z, 1)$$

とすることができる．

逆に $t^\rho=-t$ となる $t\in D$ と $D$ の $\boldsymbol{Z}$ 格子 $M$ に対し (7.33) が成り立つとする．任意の $z\in H$ に対し (7.35) によって $x=x(z, t, M)$ を，(7.31) によって $L=L(z, t, M)$ を定める．(7.32) は $\boldsymbol{C}^2/L(z, t, M)$ の非退化 Riemann 形式を定義する．このようにして $\{D, \Phi, \rho\}$ 型の偏極 Abel 多様体 $\mathcal{P}(z, t, M)$ が得られる．

$$\Sigma(t, M) = \{\mathcal{P}(z, t, M) \mid z\in H\},$$

$$\Gamma(t, M) = \{u\in D \mid utu^\rho=t,\ Mu=M\}$$

とおく，

$$\psi(u) = {}^tW^{-1}\Phi(u)\,{}^tW$$

は $\Gamma(t, M)$ から $SL_2(\boldsymbol{R})$ の中への同型写像である．実際，$\rho$ が (7.28) によって定義されているとすれば，$s^{-1}t^{\iota}s=-t$，したがって $(ts^{-1})^{\iota}=ts^{-1}$，$ts^{-1}\in\boldsymbol{Q}$．ゆえに $utu^{\rho}=uts^{-1}u^{\iota}s=t$ は $n_{D/\boldsymbol{Q}}(u)=uu^{\iota}=1$ と同値である．

**定理 7.5**　$D$ を $\boldsymbol{Q}$ 上の不定符号4元数環，$\rho$ を $D$ の正の対合，$\Phi$ を $D$ の $M_2(\boldsymbol{C})$ における表現とする．$\{D, \Phi, \rho\}$ 型の任意の偏極 Abel 多様体 $\mathcal{P}$ に対し，$t^{\rho}=-t$，$\mathrm{tr}_{D/\boldsymbol{Q}}(MtM^{\rho})\subseteqq\boldsymbol{Z}$ を満たす $t\in D$ と $D$ の $\boldsymbol{Z}$ 格子 $M$ が存在し $\mathcal{P}$ は $\Sigma(t, M)$ の元の一つと同型になる．$\Sigma(t, M)$ の2元 $\mathcal{P}(z, t, M)$, $\mathcal{P}(z', t, M)$ が同型であるためには

$$z = \psi(u)(z')$$

となる $u\in\Gamma(t, M)$ が存在することが必要十分である．

**証明**　前半はすでに証明されている．$\mathcal{P}(z, t, M)$ から $\mathcal{P}(z', t, M)$ の上への同型写像 $\lambda$ が存在するとして，$\lambda$ に対応する $\boldsymbol{C}^2$ から $\boldsymbol{C}^2$ の上への線型写像の行列を $\Lambda$ とする．$\Lambda$ は $\Phi(a)$ $(a\in D)$ と可換なのでスカラーでなければならない．また $\Lambda L(z, t, M)=L(z', t, M)$ であるから

$$\Lambda x(z, t, M) = \Phi(u)\,x(z', t, M) \tag{7.36}$$

となる $u\in D$ が存在する．このとき $Mu=M$．さらに

$$\mathrm{tr}_{D/\boldsymbol{Q}}((au)t(bu)^{\rho}) = r\,\mathrm{tr}_{D/\boldsymbol{Q}}(atb^{\rho})$$

$(a, b\in D)$ となる $r\in\boldsymbol{Q}$ $(r>0)$ が存在する．これから $r=1$ および $utu^{\rho}=t$ がでる．結局 $u\in\Gamma(t, M)$ となり (7.36) から $z=\psi(u)(z')$．逆も同様である．▌

$D$ の $\boldsymbol{Z}$ 格子 $M$ に対し

$$\mathfrak{O} = \{a\in D \mid Ma\subseteqq M\}$$

が $D$ の整環であることは容易に証明される．したがって $\Gamma(t, M)$ は §3.4 で定義された不連続群

$$\Gamma(D, \mathfrak{O}) = \{u\in\mathfrak{O} \mid n_{D/\boldsymbol{Q}}(u)=1\}$$

と一致する（定理 7.5 においては $\Gamma(t, M)$ の $SL_2(\boldsymbol{R})$ の中への埋め込み $\psi$ が指定されていることに留意しなければならない）．

**注意**　定理 7.1 によれば任意の1次元偏極 Abel 多様体は $\Sigma(J)$ $\left(ただし\ J=\begin{bmatrix} 0 & 1 \\ -1 & 0 \end{bmatrix}\right)$ の元と同型である．$\mathfrak{S}_1=H$，$\Gamma(J)=SL_2(\boldsymbol{Z})$ に注意しよう．同じ定理によれば $\Sigma(J)$ の

2元 $\mathcal{P}(z), \mathcal{P}(z')$ $(z, z' \in H$. 簡単のため $\mathcal{P}(z)=\mathcal{P}(z, J)$ と書く) が同型であるためには $z=\gamma(z')$ となる $\gamma \in SL_2(\boldsymbol{Z})$ が存在することが必要十分である．1次元偏極 Abel 多様体の概念は実質上1次元 Abel 多様体のそれと同じものであるから(1次元 Abel 多様体の偏極はただ一つである)，上の結果は§4.4で述べたことと一致する．§4.4では $SL_2(\boldsymbol{Z})$ の保型関数体 $K(SL_2(\boldsymbol{Z}))$ が $j(z)$ によって生成されることから，$j(z)$ が $\mathcal{P}(z)$ の不変量であることを導いた．逆に $j(z)$ が $\mathcal{P}(z)$ の代数的不変量(§4.4の注意参照)であることを認めるならば

$$j(z)=j(z') \iff \exists\gamma \in SL_2(\boldsymbol{Z}) \qquad (z=\gamma(z'))$$

が結論される．ゆえに $j(z)$ が $H$ および $SL_2(\boldsymbol{Z})$ の尖点において有理型であることを証明すれば，$K(SL_2(\boldsymbol{Z}))$ が $j(z)$ によって生成されることがいえる．

不連続群 $\Gamma(t, M)$ に対してもこれと同じ事実が成立する．§7.2で引用した志村五郎氏の論文において偏極 Abel 多様体 $\mathcal{P}(z, t, M)$ の代数的不変量が定義され，$H$ 上の有理型関数 $f_1, \cdots, f_m$ が存在して‘一般な’点 $z$ に対しては $(f_1(z), \cdots, f_m(z))$ が $\mathcal{P}(z, t, M)$ の不変量であることが証明されている．これから $\Gamma(t, M)$ の保型関数体 $K(\Gamma(t, M))$ は $\boldsymbol{C}$ 上 $f_1, \cdots, f_m$ によって生成されることがわかる．さらに

$$\mathfrak{O}=\{a \in D \mid Ma \subseteq M\}$$

が段 $dd'$ の整環(§3.6を見よ)であるならば，$K(\Gamma(t, M))$ はつぎの意味で $\boldsymbol{Q}$ 上定義される:

$K(\Gamma(t, M))=\boldsymbol{C}\cdot\boldsymbol{Q}(f_1, \cdots, f_m)$ において $\boldsymbol{C}$ と $\boldsymbol{Q}(f_1, \cdots, f_m)$ は $\boldsymbol{Q}$ 上線型無関連である．

この結果については G. Shimura, Introduction to the arithmetic theory of automorphic functions, Iwanami Shoten and Princeton University Press (1971) 参照.

## 問　　題

**1**　$(\boldsymbol{C}^n/L, \mathcal{C})$ を偏極 Abel 多様体とする．$L$ の基底 $\{u_1, \cdots, u_{2n}\}$ を $\boldsymbol{C}^n$ の $\boldsymbol{R}$ 上の基底とみなし，これに関する $x \in \boldsymbol{C}^n$ の座標を $\varphi(x)={}^t(\xi_1, \cdots, \xi_{2n})$ とする．すなわち $x=\sum_{i=1}^{2n}\xi_i u_i$. このとき $\varphi(\sqrt{-1}x)=R\varphi(x)$ となる $R \in GL_{2n}(\boldsymbol{R})$ が存在する．$R^2=-1$. $\mathcal{C}$ に属する非退化 Riemann 形式を $E$，$E$ の基底 $\{u_1, \cdots, u_{2n}\}$ に関する主行列を $T$ とすれば $TR>0$. 偏極 Abel 多様体 $(\boldsymbol{C}^n/L, \mathcal{C})$ は $TR>0$ を満たす $\boldsymbol{R}^{2n}$ の複素構造 $R$ を与えることによって決まる．この観点から定理7.1を証明せよ．

**2**　記号は前問1の通りとする．

$$\mathrm{End}(\boldsymbol{C}^n/L) \cong \{M \in M_{2n}(\boldsymbol{Z}) \mid MR=RM\},$$
$$\mathrm{End}(\boldsymbol{C}^n/L)_{\boldsymbol{Q}} \cong \{M \in M_{2n}(\boldsymbol{Q}) \mid MR=RM\}.$$

また $M \in M_{2n}(\boldsymbol{R})$ が $TR>0$ を満たすすべての複素構造 $R$ と可換ならば，$M$ はスカラー行列である．

**3**　§7.1の記号で $\mathcal{P}(Z,T)=(V/L,\mathcal{C})$ を $\Sigma(T)$ の元とする．$V/L$ の双対 Abel 多様体を $\hat{V}/\hat{L}$ (第6章の問題7参照)，$\mathcal{C}$ に属する Riemann 形式 $E$ に対して $\hat{E}$ の定める $\hat{V}/\hat{L}$ の偏極を $\hat{\mathcal{C}}$ とする．このとき

$$(\hat{V}/\hat{L},\hat{\mathcal{C}})\cong\mathcal{P}(-Z^{-1},-T^{-1}).$$

とくに $T=\begin{bmatrix}0 & 1_n\\ -1_n & 0\end{bmatrix}$ ならば，$(\hat{V}/\hat{L},\hat{\mathcal{C}})\cong(V/L,\mathcal{C})$.

**4**　$F$ を $n$ 次総実代数体，$T\in M_2(F)$ を交代行列，$M$ を $F^2$ の格子とする．$z\in H^n$ に対し偏極 Abel 多様体 $\mathcal{P}(z,T,M)$ を考える(以下記号は§7.3の通りとする)．$L=L(z,T,M)$，$x_i=x_i(z,T)$ $(i=1,2)$ とおき，(7.12)によって定義される $\boldsymbol{C}^n/L$ 上の Riemann 形式を $E$ とする．$E(u_i,u_{n+j})=\delta_{ij}d_i$, $E(u_i,u_j)=E(u_{n+i},u_{n+j})=0$ $(1\leqq i,j\leqq n)$ となる $L$ の基底 $\{u_1,\cdots,u_{2n}\}$ をとり

$$S=\begin{bmatrix}d_1 & & 0\\ & \ddots & \\ 0 & & d_n\end{bmatrix},\qquad T_{\boldsymbol{Q}}=\begin{bmatrix}0 & S\\ -S & 0\end{bmatrix},\qquad W_{\boldsymbol{Q}}=\begin{bmatrix}-S & 0\\ 0 & 1_n\end{bmatrix}$$

とおく．$W_\nu T_\nu^{-1}{}^tW_\nu=\begin{bmatrix}0 & 1\\ -1 & 0\end{bmatrix}$ となる $W_\nu\in M_2(\boldsymbol{R})$ $(1\leqq\nu\leqq n)$ に対し

$$W_*=\begin{bmatrix}W_1 & & 0\\ & \ddots & \\ 0 & & W_n\end{bmatrix}$$

とおく．$X(z,T)=(u_1,\cdots,u_{2n}){}^tP$ となる $P\in GL_{2n}(\boldsymbol{R})$ および $(a_1,b_1,\cdots,a_n,b_n)Q=(a_1,\cdots,a_n,b_1,\cdots,b_n)$ $(\forall a_i,b_i\in\boldsymbol{C})$ となる $Q\in O_{2n}(\boldsymbol{R})$ が存在する．このとき

$$R=W_{\boldsymbol{Q}}{}^{-1}P^{-1}{}^tW_*Q\in Sp_n(\boldsymbol{R}).$$

$g=(g_1,\cdots,g_n)\in SL_2(\boldsymbol{R})^n$,　$z=(z_1,\cdots,z_n)\in H^n$ に対し

$$\varphi(g)=RQ^{-1}\begin{bmatrix}g_1 & & 0\\ & \ddots & \\ 0 & & g_n\end{bmatrix}QR^{-1},$$

$$\bar{\varphi}(z)=R\left(\begin{bmatrix}z_1 & & 0\\ & \ddots & \\ 0 & & z_n\end{bmatrix}\right)$$

とおけば，$\varphi(g)\in Sp_n(\boldsymbol{R})$, $\bar{\varphi}(z)\in\mathfrak{S}_n$, $\varphi(g)\bar{\varphi}(z)=\bar{\varphi}(gz)$, $\varphi\circ\psi(\Gamma(T,M))\subseteqq\psi_{\boldsymbol{Q}}(\Gamma(T_{\boldsymbol{Q}}))$. ただし $\psi_{\boldsymbol{Q}}(\gamma)=W_{\boldsymbol{Q}}{}^{-1}\gamma W_{\boldsymbol{Q}}$ $(\gamma\in\Gamma(T_{\boldsymbol{Q}}))$．また $\mathcal{P}(z,T,M)$ を $(\boldsymbol{Q},\Phi,\rho)$ 型の偏極 Abel 多様体とみなすならば

$$\mathcal{P}(z,T,M)\cong\mathcal{P}(\bar{\varphi}(z),T_{\boldsymbol{Q}})\qquad(\forall z\in H^n)$$

が成り立つ．

**5**　$D$ を $\boldsymbol{Q}$ 上の不定符号4元数環，$\rho$ を $D$ の正の対合とする．$\rho$ によって固定される $D$ の元の全体を $D_\rho$ とする．このとき $D_\rho$ に含まれる実2次体 $F$ が存在する．逆に $F$ を

$D$ に含まれる実2次体とすれば，$F\subseteqq D_\rho$ となる正の対合 $\rho$ が存在する．$a^\rho=s^{-1}a^\iota s$ $(s^2=-\gamma<0)$ と書く．$F$ が $D_\rho$ に含まれる実2次体であるならば $D=F+Fs$.

$$\Phi(u+vs)=\begin{bmatrix} u & \sqrt{\gamma}\,v \\ -\sqrt{\gamma}\,\bar{v} & \bar{u} \end{bmatrix} \qquad (u, v\in F)$$

は $D$ の表現となり $\Phi(a^\iota)={}^t\Phi(a)$ $(a\in D)$ が成り立つ．ただし $u\to\bar{u}$ は $F$ の自己同型 $\neq 1$ である．

$t$ を $t^\rho=-t$ を満たす $D^\times$ の元，$M$ を $D$ の格子とする．$\Phi, \rho$ の $F$ への制限をふたたび $\Phi, \rho$ で表わし，$\Sigma(t, M)$ の元を $(F, \Phi, \rho)$ 型の偏極 Abel 多様体と考える．$t=\beta s$ $(\beta\in \boldsymbol{Q})$ と書くことができる．$W=\begin{bmatrix} -\beta\sqrt{\gamma} & 0 \\ 0 & 1\end{bmatrix}$，$T_F=\beta\gamma\begin{bmatrix} 0 & 1 \\ -1 & 0\end{bmatrix}$，$W_F=\begin{bmatrix} -\beta\gamma & 0 \\ 0 & 1\end{bmatrix}$ とおく．

$$\psi(w)=W^{-1}\Phi(w)\,W \qquad (w\in\Gamma(t, M)).$$

また $U\in\Gamma(T_F, M_F)$ に対し

$$\psi_F(U)=(W_F{}^{-1}UW_F,\ W_F{}^{-1}\bar{U}W_F).$$

ただし $M_F$ は $M=\{u+vs\,|\,(u, v)\in M_F\}$ によって定まる $F^2$ の格子である．$R_1=\begin{bmatrix} \gamma & 0 \\ 0 & 1\end{bmatrix}$，$R_2=\begin{bmatrix} 0 & -\beta^{-1} \\ \beta\gamma^2 & 0\end{bmatrix}$ とおき，$\varphi: SL_2(\boldsymbol{R})\to SL_2(\boldsymbol{R})^2$ および $\bar{\varphi}: H\to H^2$ を

$$\varphi(g)=(R_1{}^{-1}gR_1,\ R_2{}^{-1}gR_2) \qquad (g\in SL_2(\boldsymbol{R})),$$
$$\bar{\varphi}(z)=(\gamma^{-1}z,\ -(\beta\gamma)^{-2}z^{-1}) \qquad (z\in H)$$

によって定義すれば，$\varphi\circ\psi(\Gamma(t, M))\subseteqq\psi_F(\Gamma(T_F, M_F))$，

$$\mathcal{P}(z, t, M)\cong\mathcal{P}(\bar{\varphi}(z), T_F, M_F) \qquad (z\in H)$$

が成り立つ．

6　$J_n=\begin{bmatrix} 0 & 1_n \\ -1_n & 0\end{bmatrix}$ とおく．$\Sigma(J_1)$ の元を $\mathcal{P}(z)=(A_z, \mathcal{C}_z)$ $(z\in H)$ と書くとき，$\mathcal{P}(z)^*=(A_z{}^*, \mathcal{C}_z{}^*)$ とおく．ただし $A_z{}^*$ は $A_z$ の反双対 Abel 多様体(第6章の問題7参照)，$\mathcal{C}_z{}^*$ は $A_z{}^*$ の(ただ一つの)偏極である．

$$\mathcal{P}(z)\longrightarrow\underbrace{\mathcal{P}(z)\times\cdots\times\mathcal{P}(z)}_{p}\times\underbrace{\mathcal{P}(z)^*\times\cdots\times\mathcal{P}(z)^*}_{n-p}$$

は $\Sigma(J_1)$ から $\Sigma(J_n)$ の中への埋め込みである(右辺の直積は自明なように定義する)．問題4と同様の意味でこの埋め込みを記述せよ．

# 第8章　テータ級数の変換公式

## §8.1　テータ零値

$Z\in\mathfrak{S}_n$ に対し $(-Z, 1_n)$ の列ベクトルを $u_1, \cdots, u_{2n}$ とする．このとき

$$L=\sum_{j=1}^{2n}\boldsymbol{Z}u_j$$

は $\boldsymbol{C}^{2n}$ の格子である．$\boldsymbol{C}^n/L$ の Riemann 形式 $E$ を $L$ の基底 $\{u_1, \cdots, u_{2n}\}$ に関するその主行列が $J=\begin{bmatrix}0 & 1_n\\ -1_n & 0\end{bmatrix}$ に等しいものとして定義する．§7.1の記号によれば $L=L(Z, J)$ である．$\psi$ を $E$ に付随する2次指標とすれば，$(E, \psi)$ 型の正規化されたテータ関数の空間 $\mathcal{L}(E, \psi)$ は1次元である $(Pf(E|L)=1$ であるから$)$．これに属する関数を具体的に求めるために定理6.5の証明を復習しよう．

$\boldsymbol{C}^n\times\boldsymbol{C}^n$ 上の対称形式 $S$ を

$$\begin{aligned}S(u_j, u_{n+k})&=S(u_{n+k}, u_j)=\frac{1}{2}\delta_{jk}\\ S(u_j, u_k)&=S(u_{n+j}, u_{n+k})=0\end{aligned}\qquad(1\leqq j, k\leqq n)$$

によって定めれば

$$S(u, v)\equiv\frac{1}{2}E(u, v)\pmod{\boldsymbol{Z}}\qquad(u, v\in L).$$

ゆえに

$$\psi(u)=\chi(u)\boldsymbol{e}\Big(\frac{1}{2}S(u, u)\Big)\qquad(u\in L)$$

と書くとき，$\chi$ は $L$ の指標となる．$W=\sum_{j=1}^{n}\boldsymbol{R}u_j$，$W'=\sum_{j=1}^{n}\boldsymbol{R}u_{n+j}$ とおく．$u\in L\cap W'$ ならば $S(u, u)=0$ であるから，

$$\psi(u)=\chi(u)=\boldsymbol{e}(m(u))\qquad(u\in L\cap W')$$

となる $\boldsymbol{C}^n$ 上の $\boldsymbol{C}$ 線型形式 $m$ が求まる．実際，

$$c_j'=\frac{1}{2\pi i}\log\chi(u_{n+j})\qquad(1\leqq j\leqq n)$$

として

$$m\left(\sum_{j=1}^{n}\zeta_j u_{n+j}\right)=\sum_{j=1}^{n}c_j'\zeta_j \qquad (\zeta_j\in \boldsymbol{C})$$

によって $m$ を定義すればよい.

$Z=(z_{jk})$ と書けば $u_j=-\sum_{k=1}^{n}z_{jk}u_{n+k}$ $(1\leqq j\leqq n)$. したがって

$$c_j=\frac{1}{2\pi i}\log\chi(u_j) \qquad (1\leqq j\leqq n)$$

とおけば, $u=\sum l_j u_j\in L\cap W$ に対し

$$\begin{aligned}\psi'(u)&=\psi(u)\boldsymbol{e}(-m(u))\\&=\boldsymbol{e}\left(\sum c_j l_j+\sum_{j,k}c_k' z_{jk}l_j\right)\\&=\boldsymbol{e}({}^t l(c+Zc')).\end{aligned}$$

ただし $c={}^t(c_1,\cdots,c_n)$, $c'={}^t(c_1',\cdots,c_n')$. さらに(6.17)により

$$F'(u,u)=-\sum_{j,k}z_{jk}l_j l_k=-{}^t lZl.$$

$x\in\boldsymbol{C}^n$ に対し $x=\sum_j x_j u_{n+j}$ であることに注意すれば, (6.21)によって与えられる関数 $f_0'$ はつぎの通りである.

$$\begin{aligned}f_0'(x)&=\sum_{l\in\boldsymbol{Z}^n}\boldsymbol{e}\left(-{}^t l(c+Zc')+\frac{1}{2}{}^t lZl-{}^t lx\right)\\&=\boldsymbol{e}(-{}^t c'Zc'-{}^t c'x-{}^t c'c)\\&\qquad\sum_{l\in\boldsymbol{Z}^n}\boldsymbol{e}\left(\frac{1}{2}{}^t(l+c')Z(l+c')+{}^t(l+c')(x+c)\right).\end{aligned}$$

定理6.5により $\mathscr{L}(E,\psi)$ の元は自明なテータ関数の因子を除き $f_0'$ と一致する. $m',m''\in\boldsymbol{R}^n$ に対して

$$\theta_{m'm''}(Z,x)=\sum_{\xi\in\boldsymbol{Z}^n}\boldsymbol{e}\left(\frac{1}{2}{}^t(\xi+m')Z(\xi+m')+{}^t(\xi+m')(x+m'')\right) \tag{8.1}$$

とおき, この形の級数を**テータ級数**という. 上の証明によりこれは $x$ の関数としては $\boldsymbol{C}^n/L(Z,J)$ 上のテータ関数である. (8.1)は $\mathfrak{S}_n\times\boldsymbol{C}^n$ のコンパクト集合上で一様収束する. 実際, $\boldsymbol{C}^n$ のコンパクト集合 $K$ と $\alpha>0$ に対して

$$\{Z\in\mathfrak{S}_n\mid \mathrm{Im}\,Z-\alpha 1_n>0\}\times K$$

において一様収束することが容易に証明される. したがって $\theta_{m'm''}(Z,x)$ は $\mathfrak{S}_n\times\boldsymbol{C}^n$ 上の整型関数である. いま $x$ を固定してこれを $Z$ の関数と考える. とくに $\theta_{m'm''}(Z,0)$ を $\theta_{m'm''}$ の**零値**という. 注目すべきことはそれが Siegel モジュラー

群 $Sp_n(\boldsymbol{Z})$ に対して或る保型性をもつことである．われわれは1変数の場合に興味をもっているので $\theta_{m'm''}$ の零値から $SL_2(\boldsymbol{Z})$ の合同部分群に対する保型形式を構成したい．この合同部分群はさしあたり $\Gamma_0(N)$ の形のものである．上述の目的のためには $SL_2(\boldsymbol{R})$ から $Sp_n(\boldsymbol{R})$ の中への埋め込み $\varphi$ と上半平面 $H$ から $\mathfrak{S}_n$ の中への埋め込み $\bar{\varphi}$ で

$$\varphi(g)(\bar{\varphi}(z)) = \bar{\varphi}(g(z)) \qquad (g \in SL_2(\boldsymbol{R}),\ z \in H),$$
$$\varphi(\Gamma_0(N)) \subseteq Sp_n(\boldsymbol{Z})$$

を満たすものを定めればよいのである．つぎにこの性質をもつ $\varphi, \bar{\varphi}$ の例をあげる．

$S$ を $n$ 次実対称行列とし，$\det S \neq 0$ であるとする．$S$ の直交群は

$$O(S) = \{M \in M_n(\boldsymbol{R}) \mid MS{}^tM = S\}$$

によって定義される．$S$ が符号数 $(p, q)$ をもつとき，$I_{pq} = \begin{bmatrix} 1_p & 0 \\ 0 & -1_q \end{bmatrix}$ とおく．このとき $S = RI_{pq}{}^tR$ となる $R \in GL_n(\boldsymbol{R})$ が存在するが，このような $R$ の全体は $GL_n(\boldsymbol{R})$ における $O(S)$ の一つの剰余類を作る．すなわち

$$\{R \in GL_n(\boldsymbol{R}) \mid S = RI_{pq}{}^tR\} = O(S)R_0.$$

$R$ が $O(S)R_0$ を動くときの $P = R{}^tR$ の全体を $X(S)$ で表わす．明らかに $P \to MP{}^tM$ によって $O(S)$ は $X(S)$ に可移的に作用し，$P = R{}^tR \in X(S)$ の固定群は $O(S) \cap RO(1_n)R^{-1}$ である．

$$X(S) = \{P \in M_n(\boldsymbol{R}) \mid P > 0,\ PS^{-1}P = S\}$$

であることを示そう．いま $P = R{}^tR$ $(R \in O(S)R_0)$ と表わされているならば $PS^{-1}P = P{}^tR^{-1}I_{pq}{}^{-1}R^{-1}P = RI_{pq}{}^tR = S$．逆に $P > 0$，$PS^{-1}P = S$ が成り立つとする．$P = Q{}^tQ$ となる $Q \in GL_n(\boldsymbol{R})$ が存在するが，このとき ${}^tQS^{-1}Q = Q^{-1}S{}^tQ^{-1}$，あるいは $(Q^{-1}S{}^tQ^{-1})^2 = 1_n$．ゆえに $Q^{-1}S{}^tQ^{-1}$ の固有値は $\pm 1$ である．その符号数は $S$ と同じく $(p, q)$ なので $U^{-1}Q^{-1}S{}^tQ^{-1}U = I_{pq}$ となる $U \in O(1_n)$ が存在する．このとき $S = QUI_{pq}{}^t(QU)$，$P = QU{}^t(QU)$ となる．

$P \in X(S)$ を固定する．$g = \begin{bmatrix} a & b \\ c & d \end{bmatrix} \in SL_2(\boldsymbol{R})$ に対して

$$\varphi(g) = \begin{bmatrix} a1_n & bS \\ cS^{-1} & d1_n \end{bmatrix} \tag{8.2}$$

とおく．$\varphi$ が $SL_2(\boldsymbol{R})$ から $Sp_n(\boldsymbol{R})$ の中への同型写像であることはただちに確かめられる．さらに $g \in SO_2(\boldsymbol{R})$，すなわち $a = d$，$c = -b$ ならば

$$\begin{aligned}\varphi(g)(iP) &= (aiP+bS)(-biS^{-1}P+a1_n)^{-1}\\ &= (aiP+bS)(-biP^{-1}S+a1_n)^{-1}\\ &= iP.\end{aligned}$$

ゆえに $\varphi(SO_2(\boldsymbol{R}))$ は $iP\in\mathfrak{S}_n$ の固定群に含まれる．したがって $g\to\varphi(g)(iP)$ は自然に $H$ から $\mathfrak{S}_n$ の中への写像 $\bar{\varphi}$ を引き起こし

$$\varphi(g)(\bar{\varphi}(z)) = \bar{\varphi}(g(z)) \qquad (g\in SL_2(\boldsymbol{R}),\ z\in H)$$

が成り立つ．$z=x+iy$ $(x, y\in\boldsymbol{R})$ に対して $h=\begin{bmatrix}1 & x\\ 0 & 1\end{bmatrix}\begin{bmatrix}y^{1/2} & 0\\ 0 & y^{-1/2}\end{bmatrix}$ とおけば

$$\bar{\varphi}(z) = \varphi(h)(iP) = xS+iyP. \tag{8.3}$$

とくに $S$ を整係数行列とする．$N$ を $NS^{-1}$ が整係数となるような自然数とすれば $\varphi(\Gamma_0(N))\subseteqq Sp_n(\boldsymbol{Z})$ が成り立つ．

## §8.2　変換公式

### a）Siegel モジュラー群

$M=\begin{bmatrix}A & B\\ C & D\end{bmatrix}\in Sp_n(\boldsymbol{R})$ ならば，$MJ\,{}^tM=J$ が成り立つが，これは

$$A\,{}^tB = B\,{}^tA, \qquad C\,{}^tD = D\,{}^tC, \qquad A\,{}^tD-B\,{}^tC = 1_n$$

と同値である．$J^{-1}=-J$ であることから ${}^tM^{-1}J^{-1}M^{-1}=J^{-1}$，${}^tM^{-1}JM^{-1}=J$，ゆえに ${}^tMJM=J$．すなわち ${}^tM$ も $Sp_n(\boldsymbol{R})$ に属する．ゆえに

$${}^tAC = {}^tCA, \qquad {}^tBD = {}^tDB, \qquad {}^tAD-{}^tCB = 1_n.$$

また

$$M^{-1} = J\,{}^tMJ^{-1} = \begin{bmatrix}{}^tD & -{}^tB\\ -{}^tC & {}^tA\end{bmatrix}.$$

簡単のため $Sp_n(\boldsymbol{Z})=\Gamma_n$ と書く．$M=\begin{bmatrix}A & B\\ C & D\end{bmatrix}\in\Gamma_n$ において $C=0$ とすれば，$A\,{}^tD=1_n$．ゆえに $A\in GL_n(\boldsymbol{Z})$．また $A\,{}^tB=B\,{}^tA$ であるから $S=A\,{}^tB$ は対称行列である．このとき

$$M = \begin{bmatrix}1_n & S\\ 0 & 1_n\end{bmatrix}\begin{bmatrix}A & 0\\ 0 & {}^tA^{-1}\end{bmatrix}.$$

逆に $A, S$ が上の条件を満たすならば $M\in\Gamma_n$ となる．

$$T_n = \left\{\begin{bmatrix}1_n & S\\ 0 & 1_n\end{bmatrix}\middle|\, S\in M_n(\boldsymbol{Z}),\ {}^tS=S\right\},$$

$$\Delta_n = \left\{\begin{bmatrix} U & 0 \\ 0 & {}^tU^{-1} \end{bmatrix} \middle| U \in GL_n(\boldsymbol{Z})\right\}$$

および $T_n\Delta_n$ は $\Gamma_n$ の部分群で，$T_n$ は $T_n\Delta_n$ の正規部分群である．$M=\begin{bmatrix} A & B \\ C & D \end{bmatrix}$ と $M'=\begin{bmatrix} A' & B' \\ C' & D' \end{bmatrix}$ が $T_n\backslash\Gamma_n$ の同じ剰余類に属するためには，$C=C'$，$D=D'$ となることが必要十分である．

$A$ は整係数 $(m, n)$ 行列で，$m \leqq n$ とする．行列 $X$ に対して

$$XA \text{ が整係数} \iff X \text{ が整係数}$$

が成り立つとき，$A$ は**原始的**であるという．これは $A$ の階数が $m$ であり，かつ $A$ の単因子が $(1, \cdots, 1)$ であることと同値である．

**補題 8.1** $C, D \in M_n(\boldsymbol{Z})$ とする．$M=\begin{bmatrix} A & B \\ C & D \end{bmatrix}$ となる $M \in \Gamma_n$ が存在するためには，$C{}^tD=D{}^tC$ かつ $(C, D)$ が原始的であることが必要十分である．

**証明** まず条件が必要なことを示す．$(C, D)$ が原始的であることをいえばよい．$X(C, D)$ が整係数であるとする．$A{}^tD-B{}^tC=1_n$ であるから $XD{}^tA-XC{}^tB=X$ は整係数である．

つぎに条件が十分なことを示す．$(C, D)$ は原始的であるから $V^{-1}(C, D)U=(1_n, 0)$，すなわち $(C, D)U=(V, 0)$ となる $U \in GL_{2n}(\boldsymbol{Z})$，$V \in GL_n(\boldsymbol{Z})$ が存在する．$\begin{bmatrix} X \\ Y \end{bmatrix}=U\begin{bmatrix} V^{-1} \\ 0 \end{bmatrix}$ とおけば

$$(C, D)\begin{bmatrix} X \\ Y \end{bmatrix} = (V, 0)\begin{bmatrix} V^{-1} \\ 0 \end{bmatrix} = 1_n.$$

$A={}^tY+{}^tXYC$，$B=-{}^tX+{}^tXYD$ とおけば $A{}^tD-B{}^tC=1_n$，$A{}^tB-B{}^tA=0$ が成り立つ．ゆえに $M=\begin{bmatrix} A & B \\ C & D \end{bmatrix} \in \Gamma_n$．▮

整係数対称行列 $S=(s_{ij})$ の対角成分 $s_{ii}$ がすべて偶数であるとき，$S$ は**偶行列**であるという．2次形式 $f(x)=\sum_{i,j} s_{ij}x_ix_j$ を考えるならば，$S$ が偶行列であることは任意の $x \in \boldsymbol{Z}^n$ に対し $f(x)$ が偶数であることと同値である．

**補題 8.2** $C, D \in M_n(\boldsymbol{Z})$ とする．$(C, D)$ は原始的，$C{}^tD$ は偶行列であるならば，$M=\begin{bmatrix} A & B \\ C & D \end{bmatrix}$，$A{}^tB$ は偶行列となる $M \in \Gamma_n$ が存在する．

**証明** 補題 8.1 により $M=\begin{bmatrix} A & B \\ C & D \end{bmatrix}$ となる $M \in \Gamma_n$ が存在する．$S \in M_n(\boldsymbol{Z})$，${}^tS=S$ に対して

$$\begin{bmatrix} 1 & S \\ 0 & 1 \end{bmatrix}\begin{bmatrix} A & B \\ C & D \end{bmatrix} = \begin{bmatrix} A+SC & B+SD \\ C & D \end{bmatrix} = \begin{bmatrix} A' & B' \\ C & D \end{bmatrix}$$

とおく．$A^tD-B^tC=1$ に注意すれば

$$A'^tB' = A^tB+S+B^tCS+SC^tB+SC^tDS.$$

任意の $S$ に対して $B^tCS+SC^tB$, $SC^tDS$ は偶行列である ($X \in M_n(\boldsymbol{Z})$ に対し $X+{}^tX$ は偶行列である．また $X$ が偶行列ならば，$Y \in M_{nm}(\boldsymbol{Z})$ に対し ${}^tYXY$ は偶行列である)．ゆえに $S=-A^tB$ とおけば $A'^tB'$ は偶行列となる．▌

$A^tB$, $C^tD$ が偶行列となる $M=\begin{bmatrix} A & B \\ C & D \end{bmatrix}$ の全体を $\Gamma_n{}^*$ で表わす．$I=\begin{bmatrix} 0 & 1_n \\ 1_n & 0 \end{bmatrix}$ とおけば，$M \in \Gamma_n{}^*$ は

$$\frac{1}{2}(MI^tM-I) = \begin{bmatrix} A^tB & B^tC \\ C^tB & C^tD \end{bmatrix}$$

が偶行列であることと同じことになる．これから $\Gamma_n{}^*$ は $\Gamma_n$ の部分群であることがわかる．実際，$M, M' \in \Gamma_n$ に対して

$$\frac{1}{2}(MM'I^tM'^tM-I) = \frac{1}{2}M(M'I^tM'-I)^tM+\frac{1}{2}(MI^tM-I),$$

$$\frac{1}{2}(M^{-1}I^tM^{-1}-I) = \frac{1}{2}M^{-1}(I-MI^tM)^tM^{-1}.$$

$1 \leqq m \leqq n$ とする．

$$\iota_{mn}\colon \begin{bmatrix} A & B \\ C & D \end{bmatrix} \longrightarrow \begin{bmatrix} A & 0 & B & 0 \\ 0 & 1_{n-m} & 0 & 0 \\ C & 0 & D & 0 \\ 0 & 0 & 0 & 1_{n-m} \end{bmatrix}$$

は $Sp_m(\boldsymbol{R})$ から $Sp_n(\boldsymbol{R})$ の中への同型写像である．

$$\left\{\begin{bmatrix} A & B \\ C & D \end{bmatrix} \in \Gamma_m \,\middle|\, \det C \neq 0\right\}$$

の $\iota_{mn}$ による像を $\Omega_m$ で表わす．

**定理 8.1**　$\Gamma_n$ は互いに交わらない部分集合 $T_n\varDelta_n\Omega_m\varDelta_n$ $(0 \leqq m \leqq n)$ の合併である．ただし $\Omega_0=\{1\}$ とする．いい換えれば両側剰余類 $T_n\varDelta_n\backslash\Gamma_n/\varDelta_n$ の代表系を $\bigcup_{m=0}^{n}\Omega_m$ の中から選ぶことができる．

**証明**　$M=\begin{bmatrix} A & B \\ C & D \end{bmatrix} \in \Gamma_n$, $\operatorname{rank} C=m$ とする．単因子論によれば

$$UCV = \begin{bmatrix} C_1 & 0 \\ 0 & 0 \end{bmatrix}, \qquad C_1 \in M_m(\boldsymbol{Z}), \qquad \det C_1 \neq 0$$

となる $U, V \in GL_n(\boldsymbol{Z})$ が存在する．$UD^tV^{-1}=\begin{bmatrix} D_1 & D_2 \\ D_3 & D_4 \end{bmatrix}$ $(D_1 \in M_m(\boldsymbol{Z}))$ と書くな

らば，$C\,{}^tD=D\,{}^tC$ であるから

$$\begin{bmatrix} C_1 & 0 \\ 0 & 0 \end{bmatrix}{}^t\begin{bmatrix} D_1 & D_2 \\ D_3 & D_4 \end{bmatrix} = \begin{bmatrix} D_1 & D_2 \\ D_3 & D_4 \end{bmatrix}{}^t\begin{bmatrix} C_1 & 0 \\ 0 & 0 \end{bmatrix}.$$

とくに $D_3{}^tC_1=0$ となるが，$\det C_1 \neq 0$ であるから，$D_3=0$. 一方では $\begin{bmatrix} C_1 & 0 & D_1 & D_2 \\ 0 & 0 & 0 & D_4 \end{bmatrix}$ は原始的である．これは $D_4 \in GL_{n-m}(\boldsymbol{Z})$ であることを示す．

$$U_1 = \begin{bmatrix} 1_m & -D_2D_4{}^{-1} \\ 0 & D_4{}^{-1} \end{bmatrix}$$

とおき，$U$ を $U_1U$ で置き換えて $UCV=\begin{bmatrix} C_1 & 0 \\ 0 & 0 \end{bmatrix}$，$UD\,{}^tV^{-1}=\begin{bmatrix} D_1 & 0 \\ 0 & 1 \end{bmatrix}$ と仮定してよい．$C_1{}^tD_1=D_1{}^tC_1$ が成り立つので，補題 8.1 により $M_1=\begin{bmatrix} A_1 & B_1 \\ C_1 & D_1 \end{bmatrix}$ となる $M_1 \in \Gamma_m$ が存在する．このとき

$$M' = \begin{bmatrix} {}^tU^{-1} & 0 \\ 0 & U \end{bmatrix} M \begin{bmatrix} V & 0 \\ 0 & {}^tV^{-1} \end{bmatrix}$$

とおけば $\iota_{mn}(M_1)M'^{-1} \in T_n$. ゆえに $\iota_{mn}(M_1) \in T_n\varDelta_nM\varDelta_n$. 上の証明から rank $C=m$ ならば $M \in T_n\varDelta_n\Omega_m\varDelta_n$ となるが，この逆は明らかである．ゆえに $T_n\varDelta_n\Omega_m\varDelta_n$ $(0 \leqq m \leqq n)$ は互いに交わらない．▌

**系** $\Omega_m{}^*=\Omega_m \cap \Gamma_n{}^*$，$T_n{}^*=T_n \cap \Gamma_n{}^*$ とおけば

$$\Gamma_n{}^* = \bigcup_{m=0}^{n} T_n{}^*\varDelta_n\Omega_m{}^*\varDelta_n.$$

**証明** 定理 8.1 の証明で $M \in \Gamma_n{}^*$ とすれば，$C_1{}^tD_1$ は偶行列となる．補題 8.2 により $M_1=\begin{bmatrix} A_1 & B_1 \\ C_1 & D_1 \end{bmatrix}$ となる $M_1 \in \Gamma_m{}^*$ が存在し，このとき $\iota_{mn}(M_1) \in \Omega_m{}^*$. ▌

**補題 8.3** $M_1=\begin{bmatrix} A_1 & B_1 \\ C_1 & D_1 \end{bmatrix} \in Sp_m(\boldsymbol{R})$，$\det C_1 \neq 0$，$M=\iota_{mn}(M_1)$ とする．$Z \in \mathfrak{S}_n$ に対して

$$Z^* = M(Z) = \begin{bmatrix} Z_1 & Z_{12} \\ {}^tZ_{12} & Z_2 \end{bmatrix}$$

とおけば

$$Z = \begin{bmatrix} -C_1{}^{-1}D_1 & 0 \\ 0 & Z_2 \end{bmatrix} - \begin{bmatrix} C_1{}^{-1} \\ {}^tZ_{12} \end{bmatrix}(Z_1-A_1C_1{}^{-1})^{-1}({}^tC_1{}^{-1}, Z_{12}).$$

**証明** $Z=M^{-1}(Z^*)=(A-Z^*C)^{-1}(Z^*D-B)$ となる．

$$A-Z^*C = \begin{bmatrix} A_1-Z_1C_1 & 0 \\ -{}^tZ_{12}C_1 & 1 \end{bmatrix} = \begin{bmatrix} A_1-Z_1C_1 & 0 \\ 0 & 1 \end{bmatrix}\begin{bmatrix} 1 & 0 \\ -{}^tZ_{12}C_1 & 1 \end{bmatrix}$$

であるから

$$(A-Z^*C)^{-1}=\begin{bmatrix}1 & 0\\ {}^tZ_{12}C_1 & 1\end{bmatrix}\begin{bmatrix}(A_1-Z_1C_1)^{-1} & 0\\ 0 & 1\end{bmatrix}.$$

一方では

$$(Z^*D-B)-(A-Z^*C)\begin{bmatrix}-C_1{}^{-1}D_1 & 0\\ 0 & Z_2\end{bmatrix}$$
$$=\begin{bmatrix}A_1C_1{}^{-1}D_1-B_1 & Z_{12}\\ 0 & 0\end{bmatrix}=\begin{bmatrix}{}^tC_1{}^{-1} & Z_{12}\\ 0 & 0\end{bmatrix}$$

が成り立つ．ゆえに

$$Z-\begin{bmatrix}-C_1{}^{-1}D_1 & 0\\ 0 & Z_2\end{bmatrix}=(A-Z^*C)^{-1}\begin{bmatrix}{}^tC_1{}^{-1} & Z_{12}\\ 0 & 0\end{bmatrix}$$
$$=\begin{bmatrix}1 & 0\\ {}^tZ_{12}C_1 & 1\end{bmatrix}\begin{bmatrix}(A_1-Z_1C_1)^{-1}\,{}^tC_1{}^{-1} & (A_1-Z_1C_1)^{-1}Z_{12}\\ 0 & 0\end{bmatrix}$$
$$=\begin{bmatrix}C_1{}^{-1}(A_1C_1{}^{-1}-Z_1)^{-1}\,{}^tC_1{}^{-1} & C_1{}^{-1}(A_1C_1{}^{-1}-Z_1)^{-1}Z_{12}\\ {}^tZ_{12}(A_1C_1{}^{-1}-Z_1)^{-1}\,{}^tC_1{}^{-1} & {}^tZ_{12}(A_1C_1{}^{-1}-Z_1)^{-1}Z_{12}\end{bmatrix}$$
$$=\begin{bmatrix}C_1{}^{-1}\\ {}^tZ_{12}\end{bmatrix}(A_1C_1{}^{-1}-Z_1)^{-1}({}^tC_1{}^{-1},Z_{12}).$$

▮

$A,B\in M_n(\boldsymbol{R})$ は対称行列，$A>0$ とすれば，$TA{}^tT=1_n$，$TB{}^tT$ は対角行列となる $T\in GL_n(\boldsymbol{R})$ が存在する．いま $A\in M_n(\boldsymbol{C})$ は対称行列，$\mathrm{Re}(A)>0$ とする．上の注意により

$$TA{}^tT=1_n+iD,\qquad D=\begin{bmatrix}d_1 & & 0\\ & \ddots & \\ 0 & & d_n\end{bmatrix}$$

となる $T\in GL_n(\boldsymbol{R})$ が存在する．$d_1,\cdots,d_n$ は順序を除き $A$ によって一意的に決まる．$z\in\boldsymbol{C}^\times$ に対し

$$z^{1/2}=|z|^{1/2}\exp\left(\frac{1}{2}i\arg z\right)\qquad(-\pi<\arg z\leqq\pi)$$

とおき

$$(\det A)^{1/2}=|\det T|^{-1}\prod_{j=1}^{n}(1+id_j)^{1/2}$$

と定める．$1_n+iD$ は正則行列であるから，$A$ も正則で $A^{-1}={}^tT(1_n+iD)^{-1}T$ が成り立つ．ゆえに $\mathrm{Re}(A^{-1})>0$．正値対称行列 $1_n+D^2$ の平方根を $(1_n+D^2)^{1/2}$ で

表わし，$T_1=(1_n+D^2)^{1/2}{}^tT^{-1}$ とおけば $T_1A^{-1}{}^tT_1=1-iD$. これからただちに

$$(\det A)^{1/2}(\det A^{-1})^{1/2}=1$$

がでる.

$M\in\Gamma_n$ が $T_n\Delta_n\Omega_m\Delta_n$ に属するものとして，$M=KNM_0L$, $M_0\in\Omega_m$, $K\in T_n$, $N, L\in\Delta_n$ と書く. $\Omega_m$ の定義から，$m>0$ ならば

$$M_0=\iota_{mn}\left(\begin{bmatrix}A_1 & B_1\\ C_1 & D_1\end{bmatrix}\right),$$

$\det C_1\neq 0$ であった. $Z\in\mathfrak{S}_n$ に対し

$$Z^*=M_0L(Z)=\begin{bmatrix}Z_1 & Z_{12}\\ {}^tZ_{12} & Z_2\end{bmatrix}\qquad (Z_1\in M_m(\boldsymbol{C}))$$

とおく. $Z_1\in\mathfrak{S}_m$ であるから，$W=Z_1-A_1C_1^{-1}$ も $\mathfrak{S}_m$ に属し，したがって Re $(-iW)$ は正値である. この記号で

$$(8.4)\qquad j(M,Z)=\begin{cases}|\det C_1|^{1/2}\det(-iW)^{1/2} & (m>0),\\ 1 & (m=0)\end{cases}$$

とおく. $j(M,Z)$ は $M, Z$ によって一意的に定まり，$j(M,Z)^2$ は絶対値1の複素数因子を除き $\det(CZ+D)^{-1}$ に等しいことを証明しよう $\left(\text{ただし } M=\begin{bmatrix}A & B\\ C & D\end{bmatrix}\right)$.

$j(M,Z)$ が一意的に定義されることを示すために，$M$ が $M=KNM_0L=K'N'M_0'L'$ のように2通りに表わされているとする. それぞれの表わし方に対してこれまで同じ記号を用いるが，一方は ′ をつけて区別することにする. $N'^{-1}K'^{-1}KN'=\begin{bmatrix}1 & S\\ 0 & 1\end{bmatrix}$, $N'^{-1}N=\begin{bmatrix}U & 0\\ 0 & {}^tU^{-1}\end{bmatrix}$, $LL'^{-1}=\begin{bmatrix}V & 0\\ 0 & {}^tV^{-1}\end{bmatrix}$, さらに

$$S=\begin{bmatrix}S_1 & S_{12}\\ {}^tS_{12} & S_2\end{bmatrix},\qquad U=\begin{bmatrix}U_1 & U_{12}\\ U_{21} & U_2\end{bmatrix},\qquad V=\begin{bmatrix}V_1 & V_{12}\\ V_{21} & V_2\end{bmatrix}$$

($S_1, U_1, V_1$ は $m$ 次正方行列)とおけば，$\begin{bmatrix}C_1 & 0\\ 0 & 0\end{bmatrix}V={}^tU\begin{bmatrix}C_1' & 0\\ 0 & 0\end{bmatrix}$ から $U_{12}=V_{12}=0$, $C_1V_1={}^tU_1C_1'$ がでる. また $U\begin{bmatrix}A_1 & 0\\ 0 & 1\end{bmatrix}V+S\,{}^tU^{-1}\begin{bmatrix}C_1 & 0\\ 0 & 0\end{bmatrix}V=\begin{bmatrix}A_1' & 0\\ 0 & 1\end{bmatrix}$ であるから $U_1A_1V_1+S_1C_1'=A_1'$. 定義により $Z^*=M_0L(Z)$, $Z^{*\prime}=M_0'L'(Z)$ であった. ゆえに $\begin{bmatrix}1 & S\\ 0 & 1\end{bmatrix}\begin{bmatrix}U & 0\\ 0 & {}^tU^{-1}\end{bmatrix}(Z^*)=Z^{*\prime}$. したがって $U_1Z_1{}^tU_1+S_1=Z_1'$. ゆえに

$$\begin{aligned}W' &= Z_1'-A_1'C_1'^{-1}=U_1Z_1{}^tU_1+S_1-(U_1A_1V_1+S_1C_1')C_1'^{-1}\\ &= U_1(Z_1-A_1C_1^{-1}){}^tU_1=U_1W\,{}^tU_1.\end{aligned}$$

以上で $|\det C_1|=|\det C_1'|$, $\det(-iW)^{1/2}=\det(-iW')^{1/2}$ が示されたことになる.

$j(M,Z)$ の定義により $j(M,Z)=j(M_0,L(Z))$ が成り立つから，$|j(M,Z)|^2=|\det(CZ+D)|^{-1}$ をいうためには $M=M_0$ と仮定してよい．$Z^*=M(Z)$，$M=\begin{bmatrix} A & B \\ C & D \end{bmatrix}$ とおけば

$$(CZ+D)^{-1} = {}^tA-{}^tCZ^*$$
$$= \begin{bmatrix} {}^tA_1 & 0 \\ 0 & 1 \end{bmatrix} - \begin{bmatrix} {}^tC_1 & 0 \\ 0 & 0 \end{bmatrix} \begin{bmatrix} Z_1 & Z_{12} \\ {}^tZ_{12} & Z_2 \end{bmatrix} = \begin{bmatrix} -{}^tC_1W & {}^tC_1Z_{12} \\ 0 & 1 \end{bmatrix}.$$

ゆえに $\det(CZ+D)^{-1}=\det(-{}^tC_1W)$．絶対値においてこれは $|j(M,Z)|^2$ と一致する．

**注意** これまでの議論によって明らかなように，$j(M,Z)$ を $M\in Sp_n(\boldsymbol{R})$，$Z\in\mathfrak{S}_n$ に対して定義することができる．定理8.1と同様にして任意の $M\in Sp_n(\boldsymbol{R})$ は $M=M'M_0M''$，$M'=\begin{bmatrix} A' & B' \\ 0 & D' \end{bmatrix}$，$M''=\begin{bmatrix} A'' & 0 \\ 0 & D'' \end{bmatrix}$，$M_0=\iota_{mn}\left(\begin{bmatrix} A_1 & B_1 \\ C_1 & D_1 \end{bmatrix}\right)$，$\det C_1\neq 0$ の形に表わされる．

$$j(M,Z) = |\det(D'D'')|^{-1/2}|\det C_1|^{1/2}\det(-iW)^{1/2}$$

とおけばよい．

### b) テータ公式

**定理 8.2** $A\in M_n(\boldsymbol{C})$ は対称行列，$\mathrm{Re}(A)>0$，$b\in\boldsymbol{C}^n$ とする．$x={}^t(x_1,\cdots,x_n)\in\boldsymbol{R}^n$ に対し $dx=dx_1\cdots dx_n$ と書くならば

$$\int_{\boldsymbol{R}^n}\exp(-{}^txAx+2{}^tbx)\,dx = \det(\pi A^{-1})^{1/2}\exp({}^tbA^{-1}b).$$

**証明** 積分の収束することは明らかである．$A'=TA{}^tT$ が対角行列となる $T\in GL_n(\boldsymbol{R})$ をとり，変数変換 $x={}^tTx'$ を行なう．このとき上式の左辺は

$$\int_{\boldsymbol{R}^n}\exp(-{}^tx'A'x'+2{}^tb'x')|\det T|\,dx'$$

に等しい．ただし $b'=Tb$．$\det(\pi A^{-1})^{1/2}=|\det T|\det(\pi A'^{-1})^{1/2}$ であるから，定理の等式を $A'$ に対して証明すればよい．すなわち $A$ が対角行列の場合を証明すればよいのであるが，これは明らかにつぎの等式に帰着される：$a\in\boldsymbol{C}$，$\mathrm{Re}\,a>0$，$b\in\boldsymbol{C}$ ならば

$$\int_{\boldsymbol{R}}\exp(-ax^2+2bx)\,dx = (\pi a^{-1})^{1/2}\exp(a^{-1}b^2).$$

左辺は

$$\exp(a^{-1}b^2)\int_{\boldsymbol{R}}\exp(-a(x-a^{-1}b)^2)\,dx$$

と書くことができる．$-\mathrm{Im}(a^{-1}b)=t$ とおけば

$$\int_{\boldsymbol{R}} \exp(-a(x-a^{-1}b)^2)\,dx = \int_{\mathrm{Im}\,z=t} \exp(-az^2)\,dz.$$

Cauchy の積分定理を応用して右辺が $t$ に依存しないことを示すのは容易である．結局

$$\int_{\boldsymbol{R}} \exp(-ax^2)\,dx = (\pi a^{-1})^{1/2}$$

を証明すればよい．$a\in\boldsymbol{R}$ $(a>0)$ ならばこれはよく知られた等式である．しかし上式の両辺は $\mathrm{Re}\,a>0$ における $a$ の整型関数であるから，一致の定理により等式は $\mathrm{Re}\,a>0$ においてつねに成立する．∎

$Z\in\mathfrak{S}_n$，$a\in\boldsymbol{C}^n$ に対し，$x\in\boldsymbol{R}^n$ の関数

$$f(x) = \sum_{\xi\in\boldsymbol{Z}^n} \boldsymbol{e}\left(\frac{1}{2}{}^t(x+\xi)Z(x+\xi)+{}^ta(x+\xi)\right)$$

を考えよう．$f(x)$ は $\boldsymbol{R}^n$ 上の $C^\infty$ 級関数となる（$x$ を複素変数と考えるならば，上の級数は $\boldsymbol{C}^n$ のコンパクト集合上で一様収束し，したがって $\boldsymbol{C}^n$ 上の整型関数を定義する）．$f(x)$ は $\boldsymbol{Z}^n$ の元を周期とするので

$$f(x) = \sum_{\xi\in\boldsymbol{Z}^n} \alpha(\xi)\boldsymbol{e}({}^t\xi x)$$

の形に Fourier 展開され，$\alpha(\xi)$ はつぎの積分によって与えられる．

$$\begin{aligned}\alpha(\xi) &= \int_{\boldsymbol{R}^n/\boldsymbol{Z}^n} f(x)\boldsymbol{e}(-{}^t\xi x)\,dx \\ &= \int_{\boldsymbol{R}^n} \boldsymbol{e}\left(\frac{1}{2}{}^txZx+{}^tax\right)\boldsymbol{e}(-{}^t\xi x)\,dx.\end{aligned}$$

定理 8.2 によって

$$\alpha(\xi) = \det((-iZ)^{-1})^{1/2}\boldsymbol{e}\left(-\frac{1}{2}{}^t(a-\xi)Z^{-1}(a-\xi)\right).$$

ゆえに

$$\begin{aligned}(8.5)\qquad &\sum_{\xi\in\boldsymbol{Z}^n} \boldsymbol{e}\left(\frac{1}{2}{}^t(x+\xi)Z(x+\xi)+{}^ta(x+\xi)\right) \\ &= \det((-iZ)^{-1})^{1/2}\sum_{\xi\in\boldsymbol{Z}^n} \boldsymbol{e}\left(-\frac{1}{2}{}^t(a-\xi)Z^{-1}(a-\xi)+{}^t\xi x\right).\end{aligned}$$

とくに $a=0$ とおけば

$$\sum_{\xi\in\boldsymbol{Z}^n}\boldsymbol{e}\left(\frac{1}{2}{}^t(x+\xi)Z(x+\xi)\right) \tag{8.6}$$
$$=\det((-iZ)^{-1})^{1/2}\sum_{\xi\in\boldsymbol{Z}^n}\boldsymbol{e}\left(-\frac{1}{2}{}^t\xi Z^{-1}\xi+{}^t\xi x\right)$$

が得られる.

**c) 変換公式の証明**

テータ零値のうち変換公式の最も簡単と思われる $\theta_{00}(Z,0)$ ((8.1)の記号による)をとり上げる．これをたんに $\theta(Z)$ で表わそう：

$$\theta(Z)=\sum_{\xi\in\boldsymbol{Z}^n}\boldsymbol{e}\left(\frac{1}{2}{}^t\xi Z\xi\right).$$

いま $M_1=\begin{bmatrix}A_1 & B_1\\ C_1 & D_1\end{bmatrix}\in Sp_m(\boldsymbol{R})$, $\det C_1\neq 0$, $M=\iota_{mn}(M_1)$ とする．とくに $M_1$ は有理係数であると仮定する.

$$Z^*=M(Z)=\begin{bmatrix}Z_1 & Z_{12}\\ {}^tZ_{12} & Z_2\end{bmatrix},$$

$Z_1-A_1C_1^{-1}=W$ とおけば，補題8.3によって

$$Z=\begin{bmatrix}-C_1^{-1}D_1 & 0\\ 0 & Z_1\end{bmatrix}-\begin{bmatrix}C_1^{-1}\\ {}^tZ_{12}\end{bmatrix}W^{-1}({}^tC_1^{-1},Z_{12}). \tag{8.7}$$

これを $\theta(Z)$ に代入する．$q$ を $qM_1$ が整係数となるような自然数とすれば，$\xi\in\boldsymbol{Z}^n$ はつぎの形に書かれる.

$$\xi=\begin{bmatrix}\xi_0+2q{}^tC_1\xi_1\\ \xi_2\end{bmatrix}\qquad(\xi_0\in\boldsymbol{Z}^m/2q{}^tC_1\boldsymbol{Z}^m,\ \ \xi_1\in\boldsymbol{Z}^m,\ \ \xi_2\in\boldsymbol{Z}^{n-m}).$$

$\xi_0$ は $\boldsymbol{Z}^m/2q{}^tC_1\boldsymbol{Z}^m$ の $\boldsymbol{Z}^m$ における代表系を動くのである．(8.7)から

$${}^t\xi Z\xi=-{}^t\xi_0C_1^{-1}D_1\xi_0-4q{}^t\xi_1D_1\xi_0-4q^2{}^t\xi_1D_1{}^tC_1\xi_1+{}^t\xi_2Z_2\xi_2$$
$$-{}^t({}^tC_1^{-1}\xi_0+2q\xi_1+Z_{12}\xi_2)\,W^{-1}({}^tC_1^{-1}\xi_0+2q\xi_1+Z_{12}\xi_2)$$

が得られる．$q$ のとり方から右辺の第2項，第3項は整数である．ゆえに

$$\theta(Z)=\sum_{\xi_0,\xi_2}\boldsymbol{e}\left(-\frac{1}{2}{}^t\xi_0C_1^{-1}D_1\xi_0+\frac{1}{2}{}^t\xi_2Z_2\xi_2\right)$$
$$\sum_{\xi_1}\boldsymbol{e}\left(\frac{1}{2}{}^t(\xi_1+v)(-4q^2W^{-1})(\xi_1+v)\right).$$

ただし $v=(2q)^{-1}({}^tC_1^{-1}\xi_0+Z_{12}\xi_2)$ とおいた．上式の第2の和に (8.6) を適用すれば ($W\in\mathfrak{S}_m$，したがって $-4q^2W^{-1}\in\mathfrak{S}_m$ に注意する)

$$\sum_{\xi_1} \boldsymbol{e}\left(\frac{1}{2}{}^t(\xi_1+v)(-4q^2W^{-1})(\xi_1+v)\right)$$
$$= (2q)^{-m}\det(-iW)^{1/2}\sum_{\xi_1}\boldsymbol{e}((8q^2)^{-1}\,{}^t\xi_1W\xi_1+{}^t\xi_1 v).$$

定義により $j(M,Z)=|\det C_1|^{1/2}\det(-iW)^{1/2}$ であった．ゆえに

$$(8.8)\quad \theta(Z) = (2q)^{-m}|\det C_1|^{-1/2}j(M,Z)\sum_{\xi_0,\xi_1,\xi_2}\boldsymbol{e}\Bigl(\frac{1}{2}(-{}^t\xi_0C_1{}^{-1}D_1\xi_0+{}^t\xi_2Z_2\xi_2$$
$$+(4q^2)^{-1}\,{}^t\xi_1(Z_1-A_1C_1{}^{-1})\xi_1+q^{-1}\,{}^t\xi_1{}^tC_1{}^{-1}\xi_0+q^{-1}\,{}^t\xi_1Z_{12}\xi_2)\Bigr).$$

われわれの目標は $Z\to M(Z)$ $(M\in \Gamma_n{}^*)$ に対する $\theta(Z)$ の変換公式を導くことである．まず $U\in GL_n(\boldsymbol{Z})$ ならば

$$\theta({}^tUZU) = \sum_{\xi\in\boldsymbol{Z}^n}\boldsymbol{e}\left(\frac{1}{2}{}^t\xi\,{}^tUZU\xi\right) = \theta(Z).$$

なぜなら $U\xi$ は $\boldsymbol{Z}^n$ のすべての元を動くからである．$S\in M_n(\boldsymbol{Z})$ を偶行列とする．任意の $\xi\in\boldsymbol{Z}^n$ に対して ${}^t\xi S\xi$ は偶数である．ゆえに

$$\theta(Z+S) = \sum_{\xi\in\boldsymbol{Z}^n}\boldsymbol{e}\left(\frac{1}{2}{}^t\xi Z\xi+\frac{1}{2}{}^t\xi S\xi\right) = \theta(Z).$$

したがって

$$(8.9)\qquad \theta(M(Z)) = \theta(Z) \qquad (\forall M\in T_n{}^*\varDelta_n)$$

が成立する．定理8.1の系により任意の $M\in\Gamma_n{}^*$ は $M=M'M_0M''$, $M'\in T_n{}^*\varDelta_n$, $M''\in\varDelta_n$, $M_0\in\Omega_m{}^*$ $(0\leqq m\leqq n)$ の形に表わされる．(8.9) を見れば $M\in\Omega_m{}^*$ の場合を考えればよい．$M=\iota_{mn}(M_1)$ とおいて (8.8) を導くところで用いた記号をそのまま用いる．ただし $M$ は整係数なので $q=1$ とおく．

$$\left(\frac{1}{2}{}^t\xi_1,\ {}^t\xi_2\right)Z^*\begin{bmatrix}\frac{1}{2}\xi_1\\ \xi_2\end{bmatrix} = \frac{1}{4}{}^t\xi_1Z_1\xi_1+{}^t\xi_2Z_2\xi_2+{}^t\xi_1Z_{12}\xi_2$$

となるので (8.8) はつぎのように書くことができる．

$$(8.10)\quad \theta(Z) = 2^{-m}|\det C_1|^{-1/2}j(M,Z)$$
$$\sum_{\xi_0,\xi_1,\xi_2}\boldsymbol{e}\left(\frac{1}{2}\left(-{}^t\xi_0C_1{}^{-1}D_1\xi_0+{}^t\xi_0C_1{}^{-1}\xi_1-\frac{1}{4}{}^t\xi_1A_1C_1{}^{-1}\xi_1\right)\right)$$
$$\boldsymbol{e}\left(\frac{1}{2}\left(\frac{1}{2}{}^t\xi_1,\ {}^t\xi_2\right)Z^*\begin{bmatrix}\frac{1}{2}\xi_1\\ \xi_2\end{bmatrix}\right).$$

ここで

$$\lambda(M,\xi_1)=2^{-m}|\det C_1|^{-1/2}\sum_{\xi_0}\boldsymbol{e}\left(\frac{1}{2}\left(-{}^t\xi_0C_1{}^{-1}D_1\xi_0+{}^t\xi_0C_1{}^{-1}\xi_1-\frac{1}{4}{}^t\xi_1A_1C_1{}^{-1}\xi_1\right)\right)$$

とおく．$\xi_0$ は $\boldsymbol{Z}^m/2\,{}^tC_1\boldsymbol{Z}^m$ の代表系を動くのである．$\eta$ が $\boldsymbol{Z}^m/{}^tC_1\boldsymbol{Z}^m$ の代表系を，$\zeta$ が $\boldsymbol{Z}^m/2\boldsymbol{Z}^m$ の代表系を動くならば，$\xi_0=\eta+{}^tC_1\zeta$ は $\boldsymbol{Z}^m/2{}^tC_1\boldsymbol{Z}^m$ の代表系を動く．

$${}^t\xi_0C_1{}^{-1}D_1\xi_0={}^t\eta C_1{}^{-1}D_1\eta+2{}^t\eta{}^tD_1\zeta+{}^t\zeta D_1{}^tC_1\zeta$$

において，$M\in\Gamma_n{}^*$ の仮定から $C_1{}^tD_1=D_1{}^tC_1$ は偶行列であることに注意する．ゆえに $\boldsymbol{e}\left(-\frac{1}{2}{}^t\xi_0C_1{}^{-1}D_1\xi_0\right)$ は $\eta$ のみに依存する．一方では $\boldsymbol{e}\left(\frac{1}{2}{}^t\xi_0C_1{}^{-1}\xi_1\right)=\boldsymbol{e}\left(\frac{1}{2}{}^t\eta C_1{}^{-1}\xi_1+\frac{1}{2}{}^t\zeta\xi_1\right)$ となるが

$$\sum_{\zeta}\boldsymbol{e}\left(\frac{1}{2}{}^t\zeta\xi_1\right)=\begin{cases}2^m & (\xi_1\in 2\boldsymbol{Z}^m),\\ 0 & (\xi_1\notin 2\boldsymbol{Z}^m)\end{cases}$$

であるから，$\xi_1\notin 2\boldsymbol{Z}^m$ ならば $\lambda(M,\xi_1)=0$．$\xi_1\in 2\boldsymbol{Z}^m$ のとき，$\xi_1$ の代りに $2\xi_1$ と書くならば

$$\lambda(M,2\xi_1)=|\det C_1|^{-1/2}\sum_{\eta}\boldsymbol{e}\left(-\frac{1}{2}{}^t\eta C_1{}^{-1}D_1\eta+{}^t\eta C_1{}^{-1}\xi_1-\frac{1}{2}{}^t\xi_1A_1C_1{}^{-1}\xi_1\right).$$

しかし

$$\begin{aligned}&-\frac{1}{2}{}^t\eta C_1{}^{-1}D_1\eta+{}^t\eta C_1{}^{-1}\xi_1-\frac{1}{2}{}^t\xi_1A_1C_1{}^{-1}\xi_1\\&=-\frac{1}{2}{}^t(\eta-{}^tA_1\xi_1)C_1{}^{-1}D_1(\eta-{}^tA_1\xi_1)-{}^t\eta{}^tB_1\xi_1+\frac{1}{2}{}^t\xi_1A_1{}^tB_1\xi_1\end{aligned}$$

が成り立ち，仮定 $M\in\Gamma_n{}^*$ によって $A_1{}^tB_1$ は偶行列である．また $\eta$ とともに $\eta-{}^tA_1\xi_1$ は $\boldsymbol{Z}^m/{}^tC_1\boldsymbol{Z}^m$ の代表系を動く．ゆえに

$$\lambda(M,2\xi_1)=|\det C_1|^{-1/2}\sum_{\eta}\boldsymbol{e}\left(-\frac{1}{2}{}^t\eta C_1{}^{-1}D_1\eta\right)$$

となり，これは $\xi_1$ に依存しない．そこで $\lambda(M,2\xi_1)$ をたんに $\lambda(M)$ で表わすことにする．(8.10) により

$$\theta(Z)=j(M,Z)\lambda(M)\sum_{\xi_1,\xi_2}\boldsymbol{e}\left(\frac{1}{2}({}^t\xi_1,{}^t\xi_2)Z^*\begin{bmatrix}\xi_1\\ \xi_2\end{bmatrix}\right)$$

が得られるが，ここで $\xi_1,\xi_2$ はそれぞれ $\boldsymbol{Z}^m,\boldsymbol{Z}^{n-m}$ のすべての元を動く．ゆえに

右辺の和は $\theta(Z^*)=\theta(M(Z))$ に等しい．以上の結果を定理として述べよう．

**定理 8.3** $M\in\Gamma_n^*$ を $M=M'M_0M''$, $M'\in T_n^*\Delta_n$, $M''\in\Delta_n$, $M_0\in\Omega_m^*$ $(0\leqq m\leqq n)$ と書く．$m>0$, $M_0=\iota_{mn}\left(\begin{bmatrix}A_1 & B_1\\ C_1 & D_1\end{bmatrix}\right)$ ならば

$$\lambda(M)=|\det C_1|^{-1/2}\sum_{\eta}\boldsymbol{e}\left(-\frac{1}{2}{}^t\eta C_1{}^{-1}D_1\eta\right)$$

とおく．ただし $\eta$ は $\boldsymbol{Z}^m/{}^tC_1\boldsymbol{Z}^m$ の $\boldsymbol{Z}^m$ における代表系を動く．$m=0$ ならば $\lambda(M)=1$ とおく．このとき

$$\theta(Z)=\sum_{\xi\in\boldsymbol{Z}^n}\boldsymbol{e}\left(\frac{1}{2}{}^t\xi Z\xi\right)$$

は変換公式

$$\theta(Z)=j(M,Z)\lambda(M)\theta(M(Z))\qquad(\forall M\in\Gamma_n^*)$$

を満足する．

**証明** すでに証明したことからほとんど明らかであるけれども $\theta(Z)=\theta(M''(Z))=j(M_0,M''(Z))\lambda(M)\theta(M_0M''(Z))=j(M_0,M''(Z))\lambda(M)\theta(M(Z))$．しかし定義により $j(M_0,M''(Z))=j(M,Z)$ である．∎

定理 8.3 により $M_1,M_2\in\Gamma_n^*$ ならば

$$j(M_1M_2,Z)\lambda(M_1M_2)=j(M_1,M_2(Z))\lambda(M_1)j(M_2,Z)\lambda(M_2)\tag{8.11}$$

が成立する．

### d) Gauss の和の相互法則

**補題 8.4** $S\in M_n(\boldsymbol{Q})$ を対称行列とすれば，$S=C^{-1}D$，かつ $(C,D)$ は原始的となる $C,D\in M_n(\boldsymbol{Z})$ が存在する．$C,D$ は左側から $GL_n(\boldsymbol{Z})$ の元を乗ずることを除いて $S$ により一意的にきまる．

**証明** $S$ に適当な整数を乗じて整係数行列にしてから単因子論を適用すれば

$$USV=\begin{bmatrix}d_1 & & 0\\ & \ddots & \\ 0 & & d_n\end{bmatrix}\qquad(d_i\in\boldsymbol{Q})$$

となる $U,V\in GL_n(\boldsymbol{Z})$ が存在することがわかる．$d_i$ を既約分数 $a_i/b_i$ $(b_i>0)$ の形で表わし，$a_1,\cdots,a_n$ および $b_1,\cdots,b_n$ をそれぞれ対角要素とする対角行列を $A,B$ とする．$C=BU$, $D=AV^{-1}$ とおけば $C^{-1}D=U^{-1}B^{-1}AV^{-1}=S$．$(C,D)$ が原始的であることを示そう．$a_i$ と $b_i$ は互いに素であるから $AX+BY=1_n$ とな

る整係数対角行列 $X, Y$ が存在する．いま行列 $M$ に対して $M(C, D)$ が整係数であるとすれば，$MB$ および $MA$ は整係数，したがって $MAX+MBY=M$ も整係数である．ゆえに $(C, D)$ は原始的である．$S=C_1^{-1}D_1$ を別の表わし方とする．$(CC_1^{-1})D_1=CS=D$，$(CC_1^{-1})C_1=C$ はいずれも整係数行列である．仮定により $(C_1, D_1)$ は原始的であるから $CC_1^{-1}$ は整係数となる．同じ理由で $C_1C^{-1}$ も整係数である．ゆえに $CC_1^{-1}\in GL_n(\boldsymbol{Z})$．▮

$S\in M_n(\boldsymbol{Q})$ を対称行列とする．補題8.4により $S=C^{-1}D$，$(C, D)$ は原始的となる $C, D\in M_n(\boldsymbol{Z})$ が存在する．同じ補題により ${}^tC\boldsymbol{Z}^n$ は $S$ のみで決まる．いま $D{}^tC=CS{}^tC$ が偶行列であると仮定して

$$G(S)=\sum_{\xi \bmod {}^tC\boldsymbol{Z}^n}\boldsymbol{e}\left(\frac{1}{2}{}^t\xi S\xi\right) \tag{8.12}$$

とおき，これを **Gauss の和**という．$\xi$ は $\boldsymbol{Z}^n/{}^tC\boldsymbol{Z}^n$ の代表系を動くのである．一般に $\boldsymbol{e}\left(\frac{1}{2}{}^t\xi S\xi\right)$ は $\xi \bmod 2{}^tC\boldsymbol{Z}^n$ のみで決まるが，$\xi, \eta, \zeta$ がそれぞれ $\boldsymbol{Z}^n/2{}^tC\boldsymbol{Z}^n$，$\boldsymbol{Z}^n/{}^tC\boldsymbol{Z}^n$，$\boldsymbol{Z}^n/2\boldsymbol{Z}^n$ の代表系を動くとき

$$\begin{aligned}\sum_{\xi}\boldsymbol{e}\left(\frac{1}{2}{}^t\xi S\xi\right)&=\sum_{\eta}\sum_{\zeta}\boldsymbol{e}\left(\frac{1}{2}{}^t(\xi+{}^tC\zeta)S(\xi+{}^tC\zeta)\right)\\&=\sum_{\eta}\boldsymbol{e}\left(\frac{1}{2}{}^t\eta S\eta\right)\sum_{\zeta}\boldsymbol{e}\left(\frac{1}{2}{}^t\zeta D{}^tC\zeta\right).\end{aligned}$$

$\zeta\to\boldsymbol{e}\left(\frac{1}{2}{}^t\zeta D{}^tC\zeta\right)$ は $\boldsymbol{Z}^n/2\boldsymbol{Z}^n$ の指標であることに注意しよう．$D{}^tC$ が偶行列でなければ上式の $\zeta$ に関する和は 0 となる．この意味で $D{}^tC$ が偶行列であると仮定することは一般性を損なうものではない．

**定理 8.4**　$S\in GL_n(\boldsymbol{Q})$ を対称行列，$S$ の符号数を $(p, q)$ とすれば

$$G(S^{-1})=|\det S|^{1/2}e^{(\pi i/4)(p-q)}G(-S).$$

**証明**　$S=C^{-1}D$，$(C, D)$ は原始的となる $C, D\in M_n(\boldsymbol{Z})$ をとる．$C{}^tD=D{}^tC$ は偶行列と仮定しているので，補題8.2により $M=\begin{bmatrix}A & B\\ C & D\end{bmatrix}$ となる $M\in\Gamma_n{}^*$ が存在する．定義により $\lambda(M)=|\det C|^{-1/2}G(-S)$ が成り立つ．

$$M'=MJ=\begin{bmatrix}A & B\\ C & D\end{bmatrix}\begin{bmatrix}0 & 1_n\\ -1_n & 0\end{bmatrix}=\begin{bmatrix}-B & A\\ -D & C\end{bmatrix}$$

とおく．$\det D\neq 0$ に注意すれば $\lambda(M')=|\det D|^{-1/2}G(S^{-1})$ となる．(8.11) により，任意の $Z\in\mathfrak{S}_n$ に対し

$$j(M', Z)\lambda(M')=j(M, J(Z))\lambda(M)j(J, Z)\lambda(J). \tag{8.13}$$

ここで $\lambda(J)=1$ である．$t>0$ に対し $J(Z)=-Z^{-1}=-C^{-1}D+it1_n$ とおく．このとき $MJ(Z)=AC^{-1}+it^{-1}{}^tC^{-1}C^{-1}$ となるから，$j(M,J(Z))=|\det C|^{1/2}|\det C|^{-1}t^{-n/2}$ ((8.4) を参照)．また $j(J,Z)=\det(-i(-C^{-1}D+it1_n))^{1/2}=\det(t1_n+iS)^{1/2}$. 一方では $j(M',Z)=|\det D|^{1/2}\det(-i(AC^{-1}-BD^{-1}+it^{-1}{}^tC^{-1}C^{-1}))^{1/2}=|\det D|^{1/2}\det(t^{-1}{}^tC^{-1}C^{-1}-i{}^tC^{-1}D^{-1})^{1/2}=|\det D|^{1/2}|\det C|^{-1}\det(t^{-1}1_n-iS^{-1})^{1/2}=|\det D|^{1/2}|\det C|^{-1}\det(1_n-itS^{-1})^{1/2}t^{-n/2}$. (8.13) にこれらを代入して

$$G(S^{-1})\det(1_n-itS^{-1})^{1/2}=G(-S)\det(t1_n+iS)^{1/2}$$

が得られる．ここで $t\to 0$ とする．$S$ の固有値を $\alpha_1,\cdots,\alpha_n$ とすれば，$\det(t1_n+iS)^{1/2}=\prod_{j=1}^{n}(t+i\alpha_j)^{1/2}$.

$$\lim_{t\to 0}(t+i\alpha)^{1/2}=|\alpha|^{1/2}e^{(\pi i/4)\,\mathrm{sgn}\,\alpha}$$

であるから，$G(S^{-1})=G(-S)|\det S|^{1/2}e^{(\pi i/4)(p-q)}$. ▌

上の記号で $|G(S)|^2=|\det C|$ が成り立つ．これを証明しよう．以下の式では $\xi,\xi'$ はそれぞれ $\boldsymbol{Z}^n/{}^tC\boldsymbol{Z}^n$ の代表系を動くものとする．$\xi'$ を固定すれば $\xi+\xi'$ も同じ代表系を動くことに注意する．

$$\begin{aligned}G(S)\overline{G(S)}&=\sum_{\xi,\xi'}\boldsymbol{e}\left(\frac{1}{2}{}^t\xi S\xi-\frac{1}{2}{}^t\xi' S\xi'\right)\\&=\sum_{\xi,\xi'}\boldsymbol{e}\left(\frac{1}{2}{}^t(\xi+\xi')S(\xi+\xi')-\frac{1}{2}{}^t\xi' S\xi'\right)\\&=\sum_{\xi}\boldsymbol{e}\left(\frac{1}{2}{}^t\xi S\xi\right)\sum_{\xi'}\boldsymbol{e}({}^t\xi S\xi').\end{aligned}$$

第2の和は $S\xi\in\boldsymbol{Z}^n$ ならば $|\det C|$ に等しく，$S\xi\notin\boldsymbol{Z}^n$ ならば 0 である．しかし $S\xi\in\boldsymbol{Z}^n\Leftrightarrow{}^t\xi C^{-1}$ が整係数 $\Leftrightarrow\xi\in{}^tC\boldsymbol{Z}^n$. ゆえに $G(S)\overline{G(S)}=|\det C|$.

この結果によって定理 8.3 における $\lambda(M)$ の絶対値は 1 であることがわかる．

## §8.3　2 次形式

### a) 偶形式

有理係数 2 次形式 $f(x)=\sum_{i,j=1}^{n}s_{ij}x_ix_j\ (s_{ij}=s_{ji})$ が $\boldsymbol{Z}^n$ 上でつねに偶数値をとるとき，$f$ は**偶形式**であるという．これは $S=(s_{ij})$ が偶行列であることと同じである．$qS^{-1}$ が偶行列となる最小の自然数 $q$ を $f$ または $S$ の**段**とよぶ．

**補題 8.5**　$S$ を $n$ 次偶行列，$q$ を $S$ の段とする．このとき $q$ は $2\det S$ の約数，

$\det S$ は $q^n$ の約数である．とくに $n$ が偶数ならば，$q$ は $\det S$ の約数である．

**証明** $d=\det S$ とおく．$\tilde{S}=(\tilde{s}_{ij})$ を $S$ の余因子行列とすれば $S^{-1}=d^{-1}\tilde{S}$．$\tilde{S}$ は整係数行列であるから $2dS^{-1}$ は偶行列である．ゆえに $q\,|\,2d$．また $qS^{-1}$ は整係数なので $q^n \det S^{-1}\in \boldsymbol{Z}$，すなわち $d\,|\,q^n$．とくに $n$ は偶数とすれば $\tilde{s}_{ii}\ (\mathrm{mod}\ 2)$ は $\boldsymbol{F}_2=\boldsymbol{Z}/2\boldsymbol{Z}$ 上の奇数次交代行列の行列式であるから $\tilde{s}_{ii}\equiv 0\ (\mathrm{mod}\ 2)$．ゆえに $\tilde{S}$ は偶行列である．これから $q\,|\,d$ が出る．▮

ここで整域 $R$ 上の2次形式が同値であることの定義を思い出しておく．$f(x)=\sum_{i,j=1}^{n} s_{ij}x_ix_j\ (s_{ij}=s_{ji})$，$f'(x)=\sum_{i,j=1}^{n} s_{ij}'x_ix_j\ (s_{ij}'=s_{ji}')$ を $R$ 上の2次形式とする．$GL_n(R)$ の元 $U=(u_{ij})$ が存在し，$f(x)$ の $x_i$ に $\sum_{j=1}^{n} u_{ij}x_j$ を代入するとき $f'(x)$ が得られるならば，$f$ と $f'$ は **$R$ 上同値である**という．$S=(s_{ij})$，$S'=(s_{ij}')$ とおけば，これは $S'={}^tUSU$ となる $U\in GL_n(R)$ が存在することと同じである．$d(f)=\det S$ を $f$ の**判別式**という．$d(f)\ (\mathrm{mod}\,(R^{\times})^2)$ は $f$ の同値類のみで決まる．

2進整数環 $\boldsymbol{Z}_2$ 上の2次形式に対しては，それが偶形式であることを $\boldsymbol{Z}$ 上の2次形式と同様に定義することができる．すなわち任意の $x\in\boldsymbol{Z}_2^n$ に対して $f(x)\in 2\boldsymbol{Z}_2$ が成り立つとき，$f$ は**偶形式**であるという．$\boldsymbol{Z}$ 上の偶形式は $\boldsymbol{Z}_2$ 上の2次形式と見ても偶形式である．

**補題 8.6** $d(f)\in\boldsymbol{Z}_2^{\times}$ となる $\boldsymbol{Z}_2$ 上の $n$ 変数偶形式 $f$ は2変数2次形式 $f_0(x_1, x_2)=2x_1x_2$ または $f_1(x_1,x_2)=2x_1^2+2x_1x_2+2x_2^2$ の直和と同値である．とくに $n$ は偶数で

$$d(f)\equiv(-1)^{n/2}\quad(\mathrm{mod}\ 4)$$

が成立する．

**証明** $f$ の行列を $S=(s_{ij})$ とする．仮定 $d(f)=\det S\in\boldsymbol{Z}_2^{\times}$ によって，或る $s_{ij}$ は $\boldsymbol{Z}_2^{\times}$ に属する．$x_i$ を並べかえて $s_{12}\in\boldsymbol{Z}_2^{\times}$ と仮定してよい．$S_1=\begin{bmatrix} s_{11} & s_{12} \\ s_{12} & s_{22}\end{bmatrix}$ とおけば $\det S_1\in\boldsymbol{Z}_2^{\times}$．$S=\begin{bmatrix} S_1 & S_{12} \\ {}^tS_{12} & S_2\end{bmatrix}$ と書く．$U=\begin{bmatrix} 1_2 & -S_1^{-1}S_{12} \\ 0 & 1_{n-2}\end{bmatrix}$ とおけば ${}^tUSU=\begin{bmatrix} S_1 & 0 \\ 0 & S_2'\end{bmatrix}$．$n$ に関する帰納法により $f$ は2変数偶形式で判別式が $\boldsymbol{Z}_2^{\times}$ に属するものの直和と同値である．したがって $f$ を2変数2次形式として，それが $f_0$ または $f_1$ と同値であることを証明すればよい．

$f=ax_1^2+2bx_1x_2+cx_2^2$ と書く．$b\in\boldsymbol{Z}_2^{\times}$ であるから $x_2$ を $b^{-1}x_2$ で置き換えて初めから $b=1$ と仮定することができる．$a=0$ ならば $f=2(x_1+c/2)x_2$ となり，

$f$ は $f_0$ と同値である．$d(f)\equiv -1 \pmod{(\boldsymbol{Q}_2^{\times})^2}$ すなわち $d(f)\equiv -1 \pmod 8$ ならば，$f$ は $\boldsymbol{Q}_2$ において 0 を表わす．ゆえに $a\xi_1^2+2\xi_1\xi_2+c\xi_2^2=0$, $\xi_1$ と $\xi_2$ は互いに素となる $\xi_1, \xi_2 \in \boldsymbol{Z}_2$ が存在する．$\begin{bmatrix}\xi_1\\ \xi_2\end{bmatrix}$ を第1列とする $U\in GL_2(\boldsymbol{Z}_2)$ をとれば ${}^tUSU$ の $(1,1)$ 成分は 0 となる．さきの注意によって $f$ は $f_0$ と同値である．

そこで $d(f)\not\equiv -1 \pmod 8$ とする．$d(f)=ac-1$ であるから $ac\not\equiv 0 \pmod 8$．このとき $a+2\xi+c\xi^2=2$ となる $\xi\in\boldsymbol{Z}_2$ が存在する．実際，

$$\frac{a}{2}+\xi+\frac{c}{2}\xi^2 \equiv 1 \pmod 2$$

は根 $\xi\equiv 0, 1 \pmod 2$ をもつので，Hensel の補題により上記の $\xi\in\boldsymbol{Z}_2$ が存在するのである．$\begin{bmatrix}1\\ \xi\end{bmatrix}$ を第1列とする $U\in GL_2(\boldsymbol{Z}_2)$ をとるとき，${}^tUSU$ の $(1,1)$ 成分は 2 となる．この理由で，初めから $f=2x_1^2+2x_1x_2+cx_2^2$ と仮定してよい．ふたたび Hensel の補題により

$$\begin{cases} 2\xi+\eta=1, \\ 2\xi+2\xi\eta+c\eta^2=2 \end{cases}$$

は $\boldsymbol{Z}_2$ において解をもつことを示すことができる．$U=\begin{bmatrix}1 & \xi\\ 0 & \eta\end{bmatrix}$ とおけば ${}^tUSU=\begin{bmatrix}2 & 1\\ 1 & 2\end{bmatrix}$．ゆえに $f$ は $f_1$ と同値である．∎

### b) 記号 $\left(\frac{m}{n}\right)$ と Gauss の和

あとで必要な二つのことをまとめておくことにする．$m$ を平方数ではない整数として，2次体 $\boldsymbol{Q}(\sqrt{m})$ の判別式を $d$ で表わす．すなわち $m=k^2m_1$ と書き，$m_1$ は平方因数を含まないものとすれば

$$d=\begin{cases} m_1, & m_1\equiv 1 \pmod 4, \\ 4m_1, & m_1\equiv 2, 3 \pmod 4. \end{cases}$$

素数 $p$ に対し $\boldsymbol{Q}(\sqrt{m})$ における Artin 記号を $\left(\frac{m}{p}\right)$ と書く．定義により $p$ が $\boldsymbol{Q}(\sqrt{m})$ で分解，分岐，素であるに従って $\left(\frac{m}{p}\right)=1, 0, -1$ となる．$p$ が奇素数，$(p, m)=1$ ならば $\left(\frac{m}{p}\right)$ は平方剰余記号と一致する．

$n$ を $d$ と素な正整数とする．$n=p_1\cdots p_r$ が $n$ の素因数分解であるならば

$$\left(\frac{m}{n}\right)=\left(\frac{m}{p_1}\right)\cdots\left(\frac{m}{p_r}\right)$$

とおく．このとき $\left(\frac{m}{n}\right)$ は $n \pmod d$ のみで決まる．この性質によって $\left(\frac{m}{n}\right)$ の

定義を $d$ と素な任意の整数 $n$ に拡張することができる(いい換えれば $\left(\dfrac{m}{n}\right)$ が $\bmod d$ の既約剰余類上の関数となるようにする). $n$ が $d$ と素でなければ $\left(\dfrac{m}{n}\right)=0$ とおく. $m$ が平方数であるならば, 任意の整数 $n$ に対して $\left(\dfrac{m}{n}\right)=1$ と定める.

奇素数 $p$ に対して

$$G_p = \sum_{n=1}^{p-1}\left(\frac{n}{p}\right)e\left(\frac{n}{p}\right)$$

を **Gauss の和**という. $f\in \boldsymbol{Z}$, $(f,p)=1$ ならば

$$\sum_{n=0}^{p-1}e\left(\frac{fn^2}{p}\right) = 1+\sum_{n=1}^{p-1}\left(1+\left(\frac{n}{p}\right)\right)e\left(\frac{fn}{p}\right) = \sum_{n=1}^{p-1}\left(\frac{n}{p}\right)e\left(\frac{fn}{p}\right) = \left(\frac{f}{p}\right)G_p. \tag{8.14}$$

$G_p$ の値は知られていて, $p\equiv 1 \pmod 4$ ならば $G_p=\sqrt{p}$, $p\equiv 3 \pmod 4$ ならば $G_p=i\sqrt{p}$ となる. 実際§8.2, d) の記号によれば $G_p=G\left(\dfrac{2}{p}\right)$. 相互法則(定理8.4)によって

$$G\left(\frac{2}{p}\right) = \left|\frac{p}{2}\right|^{1/2}e^{\pi i/4}\overline{G\left(\frac{p}{2}\right)}$$

となる. $G\left(\dfrac{p}{2}\right)$ は直接求められる. $p\equiv 1$ または $3 \pmod 4$ に従って $G\left(\dfrac{p}{2}\right)=1+i$ または $1-i$. これから上の結果がでる.

**c) テータ級数**

§8.1 で述べたように対称行列 $S\in GL_n(\boldsymbol{R})$ と

$$X(S) = \{P\in M_n(\boldsymbol{R})\mid PS^{-1}P=S,\ P>0\}$$

に属する任意の $P$ に対して($S$ が正値ならば $X(S)=\{S\}$ に注意する), $SL_2(\boldsymbol{R})$ から $Sp_n(\boldsymbol{R})$ の中への埋め込み $\varphi$ と上半平面 $H$ から $\mathfrak{S}_n$ の中への埋め込み $\bar{\varphi}$ が定義される. $g\in SL_2(\boldsymbol{R})$, $z\in H$ に対し

$$\varphi(g) = \begin{bmatrix} a1_n & bS \\ cS^{-1} & d1_n \end{bmatrix} \qquad \left(g=\begin{bmatrix} a & b \\ c & d \end{bmatrix}\right),$$

$$\bar{\varphi}(z) = xS+iyP \qquad (z=x+iy)$$

であった. いま $S$ を偶行列とする. $S$ の段を $N$ とすれば $\varphi(\Gamma_0(N))\subseteqq\Gamma_n{}^*$ が成り立つ. $\theta(Z)$ を §8.2, c) の通りとして $\theta(z,S,P)=\theta(\bar{\varphi}(z))$ とおく. 定義により

$$\theta(z, S, P) = \sum_{\xi \in \boldsymbol{Z}^n} \boldsymbol{e}\left(\frac{1}{2}{}^t\xi(xS+iyP)\xi\right)$$

となる．とくに $S$ が正値ならば $P=S$ であるから，$\theta(z, S, P)$ を $\theta(z, S)$ と書くことにする．これは $z$ の整型関数である．実際，

$$\theta(z, S) = \sum_{\xi \in \boldsymbol{Z}^n} \boldsymbol{e}\left(\frac{1}{2}{}^t\xi S\xi z\right).$$

これらは **2 次形式 $\sum_{i,j=1}^{n} s_{ij}x_ix_j$ に付随するテータ級数**とよばれる．

定理 8.3 から $\theta(z, S, P)$ の $\Gamma_0(N)$ に対する変換公式が導かれる．これを求めるには $\gamma \in \Gamma_0(N)$ に対する $j(\varphi(\gamma), \bar{\varphi}(z))$ および $\lambda(\varphi(\gamma))$ がわかればよい．$\gamma=\begin{bmatrix} a & b \\ c & d \end{bmatrix}$ と書く．$c=0$ ならば $j(\varphi(\gamma), \bar{\varphi}(z))=1$，$\lambda(\varphi(\gamma))=1$ であるから以下 $c\neq 0$ と仮定する．

$$\bar{\varphi}(\gamma(z)) = \frac{1}{2}(\gamma(z)+\gamma(\bar{z}))S+\frac{1}{2}(\gamma(z)-\gamma(\bar{z}))P,$$

$\gamma(z)-ac^{-1}=-(c(cz+d))^{-1}$，$\gamma(z)-\gamma(\bar{z})=(z-\bar{z})|cz+d|^{-2}$ であるから

$$\bar{\varphi}(\gamma(z))-\frac{a}{c}S = -\frac{1}{2c}\left(\frac{1}{cz+d}+\frac{1}{c\bar{z}+d}\right)S+\frac{z-\bar{z}}{2|cz+d|^2}P$$
$$= \frac{1}{|cz+d|^2}\left(-\left(x+\frac{d}{c}\right)S+iyP\right).$$

$(P^{-1/2}SP^{-1/2})^2=1_n$ に注意すれば

$$T^{-1}P^{-1/2}SP^{-1/2}T = \begin{bmatrix} 1_p & 0 \\ 0 & -1_q \end{bmatrix}$$

となる $T \in O_n(\boldsymbol{R})$ が存在することがわかる．ここで $(p, q)$ は $S$ の符号数である．(8.4) により

$$(8.15) \quad j(\varphi(\gamma), \bar{\varphi}(z)) = |\det(cS^{-1})|^{1/2}\det P^{1/2}|cz+d|^{-n}$$
$$\left(i\left(x+\frac{d}{c}\right)+y\right)^{p/2}\left(-i\left(x+\frac{d}{c}\right)+y\right)^{q/2}$$
$$= |c|^{-n/2}e^{(\pi i/4)(p-q)}\left(z+\frac{d}{c}\right)^{-p/2}\left(\bar{z}+\frac{d}{c}\right)^{-q/2}$$

ただし複素数 $z$ の平方根は

$$z^{1/2} = |z|^{1/2}e^{(i/2)\arg z} \qquad (-\pi<\arg z\leqq\pi)$$

によって定義されている．

さて $\lambda(M)$ の定義によれば $\lambda(\varphi(\gamma))=|\det(cS^{-1})|^{-1/2}G\left(-\frac{d}{c}S\right)$．$G\left(-\frac{d}{c}S\right)$ は

$d \pmod c$ のみに依存するので $d$ を $r\equiv d \pmod c$ となる任意の $r$ で置き換えてよい．$(c,d)=1$ であるからとくに $r$ として奇素数をとることができる(算術級数定理による)．もし $d$ が奇数ならば $(2c,d)=1$ となるから，$r\equiv d \pmod{4c}$ を満たす奇素数 $r$ が存在することを注意しておく．$d$ を $r$ で置き換えてから定理8.4を適用すれば

$$G\left(-\frac{d}{c}S\right)=\left|\det\left(\frac{r}{c}S\right)\right|^{-1/2}e^{(-\pi i/4)(p-q)\operatorname{sgn}c}G\left(\frac{c}{r}S^{-1}\right).$$

ゆえに

$$\lambda(\varphi(\gamma))=e^{(-\pi i/4)(p-q)\operatorname{sgn}c}r^{-n/2}G\left(\frac{c}{r}S^{-1}\right). \tag{8.16}$$

$c\equiv 0 \pmod N$ であるから $cS^{-1}$ は整係数である．ゆえにこれを $\bmod r$ で対角化することができて

$${}^t\xi' cS^{-1}\xi'\equiv\sum_{i=1}^{n}2f_i\xi_i^2 \pmod r.$$

ただし $\xi_i'=\sum_j u_{ij}\xi_j$ $(u_{ij}\in \boldsymbol{Z})$，$\det(u_{ij})\not\equiv 0 \pmod r$．補題8.5によって $\det S$ の素因数は $N$ を割るので，$r$ と $\det S$ は互いに素である．ゆえに

$$G\left(\frac{c}{r}S^{-1}\right)=\prod_{i=1}^{n}\left(\sum_{\xi_i \bmod r}e\left(\frac{f_i\xi_i^2}{r}\right)\right)$$
$$=G_r^{\,n}\prod_{i=1}^{n}\left(\frac{f_i}{r}\right).$$

ここで(8.14)を用いた．$2^n\prod_{i=1}^{n}f_i\equiv\det(cS^{-1}) \pmod r$ であることから

$$G\left(\frac{c}{r}S^{-1}\right)=G_r^{\,n}\left(\frac{2^nc^n\det S}{r}\right). \tag{8.17}$$

これからは $n$ の偶奇により場合をわけて考える．まず $n$ を偶数とする．$G_r^{\,2}=\left(\frac{-1}{r}\right)r$ となることはただちにわかる．$\varDelta=(-1)^{n/2}\det S$ とおけば(8.17)により $G\left(\frac{c}{r}S^{-1}\right)=r^{n/2}\left(\frac{\varDelta}{r}\right)$．$\varDelta$ からすべての平方因数をとり去った残りを $\varDelta_1$ とする．いま $\varDelta$ を奇数とする．補題8.6によって $\varDelta\equiv 1 \pmod 4$，ゆえに $\varDelta_1\equiv 1 \pmod 4$．このとき $\left(\frac{\varDelta}{*}\right)$ は $\varDelta_1$ を法とする関数である．しかし $|\varDelta_1|$ は相異なる素数の積で，そのおのおのは $N$ を割るので $\varDelta_1\,|\,N$．$r\equiv d \pmod N$ であるから $\left(\frac{\varDelta}{r}\right)=\left(\frac{\varDelta}{d}\right)$ が成り立つ．また $\varDelta$ を偶数とすれば，補題8.5により $N$ も偶数である．$(c,d)=1$,

$c\equiv 0 \pmod{N}$ であるから $d$ は奇数となる．このときは $r\equiv d \pmod{4N}$ と仮定することができて，こんども $\left(\dfrac{\Delta}{r}\right)=\left(\dfrac{\Delta}{d}\right)$ が成り立つ．

つぎに $n$ を奇数とする．補題 8.6 により $\det S$ は奇数ではありえない．ゆえに $\det S$ および $N$ は偶数となり，上の議論と同様にして $\left(\dfrac{\det S}{r}\right)=\left(\dfrac{\det S}{d}\right)$ が得られる．また $r\equiv d \pmod{4c}$ と仮定することができるから，同じ理由で $\left(\dfrac{2c}{r}\right)=\left(\dfrac{2c}{d}\right)$ となる．さらに $G_r r^{-1/2}$ は $r \pmod 4$ によって，したがって $d \pmod 4$ によって決まる．いま

$$\varepsilon_m=\begin{cases}1, & m\equiv 1 \pmod 4,\\ i, & m\equiv 3 \pmod 4\end{cases}$$

と定めれば $G_r=\varepsilon_d r^{1/2}$．

(8.15), (8.16) と以上の結果によって $\theta(z,S,P)$ の変換公式が得られる．これを定理として述べる．

**定理 8.5**　$S$ を段 $N$ の $n$ 次偶行列，$S$ の符号数を $(p,q)$ とする．$n$ が偶数ならば $\Delta=(-1)^{n/2}\det S$ とおく．$\gamma=\begin{bmatrix}a & b\\ c & d\end{bmatrix}\in\Gamma_0(N)$ に対して

$$\theta(z,S,P)=\theta(\gamma(z),S,P)|c|^{-n/2}\left(z+\frac{d}{c}\right)^{-p/2}\left(\bar{z}+\frac{d}{c}\right)^{-q/2}\mu(\gamma)\qquad (c\neq 0),$$

$$\theta(z,S,P)=\theta(\gamma(z),S,P)\qquad (c=0)$$

が成り立つ．ただし

$$\mu(\gamma)=\begin{cases}e^{(\pi i/4)(p-q)(1-\operatorname{sgn} c)}\left(\dfrac{\Delta}{d}\right) & (n\ \text{偶数}),\\ e^{(\pi i/4)(p-q)(1-\operatorname{sgn} c)}\varepsilon_d{}^n\left(\dfrac{2c}{d}\right)\left(\dfrac{\det S}{d}\right) & (n\ \text{奇数}),\end{cases}$$

$$\varepsilon_d=\begin{cases}1, & d\equiv 1 \pmod 4,\\ i, & d\equiv 3 \pmod 4.\end{cases}$$

——

われわれは非整型または重さ半整数の保型形式を組織的に論ずることはしていないので，以下では $S$ が正値かつ $n$ が偶数の場合のみを考察する．

**系**　定理 8.5 において $S$ が正値，$n=2m$ ならば，任意の $\gamma=\begin{bmatrix}a & b\\ c & d\end{bmatrix}\in\Gamma_0(N)$ に対して

$$\theta(\gamma(z),S)(cz+d)^{-m}=\left(\frac{\Delta}{d}\right)\theta(z,S).$$

**証明** $c\neq 0$ ならば上の等式は定理8.5からただちにでる．$c=0$ ならば $d=\pm 1$．しかし $\varDelta=(-1)^m \det S$，$\varDelta$ が正または負であるに従って $\left(\dfrac{\varDelta}{-1}\right)=1$ または $-1$ であるから $\left(\dfrac{\varDelta}{-1}\right)=(-1)^m$ が成り立つ．ゆえに $c=0$ に対しても系の等式は成立する．▮

**注意** $\gamma\to\left(\dfrac{\varDelta}{d}\right)$ は $\varGamma_0(N)$ の1次元表現である．やや便宜的だがこの表現を $\left(\dfrac{\varDelta}{*}\right)$ で表わすことにする．

$\theta(z,S)$ が $\left(m,\left(\dfrac{\varDelta}{*}\right),\varGamma_0(N)\right)$ 型の整型保型形式であることをいうには，$\theta(z,S)$ が $\varGamma_0(N)$ の尖点において有限であることを確かめなければならない．$\varGamma_0(N)$ の任意の尖点 $x$ に対して $x=g^{-1}(\infty)$ となる $g\in SL_2(\boldsymbol{Z})$ が存在する．$x=\infty$ ならば，$z=it$ $(t>0)$ とおくとき

$$\lim_{t\to\infty}\theta(z,S)=1.$$

ゆえに $\theta(z,S)$ は $\infty$ で有限である．$x\neq\infty$ ならば $g=\begin{bmatrix} a & b \\ c & d\end{bmatrix}$，$c>0$ と仮定してよい．このとき $x=-d/c$．$g(z)=it$ $(t>0)$ とおく．$M=\varphi(g)$，$Z_1=\bar{\varphi}(g(z))=itS$ に対しては (8.8) はつぎのように書かれる．

$$\theta(z,S)=(2N)^{-n}\,|\det(cS^{-1})|^{-1/2}c^{-n/2}i^{n/2}\left(z+\frac{d}{c}\right)^{-n/2}$$
$$\sum_{\xi_0,\xi_1}\boldsymbol{e}\left(\frac{1}{2}\left(-\frac{d}{c}{}^t\xi_0S\xi_0+(4N^2)^{-1}\,{}^t\xi_1\left(itS-\frac{a}{c}S\right)\xi_1+N^{-1}c^{-1}\,{}^t\xi_1S\xi_0\right)\right).$$

ただし $\xi_0$ は $\boldsymbol{Z}^n/2cNS^{-1}\boldsymbol{Z}^n$ の代表系を，$\xi_1$ は $\boldsymbol{Z}^n$ を動く．ゆえに

$$\text{(8.18)}\qquad \lim_{t\to\infty}\theta(z,S)\left(z+\frac{d}{c}\right)^{n/2}=c^{-n}\det S^{-1/2}i^{n/2}\sum_{\xi \bmod c}\boldsymbol{e}\left(-\frac{d}{2c}{}^t\xi S\xi\right).$$

これは $\theta(z,S)$ が尖点 $x$ において有限であることを示す．

$S=(s_{ij})$ と書き，2次形式 $f(x)=\sum_{i,j}s_{ij}x_ix_j$ を考える．整数 $k\geqq 0$ に対して $f(x)=k$ となる $x\in\boldsymbol{Z}^n$ の個数を $A(S,k)$ で表わす．$\theta(z,S)$ の定義により

$$\theta(z,S)=\sum_{k=0}^{\infty}A(S,2k)e^{2\pi ikz}.$$

これは $\theta(z,S)$ の尖点 $\infty$ における Fourier 展開にほかならないが，その展開の係数が $f(x)=2k$ の整数解の個数を与えている．この理由で $\theta(z,S)$ を既知のモジュラー形式と結びつけることができるならば，2次形式 $f$ に関する知識が得られるのである．$\theta(z,S)$ は確かに尖点形式ではないので，まず考えられるのは

Eisenstein 級数(§2.4)である．Eisenstein 級数の $\infty$ における Fourier 展開の係数は初等的関数で表わされる(たとえば§2.4の式(2.40))．$\theta(z,S)$ が Eisenstein 級数の線型結合と一致する二,三の例をあげる．これらはすべて0以外の尖点形式が存在しない場合の例であって，そうでなければ問題は難しい．

**例 8.1** 2次形式 $2\sum_{i=1}^{2m}x_i^2$ に対するテータ級数 $\theta(z,2\cdot 1_{2m})$ を $\theta_m(z)$ で表わそう．明らかに $\theta_m(z)=\theta_1(z)^m$ が成り立つ．$2\cdot 1_{2m}$ の段は4，行列式は $4^m$ であるから $\theta_m\in G\left(m,\left(\frac{(-1)^m}{*}\right),\Gamma_0(4)\right)$ (定理8.5の系)．とくに $m$ が偶数ならば $\theta_m\in G(m,\Gamma_0(4))$.

いま $m=2$ とする．$g=\begin{bmatrix}2&0\\0&1\end{bmatrix}$ ならば

$$g\Gamma_0(4)g^{-1}=\Gamma^*=\left\{\begin{bmatrix}a&b\\c&d\end{bmatrix}\in SL_2(\boldsymbol{Z})\,|\,b\equiv c\equiv 0\ (\mathrm{mod}\ 2)\right\}.$$

$\Gamma^*\supseteqq\Gamma(2)$ であるから $\theta_2\left(\frac{z}{2}\right)\in G(2,\Gamma^*)\subseteqq G(2,\Gamma(2))$．$\Gamma(2)$ の尖点の同値類は $0,1,\infty$ で代表される．§4.5で定義された関数 $E(z;r,s,N)$ を考える．簡単のため $E(z;r,s,2)$ を $E(z;r,s)$ と書く．ただし $(r,s)=(0,1),(1,1),(1,0)$．これらの $\Gamma(2)$ の尖点における値を調べよう($f$ が重さ $m$ の保型形式であるとき，$z$ が尖点 $x$ に近づくときの $f(z)(z-x)^m$ の極限を $f$ の $x$ における値ということにする．$x=\infty$ のときは $z$ が $\infty$ に近づくときの $f(z)$ の極限を $f$ の $\infty$ における値とよぶ)．

$$E(z;r,s)=\frac{1}{(rz/2+s/2)^2}+\sum_{\substack{(m,n)\in\boldsymbol{Z}^2\\(m,n)\neq(0,0)}}\left\{\frac{1}{((r/2+m)z+(s/2+n))^2}-\frac{1}{(mz+n)^2}\right\}$$

であるから

$$\lim_{z\to\infty}E(z;0,1)=\frac{2\pi^2}{3},$$

$$\lim_{z\to\infty}E(z;1,1)=\lim_{z\to\infty}E(z;1,0)=-\frac{\pi^2}{3}.$$

ここで $\sum_{n=1}^{\infty}\frac{1}{n^2}=\frac{\pi^2}{6}$，$\sum_{n=0}^{\infty}\frac{1}{(2n+1)^2}=\frac{\pi^2}{8}$ を用いた．$\gamma_0=\begin{bmatrix}0&-1\\1&0\end{bmatrix}$，$\gamma_1=\begin{bmatrix}1&0\\1&1\end{bmatrix}$ とおけば $\gamma_0(\infty)=0$，$\gamma_1(\infty)=1$．(4.30)により $E(\gamma_iz;r,s)j(\gamma_i,z)^2=E(z;(r,s)\gamma_i)$ $(i=0,1)$．ゆえに

$$\lim_{z\to 0}E(z;0,1)z^2=\lim_{z\to 0}E(z;1,1)z^2=-\frac{\pi^2}{3},$$

$$\lim_{z\to 0} E(z\,;1,0)\,z^2 = \frac{2\pi^2}{3},$$

$$\lim_{z\to 1} E(z\,;0,1)(z-1)^2 = -\frac{\pi^2}{3}, \qquad \lim_{z\to 1} E(z\,;1,1)(z-1)^2 = \frac{2\pi^2}{3},$$

$$\lim_{z\to 1} E(z\,;1,0)(z-1)^2 = -\frac{\pi^2}{3}.$$

したがって $E(z\,;0,1)+E(z\,;1,1)+E(z\,;1,0)$ は尖点形式である．しかし $\dim S(2,\Gamma(2))=0$, $\dim G(2,\Gamma(2))=2$ (定理4.6, 4.7) であるから $E(z\,;0,1)$, $E(z\,;1,1)$, $E(z\,;1,0)$ の和は0となり $G(2,\Gamma(2))$ はこのうちの二つ，たとえば $E(z\,;0,1)$ と $E(z\,;1,0)$ によって生成される．

$\theta_2\left(\dfrac{z}{2}\right)$ は $G(2,\Gamma(2))$ に属するから $\theta_2\left(\dfrac{z}{2}\right)=\alpha E(z\,;0,1)+\beta E(z\,;1,0)$ となる定数 $\alpha,\beta$ が存在する．明らかに $\lim_{z\to\infty}\theta_2\left(\dfrac{z}{2}\right)=1$, (8.18) により $\lim_{z\to 0}\theta_2\left(\dfrac{z}{2}\right)z^2=-1$. ゆえに $1=(2\pi^2/3)\alpha-(\pi^2/3)\beta$, $-1=-(\pi^2/3)\alpha+(2\pi^2/3)\beta$ となり，これから $\alpha=\pi^{-2}$, $\beta=-\pi^{-2}$ がでる．$E(z\,;r,s)$ の $\infty$ における Fourier 展開は §2.4 と同様にして求められるので，つぎの等式が得られる．

$$\theta_2\left(\frac{z}{2}\right) = \pi^{-2}(E(z\,;0,1)-E(z\,;1,0)) \tag{8.19}$$

$$= 1-8\sum_{k=1}^{\infty}\sum_{\substack{n|k\\ n>0}} n(-1)^n e^{2\pi ikz}+8\sum_{k=1}^{\infty}\sum_{\substack{n|k,\,n>0\\ k/n\equiv 1(2)}} ne^{\pi ikz}.$$

上式の右辺における $e^{\pi ikz}$ の係数を $A_k$ で表わす．$k$ が奇数ならば

$$A_k = 8\sum_{\substack{n|k\\ n>0}} n.$$

$k=2^\nu l$ ($\nu>0$, $(2,l)=1$) ならば

$$A_k = 8\sum_{\substack{n|l\\ n>0}} 2^\nu n-8\sum_{\substack{n|2^{\nu-1}l\\ n>0}} n(-1)^n = 24\sum_{\substack{n|l\\ n>0}} n.$$

ゆえに $k=\sum_{i=1}^{4} x_i^2$ の整数解の個数は $(2,k)=1$ ならば

$$8\sum_{\substack{n|k\\ n>0}} n$$

に等しく，$k=2^\nu l$ ($\nu>0$, $(2,l)=1$) ならば

$$24\sum_{\substack{n|l\\ n>0}} n$$

に等しい．これをまとめて

$$A(1_4, k) = 8 \sum_{\substack{n|k,\, n>0 \\ n\not\equiv 0(4)}} n$$

と書くことができる．これを **Jacobi の公式**という．$A(1_6, k)$, $A(1_8, k)$ については本章の問題 3, 4 を参照.

**例 8.2** 判別式 1 の正値偶形式を考える．この 2 次形式の行列を $S$, $S$ の次数を $n$ とする．すなわち $S$ は行列式 1 の正値偶行列である．補題 8.6 から $n$ は偶数，また補題 8.5 から $S$ の段は 1 である．定理 8.4 によれば

$$G(S^{-1}) = e^{\pi in/4}G(-S)$$

が成り立つが，$G(S^{-1})=G(-S)=1$ であるから $e^{\pi in/4}=1$. ゆえに $n$ は 8 の倍数である.

**補題 8.7** $n$ が 8 の倍数であるならば，行列式 1 の $n$ 次正値偶行列が存在する.

**証明** $\boldsymbol{Q}^n$ 上の 2 次形式 $f$ を $f(x)=\sum_{i=1}^{n} x_i^2$ によって定義する．ただし $x=(x_1, \cdots, x_n)$. $(x, y)=\sum_{i=1}^{n} x_i y_i$ とおけば $f$ に付随する双線型形式は $2(x, y)$ である．まずつぎのことを注意する．$L$ を $\boldsymbol{Q}^n$ の $\boldsymbol{Z}$ 格子とする．$L$ の基底 $\{e_1, \cdots, e_n\}$ に対して $d(L)=\det((e_i, e_j))$ とおく（これは基底のとり方によらない）．$L, M$ が $\boldsymbol{Z}$ 格子であり，$L \supseteqq M$ ならば

$$d(M) = [L:M]^2 d(L)$$

が成り立つことは容易にわかる．いま

$$L = \{x \in \boldsymbol{Z}^n \mid f(x) \equiv 0 \pmod 2\}$$

とおく．$x_i^2 \equiv x_i \pmod 2$ であるから $f(x) \equiv \sum_i x_i \pmod 2$. $x \to f(x) \pmod 2$ は $\boldsymbol{Z}^n$ から $\boldsymbol{Z}/2\boldsymbol{Z}$ の上への準同型写像である．ゆえに $L$ は $\boldsymbol{Q}^n$ の $\boldsymbol{Z}$ 格子となり，$[\boldsymbol{Z}^n : L]=2$. $e=(1/2, \cdots, 1/2)$, $L_0=L+\boldsymbol{Z}e$ とおく．明らかに $[L_0 : L]=2$. $x \in L$, $\alpha \in \boldsymbol{Z}$ ならば

$$f(x+\alpha e) = f(x)+2\alpha(x, e)+\alpha^2(e, e).$$

$2(x, e)=\sum_i x_i \in 2\boldsymbol{Z}$, $(e, e)=n/4 \in 2\boldsymbol{Z}$ であるから $f(L_0) \subseteqq 2\boldsymbol{Z}$. ゆえに $\{a_1, \cdots, a_n\}$ を $L_0$ の基底とすれば $S=((a_i, a_j))$ は偶行列である．初めの注意によって $d(L)=4d(\boldsymbol{Z}^n)=4d(L_0)$ であるから，$d(L_0)=d(\boldsymbol{Z}^n)=1$. ゆえに $\det S=1$. ∎

$e_1=(1, 0, \cdots, 0)$, $\cdots$, $e_n=(0, \cdots, 0, 1)$ を単位ベクトルとする．$e$ を上の証明の通りとして，$a_1=e-(e_2+\cdots+e_{n-1})$, $a_2=e_1+e_2$, $a_i=e_{i-1}-e_{i-2}$ $(3 \leqq i \leqq n)$ とおけば $\{a_1, \cdots, a_n\}$ は $L_0$ の基底となる．このとき行列 $((a_i, a_j))$ はつぎの通りである.

$$\begin{bmatrix} \frac{n}{4} & 0 & -1 & & & & & \\ 0 & 2 & 0 & -1 & & & & \\ -1 & 0 & 2 & -1 & & & & \\ & -1 & -1 & 2 & -1 & & & \\ & & & -1 & 2 & -1 & & \\ & & & & & \ddots & & \\ & & & & & -1 & 2 & -1 \\ & & & & & & -1 & 2 \end{bmatrix}$$

**注意**　$L$ を階数 $n$ の $\boldsymbol{Z}$ 自由加群とする. $L$ から $\boldsymbol{Z}$ の中への写像 $f$ はつぎの条件が満たされるとき $L$ 上の2次形式であるという.

(1)　$f(\alpha x) = \alpha^2 f(x) \qquad (\alpha \in \boldsymbol{Z},\ x \in L)$.

(2)　$B(x, y) = f(x+y) - f(x) - f(y)$ は $L \times L$ 上の双線型形式である.

$\boldsymbol{Z}$ 自由加群 $L$ とその上の2次形式 $f$ の組 $(L, f)$ を **2次形式のついた格子** という. それらの間の同型は自明なように定義される. $L$ から $L'$ の上への同型写像 $\varphi$ が存在し, $f'(\varphi(x)) = f(x)$ $(x \in L)$ が成り立つとき, $(L, f)$ と $(L', f')$ は同型であるという. そのためには $L, L'$ の基底 $\{e_i\}$, $\{e_i'\}$ に対して $(B(e_i, e_j))$ と $(B'(e_i', e_j'))$ が $\boldsymbol{Z}$ 上同値であることが必要十分である. $\boldsymbol{Z}$ の代りに任意の整域, たとえば $\boldsymbol{Z}_p$ をとる場合も同様である.

さて行列式1の $n$ 次正値偶行列を一般に $S_n$ で表わすことにする. このときすでに述べたように $n \equiv 0 \pmod 8$. ゆえに $\theta(z, S_n) \in G(n/2, \Gamma(1))$. $2<m<12$ に対して $\dim S(m, \Gamma(1)) = 0$, $\dim G(m, \Gamma(1)) = 1$ が成り立つ. したがって $\theta(z, S_8)$, $\theta(z, S_{16})$ はそれぞれ定数倍を除き Eisenstein 級数 $G_4(z)$, $G_8(z)$ に一致する. (2.40) によって

$$G_m(z) = 2\zeta(m) + 2\frac{(2\pi i)^m}{(m-1)!}\sum_{n=1}^{\infty}\sigma_{m-1}(n)e^{2\pi i n z}$$

であった. ただし $\sigma_k(n) = \sum_{\substack{d|n \\ d>0}} d^k$. ゆえに

$$\theta(z, S_8) = \frac{1}{2\zeta(4)}G_4(z),$$

$$\theta(z, S_{16}) = \frac{1}{2\zeta(8)}G_8(z).$$

$\zeta(4) = \dfrac{(2\pi)^4}{2\cdot 4!}\dfrac{1}{30}$, $\zeta(8) = \dfrac{(2\pi)^8}{2\cdot 8!}\dfrac{1}{30}$ を用いて

$$A(S_8, 2n) = 240\sigma_3(n),$$

$$A(S_{16}, 2n) = 480\sigma_7(n)$$

が得られる．

**d）2次形式の種**

行列式が0ではない $n$ 次整係数対称行列（必ずしも正値ではない）の全体を考える．このような対称行列 $S, S'$ はつぎの条件が満たされるとき**同じ種に属する**という．

(1) $S$ と $S'$ は $\boldsymbol{R}$ 上同値である．

(2) 任意の素数 $p$ に対し $S$ と $S'$ は $\boldsymbol{Z}_p$ 上同値である．

$S$ と $S'$ は $\boldsymbol{Z}$ 上同値であるとき**同じ類に属する**という（一つの種は有限個の類に分れることが知られている）．

$S, S'$ が同じ種に属するならば $\det S = \det S'$．実際，$\det S$ と $\det S'$ の比を $\varepsilon$ とすれば $\varepsilon > 0$，$\varepsilon \in \boldsymbol{Z}_p^\times$ $(\forall p)$．ゆえに $\varepsilon = 1$ となる．また偶行列 $S$ の段は $S$ の属する種のみで決まる．なぜなら $S$ の段を $N$ とすれば，整数 $m$ に対して

$$N | m \iff \begin{cases} mS^{-1} \in M_n(\boldsymbol{Z}_p) & (\forall p), \\ mS^{-1} \text{ は } \boldsymbol{Z}_2 \text{ 上の偶行列.} \end{cases}$$

ゆえに $\boldsymbol{Z}$ イデアル $(N)$ は $S$ の種のみに依存する．

**定理 8.6** $S, S'$ を同じ種に属する $2m$ 次正値偶行列とすれば

$$\theta(z, S) - \theta(z, S') \in S\left(m, \left(\frac{\Delta}{*}\right), \Gamma_0(N)\right).$$

ただし $S, S'$ の段を $N$，行列式を $D$ とし $\Delta = (-1)^m D$ とおく．

**証明** $\Gamma_0(N)$ の尖点を $b/a$ $((a, b) = 1,\ a > 0)$ と書く．$\theta(z, S)$ の $b/a$ における値が $S$ の種のみに依存することを証明すればよいのである．(8.18)により

$$\sum_{\xi \bmod a} \boldsymbol{e}\left(\frac{b}{2a} {}^t\xi S \xi\right)$$

が $S$ の種のみに依存することをいえばよい．仮定により任意の素数 $p$ に対して ${}^tU_p S U_p = S'$ となる $U_p \in GL_{2m}(\boldsymbol{Z}_p)$ が存在する．この $U_p$ に対して $U \equiv U_p \pmod{2a\boldsymbol{Z}_p}$，$V \equiv U_p^{-1} \pmod{2a\boldsymbol{Z}_p}$ $(\forall p | 2a)$ となる $U, V \in M_{2m}(\boldsymbol{Z})$ が存在する．$\{\xi\}$ を $\boldsymbol{Z}^{2m}/a\boldsymbol{Z}^{2m}$ の代表系とするとき $\{U\xi\}$ も $\boldsymbol{Z}^{2m}/a\boldsymbol{Z}^{2m}$ の代表系である．なぜなら $U\xi \equiv U\xi' \pmod{a}$ ならば $VU\xi \equiv VU\xi' \pmod{a}$，したがって $\xi \equiv \xi' \pmod{a}$．また任意の $\eta \in \boldsymbol{Z}^{2m}$ に対して $\xi = V\eta$ とおけば $\eta \equiv U\xi \pmod{a}$．${}^tUSU \equiv S' \pmod{2a}$

に注意すれば

$$\sum_{\xi \bmod a} \boldsymbol{e}\left(\frac{b}{2a}{}^t\xi S\xi\right) = \sum_{\xi \bmod a} \boldsymbol{e}\left(\frac{b}{2a}{}^t\xi{}^tUSU\xi\right)$$
$$= \sum_{\xi \bmod a} \boldsymbol{e}\left(\frac{b}{2a}{}^t\xi S'\xi\right). \quad \blacksquare$$

**e) 4元数環**

$A$ を $\boldsymbol{Q}$ 上の4元数環とする．$A$ の被約ノルム $n$ は $A$ 上の2次形式である．$n$ に付随する双1次形式は $B(x,y)=\mathrm{tr}(xy^\iota)$ となる(以下§3.3および§3.6の記号を自由に使うことにする)．$\mathfrak{O}$ を $A$ の極大整環，$\mathfrak{A}$ を左 $\mathfrak{O}$ イデアルとする．$\mathfrak{O}$ イデアルの定義によって $\mathfrak{A}=\bigcap_p(A\cap\mathfrak{O}_pa_p)$ となる $a\in A_A^\times$ が存在する．このとき $\mathfrak{A}$ のノルムは

$$n(\mathfrak{A}) = \bigcap_p(\boldsymbol{Q}\cap\boldsymbol{Z}_pn(a_p))$$

によって定義される．

**補題 8.8** $n(\mathfrak{A})$ はすべての $n(x)$ $(x\in\mathfrak{A})$ によって生成される $\boldsymbol{Z}$ イデアルである．

**証明** $\mathfrak{A}$ は整イデアルであると仮定してもさしつかえない．$x\in\mathfrak{A}$ ならば $x\in\mathfrak{O}_pa_p$, $n(x)\in\boldsymbol{Z}_pn(a_p)$ $(\forall p)$, ゆえに $n(x)\in n(\mathfrak{A})$．すべての $n(x)$ $(x\in\mathfrak{A})$ によって生成される $\boldsymbol{Z}$ イデアルを $b\boldsymbol{Z}$ とする．もし $b\boldsymbol{Z}\neq n(\mathfrak{A})$ ならば，$b\boldsymbol{Z}_p\neq n(\mathfrak{A})_p=\boldsymbol{Z}_pn(a_p)$ となる素数 $p$ が存在する．$\boldsymbol{Z}_p\mathfrak{A}=\mathfrak{O}_pa_p$ であるから，任意の自然数 $\alpha$ に対して $x\equiv a_p \pmod{p^\alpha\mathfrak{O}_p}$ となる $x\in\mathfrak{A}$ をとることができる．このとき $n(x)\equiv n(a_p) \pmod{p^\alpha\boldsymbol{Z}_p}$．ゆえに $\alpha$ が十分大きければ $n(x)\boldsymbol{Z}_p=n(a_p)\boldsymbol{Z}_p$．$n(x)\boldsymbol{Z}_p\subseteq b\boldsymbol{Z}_p$ であるから，これは矛盾である．∎

$\boldsymbol{Z}$ イデアル $n(\mathfrak{A})$ を生成する正の有理数をまた $n(\mathfrak{A})$ で表わすことにする．補題8.8により

$$f_{\mathfrak{A}}(x) = n(\mathfrak{A})^{-1}n(x)$$

は $\mathfrak{A}$ 上で整数値をとる．$\{e_i\}$ を $\mathfrak{A}$ の $\boldsymbol{Z}$ 上の基底として $S_{\mathfrak{A}}=n(\mathfrak{A})^{-1}(\mathrm{tr}(e_ie_j^\iota))$ とおく．$S_{\mathfrak{A}}$ が偶行列であることに注意しよう．

$\mathfrak{O}'$, $\mathfrak{A}'$ を任意の極大整環および左 $\mathfrak{O}'$ イデアルとする．$\mathfrak{A}'$ が $\mathfrak{A}'=\bigcap_p(A\cap\mathfrak{O}_p'a_p')$ と表わされているとする．定理3.6, 3.7により $\mathfrak{O}_p'=z_p\mathfrak{O}_pz_p^{-1}$ となる $z_p\in A_p^\times$ が存在する．このとき

$$\mathfrak{A}_p' = \mathfrak{O}_p' a_p' = z_p \mathfrak{O}_p z_p^{-1} a_p'$$
$$= z_p \mathfrak{O}_p a_p a_p^{-1} z_p^{-1} a_p' = z_p \mathfrak{A}_p a_p^{-1} z_p^{-1} a_p'.$$

ゆえに $\varphi_p : x \to z_p x a_p^{-1} z_p^{-1} a_p'$ は $\mathfrak{A}_p$ から $\mathfrak{A}_p'$ の上への $\boldsymbol{Z}_p$ 加群としての同型写像である．さらに $n(\varphi_p(x)) = n(x) n(a_p)^{-1} n(a_p')$ が成り立つ．さて $n(\mathfrak{A})\boldsymbol{Z}_p = n(a_p)\boldsymbol{Z}_p$ であるから $n(\mathfrak{A}) n(a_p)^{-1} \in \boldsymbol{Z}_p^{\times}$．ゆえに $N(\mathfrak{A}) = n(a_p) n(u_p)$ となる $u_p \in \mathfrak{O}_p^{\times}$ が存在する ($A_p = M_2(\boldsymbol{Q}_p)$ ならば明らかである．$A_p$ が多元体ならば補題3.11と定理3.7による)．$a_p$ を $u_p a_p$ で置き換えることによって $N(\mathfrak{A}) = n(a_p)$ と仮定してよい．同様に $N(\mathfrak{A}') = n(a_p')$ と仮定するならば

$$f_{\mathfrak{A}'}(\varphi_p(x)) = f_{\mathfrak{A}}(x) \qquad (x \in \mathfrak{A})$$

が成り立つ．これは $S_{\mathfrak{A}}$ と $S_{\mathfrak{A}'}$ が $\boldsymbol{Z}_p$ 上同値であることを示す(補題8.7のあとの注意参照)．$S_{\mathfrak{A}}$ と $S_{\mathfrak{A}'}$ が $\boldsymbol{R}$ 上同値なことは自明である(実際，$A$ が定符号ならばどちらも正値である．また $A$ が不定符号ならばどちらも符号数 $(2,2)$ をもつ)から，$S_{\mathfrak{A}}, S_{\mathfrak{A}'}$ は同じ種に属する．とくにそれらは同じ行列式と同じ段をもつ．

**補題 8.9** $A$ の判別式を $d$ とすれば，$|\det S_{\mathfrak{A}}| = d^2$．$S_{\mathfrak{A}}$ の段は $d$ である．

**証明** 上の注意によって極大整環 $\mathfrak{O}$ に対して $|\det S_{\mathfrak{O}}| = d^2$，かつ $S_{\mathfrak{O}}$ の段が $d$ であることを証明すればよい．$\{e_i\}$ を $\mathfrak{O}$ の $\boldsymbol{Z}$ 上の基底とする．$\{e_i'\}$ も同じく $\mathfrak{O}$ の $\boldsymbol{Z}$ 上の基底であるから，$e_i' = \sum_j u_{ji} e_j$ となる $U = (u_{ij}) \in GL_4(\boldsymbol{Z})$ が存在する．このとき $S_{\mathfrak{O}} = (\mathrm{tr}(e_i e_j')) = (\mathrm{tr}(e_i e_j))U$．ゆえに $|\det S_{\mathfrak{O}}| = |\det(\mathrm{tr}(e_i e_j))| = D(\mathfrak{O}) = d^2$ (§3.6, f) を参照)．

$\tilde{\mathfrak{O}} = \{x \in A \mid \mathrm{tr}(x\mathfrak{O}) \subseteq \boldsymbol{Z}\}$ とおく．明らかに $\mathfrak{O}\tilde{\mathfrak{O}}\mathfrak{O} = \tilde{\mathfrak{O}}$．$\mathrm{tr}(\tilde{e}_i e_j') = \delta_{ij}$ $(1 \leqq i, j \leqq 4)$ となる $A/\boldsymbol{Q}$ の基底 $\{\tilde{e}_i\}$ が存在するが，このとき $\tilde{\mathfrak{O}} = \sum_i \boldsymbol{Z}\tilde{e}_i$ となる．ゆえに $\tilde{\mathfrak{O}}$ は $\boldsymbol{Z}$ 格子である．$\tilde{S} = (\mathrm{tr}(\tilde{e}_i \tilde{e}_j'))$ とおけば，容易にわかるように $S_{\mathfrak{O}}^{-1} = {}^t\tilde{S}$．ゆえに $S_{\mathfrak{O}}$ の段 $N$ は $Nn(x)$ が $\tilde{\mathfrak{O}}$ 上で整数値をとるような最小の自然数である．したがって ($\tilde{\mathfrak{O}}$ が §3.6, d) で述べた意味で $\mathfrak{O}$ イデアルであるならば) 補題8.8により $N = n(\tilde{\mathfrak{O}})^{-1}$．

ここで $\tilde{\mathfrak{O}}_p = \{x \in A_p \mid \mathrm{tr}(x\mathfrak{O}_p) \subseteq \boldsymbol{Z}_p\}$ を示そう．この等式の右辺を $L_p$ で表わせば，$L_p$ は $\boldsymbol{Z}_p$ 加群であるから，$\tilde{\mathfrak{O}}_p \subseteq L_p$ は明らかである．逆に任意の $x_p \in L_p$ をとる．$x_p - x \in \mathfrak{O}_p$ となる $x \in A$ が存在する．$\alpha x \in \mathfrak{O}$ となる整数 $\alpha > 0$ をとり，$\alpha = p^f \beta$，$(p, \beta) = 1$，と書く．このとき $\gamma \equiv 1 \pmod{p^f}$，$\gamma \equiv 0 \pmod{\beta}$ を満たす $\gamma \in \boldsymbol{Z}$ に対して

$$(\gamma-1)x=\frac{\gamma-1}{p^f\beta}\alpha x\in\mathfrak{O}_p.$$

ゆえに $x_p-\gamma x\in\mathfrak{O}_p$ となる．$x$ を $\gamma x$ で置き換えて $x_p-x\in\mathfrak{O}_p$ かつ $p^fx\in\mathfrak{O}$ と仮定することができる．$x_p\in L_p$ であるから $\mathrm{tr}(x\mathfrak{O})\subseteqq\boldsymbol{Z}_p$ が成り立つ．$q$ が $p$ と異なる素数ならば $\mathrm{tr}(x\mathfrak{O})\subseteqq p^{-f}\,\mathrm{tr}(\mathfrak{O})\subseteqq\boldsymbol{Z}_q$．ゆえに $\mathrm{tr}(x\mathfrak{O})\subseteqq\boldsymbol{Z}$．ゆえに $x\in\tilde{\mathfrak{O}}$ となるが，$x_p-x\in\mathfrak{O}_p\subseteqq\tilde{\mathfrak{O}}_p$ であるから $x_p\in\tilde{\mathfrak{O}}_p$．ゆえに $\tilde{\mathfrak{O}}_p=L_p$．

$p\nmid d$ ならば $\tilde{\mathfrak{O}}_p=\mathfrak{O}_p$ は容易に確かめられる．$p|d$ とする．補題3.13の証明によれば，$E$ を $\boldsymbol{Q}_p$ の不分岐2次拡大とするとき $A_p=E+Ea$, $a^2=p$ と書くことができて，$E$ の整数環を $\mathfrak{o}$ とすれば $\mathfrak{O}_p=\mathfrak{o}+\mathfrak{o}a$ となった．同様の議論によって $\tilde{\mathfrak{O}}_p=\mathfrak{o}+p^{-1}\mathfrak{o}a=\mathfrak{O}_pa^{-1}$ を示すことができる．ゆえに $\tilde{\mathfrak{O}}_p=\mathfrak{P}^{-1}$，$n(\tilde{\mathfrak{O}})=p^{-1}\boldsymbol{Z}_p$．

以上の証明から $n(\tilde{\mathfrak{O}})=\prod_{p|d}p^{-1}=d^{-1}$，$N=d$ がでる．∎

**注意**　$n(\tilde{\mathfrak{O}})=d^{-1}$ は $A$ の判別式のもう一つの特徴づけである．これは§3.6あたりで証明しておくべきことであった．

いま $A$ を定符号4元数環と仮定すれば $S_{\mathfrak{A}}$ は正値である．$\theta(z,S_{\mathfrak{A}})$ を $\vartheta(z,\mathfrak{A})$ で表わすならば

$$\vartheta(z,\mathfrak{A})=\sum_{x\in\mathfrak{A}}\boldsymbol{e}\left(\frac{n(x)}{n(\mathfrak{A})}\right).$$

**定理8.7**　$A$ を $\boldsymbol{Q}$ 上の定符号4元数環，$d$ を $A$ の判別式とする．$\mathfrak{A}$ は $A$ の $\boldsymbol{Z}$ 格子で，或る極大整環 $\mathfrak{O}$ の左 $\mathfrak{O}$ イデアルとなるものとする．このとき

$$\vartheta(z,\mathfrak{A})\in G(2,\Gamma_0(d)).$$

またこのような任意の $\boldsymbol{Z}$ 格子 $\mathfrak{A},\mathfrak{A}'$ に対して

$$\vartheta(z,\mathfrak{A})-\vartheta(z,\mathfrak{A}')\in S(2,\Gamma_0(d)).$$

**証明**　前半は定理8.5の系と補題8.9からでる．後半は定理8.6による．∎

$p$ を素数，$A$ を判別式 $p$ の定符号4元数環とする．$\mathfrak{O}$ を $A$ の極大整環とすると，$\mathfrak{O}$ の類数は $G(2,\Gamma_0(p))$ の次元に等しいことが証明される．この著しい一致のために，左 $\mathfrak{O}$ イデアルの類の代表を $\mathfrak{A}_1,\cdots,\mathfrak{A}_h$ とするならば，$\vartheta(z,\mathfrak{A}_1),\cdots,\vartheta(z,\mathfrak{A}_h)$ が $G(2,\Gamma_0(p))$ の基底となるということはいかにももっともらしく思われた．この予想は Eichler によってつぎのようなやや弱い型で証明されている (M. Eichler, Über die Darstellbarkeit von Modulformen durch Thetareihen, J. reine angew. Math., **195** (1956)).

$\mathfrak{O}_A^\times\backslash A_A^\times/A^\times$ の代表系を $a_\mu$ $(1\leqq\mu\leqq h)$ として

$$\mathfrak{O}_\mu=\bigcap_p(A\cap a_{\mu p}{}^{-1}\mathfrak{O}_p a_{\mu p}),$$

$$\mathfrak{A}_{\mu\nu}=\bigcap_p(A\cap\mathfrak{O}_{\mu p}a_{\mu p}{}^{-1}a_{\nu p})$$

とおく．このとき $\vartheta(z,\mathfrak{A}_{\mu\nu})$ $(1\leqq\mu,\nu\leqq h)$ は $G(2,\Gamma_0(p))$ を生成する（ゆえに $\vartheta(z,\mathfrak{A}_{\mu\nu})$ の差の全体が $S(2,\Gamma_0(p))$ を生成する）．

$\vartheta(z,\mathfrak{A}_{\mu\nu})$ の中から $G(2,\Gamma_0(p))$ の基底をとり出す問題はまだ解かれていないようである．

## 問　　題

**1**　$S=\begin{bmatrix}d_1 & & 0\\ & \ddots & \\ 0 & & d_n\end{bmatrix}$, $T=\begin{bmatrix}0 & S\\ -S & 0\end{bmatrix}$, $Z\in\mathfrak{S}_n$ とする．$(-ZS,1_n)$ の列ベクトル $u_1,\cdots,u_{2n}$ によって生成される $\boldsymbol{C}^n$ の格子を $L$ とする．また $E$ を $\{u_1,\cdots,u_{2n}\}$ に関する主行列が $T$ であるような $\boldsymbol{C}^n/L$ 上の Riemann 形式とする．$E$ に付随する2次指標 $\psi$ に対して $a_j=(2\pi i)^{-1}\log\psi(u_{n+j})$, $b_j=(2\pi i)^{-1}\log\psi(u_j)$, $a={}^t(a_1,\cdots,a_n)$, $b={}^t(b_1,\cdots,b_n)$ とおく．このとき $\mathcal{L}(E,\psi)$ は $E$ のみに依存する自明なテータ関数の因子を除き

$$\theta_{S^{-1}(a+m)\,b}(SZS,Sx)\qquad(m\in\boldsymbol{Z}^n/S\boldsymbol{Z}^n)$$

によって張られる．

**2**　$z\in H$, $L=\boldsymbol{Z}+\boldsymbol{Z}z$ とする．つぎのような $\boldsymbol{C}/L$ 上のテータ関数を考える．

$$\vartheta_0(x)=\theta_{0\,1/2}(z,x)=\sum_{n=-\infty}^{\infty}\boldsymbol{e}\left(\frac{1}{2}n^2z+n\left(x+\frac{1}{2}\right)\right),$$

$$\vartheta_1(x)=-\theta_{1/2\,1/2}(z,x)=-\sum_{n=-\infty}^{\infty}\boldsymbol{e}\left(\frac{1}{2}\left(n+\frac{1}{2}\right)^2z+\left(n+\frac{1}{2}\right)\left(x+\frac{1}{2}\right)\right),$$

$$\vartheta_2(x)=\theta_{1/2\,0}(z,x)=\sum_{n=-\infty}^{\infty}\boldsymbol{e}\left(\frac{1}{2}\left(n+\frac{1}{2}\right)^2z+\left(n+\frac{1}{2}\right)x\right),$$

$$\vartheta_3(x)=\theta_{0\,0}(z,x)=\sum_{n=-\infty}^{\infty}\boldsymbol{e}\left(\frac{1}{2}n^2z+nx\right).$$

このとき

(i)　$\sigma(x)=\vartheta_1'(0)^{-1}\exp\left(\frac{1}{2}\eta(1)x^2\right)\vartheta_1(x)$,

(ii)　$\vartheta_2(0)^2\vartheta_0(x)^2-\vartheta_3(0)^2\vartheta_1(x)^2-\vartheta_0(0)^2\vartheta_2(x)^2=0$.

（$\vartheta_0^2,\vartheta_1^2,\vartheta_2^2$ は自明なテータ関数の因子を除き，$\mathcal{L}(2E,1)$ に属する．）

**3**　§8.3例1と同様にして

$$A(1_6,n)=16\sum_{d|n,\,n/d\equiv1(4)}d^2\operatorname{sgn}d-4\sum_{d|n,\,d>0}\left(\frac{-1}{d}\right)d^2$$

を示せ $(S(3, (-1/*), \Gamma_0(4))=\{0\}$, $\dim G(3, (-1/*), \Gamma_0(4))=2)$.

**4**　前問3と同様に

$$A(1_8, n) = 16(-1)^n \sum_{d|n,\, d>0} d^3(-1)^d$$

$(S(4, \Gamma(2))=\{0\}$, $\dim G(4, \Gamma(2))=3)$.

**5**　$q$ を素数とする.

$$E(z, q) = -q^{-1}\sum_{r=1}^{q-1}\sum_{s=0}^{q-1} E(z\,; r, s, q)$$
$$= \frac{(q-1)\pi^2}{3}+8\pi^2\sum_{n=1}^{\infty}\Bigl(\sum_{\substack{d|n,\, d>0\\(d,q)=1}} d\Bigr)e^{2\pi inz}$$

とおけば $E(z, q) \in G(2, \Gamma_0(q))$.　$q=11$ に対して

$$\vartheta(z) = \sum_{n_1, n_2=-\infty}^{\infty} \boldsymbol{e}((n_1{}^2+n_1n_2+3n_2{}^2)z)$$

とおけば

$$\vartheta(z)^2 = \frac{3}{10\pi^2}E(z, 11)+\frac{2}{5\pi^2}\Delta(z)^{1/12}\Delta(11z)^{1/12}.$$

ただし $\Delta(z)$ の12乗根は $\Delta(z)^{1/12}=2\pi e^{2\pi iz/12}+\cdots$ となるように定める.

**6**　$F$ を2次体, $\mathfrak{a}$ を $F$ のイデアルとする. $\{a_1, a_2\}$ を $\mathfrak{a}$ の $\boldsymbol{Z}$ 上の基底として行列 $N(\mathfrak{a})^{-1}(\mathrm{Tr}_{F/\boldsymbol{Q}}(a_i\bar{a}_j))$ を $S(\mathfrak{a})$ で表わす. $S(\mathfrak{a})$ の段と行列式を求めよ.

**7**　$F$ を2次体, $\mathfrak{a}_1, \mathfrak{a}_2$ を $F$ のイデアルとする. 2次形式のついた格子 $(\mathfrak{a}_1, N(\mathfrak{a}_1)^{-1}N_{F/\boldsymbol{Q}})$ と $(\mathfrak{a}_2, N(\mathfrak{a}_2)^{-1}N_{F/\boldsymbol{Q}})$ が同型であるためには, $\mathfrak{a}_1$ が $\mathfrak{a}_2$ または $\bar{\mathfrak{a}}_2$ のイデアル類に属することが必要十分である.

# 第9章　Hecke 作用素

## §9.1　Hecke 環とその表現

### a) Hecke 環

$G$ を群，$\Gamma$ を $G$ の部分群とする．$\Gamma$ と $\alpha^{-1}\Gamma\alpha$ が通約可能となるような $\alpha\in G$ の全体を $\tilde{\Gamma}$ とする．通約可能の定義によって，$\alpha$ が $\tilde{\Gamma}$ に属するためには $[\Gamma:\Gamma\cap\alpha^{-1}\Gamma\alpha]$ および $[\Gamma:\Gamma\cap\alpha\Gamma\alpha^{-1}]$ が有限であることが必要十分である．$\tilde{\Gamma}$ が $G$ の部分群となることは容易にわかる．$\alpha\in\tilde{\Gamma}$ に対して $(\Gamma\cap\alpha^{-1}\Gamma\alpha)\backslash\Gamma$, $\Gamma/(\Gamma\cap\alpha\Gamma\alpha^{-1})$ の代表系をそれぞれ $\{\gamma_i\}$, $\{\delta_j\}$ とすれば

$$\Gamma\alpha\Gamma=\bigcup_i\Gamma\alpha\gamma_i,\qquad \Gamma\alpha\Gamma=\bigcup_j\delta_j\alpha\Gamma.$$

右辺の $\Gamma$ 剰余類は共通部分をもたない．ゆえに $\Gamma\alpha\Gamma$ は $\Gamma$ の左または右剰余類の有限個の合併となる．いま条件

(1)　$\tilde{\Gamma}\supseteqq\varDelta\supseteqq\Gamma$,

(2)　$\alpha,\beta\in\varDelta\Longrightarrow\alpha\beta\in\varDelta$

を満たす部分集合 $\varDelta$ が与えられているとする．$\alpha,\beta\in\varDelta$ として

$$\Gamma\alpha\Gamma=\bigcup_{\xi\in X}\Gamma\xi,\qquad \Gamma\beta\Gamma=\bigcup_{\eta\in Y}\Gamma\eta$$

と書く．すなわち $X, Y$ はそれぞれ $\Gamma\alpha\Gamma, \Gamma\beta\Gamma$ に含まれる $\Gamma$ の左剰余類の代表系である．このとき

$$(\Gamma\alpha\Gamma)(\Gamma\beta\Gamma)=\Gamma\alpha\Gamma\beta\Gamma=\bigcup_\eta\Gamma\alpha\Gamma\eta=\bigcup_{\xi,\eta}\Gamma\xi\eta$$

が成り立つ．$\bigcup_{\xi,\eta}\Gamma\xi\eta$ は明らかに有限個の $\Gamma$ の両側剰余類の合併でなければならない．実際 $X\times Y=\{(\xi,\eta)\mid\xi\in X,\eta\in Y\}$ を互いに交わらない部分集合 $M_i\ (1\leqq i\leqq k)$ に分割し，

(9.1)　$z_i=\bigcup_{(\xi,\eta)\in M_i}\Gamma\xi\eta$ とおくとき，$z_i$ は $\Gamma$ の両側剰余類となり，$\{\xi\eta\mid(\xi,\eta)\in M_i\}$ は $z_i$ における $\Gamma$ の左剰余類の代表系となる

ようにすることができる．このような分割はたとえばつぎのようにして得られる．

任意の $\xi \in X$ と $\gamma \in \Gamma$ に対して $\Gamma\xi\gamma = \Gamma\xi^{\gamma}$ となる $\xi^{\gamma} \in X$ がただ一つ存在する．$Y$ も同じ性質をもつ．ゆえに $(\xi, \eta) \in X \times Y$, $\gamma \in \Gamma$ ならば，$\eta\gamma = \delta\eta^{\gamma}$ となる $\delta \in \Gamma$ が存在し，さらに $\xi\delta = \varepsilon\xi^{\delta}$ となる $\varepsilon \in \Gamma$ が存在する．このとき $(\xi, \eta)^{\gamma} = (\xi^{\delta}, \eta^{\gamma})$ とおく．明らかに $\Gamma\xi\eta\gamma = \Gamma\xi^{\delta}\eta^{\gamma}$ が成り立つ．また $\gamma' \in \Gamma$ ならば $(\xi, \eta)^{\gamma\gamma'} = ((\xi, \eta)^{\gamma})^{\gamma'}$ となることはただちにわかる．このようにして $X \times Y$ における $\Gamma$ の作用が定義される．この作用に関する $(\xi, \eta)$ の固定群は

$$\Gamma_{(\xi,\eta)} = \Gamma \cap \eta^{-1}\Gamma\eta \cap (\xi\eta)^{-1}\Gamma\xi\eta$$

であるが，一方，$\Gamma\xi\eta\gamma = \Gamma\xi\eta$ となるためには $\gamma \in \Gamma \cap (\xi\eta)^{-1}\Gamma\xi\eta$ となることが必要十分である．したがって $X \times Y$ における $\Gamma$ の一つの軌道を $M$ とすれば，

$$\{\Gamma\xi\eta \mid (\xi, \eta) \in M\} \tag{9.2}$$

には同じ剰余類が $[\Gamma \cap (\xi\eta)^{-1}\Gamma\xi\eta : \Gamma_{(\xi,\eta)}]$ 個ずつ重複して現れる．$M$ をこの個数だけの互いに交わらない部分集合 $M_1, M_2, \cdots$ に分割し，$\{\Gamma\xi\eta \mid (\xi, \eta) \in M_i\}$ は (9.2) に現れる異なる剰余類を一つずつ含むようにする．すべての軌道 $M$ に対して同じことを行なえば，条件 (9.1) を満たす $X \times Y$ の分割が得られる．

$\{\Gamma\alpha\Gamma \mid \alpha \in \Delta\}$ を生成元とする自由 $\boldsymbol{Z}$ 加群を $R(\Gamma, \Delta)$ とする．$R(\Gamma, \Delta)$ に乗法を定義しよう．$x = \Gamma\alpha\Gamma$, $y = \Gamma\beta\Gamma$ $(\alpha, \beta \in \Delta)$ と書き，$X, Y, M_i$ はこれまでの通りとする．(9.1) によって両側剰余類 $z_i$ を定義し

$$x \cdot y = \sum_{i=1}^{k} z_i$$

とおく．これを分配則が成立するように $R(\Gamma, \Delta)$ における乗法に拡張するのである．$\Gamma\alpha\Gamma\beta\Gamma$ に含まれる両側剰余類 $z$ に対して $z_i = z$ となる $i$ の個数を $m(x \cdot y ; z)$ とすれば

$$x \cdot y = \sum_{z} m(x \cdot y ; z) z$$

と書くことができる．一般に $z = \Gamma\zeta\Gamma$ に含まれる $\Gamma$ の左剰余類の個数を $\deg(z)$ で表わせば

$$m(x \cdot y ; z) \deg(z) = \sum_{z_i = z} |M_i| = |\{(\xi, \eta) \in X \times Y \mid \Gamma\xi\eta\Gamma = z\}|. \tag{9.3}$$

あるいは $z$ に含まれる $\Gamma$ の左剰余類 $\Gamma\zeta$ を任意にとるとき

$$m(x \cdot y ; z) = |\{(\xi, \eta) \in X \times Y \mid \Gamma\xi\eta = \Gamma\zeta\}|. \tag{9.4}$$

ゆえに $m(x\cdot y\,;z)$ (したがって $x\cdot y$) は分割 $M_i$ のとり方に依存しない. さらにそれは $X, Y$ のとり方にも依存しない. 実際, $X$ のとり方によらないことは (9.4) から明らかである. また $\eta\in Y$ を別の代表元 $\gamma\eta\ (\gamma\in\Gamma)$ で置き換えるならば, $\Gamma\xi\gamma=\Gamma\xi^{\gamma}$ となり, $\xi\to\xi^{\gamma}$ は $X$ の置換を引き起こす. ゆえに (9.4) の右辺はこの置き換えによって不変である.

以上のようにして定義された $R(\Gamma,\varDelta)$ の乗法が結合則を満たすことを証明しよう. そのためには $\varDelta$ に含まれる $\Gamma$ の両側剰余類 $x, y, z$ に対して $(x\cdot y)\cdot z=x\cdot(y\cdot z)$ が成立することを示せば十分である.

いま $\varDelta^n=\varDelta\times\cdots\times\varDelta$ の有限部分集合 $X$ に関してつぎの性質を考える.

(A$_n$) $\Gamma$ の $X$ への作用 $\xi\to\xi^{\gamma}$ が定義されていて, $\xi=(\xi_1,\cdots,\xi_n)$, $\xi^{\gamma}=(\xi_1',\cdots,\xi_n')$ と書くならば $\Gamma\xi_1\cdots\xi_n\gamma=\Gamma\xi_1'\cdots\xi_n'$ が成り立つ.

$X\subseteqq\varDelta^n$, $Y\subseteqq\varDelta^m$ がそれぞれ性質 (A$_n$), (A$_m$) をもつとする. $\eta=(\eta_1,\cdots,\eta_m)\in Y$, $\gamma\in\Gamma$, $\eta^{\gamma}=(\eta_1',\cdots,\eta_m')$ ならば

$$\eta_1\cdots\eta_m\gamma=\delta\eta_1'\cdots\eta_m'$$

となる $\delta\in\Gamma$ が存在する. $\xi=(\xi_1,\cdots,\xi_n)$ に対して $\xi^{\delta}=(\xi_1',\cdots,\xi_n')$ ならば

$$\xi_1\cdots\xi_n\delta=\varepsilon\xi_1'\cdots\xi_n'$$

となる $\varepsilon\in\Gamma$ が存在する. このとき

$$(\xi,\eta)^{\gamma}=(\xi^{\delta},\eta^{\gamma})$$

とおき, $(\xi,\eta)\to(\xi,\eta)^{\gamma}$ によって $\Gamma$ の $X\times Y$ への作用を定義するならば, $X\times Y$ は性質 (A$_{n+m}$) をもつ.

$X, Y, Z$ がそれぞれ性質 (A$_n$), (A$_m$), (A$_p$) をもつとする. このとき $\Gamma$ の $X\times(Y\times Z)$ および $(X\times Y)\times Z$ への作用は一致することを確かめよう. $\gamma\in\Gamma$, $(\xi,\eta,\zeta)\in X\times Y\times Z$ とする. $\zeta=(\zeta_1,\cdots,\zeta_p)$, $\zeta^{\gamma}=(\zeta_1',\cdots,\zeta_p')$, $\zeta_1\cdots\zeta_p\gamma=\delta\zeta_1'\cdots\zeta_p'\ (\delta\in\Gamma)$, さらに $\eta=(\eta_1,\cdots,\eta_m)$, $\eta^{\delta}=(\eta_1',\cdots,\eta_m')$, $\eta_1\cdots\eta_m\delta=\varepsilon\eta_1'\cdots\eta_m'\ (\varepsilon\in\Gamma)$ と書く. このとき

$$\eta_1\cdots\eta_m\zeta_1\cdots\zeta_p\gamma=\varepsilon\eta_1'\cdots\eta_m'\zeta_1'\cdots\zeta_p'$$

が成り立つ. ゆえに

$$(\xi,(\eta,\zeta))^{\gamma}=(\xi^{\varepsilon},(\eta^{\delta},\zeta^{\gamma})),$$
$$((\xi,\eta),\zeta)^{\gamma}=((\xi^{\varepsilon},\eta^{\delta}),\zeta^{\gamma}).$$

両式の右辺は $X\times(Y\times Z)$ と $(X\times Y)\times Z$ を同一視するならば一致する.

**定理 9.1** $R(\Gamma,\varDelta)$における乗法は結合則を満足する.

**証明** $x,y,z$ を $\varDelta$ に含まれる $\Gamma$ の両側剰余類とし，それぞれに含まれる $\Gamma$ の左剰余類の代表系を $X,Y,Z$ とする. $X,Y,Z$ は性質$(\mathrm{A}_1)$をもつ. $x\cdot y$ に現れる $\Gamma$ の左剰余類の代表系として重複度を含めて $\{\xi\eta\,|\,(\xi,\eta)\in X\times Y\}$ をとることができる. 乗法の定義はおのおのの両側剰余類に含まれる左剰余類の代表系のとり方に依存しない. ゆえに$(X\times Y)\times Z$ を互いに交わらない部分集合 $N_j$ に分割し

$$w_j=\bigcup_{((\xi,\eta),\zeta)\in N_j}\Gamma\xi\eta\zeta$$

が $\Gamma$ の両側剰余類となり，上式の右辺の左剰余類がすべて異なるようにするならば

$$(x\cdot y)\cdot z=\sum_j w_j.$$

すでに述べたように$(X\times Y)\times Z$ をまず $\Gamma$ の軌道に分割することによって上記のような分割$\{N_j\}$を得ることができる. したがって$(X\times Y)\times Z$ における $\Gamma$ の作用がわかれば$(x\cdot y)\cdot z$ は一意的にきまる.

同様に $x\cdot(y\cdot z)$は $X\times(Y\times Z)$における $\Gamma$ の作用によって一意的にきまる. しかし$(X\times Y)\times Z$ と $X\times(Y\times Z)$における $\Gamma$ の作用は一致するので$(x\cdot y)\cdot z=x\cdot(y\cdot z)$でなければならない. ▌

$R(\Gamma,\varDelta)$を **Hecke 環**という. (9.3)からただちに

$$\deg(x\cdot y)=\deg(x)\deg(y) \tag{9.5}$$

がでる. ゆえに $x\to\deg(x)$は $R(\Gamma,\varDelta)$から $\boldsymbol{Z}$ の中への準同型写像を定義する.

**補題 9.1** $\alpha\in\varDelta$ とする. $\Gamma\alpha\Gamma$ における $\Gamma$ の左剰余類の個数と右剰余類の個数が等しいならば

$$\Gamma\alpha\Gamma=\bigcup_{\xi\in X}\Gamma\xi,\qquad \Gamma\alpha\Gamma=\bigcup_{\xi\in X}\xi\Gamma$$

がそれぞれ $\Gamma\alpha\Gamma$ の左右の剰余類への分解であるような $X\subseteq\Gamma\alpha\Gamma$ が存在する. すなわち $\Gamma\alpha\Gamma$ における $\Gamma$ の左および右剰余類の共通の代表系が存在する.

**証明** $\Gamma\xi\subseteq\Gamma\alpha\Gamma$, $\eta\Gamma\subseteq\Gamma\alpha\Gamma$ ならば $\Gamma\xi\Gamma=\Gamma\eta\Gamma$ となる. ゆえに $\xi=\gamma\eta\delta$ となる $\gamma,\delta\in\Gamma$ が存在する. $\zeta=\gamma^{-1}\xi$ とおけば $\Gamma\xi=\Gamma\zeta$, $\eta\Gamma=\zeta\Gamma$. $\Gamma\alpha\Gamma$ に含まれる $\Gamma$ の左剰余類と右剰余類の間に1対1の対応をつけておき，対応する左右の剰余類から上述のように共通の代表元を選べばよい. ▌

**定理 9.2** 任意の $\alpha \in \Delta$ に対して $(\Gamma\alpha\Gamma)^*=\Gamma\alpha\Gamma$ となる $G$ の反自己同型写像 $\alpha \to \alpha^*$ が存在するならば，$R(\Gamma, \Delta)$ は可換環である．

**証明** 仮定からとくに $\Gamma^*=\Gamma$ となる．また任意の $\alpha \in \Delta$ に対し $\Gamma\alpha\Gamma$ に含まれる $\Gamma$ の左剰余類の個数と右剰余類の個数は等しい．補題 9.1 により，$x=\Gamma\alpha\Gamma$, $y=\Gamma\beta\Gamma$ $(\alpha, \beta \in \Delta)$ に対して $\Gamma$ の左および右剰余類の共通の代表系 $X, Y$ をとることができる．このとき

$$\Gamma\alpha\Gamma = \bigcup_{\xi \in X}\Gamma\xi = \bigcup_{\xi \in X}\Gamma\xi^*, \qquad \Gamma\beta\Gamma = \bigcup_{\eta \in Y}\Gamma\eta = \bigcup_{\eta \in Y}\Gamma\eta^*$$

が成り立つ．$(\Gamma\alpha\Gamma)(\Gamma\beta\Gamma)$ は $\Gamma$ の両側剰余類の合併であるから $(\Gamma\alpha\Gamma)(\Gamma\beta\Gamma) = ((\Gamma\alpha\Gamma)(\Gamma\beta\Gamma))^* = (\Gamma\beta\Gamma)^*(\Gamma\alpha\Gamma)^* = (\Gamma\beta\Gamma)(\Gamma\alpha\Gamma)$．$z$ はこの集合に含まれるすべての両側剰余類を動くものとして

$$x\cdot y = \sum_z m(x\cdot y\,;z)z, \qquad y\cdot x = \sum_z m(y\cdot x\,;z)z$$

と書くならば，(9.3) により

$$m(x\cdot y\,;z)\deg(z) = |\{(\xi,\eta) \in X\times Y \mid \Gamma\xi\eta\Gamma = z\}|,$$
$$m(y\cdot x\,;z)\deg(z) = |\{(\xi,\eta) \in X\times Y \mid \Gamma\eta^*\xi^*\Gamma = z\}|.$$

$\Gamma\xi\eta\Gamma=z$ と $\Gamma\eta^*\xi^*\Gamma=z$ は同値であるから $m(x\cdot y\,;z)=m(y\cdot x\,;z)$．ゆえに $x\cdot y=y\cdot x$． ▌

**b) 保型形式の空間における Hecke 環の表現**

以下では $G$ として

$$GL_2(\boldsymbol{R})_+ = \{g \in GL_2(\boldsymbol{R}) \mid \det g>0\}$$

をとることにする．$\Gamma$ を第 1 種 Fuchs 群とする．すなわち $\Gamma$ は $SL_2(\boldsymbol{R})$ の離散部分群であって，商空間 $\Gamma\backslash SL_2(\boldsymbol{R})$ が有限な測度をもつものである．$\Gamma$ と $g^{-1}\Gamma g$ が通約可能となるような $g \in GL_2(\boldsymbol{R})_+$ の全体を $\tilde{\Gamma}$ で表わす．

$GL_2(\boldsymbol{R})_+$ の上半平面 $H$ への作用を

$$g(z) = \frac{az+b}{cz+d} \qquad \left(g=\begin{bmatrix} a & b \\ c & d \end{bmatrix} \in GL_2(\boldsymbol{R})_+,\ \ z \in H\right)$$

によって定義する．また

$$j(g,z) = (\det g)^{1/2}(cz+d)^{-1}$$

とおく．すなわち $g=tg_1$ $(t \in \boldsymbol{R}^\times,\ g_1 \in SL_2(\boldsymbol{R}))$ と書くならば $g(z)=g_1(z)$, $j(g,z)=j(g_1,z)$．$m$ を整数とする．$g \in GL_2(\boldsymbol{R})_+$ と $H$ 上の関数 $f(z)$ に対して

$$(f\mid[g]_m)(z)=f(g(z))j(g,z)^m$$

とおく．このとき $f\mid[gg']_m=(f\mid[g]_m)\mid[g']_m$ が成立する．

$G(m,\Gamma)$ を $\Gamma$ に対する重さ $m$ の整型保型形式の空間とする（§2.1を見よ）．Hecke 環 $R(\Gamma,\tilde{\Gamma})$ の $G(m,\Gamma)$ における表現を定義しよう．$\alpha\in\tilde{\Gamma}$ として，$\Gamma\alpha\Gamma=\bigcup_{\xi\in X}\Gamma\xi$ を $\Gamma\alpha\Gamma$ の左剰余類への分解とする．$f\in G(m,\Gamma)$ に対して

$$f\mid[\Gamma\alpha\Gamma]_m=(\det\alpha)^{m/2-1}\sum_{\xi\in X}f\mid[\xi]_m \tag{9.6}$$

とおく．$f\mid[\gamma]_m=f\ (\gamma\in\Gamma)$ であるから，この定義は代表系 $X$ のとり方に依存しない．

**補題 9.2**　$f\to f\mid[\Gamma\alpha\Gamma]_m$ は $G(m,\Gamma)$（または $S(m,\Gamma)$）をそれ自身の中へ移す．ただし $S(m,\Gamma)$ は尖点形式の作る $G(m,\Gamma)$ の部分空間である．

**証明**　$h=f\mid[\Gamma\alpha\Gamma]_m$ とおく．$\gamma\in\Gamma$ ならば $\{\xi\gamma\mid\xi\in X\}$ はまた $\Gamma\backslash\Gamma\alpha\Gamma$ の代表系である．ゆえに $h\mid[\gamma]_m=h$．$h$ が $H$ 上で整型なことは明らかである．$\xi\in\tilde{\Gamma}$ は $\Gamma$ の尖点を $\Gamma$ の尖点に移す．$x$ を任意の尖点として $x=g(\infty)\ (g\in SL_2(\boldsymbol{R}))$ と書く．このとき

$$h\mid[g]_m=(\det\alpha)^{m/2-1}\sum_{\xi\in X}f\mid[\xi g]_m$$

となる．$f$ は $\xi g(\infty)=\xi(x)$ において有限であるから，$f\mid[\xi g]_m$ は $\infty$ において有限，したがって $h$ は $x=g(\infty)$ において有限である．このとき $f$ が尖点形式ならば $h$ が尖点形式であることは明らかである．▌

$G(m,\Gamma)$ の線型変換 $f\to f\mid[\Gamma\alpha\Gamma]_m$ を $[\Gamma\alpha\Gamma]_m$ で表わす．$\Gamma\alpha\Gamma\to[\Gamma\alpha\Gamma]_m$ は $R(\Gamma,\tilde{\Gamma})$ から $\mathrm{End}(G(m,\Gamma))$ の中への線型写像 $x\to[x]_m$ に延長される．$[x]_m$ を $G(m,\Gamma)$ における **Hecke 作用素**とよぶ．つぎに示すように，それは $R(\Gamma,\tilde{\Gamma})$ の $G(m,\Gamma)$ における表現である．

**定理 9.3**　$x\to[x]_m$ は $R(\Gamma,\tilde{\Gamma})$ から $\mathrm{End}(G(m,\Gamma))$ の中への準同型写像である．

**証明**　$x=\Gamma\alpha\Gamma,\ y=\Gamma\beta\Gamma\ (\alpha,\beta\in\tilde{\Gamma})$ とおき，それぞれに含まれる $\Gamma$ の左剰余類の代表系を $X,Y$ とする．条件(9.1)を満たす $X\times Y$ の分割 $\{M_i\}$ をとり

$$z_i=\bigcup_{(\xi,\eta)\in M_i}\Gamma\xi\eta$$

とおけば $x\cdot y=\sum_i z_i$ であった．ゆえに

$$\begin{aligned}f\mid[x\cdot y]_m &= (\det\alpha\beta)^{m/2-1}\sum_i f\mid[z_i]_m\\ &= (\det\alpha\beta)^{m/2-1}\sum_i\sum_{(\xi,\eta)\in M_i} f\mid[\xi\eta]_m\\ &= (\det\alpha\beta)^{m/2-1}\sum_{(\xi,\eta)\in X\times Y} f\mid[\xi\eta]_m\\ &= (\det\alpha\beta)^{m/2-1}\sum_{\eta\in Y}\Bigl(\sum_{\xi\in X} f\mid[\xi]_m\Bigr)\mid[\eta]_m\\ &= (f\mid[x]_m)\mid[y]_m.\end{aligned}$$ ∎

$M_2(\boldsymbol{R})$ の対合

$$\begin{bmatrix} a & b\\ c & d\end{bmatrix}\longrightarrow\begin{bmatrix} d & -b\\ -c & a\end{bmatrix}$$

を $\iota$ で表わす．

**定理 9.4**　$\alpha\in\tilde{\Gamma}$ ならば，任意の $f,g\in S(m,\Gamma)$ に対して

$$(f\mid[\Gamma\alpha\Gamma]_m, g) = (f, g\mid[\Gamma\alpha^{\iota}\Gamma]_m)$$

が成り立つ．ただし $(f,g)$ は §2.1 で定義された $S(m,\Gamma)$ 上の正値 Hermite 形式である．

**証明**　$D$ を $H$ における $\Gamma$ の基本領域とすれば

$$(f,g) = \int_D (\mathrm{Im}\, z)^m f(z)\overline{g(z)}dz$$

であった．任意の $\xi\in GL_2(\boldsymbol{R})_+$ と $H$ の可測部分集合 $A$ に対して

$$(9.7)\quad \int_A(\mathrm{Im}\, z)^m f\mid[\xi]_m(z)\overline{g(z)}dz = \int_{\xi(A)}(\mathrm{Im}\, z)^m f(z)\overline{g\mid[\xi^{-1}]_m(z)}dz$$

が成り立つ．実際，左辺に変数変換 $z=\xi^{-1}z'$ を行なえば右辺が得られる．$\Gamma'=\Gamma\cap\alpha^{-1}\Gamma\alpha$ とおく．$\Gamma'\backslash\Gamma$ の代表系を $\{\gamma_i\}$ とすれば，$E=\bigcup_i\gamma_i D$ は $\Gamma'$ の一つの基本領域となる．一方では $\{\alpha\gamma_i\}$ は $\Gamma\alpha\Gamma$ に含まれる $\Gamma$ の左剰余類の代表系である．ゆえに

$$\begin{aligned}(9.8)\quad &(f\mid[\Gamma\alpha\Gamma]_m, g)\\ &= (\det\alpha)^{m/2-1}\int_D\sum_i(\mathrm{Im}\, z)^m f\mid[\alpha\gamma_i]_m\bar{g}dz\\ &= (\det\alpha)^{m/2-1}\sum_i\int_{\alpha\gamma_i D}(\mathrm{Im}\, z)^m f\overline{g\mid[\gamma_i^{-1}\alpha^{-1}]_m}dz \qquad ((9.7)\text{による})\end{aligned}$$

$$=(\det\alpha)^{m/2-1}\int_{\alpha E}(\mathrm{Im}\,z)^m f\overline{g\,|\,[\alpha^{-1}]_m}dz.$$

ふたたび(9.7)を用いれば

$$(f\,|\,[\Gamma\alpha\Gamma]_m, g)=(\det\alpha)^{m/2-1}\int_E(\mathrm{Im}\,z)^m f\,|\,[\alpha]_m\bar{g}dz.$$

$f\,|\,[\alpha]_m$, $g$ はいずれも $S(m,\Gamma')$ に属するから最後の積分は $\Gamma'$ の基本領域 $E$ のとり方によらない．同様に $\Gamma''=\Gamma\cap\alpha\Gamma\alpha^{-1}$ の基本領域を $F$ とすれば

$$(9.9)\qquad (f, g\,|\,[\Gamma\alpha^{\iota}\Gamma]_m)=(\det\alpha)^{m/2-1}\int_F(\mathrm{Im}\,z)^m f\overline{g\,|\,[\alpha^{\iota}]_m}dz.$$

($\alpha^{\iota}=(\det\alpha)\alpha^{-1}$ に注意する.) $\Gamma''=\alpha\Gamma'\alpha^{-1}$ であるから $F=\alpha E$ と仮定してよい．ゆえに求める等式は(9.8), (9.9)からでる．∎

**c）微分の空間における Hecke 環の表現**

$H$ と $\Gamma$ の尖点の集合との合併を $H^*$ とすれば，$R(\Gamma)=\Gamma\backslash H^*$ はコンパクト Riemann 面の構造をもつ．両側剰余類 $\Gamma\alpha\Gamma$ $(\alpha\in\tilde{\Gamma})$ は以下に述べるように $R(\Gamma)$ からそれ自身の上への或る対応(代数的対応とよばれる)を定義する．$\Gamma'=\Gamma\cap\alpha^{-1}\Gamma\alpha$ とおく．$\Gamma, \alpha^{-1}\Gamma\alpha, \Gamma'$ は互いに通約可能であるから，それらの尖点の集合は一致する．この尖点の集合と $H$ との合併 $H^*$ から $R(\Gamma)$, $R(\alpha^{-1}\Gamma\alpha)$, $R(\Gamma')$ への標準写像をそれぞれ $\pi, \pi_1, \pi'$ とする．$\Gamma'$ は $\Gamma$ および $\alpha^{-1}\Gamma\alpha$ の部分群であるから，$R(\Gamma')$ から $R(\Gamma), R(\alpha^{-1}\Gamma\alpha)$ の上への整型写像 $\varphi, \varphi_1$ が

$$\varphi(\pi'(z))=\pi(z),\qquad \varphi_1(\pi'(z))=\pi_1(z)\qquad (z\in H^*)$$

によって定義される．いい換えれば $(R(\Gamma'),\varphi)$, $(R(\Gamma'),\varphi_1)$ はそれぞれ $R(\Gamma)$, $R(\alpha^{-1}\Gamma\alpha)$ の被覆である．一方で $z\to\alpha(z)$ は $R(\alpha^{-1}\Gamma\alpha)$ から $R(\Gamma)$ の上への同型写像 $\varphi_\alpha$ を引き起こす．図式(この図式は可換ではない)

$$\begin{array}{ccc} & R(\Gamma') & \\ {}^{\varphi}\swarrow & & \searrow^{\varphi_1} \\ R(\Gamma) & \xleftarrow[\varphi_\alpha]{} & R(\alpha^{-1}\Gamma\alpha)\end{array}$$

において，$R(\Gamma)$ から $R(\Gamma)$ の上への対応 $\varphi_\alpha\circ\varphi_1\circ\varphi^{-1}$ を考えよう．$\Gamma'\backslash\Gamma$ の代表系を $\{\gamma_i\,|\,1\leqq i\leqq d\}$ とすれば $\varphi^{-1}(\pi(z))=\{\pi'(\gamma_i z)\,|\,1\leqq i\leqq d\}$, $\varphi_\alpha\circ\varphi_1(\pi'(\gamma_i z))=\varphi_\alpha(\pi_1(\gamma_i z))=\pi(\alpha\gamma_i z)$．ゆえに $\varphi_\alpha\circ\varphi_1\circ\varphi^{-1}$ は $\pi(z)$ を $\{\pi(\alpha\gamma_i z)\,|\,1\leqq i\leqq d\}$ に移す1対多の対応である．$\Gamma\alpha\Gamma$ に含まれる $\Gamma$ の左剰余類の代表系を $X$ とするとき

$\{\pi(\xi z) \mid \xi \in X\}$ は明らかに $X$ のとり方によらない．$\{\alpha\gamma_i\}$ はこのような代表系の一つであることに注意しよう．

$\Gamma''$ を $\Gamma'$ に含まれる $\Gamma$ の指数有限な正規部分群とする．$R(\Gamma'')$ はまた $R(\Gamma)$ と $R(\alpha^{-1}\Gamma\alpha)$ の共通の被覆となる．$H^*$ から $R(\Gamma'')$ の上への標準写像を $\pi''$ として，整型写像 $\psi: R(\Gamma'') \to R(\Gamma)$ および $\psi_1: R(\Gamma'') \to R(\alpha^{-1}\Gamma\alpha)$ を $\psi(\pi''(z)) = \pi(z)$，$\psi_1(\pi''(z)) = \pi_1(z)$ $(z \in H^*)$ によって定義しておく．

$R(\Gamma)$ 上の $k$ 次の微分の空間を $\Omega_k$ で表わす．また $R(\Gamma)$ の有理型関数体を $K(\Gamma)$ で表わす．補題 4.3 により任意の $\omega \in \Omega_k$ は $\omega = f(dg)^k$ $(f, g \in K(\Gamma))$ の形に書ける．$g$ として任意の定数ではない関数をとることができる．このとき $g\circ\psi$ は定数ではないから $d(g\circ\psi) \neq 0$．ゆえに

$$\omega\circ\psi = (f\circ\psi)d(g\circ\psi)^k$$

は $R(\Gamma'')$ 上の $k$ 次の微分となる．

$\gamma \in \Gamma$ ならば，$z \to \gamma z$ は $R(\Gamma'')$ の自己同型 $\varphi_\gamma$ を引き起こす．

**補題 9.3** $\omega''$ を $R(\Gamma'')$ 上の $k$ 次の微分とする．$\omega'' = \omega\circ\psi$ となる $\omega \in \Omega_k$ が存在するためには，$\omega''\circ\varphi_\gamma = \omega''$ $(\forall\gamma \in \Gamma)$ となることが必要十分である．

**証明** $\psi\circ\varphi_\gamma = \psi$ であるから条件の必要なことは明らかである．逆に $\omega''$ が $\varphi_\gamma$ 不変であるとする．$g$ を定数ではない $K(\Gamma)$ の元とすれば $\omega'' = hd(g\circ\psi)^k$ となる $h \in K(\Gamma'')$ が存在する．仮定から $h\circ\varphi_\gamma = h$ $(\forall\gamma \in \Gamma)$．定理 4.4 の系により $h = f\circ\psi$ となる $f \in K(\Gamma)$ が存在する．$\omega = f(dg)^k$ とおけば $\omega\circ\psi = \omega''$．▌

$\omega \in \Omega_k$ に対して

$$\eta = \sum_{i=1}^{d} \omega\circ\varphi_\alpha\circ\psi_1\circ\varphi_{\gamma_i}$$

とおけば，$\eta$ は $R(\Gamma'')$ 上の $k$ 次の微分である．このとき $\eta\circ\varphi_\gamma = \eta$ $(\forall\gamma \in \Gamma)$ が成り立つことはただちにわかる．補題 9.3 によって $\eta = \omega'\circ\psi$ となる $\omega' \in \Omega_k$ が存在する．$\omega' = \omega\circ(\Gamma\alpha\Gamma)$ と書く．このように $\Gamma\alpha\Gamma$ は $\Omega_k$ の線型変換

$$\omega \longrightarrow \omega\circ(\Gamma\alpha\Gamma)$$

を定義する．

$m = 2k$ とおく．§4.3, d) で述べたように $\Omega_k$ の各元は $\Gamma$ に対する重さ $m$ の有理型保型形式と 1 対 1 に対応する．$\omega, \omega'$ を上の通りとして $f = \pi^*(\omega)$，$f' = \pi^*(\omega')$ とおく．すなわち $\omega\circ\pi = f(dz)^k$，$\omega'\circ\pi = f'(dz)^k$．このとき

$$\eta\circ\pi'' = \sum_i \omega\circ\varphi_\alpha\circ\psi_1\circ\varphi_{\gamma_i}\circ\pi'' = \sum_i \omega\circ\pi\circ\alpha\gamma_i.$$

一方では $\eta\circ\pi''=\omega'\circ\psi\circ\pi''=\omega'\circ\pi$. ゆえに

$$\begin{aligned} f'(z)(dz)^k &= \sum_i f(\alpha\gamma_i z)(d\alpha\gamma_i z)^k \\ &= \sum_i f(\alpha\gamma_i z)\left(\frac{d\alpha\gamma_i z}{dz}\right)^k (dz)^k \\ &= \sum_i f\,|\,[\alpha\gamma_i]_m(z)(dz)^k. \end{aligned}$$

したがって $\Omega_k$ の線型変換 $\omega\to\omega\circ(\Gamma\alpha\Gamma)$ を重さ $m$ の有理型保型形式の空間に移せば，それは定数因子 $(\det\alpha)^{m/2-1}$ を除いて $[\Gamma\alpha\Gamma]_m$ と一致する.

## §9.2 モジュラー群における Hecke 作用素

### a) モジュラー群 $SL_2(\boldsymbol{Z})$

$\Gamma=SL_2(\boldsymbol{Z})$, $\Delta=\{\alpha\in M_2(\boldsymbol{Z})\,|\,\det\alpha>0\}$ とおく. $N$ 段の主合同部分群 $\Gamma(N)$ は

$$\Gamma(N)=\{\gamma\in SL_2(\boldsymbol{Z})\,|\,\gamma\equiv 1 \pmod N\}$$

によって定義された.

**補題 9.4** $\alpha\in\Delta$ ならば，$\Gamma$ と $\alpha^{-1}\Gamma\alpha$ は通約可能である.

**証明** $\det\alpha=n$ とおく. このとき $n\alpha^{-1}\in M_2(\boldsymbol{Z})$. $\gamma\in\Gamma(n)$ ならば $n\alpha^{-1}\gamma\alpha\equiv n \pmod n$，したがって $\alpha^{-1}\gamma\alpha\in M_2(\boldsymbol{Z})$. ゆえに $\alpha^{-1}\gamma\alpha\in\Gamma$. これは $\Gamma(n)\subseteqq\Gamma\cap\alpha\Gamma\alpha^{-1}$ を示す. 同様に $\gamma\in\Gamma(n)$ ならば $\alpha\gamma\alpha^{-1}\in\Gamma$ となる. ゆえに $\Gamma(n)\subseteqq\Gamma\cap\alpha^{-1}\Gamma\alpha$. $\Gamma(n)$ は $\Gamma$ の中で有限な指数をもつから，$\Gamma$ と $\alpha^{-1}\Gamma\alpha$ は通約可能である. ▌

Hecke 環 $R(\Gamma,\Delta)$ の構造を調べよう. 単因子論により任意の $\alpha\in\Delta$ に対し $\Gamma\alpha\Gamma=\Gamma\begin{bmatrix} a & 0 \\ 0 & b\end{bmatrix}\Gamma$, $a\,|\,b$ となる正整数の組 $(a,b)$ がただ一つ存在する. そこで $a\,|\,b$ となる任意の正整数 $a,b$ に対し

$$T(a,b)=\Gamma\begin{bmatrix} a & 0 \\ 0 & b\end{bmatrix}\Gamma$$

とおく.

**定理 9.5** $R(\Gamma,\Delta)$ は可換環である.

**証明** $g\to{}^t g$ は $GL_2(\boldsymbol{R})_+$ の反自己同型写像で，任意の $T(a,b)$ を不変にする. ゆえに定理の主張は定理 9.2 からでる. ▌

**補題 9.5** $(b,b')=1$ ならば

$$T(a,b)\,T(a',b') = T(aa',bb').$$

**証明** $\alpha,\beta\in\varDelta$, $(\det\alpha,\det\beta)=1$ ならば

$$(\Gamma\alpha\Gamma)\cdot(\Gamma\beta\Gamma) = \Gamma\alpha\beta\Gamma$$

となることをいえばよい．$\{\gamma_i\}$, $\{\delta_j\}$ をそれぞれ $(\Gamma\cap\alpha^{-1}\Gamma\alpha)\backslash\Gamma$, $(\Gamma\cap\beta^{-1}\Gamma\beta)\backslash\Gamma$ の代表系 ($\gamma_1=\delta_1=1$ と仮定する) とすれば

$$\Gamma\alpha\Gamma = \bigcup_i \Gamma\alpha\gamma_i, \qquad \Gamma\beta\Gamma = \bigcup_j \Gamma\beta\delta_j.$$

$\det\alpha=n$, $\det\beta=m$ とおく．任意の $i$ に対し，補題 1.16 により

$$\gamma\equiv\gamma_i \pmod{n}, \qquad \gamma\equiv 1 \pmod{m}$$

を満たす $\gamma\in\Gamma$ が存在する．このとき $\gamma_i\gamma^{-1}\in\Gamma(n)\subseteqq\Gamma\cap\alpha^{-1}\Gamma\alpha$. $\gamma_i$ を $\gamma$ で置き換えて，初めから $\gamma_i\equiv1 \pmod{m}$ と仮定することができる．$X=\{\alpha\gamma_i\}$, $Y=\{\beta\delta_j\}$ とおく．$\beta^{-1}\gamma_i\beta\in\beta^{-1}\Gamma(m)\beta\subseteqq\Gamma$ となるから，$\gamma=\beta^{-1}\gamma_i\beta\delta_j$ とおけば $\gamma\in\Gamma$. §9.1, a) の記号を用いれば $\beta^{\gamma}=\beta\delta_j$, $\alpha^{\gamma_i}=\alpha\gamma_i$. ゆえに $(\alpha,\beta)^{\gamma}=(\alpha\gamma_i,\beta\delta_j)$. したがって $\Gamma$ は $X\times Y$ に可移的に作用する．

さて $\alpha^{-1}\Gamma\alpha\cap\beta\Gamma\beta^{-1}$ は $M_2(\boldsymbol{Z})$ に含まれる．実際，この共通部分の元を $\delta$ とすれば，$n\delta, m\delta$ はいずれも整係数となるからである．ゆえに $\alpha^{-1}\Gamma\alpha\cap\beta\Gamma\beta^{-1}\subseteqq\Gamma\cap\beta\Gamma\beta^{-1}$, $(\alpha\beta)^{-1}\Gamma\alpha\beta\cap\Gamma\subseteqq\beta^{-1}\Gamma\beta\cap\Gamma$. これから $(\alpha,\beta)$ の固定群 $\Gamma_{(\alpha,\beta)}$ は $(\alpha\beta)^{-1}\Gamma\alpha\beta\cap\Gamma$ に等しいことがわかる．いい換えれば剰余類 $\Gamma\xi\eta$ ($\xi\in X$, $\eta\in Y$) はすべて異なる．ゆえに定義から $(\Gamma\alpha\Gamma)\cdot(\Gamma\beta\Gamma)=\Gamma\alpha\beta\Gamma$ がでる．▌

**補題 9.6** $$T(a,b)\,T(c,c) = T(ac,bc).$$

**証明** $\alpha=\begin{bmatrix} a & 0 \\ 0 & b \end{bmatrix}$, $\beta=\begin{bmatrix} c & 0 \\ 0 & c \end{bmatrix}$ とおく．補題 9.5 と同様に $\Gamma\alpha\Gamma=\bigcup_i\Gamma\alpha\gamma_i$ と書き，$X=\{\alpha\gamma_i\}$, $Y=\{\beta\}$ とおく．明らかに $(\alpha,\beta)^{\gamma_i}=(\alpha\gamma_i,\beta)$. また剰余類 $\Gamma\alpha\gamma_i\beta$ はすべて異なる．ゆえに $(\Gamma\alpha\Gamma)\cdot(\Gamma\beta\Gamma)=\Gamma\alpha\beta\Gamma$. ▌

$\alpha\in\varDelta$, $\det\alpha=n$ となるすべての両側剰余類 $\Gamma\alpha\Gamma$ の和を $T(n)$ で表わす．すなわち

$$T(n) = \sum_{ab=n,\, a|b} T(a,b). \tag{9.10}$$

補題 9.5 によって

$$(m,n)=1 \quad \text{ならば} \quad T(m)\,T(n) = T(mn). \tag{9.11}$$

(9.10)の右辺に現れる両側剰余類はすべて異なるから，$T(n)$をそれらの合併と同一視しても誤解はない．

**補題 9.7** $T(n)$に含まれる$\Gamma$の左剰余類の代表系として

$$\left\{\begin{bmatrix} a & b \\ 0 & d \end{bmatrix} \middle| \, ad=n, d>0, b \bmod d\right\}$$

をとることができる．とくに $\deg T(n) = \sum_{d|n, d>0} d$.

**証明** 剰余類$\Gamma\alpha$の代表元としてつねに$\alpha=\begin{bmatrix} a & b \\ 0 & d \end{bmatrix}$の形の元をとることができることから容易にでる．▌

$p$を素数とすれば

$$T(p^n) = \sum_{2i \leqq n} T(p^i, p^{n-i})$$

となる．ゆえに補題9.6によって

$$T(p^n) = T(1, p^n) + T(p, p)\, T(p^{n-2}). \tag{9.12}$$

**補題 9.8** $0 \leqq m \leqq n$に対して

$$T(p^m)\, T(p^n) = \sum_{i=0}^{m} p^i\, T(p^i, p^i)\, T(p^{m+n-2i}).$$

**証明** $m$に関する帰納法によって証明しよう．$T(1)=T(1,1)$は$R(\Gamma, \Delta)$の単位元であるから，$m=0$ならばこれは自明な等式となる．$m=1$とする．補題9.7により

$$X = \left\{\begin{bmatrix} 1 & s \\ 0 & p \end{bmatrix} \middle| \, s \bmod p\right\} \cup \left\{\begin{bmatrix} p & 0 \\ 0 & 1 \end{bmatrix}\right\},$$

$$Y = \left\{\begin{bmatrix} p^i & t \\ 0 & p^{n-i} \end{bmatrix} \middle| \, 0 \leqq i \leqq n, t \bmod p^{n-i}\right\}$$

はそれぞれ$T(p)$, $T(p^n)$に含まれる$\Gamma$の左剰余類の代表系である．$X$の元と$Y$の元の積の集合は

$$\left\{\begin{bmatrix} p^i & t+sp^{n-i} \\ 0 & p^{n+1-i} \end{bmatrix} \middle| \, 0 \leqq i \leqq n, t \bmod p^{n-i}, s \bmod p\right\}$$

$$\cup \left\{\begin{bmatrix} p^{i+1} & pt \\ 0 & p^{n-i} \end{bmatrix} \middle| \, 0 \leqq i \leqq n, t \bmod p^{n-i}\right\}$$

$$= \left\{\begin{bmatrix} p^i & t \\ 0 & p^{n+1-i} \end{bmatrix} \middle| \, 0 \leqq i \leqq n+1, t \bmod p^{n+1-i}\right\}$$

$$\cup\left\{\begin{bmatrix} p & 0 \\ 0 & p \end{bmatrix}\begin{bmatrix} p^i & t \\ 0 & p^{n-1-i} \end{bmatrix} \middle| 0\leqq i\leqq n-1, t \bmod p^{n-i}\right\}$$

となる．補題9.7により $\begin{bmatrix} p^i & t \\ 0 & p^{n+1-i} \end{bmatrix}$ $(0\leqq i\leqq n+1,\ t \bmod p^{n+1-i})$ は $T(p^{n+1})$ に含まれる $\Gamma$ の左剰余類の代表系である．しかし $\begin{bmatrix} p^i & t \\ 0 & p^{n-1-i} \end{bmatrix}$ $(0\leqq i\leqq n-1,$ $t \bmod p^{n-i})$ には $T(p^{n-1})$ に含まれる $\Gamma$ の左剰余類の代表系が $p$ 回重複して現れる．ゆえに

$$(9.13)\qquad T(p)\,T(p^n) = T(p^{n+1})+pT(p,p)\,T(p^{n-1}).$$

$m>1$ ならば，(9.13)により

$$T(p^m) = T(p)\,T(p^{m-1})-pT(p,p)\,T(p^{m-2}).$$

帰納法の仮定を用いれば

$$T(p)\,T(p^{m-1})\,T(p^n) = T(p)\sum_{i=0}^{m-1} p^i T(p^i,p^i)\,T(p^{m+n-1-2i})$$

$$= \sum_{i=0}^{m-1} p^i T(p^i,p^i)(T(p^{m+n-2i})+pT(p,p)\,T(p^{m+n-2-2i})),$$

$$-pT(p,p)\,T(p^{m-2})\,T(p^n)$$

$$= -pT(p,p)\sum_{i=0}^{m-2} p^i T(p^i,p^i)\,T(p^{m+n-2-2i}).$$

ゆえに

$$T(p^m)\,T(p^n) = \sum_{i=0}^{m-1} p^i T(p^i,p^i)\,T(p^{m+n-2i})+p^m T(p^m,p^m)\,T(p^{n-m})$$

$$= \sum_{i=0}^{m} p^i T(p^i,p^i)\,T(p^{m+n-2i}).$$ ∎

(9.11)と補題9.8から

$$(9.14)\qquad T(m)\,T(n) = \sum_{\substack{d|(m,n)\\ d>0}} dT(d,d)\,T\left(\frac{mn}{d^2}\right)$$

がでる．

**定理 9.6** $p$ を素数とする．$\alpha\in\varDelta$，かつ $\det\alpha$ は $p$ の巾となるようなすべての両側剰余類 $\Gamma\alpha\Gamma$ で生成される $R(\Gamma,\varDelta)$ の部分環を $R_p$ とする．このとき $R_p$ は $T(p)$ と $T(p,p)$ で生成される多項式環である．

**証明** $R_p$ は $T(p^m,p^n)$ $(m\leqq n)$ によって生成される．補題9.6により $T(p^m,p^n)=T(p,p)^m T(1,p^{n-m})$．(9.13)から帰納的に $T(p^n)$ は $T(p)$, $T(p,p)$ の多

項式であることがわかる．(9.12)によって $T(1,p^n)$ も同様である．したがって $R_p$ は $T(p)$, $T(p,p)$ で生成される．

$T(p)$ と $T(p,p)$ が代数的独立であることを証明しよう．$I_p=T(p,p)R_p$ とおく．これは $R_p$ のイデアルである．(9.13)から $T(p)T(p^n)\equiv T(p^{n+1}) \pmod{I_p}$, ゆえに $T(p)^n\equiv T(p^n) \pmod{I_p}$. (9.12)によって

$$T(p)^n \equiv T(1,p^n) \pmod{I_p}$$

が得られる．$T(1,p^n)$ $(n=0,1,2,\cdots)$ は明らかに $I_p$ を法として線型独立であるから，$T(p^n)$ $(n=0,1,2,\cdots)$ も $I_p$ を法として線型独立である．いま $f(X,Y)\in \boldsymbol{Z}[X,Y]$ に対して $f(T(p),T(p,p))=0$ が成り立つとする．

$$f(X,Y)=f_0(X)+Yf_1(X,Y) \qquad (f_0\in \boldsymbol{Z}[X],\ f_1\in \boldsymbol{Z}[X,Y])$$

と書けば，上の注意によって $f_0=0$. ゆえに $T(p,p)f_1(T(p),T(p,p))=0$, したがって $f_1(T(p),T(p,p))=0$ となる(補題9.6により $T(p,p)$ は $R_p$ の零因子ではない)．$f$ の次数に関する帰納法によって $f=0$ がでる．▌

**系**　$R(\Gamma,\Delta)$ は $T(p)$, $T(p,p)$ ($p$ はすべての素数を動く)によって生成される多項式環である．

**証明**　無限個の元によって生成される多項式環というのは，そのうちの有限個によって生成される多項式環の帰納的極限であると理解しておく．$S$ を素数の有限集合とし，$\det\alpha$ の素因子はすべて $S$ に属するようなすべての $\Gamma\alpha\Gamma$ によって生成される $R(\Gamma,\Delta)$ の部分加群を $R_S$ とする．$R_S$ は $R_p$ $(p\in S)$ によって生成される部分環である．$S\cap S'=\phi$ と仮定する．$\{T(a,b)\}$, $\{T(c,d)\}$ をそれぞれ $R_S$, $R_{S'}$ の基底とすれば $\{T(a,b)T(c,d)\}$ は互いに異なる元からなる(実際，$T(a,b)T(c,d)=T(a',b')T(c',d')$ ならば，補題9.5により $ac=a'c'$, $bd=b'd'$. $(a,c')=(a',c)=1$ であるから $a=a'$, $c=c'$ でなければならない．同様にして $b=b'$, $d=d'$ がでる)．ゆえにそれらは線型独立で，明らかに $R_{S''}$ $(S''=S\cup S')$ の基底となる．$R_{S''}$ は $R_S$ と $R_{S'}$ のテンソル積である．系はこのことと定理9.6からでる．▌

**定理 9.7**　$R(\Gamma,\Delta)$ の元を係数とする形式的 Dirichlet 級数

$$D(s)=\sum_{n=1}^{\infty} T(n)n^{-s}$$

を考えるならば，$D(s)$ はつぎの形の無限積で表わされる．

$$D(s)=\prod_p(1-T(p)p^{-s}+T(p,p)p^{1-2s})^{-1}.$$

**証明** (9.11)によって

$$D(s)=\prod_p\left(\sum_{n=0}^{\infty}T(p^n)p^{-ns}\right)$$

が成り立つ．ゆえに

$$(1-T(p)p^{-s}+T(p,p)^{1-2s})\left(\sum_{n=0}^{\infty}T(p^n)p^{-ns}\right)=1$$

を示せばよい．実際，(9.13)によって

$$\begin{aligned}
&T(p)p^{-s}\left(\sum_{n=0}^{\infty}T(p^n)p^{-ns}\right)\\
&= T(p)p^{-s}+\sum_{n=1}^{\infty}(T(p^{n+1})+pT(p,p)T(p^{n-1}))p^{-ns-s}\\
&=\sum_{n=1}^{\infty}T(p^n)p^{-ns}+T(p,p)p^{1-2s}\sum_{n=0}^{\infty}T(p^n)p^{-ns}\\
&=-1+(1+T(p,p)p^{1-2s})\left(\sum_{n=0}^{\infty}T(p^n)p^{-ns}\right).
\end{aligned}$$

∎

**b）合同部分群**

$SL_2(\boldsymbol{Z})$（以下これを $\Gamma(1)$ と書く）の合同部分群に対する Hecke 作用素の理論を Shimura [64] に従って述べよう．

$\Gamma(N)$ は $\Gamma(1)$ の正規部分群であるから，$\gamma\in\Gamma(1)$ ならば $f\to f|[\gamma]_m$ は $G(m, \Gamma(N))$ を全体として不変にする．ゆえに $\gamma\to[\gamma]_m$ は $\Gamma(1)/\Gamma(N)$ の $G(m,\Gamma(N))$ における表現を引き起こす．$\tau=\begin{bmatrix}1&1\\0&1\end{bmatrix}$ とおく．$G(m,\Gamma(N))$ は $[\tau]_m$ の固有空間の直和となり，その固有値は1の $N$ 乗根である（$\tau^N\in\Gamma(N)$ であるから）．

$$U_\zeta=\{f\in G(m,\Gamma(N))\mid f|[\tau]_m=\zeta f\}$$

とおけば

$$G(m,\Gamma(N))=\sum_{\zeta^N=1}U_\zeta.$$

$N$ の約数 $t$ に対して $\sum_{\zeta^t=1}U_\zeta$ の各元は $\Gamma(N)$ と $\tau^t$ で生成される部分群

$$\Gamma(N,t)=\left\{\begin{bmatrix}a&b\\c&d\end{bmatrix}\in\Gamma(1)\mid a\equiv1(N),c\equiv0(N),b\equiv0(t)\right\}$$

で不変である．実際，

$$G(m, \Gamma(N,t)) = \sum_{\zeta^t=1} U_\zeta$$

が成り立つ．部分群

$$\Gamma_0(N,t) = \left\{\begin{bmatrix} a & b \\ c & d \end{bmatrix} \in \Gamma(1) \mid c\equiv 0(N),\, b\equiv 0(t)\right\}$$

は $\Gamma(N,t)$ を正規部分群として含む．ゆえに $\gamma\to[\gamma]_m$ は $\Gamma_0(N,t)/\Gamma(N,t)$ の $G(m,\Gamma(N,t))$ における表現を引き起こす．$\Gamma_0(N,t)/\Gamma(N,t)\cong(\boldsymbol{Z}/N\boldsymbol{Z})^\times$ であるから，この表現は1次元表現の直和でなければならない．$\gamma=\begin{bmatrix} a & b \\ c & d \end{bmatrix}\in\Gamma_0(N,t)$ に対して $\varphi_N(\gamma)=a \pmod N$ とおく．$\chi$ を $(\boldsymbol{Z}/N\boldsymbol{Z})^\times$ の指標とすれば

$$\gamma \longrightarrow \chi(\varphi_N(\gamma))^{-1}$$

は $\Gamma_0(N,t)$ の1次元表現となる．この表現をまた $\chi$ で表わすことにする．定義によって

$$\{f\in G(m,\Gamma(N,t)) \mid f\mid[\gamma]_m=\chi(\gamma)f,\ \forall\gamma\in\Gamma_0(N,t)\}$$

は $G(m,\chi,\Gamma_0(N,t))$ にほかならない．上に述べたことから

$$G(m,\Gamma(N,t)) = \sum_\chi G(m,\chi,\Gamma_0(N,t)) \quad (\text{直和})$$

が成り立つ．ここで $\chi$ は $(\boldsymbol{Z}/N\boldsymbol{Z})^\times$ のすべての指標を動く．われわれは空間 $G(m,\chi,\Gamma_0(N,t))$ における Hecke 作用素を考察する．

**注意**　Hecke は Hecke 作用素をやや異なる仕方で定義した．すなわち上の議論で $\sum_{\zeta^t=1} U_\zeta$ の代りに $\zeta$ が1の原始 $t$ 乗根を動くときの和 $\sum U_\zeta$ を考えたのである．

これまでの通り $t$ を $N$ の約数とする．$\Gamma_0(N,t)\supseteq\Gamma\supseteq\Gamma(N,t)$ となる任意の部分群 $\Gamma$ を考える．

$$(9.15)\quad \varDelta = \varDelta(N,t) = \left\{\begin{bmatrix} a & b \\ c & d \end{bmatrix}\in M_2(\boldsymbol{Z}) \mid ad-bc>0,\ (a,N)=1,\ c\equiv 0(N),\ b\equiv 0(t)\right\},$$

$$(9.16)\quad \varDelta_\Gamma = \left\{\begin{bmatrix} a & b \\ c & d \end{bmatrix}\in\varDelta \mid a \pmod N \in\varphi_N(\Gamma)\right\}$$

とおく．まず Hecke 環 $R(\Gamma,\varDelta)$ を調べよう．

**補題 9.9**　$\alpha\in\varDelta$, $\det\alpha=qr$, $(q,N)=1$, $r$ の素因子は $N$ の素因子のみとする．$\eta=\begin{bmatrix} 1 & 0 \\ 0 & r \end{bmatrix}$ とおけば

$$\Gamma\alpha\Gamma = \Gamma\xi\eta\Gamma = \Gamma\xi\Gamma\cdot\Gamma\eta\Gamma,$$

$\det\xi=q$ となる $\xi\in\Delta$ が存在する．このとき $\alpha=\begin{bmatrix} a & * \\ * & * \end{bmatrix}$ ならば

$$\xi\equiv\eta^{-1}\xi\eta\equiv\begin{bmatrix} a & 0 \\ 0 & a^{-1}q \end{bmatrix} \pmod{N^2}$$

となるようにすることができる．

**証明** $\alpha=\begin{bmatrix} a & b \\ c & d \end{bmatrix}$ と書く．$(a,N)=1$ だから $(a,rN^2)=1$. ゆえに $ua+c\equiv0 \pmod{rN^2}$ となる $u\in\boldsymbol{Z}$ が存在する．このとき $u\equiv0 \pmod N$ ($c\equiv0 \pmod N$ であるから) となり $\gamma=\begin{bmatrix} 1 & 0 \\ u & 1 \end{bmatrix}$ は $\Gamma$ に属する．$u$ のとり方から

$$\gamma\alpha\equiv\begin{bmatrix} a & b \\ 0 & a^{-1}qr \end{bmatrix} \pmod{rN^2}.$$

つぎに $av+b\equiv0 \pmod{rN^2}$ となる $v\in\boldsymbol{Z}$ をとれば $v\equiv0 \pmod t$ ($b\equiv0 \pmod t$ であるから)．ゆえに $\delta=\begin{bmatrix} 1 & v \\ 0 & 1 \end{bmatrix}$ は $\Gamma$ に属し

$$\gamma\alpha\delta\equiv\begin{bmatrix} a & 0 \\ 0 & a^{-1}qr \end{bmatrix} \pmod{rN^2}.$$

ゆえに $\xi=\gamma\alpha\delta\eta^{-1}$ とおけば $\xi,\eta^{-1}\xi\eta$ は整係数となり

$$\xi\equiv\eta^{-1}\xi\eta\equiv\begin{bmatrix} a & 0 \\ 0 & a^{-1}q \end{bmatrix} \pmod{N^2}$$

が成り立つ．明らかに $\det\xi=q$. ここで

$$(*) \qquad \xi\Gamma\xi^{-1}\cap\Gamma(1)\subseteqq\Gamma$$

を示そう．実際，$\varepsilon=\begin{bmatrix} x & y \\ z & w \end{bmatrix}\in\Gamma$, $\xi\varepsilon\xi^{-1}\in\Gamma(1)$ ならば

$$\xi\varepsilon\xi^{-1}\equiv\begin{bmatrix} x & yq^{-1}a^2 \\ zqa^{-2} & w \end{bmatrix} \pmod N.$$

したがって $\varphi_N(\xi\varepsilon\xi^{-1})=\varphi_N(\varepsilon)$, ゆえに $\xi\varepsilon\xi^{-1}\in\Gamma$. $\Gamma(q)\subseteqq\xi^{-1}\Gamma(1)\xi$ であるから，$(*)$によって

$$\Gamma\cap\Gamma(q)\subseteqq\Gamma\cap\xi^{-1}\Gamma(1)\xi\subseteqq\Gamma\cap\xi^{-1}\Gamma\xi.$$

$\{\gamma_i\}$ を $(\Gamma\cap\xi^{-1}\Gamma\xi)\backslash\Gamma$ の代表系とする．各 $\gamma_i$ に対し

$$\gamma'\equiv\gamma_i \pmod q, \qquad \gamma'\equiv1 \pmod{rN}$$

となる $\gamma'\in\Gamma(1)$ が存在する (補題 1.16)．このとき $\gamma'\in\Gamma$, $\gamma'\gamma_i^{-1}\in\Gamma\cap\Gamma(q)\subseteqq\Gamma\cap\xi^{-1}\Gamma\xi$ となる．$\gamma_i$ を $\gamma'$ で置き換えて $\gamma_i\equiv1 \pmod{rN}$ と仮定してよい．この条件のもとでは $\eta^{-1}\gamma_i\eta$ は $\Gamma$ に属する．$\{\delta_j\}$ を $(\Gamma\cap\eta^{-1}\Gamma\eta)\backslash\Gamma$ の代表系として，

$X=\{\xi\gamma_i\}$, $Y=\{\eta\delta_j\}$ とおけば, $\Gamma$ が $X\times Y$ に可移的に作用することはただちにわかる. さらに(＊)は $\xi$ を $\xi^{-1}$ で置き換えても成立するので

$$\xi^{-1}\Gamma\xi\cap\eta\Gamma\eta^{-1}\subseteqq\xi^{-1}\Gamma\xi\cap\Gamma(1)\subseteqq\Gamma,$$

したがって $(\xi\eta)^{-1}\Gamma\xi\eta\cap\Gamma\subseteqq\eta^{-1}\Gamma\eta\cap\Gamma$ が得られる. これは剰余類 $\Gamma\xi\gamma_i\eta\delta_j$ がすべて異なることを示す. ゆえに

$$\Gamma\alpha\Gamma=\Gamma\xi\eta\Gamma=\Gamma\xi\Gamma\cdot\Gamma\eta\Gamma. \qquad ▮$$

**定理 9.8** $R(\Gamma,\varDelta(N,t))$ は可換である.

**証明** $\alpha\in GL_2(\boldsymbol{R})_+$ に対し

$$\alpha^*=\begin{bmatrix}N/t & 0\\ 0 & 1\end{bmatrix}^{-1}{}^t\alpha\begin{bmatrix}N/t & 0\\ 0 & 1\end{bmatrix}$$

とおく. $\alpha=\begin{bmatrix}a & b\\ c & d\end{bmatrix}$ ならば $\alpha^*=\begin{bmatrix}a & (t/N)c\\ (N/t)b & d\end{bmatrix}$. ゆえに $\alpha\to\alpha^*$ は $\Gamma$ および $\varDelta$ を不変にする. $\alpha\in\varDelta$ に対し補題 9.9 の記号をそのまま用いれば

$$(\Gamma\alpha\Gamma)^*=(\Gamma\eta\eta^{-1}\xi\eta\Gamma)^*=\Gamma(\eta^{-1}\xi\eta)^*\eta\Gamma.$$

しかし

$$(\eta^{-1}\xi\eta)^*\equiv\begin{bmatrix}a & 0\\ 0 & a^{-1}q\end{bmatrix}\pmod N$$

であるから, 補題 9.9 の証明と同様にして

$$(\Gamma\alpha\Gamma)^*=\Gamma(\eta^{-1}\xi\eta)^*\Gamma\cdot\Gamma\eta\Gamma$$

が得られる.

$p$ を素数として $U_p=GL_2(\boldsymbol{Z}_p)$ とおく. $p|q$ ならば $U_p(\eta^{-1}\xi\eta)^*U_p=U_p{}^t\xi U_p=U_p\xi U_p$. ゆえに $(\eta^{-1}\xi\eta)^*$ と $\xi$ の単因子は一致する. したがって $(\eta^{-1}\xi\eta)^*=\gamma_1\xi\gamma_2$ となる $\gamma_1,\gamma_2\in\Gamma(1)$ が存在する. 補題 1.16 により $\delta_1\equiv1\pmod N$, $\delta_1\equiv\gamma_1\pmod q$ となる $\delta_1\in\Gamma(1)$ が存在する. $\delta_2=\xi^{-1}\delta_1{}^{-1}\gamma_1\xi\gamma_2$ とおけば, $\det\xi=q$, $\delta_1{}^{-1}\gamma_1\equiv1\pmod q$ であるから $\delta_2\in\Gamma(1)$. さらに $\delta_2=\xi^{-1}\delta_1{}^{-1}(\eta^{-1}\xi\eta)^*\equiv\xi^{-1}(\eta^{-1}\xi\eta)^*\equiv1\pmod N$. ゆえに $\delta_1,\delta_2\in\Gamma$ となる. 結局 $\Gamma(\eta^{-1}\xi\eta)^*\Gamma=\Gamma\xi\Gamma$, したがって $(\Gamma\alpha\Gamma)^*=\Gamma\alpha\Gamma$ が証明された. 定理 9.2 により $R(\Gamma,\varDelta)$ は可換である. ▮

今後, われわれが主として考えるのは $R(\Gamma,\varDelta(N,t))$ の部分環 $R(\Gamma,\varDelta_\Gamma)$ である.

**補題 9.10** $\alpha,q,\eta$ は補題 9.9 の通りとする. $\alpha\in\varDelta_\Gamma$ ならば, $\Gamma\alpha\Gamma=\Gamma\xi\Gamma\cdot\Gamma\eta\Gamma$, $\det\xi=q$, $\xi\equiv\begin{bmatrix}1 & 0\\ 0 & q\end{bmatrix}\pmod N$ となる $\xi\in\varDelta_\Gamma$ が存在する.

**証明**　$a\,(\mathrm{mod}\,N)\in\varphi_N(\Gamma)$ であるから $\gamma\equiv\begin{bmatrix}a^{-1}&0\\0&a\end{bmatrix}(\mathrm{mod}\,N)$ となる $\gamma\in\Gamma$ が存在する．補題9.9の $\xi$ を $\gamma\xi$ で置き換えればよい．▌

**補題 9.11**　$r$ の素因子は $N$ の素因子のみであるとする．$\eta=\begin{bmatrix}1&0\\0&r\end{bmatrix}$ とおけば，$\left\{\begin{bmatrix}1&ts\\0&r\end{bmatrix}\middle|\, s\,\mathrm{mod}\,r\right\}$ は $\Gamma\backslash\Gamma\eta\Gamma$ の代表系である．

**証明**　$\Gamma\cap\eta^{-1}\Gamma\eta=\left\{\begin{bmatrix}a&b\\c&d\end{bmatrix}\in\Gamma\,\middle|\, b\equiv0\,(\mathrm{mod}\,rt)\right\}$ であるから，$(\Gamma\cap\eta^{-1}\Gamma\eta)\backslash\Gamma$ の代表系として $\left\{\begin{bmatrix}1&ts\\0&1\end{bmatrix}\middle|\, s\,\mathrm{mod}\,r\right\}$ をとることができる．補題はこれからでる．▌

**補題 9.12**　$r, r'$ の素因子は $N$ の素因子のみであるとする．$\eta=\begin{bmatrix}1&0\\0&r\end{bmatrix}$，$\eta'=\begin{bmatrix}1&0\\0&r'\end{bmatrix}$ とおけば

$$\Gamma\eta\Gamma\cdot\Gamma\eta'\Gamma=\Gamma\eta\eta'\Gamma.$$

**証明**　補題9.11により

$$\Gamma\eta\Gamma\eta'\Gamma=\bigcup_{\substack{s\,\mathrm{mod}\,r\\ s'\,\mathrm{mod}\,r'}}\Gamma\begin{bmatrix}1&ts\\0&r\end{bmatrix}\begin{bmatrix}1&ts'\\0&r'\end{bmatrix}=\bigcup_{\substack{s\,\mathrm{mod}\,r\\ s'\,\mathrm{mod}\,r'}}\Gamma\begin{bmatrix}1&t(s'+r's)\\0&rr'\end{bmatrix}$$

が得られ，$s'+r's\,(s\,\mathrm{mod}\,r,\ s'\,\mathrm{mod}\,r')$ はちょうど $\mathrm{mod}\,rr'$ の代表系となる．▌

**定理 9.9**　$E=\{\alpha\in M_2(\boldsymbol{Z})\mid\det\alpha>0, (\det\alpha, N)=1\}$，$E_\Gamma=E\cap\Delta_\Gamma$ とおく．このとき $\Gamma\alpha\Gamma\to\Gamma(1)\alpha\Gamma(1)$ $(\alpha\in E_\Gamma)$ は $R(\Gamma, E_\Gamma)$ から $R(\Gamma(1), E)$ の上への同型写像を引き起こす．

**証明**　証明を4段階にわける．

(1)　$\alpha\in E$ ならば $\Gamma(1)\alpha\Gamma(1)=\Gamma\alpha\Gamma(1)=\Gamma(1)\alpha\Gamma$ となることを示す．$\det\alpha=n$ とおく．$\gamma_1, \gamma_2\in\Gamma(1)$ に対して $\delta_1\equiv\gamma_1\,(\mathrm{mod}\,n)$，$\delta_1\equiv1\,(\mathrm{mod}\,N)$ となる $\delta_1\in\Gamma(1)$ が存在する（補題1.16）．$\gamma_1\alpha\gamma_2=\delta_1\alpha\delta_2$ すなわち $\delta_2=\alpha^{-1}\delta_1{}^{-1}\gamma_1\alpha\gamma_2$ とおけば $\delta_2\in\Gamma(1)$．ゆえに $\gamma_1\alpha\gamma_2\in\Gamma\alpha\Gamma(1)$．これは $\Gamma(1)\alpha\Gamma(1)=\Gamma\alpha\Gamma(1)$ を示す．$\Gamma(1)\alpha\Gamma(1)=\Gamma(1)\alpha\Gamma$ の証明も同様である．

(2)　$\alpha\in E_\Gamma$ ならば $\Gamma\alpha\Gamma$ に含まれる $\Gamma$ の左剰余類の代表系は $\Gamma(1)\alpha\Gamma(1)$ に含まれる $\Gamma(1)$ の左剰余類の代表系である．実際，$\Gamma\alpha\Gamma=\bigcup_{\xi\in X}\Gamma\xi$ を $\Gamma\alpha\Gamma$ の左剰余類への分解とすれば，$\Gamma(1)\alpha\Gamma(1)=\Gamma(1)\alpha\Gamma=\bigcup_{\xi\in X}\Gamma(1)\xi$．$\Gamma(1)\xi$ がすべて異なることを証明すればよい．$\Gamma(1)\xi=\Gamma(1)\xi'$ $(\xi, \xi'\in X)$ と仮定する．$\xi'=\gamma\xi$ となる $\gamma\in\Gamma(1)$ が存在するが，$\xi, \xi'$ は $E_\Gamma$ の元であるから，$\xi'\equiv\gamma\xi\,(\mathrm{mod}\,N)$ からただちに $\gamma\in\Gamma$ がでる（(9.16)を見よ）．ゆえに $\xi=\xi'$．

(3)　任意の $\alpha_1\in E$ に対し $\Gamma(1)\alpha_1\Gamma(1)=\Gamma(1)\alpha\Gamma(1)$ となる $\alpha\in E_\Gamma$ が存在す

る．また対応 $\Gamma\alpha\Gamma\to\Gamma(1)\alpha\Gamma(1)$ $(\alpha\in E_\Gamma)$ は1対1である．実際，$\alpha_1=\begin{bmatrix} a & 0 \\ 0 & d \end{bmatrix}$ と仮定してよい．$(a,N)=1$ であるから，$\gamma\equiv\begin{bmatrix} a^{-1} & 0 \\ 0 & a \end{bmatrix}$ $(\mathrm{mod}\, N)$ となる $\gamma\in\Gamma(1)$ がある(補題1.16)．$\alpha=\gamma\alpha_1$ が求めるものである．また $\alpha,\beta\in E_\Gamma$ に対して $\Gamma(1)\alpha\Gamma(1)=\Gamma(1)\beta\Gamma(1)$ と仮定すれば，$\alpha=\gamma\beta\delta$ となる $\gamma\in\Gamma(1)$，$\delta\in\Gamma$ が存在する((1)による)．しかし $\alpha\equiv\gamma\beta\delta$ $(\mathrm{mod}\, N)$ から $\gamma\in\Gamma$ がでる．ゆえに $\Gamma\alpha\Gamma=\Gamma\beta\Gamma$.

(4)　$\alpha,\beta\in E_\Gamma$ とする．$\Gamma\alpha\Gamma\cdot\Gamma\beta\Gamma=\sum_\zeta m_\zeta\Gamma\zeta\Gamma$ ならば $\Gamma(1)\alpha\Gamma(1)\cdot\Gamma(1)\beta\Gamma(1)=\sum_\zeta m_\zeta\Gamma(1)\zeta\Gamma(1)$．なぜなら $\{\xi\}$, $\{\eta\}$ を $\Gamma\alpha\Gamma$, $\Gamma\beta\Gamma$ に含まれる左剰余類の代表系とすれば

$$m_\zeta \deg(\Gamma\zeta\Gamma)=|\{(\xi,\eta)\mid\Gamma\xi\eta\Gamma=\Gamma\zeta\Gamma\}|.$$

しかし(2), (3)の結果によってこの等式は $\Gamma$ を $\Gamma(1)$ で置き換えてもそのまま成立する．∎

定理9.9の証明の(2)に対してつぎの意味での逆が成立する．$\alpha\in E_\Gamma$ とする．$\Gamma(1)\alpha\Gamma(1)$ に含まれる $\Gamma(1)$ の左剰余類の代表系を $E_\Gamma$ の中から選ぶならば，それは $\Gamma\alpha\Gamma$ に含まれる $\Gamma$ の左剰余類の代表系である(実際，$X$ を $\Gamma\backslash\Gamma\alpha\Gamma$ の代表系，$X'$ を $\Gamma(1)\backslash\Gamma(1)\alpha\Gamma(1)$ の代表系とし，$X'\subseteq E_\Gamma$ と仮定する．任意の $\xi\in X$ に対し $\Gamma(1)\xi=\Gamma(1)\xi'$ となる $\xi'$ がただ一つ存在するが，このとき $\Gamma\xi=\Gamma\xi'$ でなければならない)．

$a,b\in\boldsymbol{Z}$, $a\mid b$, $(b,N)=1$ とする．$R(\Gamma(1),E)$ の元 $\Gamma(1)\begin{bmatrix} a & 0 \\ 0 & b \end{bmatrix}\Gamma(1)$ を $\bar{T}(a,b)$ と書く．定理9.9の同型写像によって $\bar{T}(a,b)$ に移る $R(\Gamma,E_\Gamma)$ の元を $T(a,b)$ で表わす．

**定理 9.10**　$\Gamma$ を $\Gamma_0(N,t)\supseteq\Gamma\supseteq\Gamma(N,t)$ となる部分群とする．

$$\Delta_\Gamma=\left\{\begin{bmatrix} a & b \\ c & d \end{bmatrix}\in M_2(\boldsymbol{Z})\mid ad-bc>0,\ c\equiv 0(N),\ b\equiv 0(t),\ a\ (\mathrm{mod} N)\in\varphi_N(\Gamma)\right\}$$

とおく．ただし $\gamma=\begin{bmatrix} a & b \\ c & d \end{bmatrix}\in\Gamma_0(N,t)$ に対して $\varphi_N(\gamma)=a$ $(\mathrm{mod}\, N)$．Hecke 環 $R(\Gamma,\Delta_\Gamma)$ において $\alpha\in\Delta_\Gamma$, $\det\alpha=n$ となるすべての両側剰余類 $\Gamma\alpha\Gamma$ の和を $T(n)$ で表わす．このとき形式的 Dirichlet 級数

$$D(s)=\sum_{n=1}^{\infty}T(n)n^{-s}$$

はつぎの形の無限積で表わされる．

$$D(s)=\prod_{p|N}(1-T(p)p^{-s})^{-1}\prod_{(p,N)=1}(1-T(p)p^{-s}+T(p,p)p^{1-2s})^{-1}.$$

**証明** $n=qr$, $(q,N)=1$, $r$ の素因子は $N$ の素因子のみとする．このとき補題 9.10 によって

$$T(n)=T(q)T(r),\qquad T(r)=\Gamma\begin{bmatrix}1&0\\0&r\end{bmatrix}\Gamma$$

が得られる．$r, r'$ の素因子は $N$ の素因子のみとすれば補題 9.12 により $T(rr')=T(r)T(r')$．一方，$R(\Gamma, E_\Gamma)$ から $R(\Gamma(1), E)$ の上への同型写像(定理 9.9)によって $T(q)$ は $\bar{T}(q)=\sum_{ab=q,a|b}\bar{T}(a,b)$ に移る．§9.2, a) によって $R(\Gamma(1),E)$ の構造は既知である．ゆえに

$$D(s)=\prod_p\left(\sum_{n=0}^{\infty}T(p^n)p^{-ns}\right).$$

$(p,N)=1$ ならば，定理 9.7 と定理 9.9 により

$$\sum_{n=0}^{\infty}T(p^n)p^{-ns}=(1-T(p)p^{-s}+T(p,p)p^{1-2s})^{-1}.$$

$p|N$ ならば

$$\sum_{n=0}^{\infty}T(p^n)p^{-ns}=\sum_{n=0}^{\infty}T(p)^n p^{-ns}=(1-T(p)p^{-s})^{-1}.$$ ∎

**注意** 定理の条件のもとでは $R(\Gamma, \Delta_\Gamma)$ の構造は $\Gamma$ によらない．それは $T(p)$, $T(p,p)$ $((p,N)=1)$ と $T(p)$ $(p|N)$ によって生成される多項式環である．

### c) Hecke 作用素

この項では $\Gamma$ として $\Gamma(N,t)$ をとり，$T(n)$ 等はこの群に関して定義されているものとする．$\chi$ が $(\boldsymbol{Z}/N\boldsymbol{Z})^\times$ の指標を動くとき

$$G(m,\Gamma(N,t))=\bigoplus_\chi G(m,\chi,\Gamma_0(N,t))$$

が成り立つことはすでに述べたが，同様にして

$$S(m,\Gamma(N,t))=\bigoplus_\chi S(m,\chi,\Gamma_0(N,t))$$

が得られる．$\gamma\in\Gamma_0(N,t)$ ならば $G(m,\Gamma(N,t))$ における $[\gamma]_m$ の作用は $[\Gamma(N,t)\gamma\Gamma(N,t)]_m$ ($[\ \ ]_m$ は $R(\Gamma(N,t),\Delta(N,t))$ の $G(m,\Gamma(N,t))$ における表現を表わす)の作用と一致することに注意する．ゆえに定理 9.8 によって $[\gamma]_m$ は $[T(n)]_m$ と可換である．このことから $G(m,\chi,\Gamma_0(N,t))$, $S(m,\chi,\Gamma_0(N,t))$ は $[T(n)]_m$ で不変であることがわかる．$[T(n)]_m$ の $G(m,\chi,\Gamma_0(N,t))$ への制限を

$[T(n)]_{m,\chi}$ で表わす.

$n=qr$ ($(q,N)=1$, $r$ の素因子は $N$ の素因子のみ) と書く. 補題 9.11 により

$$T(r)=\bigcup_{s \bmod r}\Gamma(N,t)\begin{bmatrix}1 & ts\\ 0 & r\end{bmatrix}$$

は $T(r)$ の左剰余類への分解である. 定理 9.9 の同型写像により $T(q)$ は $\bar{T}(q)$ に移り, 補題 9.7 によって

$$\bar{T}(q)=\bigcup_{\substack{ad=q\\ b \bmod d}}\Gamma(1)\begin{bmatrix}a & b\\ 0 & d\end{bmatrix}$$

であった. $(d,t)=1$ であるから $\begin{bmatrix}a & b\\ 0 & d\end{bmatrix}$ の代りに $\begin{bmatrix}a & bt\\ 0 & d\end{bmatrix}$ と書いてもよい. 一般に $N$ と素な整数 $a$ に対して

$$\sigma_a\equiv\begin{bmatrix}a^{-1} & 0\\ 0 & a\end{bmatrix}\pmod N$$

となる $\sigma_a\in\Gamma(1)$ が存在する (補題 1.16).

$$\sigma_a\begin{bmatrix}a & bt\\ 0 & d\end{bmatrix}\equiv\begin{bmatrix}1 & a^{-1}bt\\ 0 & q\end{bmatrix}\pmod N$$

であるから, 定理 9.9 のあとの注意によって

$$T(q)=\bigcup_{\substack{ad=q\\ b \bmod d}}\Gamma(N,t)\sigma_a\begin{bmatrix}a & bt\\ 0 & d\end{bmatrix}$$

が成り立つ. ゆえに

$$\begin{aligned}T(n)&=T(q)\,T(r)\\ &=\bigcup\Gamma(N,t)\sigma_a\begin{bmatrix}a & bt\\ 0 & d\end{bmatrix}\begin{bmatrix}1 & ts\\ 0 & r\end{bmatrix}=\bigcup\Gamma(N,t)\sigma_a\begin{bmatrix}a & (as+br)t\\ 0 & dr\end{bmatrix}.\end{aligned}$$

$(a,r)=1$ であるから, $b$ が $\bmod d$, $s$ が $\bmod r$ のすべての剰余類を動くとき, $as+br$ は $\bmod dr$ のすべての剰余類を動く. ゆえに

$$T(n)=\bigcup_{\substack{ad=n,\,(a,N)=1\\ b \bmod d}}\Gamma(N,t)\sigma_a\begin{bmatrix}a & bt\\ 0 & d\end{bmatrix}$$

と書いてもよい.

$[\ \ ]_m$ の定義により $f\in G(m,\Gamma(N,t))$ に対して

$$f\,|\,[T(n)]_m=n^{m/2-1}\sum_{\substack{ad=n\\ (a,N)=1}}\sum_{b \bmod d}f\,\bigg|\left[\sigma_a\begin{bmatrix}a & bt\\ 0 & d\end{bmatrix}\right]_m \tag{9.17}$$

となる．

**注意** $(n, N)=1$ ならば

$$f \mid [T(n)]_m = n^{m/2-1} \sum_{ad=n} \sum_{b \bmod d} f \left| \left[ \sigma_a \begin{bmatrix} a & bN \\ 0 & d \end{bmatrix} \right] \right._m \tag{9.17$'$}$$

と書くこともできる．いま $[T(n)]_m$ を（それが $G(m, \Gamma(N, t))$ における作用素であることを明示するために）$[T(n)]_m{}^t$ と書くことにすれば，$[T(n)]_m{}^N$ の $G(m, \Gamma(N, t))$ への制限が $[T(n)]_m{}^t$ である．この意味で，$(n, N)=1$ ならば，$[T(n)]_m$ は $t$ に依存しないのである．

$f \in G(m, \chi, \Gamma_0(N, t))$ ならば $f \mid [\sigma_a]_m = \chi(a)f$．したがって

$$f \mid [T(n)]_{m,\chi} = n^{m-1} \sum_{\substack{ad=N \\ (a,N)=1}} \sum_{b \bmod d} \chi(a) f\left(\frac{az+bt}{d}\right) d^{-m}$$

が得られる．あるいは $(a, N) \neq 1$ ならば $\chi(a)=0$ と約束すれば

$$f \mid [T(n)]_{m,\chi} = n^{m-1} \sum_{ad=n} \sum_{b \bmod d} \chi(a) f\left(\frac{az+bt}{d}\right) d^{-m}. \tag{9.18}$$

右辺の第1の和では（これまでもそうであったが）$a$ は $n$ の正の約数を動くのである．

$(n, N)=1$ ならば $T(n, n)=\Gamma(N, t)\sigma_n n$．$f \mid [n]_m = f$ であるから

$$f \mid [T(n, n)]_{m,\chi} = n^{m-2}\chi(n) f$$

となる．

$$E(N, t) = \{\alpha \in \varDelta(N, t) \mid (\det \alpha, N)=1\}$$

とおく．$M_2(\boldsymbol{R})$ の対合 $\alpha \to \alpha^\iota$ は $E(N, t)$ を不変にする．

**定理 9.11** $A \in R(\Gamma(N, t), E(N, t))$ ならば，$[A]_m$（の $S(m, \Gamma(N, t))$ への制限）は $S(m, \Gamma(N, t))$ の内積に関する正規作用素である．

**証明** $A = \sum c_\alpha \Gamma(N, t)\alpha\Gamma(N, t)$ $(\alpha \in E(N, t), c_\alpha \in \boldsymbol{Z})$ に対して $A^\iota = \sum c_\alpha \Gamma(N, t)\alpha^\iota \Gamma(N, t)$ とおく．定理 9.4 によって，$f, g \in S(m, \Gamma(N, t))$ に対し

$$(f \mid [A]_m, g) = (f, g \mid [A^\iota]_m).$$

一方，定理 9.8 により $R(\Gamma(N, t), E(N, t))$ は可換である．▌

**系** $\varDelta = \{\alpha \in M_2(\boldsymbol{Z}) \mid \det \alpha > 0\}$ とおく．$A \in R(\Gamma(1), \varDelta)$ ならば $[A]_m$（の $S(m, \Gamma(1))$ への制限）は $S(m, \Gamma(1))$ の内積に関する Hermite 作用素である．

**証明** この場合 $A^\iota = A$ となる．実際，$\alpha$ と $\alpha^\iota$ は同じ単因子をもつからである．▌

**注意**　内積 $(f,g)$ は Petersson によって導入され，定理9.11とつぎの定理9.12を示すために用いられた．この理由で $(f,g)$ を Petersson 内積とよぶことがある．

$R(\Gamma(N,t),E(N,t))$ は可換なので，$[A]_m$ $(A\in R(\Gamma(N,t),E(N,t))$ は $S(m,\Gamma(N,t))$ において一斉に対角化される．すなわち $S(m,\Gamma(N,t))$ の基底 $\{f_1,\cdots,f_r\}$ が存在し

$$f_i|[A]_m=\lambda_i(A)f_i \qquad (1\leqq i\leqq r)$$

が成り立つ．$[\gamma]_m$ $(\gamma\in\Gamma_0(N,t))$ はこのような $[A]_m$ の一つであることに注意しよう．これからつぎの定理が得られる．

**定理 9.12**　$S(m,\chi,\Gamma_0(N,t))$ は $T(n)$ $(n=1,2,\cdots,\ (n,N)=1)$ の同時固有関数からなる基底をもつ．——

ここで $f$ が $T(n)$ $(n=1,2,\cdots)$ の同時固有関数であるとは

$$f|[T(n)]_{m,\chi}=\lambda(n)f \qquad (n=1,2,\cdots)$$

となる定数 $\lambda(n)$ が存在することである．

とくに $N=1$ として

**系**　$S(m,\Gamma(1))$ は $T(n)$ $(n=1,2,\cdots)$ の同時固有関数からなる基底をもつ．——

$f\in S(m,\chi,\Gamma_0(N,t))$ の尖点 $\infty$ における Fourier 展開を

$$f(z)=\sum_{l=1}^{\infty}c(l)e^{2\pi ilz/t}$$

とする．係数 $c(l)$ を用いれば $[T(n)]_{m,\chi}$ の作用はつぎのように表わされる．(9.18)によって

$$f|[T(n)]_{m,\chi}=n^{m-1}\sum_{l=1}^{\infty}c(l)\sum_{\substack{ad=n\\a>0}}\sum_{b \bmod d}\chi(a)d^{-m}e^{2\pi il(az+bt)/dt}.$$

$$\sum_{b \bmod d}e^{2\pi ilb/d}=\begin{cases}0 & (d\nmid l),\\ d & (d\mid l)\end{cases}$$

であるから

$$f|[T(n)]_{m,\chi}=n^{m-1}\sum_{l=1}^{\infty}c(ld)\sum_{\substack{ad=n\\a>0}}\chi(a)d^{1-m}e^{2\pi ilaz/t}.$$

ゆえに

$$f|[T(n)]_{m,\chi}=\sum_{k=1}^{\infty}c'(k)e^{2\pi ikz/t}$$

と書けば

$$c'(k) = \sum_{\substack{a|(k,n)\\ a>0}} \chi(a)a^{m-1}c\left(\frac{kn}{a^2}\right).$$

**定理 9.13** $f\in S(m,\chi,\Gamma_0(N,t))$ が $T(n)$ $(n=1,2,\cdots)$ の同時固有関数であるとする.

$$f|[T(n)]_{m,\chi} = \lambda(n)f$$

ならば

$$f(z) = c(1)\sum_{n=1}^{\infty}\lambda(n)e^{2\pi inz/t}.$$

とくに $f$ は定数因子を除き $\{\lambda(n)\,|\,n=1,2,\cdots\}$ によって一意的に決まる.

**証明** すぐまえに述べた結果によって

$$\lambda(n)c(k) = \sum_{\substack{a|(k,n)\\ a>0}} \chi(a)a^{m-1}c\left(\frac{kn}{a^2}\right)$$

が成立しなければならない. $k=1$ とおいて $\lambda(n)c(1)=c(n)$ が得られる. ∎

$T(n)$ $(n=1,2,\cdots)$ は互いに可換であるから, 少なくとも一つの 0 ではない同時固有関数が存在する.

**d) Eisenstein 級数**

§2.4 で主合同部分群 $\Gamma(N)$ の Eisenstein 級数

$$G_m{}^*(z;r,s,N) = \sum_{\substack{(c,d)\equiv(r,s)\ (\mathrm{mod}\ N)\\ (c,d)=1}} (cz+d)^{-m}$$

および

$$G_m(z;r,s,N) = \sum_{\substack{(c,d)\equiv(r,s)\ (\mathrm{mod}\ N)\\ (c,d)\neq(0,0)}} (cz+d)^{-m}$$

を定義した. ただし $m>2$ と仮定している. $G_m{}^*(z;r,s,N)$, $G_m(z;r,s,N)$ は $r,s\ (\mathrm{mod}\ N)$ のみに依存し, $(r,s,N)=1$ ならばいずれも $\Gamma(N)$ に対する重さ $m$ の整型保型形式である. また $G_m{}^*(z;r,s,N)$ $((r,s,N)=1)$ の全体と $G_m(z;r,s,N)$ $((r,s,N)=1)$ の全体は同じ空間を生成する. この空間を $\mathcal{E}(m,N)$ で表わすならば, 定理 2.10 により

$$G(m,\Gamma(N)) = S(m,\Gamma(N))\oplus\mathcal{E}(m,N)$$

が成立する.

**補題 9.13** $M|N$ ならば $\mathcal{E}(m,M)\subseteq\mathcal{E}(m,N)$.

**証明** これは

$$G_m{}^*(z\,;r,s,M)=\sum_{\substack{r',s' \bmod N\\ (r',s')\equiv(r,s)\ (\mathrm{mod}\ M)}} G_m{}^*(z\,;r',s',N).$$

からでる. ▌

**補題 9.14** $r, s, N$ が互いに素でなくても $G_m(z\,;r,s,N)\in\mathcal{E}(m,N)$.

**証明** $d=(r,s,N)$ とおけば, 定義により $G(z\,;r,s,N)=d^{-m}G_m(z\,;r/d,s/d,N/d)$. ゆえに $G(z\,;r,s,N)\in\mathcal{E}(m,N/d)\subseteq\mathcal{E}(m,N)$. ▌

$$(9.19)\quad \begin{cases} G_m(\gamma z\,;r,s,N)j(\gamma,z)^m=G_m(z\,;r',s',N) & (\forall\gamma\in\Gamma(1)),\\ \text{ただし}\quad (r',s')=(r,s)\gamma \end{cases}$$

が成立することに注意しよう.

**補題 9.15** $\alpha\in M_2(\boldsymbol{Z})$, $\det\alpha>0$, かつ $\alpha$ の単因子は $\{a, ae\}$ であるとする. このとき

$$G_m(z\,;r,s,N)\,|\,[\alpha]_m=G_m(\alpha z\,;r,s,N)j(\alpha,z)^m\in\mathcal{E}(m,Ne).$$

**証明** (9.19) を見れば, $\alpha=\begin{bmatrix} a & 0\\ 0 & ae\end{bmatrix}$ の場合を証明すれば十分である. このとき

$$\begin{aligned} G_m(z\,;r,s,N)\,|\,[\alpha]_m&=(ae)^{-m}\sideset{}{'}\sum_{(c,d)\equiv(r,s)\ (\mathrm{mod}\ N)}(cz/e+d)^{-m}\\ &=a^{-m}\sideset{}{'}\sum_{\substack{c\equiv r\ (\mathrm{mod}\ N)\\ d\equiv se\ (\mathrm{mod}\ Ne)}}(cz+d)^{-m}\\ &=a^{-m}\sum_{\substack{r' \bmod Ne\\ r'\equiv r\ (\mathrm{mod}\ N)}}G_m(z\,;r',se,Ne) \end{aligned}$$

($\sum'$ は $(c,d)=(0,0)$ を除く和を意味する). ゆえに補題 9.14 により結論が得られる. ▌

**補題 9.16**

$$G(m,\chi,\Gamma_0(N,t))=S(m,\chi,\Gamma_0(N,t))\oplus(G(m,\chi,\Gamma_0(N,t))\cap\mathcal{E}(m,N)).$$

**証明** $f\in G(m,\Gamma(N))$ に対して

$$L(f)=[\Gamma_0(N,t):\Gamma(N)]^{-1}\sum_{\gamma\in\Gamma_0(N,t)/\Gamma(N)}\chi(\gamma)^{-1}f\,|\,[\gamma]_m$$

とおく. $L$ は $G(m,\Gamma(N))$ から $G(m,\chi,\Gamma_0(N,t))$ の上への射影である. $f\in G(m,\chi,\Gamma_0(N,t))$ は $f=g+h$ ($g\in S(m,\Gamma(N))$, $h\in\mathcal{E}(m,N)$) の形に書かれるが, このとき $f=L(f)=L(g)+L(h)$. $L(g)\in S(m,\chi,\Gamma_0(N,t))$ は明らかであるが, 一方, (9.19) により $L(h)\in\mathcal{E}(m,N)\cap G(m,\chi,\Gamma_0(N,t))$ となる. ▌

**補題 9.17** $G(m,\chi,\Gamma_0(N,t))\cap\mathcal{E}(m,N)$ は $[T(n)]_{m,\chi}$ $(n=1,2,\cdots)$ によって不変である.

**証明** $f\in G(m,\chi,\Gamma_0(N,t))\cap\mathcal{E}(m,N)$ に対して $f'=f|[T(n)]_{m,\chi}$ とおく. $[T(n)]_{m,\chi}$ は $[T(n)]_m$ の $G(m,\chi,\Gamma_0(N,t))$ への制限であるから, 補題 9.15 により $f'\in\mathcal{E}(m,Nn)$. 補題 9.16 により $f'=g+h$ となる $g\in S(m,\chi,\Gamma_0(N,t))$, $h\in G(m,\chi,\Gamma_0(N,t))\cap\mathcal{E}(m,N)$ が存在する. $g$ は $S(m,\Gamma(Nn))$, $f'-h$ は $\mathcal{E}(m,Nn)$ に属するから $g=f'-h=0$ でなければならない. ▌

定理 9.12 と同じ結果が $G(m,\chi,\Gamma_0(N,t))\cap\mathcal{E}(m,N)$ に対しても成り立つが, それは次節 §9.3 で述べる.

つぎに $G_m(z;r,s,N)$ の尖点 $\infty$ における Fourier 展開をあげておく. これは (2.39) を用いて容易に求められる.

(9.20)

$$G_m(z;r,s,N) = \delta\left(\frac{r}{N}\right)\sum_{\substack{d\equiv s\ (\mathrm{mod}\ N)\\ d\neq 0}}\frac{1}{d^m}+\frac{(-2\pi i)^m}{N^m(m-1)!}\sum_{\substack{c\equiv r\ (\mathrm{mod}\ N)\\ nc>0}} n^{m-1}(\mathrm{sgn}\,n)\zeta_N{}^{sn}e^{2\pi incz/N}.$$

ただし

$$\delta\left(\frac{r}{N}\right)=\begin{cases}1, & r\equiv 0 \pmod N,\\ 0, & r\not\equiv 0 \pmod N,\end{cases}$$
$$\zeta_N=e^{2\pi i/N}.$$

## §9.3 モジュラー形式に付随する Dirichlet 級数

$f\in G(m,\Gamma(N))$ の尖点 $\infty$ における Fourier 展開を

$$f(z)=\sum_{n=0}^{\infty}c_n e^{2\pi inz/N} \tag{9.21}$$

とする. このとき複素変数 $s$ の Dirichlet 級数

$$\varphi(s)=\sum_{n=1}^{\infty}c_n n^{-s}$$

を **$f$ に付随する Dirichlet 級数**という. $m>0$ ならば (以後これを仮定する) $f$ は $\varphi$ によって一意的にきまる. 実際, $f_1,f_2\in G(m,\Gamma(N))$ の $\infty$ における Fourier 展開が定数項を除いて一致すれば $f_1=f_2$ ($G(m,\Gamma(N))$ に属する定数は 0 以外に

はないからである).

一般に Dirichlet 級数 $\sum_{n=1}^{\infty} a_n n^{-s}$ は，$a_n=O(n^\alpha)$ ならば半平面 $\mathrm{Re}\, s>\alpha+1$ で収束し，そこで整型な関数を表わす．実際，$\mathrm{Re}\, s\geqq\alpha+1+\varepsilon$ $(\varepsilon>0)$ とすれば $a_n n^{-s}=O(n^{-1-\varepsilon})$．ゆえに級数は $\mathrm{Re}\, s\geqq\alpha+1+\varepsilon$ において絶対一様収束する．(9.21) の Fourier 係数 $c_n$ を評価しよう．

**補題 9.18** $f\in S(m,\Gamma(N))$ とすれば $c_n=O(n^{m/2})$.

**証明** 任意の $z\in H$ に対して

$$c_n = N^{-1}\int_0^N f(z+u)e^{-2\pi in(z+u)/N}du$$

が成り立つ．補題 2.1 によって $(\mathrm{Im}\, z)^{m/2}|f(z)|\leqq M$ $(\forall z\in H)$ となる定数 $M$ がある．上式において $z=i/n$ とおけば

$$|c_n| \leqq N^{-1}\int_0^N n^{m/2}Me^{2\pi}du = n^{m/2}Me^{2\pi}.$$ ▌

**補題 9.19** $m>2$ とする．$f\in \mathcal{E}(m,N)$ ならば $c_n=O(n^{m-1})$.

**証明** $f(z)=G_m(z\,;r,s,N)$ に対して証明すれば十分である．このとき (9.20) によって

$$c_n = \frac{(-2\pi i)^m}{N^m(m-1)!}\sum_{\substack{d|n \\ n/d\equiv r \pmod N}} d^{m-1}(\mathrm{sgn}\, d)\zeta_N{}^{sd} \qquad (n\geqq 1)$$

となる．ゆえに

$$\sum_{\substack{d|n \\ d>0}} d^{m-1} = O(n^{m-1})$$

をいえばよい．実際，$n$ がちょうど素数 $p$ の $k$ 乗で割れるものとすれば，$\alpha>1$ に対してつぎの評価式が得られる．

$$\begin{aligned}\sum_{\substack{d|n \\ d>0}} d^\alpha &= \prod_{p|n}(1+p^\alpha+\cdots+p^{\alpha k}) \\ &\leqq n^\alpha\prod_{p|n}(1+p^{-\alpha}+\cdots+p^{-\alpha k}+\cdots) \\ &\leqq n^\alpha\sum_{l=1}^{\infty} l^{-\alpha}.\end{aligned}$$ ▌

上の補題からつぎのことがわかる．$f\in S(m,\Gamma(N))$ に付随する Dirichlet 級数 $\varphi(s)$ は $\mathrm{Re}\, s>m/2+1$ において絶対収束する．また $m>2$ ならば，$f\in G(m,\Gamma(N))$ に付随する Dirichlet 級数 $\varphi(s)$ は $\mathrm{Re}\, s>m$ において絶対収束する (実は

この結果は $m=2$ に対しても成り立つ).

**定理 9.14** $f\in G(m,\chi,\Gamma_0(N,t))$ が $T(n)$ $(n=1,2,\cdots)$ の同時固有関数であるとして

$$f|[T(n)]_{m,\chi}=\lambda(n)f$$

と書く. $f$ の Fourier 展開を

$$f(z)=\sum_{n=0}^{\infty}c(n)e^{2\pi inz/t}$$

とする. このとき $f$ に付随する Dirichlet 級数

$$\varphi(s)=\sum_{n=1}^{\infty}c(n)(t_1n)^{-s}\qquad (t_1=N/t)$$

はその絶対収束域においてつぎのような Euler 積で表わされる.

$$\varphi(s)=t_1^{-s}c(1)\prod_p(1-\lambda(p)p^{-s}+\chi(p)p^{m-1-2s})^{-1}.$$

ただし $(p,N)\neq 1$ ならば $\chi(p)=0$ とする. 逆に $\varphi(s)$ が上の形の Euler 積をもつならば $f$ は $T(n)$ $(n=1,2,\cdots)$ の同時固有関数である.

**証明** $(n,N)=1$ ならば $f|[T(n,n)]_{m,\chi}=n^{m-2}\chi(n)f$ であった. ゆえに $\Gamma=\Gamma(N,t)$ とおけば

$$T(n)\longrightarrow\lambda(n)\qquad (n=1,2,\cdots),$$
$$T(n,n)\longrightarrow n^{m-2}\chi(n)\qquad ((n,N)=1)$$

は $R(\Gamma,\Delta_\Gamma)$ の表現となる. 一方, 定理 9.13 によって

$$\varphi(s)=t_1^{-s}c(1)\sum_{n=1}^{\infty}\lambda(n)n^{-s}$$

が成り立つ. ゆえに定理 9.10 により $\varphi(s)$ は形式的には上記の Euler 積で表わされる. この無限積が確かに収束して $\varphi(s)$ に等しいことは $\varphi(s)$ が絶対収束することからわかる. 逆を証明しよう.

$$(1-\lambda(p)p^{-s}+\chi(p)p^{m-1-2s})^{-1}=\sum_{i=0}^{\infty}a(p^i)p^{-is}$$

と書くことができて, $n=\prod p^{e_p}$ を $n$ の素因数分解とすれば

$$c(n)=c(1)\prod_p a(p^{e_p})$$

が成り立つことは明らかである.

$$(1-\lambda(p)p^{-s}+\chi(p)p^{m-1-2s})\left(\sum_{i=0}^{\infty}a(p^i)p^{-is}\right)=1$$

から $a(1)=1$, $a(p)=\lambda(p)$, $a(p^i)-\lambda(p)a(p^{i-1})+\chi(p)p^{m-1}a(p^{i-2})=0\ (i\geqq 2)$ がでる．これから帰納的に

$$a(p^i)a(p^j)=\sum_{l=0}^{i}\chi(p)^l p^{(m-1)l}a(p^{i+j-2l}) \qquad (i\leqq j)$$

を証明することができる．ゆえに

$$c(k)c(n)=c(1)\sum_{\substack{a|(k,n)\\ a>0}}\chi(a)a^{m-1}c\left(\frac{kn}{a^2}\right) \qquad (k,n\geqq 1).$$

これは

$$f|[T(n)]_{m,\chi}=(c(n)/c(1))f.$$

を示す．▌

$12\leqq m\leqq 26$, $m\neq 24$ となる偶数 $m$ に対して $S(m,\Gamma(1))$ は1次元である．それはそれぞれ

$$\varDelta(z), \qquad \varDelta(z)G_i(z) \quad (i=4,6,8,10,14)$$

によって生成される．この関数は明らかに $T(n)$ $(n=1,2,\cdots)$ の同時固有関数であるから，それに付随する Dirichlet 級数は定理 9.14 の形の Euler 積をもつ．

$\alpha=\begin{bmatrix} a & b \\ c & d \end{bmatrix}\in M_2(\boldsymbol{Z})$ において $a,b,c,d$ が互いに素であるとき，$\alpha$ は原始的であるという．

**補題 9.20** $\alpha\in M_2(\boldsymbol{Z})$ は原始的，$\det\alpha=n>1$, $(n,N)=1$ とする．$f\in G(m,\Gamma(N))$ に対して $f|[\alpha]_m\in G(m,\Gamma(N))$ ならば $f=0$.

**証明** $\alpha=\begin{bmatrix} 1 & 0 \\ 0 & n \end{bmatrix}$ と仮定しても一般性を失わない．$\tau=\begin{bmatrix} 1 & 1 \\ 0 & 1 \end{bmatrix}$ とおけば $f|[\alpha]_m[\tau^N]_m=f|[\alpha]_m$, ゆえに $f|[\alpha\tau^N\alpha^{-1}]_m=f$. $\alpha\tau^N\alpha^{-1}=n^{-1}\begin{bmatrix} n & N \\ 0 & n \end{bmatrix}$ であるから $f\left|\begin{bmatrix} n & N \\ 0 & n \end{bmatrix}_m\right.=f$ が得られる．$\gamma\equiv\begin{bmatrix} 1 & 0 \\ 1 & 1 \end{bmatrix}\pmod{n}$, $\gamma\equiv 1\pmod{N}$ となる $\gamma\in\Gamma(1)$ をとる(補題 1.16)．$\beta=\gamma\begin{bmatrix} n & N \\ 0 & n \end{bmatrix}$ とおけば $\beta\equiv\begin{bmatrix} 0 & N \\ 0 & N \end{bmatrix}\pmod{n}$. このとき $\beta$ の任意の巾は原始的である．実際，$\det\beta^l=n^{2l}$ であるから，$\beta^l$ の成分の公約数となる素数 $p$ は $n$ の約数である．一方では $\beta^l\equiv N^l\begin{bmatrix} 0 & 1 \\ 0 & 1 \end{bmatrix}^l\pmod{n}$ となって $p$ は $N$ を割る．これは不可能である．

さて $f|[\beta]_m=f$, したがって任意の $l$ に対して $f|[\beta^l]_m=f$ となる．いま $n^l\equiv$

$1 \pmod N$ となる $l$ をとる．$\beta \equiv \begin{bmatrix} n & 0 \\ 0 & n \end{bmatrix} \pmod N$ であるから $\beta^l \equiv 1 \pmod N$. $\beta^l$ の単因子は $\{1, n^{2l}\}$ である ($\beta^l$ は原始的であるから)．ゆえに

$$\beta^l = \delta \begin{bmatrix} 1 & 0 \\ 0 & n^{2l} \end{bmatrix} \varepsilon = \delta \alpha^{2l} \varepsilon$$

となる $\delta, \varepsilon \in \Gamma(1)$ が存在する．$l$ のとり方から $\delta\varepsilon \equiv 1 \pmod N$，すなわち $\delta\varepsilon \in \Gamma(N)$．以上のことから

$$f | [\delta]_m [\alpha^{2l}]_m = f | [\delta]_m$$

がでる．ゆえに $g = f | [\delta]_m$ とおけば $g(z/n^{2l}) = n^{ml} g(z)$.

$n^{2l} = r$ とおく．$g(z) = \sum_{k=0}^{\infty} c_k e^{2\pi i k z/N}$ を $g$ の Fourier 展開とする．$g(z/r) = r^{m/2}$. $g(z)$ の Fourier 係数を比較して $c_k = 0$ ($k \not\equiv 0 \pmod r$)，$c_{kr} = r^{m/2} c_k$ が得られる．これから $c_k = 0$ ($\forall k > 0$) がでる．ゆえに $g = 0$. ▌

**補題 9.21** $p$ を $N$ と素な素数とする．$f(z) = \sum_n c_n e^{2\pi i n z/N} \in G(m, \Gamma(N))$ に対して $c_n = 0$ ($\forall n \not\equiv 0 \pmod p$) ならば $f = 0$ となる．

**証明** 仮定から $f(z + N/p) = f(z)$ となる．$\alpha = \begin{bmatrix} p & N \\ 0 & p \end{bmatrix}$ は原始的であるから補題 9.20 により $f = 0$. ▌

つぎの補題はさしあたり使うことはないが，前の補題との比較のために述べておく．

**補題 9.22** $p, f$ は補題 9.21 の通りとする．$c_n = 0$ ($\forall n \equiv 0 \pmod p$) ならば $f = 0$.

**証明** (9.17)′ により

$$p^{1-m/2} f | [T(p)]_m = f \left| \left[ \sigma_p \begin{bmatrix} p & 0 \\ 0 & 1 \end{bmatrix} \right] \right._m + \sum_{b \bmod p} f \left| \left[ \begin{bmatrix} 1 & bN \\ 0 & p \end{bmatrix} \right] \right._m .$$

$(n, p) = 1$ ならば $\sum_{b \bmod p} e^{2\pi i n (z+bN)/pN} = 0$ であるから，仮定により上式の第 2 項は 0 となる．ゆえに $f | [\sigma_p]_m \left[ \begin{bmatrix} p & 0 \\ 0 & 1 \end{bmatrix} \right]_m \in G(m, \Gamma(N))$. $\begin{bmatrix} p & 0 \\ 0 & 1 \end{bmatrix}$ は原始的であるから補題 9.20 により $f = 0$. ▌

$p$ を素数とする．Dirichlet 級数

$$\varphi(s) = \sum_{n=1}^{\infty} a(n) n^{-s}$$

が (その絶対収束域において)

$$\varphi(s) = \left( \sum_{(n,p)=1} a(n) n^{-s} \right) \left( \sum_{r=0}^{\infty} c(p^r) p^{-rs} \right) \tag{9.22}$$

の形に表わされるとする．これは

$$(9.23)\qquad a(np^r) = a(n)c(p^r) \qquad ((n,p)=1,\ r=0,1,2,\cdots)$$

と同値である．このとき $\varphi(s)$ は $p$ **に関する Euler 積**であるという．また(9.22)の第2因子を Euler 積の $p$ **因子**とよぶ．

**定理 9.15**　$(p,N)=1$ とする．$f\in G(m,\Gamma(N))$ に付随する Dirichlet 級数

$$\varphi(s) = \sum_{n=1}^{\infty} a(n)n^{-s}$$

が $p$ に関する Euler 積であるためには，$f$ が $[\sigma_p]_m$ および $[T(p)]_m$ の固有関数であることが必要十分である．このとき

$$f|[\sigma_p]_m = \varepsilon f, \qquad f|[T(p)]_m = \alpha f$$

とおけば

$$\varphi(s) = \Bigl(\sum_{(n,p)=1} a(n)n^{-s}\Bigr)(1-\alpha p^{-s}+\varepsilon p^{m-1-2s})^{-1}.$$

**注意**　この定理は，$\varphi(s)$ の $p$ 因子は，$(p,N)=1$ ならば，定理 9.14 の形のものに限ることを主張しているのである．

**証明**　まず条件の十分なことを示す．$[T(p,p)]_m=p^{m-2}[\sigma_p]_m$ であるから $f$ は $[T(p)]_m$, $[T(p,p)]_m$ の固有関数である．ゆえに $f$ は $[T(p^r)]_m$ の固有関数でもある（$T(p^r)$ は $T(p)$ と $T(p,p)$ の多項式である）．$f|[T(p^r)]_m=\alpha_r f$ と書く．$\varepsilon(p^r)=\varepsilon^r$ とおくと，定理 9.13 の証明と同様に

$$\alpha_r a(n) = \sum_{\substack{a|(n,p^r)\\ a>0}} \varepsilon(a)a^{m-1}a\Bigl(\frac{np^r}{a^2}\Bigr)$$

が得られる．とくに $(n,p)=1$ とすれば

$$\alpha_r a(n) = a(np^r).$$

ゆえに $\varphi(s)$ は $p$ に関する Euler 積となり，さらに

$$\sum_{r=0}^{\infty}\alpha_r p^{-rs} = (1-\alpha p^{-s}+\varepsilon p^{m-1-2s})^{-1}$$

が成り立つ（定理 9.10 を見よ）．

つぎに条件の必要なことを証明しよう．(9.23) が成立すると仮定する．$g=f|[\sigma_p]_m$ とおく．このとき $g$ は $G(m,\Gamma(N))$ に属する．(9.17)′ によって

$$f|[T(p)]_m = p^{m/2-1}g\Bigl|\Bigl[\Bigl[\begin{matrix}p & 0\\ 0 & 1\end{matrix}\Bigr]\Bigr]_m + p^{m/2-1}\sum_{b=0}^{p-1} f\Bigl|\Bigl[\Bigl[\begin{matrix}1 & bN\\ 0 & p\end{matrix}\Bigr]\Bigr]_m.$$

右辺の第2項を $h$ で表わせば

$$h(z)=\sum_{n=0}^{\infty}a(np)e^{2\pi inz/N}.$$

ゆえに

$$h(z)-c(p)f(z)=\sum_{n}(a(np)-c(p)a(n))e^{2\pi inz/N}.$$

(9.23)により $h(z)-c(p)f(z)$ の Fourier 展開には $n\not\equiv 0 \pmod p$ に対する項は現れない．$g\left|\left[\begin{bmatrix} p & 0 \\ 0 & 1 \end{bmatrix}\right]_m\right.=p^{m/2}g(pz)$ についても同様である．補題9.21により

$$f|[T(p)]_m-c(p)f=0$$

でなければならない．すなわち $f$ は $[T(p)]_m$ の固有関数である．上式を書き直せば

$$\begin{aligned} p^{m-1}g(pz) &= \sum_{n\equiv 0 \pmod p}(c(p)a(n)-a(np))e^{2\pi inz/N} \\ &= \sum_{n}(c(p)a(np)-a(np^2))e^{2\pi inpz/N} \end{aligned}$$

が得られる．ここで $z$ を $z/p$ で置き換える．(9.23)によって

$$p^{m-1}g(z)-(c(p)^2-c(p^2))f(z)$$

の Fourier 展開には $n\not\equiv 0 \pmod p$ に対する項は現れないことがわかる．ふたたび補題9.21によって

$$p^{m-1}g-(c(p)^2-c(p^2))f=0.$$

ゆえに $\varepsilon=(c(p)^2-c(p^2))/p^{m-1}$ とおけば $f|[\sigma_p]_m=\varepsilon f$. ▌

この定理を使って定理9.12の結果を Eisenstein 級数の空間まで拡げよう．はじめに Dirichlet の $L$ 関数の定義を述べておく．$d$ を正整数，$\chi$ を mod $d$ の指標，すなわち $(\boldsymbol{Z}/d\boldsymbol{Z})^\times$ の指標とする．

$$L(s,\chi)=\sum_{n=1}^{\infty}\chi(n)n^{-s}$$

を **Dirichlet の $L$ 関数**という．ただし $(n,d)\neq 1$ ならば $\chi(n)=0$ と定める．この級数は $\mathrm{Re}\,s>1$ で収束し，そこでつぎのような Euler 積で表わされる．

$$L(s,\chi)=\prod_{(p,d)=1}(1-\chi(p)p^{-s})^{-1}. \tag{9.24}$$

$m>2$ と仮定する．Eisenstein 級数の Fourier 展開(9.20)において自明な定数因子 $(-2\pi i)^m/N^m(m-1)!$ を除くことにして $(N^m(m-1)!/(-2\pi i)^m)G_m(z;a,$

$b, N$)に付随する Dirichlet 級数を $\varphi(s;a,b)$ で表わす．$a, b$ は mod $N$ の剰余類を動く．すなわち

$$\varphi(s;a,b)=\sum_{\substack{l\equiv a\ (\mathrm{mod}\ N)\\ ln>0}} n^{m-1}(\operatorname{sgn} n)\zeta_N{}^{bn}(ln)^{-s}.$$

$G_m(z;-a,-b,N)=(-1)^m G_m(z;a,b,N)$ であるから

$$\varphi(s;-a,-b)=(-1)^m\varphi(s;a,b).$$

いま

$$\varphi'(s;a,b)=N^{-1}\sum_{t \bmod N}\zeta_N{}^{-tb}\varphi(s;a,t)$$
$$=\sum_{\substack{l\equiv a\ (\mathrm{mod}\ N),\ ln>0\\ n\equiv b\ (\mathrm{mod}\ N)}} n^{m-1}(\operatorname{sgn} n)(ln)^{-s}$$

とおく．明らかに $\varphi'(s;a,b)$ の全体は $\varphi(s;a,b)$ の全体と同じ空間を生成する．

$t_1, t_2$ を $N$ の正の約数，$\chi_1, \chi_2$ をそれぞれ mod $N/t_1$，mod $N/t_2$ の指標とする．

$$\zeta(s;\chi_1,\chi_2)=\sum_{u_i \bmod N/t_i}\chi_1(u_1)\chi_2(u_2)\varphi'(s;u_1t_1,u_2t_2)$$

とおく．$(a,N)=t_1$，$(b,N)=t_2$ ならば

$$\sum_{\chi_1,\chi_2}\bar{\chi}_1(a/t_1)\bar{\chi}_2(b/t_2)\zeta(s;\chi_1,\chi_2)$$
$$=\sum_{\chi_i}\sum_{u_i \bmod N/t_i}\bar{\chi}_1(a/t_1)\bar{\chi}_2(b/t_2)\chi_1(u_1)\chi_2(u_2)\varphi'(s;u_1t_1,u_2t_2)$$
$$=\varphi(N/t_1)\varphi(N/t_2)\varphi'(s;a,b).$$

ただし $\varphi(n)=|(\boldsymbol{Z}/n\boldsymbol{Z})^\times|$．したがって $t_i$ が $N$ の正の約数を，$\chi_i$ が mod $N/t_i$ の指標を動くとき $\zeta(s;\chi_1,\chi_2)$ の全体は $\varphi'(s;a,b)$ の全体と同じ空間を生成する．

簡単な計算によって

$$\zeta(s;\chi_1,\chi_2)=(1+(-1)^m\chi_1(-1)\chi_2(-1))t_1{}^{-s}t_2{}^{-s+m-1}L(s,\chi_1)L(s-m+1,\chi_2)$$

が得られる．(9.24)により $(p, t_1t_2)=1$ ならば $\zeta(s;\chi_1,\chi_2)$ は $p$ に関する Euler 積である．その $p$ 因子は

$$(1-\chi_1(p)p^{-s})^{-1}(1-\chi_2(p)p^{m-1-s})^{-1}$$
$$=(1-(\chi_1(p)+\chi_2(p)p^{m-1})p^{-s}+\chi_1(p)\chi_2(p)p^{m-1-2s})^{-1}$$

に等しい．定理 9.15 から $\zeta(s;\chi_1,\chi_2)$ は $[T(n)]_m$ $((n,N)=1)$ の同時固有関数であることが結論される．ゆえにつぎの定理が証明された．

**定理 9.16** $m>2$ ならば $\mathcal{E}(m,N)$ は $T(n)$ $((n,N)=1)$ の同時固有関数からなる基底をもつ．

**定理 9.17** $m>2$ ならば $G(m,\chi,\Gamma_0(N,t))$ は $T(n)$ $((n,N)=1)$ の同時固有関数からなる基底をもつ.

**証明** 補題 9.16 により

$$G(m,\chi,\Gamma_0(N,t))=S(m,\chi,\Gamma_0(N,t))\oplus(G(m,\chi,\Gamma_0(N,t))\cap\mathcal{E}(m,N))$$

であった. $(n,N)=1$ とする. $[T(n)]_m$ が $S(m,\chi,\Gamma_0(N,t))$ において対角化可能であることは既知である(定理 9.12). 定理 9.16 によりそれは $\mathcal{E}(m,N)$ において対角化可能であるから, その不変部分空間 $G(m,\chi,\Gamma_0(N,t))\cap\mathcal{E}(m,N)$ においても対角化可能である. ∎

上の二つの定理は $m=2$ に対しても正しい(Hecke [25] を参照).

**注意** Hecke はモジュラー形式に付随する Dirichlet 級数の中にしばしば Euler 積をもつものが現れることに注目して Hecke 作用素の定義に導かれたようである. その場合, 虚 2 次体および定符号 4 元数環のノルム形式(それぞれ 2 変数および 4 変数の正値 2 次形式となる. 後者については §8.3, e) で述べた)に付随するテータ級数の空間は一般論のよいモデルとなった. 一般に $S=(s_{ij})$ を段 $N$ の $2m$ 次正値偶行列とする. 2 次形式 $f(x)=\sum s_{ij}x_ix_j$ に付随するテータ級数

$$\theta(z,S)=\sum_{n=0}^{\infty}A(S,2n)e^{2\pi inz}$$

は $G\left(m,\left(\dfrac{\Delta}{*}\right),\Gamma_0(N)\right)$ $(\Delta=(-1)^m\det S)$ に属する(定理 8.5 の系). ただし $A(S,2n)$ は $f(x)=2n$ の整数解の個数である. 定理 9.14 により $G(m,\chi,\Gamma_0(N,t))$ の元 $f(z)=\sum_n c_n\cdot e^{2\pi inz/t}$ が Hecke 作用素 $T(n)$ $(n=1,2,\cdots)$ の同時固有関数であるならば, Dirichlet 級数 $\sum_n c_nn^{-s}$ は

$$c_1\prod_p(1-\lambda(p)p^{-s}+\chi(p)p^{m-1-2s})^{-1}$$

の形の Euler 積をもつ. いま $\theta(z,S)$ が Hecke 作用素の同時固有関数の線型結合で表わされるならば, $\sum_n A(S,2n)n^{-s}$ は上の形の Euler 積をもつ Dirichlet 級数の線型結合である. 逆にテータ級数 $\theta(z,S)$, $\theta(z,S')$, $\cdots$ の線型結合が Hecke 作用素の同時固有関数であることを示すことができるならば, $\sum_n A(S,2n)n^{-s}$, $\sum_n A(S',2n)n^{-s}$, $\cdots$ の線型結合は上の形の Euler 積をもつ. これらは正値 2 次形式に関する新しい知識を加えるものである. 4 元数環のノルム形式に対しては Brandt, Eichler によりモジュラー形式の理論と独立に, 算術的な理論がつくられた(しかし本質的にはこれも Hecke 作用素の理論である).

定理 9.12 により表現 $T(n)\to[T(n)]_{m,\chi}$ $((n,N)=1)$ の同値類はこの表現の跡によって決まる. また $[T(n)]_{m,\chi}$ の固有値は $\mathrm{tr}\,[T(n)^k]_{m,\chi}$ $(k=0,1,2,\cdots)$ がわかれば計算可能である. Hecke 作用素の跡公式は Eichler と Selberg によって独立に与えられた. §8.3 の終りに引用した Eichler の定理は跡公式を応用して得られる著しい結果の一つである.

## §9.4 関数等式

はじめに Phragmén-Lindelöf の定理を証明しよう：

**定理 9.18** $f(s)$ は $A=\{s\in \boldsymbol{C}\mid \sigma_1\leqq \mathrm{Re}\, s\leqq \sigma_2, \mathrm{Im}\, s\geqq t_1\}$ を含む開集合において整型な関数で

$$|f(s)| \leqq Ce^{|s|^\gamma} \qquad (\forall s\in A)$$

を満たす定数 $\gamma>0$, $C>0$ が存在するとする．このとき $A$ の境界において $|f(s)|\leqq M$ が成り立つならば，$A$ 全体で $|f(s)|\leqq M$ が成り立つ．

**証明** 変数 $s$ に1次変換を行なうことによって $-\sigma_1=\sigma_2=\pi/2$, $t_1=0$ と仮定することができる．$s=\sigma+it$, $z=e^{-is}=e^{t-i\sigma}$ とおく．$s\to z$ は $A$ から

$$B = \{z\in \boldsymbol{C}\mid |z|\geqq 1, -\pi/2\leqq \arg z\leqq \pi/2\}$$

の上への単射である．ゆえに $F(z)=f(s)$ は $B$ 上の整型関数となる．$|z|=e^t$ が十分大きいとき $|s|^\gamma\leqq t^{\gamma+1}=(\log|z|)^{\gamma+1}$ が成立する．ゆえに $|z|$ が十分大きい $z\in B$ に対して

$$|F(z)| \leqq Ce^{(\log|z|)^{\gamma+1}}. \tag{9.25}$$

いま $0<\delta<1$ となる $\delta$ を固定する．$\varepsilon>0$ を任意にとって

$$G(z) = e^{-\varepsilon z^\delta}F(z)$$

とおく．$z=re^{i\theta}$ $(r\geqq 1,\ |\theta|\leqq \pi/2)$ と書く．$|\delta\theta|<\pi/2$ であるから $\cos\delta\theta>0$．ゆえに

$$|e^{-\varepsilon z^\delta}| = e^{-\varepsilon r^\delta\cos\delta\theta} < 1.$$

したがって $B$ の境界上で $|G(z)|\leqq M$ が成立する．

$B_R=\{z\in B\mid |z|\leqq R\}$ とおく．$|z|=R$ とする．$R$ が十分大きければ，(9.25)により

$$|G(z)| \leqq e^{-\varepsilon R^\delta\cos(\delta\pi/2)}Ce^{(\log R)^{\gamma+1}}.$$

$R\to\infty$ とすれば $-\varepsilon R^\delta\cos(\delta\pi/2)+(\log R)^{\gamma+1}\to -\infty$，したがって $G(z)\to 0$．ゆえに十分大きい $R$ に対しては $B_R$ の境界上で $|G(z)|\leqq M$ が成立し，ゆえに最大値の原理によって $B_R$ 上で $|G(z)|\leqq M$ となる．しかし $\varepsilon$ は任意であるから，$\varepsilon\to 0$ とすれば $|F(z)|\leqq M$ が得られる．▌

われわれの目標はつぎの定理である．

**定理 9.19** 複素数列 $\{a_n\}_{n\geqq 0}$, $\{b_n\}_{n\geqq 0}$ が与えられ，実数 $\sigma_0$ に対して $a_n=O(n^{\sigma_0})$, $b_n=O(n^{\sigma_0})$ を満たすとする．

$$f(z)=\sum_{n=0}^{\infty}a_ne^{2\pi inz},\qquad g(z)=\sum_{n=0}^{\infty}b_ne^{2\pi inz}\qquad (z\in H),$$

$$\varphi(s)=\sum_{n=1}^{\infty}a_nn^{-s},\qquad \psi(s)=\sum_{n=1}^{\infty}b_nn^{-s},$$

$$\Phi(s)=(2\pi)^{-s}\Gamma(s)\varphi(s),\qquad \Psi(s)=(2\pi)^{-s}\Gamma(s)\psi(s)\qquad (\mathrm{Re}\, s>\sigma_0+1)$$

とおく．定数 $A>0$, $k>0$, $C\neq 0$ に対して

$$f(z)=CA^{k/2}\left(\frac{Az}{i}\right)^{-k}g\left(\frac{-1}{Az}\right) \tag{9.26}$$

が成り立つならば，$\Phi(s)$, $\Psi(s)$ は全複素平面の有理型関数に接続され，$s=0$, $k$ においてのみ高々1位の極をもち，これらの極の近傍を除く任意の帯領域 $\sigma_1\leqq \mathrm{Re}\, s\leqq\sigma_2$ において有界である．さらに関数等式

$$\Phi(s)=CA^{k/2-s}\Psi(k-s) \tag{9.27}$$

を満たす．逆に $\Phi,\Psi$ が上の性質をもつとき，$-a_0$, $-b_0$ がそれぞれ $\Phi,\Psi$ の $s=0$ における留数に等しいならば (9.26) が成り立つ．

**注意**　ここでは $z\in\boldsymbol{C}$ に対し $\log z=\log|z|+i\arg z$ $(-\pi<\arg z\leqq\pi)$ とおいて $z^\alpha=e^{\alpha\log z}$ を定義している．

**証明**　$a_n, b_n$ に対する仮定から $f(z)$, $g(z)$ が $H$ において収束し，そこで整型となることは明らかである．

$\mathrm{Re}\, s=\sigma$ が十分大きいならば

$$\sum_{n=1}^{\infty}|a_n|\int_0^\infty e^{-2\pi ny}y^{\sigma-1}dy=(2\pi)^{-\sigma}\Gamma(\sigma)\sum_{n=1}^{\infty}|a_n|n^{-\sigma}$$

は収束する．ゆえに Lebesgue の定理により

$$\begin{aligned}\int_0^\infty (f(iy)-a_0)y^{s-1}dy&=\sum_{n=1}^{\infty}a_n\int_0^\infty e^{-2\pi ny}y^{s-1}dy\\&=(2\pi)^{-s}\Gamma(s)\sum_{n=1}^{\infty}a_nn^{-s}\\&=\Phi(s).\end{aligned}$$

ここで積分区間を $(0, A^{-1/2})$ と $(A^{-1/2},\infty)$ に分ける．(9.26) を用いれば

$$\begin{aligned}&\int_0^{A^{-1/2}}(f(iy)-a_0)y^{s-1}dy\\&=\int_0^{A^{-1/2}}CA^{-k/2}\left(g\left(\frac{i}{Ay}\right)-b_0\right)y^{s-k-1}dy-a_0A^{-s/2}\frac{1}{s}+b_0CA^{-s/2}\frac{1}{s-k}.\end{aligned}$$

ゆえに

$$\Phi(s) = \int_{A^{-1/2}}^{\infty}(f(iy)-a_0)y^{s-1}dy + CA^{k/2-s}\int_{A^{-1/2}}^{\infty}(g(iy)-b_0)y^{k-s-1}dy$$
$$-a_0A^{-s/2}\frac{1}{s} - b_0CA^{-s/2}\frac{1}{k-s}.$$

$y\to\infty$ のとき $f(iy)-a_0=O(e^{-2\pi y})$, $g(iy)-b_0=O(e^{-2\pi y})$ であるから右辺の積分は任意の $s$ に対して収束し，$s$ の整関数を表わす．またそれらが任意の帯領域 $\sigma_1\leqq \mathrm{Re}\, s\leqq\sigma_2$ において有界なことも明らかである．したがって $\Phi(s)$ を上の表示を用いて全平面の有理型関数に拡張することができる．(9.26) は

$$g(z) = C^{-1}A^{k/2}\left(\frac{Az}{i}\right)^{-k} f\left(\frac{-1}{Az}\right)$$

と同値であるから，同様にして

$$\Psi(k-s) = \int_{A^{-1/2}}^{\infty}(g(iy)-b_0)y^{k-s-1}dy + C^{-1}A^{s-k/2}\int_{A^{-1/2}}^{\infty}(f(iy)-a_0)y^{s-1}dy$$
$$-b_0A^{-(k-s)/2}\frac{1}{k-s} - a_0C^{-1}A^{-(k-s)/2}\frac{1}{s}$$

が得られる．これと上の $\Phi(s)$ の表示とを比較すれば (9.27) の成立することがわかる．以上で定理の前半が証明されたのである．

定理の後半を証明するためにつぎの等式を引用する．

$$(9.28)\qquad e^{-x} = \frac{1}{2\pi i}\int_{\mathrm{Re}\, s=\sigma}\frac{\Gamma(s)}{x^s}ds \qquad (\mathrm{Re}\, x>0,\ \sigma>0).$$

積分は直線 $\mathrm{Re}\, s=\sigma$ に沿って $s$ の虚数部分が増加する向きに行なう．

$\Phi(s)$, $\Psi(s)$ が定理に述べた性質をもつとする．まず

$$A = \{s\mid \sigma_1\leqq \mathrm{Re}\, s\leqq\sigma_2,\ \mathrm{Im}\, s\geqq t_1>0\}$$

とおくとき，適当な定数 $a$ に対して $A$ 上で $\varphi(s)=O(|s|^a)$ が成立することを示そう．$\sigma_1$ は十分小さく，$\sigma_2$ は十分大きいと仮定してよい．このとき $\varphi(s)$ は直線 $\mathrm{Re}\, s=\sigma_2$ 上で有界である．(9.27) を書き直せば

$$\varphi(s) = CA^{k/2-s}(2\pi)^{2s-k}\frac{\Gamma(k-s)}{\Gamma(s)}\psi(k-s)$$

となる．$\sigma_1$ が十分小さければ，$\psi(k-s)$ は $\mathrm{Re}\, s=\sigma_1$ 上で有界である．一方，Stirling の公式

$$|\Gamma(s)| \sim \sqrt{2\pi}\,|t|^{\sigma-1/2}e^{-(\pi/2)|t|} \qquad (s=\sigma+it,\ |t|\to\infty)$$

によって $\mathrm{Re}\,s=\sigma_1$ 上で

$$\left|\frac{\Gamma(k-s)}{\Gamma(s)}\right| \sim |t|^{k-2\sigma_1} \qquad (|t|\to\infty).$$

ゆえに $\mathrm{Re}\,s=\sigma_1$ 上で $\varphi(s)=O(|s|^{k-2\sigma_1})$. $a=\max\{0, k-2\sigma_1\}$ とおけば $\varphi(s)/s^a$ は $A$ の境界上で有界となる. Phragmén-Lindelöf の定理によりそれは $A$ 上で有界である. ゆえに $A$ 上で $\varphi(s)=O(|s|^a)$ が成り立つ ($A$ 上では仮定により $\Phi(s)$ は有界である. また Stirling の公式から任意の $\gamma>1$ に対して $\Gamma(s)^{-1}=O(e^{|s|^\gamma})$. ゆえに $\varphi(s)=(2\pi)^s\Gamma(s)^{-1}\Phi(s)=O(e^{|s|^\gamma})$. したがって Phragmén-Lindelöf の定理を $\varphi(s)/s^a$ に適用することができる).

この結果によって $\sigma_1\leqq\sigma\leqq\sigma_2$ に関し一様に

$$\Phi(s) = O(|t|^{\sigma+a-1/2}e^{-(\pi/2)|t|}) \qquad (|t|\to\infty) \tag{9.29}$$

が成立することがわかる.

いま $\sigma>k$ として, $\mathrm{Re}\,x>0$ に対し

$$F(x) = \frac{1}{2\pi i}\int_{\mathrm{Re}\,s=\sigma}\Phi(s)x^{-s}ds \tag{9.30}$$

とおく. $|x^{-s}|=e^{-\sigma\log r+t\theta}$ ($r=|x|$, $\theta=\arg x$, $|\theta|<\pi/2$) と (9.29) に注意すれば, この積分は任意の $\sigma$ に対して収束する. $\Phi(s)$ は $\mathrm{Re}\,s>k$ において整型であるから, Cauchy の積分定理と (9.29) を用いて, $F(x)$ が $\sigma$ によらない ($\sigma>k$ である限り) ことが容易に示される. また $\sigma$ が十分大きければ

$$F(x) = \frac{1}{2\pi i}\int_{\mathrm{Re}\,s=\sigma}(2\pi)^{-s}\Gamma(s)\left(\sum_{n=1}^{\infty}a_n n^{-s}\right)x^{-s}ds$$

を項別に積分することができることも明らかである. ゆえに, (9.28) によって

$$F(x) = \sum_{n=1}^{\infty}a_n e^{-2\pi nx}.$$

これまでの議論は $\Psi(s)$ に対してもそのまま通用する. すなわち $\sigma>k$ として

$$G(x) = \frac{1}{2\pi i}\int_{\mathrm{Re}\,s=\sigma}\Psi(s)x^{-s}ds$$

とおけば

$$G(x) = \sum_{n=1}^{\infty}b_n e^{-2\pi nx}.$$

(9.30)において積分路を $\mathrm{Re}\, s=k-\sigma$ に移そう．$t>0$ を与えて $\mathrm{Re}\, s=\sigma$, $\mathrm{Re}\, s=k-\sigma$, $\mathrm{Im}\, s=t$, $\mathrm{Im}\, s=-t$ で囲まれる長方形の周に沿って $\Phi(s)x^{-s}$ を積分し，$t\to\infty$ とする．このとき(9.29)によって $\mathrm{Im}\, s=\pm t$ 上の積分は0に収束する．$\Phi$, $\Psi$ の $s=0$ における留数をそれぞれ $-a_0$, $-b_0$ とすれば，(9.27)により $\Phi$ の $s=k$ における留数は $b_0CA^{-k/2}$ に等しい．ゆえに

$$F(x)=\frac{1}{2\pi i}\int_{\mathrm{Re}\, s=k-\sigma}\Phi(s)x^{-s}ds-a_0+b_0CA^{-k/2}x^{-k}.$$

ふたたび(9.27)を用いて

$$F(x)+a_0=CA^{-k/2}x^{-k}\left(G\left(\frac{1}{Ax}\right)+b_0\right)$$

が得られる．

$x=-iz$ $(z\in H)$ とおけば

$$f(z)=CA^{k/2}\left(\frac{Az}{i}\right)^{-k}g\left(\frac{-1}{Az}\right).$$

すなわち(9.26)が成立する．以上で定理の後半が証明された．▌

この定理を $\Gamma(N,t)$ に対する保型形式に適用しよう．

**補題 9.23**　$\tau=\begin{bmatrix}0 & -t\\ N & 0\end{bmatrix}$ とおく．このとき $f\to f|[\tau]_m$ は $G(m,\chi,\Gamma_0(N,t))$ を $G(m,\bar{\chi},\Gamma_0(N,t))$ の上へ移す．

**証明**　補題は

$$\tau\begin{bmatrix}a & b\\ c & d\end{bmatrix}\tau^{-1}=\begin{bmatrix}d & -tN^{-1}c\\ -Nt^{-1}b & a\end{bmatrix}$$

であることからただちにでる．▌

**定理 9.20**　$f\in G(m,\chi,\Gamma_0(N,t))$, $g=f|[\tau]_m$ とする．

$$f(z)=\sum_{n=0}^{\infty}a_ne^{2\pi inz/t},\qquad g(z)=\sum_{n=0}^{\infty}b_ne^{2\pi inz/t}$$

を $f,g$ の Fourier 展開として

$$\Phi(s)=(2\pi)^{-s}\Gamma(s)\left(\sum_{n=1}^{\infty}a_nn^{-s}\right),\qquad \Psi(s)=(2\pi)^{-s}\Gamma(s)\left(\sum_{n=1}^{\infty}b_nn^{-s}\right)$$

とおく．このとき関数等式

$$\Phi(s)=i^m(Nt)^{m/2-s}\Psi(m-s)$$

が成り立つ．

**証明** $\tau^2=-Nt$ であるから $f=(-1)^m g\,|\,[\tau]_m$ となる．ゆえに

$$f(tz) = i^m g\left(t\left(\frac{-1}{Ntz}\right)\right)\left(\frac{Ntz}{i}\right)^{-m}(Nt)^{m/2}.$$

$A=Nt$, $C=i^m$, $k=m$ に対して $f(tz)$, $g(tz)$ は定理 9.19 の条件 (9.26) を満たす．▌

定理 9.19 において $a_n=b_n$ と仮定する．このとき $R(s)=A^{s/2}\Phi(s)$ とおけば (9.27) は

$$R(s) = CR(k-s)$$

と書かれる．ゆえに $R\neq 0$ ならば $C=\pm 1$ でなければならない．Hecke はこの形の関数等式をもち，さらに定理 9.19 に述べた性質をもつ Dirichlet 級数 $\varphi(s)$ を組織的に調べている．$\lambda=A^{1/2}$ とおいてあらためて $\varphi(s)$ の性質を書きあげるならばつぎの通りである．

(D 1) $\varphi(s)=\sum_{n=1}^{\infty} a_n n^{-s}$ は $\mathrm{Re}\, s$ の十分大きいところで収束する．

(D 2) $R(s)=\left(\frac{2\pi}{\lambda}\right)^{-s}\Gamma(s)\varphi(s)$ は全複素平面の有理型関数に接続され，$s=0$, $k$ においてのみ高々 1 位の極をもつ．またこの極の近傍を除く任意の帯領域 $\sigma_1\leqq \mathrm{Re}\, s\leqq\sigma_2$ において有界である．

(D 3) $R(s) = CR(k-s)$.

Hecke に従って上の条件を満たす $\varphi(s)$ を**符号数** $\{\lambda, k, C\}$ の Dirichlet 級数とよぶ(ただし Hecke は条件 (D 2) を少し違う形で述べた)．一方，定理 9.19 の $f$ の代りに関数 $h(z)=f(z/\lambda)$ を考えよう．このとき $h$ の満たすべき条件はつぎの通りである．

(A 1) $h$ は $H$ 上で整型で $h(z)=\sum_{n=0}^{\infty} a_n e^{2\pi i n z/\lambda}$ の形の Fourier 展開をもつ．

(A 2) $a_n=O(n^\sigma)$ となる定数 $\sigma$ が存在する．

(A 3) $h(z) = C\left(\frac{z}{i}\right)^{-k} h\left(\frac{-1}{z}\right)$.

このような $h$ の全体を $G(\lambda, k, C)$ で表わす．定理 9.19 により符号数 $\{\lambda, k, C\}$ の Dirichlet 級数は $G(\lambda, k, C)$ の元と 1 対 1 に対応する．

**補題 9.24** 条件 (A 2) はつぎの条件と同値である．

(A 2)′ $y\to 0$ のとき，$x$ に関し一様に $h(z)=O(y^{-\sigma})$ となる定数 $\sigma$ が存在する．ただし $z=x+iy$.

**証明** (A 2)′から(A 2)がでることは補題9.18の証明と同様にしてわかる．いま(A 2)が成り立つと仮定する．$\sigma_1>\max\{0,\sigma+1\}$ ならば

$$\begin{aligned}|h(z)-a_0| &\leqq \sum_{n=1}^{\infty}|a_n|e^{-2\pi ny/\lambda}\\ &=\sum_{n=1}^{\infty}|a_n|(2\pi i)^{-1}\int_{\mathrm{Re}\,s=\sigma_1}\Gamma(s)\left(\frac{2\pi ny}{\lambda}\right)^{-s}ds\\ &\leqq\left(\frac{2\pi y}{\lambda}\right)^{-\sigma_1}\left(\sum_{n=1}^{\infty}|a_n|n^{-\sigma_1}\right)(2\pi)^{-1}\int_{\mathrm{Re}\,s=\sigma_1}|\Gamma(s)||ds|.\end{aligned}$$

ゆえに $y\to 0$ のとき，$x$ に関し一様に $h(z)=O(y^{-\sigma_1})$. ∎

さて符号数 $\{\lambda, k, C\}$ の Dirichlet 級数を決定することは $G(\lambda, k, C)$ を決定することに帰着されるが，われわれはこれまでの知識の範囲で解くことのできる $\lambda=1$ および $\lambda=2$ の場合のみをとり上げる．

**$\lambda=1$ の場合**

§4.4で $\Gamma(1)$ に対する重さ12の尖点形式 $\Delta(z)$ を定義した．それは $H$ において零点をもたない．$H$ は単連結であるから $\log\Delta(z)$ を $H$ 上で整型となるように定めることができる．$t=e^{2\pi iz}$ とおくと $\Delta(z)$ は $\Delta(z)=t\sum_{n=0}^{\infty}c_nt^n$ $(c_0\neq 0)$ の形の展開をもち，したがって $\log\Delta(z)$ は $2\pi iz+$($t$ の整型関数)の形でなければならない．ゆえに

$$\log\Delta(z+1)=\log\Delta(z)+2\pi i$$

が成り立つ．$\alpha\in\boldsymbol{R}$ に対し $\Delta(z)^{\alpha}=e^{\alpha\log\Delta(z)}$ とおく．上の注意によって

$$\Delta(z+1)^{\alpha}=e^{2\pi i\alpha}\Delta(z)^{\alpha}. \tag{9.31}$$

$\Delta(z)\in S(12,\Gamma(1))$ であるから

$$\Delta\left(\frac{-1}{z}\right)\left(\frac{z}{i}\right)^{-12}=\Delta(z).$$

ゆえに

$$\log\Delta\left(\frac{-1}{z}\right)-12\log\left(\frac{z}{i}\right)=\log\Delta(z)+c$$

となる定数 $c$ が存在するが，$\Delta(i)\neq 0$ であるから上式に $z=i$ を代入して $c=0$ であることがわかる．これからつぎの式が得られる．

$$\Delta\left(\frac{-1}{z}\right)^{\alpha}\left(\frac{z}{i}\right)^{-12\alpha}=\Delta(z)^{\alpha}. \tag{9.32}$$

さて $f\in G(1,k,C)$ とする．$m$ を $k\leqq m$ となる最小の整数として $h(z)=f(z)\varDelta(z)^{(m-k)/12}$ とおく．すると $G(1,k,C)$ の定義と (9.31), (9.32) によって

$$(9.33)\qquad \begin{cases} h(z+1)=e^{2\pi i(m-k)/12}h(z), \\ h\left(\dfrac{-1}{z}\right)\left(\dfrac{z}{i}\right)^{-m}=C^{-1}h(z). \end{cases}$$

$\tau=\begin{bmatrix}1&1\\0&1\end{bmatrix}$ と $\sigma=\begin{bmatrix}0&1\\-1&0\end{bmatrix}$ は $\varGamma(1)$ を生成する．(9.33) から任意の $\gamma\in\varGamma(1)$ に対して $h|[\gamma]_m$ と $h$ は定数因子のみ異なることがわかる．$h|[\gamma]_m=\chi(\gamma)h$ とおけば，明らかに $\chi$ は $\varGamma(1)$ の 1 次元表現である．(9.33) によって

$$\chi(\tau)=e^{2\pi i(m-k)/12},\qquad \chi(\sigma)=C^{-1}i^m.$$

しかし $(\sigma\tau)^3=1$ であるから $\chi(\sigma)^3\chi(\tau)^3=Ce^{-2\pi ik/4}=1$．ゆえに $C=1$ ならば $k\equiv0\pmod 4$，$C=-1$ ならば $k\equiv2\pmod 4$．いずれにしても $k$ は整数であるから $m=k$ となり，このとき $\chi=1$．結局 $f\in G(k,\varGamma(1))$ が示された．とくに $k=2$ ならば，このような $f$ は 0 以外に存在しない ($G(2,\varGamma(1))=\{0\}$ であるから)．

逆に $k$ を偶数 $>2$ とすれば，任意の $f\in G(k,\varGamma(1))$ は $f(z)=\sum_{n=0}^{\infty}a_ne^{2\pi inz}$ の形の展開をもち，補題 9.18, 9.19 によって $a_n=O(n^{k-1})$，ゆえに $f\in G(1,k,(-1)^{k/2})$．

$G(k,\varGamma(1))$ の次元は既知である (たとえば定理 4.9 を参照)．したがってつぎの定理が証明された．

**定理 9.21**　符号数 $\{1,k,C\}$ の 0 ではない Dirichlet 級数が存在するためには，$k$ が偶数で $C=(-1)^{k/2}$ となることが必要である．このときこの符号数をもつ線型独立な Dirichlet 級数の数は

$$\left[\frac{k}{12}\right]+1,\qquad k\not\equiv 2\pmod{12},$$
$$\left[\frac{k}{12}\right],\qquad k\equiv 2\pmod{12}$$

に等しい．——

**$\lambda=2$ の場合**

$h\in G(2,k,C)$ とする．$h$ は $h(z)=\sum_{n=0}^{\infty}a_ne^{2\pi inz/2}$ の形の展開をもつから

$$(9.34)\qquad h(z+2)=h(z).$$

$\sigma,\tau$ をすでに述べた通りとして，$\sigma,\tau^2$ で生成される $\varGamma(1)$ の部分群を $\varGamma$ とす

る．このとき定理1.15の方法で構成した$\Gamma$の基本領域は明らかに

$$D=\{z\in H\mid |z|\geqq 1,\ |\mathrm{Re}\,z|\leqq 1\}$$

に含まれる．これが実際$\Gamma$の基本領域であることを証明しよう．

主合同部分群$\Gamma(2)$の基本領域は

$$D(2)=\{z\in H\mid |\mathrm{Re}\,z|\leqq 1,\ |2z-1|\geqq 1,\ |2z+1|\geqq 1\}$$

である．$D(2)$の辺を図9.1のように$l_1, l_2, l_3, l_4$で表わす．

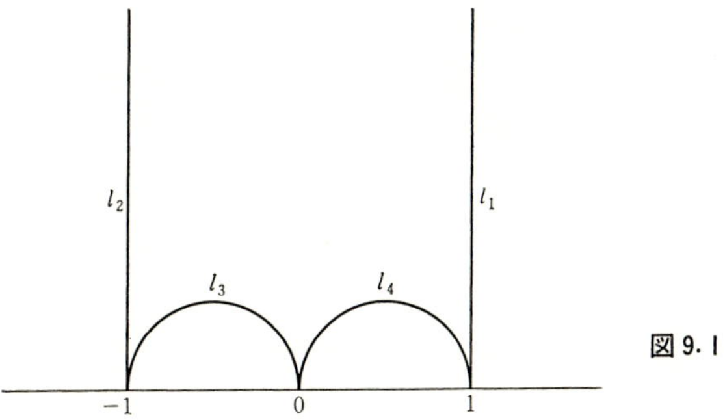


図9.1

$\rho=\begin{bmatrix}1&0\\2&1\end{bmatrix}=\sigma^{-1}\tau^{-2}\sigma$とおく．$\rho(l_3)=l_4$, $\tau^2(l_2)=l_1$であるから，定理1.14によって$\rho, \tau^2$が$\Gamma(2)$を生成する．ゆえに$\Gamma(2)\subseteqq\Gamma$. $\Gamma/\Gamma(2)$は$SL_2(\boldsymbol{Z}/2\boldsymbol{Z})$の中で$\sigma\ (\mathrm{mod}\ 2)$で生成される部分群と同型である．これから$[\Gamma:\Gamma(2)]=2$, $\Gamma=\Gamma(2)\cup\Gamma(2)\sigma$がでる．一方，$D(2)=D\cup\sigma D$であるから，$D$はちょうど$\Gamma$の基本領域でなければならない．

$D$が$\Gamma$の基本領域であることから容易に$\Gamma$の符号数が$\{2,\infty,\infty\}$であることがわかる．(4.23)を用いて$R(\Gamma)$の種数を求めれば0となる．

ここで§8.1で述べたテータ零値を用いる．これはさきの議論における$\Delta(z)$の役割をする．$z\in H$に対して

$$\theta(z)=\theta_{00}(z,0)=\sum_{n=-\infty}^{\infty}\boldsymbol{e}\left(\frac{1}{2}n^2z\right),$$

$$\theta_{10}(z)=\theta_{1/2,0}(z,0)=\sum_{n=-\infty}^{\infty}\boldsymbol{e}\left(\frac{1}{2}\left(n+\frac{1}{2}\right)^2z\right),$$

$$\theta_{01}(z)=\theta_{0,1/2}(z,0)=\sum_{n=-\infty}^{\infty}\boldsymbol{e}\left(\frac{1}{2}n^2z+\frac{n}{2}\right)$$

とおく．このとき

$$\theta(z+2)=\theta(z) \tag{9.35}$$

は明らかである．一方，テータ公式(8.6)によって

$$\theta(z)=(-iz)^{-1/2}\theta\left(\frac{-1}{z}\right),\qquad \theta_{10}(z)=(-iz)^{-1/2}\theta_{01}\left(\frac{-1}{z}\right). \tag{9.36}$$

また定義から

$$\theta(z\pm1)=\theta_{01}(z). \tag{9.37}$$

$\theta(z)$ が $H$ において零点をもたないことを示そう．$\boldsymbol{C}$ の格子 $L=\boldsymbol{Z}\omega_1+\boldsymbol{Z}\omega_2$ $(\omega_2/\omega_1=z)$ を考える．§6.6の結果によれば

$$\sigma(u)=g(u)\sum_{n=-\infty}^{\infty}\boldsymbol{e}\left(\frac{1}{2}n^2z+\left(\frac{1+z}{2}+\frac{u}{\omega_1}\right)n\right),$$

$g(u)$ は $\boldsymbol{C}/L$ の自明なテータ関数であった．ゆえに

$$\sigma\left(-\frac{\omega_1+\omega_2}{2}\right)=g\left(-\frac{\omega_1+\omega_2}{2}\right)\theta(z)$$

が得られるが $\sigma(u)$ は $L$ の元においてのみ零点をもつから $\theta(z)\neq0$．したがって任意の $\alpha\in\boldsymbol{R}$ に対し $\theta(z)^\alpha$ を $\theta(z)^\alpha=e^{\alpha\log\theta(z)}$ によって定義することができる．このとき

$$\theta(z+2)^\alpha=\theta(z)^\alpha,\qquad \theta(z)^\alpha=(-iz)^{-\alpha/2}\theta\left(\frac{-1}{z}\right)^\alpha \tag{9.38}$$

が成立する．実際，$t=e^{\pi iz}$ とおけば $\theta(z)$ は $t$ の整級数に展開され，その定数項は0ではない．ゆえに $\log\theta(z)$ も $t$ の整級数である．これから(9.38)の第1式がでる．また(9.36)から

$$\log\theta(z)=-\frac{1}{2}\log(-iz)+\log\theta\left(\frac{-1}{z}\right)+c\qquad (c\text{ は定数})$$

となるが，$z=i$ を代入してみれば $c=0$．これから第2式がでる．

上に述べたことから $\theta(z)^\alpha$ は $t$ の整級数である．すなわち

$$\theta(z)^\alpha=\sum_{n=0}^{\infty}c_ne^{\pi inz}$$

の形の展開をもつ．とくに $\theta(z)$ に対してはこの展開の係数は有界である．補題9.24によって，任意の $\sigma>1$ に対し

$$\theta(z)=O(y^{-\sigma})\qquad (y\to0).$$

ゆえに $\theta(z)^\alpha=O(y^{-\alpha\sigma})$ $(y\to 0)$. 同じ補題によって

$$c_n = O(n^\sigma) \tag{9.39}$$

となる定数 $\sigma$ が存在する. (9.38), (9.39) は $\theta^\alpha$ が $G(2, \alpha/2, 1)$ に属することを示す.

**定理 9.22**　符号数 $\{2, k, C\}$ をもつ線型独立な Dirichlet 級数の数は $C=1$ ならば $[k/4]+1$, $C=-1$ ならば $[(k-2)/4]+1$ に等しい.

**証明**　まず $C=1$ とする. $h\in G(2,k,1)$ とする. このとき (A 3), (9.34), (9.38) によって

$$h_1(z)=\frac{h(z)}{\theta(z)^{2k}}$$

は $\Gamma$ 不変である. $h_1$ が $\Gamma$ に対する保型関数, すなわち $R(\Gamma)$ 上の有理型関数であることを示そう. そのためには $h_1$ が $\Gamma$ の尖点の近傍において有理型であることをいえばよい.

$\Gamma$ の尖点の同値類は $\infty$ と 1 によって代表される. $h_1(z)$ が $\infty$ における局所座標 $t=e^{\pi iz}$ の整級数で表わされることは自明である. 尖点 1 における $h_1$ の展開を見るために, $\delta=\sigma^{-1}\tau^{-1}\sigma=\begin{bmatrix}1&0\\1&1\end{bmatrix}$ は $\infty$ を 1 に移すことに注意する. $\delta\tau\delta^{-1}=\sigma\tau^{-2}\in\Gamma$ であるから $h_1(\delta\tau z)=h_1(\delta z)$. したがって $h_1(\delta z)$ は

$$h_1(\delta z)=\sum_{n=-\infty}^{\infty}a_ne^{2\pi inz} \tag{9.40}$$

の形の展開をもつ. 一方 (9.36), (9.37) によって

$$\theta(\delta z)=\theta(\sigma^{-1}\tau^{-1}\sigma z)=e^{\pi i/4}(-i(z+1))^{1/2}\theta_{10}(z). \tag{9.41}$$

ゆえに $h(\delta z)=h_1(\delta z)\theta(\delta z)^{2k}$ は

$$h(\delta z)=(-i(z+1))^ke^{\pi ikz/2}\sum_{n=-\infty}^{\infty}b_ne^{2\pi inz} \tag{9.42}$$

の形に表わされる. 係数 $b_n$ は

$$b_n=\int_w^{w+1}h(\delta z)(-i(z+1))^{-k}e^{-\pi ikz/2}e^{-2\pi inz}dz$$

によって与えられる. ここで $w$ は $H$ の任意の点である. $w=iv$ とおく. 補題 9.24 によって評価式

$$|h(z)|\leqq My^{-\sigma}\qquad(y\to 0)$$

が成り立つことから容易に

$$|b_n| \leqq Mv^{\sigma-k}e^{2\pi(n+k/4)v} \qquad (v\to\infty)$$

が得られる．ゆえに $n+k/4<0$ ならば $b_n=0$ でなければならない．すなわち(9.42)には $n<0$ となる項が有限個しか現れないから，(9.40)についても同じである．これは $h_1$ が尖点1の近傍において有理型であることを示す．

$R(\Gamma)$ 上の局所座標ではかった $\theta^{2k}$, $h$ の因子を $(\theta^{2k})$, $(h)$ とすると $(h_1)=(h)-(\theta^{2k})$ (以下，記号については§4.3を参照)．また $(\theta^{2k})_\infty=(h)_\infty=0$ となる．実際，$\theta^{2k}, h$ が $H$ の点および $\infty$ で極をもたないことは明らかであるが，尖点1で極をもたないことは(9.41), (9.42)からでる(すでに証明した通り(9.42)には $n+k/4\geqq 0$ となる項のみが現れる)．尖点1に対応する $R(\Gamma)$ の点を $Q$ とすると $(\theta^{2k})_0=(k/4)Q$. ゆえに $(h_1)=(h)_0-(k/4)Q$. とくに

$$\deg(h)_0=\frac{k}{4}. \tag{9.43}$$

$Q$ においてのみ高々 $[k/4]$ 位の極をもつ $R(\Gamma)$ 上の関数の全体を $L([k/4]Q)$ とする．これまでの議論により $h_1\in L([k/4]Q)$ が示されたのである．

逆に任意の $h_1\in L([k/4]Q)$ に対し

$$h=h_1\theta^{2k}$$

とおく．明らかに $h$ は条件(A 1), (A 3)を満たす．$k/4$ が整数でなければ $h$ は尖点1において少なくとも $k/4-[k/4]$ 位の零点をもつ．$\theta^{2k}$ は $\infty$ においては零ではなく，1においては零であるから，$h$ から $\theta^{2k}$ の定数倍を引いてその差 $g$ が $\infty$ および1において零となるようにすることができる．一方，Eisenstein 級数 $G_4\in G(4,\Gamma(1))$ は尖点1において零ではない．ゆえに $k/4$ が整数ならば $h$ から $G_4^{k/4}$ と $\theta^{2k}$ の線型結合を引いてその差 $g$ が $\infty$, 1において零となるようにすることができる．いずれの場合も $g$ は(A 1), (A 3)を満足し，$\infty$ および1で零となる．ゆえに $(\mathrm{Im}\,z)^k|g|$ は $H$ 上で有界である．とくに $g$ は条件(A 2)′を満たす．$\theta^{2k}$, $G_4^{k/4}$ が(A 2)′を満たすことは既知であるから $h$ も同じ条件を満たす．

ゆえに

$$G(2,k,1)=\{h_1\theta^{2k}\mid h_1\in L([k/4]Q)\}$$

が証明された．$R(\Gamma)$ の種数は0であるから，Riemann-Roch の定理により

$$\dim G(2,k,1)=\dim L([k/4]Q)=[k/4]+1$$

が得られる．以上で $C=1$ の場合の証明が終ったのである．

つぎに $C=-1$ とする．$h\in G(2,k,-1)$ ならば (A 3) により $h(i)=0$. ゆえに $R(\Gamma)$ 上の局所座標ではかった $h$ の $i$ における零点の位数は少なくとも 1/2 である．しかし $h^2\in G(2,2k,1)$ であるから，(9.43) により $\deg(h^2)_0=k/2$. 上の注意により $k\geqq 2$ となる．いま

$$h_2(z)=\theta_{10}(z)^4-\theta_{01}(z)^4$$

とおけば，(9.36) により $h_2\in G(2,2,-1)$. このとき $\deg(h_2{}^2)_0=1$ であるから $h_2$ は $z=i$ でちょうど 1/2 位の零点をもち，それ以外には零点をもたない(とくに尖点 $\infty$, 1 でも零ではない).

$$h_1=\frac{h}{h_2\theta^{2k-4}}$$

とおけば，$h_1$ は $Q$ においてのみ高々 $[(k-2)/4]$ 位の極をもつことがわかる．逆に $h_1\in L([(k-2)/4]Q)$ ならば，すでに証明したことから $h_1\theta^{2k-4}\in G(2,k-2,1)$. ゆえに $h=h_2h_1\theta^{2k-4}$ は (A 2)′ を満たす．ゆえに $h\in G(2,k,-1)$. $G(2,k,-1)$ の次元はしたがって $L([(k-2)/4]Q)$ の次元 $[(k-2)/4]+1$ に等しい．▌

$$\theta(z)=\sum_{n=-\infty}^{\infty}e^{\pi i n^2 z}$$

に対応する Dirichlet 級数 $2\zeta(2s)$ は符号数 $\{2,1/2,1\}$ をもつ．定理 9.22 によってこの符号数をもつ Dirichlet 級数は定数倍を除き $\zeta(2s)$ と一致する．この場合の関数等式 (D 3) は，$s$ を $s/2$ で置き換えるならば，$\zeta(s)$ のよく知られた関数等式にほかならない．

## 問　　題

1　Hecke 環 $R(\Gamma,\Delta)$ における乗法が結合律を満たすことをつぎのようにして証明せよ．左剰余類 $\Gamma\delta$ $(\delta\in\Delta)$ の全体で生成される自由 $\boldsymbol{Z}$ 加群を $S$ とする．$\delta'\in\Delta$ の $S$ への作用を

$$\delta'\colon\ \Gamma\delta\longrightarrow\Gamma\delta\delta'$$

によって定義すれば，$S$ は $\Delta$ を作用域としてもつ．あるいは $\boldsymbol{Z}[\Delta]$ を $\Delta$ の群環とすれば，$S$ は $\boldsymbol{Z}[\Delta]$ 加群となる．両側剰余類 $\Gamma\alpha\Gamma$ に $\mathrm{End}_{\boldsymbol{Z}[\Delta]}(S)$ の元

$$\Gamma\delta\longrightarrow\sum_{\xi\in X}\Gamma\xi\delta$$

を対応させる．ただし $X$ は $\Gamma\backslash\Gamma\alpha\Gamma$ の代表系である．この対応は $R(\Gamma,\Delta)$ から $\mathrm{End}_{\boldsymbol{Z}[\Delta]}(S)$ の上への双射で，乗法を保つ．$\mathrm{End}_{\boldsymbol{Z}[\Delta]}(S)$ における結合律から $R(\Gamma,\Delta)$ における結合律がでる．

**2**　$\Gamma$ を第1種 Fuchs 群，$\chi$ をユニタリ行列による $\Gamma$ の表現とする．$\Delta \subseteq GL_2(\boldsymbol{R})_+$ が §9.1, a) の初めに述べた条件 (1), (2) を満たすとする．また $\chi$ が $\Delta$ で生成される部分群の表現に拡張されると仮定する．このとき $R(\Gamma, \Delta)$ の $G(m, \chi, \Gamma)$ における表現が

$$f \mid [\Gamma\alpha\Gamma]_{m,\chi} = (\det\alpha)^{m/2-1} \sum_{\xi \in X} \chi(\xi)^{-1} f \mid [\xi]_m$$

によって定義される．ここで $X$ は $\Gamma \backslash \Gamma\alpha\Gamma$ の代表系である．$[\Gamma\alpha\Gamma]_{m,\chi}$ は $S(m, \chi, \Gamma)$ をそれ自身の中へ移す．

**3**　$F$ を判別式 $D$ の虚2次体，$\mathfrak{a}$ を $F$ のイデアルとする．$\{a_1, a_2\}$ を $\mathfrak{a}$ の $\boldsymbol{Z}$ 上の基底として行列 $N(\mathfrak{a})^{-1}(\mathrm{Tr}_{F/\boldsymbol{Q}}(a_i\bar{a}_j))$ を $S(\mathfrak{a})$ で表わす．ただし $\bar{a}$ は $a$ の共役元である．テータ級数

$$\theta(z, S(\mathfrak{a})) = \sum_{\xi \in \mathfrak{a}} \boldsymbol{e}\left(\frac{N_{F/\boldsymbol{Q}}(\xi)}{N(\mathfrak{a})}\right)$$

は $G(1, (D/*), \Gamma_0(|D|))$ に属する．$F$ のイデアル類群の指標 $\chi$ に対して

$$L(s, \chi) = \sum_{\mathfrak{a}} \chi(\mathfrak{a}) N(\mathfrak{a})^{-s}$$

とおく．ここで $\mathfrak{a}$ は $F$ のすべての整イデアルを動く．このとき $\theta(z, S(\mathfrak{a}))$ に付随する Dirichlet 級数（ただし因子 $|D|^{-s}$ は除いておく）の全体は $L(s, \chi)$ の全体と同じ空間を生成する．$L(s, \chi)$ は任意の素数 $p$ に関する Euler 積である．ゆえに $\theta(z, S(\mathfrak{a}))$ 全体の張る空間は $T(n)$ $(n=1, 2, \cdots)$ の同時固有関数からなる基底をもつ．

**4**　$q$ を素数，$N=q$ または $q^2$ とする．$\chi$ を $\bmod N$ の指標とする．このとき $m>2$ に対して

$$\dim(G(m, \chi, \Gamma_0(N)) \cap \mathcal{E}(m, N)) = \begin{cases} q+1 & (N=q^2 \text{ かつ } \chi \text{ は非原始指標}), \\ 2 & (\text{その他}). \end{cases}$$

また $G(m, \chi, \Gamma_0(N)) \cap \mathcal{E}(m, N)$ は $T(n)$ $(n=1, 2, \cdots)$ の同時固有関数からなる基底をもつ．

**5**　$q$ を奇素数とする．§9.3 の記号で $N=q^3$，$t_1=t_2=q^2$，$\chi_1, \chi_2$ を $\bmod q$ の指標とする．$\chi=\chi_1\chi_2$ とおき $\chi(-1)=(-1)^m$ と仮定する．このとき $\zeta(s, \chi_1, \chi_2)$ に対応するモジュラー形式 $F$ は $G(m, \chi, \Gamma_0(q^3))$ に属する．$F$ および $H=F \mid [T(q)]_{m,\chi}$ によって張られる $G(m, \chi, \Gamma_0(q^3))$ の部分空間は $T(n)$ $(n=1, 2, \cdots)$ の同時固有関数からなる基底をもたない．

# 第10章　イデール群上の保型形式

## §10.1　アデールへの移行

### a）商空間

$\boldsymbol{Q}$ 上の4元数環 $A$ のアデール環およびイデール群をそれぞれ $A_{\boldsymbol{A}}, A_{\boldsymbol{A}}^{\times}$ とする．$A_{\boldsymbol{A}}$ の元 $a=(a_p)$ に対し $a_p$ を $a$ の $p$ **成分**という．ただし $p$ は $\boldsymbol{Q}$ の有限または無限素点を表わす．

$$(A_{\boldsymbol{A}})_f = \{a \in A_{\boldsymbol{A}} \mid a_\infty = 0\}$$

とおけば $A_{\boldsymbol{A}}=(A_{\boldsymbol{A}})_f \times A_\infty$．$A_{\boldsymbol{A}}$ から $(A_{\boldsymbol{A}})_f$, $A_\infty$ への射影をそれぞれ $\pi_f, \pi_\infty$ で表わす．$\pi_f(a), \pi_\infty(a)$ を $a$ の**有限成分**，**無限成分**という．$A_{\boldsymbol{A}}^{\times}$ に対しても同じ記号を用いる．こんどは

$$(A_{\boldsymbol{A}}^{\times})_f = \{a \in A_{\boldsymbol{A}}^{\times} \mid a_\infty = 1\}$$

とおけば $A_{\boldsymbol{A}}^{\times}=(A_{\boldsymbol{A}}^{\times})_f \times A_\infty^{\times}$．$A_{\boldsymbol{A}}^{\times}$ から $(A_{\boldsymbol{A}}^{\times})_f$, $A_\infty^{\times}$ への射影を $\pi_f, \pi_\infty$ とする．

$A=M_2(\boldsymbol{Q})$ ならば $A^{\times}$ は $GL_2(\boldsymbol{Q})$ である．このとき $A_{\boldsymbol{A}}^{\times}$ を $GL_2(\boldsymbol{A})$ とも書く．$A^{\times}, A_{\boldsymbol{A}}^{\times}$ の中でノルム1の元のつくる部分群はそれぞれ $SL_2(\boldsymbol{Q}), SL_2(\boldsymbol{A})$ と書かれる．

**定理 10.1**　$A$ は $A_{\boldsymbol{A}}$ の中で離散である．また $A^{\times}$ は $A_{\boldsymbol{A}}^{\times}$ の中で離散である．

**証明**　$A$ が $A_{\boldsymbol{A}}$ の中で離散であることを証明すればよい．$A_{\boldsymbol{A}}^{\times}$ の位相は $A_{\boldsymbol{A}}$ から誘導された位相よりも強いので，後半の命題はこれからでる．$\mathfrak{O}$ を $A$ の整環とする．$S=\{\infty\}$ とするとき

$$A_S = \prod_{p \neq \infty} \mathfrak{O}_p \times A_\infty$$

は $A_{\boldsymbol{A}}$ の開集合である．$\{e_1, \cdots, e_4\}$ を $\mathfrak{O}$ の $\boldsymbol{Z}$ 上の基底とする．それは $A_\infty$ の $\boldsymbol{R}$ 上の基底となる．

$$U_\infty = \left\{\sum_{i=1}^{4} x_i e_i \mid x_i \in \boldsymbol{R}, |x_i|<1\right\}$$

とおけば

$$U=\prod_{p\neq\infty}\mathfrak{O}_p\times U_\infty$$

は $A_{\boldsymbol{A}}$ の 0 の近傍となり(実際，$U$ は $A_S$ の開集合である)，$A\cap U=\{0\}$. ▌

$a\in A_{\boldsymbol{A}}^\times$ に対し

$$|a|_{\boldsymbol{A}}=\prod_p|n(a_p)|_p{}^2 \tag{10.1}$$

とおけば，$a\to|a|_{\boldsymbol{A}}$ は $A_{\boldsymbol{A}}^\times$ から $\boldsymbol{R}_+^\times$ の中への連続準同型写像である．その核は $A^\times$ を含む.

**定理 10.2** $A^\times\boldsymbol{Q}_{\boldsymbol{A}}^\times$ は $A_{\boldsymbol{A}}^\times$ の閉部分群である．また $A_{\boldsymbol{A}}^\times$ から $A_{\boldsymbol{A}}^\times/\boldsymbol{Q}_{\boldsymbol{A}}^\times$ の上への標準写像による $A^\times$ の像は $A_{\boldsymbol{A}}^\times/\boldsymbol{Q}_{\boldsymbol{A}}^\times$ の離散部分群である.

**証明** $\boldsymbol{Q}_{\boldsymbol{A}}^\times=\left(\prod_{p\neq\infty}\boldsymbol{Z}_p{}^\times\right)\boldsymbol{R}_+^\times\boldsymbol{Q}^\times$，$\boldsymbol{Q}_{\boldsymbol{A}}^\times\cap A^\times=\boldsymbol{Q}^\times$ が成り立つ．ゆえに $A^\times\boldsymbol{Q}_{\boldsymbol{A}}^\times$ の元を $x=\xi ut$ ($\xi\in A^\times$，$u\in\prod\boldsymbol{Z}_p{}^\times$，$t\in\boldsymbol{R}_+^\times$) と書くことができる．$A^\times\boldsymbol{Q}_{\boldsymbol{A}}^\times$ の点列 $x_n=\xi_nu_nt_n$ が収束すれば，$t_n{}^4=|x_n|_{\boldsymbol{A}}$ は収束する．$\lim_n t_n=t\in\boldsymbol{R}_+^\times$ とする．$\prod\boldsymbol{Z}_p{}^\times$ はコンパクトであるから，$u_n$ は $u\in\prod\boldsymbol{Z}_p{}^\times$ に収束すると仮定してよい．このとき $\xi_n=x_nt_n{}^{-1}u_n{}^{-1}$ も収束する．$A^\times$ は閉集合(定理 1.4)であるから $\lim_n\xi_n=\xi\in A^\times$．ゆえに $\lim_n x_n=\xi ut\in A^\times\boldsymbol{Q}_{\boldsymbol{A}}^\times$．これは $A^\times\boldsymbol{Q}_{\boldsymbol{A}}^\times$ が閉集合であることを示す.

上の記号で $x_n\notin\boldsymbol{Q}_{\boldsymbol{A}}^\times$ ($\forall n$) と仮定すれば $\xi_n\notin\boldsymbol{Q}^\times$ ($\forall n$)．$A^\times$ は離散であるから，十分大きい $n$ に対して $\xi_n=\xi$ となる．ゆえに $\xi\notin\boldsymbol{Q}^\times$，$\lim_n x_n\notin\boldsymbol{Q}_{\boldsymbol{A}}^\times$．ゆえに $A^\times\boldsymbol{Q}_{\boldsymbol{A}}^\times$ における $\boldsymbol{Q}_{\boldsymbol{A}}^\times$ の補集合は閉集合である．すなわち $\boldsymbol{Q}_{\boldsymbol{A}}^\times$ は $A^\times\boldsymbol{Q}_{\boldsymbol{A}}^\times$ の開部分群で，これから後半の主張がでる. ▌

**定理 10.3** $A$ を不定符号 4 元数環とする．$\mathfrak{O}$ を $A$ の極大整環として，$K_f=\prod_{p\neq\infty}\mathfrak{O}_p{}^\times$ とおく．$\mathscr{D}$ を $SL_2(\boldsymbol{R})$ における $\Gamma(A,\mathfrak{O})$ の基本領域とする．このとき

$$A_{\boldsymbol{A}}^\times=A^\times(K_f\times\boldsymbol{R}_+^\times\mathscr{D})=A^\times\boldsymbol{Q}_{\boldsymbol{A}}^\times(K_f\times\mathscr{D}).$$

とくに $A$ が多元体ならば $A^\times\boldsymbol{Q}_{\boldsymbol{A}}^\times\backslash A_{\boldsymbol{A}}^\times$ はコンパクトである.

**証明** 定理 3.9 により $A_{\boldsymbol{A}}^\times=A^\times\mathfrak{O}_{\boldsymbol{A}}^\times$．定義により $\mathfrak{O}_{\boldsymbol{A}}^\times=K_f\times A_\infty^\times$ であった．§3.6, e)の終りに述べたように $\mathfrak{O}^\times$ はノルム $-1$ の元を含む．ゆえに $A_\infty^\times=GL_2(\boldsymbol{R})=\pi_\infty(\mathfrak{O}^\times)\boldsymbol{R}_+^\times\mathscr{D}$．ゆえに

$$\begin{aligned}A_{\boldsymbol{A}}^\times&=A^\times(K_f\times\pi_\infty(\mathfrak{O}^\times)\boldsymbol{R}_+^\times\mathscr{D})=A^\times(K_f\times\boldsymbol{R}_+^\times\mathscr{D})\\&=A^\times\boldsymbol{Q}_{\boldsymbol{A}}^\times(K_f\times\mathscr{D}).\end{aligned}$$

$A$ が多元体ならば，定理 3.3 によりコンパクトな基本領域 $\mathscr{D}$ が存在する．こ

の場合，最後の等式は $A^\times \boldsymbol{Q}_A{}^\times \backslash A_A{}^\times$ がコンパクトであることを示す． ▌

**注意** $A$ が定符号でも $A^\times \boldsymbol{Q}_A{}^\times \backslash A_A{}^\times$ はコンパクトである．

### b）不変測度

$p$ を有限素点として，$V$ を $\boldsymbol{Q}_p$ 上の有限次元線型空間とする．$V$ の $\boldsymbol{Z}_p$ 格子 $L_0$ を固定し，任意の $\boldsymbol{Z}_p$ 格子 $L$ に対して

$$m(L) = \frac{[L : L \cap L_0]}{[L_0 : L \cap L_0]}$$

とおく．

$V$ 上の関数 $f$ が**局所定値**であるとは，任意の $a \in V$ に対して $a$ の近傍 $U_a$ が存在し，$f$ は $U_a$ 上で一定であることをいう．$V$ 上のコンパクトな台をもつ局所定値関数の全体を $\mathcal{S}(V)$ で表わす．$f \in \mathcal{S}(V)$ とすれば $f$ の台は上述のような近傍の有限個 $U_{a_1}, \cdots, U_{a_m}$ で覆われる．$U_{a_i} = a_i + L_i$ ($L_i$ は $\boldsymbol{Z}_p$ 格子) の形であると仮定してよい．$L = \bigcap L_i$ とおけば $f(x)$ は $x \pmod L$ のみで決まる．また $f$ の台はコンパクトであるから，それを含む $\boldsymbol{Z}_p$ 格子 $L'$ が存在する．$f$ は本質的には $L'/L$ 上の関数である．

$f \in \mathcal{S}(V)$ に対し，$f(x)$ が $x \pmod L$ のみに依存するような $\boldsymbol{Z}_p$ 格子 $L$ をとって

$$\int f(x)dm(x) = \sum_{x \in V/L} f(x)m(L)$$

とおく．右辺は実際は有限和である．$f \in C_c(V)$ ならば(一般に $X$ を局所コンパクト空間とするとき，$C_c(X)$ は $X$ 上のコンパクトな台をもつ連続関数の全体を表わす)，$f$ の一様連続性から，$f$ に一様収束する $\mathcal{S}(V)$ の関数列 $f_n$ をとることができる．$f, f_n$ の台は共通のコンパクト集合に含まれると仮定してよい．このとき

$$\int f(x)dm(x) = \lim_{n\to\infty} \int f_n(x)dm(x)$$

とおく．

$$\int f(x)dm(x) = \int f(x+a)dm(x) \qquad (f \in C_c(V))$$

はただちに確かめられる ($f \in \mathcal{S}(V)$ に対してこれを証明すれば十分である)．ゆえに $dm(x)$ は $V$ の加法群の不変測度である．

$\alpha\in GL(V)$ ならば，任意の $\boldsymbol{Z}_p$ 格子 $L$ に対して $m(\alpha L)=|\det\alpha|_p m(L)$．ゆえに

$$\int f(\alpha^{-1}x)dm(x)=|\det\alpha|_p\int f(x)dm(x)\qquad (f\in C_c(V))$$

が成り立つ（こんども $f\in\mathcal{S}(V)$ に対してこれを証明すればよい）．記号的には

$$(10.2)\qquad dm(\alpha x)=|\det\alpha|_p dm(x).$$

$V$ の基底を定めて $V$ を $\boldsymbol{Q}_p{}^n$ ($n=\dim V$) と同一視すれば，$dm(x)$ は定数因子を除き $\boldsymbol{Q}_p$ の加法群の不変測度の直積と一致する．

$V$ が $\boldsymbol{R}$ 上の有限次元線型空間ならば，$V$ 上の Lebesgue 測度 $dm(x)$ は $V$ の加法群の不変測度である．このときも (10.2) が成立する．

いま $A$ を $\boldsymbol{Q}$ 上の4元数環とする．$p$ を有限または無限素点として $A_p$ の加法群の不変測度を $m_p$ で表わす．$a\in A_p$ が引き起こす $A_p$ の線型変換 $x\to ax$ を $\rho(a)$ と書く．$a\to\rho(a)$ は $A_p$ の正則表現にほかならない．このとき $\det\rho(a)=n(a)^2$ となる（§3.3, (3.3) を見よ）．$A_p$ の線型変換 $x\to xa$ を $\rho'(a)$ で表わせば，補題7.5により $A_p$ の表現 $a\to{}^t\rho'(a)$ は正則表現と同値である．ゆえに (10.2) によって

$$(10.3)\qquad dm_p(ax)=dm_p(xa)=|n(a)|_p{}^2dm_p(x)\qquad (a\in A_p{}^\times).$$

したがって $A_p{}^\times$ 上の測度を

$$dm_p{}^\times(x)=|n(x)|_p{}^{-2}dm_p(x)$$

によって定義すれば，$dm_p{}^\times(ax)=dm_p{}^\times(xa)=dm_p{}^\times(x)$，すなわち

$$\int f(x)dm_p{}^\times(x)=\int f(ax)dm_p{}^\times(x)=\int f(xa)dm_p{}^\times(x)$$

が成り立つ．ゆえに $dm_p{}^\times(x)$ は $A_p{}^\times$ の左かつ右不変測度である．

$A$ の整環 $\mathfrak{O}$ を固定して，$m_p$ を $m_p(\mathfrak{O}_p)=1$ ($p\neq\infty$) となるように定めておく．$S$ を $\infty$ を含む素点の有限集合として

$$A_S=\prod_{p\notin S}\mathfrak{O}_p\times\prod_{p\in S}A_p$$

上に $\{m_p\}$ の積測度 $m_S$ を定義する．$S'\supseteq S$ ならば $m_S$ は $m_{S'}$ の $A_S$ への制限である．$A_{\boldsymbol{A}}$ の任意のコンパクト集合は或る $A_S$ に含まれるから，これから $A_{\boldsymbol{A}}$ 上の測度 $m$ を定義することができる．すなわち $f$ を $A_{\boldsymbol{A}}$ 上のコンパクト台の連続関数として，$f$ の台が $A_S$ に含まれるならば

$$\int_{A_A} f(x)dm(x) = \int_{A_S} f(x)dm_S(x)$$

とおくのである．

**注意**　$\{(X_\lambda, \mu_\lambda)\}_{\lambda\in L}$ を局所コンパクト測度空間の族とする．$L$ の有限部分集合 $J_0$ が存在し，$\lambda \in L-J_0$ ならば $X_\lambda$ はコンパクト，かつ $\prod_{\lambda\in L-J_0} \mu_\lambda(X_\lambda)$ は総積可能と仮定する．このときつぎの性質をもつ $X=\prod_{\lambda\in L} X_\lambda$ 上の測度 $\mu$ を定義することができる．任意の $L$ の有限部分集合 $J \supseteqq J_0$ と $f_\lambda \in C_c(X_\lambda)$ $(\lambda \in J)$ に対して

$$\int_X \prod_{\lambda\in J} f_\lambda \circ p_\lambda(x)\, d\mu(x) = \prod_{\lambda\in J}\int_{X_\lambda} f_\lambda(x_\lambda)\, d\mu_\lambda(x_\lambda) \prod_{\lambda\in L-J} \mu_\lambda(X_\lambda).$$

ただし $p_\lambda$ は $X$ から $X_\lambda$ の上への射影である．$\prod_{\lambda\in J} f_\lambda\circ p_\lambda$ の形の関数は $C_c(X)$ の中で密であるから，$\mu$ はこの性質によって一意的にきまる．$\mu$ を $\mu_\lambda$ の**積測度**という．

$m$ が $A_A$ の加法群の不変測度であることは容易に確かめることができる．(10.3) によって

$$dm(ax) = dm(xa) = |a|_A dm(x) \qquad (a \in A_A^\times) \tag{10.4}$$

が成り立つ．

$A_A^\times$ の不変測度を定義する仕方は $A_A$ のそれとほとんど同じである．$m_p^\times(\mathfrak{O}_p^\times)=1$ となるように $m_p^\times$ を定めて

$$A_S^\times = \prod_{p\notin S}\mathfrak{O}_p^\times \times \prod_{p\in S} A_p^\times$$

上に $\{m_p^\times\}$ の積測度 $m_S^\times$ を定義する．これから定まる $A_A^\times$ 上の測度を $m^\times$ とする．$m^\times$ は左かつ右不変測度である．

一般に $G$ を局所コンパクト位相群，$H$ を $G$ の閉部分群とする．$G, H$ が左かつ右不変測度 $dg, dh$ をもつとき，$f \in C_c(G)$ に対し

$$\int_G f(g)dg = \int_{G/H}\left\{\int_H f(gh)dh\right\}d\dot{g} \tag{10.5}$$

となる $G/H$ 上の測度 $d\dot{g}$ がただ一つ存在する．ただし $\dot{g}$ は $g$ の属する剰余類 $gH$ を表わす．このとき

$$d(g_1\dot{g}) = d\dot{g} \qquad (g_1 \in G)$$

が成り立つ．$\Gamma$ を $G$ の離散部分群とする．上に述べたことから

$$\int_G f(g)dg = \int_{G/\Gamma}\left\{\sum_{\gamma\in\Gamma} f(g\gamma)\right\}d\dot{g} \tag{10.6}$$

となる $G/\Gamma$ 上の測度 $d\dot{g}$ が存在するが，この場合 $d\dot{g}$ をたんに $dg$ と書くことが

ある．実際，$d\dot{g}$ に関する積分は $G$ における $\Gamma$ の基本領域(§1.4で述べた弱い意味の基本領域)上の $dg$ に関する積分に等しい．

さて $A$ を不定符号4元数環，$\mathfrak{D}$ を $A$ の極大整環とする．定理10.3の記号を用いれば，$K_f\times \boldsymbol{R}_+{}^\times\mathfrak{D}$ は $A_{\boldsymbol{A}}{}^\times$ における $A^\times$ の基本領域である．ゆえに $f\in C_c(A_{\boldsymbol{A}}{}^\times)$ に対して

$$\int_{A_{\boldsymbol{A}}{}^\times} f(x)dm^\times(x)=\sum_{\xi\in A^\times}\int_{K_f\times \boldsymbol{R}_+{}^\times\mathfrak{D}} f(\xi x)dm^\times(x).$$

$K_f$ 上に $\{m_p{}^\times\}$ の積測度を定義し，これを $dk_f$ で表わす．$dg$ を $SL_2(\boldsymbol{R})$ の不変測度，$d^\times t=t^{-1}dt$ を $\boldsymbol{R}_+{}^\times$ の不変測度とすれば

$$dm_\infty{}^\times(tg)=d^\times tdg \qquad (t\in \boldsymbol{R}_+{}^\times,\ g\in SL_2(\boldsymbol{R})).$$

したがって

$$\int_{A_{\boldsymbol{A}}{}^\times} f(x)dm^\times(x)=\sum_{\xi\in A^\times}\int_{K_f\times \boldsymbol{R}_+{}^\times\mathfrak{D}} f(\xi k_f tg)dk_f d^\times tdg \tag{10.7}$$

と書くことができる．

$\boldsymbol{Q}_{\boldsymbol{A}}{}^\times$ の不変測度 $dm^\times(z)$ に関しても同様である．$W_f=\prod_{p\neq\infty}\boldsymbol{Z}_p{}^\times$ とおけば，$\varphi\in C_c(\boldsymbol{Q}_{\boldsymbol{A}}{}^\times)$ に対して

$$\int_{\boldsymbol{Q}_{\boldsymbol{A}}{}^\times}\varphi(z)dm^\times(z)=\sum_{\zeta\in \boldsymbol{Q}^\times}\int_{W_f\times \boldsymbol{R}_+{}^\times}\varphi(\zeta w_f t)dw_f d^\times t. \tag{10.8}$$

$dm^\times(x)$ と $dm^\times(z)$ によって定まる $A_{\boldsymbol{A}}{}^\times/\boldsymbol{Q}_{\boldsymbol{A}}{}^\times$ 上の測度を $dm(\dot{x})$ とする．(10.7)，(10.8)によって

$$\int_{A_{\boldsymbol{A}}{}^\times/\boldsymbol{Q}_{\boldsymbol{A}}{}^\times} f(\dot{x})dm(\dot{x})=\sum_{\xi\in A^\times/\boldsymbol{Q}^\times}\int_{K_f\times\mathfrak{D}} f(\xi k_f g)dk_f dg \tag{10.9}$$

が得られる．ここで $f$ は $A_{\boldsymbol{A}}{}^\times/\boldsymbol{Q}_{\boldsymbol{A}}{}^\times$ 上のコンパクトな台をもつ連続関数であるが，右辺ではそれを $A_{\boldsymbol{A}}{}^\times$ 上の関数とみなしている．ゆえに $(A^\times\boldsymbol{Q}_{\boldsymbol{A}}{}^\times/\boldsymbol{Q}_{\boldsymbol{A}}{}^\times)\backslash(A_{\boldsymbol{A}}{}^\times/\boldsymbol{Q}_{\boldsymbol{A}}{}^\times)$ を $A^\times\boldsymbol{Q}_{\boldsymbol{A}}{}^\times\backslash A_{\boldsymbol{A}}{}^\times$ と書くとき

$$\int_{A^\times\boldsymbol{Q}_{\boldsymbol{A}}{}^\times\backslash A_{\boldsymbol{A}}{}^\times} f(\dot{x})dm(\dot{x})=\int_{K_f\times\mathfrak{D}} f(k_f g)dk_f dg. \tag{10.10}$$

**定理 10.4** $A$ を不定符号4元数環とすれば，$A^\times\boldsymbol{Q}_{\boldsymbol{A}}{}^\times\backslash A_{\boldsymbol{A}}{}^\times$ は測度有限である．

**証明** $\mathfrak{D}$ は測度有限であるから，定理は(10.10)からただちにでる．∎

### c) Fourier 変換

$f$ を $\boldsymbol{R}$ 上の可積分関数とする．

$$\hat{f}(x) = \int_{\boldsymbol{R}} f(t) e^{2\pi ixt} dt$$

を $f$ の **Fourier 変換**という.

$f$ は $\boldsymbol{R}$ 上の $C^\infty$ 級関数で, 任意の整数 $m, n \geqq 0$ に対して $|x|^m |f^{(n)}(x)|$ が $\boldsymbol{R}$ 上で有界であるとする. このとき $f$ は**急減少**であるという. $\boldsymbol{R}$ 上の急減少関数の全体を $\mathcal{S}(\boldsymbol{R})$ で表わす. $f \in \mathcal{S}(\boldsymbol{R})$ ならば, $\hat{f} \in \mathcal{S}(\boldsymbol{R})$ となり, Fourier 逆変換の公式

$$f(x) = \int_{\boldsymbol{R}} \hat{f}(t) e^{-2\pi ixt} dt \qquad (10.11)$$

が成立する.

$f \in \mathcal{S}(\boldsymbol{R})$ に対し

$$\varphi_f(x) = \sum_{n=-\infty}^{\infty} f(x+n)$$

とおけば, $\varphi_f$ は $C^\infty$ 級関数で周期 1 をもつ. $\varphi_f$ の Fourier 展開は

$$\varphi_f(x) = \sum_{n=-\infty}^{\infty} \hat{f}(-n) e^{2\pi inx}$$

で与えられる. とくに $x=0$ とおけば

$$\sum_{n=-\infty}^{\infty} f(n) = \sum_{n=-\infty}^{\infty} \hat{f}(n). \qquad (10.12)$$

これを **Poisson の和公式**という.

上の結果をアデール環 $\boldsymbol{Q}_A$ に拡張しよう. $p$ を有限素点とする. $\boldsymbol{Q}_p$ の元 $x$ の $p$ 進展開が $x = \sum c_n p^n$ $(c_n = 0, 1, \cdots, p-1)$ であるとき

$$\psi_p(x) = \exp\left(2\pi i\left(-\sum_{n<0} c_n p^n\right)\right)$$

とおく. $\psi_p$ は加法群 $\boldsymbol{Q}_p$ の指標となる. $\boldsymbol{Q}_p$ のすべての指標は $x \to \psi_p(ax)$ $(a \in \boldsymbol{Q}_p)$ によって与えられる. より正確には, 位相 Abel 群としての $\boldsymbol{Q}_p$ の双対を内積 $\langle x, y \rangle = \psi_p(xy)$ を通して $\boldsymbol{Q}_p$ と同一視することができる. $p=\infty$ に対しては $\psi_\infty(x) = e^{2\pi ix}$ とおけば同じ結果が得られる.

加法群 $\boldsymbol{Q}_A$ の指標 $\psi$ を

$$\psi(x) = \prod_p \psi_p(x_p)$$

によって定義しよう. こんども $\boldsymbol{Q}_A$ の双対は内積 $\langle x, y \rangle = \psi(xy)$ を通して $\boldsymbol{Q}_A$ と

同一視される．さらに $\psi_p$ の定義の仕方から

$$\psi(\xi x)=1 \ (\forall \xi \in \boldsymbol{Q}) \iff x \in \boldsymbol{Q}.$$

ゆえに $\boldsymbol{Q}$ と $\boldsymbol{Q_A}/\boldsymbol{Q}$ は互いに他の双対である．

ここで線型空間の制限テンソル積の定義を述べておく．$\{V_\lambda\}_{\lambda\in L}$ を $\boldsymbol{C}$ 上の線型空間の族とする．$L$ の有限部分集合 $J_0$ と，すべての $\lambda\in L-J_0$ に対し $V_\lambda$ の元 $e_\lambda\neq 0$ が与えられているとする．$J$ を $J_0$ を含む $L$ の有限部分集合として

$$V_J=\bigotimes_{\lambda\in J} V_\lambda$$

とおく．$J\subseteq J'$ ならば

$$f_{J'J}: \bigotimes_{\lambda\in J} v_\lambda \longrightarrow \left(\bigotimes_{\lambda\in J} v_\lambda\right)\otimes\left(\bigotimes_{\lambda\in J'-J} e_\lambda\right)$$

$V$は $_J$ から $V_{J'}$ の中への同型写像を定義する．$J$ が $J_0$ を含む $L$ の有限部分集合を動くとき，集合 $V_J$ の直和を $\bar{V}$ とする．すなわち $\bar{V}=\bigcup_J V_J$，かつ $J\neq J'$ ならば $V_J\cap V_{J'}=\phi$．$\bar{V}$ につぎのような同値関係を定義する．$x, x'\in\bar{V}$, $x\in V_J$, $x'\in V_{J'}$ とする．$J\subseteq J''$，$J'\subseteq J''$，$f_{J''J}(x)=f_{J''J'}(x')$ となる $J''$ が存在するとき，$x$ と $x'$ は同値であると定める．$\bar{V}$ をこの同値関係で割って得られる商集合を $V$ とする．$\bar{V}$ から $V$ の上への標準写像の $V_J$ への制限を $f_J$ とすれば，$f_J$ は単射である．また $V$ はすべての $f_J(V_J)$ の合併となる．$f_J(V_J)$ に $V_J$ の線型空間の構造を移し，自明な仕方で $V$ に線型空間の構造を入れることができる．このとき $V$ は $\{V_\lambda\}$ の $\{e_\lambda\}$ に関する**制限テンソル積**であるといい，

$$V=\bigotimes_{\{e_\lambda\}} V_\lambda$$

と書く．$V_J$ の元 $\bigotimes_{\lambda\in J} v_\lambda$ に対して $v_\lambda=e_\lambda\ (\lambda\in L-J)$ とおき，$f_J\left(\bigotimes_{\lambda\in J} v_\lambda\right)$ を $\bigotimes_{\lambda\in L} v_\lambda$ で表わすことにする．

$p$ が有限素点ならば，$\mathcal{S}(\boldsymbol{Q}_p)$ は $\boldsymbol{Z}_p$ の特性関数 $e_p$ を含む．$p$ がすべての（有限または無限）素点を動くとき，$\{\mathcal{S}(\boldsymbol{Q}_p)\}$ の $\{e_p\}$ に関する制限テンソル積を $\mathcal{S}(\boldsymbol{Q_A})$ で表わす．すなわち

$$\mathcal{S}(\boldsymbol{Q_A})=\bigotimes_{\{e_p\}}\mathcal{S}(\boldsymbol{Q}_p).$$

$\mathcal{S}(\boldsymbol{Q_A})$ の元 $\bigotimes_p f_p\ (f_p\in\mathcal{S}(\boldsymbol{Q}_p))$ を $\boldsymbol{Q_A}$ 上の関数 $f(x)=\prod_p f_p(x_p)$ と同一視することができる．ほとんどすべての $p$ に対して $f_p=e_p$，$x_p\in\boldsymbol{Z}_p$，したがって $f_p(x_p)=1$ であることに注意する．このようにして $\mathcal{S}(\boldsymbol{Q_A})$ は $\boldsymbol{Q_A}$ 上の関数の空

間と見なされる.

$f\in\mathcal{S}(\boldsymbol{Q}_A)$ に対して

$$\hat{f}(x)=\int_{\boldsymbol{Q}_A} f(y)\psi(xy)dm(y)$$

とおく. ただし $m$ は $\boldsymbol{Q}_A$ の不変測度である. $\hat{f}\in\mathcal{S}(\boldsymbol{Q}_A)$ は容易に確かめられる. $\hat{f}$ を $f$ の **Fourier 変換**という. いま不変測度 $m$ をつぎのようにして定義しておく. 有限素点 $p$ に対して $\boldsymbol{Q}_p$ の不変測度 $m_p$ を $m_p(\boldsymbol{Z}_p)=1$ となるように定める. $p=\infty$ に対しては $m_\infty$ は $\boldsymbol{R}$ の Lebesgue 測度であるとする. $\{m_p\}$ から前項 b) で述べたようにして構成される $\boldsymbol{Q}_A$ の測度を $m$ とする. このとき $f\in\mathcal{S}(\boldsymbol{Q}_A)$ に対して Fourier 逆変換の公式

$$f(x)=\int_{\boldsymbol{Q}_A}\hat{f}(y)\psi(-xy)dm(y) \tag{10.13}$$

が成立する. また Poisson の和公式はつぎの形をとる.

$$\sum_{\xi\in\boldsymbol{Q}} f(\xi)=\sum_{\xi\in\boldsymbol{Q}}\hat{f}(\xi). \tag{10.14}$$

これを (10.12) に帰着させることは易しい練習問題である.

**d) 保型形式**

$A$ を $\boldsymbol{Q}$ 上の不定符号4元数環とする. $\mathfrak{O}$ を $A$ の段 $dd'$ の整環として, $\Gamma=\Gamma(A,\mathfrak{O})$ とおく. $\chi$ を mod $d'$ の指標とする. 直積分解 $(\boldsymbol{Z}/d'\boldsymbol{Z})^\times=\prod_{p|d'}(\boldsymbol{Z}_p/d'\boldsymbol{Z}_p)^\times$ において $\chi$ の $(\boldsymbol{Z}_p/d'\boldsymbol{Z}_p)^\times$ への制限を $\chi_p$ で表わす. 段 $dd'$ の整環の定義から, $p\,|\,d'$ ならば

$$\mathfrak{O}_p=\begin{bmatrix}\boldsymbol{Z}_p & \boldsymbol{Z}_p\\ d'\boldsymbol{Z}_p & \boldsymbol{Z}_p\end{bmatrix}$$

であると仮定してよい. $\mathfrak{O}_p^\times\ni u=\begin{bmatrix}a & b\\ c & d\end{bmatrix}$ と書くとき

$$u\longrightarrow\chi_p(a)^{-1}$$

は $\mathfrak{O}_p^\times$ の1次元表現となる. この表現を $\boldsymbol{\chi}_p$ で表わす. $U_f=\prod_{p\neq\infty}\mathfrak{O}_p^\times$ とおき, $U_f$ の表現 $\boldsymbol{\chi}$ を

$$\boldsymbol{\chi}(u)=\prod_{p|d'}\boldsymbol{\chi}_p(u_p)\qquad(u=(u_p)\in U_f)$$

によって定義する. $A_A^\times$ から $(A_A^\times)_f$ への射影 $\pi_f$ は $\Gamma$ を $U_f$ の中へ写す. ややまぎらわしいが $\Gamma$ の表現 $\boldsymbol{\chi}\circ\pi_f$ をまた $\chi$ と書く. すなわち $A$ から $A_p$ の中への

埋め込みを $i_p$ とすれば

$$\chi(\gamma)=\prod_{p|d'}\boldsymbol{\chi}_p(i_p(\gamma)).$$

記号 $i_p$ は省略することがある.

一方では mod $d'$ の指標 $\chi$ を $\boldsymbol{Q}_{\boldsymbol{A}}^\times/\boldsymbol{Q}^\times$ の指標とみることができる. $\boldsymbol{Q}_{\boldsymbol{A}}^\times$ の元を $z=\zeta wt\left(\zeta\in\boldsymbol{Q}^\times,\ w\in\prod_{p\neq\infty}\boldsymbol{Z}_p^\times,\ t\in\boldsymbol{R}_+^\times\right)$ と書くとき

$$\chi(z)=\prod_{p|d'}\chi_p(w_p)$$

とおくのである.

$\Gamma$ の表現 $\chi$ は上に述べた通りとして, $(m,\chi,\Gamma)$ 型の整型保型形式の空間 $G(m,\chi,\Gamma)$ を考えよう. $f\in G(m,\chi,\Gamma)$ に対し $SL_2(\boldsymbol{R})$ 上の関数 $\varphi$ を

$$\varphi(g)=j(g,i)^m f(g(i))$$

によって定義する.

(10.15)　$\varphi(\gamma g)=\chi(\gamma)\varphi(g)\qquad(\forall\gamma\in\Gamma),$

(10.16)　$\varphi(gk(\theta))=e^{im\theta}\varphi(g)\qquad\left(\forall k(\theta)=\begin{bmatrix}\cos\theta & \sin\theta\\ -\sin\theta & \cos\theta\end{bmatrix}\right)$

は定義からただちにでる.

$A_{\boldsymbol{A}}^\times=A^\times GL_2(\boldsymbol{R})_+U_f$ (定理 3.9) であるから, 上述の関数 $\varphi$ を

(10.17)　$\varphi(\xi txu)=\varphi(x)\boldsymbol{\chi}(u)^{-1}\qquad(\forall x\in A_{\boldsymbol{A}}^\times,\ \xi\in A^\times,\ t\in\boldsymbol{R}_+^\times,\ u\in U_f)$

を満たす $A_{\boldsymbol{A}}^\times$ 上の関数に一意的に拡張することが可能である. 実際, $A_{\boldsymbol{A}}^\times$ の元 $x=\xi tgu$ ($\xi\in A^\times,\ t\in\boldsymbol{R}_+^\times,\ g\in SL_2(\boldsymbol{R}),\ u\in U_f$) に対して

$$\varphi(x)=\varphi(g)\boldsymbol{\chi}(u)^{-1}$$

とおけば, これは $x$ のみで決まる. このようにして $A_{\boldsymbol{A}}^\times$ 上に拡張された $\varphi$ が (10.17) を満たすことは明らかである.

このとき

(10.18)　$\varphi(zx)=\chi(z)\varphi(x)\qquad(\forall x\in A_{\boldsymbol{A}}^\times,\ z\in\boldsymbol{Q}_{\boldsymbol{A}}^\times)$

が成り立つ. なぜなら $z=\zeta wt$ ($\zeta\in\boldsymbol{Q}^\times,\ w\in\prod\boldsymbol{Z}_p^\times,\ t\in\boldsymbol{R}_+^\times$) とすれば

$$\varphi(zx)=\varphi(g)\boldsymbol{\chi}(wu)^{-1}=\varphi(g)\boldsymbol{\chi}(u)^{-1}\boldsymbol{\chi}(w)^{-1}=\chi(z)\varphi(x).$$

とくに $A=M_2(\boldsymbol{Q})$ の場合を考える. $K_f=\prod_{p\neq\infty}GL_2(\boldsymbol{Z}_p)$ とおく. $\mathcal{D}$ を $SL_2(\boldsymbol{R})$ における $SL_2(\boldsymbol{Z})$ の基本領域とすれば, $GL_2(\boldsymbol{A})=GL_2(\boldsymbol{Q})\boldsymbol{Q}_{\boldsymbol{A}}^\times K_f\mathcal{D}$ であった (定理 10.3). $\mathcal{D}$ として

$$\mathscr{D} = \{n(\beta)a(\alpha)k(\theta) \mid \alpha^4+\beta^2 \geqq 1, |\beta| \leqq 1/2, \alpha>0, 0 \leqq \theta \leqq \pi\}$$

をとることができる．ただし $n(\beta)=\begin{bmatrix}1 & \beta\\ 0 & 1\end{bmatrix}$, $a(\alpha)=\begin{bmatrix}\alpha & 0\\ 0 & \alpha^{-1}\end{bmatrix}$.

いま $K_f\mathscr{D}$ の元 $x$ を

$$x = k_f n(\beta)a(\alpha)k(\theta)$$

と書く．すでに述べたことから $k_f=\xi gu$ となる $\xi \in A^\times$, $g \in GL_2(\boldsymbol{R})_+$, $u \in U_f$ が存在するが，この等式の有限および無限成分を比較して $g \in SL_2(\boldsymbol{Z})$ であることがわかる．このとき $z=\beta+\alpha^2 i$ とおけば

$$\varphi(x) = \boldsymbol{\chi}(u)^{-1}e^{im\theta}\alpha^m j(g, z)^m f(gz).$$

$f$ は $\Gamma$ の尖点 $g(\infty)$ で有限であるから，$\beta$ および $\theta$ に関して一様に

$$\varphi(x) = O(\alpha^m) \qquad (\alpha \to \infty)$$

が成り立つ．しかし $K_f/U_f$ は有限であるから，この評価は $k_f$ に関しても一様である．あとで証明する補題 10.1 を考慮すれば，$\varphi$ はつぎの性質をもつことがわかる．

(10.19)　$GL_2(\boldsymbol{A})$ の任意のコンパクト集合 $C$ に対して，$g \in C$ に関して一様に $\varphi(a(\alpha)g)=O(\alpha^N)$ $(\alpha \to \infty)$ となる定数 $N \in \boldsymbol{R}$ が存在する．

$f \in G(m, \chi, \Gamma)$ に対して上のようにして定義された $A_A{}^\times$ 上の関数 $\varphi$ の空間もまた $G(m, \chi, \Gamma)$ で表わしておく．このとき条件(10.16)-(10.19)は，$\varphi$ を $H$ 上の関数に引き戻すとき整型であるという条件を付け加えるならば，$G(m, \chi, \Gamma)$ を特徴づける．

**補題 10.1**　$C, C'$ を $GL_2(\boldsymbol{A})$ のコンパクト集合，$\alpha, \alpha' \geqq 1$ とする．

$$a(\alpha)C \cap t\gamma a(\alpha')C' \neq \phi$$

となる $t \in \boldsymbol{R}_+{}^\times$ と $\gamma \in GL_2(\boldsymbol{Q})$ が存在すれば

$$\alpha \leqq M\alpha'$$

が成り立つ．ここで $M$ は $C, C'$ のみに依存する定数である．

**証明**　$C=C_f \times C_\infty$ $(C_f \subseteqq GL_2(\boldsymbol{A})_f$, $C_\infty \subseteqq GL_2(\boldsymbol{R}))$ の形であるとしてよい．$C_f$ は $K_f$ の右剰余類の有限個で覆われるから，$C_f$ が $K_f$ の一つの右剰余類となる場合を証明すれば十分である．近似定理により $C_f=\pi_f(\delta)K_f$ となる $\delta \in GL_2(\boldsymbol{Q})$ が存在する．$\delta$ を $\delta GL_2(\boldsymbol{Z})$ の任意の元で置き換えてよいから，$\delta$ は上三角行列であると仮定することができる．$C'$ に関しても同様である．このとき

$$a(\alpha)C = \delta a(\alpha)(K_f \times a(\alpha)^{-1}\pi_\infty(\delta)^{-1}a(\alpha)C_\infty).$$

$\pi_\infty(\delta)^{-1}=\begin{bmatrix} a & b \\ 0 & d \end{bmatrix}$ ならば $a(\alpha)^{-1}\pi_\infty(\delta)^{-1}a(\alpha)=\begin{bmatrix} a & \alpha^{-2}b \\ 0 & d \end{bmatrix}$ に注意する．$\alpha \geqq 1$ であるから $a(\alpha)^{-1}\pi_\infty(\delta)^{-1}a(\alpha)C_\infty$ は $\alpha$ によらない或るコンパクト集合に含まれる．結局，記号を変えて $C=K_f\times C_\infty$，$C'=K_f\times C_\infty'$ とおくとき

$$a(\alpha)C \cap t\gamma a(\alpha')C' \neq \phi$$

となる $t \in \boldsymbol{R}_+^\times$，$\gamma \in GL_2(\boldsymbol{Q})$ が存在すると仮定してよい．そうすれば $K_f \cap \pi_f(\gamma)\cdot K_f \neq \phi$，したがって $\gamma \in GL_2(\boldsymbol{Z})$．一方では

$$a(\alpha)C_\infty \cap t\pi_\infty(\gamma)a(\alpha')C_\infty' \neq \phi.$$

$GL_2(\boldsymbol{R})$ から $\boldsymbol{C}$ の中への写像 $g \to g(i)$ による $C_\infty, C_\infty'$ の像を $Z, Z'$ とする．$a(\alpha)z=\pi_\infty(\gamma)a(\alpha')z'$ となる $z \in Z$, $z' \in Z'$ が存在するが，$\pi_\infty(\gamma)=\begin{bmatrix} * & * \\ c & * \end{bmatrix}$ と書けば，$c=0$ または $c \neq 0$ に従って $\alpha^2|\mathrm{Im}\, z|=\alpha'^2|\mathrm{Im}\, z'|$ または $\alpha^2|\mathrm{Im}\, z| \leqq \alpha'^{-2}|\mathrm{Im}\, z'|^{-1}$．これから補題の結果がでる．▌

**e) Hecke 作用素**

$S$ を $\boldsymbol{Q}$ の素点の有限集合とする．

$$(A_{\boldsymbol{A}}^\times)^S = \{x \in A_{\boldsymbol{A}}^\times \mid x_p=1,\ \forall p \in S\}, \qquad (A_{\boldsymbol{A}}^\times)_S = \prod_{p \in S} A_p^\times$$

とおけば $A_{\boldsymbol{A}}^\times=(A_{\boldsymbol{A}}^\times)^S \times (A_{\boldsymbol{A}}^\times)_S$．$A_{\boldsymbol{A}}^\times$ からこの第1および第2因子への射影をそれぞれ $\pi^S, \pi_S$ で表わす．以下，前項c)の記号をそのまま用いる．また $S$ は $d'$ の素因子および $\infty$ からなる集合であるとする．

$$\varDelta = \{\alpha \in A^\times \mid n_{A/\boldsymbol{Q}}(\alpha)>0,\ i_p(\alpha) \in \mathfrak{O}_p^\times\ (\forall p \mid d')\}$$

とおく．$A$ から $A_\infty$ の中への埋め込みによって $\varDelta$ は $GL_2(\boldsymbol{R})_+$ の中へ移る．Hecke 環 $R(\Gamma, \varDelta)$ を考えて，それの $G(m, \chi, \Gamma)$ における表現を定義しよう．$\Gamma$ の表現 $\chi$ を

$$\chi(\alpha) = \prod_{p \mid d'} \boldsymbol{\chi}_p(i_p(\alpha)) \qquad (\alpha \in \varDelta)$$

によって $\varDelta$ へ拡張する．$\Gamma\alpha\Gamma=\bigcup_i \Gamma\alpha_i$ を $\Gamma\alpha\Gamma\ (\alpha \in \varDelta)$ の左剰余類への分解として，$f \in G(m, \chi, \Gamma)$ に対し

$$f \mid [\Gamma\alpha\Gamma]_{m,\chi} = (\det \alpha)^{m/2-1} \sum_i \chi(\alpha_i)^{-1} f \mid [\alpha_i]_m$$

とおくのである．$f$ および $f'=f \mid [\Gamma\alpha\Gamma]_{m,\chi}$ に対応する $A_{\boldsymbol{A}}^\times$ 上の関数を $\varphi, \varphi'$ とする（すなわち $g \in SL_2(\boldsymbol{R})$ に対し $\varphi(g)=(f \mid [g]_m)(i)$，$\varphi'(g)=(f' \mid [g]_m)(i)$ とお

き，(10.17)が成立するようにそれらを $A_A{}^\times$ 上の関数に拡張する)．簡単な計算によって

$$\varphi'(x)=(\det\alpha)^{m/2-1}\sum_i \varphi(x\pi^S(\alpha_i)^{-1})$$

が得られる．

$$U^S=\prod_{p\notin S}\mathfrak{O}_p{}^\times$$

とおく．$\varphi(x\pi^S(\alpha_i)^{-1})$ は明らかに剰余類 $U^S\alpha_i$ のみに依存する．

**定理 10.5**　$\pi^S$ によって $A^\times$ を $(A_A{}^\times)^S$ の中へ埋め込んでおく．このとき任意の $a\in(A_A{}^\times)^S$ に対して $U^SaU^S\cap\varDelta\neq\phi$, $U^SaU^S=U^Sa\varGamma$ が成り立つ．

**証明**　$A_A{}^\times=\mathfrak{O}_A{}^\times A^\times$ であるから $a=u\alpha$ $(u\in\mathfrak{O}_A{}^\times,\ \alpha\in A^\times)$ と書くことができる．$n(\alpha)>0$ と仮定してよい ($n(\alpha)<0$ ならば，$n(\gamma)=-1$ となる $\gamma\in\mathfrak{O}^\times$ があるから，$\alpha$ の代りに $\gamma\alpha$ をとる)．このとき $a=\pi^S(u)\pi^S(\alpha)$．したがって $U^Sa\ni\alpha$．一方，$\pi_S(u)\pi_S(\alpha)=1$ であるから $\alpha\in\varDelta$ となる．これで第1の主張が証明された．

或る $a_0\in U^SaU^S$ に対して $U^Sa_0U^S=U^Sa_0\varGamma$ が成立するならば，$U^SaU^S=U^Sa\varGamma$ も成立することはただちにわかる．ゆえに第2の主張を証明するためには，$a$ を $U^SaU^S$ の任意の元で置き換えてよい．$p\notin S$, $p\nmid d$ ならば $A_p{}^\times=GL_2(\boldsymbol{Q}_p)$, $\mathfrak{O}_p{}^\times=GL_2(\boldsymbol{Z}_p)$ であるから，上の理由で

$$a_p=\begin{bmatrix}p^\alpha & 0\\ 0 & p^\beta\end{bmatrix}$$

と仮定することができる．$p|d$ ならば $a_p\mathfrak{O}_p{}^\times a_p{}^{-1}=\mathfrak{O}_p{}^\times$ に注意する．

$u'au$ $(u,u'\in U^S)$ を $U^SaU^S$ の任意の元とする．$p\nmid dd'$ ならば

$$u_p'a_pu_p=u_p'\begin{bmatrix}n(u_p) & 0\\ 0 & 1\end{bmatrix}a_p\begin{bmatrix}n(u_p) & 0\\ 0 & 1\end{bmatrix}^{-1}u_p,$$

$p|d$ ならば $u_p'a_pu_p=u_p'a_pu_pa_p{}^{-1}\cdot a_p$．ゆえにいずれの場合も $n(u_p)=1$ と仮定することができる．

定理 3.8 により $A^1A_\infty{}^1$ は $A_A{}^1$ の中で密なので $u\gamma^{-1}\in\mathfrak{O}_A{}^\times\cap a^{-1}\mathfrak{O}_A{}^\times a\cap A_A{}^1$ (これは $A_A{}^1$ の開集合である) となる $\gamma\in A^1$ が存在する．$w=u\gamma^{-1}$ とおけば

$$u'au=u'aw\gamma=u'awa^{-1}\cdot a\gamma\in U^Sa\varGamma.$$

なぜなら $\pi^S(awa^{-1})\in U^S$, $\gamma=w^{-1}u\in\mathfrak{O}_A{}^\times\cap A^1=\varGamma$ であるから．ゆえに $U^SaU^S\subseteqq U^Sa\varGamma$ が証明された．逆の包含関係は明らかである．∎

**系** $\alpha\in U^SaU^S\cap\varDelta$, $\{\alpha_i\}$を$\Gamma\backslash\Gamma\alpha\Gamma$の代表系とする．このとき$\{\alpha_i\}$は$U^S\backslash U^SaU^S$の代表系である．

**証明** $\Gamma\alpha\Gamma=\bigcup_i\Gamma\alpha_i$から$U^SaU^S=U^S\alpha\Gamma=\bigcup_i U^S\alpha_i$がでる．$U^S\alpha_i=U^S\alpha_j$ならば$\alpha_i\alpha_j^{-1}\in U^S$, すなわち$\pi^S(\alpha_i\alpha_j^{-1})\in U^S$. しかし$\alpha_i,\alpha_j\in\varDelta$であるから$\alpha_i\alpha_j^{-1}\in\Gamma$でなければならない．▌

Hecke環$R(U^S,(A_A^{\times})^S)$の$G(m,\chi,\Gamma)$への作用をつぎのように定義する．$U^SaU^S=\bigcup_i U^Sa_i$を$U^SaU^S$の左剰余類への分解として，$\varphi\in G(m,\chi,\Gamma)$に対し

$$(\varphi\,|\,U^SaU^S)(x)=\sum_i\varphi(xa_i^{-1})$$

とおく．$\alpha\in U^SaU^S\cap\varDelta$ならば，これは$(\det\alpha)^{m/2-1}$の因子を除き$\Gamma\alpha\Gamma$の作用と一致する．

## §10.2 $SL_2(\boldsymbol{R})$における不変微積分作用素

この節を通して$SL_2(\boldsymbol{R})$を$G$で表わす．$C^\infty(G)$を$G$上の$C^\infty$級複素数値関数の全体とする．$C^\infty(G)$の線型変換$D$はつぎの性質をもつとき$G$上の**微分作用素**であるという．任意の座標近傍$U$に対し，$D\varphi$ ($\varphi\in C^\infty(G)$)の$U$への制限は局所座標に関する$\varphi$の高階偏導関数の，$U$上の$C^\infty$級関数を係数とする線型結合で表わされる．

$g\in G$, $\varphi\in C^\infty(G)$に対し

$$(\lambda(g)\varphi)(g')=\varphi(g^{-1}g'),\qquad(\rho(g)\varphi)(g')=\varphi(g'g)$$

とおく(この場合に限らず，$G$が任意の群であるときも，$g\in G$と$G$上の関数$\varphi$に対して同じ記号を用いる．$\lambda(g),\rho(g)$をそれぞれ**左移動**, **右移動**とよぶ)．$\lambda(g)$, $\rho(g)$は$C^\infty(G)$をそれ自身の中へ移す．微分作用素$D$が**左**(または**右**)**不変**であるとは，任意の$g\in G$に対して$D\lambda(g)=\lambda(g)D$ (または$D\rho(g)=\rho(g)D$)が成り立つことをいう．

$\mathfrak{g}=\{X\in M_2(\boldsymbol{R})\,|\,\mathrm{tr}\,X=0\}$とおく．$\mathfrak{g}$は$[X,Y]=XY-YX$を交換子積としてLie環となる．それは$SL_2(\boldsymbol{R})$のLie環である．$X\in\mathfrak{g}$, $\varphi\in C^\infty(G)$に対して

$$(\rho(X)\varphi)(g)=\frac{d}{dt}\varphi(g\exp tX)_{t=0}$$

とおく．$X\to\exp X$は$\mathfrak{g}$における0の或る近傍$V$から$G$における単位元1の

近傍の上への $C^\infty$ 同型写像である．$\mathfrak{g}$ の基底を $\{X_i\}$ とし，$X=\sum \xi_i X_i$ ($\xi_i \in \boldsymbol{R}$) と書くとき，$(\xi_i)$ を $\exp X$ の局所座標にとることができる．$U$ を任意の座標近傍として $g$, $g\exp X \in U$ の局所座標をそれぞれ $(x_i)$, $(x_i')$ とする．$x_j'$ は $(x_i)$, $(\xi_i)$ の $C^\infty$ 級関数である．$x_j'=f_j((x_i), (\xi_i))$ と書く．$\varphi(g)=\Phi((x_i))$ とおけば

$$\frac{d}{dt}\varphi(g\exp tX)_{t=0} = \sum_{j,k}\frac{\partial\Phi}{\partial x_j}((x_i))\frac{\partial f_j}{\partial\xi_k}((x_i), (\xi_i))\xi_k.$$

これは $\rho(X)$ が微分作用素であることを示す．定義からそれは左不変である．とくに 1 の近傍の局所座標として $(\xi_i)$ をとるならば

$$(\rho(X)\varphi)(1) = \sum_j \frac{\partial\Phi}{\partial\xi_j}((0))\xi_j.$$

ゆえに $X\to\rho(X)$ は線型単射である．$\rho(X)$ ($X\in\mathfrak{g}$) によって $\boldsymbol{C}$ 上生成される微分作用素の多元環を $D(G)$ で表わす．

**補題 10.2**　$X, Y\in\mathfrak{g}$ ならば

$$\rho(X)\rho(Y)-\rho(Y)\rho(X) = \rho([X, Y]).$$

**証明**　両辺とも左不変であるから，任意の $\varphi\in C^\infty(G)$ に対し

$$(\rho(X)\rho(Y)-\rho(Y)\rho(X))\varphi(1) = \rho([X, Y])\varphi(1)$$

が成立することをいえばよい．$V$ をさきに述べたような $\mathfrak{g}$ における 0 の近傍として，$X\in V$ に対し $\varphi(\exp X)=\Phi(X)$ と書く．$\Phi$ は $V$ 上の $C^\infty$ 級関数である．Taylor の公式から

$$\Phi(X) = \Phi(0)+\Phi'(0)(X)+\frac{1}{2}\Phi''(0)(X, X)+o(\|X\|^2).$$

ここで $\Phi'(0)$ は $\mathfrak{g}$ 上の線型形式，$\Phi''(0)$ は対称な双線型形式である．ゆえに

$$\begin{aligned}\rho(X)\varphi(1) &= \lim_{t\to 0} t^{-1}(\Phi(tX)-\Phi(0))\\ &= \Phi'(0)(X).\end{aligned}$$

定義に従えば

$$\rho(X)\rho(Y)\varphi(1) = \frac{d}{dt}\left[\frac{d}{ds}\varphi(\exp tX\exp sY)_{s=0}\right]_{t=0}$$

となるが，$\varphi(\exp tX\exp sY)$ は $t, s$ の $C^\infty$ 級関数であるから，右辺は

$$\lim_{t\to 0} t^{-2}[\varphi(\exp tX\exp tY)-\varphi(\exp tX)-\varphi(\exp tY)-\varphi(1)]$$

に等しい．したがって

$$(\rho(X)\rho(Y)-\rho(Y)\rho(X))\varphi(1) = \lim_{t\to 0} t^{-2}[\varphi(\exp tX \exp tY)-\varphi(\exp tY \exp tX)].$$

さて

$$\log(\exp tX \exp tY) = t(X+Y)+\frac{t^2}{2}[X, Y]+o(t^2)$$

は容易にわかる．ゆえに

$$\varphi(\exp tX \exp tY) = \Phi(0)+\Phi'(0)\left(t(X+Y)+\frac{t^2}{2}[X, Y]\right) + \frac{1}{2}\Phi''(0)(t(X+Y), t(X+Y))+o(t^2),$$

$$\varphi(\exp tX \exp tY)-\varphi(\exp tY \exp tX) = t^2\Phi'(0)([X, Y])+o(t^2).$$

これから

$$(\rho(X)\rho(Y)-\rho(Y)\rho(X))\varphi(1) = \Phi'(0)([X, Y]) = \rho([X, Y])\varphi(1)$$

が得られる．∎

$\mathfrak{g}_C=\mathfrak{g}\otimes_R C$ とおく．$\mathfrak{g}_C$ 上のテンソル多元環を $T(\mathfrak{g}_C)$，$XY-YX-[X, Y]$ ($X, Y\in\mathfrak{g}_C$) で生成される両側イデアルを $\mathfrak{a}$ とする．$U(\mathfrak{g}_C)=T(\mathfrak{g}_C)/\mathfrak{a}$ を Lie 環 $\mathfrak{g}_C$ の**展開環**という．$\mathfrak{g}_C$ から $C$ 上の多元環 $A$ の中への線型写像 $f$ が

$$f([X, Y]) = f(X)f(Y)-f(Y)f(X)$$

を満たすならば，$f$ は $U(\mathfrak{g}_C)$ から $A$ の中への準同型写像に拡張される．

**補題 10.3** $$U(\mathfrak{g}_C)\cong D(G).$$

**証明** $\mathfrak{g}_C$ から $D(G)$ の中への線型写像 $X\to\rho(X)$ は補題 10.2 により $U(\mathfrak{g}_C)$ から $D(G)$ の上への準同型写像 $\bar{\rho}$ に拡張される．$\bar{\rho}$ が単射であることをいえばよい．

$\{X_1, X_2, X_3\}$ を $\mathfrak{g}$ の基底とする．$x_1, x_2, x_3$ を変数，$m=(m_1, m_2, m_3)$ を整数 $\geqq 0$ の組とする．つぎの記号を用いる．

$$x^m = x_1^{m_1}x_2^{m_2}x_3^{m_3},$$

$$c_m = \frac{(m_1+m_2+m_3)!}{m_1!m_2!m_3!}, \qquad |m| = m_1+m_2+m_3.$$

$T(\mathfrak{g}_C)$ において $(\sum x_iX_i)^p$ を展開し

$$\left(\sum_i x_i X_i\right)^p = \sum_{|m|=p} c_m x^m X(m) \tag{10.20}$$

によって $X(m) \in T(\mathfrak{g}_C)$ を定義する．すなわち $i_k=1,2,3\ (1\leqq k\leqq p)$ とし，$i_1, \cdots, i_p$ の中に $1,2,3$ がそれぞれ $m_1, m_2, m_3$ 回現われるものとすれば

$$X(m) = \frac{1}{p!}\sum_\sigma X_{i_{\sigma(1)}}\cdots X_{i_{\sigma(p)}}.$$

ただし $\sigma$ はすべての $p$ 文字の置換を動く．$X_{j_1}\cdots X_{j_p}\ (X_{j_k}\in\mathfrak{g}_C)$ によって生成される $T(\mathfrak{g}_C)$ の部分空間を $T_p$ とする．このとき任意の $p$ 文字の置換 $\sigma$ に対して

$$X_{i_{\sigma(1)}}\cdots X_{i_{\sigma(p)}} \equiv X_{i_1}\cdots X_{i_p} \quad (\mathrm{mod}\,(\mathfrak{a}+T_{p-1})).$$

ゆえに

$$X(m) \equiv X_{i_1}\cdots X_{i_p} \quad (\mathrm{mod}\,(\mathfrak{a}+T_{p-1})).$$

$T(\mathfrak{a}_C)$ から $U(\mathfrak{g}_C)$ の上への標準写像を $X\to\bar{X}$ によって表わせば，$p$ に関する帰納法により $\bar{X}(m)$ の全体が $U(\mathfrak{g}_C)$ を張ることがわかる．

$X$ を $\mathfrak{g}$ の任意の元として，$X=\sum x_i X_i\ (x_i\in\boldsymbol{R})$ と書く．(10.20) により

$$\rho(X)^p = \bar{\rho}(\bar{X}^p) = \sum_{|m|=p} c_m x^m \bar{\rho}(\bar{X}(m))$$

が成り立つ．$\varphi\in C^\infty(G)$ ならば，帰納的に

$$\rho(X)^p\varphi(g) = \frac{d^p}{dt^p}\varphi(g\exp tX)_{t=0}$$

が得られるが，一方，これは

$$\sum_{|m|=p} c_m x^m \bar{\rho}(\bar{X}(m))\varphi(g)$$

に等しい．$g\exp(\sum\xi_i X_i)$ の局所座標として $(\xi_i)$ をとって $\varphi(g\exp(\sum\xi_i X_i))=\Phi((\xi_i))$ とおく．このとき

$$\begin{aligned}\frac{d^p}{dt^p}\varphi(g\exp tX)_{t=0} &= \frac{d^p}{dt^p}\Phi((tx_i))_{t=0}\\ &= \left(\sum x_i\frac{\partial}{\partial\xi_i}\right)^p\Phi((0))\\ &= \sum_{|m|=p} c_m x^m \frac{\partial^{m_1+m_2+m_3}}{\partial\xi_1{}^{m_1}\partial\xi_2{}^{m_2}\partial\xi_3{}^{m_3}}\Phi((0)).\end{aligned}$$

ゆえに

$$\bar{\rho}(\bar{X}(m))\varphi(g) = \frac{\partial^{m_1+m_2+m_3}}{\partial\xi_1{}^{m_1}\partial\xi_2{}^{m_2}\partial\xi_3{}^{m_3}}\varphi(g\exp(\textstyle\sum\xi_i X_i))_{\xi_i=0}. \tag{10.21}$$

これからとくに $\bar{\rho}(\bar{X}(m))$ は互いに線型独立であることがわかる．したがって $\bar{X}(m)$ も互いに線型独立でなければならない．ゆえに $\bar{X}(m)$ の全体は $U(\mathfrak{g}_C)$ の基底である．それの $\bar{\rho}$ による像が線型独立であることは $\bar{\rho}$ が単射であることを示す．▮

$\{\bar{X}(m)\}$ が $U(\mathfrak{g}_C)$ の基底であるから，$T(\mathfrak{g}_C)$ から $U(\mathfrak{g}_C)$ の上への標準写像は $\mathfrak{g}_C$ 上で単射である．これによって $\mathfrak{g}_C$ を $U(\mathfrak{g}_C)$ の部分空間と同一視することができる．また $\bar{\rho}$ をたんに $\rho$ で表わしても誤解はない．

**補題 10.4**　$U(\mathfrak{g}_C)$ の元 $Z$ が $U(\mathfrak{g}_C)$ の中心に属するためには $\rho(Z)$ が右不変であることが必要十分である．

**証明**　$\rho(Z)$ が右不変であるとする．$\varphi\in C^\infty(G)$ と $g,h\in G$ に対して $\rho(Z)\varphi(gh)=\rho(h)\rho(Z)\varphi(g)=\rho(Z)\rho(h)\varphi(g)=\rho(Z)_g\varphi(gh)$．ここで $\rho(Z)_g$ は $g$ の関数とみて $\rho(Z)$ を作用させることを意味する．$X\in\mathfrak{g}$ ならば

$$\rho(X)\rho(Z)\varphi(g)=\frac{d}{dt}[\rho(Z)\varphi(g\exp tX)]_{t=0}$$
$$=\frac{d}{dt}[\rho(Z)_g\varphi(g\exp tX)]_{t=0},$$

$\varphi(g\exp tX)$ は $g$ および $t$ の $C^\infty$ 級関数であるから，$g$ の局所座標に関する微分と $t$ に関する微分は交換可能である．ゆえに

$$\rho(X)\rho(Z)\varphi(g)=\rho(Z)_g\left[\frac{d}{dt}\varphi(g\exp tX)_{t=0}\right]$$
$$=\rho(Z)\rho(X)\varphi(g).$$

すなわち $\rho(Z)\rho(X)=\rho(X)\rho(Z)$ $(\forall X\in\mathfrak{g})$．ゆえに $Z$ は $U(\mathfrak{g}_C)$ の中心に属する（補題 10.3 により $\rho$ は同型写像である）．

逆に $Z$ が $U(\mathfrak{g}_C)$ の中心に属すると仮定する．$\rho(Z)\varphi=\psi$ とおく．$\rho(X)\psi(g)=\rho(Z)\rho(X)\varphi(g)$ であるから

$$\frac{d}{dt}\psi(g\exp tX)_{t=0}=\frac{d}{dt}[\rho(Z)_g\varphi(g\exp tX)]_{t=0}.$$

$g$ の代りに $g\exp tX$ における両辺の値を考えるならば

$$\frac{d}{dt}\psi(g\exp tX)=\frac{d}{dt}[\rho(Z)_g\varphi(g\exp tX)].$$

ゆえに任意の $t\in\boldsymbol{R}$ に対して

$$\psi(g\exp tX) = \rho(Z)_g\varphi(g\exp tX).$$

なぜなら $t=0$ においては両辺は一致するからである．上式は

$$\rho(\exp tX)\rho(Z)\varphi(g) = \rho(Z)\rho(\exp tX)\varphi(g)$$

と書くことができる．しかし $\exp tX$ ($X\in\mathfrak{g}$, $t\in\boldsymbol{R}$) の全体は $G$ を生成するから $\rho(Z)$ は右不変でなければならない．▌

$g\in G$, $X\in\mathfrak{g}$ に対して

$$\mathrm{Ad}(g)X = gXg^{-1}$$

とおく．$\mathrm{Ad}(g)$ は Lie 環 $\mathfrak{g}$ の自己同型である．すなわちそれは $\mathfrak{g}$ からそれ自身の上への線型同型であって

$$[\mathrm{Ad}(g)X, \mathrm{Ad}(g)Y] = \mathrm{Ad}(g)([X, Y])$$

を満足する．ゆえに $\mathrm{Ad}(g)$ は $U(\mathfrak{g}_C)$ の自己同型に拡張される．

**補題 10.5**　$Z\in U(\mathfrak{g}_C)$ とする．$\rho(Z)$ が右不変であるためには $\mathrm{Ad}(g)Z=Z$ ($\forall g\in G$) が必要十分である．

**証明**　$\{X_i\}$ を $\mathfrak{g}$ の基底とし，$X_i'=\mathrm{Ad}(g)X_i$ とおく．$\mathfrak{g}$ の基底 $\{X_i'\}$ から定義された $\bar{X}(m)$ (補題 10.3 の証明を見よ) を $\bar{X}'(m)$ と書く．$Z=\sum\alpha_m\bar{X}(m)$ ($\alpha_m\in\boldsymbol{C}$) ならば $\mathrm{Ad}(g)Z=\sum\alpha_m\bar{X}'(m)$ となる．(10.21) により $\varphi\in C^\infty(G)$ に対して

$$\begin{aligned}\rho(\mathrm{Ad}(g)Z)\varphi(1) &= \sum\alpha_m\frac{\partial^{m_1+m_2+m_3}}{\partial\xi_1{}^{m_1}\partial\xi_2{}^{m_2}\partial\xi_3{}^{m_3}}\varphi(\exp(\textstyle\sum\xi_iX_i'))\\ &= \sum\alpha_m\frac{\partial^{m_1+m_2+m_3}}{\partial\xi_1{}^{m_1}\partial\xi_2{}^{m_2}\partial\xi_3{}^{m_3}}\varphi(g\exp(\textstyle\sum\xi_iX_i)g^{-1}).\end{aligned}$$

ゆえに $\rho(\mathrm{Ad}(g)Z)\varphi(1)=\rho(g)\rho(Z)\rho(g^{-1})\varphi(1)$，すなわち $\rho(\mathrm{Ad}(g)Z)=\rho(g)\rho(Z)\rho(g^{-1})$ が成り立つ．補題はこれからでる．▌

$XY-YX$ ($X, Y\in\mathfrak{g}_C$) で生成される $T(\mathfrak{g}_C)$ の両側イデアルを $\mathfrak{b}$ として，$S(\mathfrak{g}_C)=T(\mathfrak{g}_C)/\mathfrak{b}$ とおく．$\{X_1, X_2, X_3\}$ を $\mathfrak{g}_C$ の基底とすると $S(\mathfrak{g}_C)$ を $X_1, X_2, X_3$ を不定元とする多項式環と考えることができる(岩波基礎数学選書“ジョルダン標準形・テンソル代数”の“テンソル空間と外積代数”を参照)．補題 10.3 の証明の記号をそのまま使う．$\{\bar{X}(m)\}$ は $U(\mathfrak{g}_C)$ の基底であるから，$\bar{X}(m)$ を

$$\tilde{X}(m) = X_1{}^{m_1}X_2{}^{m_2}X_3{}^{m_3}\qquad (m=(m_1, m_2, m_3))$$

に移すような $U(\mathfrak{g}_C)$ から $S(\mathfrak{g}_C)$ の上への線型写像 $\lambda$ が一意的に決まる．$\lambda$ は明らかに単射である．

$$X(m)X(m') \equiv X(m+m') \qquad (\mathrm{mod}\,(\mathfrak{a}+T_{p-1}))$$

(ただし $p=|m|+|m'|$) に注意すれば，$Z, Z' \in U(\mathfrak{g}_C)$ に対して

$$\deg\,(\lambda(ZZ')-\lambda(Z)\lambda(Z')) < \deg\lambda(ZZ') \tag{10.22}$$

が成り立つことがわかる．とくに

$$\deg\lambda(ZZ') = \deg\lambda(Z)+\deg\lambda(Z'). \tag{10.23}$$

$\{X(m)\}$ で張られる $T(\mathfrak{g}_C)$ の部分空間 $V$ が基底 $\{X_i\}$ の取り方によらないことは明らかである．$T(\mathfrak{g}_C)$ から $S(\mathfrak{g}_C)$ の上への標準写像を $Z\to\tilde{Z}$ で表わせば，$\lambda$ の定義によって

$$\lambda(\bar{Z}) = \tilde{Z} \qquad (Z\in V).$$

ゆえに $\lambda$ は基底 $\{X_i\}$ の取り方によらない．また $\mathrm{Ad}(g)$ は $V$ を不変にする．ゆえに

$$\lambda\circ\mathrm{Ad}(g) = \mathrm{Ad}(g)\circ\lambda \tag{10.24}$$

が成り立つ(線型空間 $\mathfrak{g}_C$ の自己同型はつねに $T(\mathfrak{g}_C), S(\mathfrak{g}_C)$ の自己同型に拡張される．$\mathrm{Ad}(g)$ は Lie 環として自己同型であるから $U(\mathfrak{g}_C)$ の自己同型に拡張されることはすでに述べた．$\mathrm{Ad}(g)$ の $T(\mathfrak{g}_C), S(\mathfrak{g}_C), U(\mathfrak{g}_C)$ への拡張をすべて同じ記号で表わしている)．

**定理 10.6**　$\mathfrak{g}$ の基底として

$$X_1=\begin{bmatrix}1 & 0\\ 0 & -1\end{bmatrix},\qquad X_2=\begin{bmatrix}0 & 1\\ 1 & 0\end{bmatrix},\qquad X_3=\begin{bmatrix}0 & 1\\ -1 & 0\end{bmatrix}$$

をとることにする．$G$ を $\mathrm{Ad}(g)$ によって $S(\mathfrak{g}_C)=\boldsymbol{C}[X_1, X_2, X_3]$ に作用させるとき，$S(\mathfrak{g}_C)$ の $G$ 不変な元の全体は

$$X_1^2+X_2^2-X_3^2$$

によって生成される多項式環である．

**証明**　$A=\{a(v)\,|\,v>0\}$ とおく．$G=SO_2(\boldsymbol{R})ASO_2(\boldsymbol{R})$ であるから，$SO_2(\boldsymbol{R})$ 不変かつ $A$ 不変な多項式の全体を求めればよい．

$$\mathrm{Ad}(k(\theta))\begin{bmatrix}X_1\\ X_2\\ X_3\end{bmatrix}=\begin{bmatrix}\cos 2\theta & -\sin 2\theta & 0\\ \sin 2\theta & \cos 2\theta & 0\\ 0 & 0 & 1\end{bmatrix}\begin{bmatrix}X_1\\ X_2\\ X_3\end{bmatrix}$$

は直接確かめられる．$U=X_1+iX_2$，$V=X_1-iX_2$ とおく．$U\to zU$，$V\to z^{-1}V$ ($z\in\boldsymbol{C}$, $|z|=1$) によって不変な $U, V$ の多項式は $UV$ の多項式のみである．ゆえに

$SO_2(\boldsymbol{R})$ 不変な多項式は

$$F(X_1, X_2, X_3) = \sum_{i=0}^{m} F_i(X_3)(X_1{}^2+X_2{}^2)^i \tag{10.25}$$

の形でなければならない．一方では

$$\mathrm{Ad}(a(v))\begin{bmatrix} X_1 \\ X_2 \\ X_3 \end{bmatrix} = \begin{bmatrix} 1 & 0 & 0 \\ 0 & \lambda & \mu \\ 0 & \mu & \lambda \end{bmatrix}\begin{bmatrix} X_1 \\ X_2 \\ X_3 \end{bmatrix}$$

(ただし $\lambda=(v^2+v^{-2})/2$, $\mu=(v^2-v^{-2})/2$) であるから，$F$ が $A$ 不変ならば

$$F(X_1, X_2, X_3) = \sum_{j=0}^{n} G_j(X_1)(X_2{}^2-X_3{}^2)^j \tag{10.26}$$

の形に書かれる．(10.25), (10.26) が同時に成り立つと仮定する．$X_2$ の次数を考えると $m=n$．また $F_m(X_3)=G_m(X_1)$ (したがって定数) でなければならない．これを $c$ とおけば $F(X_1, X_2, X_3)-c(X_1{}^2+X_2{}^2-X_3{}^2)^m$ の $X_1, X_2, X_3$ に関する次数はいずれも $2m$ より小さい．次数に関する帰納法によって $F$ は $X_1{}^2+X_2{}^2-X_3{}^2$ の多項式であることが結論される．∎

**定理 10.7**　$U(\mathfrak{g}_C)$ の中心は $X_1{}^2+X_2{}^2-X_3{}^2$ で生成される多項式環である．

**証明**　補題 10.4, 10.5 と (10.24) によって $Z\in U(\mathfrak{g}_C)$ が中心に属するためには，$\lambda(Z)$ が $G$ 不変であることが必要十分である．定理 10.6 によって，このとき $\lambda(Z)$ は $X_1{}^2+X_2{}^2-X_3{}^2$ の多項式である．その最高次の項を $c(X_1{}^2+X_2{}^2-X_3{}^2)^n$ とすれば，(10.22) によって

$$\deg \lambda(Z-c(X_1{}^2+X_2{}^2-X_3{}^2)^n) < 2n.$$

$\deg \lambda(Z)$ に関する帰納法によって $Z$ は $X_1{}^2+X_2{}^2-X_3{}^2$ の多項式となる．∎

同様にしてつぎの定理が証明される．

**定理 10.8**　$\mathrm{Ad}(k)$ $(\forall k\in SO_2(\boldsymbol{R}))$ によって不変な $U(\mathfrak{g}_C)$ の元の全体は $X_1{}^2+X_2{}^2$ および $X_3$ で生成される多項式環である．——

さて $G$ の元は

$$g = nak,$$

$$n=\begin{bmatrix} 1 & u \\ 0 & 1 \end{bmatrix},\quad a=\begin{bmatrix} v & 0 \\ 0 & v^{-1} \end{bmatrix},\quad k=\begin{bmatrix} \cos\theta & \sin\theta \\ -\sin\theta & \cos\theta \end{bmatrix}$$

の形に一意的に表わされた (ただし $v>0$ とする)．$(u, v, \theta)$ を $g$ の局所座標と見て微分作用素 $\rho(Z)$ $(Z\in U(\mathfrak{g}_C))$ のいくつかを書き表わしておくと，応用上好都

合である．$\varphi\in C^\infty(G)$ に対して $\varphi(g)$ を $u, v, \theta$ の関数とみなし，簡単のため $\varphi(g)=\varphi(u, v, \theta)$ と書く．$\{X_1, X_2, X_3\}$ を定理 10.6 で述べた $\mathfrak{g}$ の基底とする．$\exp tX_3=k(t)$ から

$$\rho(X_3)\varphi = \frac{\partial\varphi}{\partial\theta} \tag{10.27}$$

はただちにでる．つぎに $\rho(X_1)$ の $(u, v, \theta)$ に関する表示を求めるために，一般に

$$\rho(X)\varphi(gh) = \rho(h)\rho(X)\varphi(g) = \rho(\mathrm{Ad}(h)X)\rho(h)\varphi(g)$$

が成り立つことに注意する．したがって

$$\rho(X_1)\varphi(g) = \rho(X_1)\varphi(nak) = \rho(\mathrm{Ad}(k)X_1)\rho(k)\varphi(na).$$

$U=\begin{bmatrix} 0 & 1 \\ 0 & 0 \end{bmatrix}$ とおけば，$X_2=2U-X_3$ であるから

$$\begin{aligned}\mathrm{Ad}(k)X_1 &= \cos 2\theta X_1-\sin 2\theta X_2 \\ &= \cos 2\theta X_1-2\sin 2\theta U+\sin 2\theta X_3.\end{aligned}$$

$\exp tX_1=a(e^t)$，$\mathrm{Ad}(a)U=v^2U$ に注意すると

$$\begin{aligned}\rho(X_1)\rho(k)\varphi(na) &= v\frac{\partial}{\partial v}\rho(k)\varphi(na) = v\frac{\partial}{\partial v}\varphi(g), \\ \rho(U)\rho(k)\varphi(na) &= \rho(\mathrm{Ad}(a)U)\rho(ak)\varphi(n) \\ &= v^2\frac{\partial}{\partial u}\rho(ak)\varphi(n) = v^2\frac{\partial}{\partial u}\varphi(g), \\ \rho(X_3)\rho(k)\varphi(na) &= \rho(k)\rho(X_3)\varphi(na) = \frac{\partial}{\partial\theta}\varphi(g)\end{aligned}$$

が得られる．ゆえに

$$\rho(X_1)\varphi = \cos 2\theta\cdot v\frac{\partial\varphi}{\partial v}-2\sin 2\theta\cdot v^2\frac{\partial\varphi}{\partial u}+\sin 2\theta\frac{\partial\varphi}{\partial\theta}. \tag{10.28}$$

同様にして

$$\rho(X_2)\varphi = \sin 2\theta\cdot v\frac{\partial\varphi}{\partial v}+2\cos 2\theta\cdot v^2\frac{\partial\varphi}{\partial u}-\cos 2\theta\frac{\partial\varphi}{\partial\theta}. \tag{10.29}$$

いま $V^+=X_1+iX_2$，$V^-=X_1-iX_2$ とおけば，(10.28), (10.29) から

$$\left\{\begin{aligned}\rho(V^+) &= e^{2i\theta}v\frac{\partial}{\partial v}+2ie^{2i\theta}v^2\frac{\partial}{\partial u}-ie^{2i\theta}\frac{\partial}{\partial\theta}, \\ \rho(V^-) &= e^{-2i\theta}v\frac{\partial}{\partial v}-2ie^{-2i\theta}v^2\frac{\partial}{\partial u}+ie^{-2i\theta}\frac{\partial}{\partial\theta}.\end{aligned}\right. \tag{10.30}$$

あるいは $x=u$, $y=v^2$, $z=x+iy$ とおけば

$$(10.31)\qquad \begin{cases} \rho(V^+) = ie^{2i\theta}\left(4y\dfrac{\partial}{\partial z}-\dfrac{\partial}{\partial\theta}\right), \\ \rho(V^-) = -ie^{-2i\theta}\left(4y\dfrac{\partial}{\partial\bar{z}}-\dfrac{\partial}{\partial\theta}\right). \end{cases}$$

ただし

$$\frac{\partial}{\partial z}=\frac{1}{2}\left(\frac{\partial}{\partial x}-i\frac{\partial}{\partial y}\right),\qquad \frac{\partial}{\partial \bar{z}}=\frac{1}{2}\left(\frac{\partial}{\partial x}+i\frac{\partial}{\partial y}\right).$$

$U(\mathfrak{g}_C)$ の元 $X_1^2+X_2^2-X_3^2$ を $D$ で表わす．定理 10.7 により $D$ は $U(\mathfrak{g}_C)$ の中心の生成元であった．

$$(10.32)\qquad D = V^+V^-+2iX_3-X_3^2$$

であるから，(10.27), (10.31) によって

$$(10.33)\qquad \rho(D) = 16y^2\frac{\partial^2}{\partial z\partial\bar{z}}-4y\frac{\partial^2}{\partial\theta\partial x}$$

が得られる．

**定理 10.9**　$m$ を整数，$f$ を $H$ 上の関数とする．$g\in SL_2(\boldsymbol{R})$ に対して

$$\varphi(g) = j(g,i)^m f(g(i))$$

とおく．このとき $f$ が $H$ 上で整型であるためには $\rho(V^-)\varphi=0$ であることが必要十分である．

**証明**　$g=n(u)a(v)k(\theta)$, $g(i)=z=x+iy$ ならば $\varphi(g)=e^{im\theta}y^{m/2}f(z)$．ゆえに (10.31) によって

$$\rho(V^-)\varphi = -4ie^{i(m-2)\theta}y^{m/2+1}\frac{\partial f}{\partial\bar{z}}$$

となる．したがって $\rho(V^-)\varphi=0$ は $\partial f/\partial\bar{z}=0$ と同値である．∎

いま $\Gamma$ を第 1 種 Fucks 群，$f$ を $\Gamma$ に対する重さ $m$ の整型保型形式とする．上の定理の記号で，このとき $\varphi(\gamma g)=\varphi(g)$ $(\gamma\in\Gamma)$, $\varphi(gk(\theta))=e^{im\theta}\varphi(g)$．また $\varphi$ は $\rho(D)$ の固有関数である．実際，定理 10.9 と (10.32) から $\rho(D)\varphi=m(m-2)\varphi$ がでる．ゆえに $\rho(D)$ の固有値として ($m(m-2)$ の代りに) 任意の値を許すことによって，整型保型形式の概念の一つの拡張が得られる (ここでは正確に，また最も一般に保型形式の定義を述べているわけではない．$\Gamma\backslash G$ がコンパクトでなければ，$\varphi$ が $\Gamma$ の基本領域の上で適当な増大条件を満たすことを仮定する．

また§2.1と同様に，$\varphi$ を $\Gamma$ 不変とする代りに $\varphi$ が $\Gamma$ の或る表現に従って変ると仮定することもできる)．この意味での非整型保型形式は，不定符号2次形式への応用を念頭において，Maass によって初めて論じられたが (Maass [46, 47])，さらに Selberg の弱対称空間上の調和解析の理論(Selberg [56])によってそれらの役割または位置づけが明確に理解されるようになったということができる．Selberg は上記論文において不変微積分作用素環の同時固有関数を考察した．われわれの場合，$\varphi$ が $\rho(D)$ および $\rho(X_3)$ の固有関数であるならば，$\varphi$ は或る積分作用素環の同時固有関数であり，逆も成り立つ．この事実は次節§10.3で述べる保型形式の定義を理解しやすくする．なお $D$ および $X_3$ は $U(\mathfrak{g}_C)$ の部分環 $\{Z \mid \mathrm{Ad}(k)Z=Z, \forall k \in SO_2(\boldsymbol{R})\}$ の生成元である．

**補題 10.6**　$\varphi \in C^\infty(G)$，$X \in \mathfrak{g}$ とする．$\rho(X)\varphi=\lambda\varphi$ ならば $\rho(\exp tX)\varphi=e^{\lambda t}\varphi$ $(\forall t \in \boldsymbol{R})$ が成り立つ．

**証明**　$g \in G$ を任意に固定して $f(t)=\rho(\exp tX)\varphi(g)$ とおく．このとき，

$$\begin{aligned} f'(t) &= \lim_{h\to 0} h^{-1}(\rho(\exp(t+h)X)\varphi(g)-\rho(\exp tX)\varphi(g)) \\ &= \lim_{h\to 0} h^{-1}\rho(\exp tX)(\rho(\exp hX)\varphi(g)-\varphi(g)) \\ &= \rho(\exp tX)\rho(X)\varphi(g) \\ &= \lambda f(t). \end{aligned}$$

ゆえに $f(t)=e^{\lambda t}f(0)$．▌

とくに $\rho(X_3)$ の固有値は $im$ $(m \in \boldsymbol{Z})$ の形でなければならない．

**補題 10.7**　$\varphi \in C^\infty(G)$ が条件

(1)　$\varphi(kgk^{-1})=\varphi(g)$　$(\forall g \in G,\ k \in SO_2(\boldsymbol{R}))$，

(2)　$\rho(X_3)\varphi=im\varphi,\quad \rho(D)\varphi=r\varphi$，

(3)　$\varphi(1)=0$

を満たすならば $\varphi=0$ である．ただし $m \in \boldsymbol{Z}$，$r \in \boldsymbol{C}$ とする．

**証明**　(1)から $\lambda(k^{-1})\rho(k^{-1})\varphi=\varphi$ $(k \in SO_2(\boldsymbol{R}))$．ゆえに任意の $Z \in U(\mathfrak{g}_C)$ に対して

$$\begin{aligned} \rho(Z)\varphi(1) &= \rho(Z)\lambda(k^{-1})\rho(k^{-1})\varphi(1) = \lambda(k^{-1})\rho(Z)\rho(k^{-1})\varphi(1) \\ &= \rho(k)\rho(Z)\rho(k^{-1})\varphi(1) = \rho(\mathrm{Ad}(k)Z)\varphi(1). \end{aligned}$$

したがって

$$Z_1=\int_{SO_2(\boldsymbol{R})}\mathrm{Ad}(k)Zdk$$

とおけば，$\rho(Z)\varphi(1)=\rho(Z_1)\varphi(1)$．$Z_1$は$SO_2(\boldsymbol{R})$不変であるから$D$および$X_3$の多項式である．(2)によって$\varphi$は$\rho(Z_1)$の固有関数となる．$\rho(Z_1)\varphi=r_1\varphi$とおけば$\rho(Z)\varphi(1)=\rho(Z_1)\varphi(1)=r_1\varphi(1)=0$.

$$\rho(\bar{X}(m_1,m_2,m_3))\varphi(1)=\frac{\partial^{m_1+m_2+m_3}}{\partial\xi^{m_1}\partial\xi^{m_2}\partial\xi^{m_3}}\varphi(\exp(\sum\xi_iX_i))$$

であるからとくに$\varphi$の1におけるすべての高階偏導関数は0となる．一方，$\varphi$は楕円型微分作用素$\rho(X_1{}^2+X_2{}^2+X_3{}^2)$の固有関数であるから実解析的関数である(高村幸男，小西芳雄，増田久弥“非線型方程式”の‘楕円型’を参照)．ゆえに$\varphi$は恒等的に0でなければならない．▌

$m\in\boldsymbol{Z}$, $r\in\boldsymbol{C}$に対して

$$\rho(X_3)\varphi=im\varphi,\qquad\rho(D)\varphi=r\varphi$$

を満たす$\varphi\in C^\infty(G)$の全体を$B(m,r)$で表わす．$\varphi\in B(m,r)$に対して

$$M\varphi(g)=\int_{SO_2(\boldsymbol{R})}\varphi(kgk^{-1})dk$$

とおく．$M\varphi$はまた$B(m,r)$に属することに注意しよう．いま$B(m,r)\neq\{0\}$として，その一つの元$\varphi\neq0$をとる．$\varphi(g_0)=\lambda(g_0{}^{-1})\varphi(1)\neq0$となる$g_0\in G$が存在するから，$\varphi$の代りに$\lambda(g_0{}^{-1})\varphi$をとって，初めから$\varphi(1)\neq0$と仮定しておく．このとき$M\varphi(1)=\varphi(1)\neq0$.

$$\omega(g)=\frac{M\varphi(g)}{M\varphi(1)}$$

とおけば，$\omega\in B(m,r)$，$\omega(kgk^{-1})=\omega(g)$ $(\forall k\in SO_2(\boldsymbol{R}))$，$\omega(1)=1$．補題10.7により$\omega$はこの条件によって一意的に決まる．同じ補題によりもし$\varphi(1)=0$ならば$M\varphi=0$．ゆえに任意の$\varphi\in B(m,r)$に対して

$$M\varphi(g)=\varphi(1)\omega(g)\tag{10.34}$$

が成立する．$h\in G$として，上式の$\varphi$に$\lambda(h^{-1})\varphi$を代入すれば$M\lambda(h^{-1})\varphi(g)=\lambda(h^{-1})\varphi(1)\omega(g)$，すなわち

$$\int_{SO_2(\boldsymbol{R})}\varphi(hkgk^{-1})dk=\varphi(h)\omega(g)\tag{10.35}$$

が得られる．

$C_c^\infty(G)$ によってコンパクトな台をもつ $G$ 上の $C^\infty$ 級関数の全体を表わす．

$$L=\{f\in C_c^\infty(G)\,|\,f(kgk^{-1})=f(g),\ \forall k\in SO_2(\boldsymbol{R})\}$$

とおく．$L$ はたたみ込み

$$(f*f')(h)=\int_G f(hg^{-1})f'(g)dg=\int_G f(g^{-1})f'(gh)dg$$

を乗法として多元環を作る．$f(g)\to\check{f}(g)=f(g^{-1})$ は $L$ の反自己同型である．$f\in L$ の $C^\infty(G)$ への作用を

$$\rho(f)\varphi(h)=\int_G\varphi(hg)f(g)dg\qquad(\varphi\in C^\infty(G))\tag{10.36}$$

によって定める．このとき $\rho(f*f')\varphi=\rho(f)\rho(f')\varphi$ が成り立つ．明らかに $\rho(f)$ は $\lambda(g)$ $(g\in G)$，$\rho(k)$ $(k\in SO_2(\boldsymbol{R}))$ と可換である．

$\varphi\in B(m,r)$ とする．(10.36) の $g$ を $kgk^{-1}$ で置き換えて $k$ に関して積分する．(10.35) によって

$$\begin{aligned}\rho(f)\varphi(h)&=\int_G\int_{SO_2(\boldsymbol{R})}\varphi(hkgk^{-1})f(g)dkdg\\&=\int_G\varphi(h)\omega(g)f(g)dg.\end{aligned}$$

すなわち

$$r_f=\int_G\omega(g)f(g)dg$$

とおけば

$$\rho(f)\varphi=r_f\varphi$$

が成り立つ．$r_f$ が $\varphi$ に依存しないことに注意する．以上でつぎの定理が証明された．

**定理 10.10**　$B(m,r)\neq\{0\}$ とする．このとき任意の $\varphi\in B(m,r)$ は積分作用素 $\rho(f)$ $(f\in L)$ の同時固有関数である．より詳しくいえば，$m,r$ によって一意的に定まる $L$ から $\boldsymbol{C}$ の中への準同型写像 $f\to r_f$ が存在して

$$\rho(f)\varphi=r_f\varphi\qquad(\forall\varphi\in B(m,r))$$

が成り立つ．

**補題 10.8**　任意の $\varphi\in C^\infty(G)$ $(\varphi\neq0)$ に対し $\rho(f)\varphi\neq0$ となる $f\in L$ が存在する．

**証明**　$G$ の単位元 1 に収束する近傍の列 $U_n$ $(n=1,2,\cdots)$ で $kU_nk^{-1}=U_n$ $(k\in SO_2(\boldsymbol{R}))$ となるものがある．実際，$\mathfrak{g}$ 上には $\mathrm{Ad}(k)$ $(k\in SO_2(\boldsymbol{R}))$ 不変なノルム $\|X\|$ が存在するから

$$U_n=\left\{\exp X\,|\,X\in\mathfrak{g},\ \|X\|<\frac{1}{n}\right\}$$

とおけばよい．このとき台が $U_n$ に含まれ，$h_n\geqq 0$ $(h_n\neq 0)$ となる $G$ 上の $C^\infty$ 級関数 $h_n$ が存在する．$f_n=Mh_n$ とおけば $f_n\in L$，かつ $f_n$ の台は $U_n$ に含まれる．さらに

$$\int_G f_n(g)dg=1$$

と仮定してよい．このとき $\varphi=\lim_n \rho(f_n)\varphi$ が成り立つ．なぜなら

$$\begin{aligned}|\varphi(g)-\rho(f_n)\varphi(g)| &= \left|\int_G(\varphi(g)-\varphi(gh))f_n(h)dh\right|\\ &\leqq \sup_{h\in U_n}|\varphi(g)-\varphi(gh)|.\end{aligned}$$

ゆえに十分大きい $n$ に対して $\rho(f_n)\varphi\neq 0$ となる．∎

つぎの定理は定理 10.10 の逆である．

**定理 10.11**　$f\to r_f$ を $L$ から $\boldsymbol{C}$ の中への準同型写像とする．$\varphi\in C^\infty(G)$ $(\varphi\neq 0)$ が

$$\rho(f)\varphi=r_f\varphi \qquad (\forall f\in L)$$

を満たすならば，$\varphi\in B(m,r)$ となる $m\in\boldsymbol{Z}$ と $r\in\boldsymbol{C}$ が存在する．$m,r$ は準同型写像 $f\to r_f$ のみで決まる．

**証明**　$r_f=r(f)$ と書くことにする．補題 10.8 により $\rho(f)\varphi\neq 0$ となる $f\in L$ が存在する．$\check{f}'=\rho(D)\check{f}$ によって $f'\in L$ を定める（$L$ は $\rho(D)$ によって不変である）．このとき

$$r(f)\varphi(h)=\rho(f)\varphi(h)=\int_G\varphi(g)\check{f}(g^{-1}h)dg=\int_G\varphi(g)\lambda(g)\check{f}(h)dg.$$

ゆえに

$$r(f)\rho(D)\varphi(h)=\int_G\varphi(g)\lambda(g)\rho(D)\check{f}(h)dg=\rho(f')\varphi(h)=r(f')\varphi(h).$$

$r(f)\neq 0$ であるから，$r=r(f')/r(f)$ とおけば $\rho(D)\varphi=r\varphi$.

同様に $r(f)\varphi(hk)=r(\lambda(k)f)\varphi(h)$ $(k\in SO_2(\boldsymbol{R}))$ が得られる．$r(k)=r(\lambda(k)f)/r(f)$ とおけば $\rho(k)\varphi=r(k)\varphi$ $(k\in SO_2(\boldsymbol{R}))$．ゆえに $k\to r(k)$ は $SO_2(\boldsymbol{R})$ の1次元表現となる．したがって $r(k(\theta))=e^{im\theta}$ となる $m\in\boldsymbol{Z}$ が存在する．$r$ および $m$ は $r(f)\neq 0$ となる $f$ のみで決まり，$\varphi$ に依存しない．∎

## §10.3　保型形式

以下(本書の終りまで) Jacquet-Langlands [35] による保型形式と許容表現の理論を述べる．目標とするところは Hecke の理論の再構成である．

### a) Hecke 多元環

$A$ を $\boldsymbol{Q}$ 上の不定符号4元数環，$\mathfrak{O}$ を一つの極大整環とする．有限素点 $p$ に対して $\mathfrak{O}_p$ は $A_p$ の極大整環である．$p$ が $A$ で分岐しなければ $A_p=M_2(\boldsymbol{Q}_p)$，$\mathfrak{O}_p=M_2(\boldsymbol{Z}_p)$ と仮定してよい．$p=\infty$ ならば $A_\infty=M_2(\boldsymbol{R})$ である．

まず $p$ を有限素点とする．$A_p^\times$ 上のコンパクト台の局所定値関数の全体を $\mathcal{H}_p$ で表わす．$\mathcal{H}_p$ はたたみ込み

$$f*f'(h)=\int_{A_p^\times} f(hg^{-1})f'(g)\,dm_p^\times(g)$$

を乗法として $\boldsymbol{C}$ 上の多元環を作る．ただし $A_p^\times$ の不変測度 $m_p^\times$ は $m_p^\times(\mathfrak{O}_p^\times)=1$ となるように決めておく．以後 $K_p=\mathfrak{O}_p^\times$ と書く．

一般に群 $G$ の線型空間 $V$ における表現 $R$ が定義されているとする．$v\in V$ は

$$\{R(g)v\mid g\in G\}$$

が有限次元部分空間を生成するとき，$G$ **有限**であるという．$k\in K_p$ を左移動 $\lambda(k)$ または右移動 $\rho(k)$ によって $\mathcal{H}_p$ に作用させるならば，$\mathcal{H}_p$ の任意の元は $K_p$ 有限である．実際，任意の $f\in\mathcal{H}_p$ に対して $f$ が $A_p^\times/H_p$ (または $H_p\backslash A_p^\times$) 上の関数となるような $K_p$ の指数有限な部分群 $H_p$ が存在するからである．

無限素点 $\infty$ に対しては $A_\infty^\times=GL_2(\boldsymbol{R})$ となる．$K_\infty=SO_2(\boldsymbol{R})$ とおき，つぎの条件を満たす $GL_2(\boldsymbol{R})$ 上の関数 $f$ の全体を $\mathcal{H}_\infty$ とする．

(i)　$f\in C_c^\infty(GL_2(\boldsymbol{R}))$ (すなわち $f$ は $GL_2(\boldsymbol{R})$ 上のコンパクト台の $C^\infty$ 級関数である)．

(ii)　$k\in K_\infty$ を左移動または右移動によって $C_c^\infty(GL_2(\boldsymbol{R}))$ に作用させるとき，$f$ は $K_\infty$ 有限である．

$\mathcal{H}_\infty$ は $GL_2(\boldsymbol{R})$ の不変測度 $m_\infty^\times$ に関するたたみ込みを乗法として $\boldsymbol{C}$ 上の多元環となる.

$p$ を有限または無限素点とする. つぎの形の $K_p$ 上の関数 $\xi$ を**基本巾等元** (elementary idempotent) という.

$$\xi(k) = \sum_i \dim \sigma_i \operatorname{tr} \sigma_i(k^{-1}). \tag{10.37}$$

ここで $\sigma_i$ は互いに異なる $K_p$ の有限次元既約表現である. 指標の直交関係により $\xi*\xi=\xi$ が成り立つ. ただし $*$ は $K_p$ の不変測度に関するたたみ込みを表わす. $p$ が有限素点ならば $K_p$ の補集合上では $\xi=0$ とおくことによって $\xi\in\mathcal{H}_p$ とみなせる. 基本巾等元 $\xi$ と $A_p^\times$ 上の連続関数 $f$ に対して

$$\xi*f(g) = \int_{K_p} \xi(k)f(k^{-1}g)dk,$$

$$f*\xi(g) = \int_{K_p} f(gk^{-1})\xi(k)dk$$

とおく. 容易にわかるように $\xi*f$ は左移動に関して $K_p$ 有限, $f*\xi$ は右移動に関して $K_p$ 有限である. とくに $p$ が無限素点ならば $\xi*\mathcal{H}_p\subseteqq\mathcal{H}_p$, $\mathcal{H}_p*\xi\subseteqq\mathcal{H}_p$ ($p$ が有限素点ならばこれは自明である).

いま $f\in\mathcal{H}_p$ とすれば $\{\lambda(k)f\,|\,k\in K_p\}$ は有限次元空間 $V_f$ を張る. $\lambda$ は $K_p$ の $V_f$ における表現を定義する. この表現に含まれる既約表現を $\{\sigma_i\}$ として (10.37) によって $\xi$ を定義すれば, $\xi*f=f$ が成り立つ. 同様にして $f*\xi=f$ となる基本巾等元 $\xi$ の存在も示される.

有限素点 $p$ に対して $K_p$ の特性関数を $\varepsilon_p$ とする. $\{\varepsilon_p\}$ に関するすべての $\mathcal{H}_p$ ($p=\infty$ を含む) の制限テンソル積 (§10.1, c) を参照) を $\mathcal{H}$ で表わす. $S$ を $\infty$ を含む素点の有限集合とすれば

$$\mathcal{H}_S = \bigotimes_{p\in S} \mathcal{H}_p$$

は多元環のテンソル積として多元環の構造をもつ. $\varepsilon_p$ は $\mathcal{H}_p$ の巾等元であるから, $S'\supseteqq S$ ならば $\mathcal{H}_S$ から $\mathcal{H}_{S'}$ の中への埋め込み $f_{S'S}$ は多元環としての同型写像である. ゆえに $\mathcal{H}$ もまた多元環となる. $\mathcal{H}$ および $\mathcal{H}_p$ を **Hecke 多元環**という. 必要ならば $\mathcal{H}=\mathcal{H}(A_A^\times)$, $\mathcal{H}_p=\mathcal{H}(A_p^\times)$ 等の記号を用いる.

$\mathcal{H}$ の元 $\bigotimes_p f_p$ ($f_p\in\mathcal{H}_p$, ほとんどすべての $p$ に対して $f_p=\varepsilon_p$) に対し, $A_A^\times$ 上

の関数 $f$ を

$$f(g)=\prod_p f_p(g_p)$$

によって定める．ほとんどすべての $p$ に対し $g_p\in K_p$，$f_p=\varepsilon_p$ であるから右辺は有限積である．$f$ は $A_A{}^\times$ 上のコンパクトな台をもつ連続関数となる．$\bigotimes_p f_p\to f$ は $\mathcal{H}$ から $C_c(A_A{}^\times)$ の中への線型同型に拡張される．この同型によって $\mathcal{H}\subseteq C_c(A_A{}^\times)$ とみなすならば，$\mathcal{H}$ における乗法はたたみ込み

$$f*f'(h)=\int_{A_A{}^\times}f(hg^{-1})f'(g)dm^\times(g)$$

と一致する．

$K=\prod_p K_p$ とおく．コンパクト群 $K$ に関して基本巾等元を $K_p$ と同様に定義する．$\sigma$ を $K$ の有限次元既約表現とすると

$$\sigma=\bigotimes_p\sigma_p$$

となる $K_p$ の既約表現 $\sigma_p$ が存在する．ほとんどすべての $p$ に対して $\sigma_p$ は単位表現である．$\xi(k)=\dim\sigma\operatorname{tr}\sigma(k^{-1})$，$\xi_p(k_p)=\dim\sigma_p\operatorname{tr}\sigma_p(k_p{}^{-1})$ とおけば

$$\xi(k)=\prod_p\xi_p(k_p).$$

ゆえに $\xi=\bigotimes_p\xi_p$ と書くことができる．$K$ に関する基本巾等元 $\xi$ と $f\in C(A_A{}^\times)$ に対して $\xi*f$，$f*\xi$ を前と同様に定義する．すなわち

$$\xi*f(g)=\int_K\xi(k)f(k^{-1}g)dk,\qquad f*\xi(g)=\int_K f(gk^{-1})\xi(k)dk.$$

$dk$ は $K$ の不変測度である（$K$ の全測度を1としておく）．このとき $f=\bigotimes f_p$，$\xi=\bigotimes\xi_p$ ならば $\xi*f=\bigotimes\xi_p*f_p$，$f*\xi=\bigotimes f_p*\xi_p$．ゆえに $\xi$ を任意の基本巾等元とすれば $\xi*\mathcal{H}\subseteq\mathcal{H}$，$\mathcal{H}*\xi\subseteq\mathcal{H}$．また任意の $f\in\mathcal{H}$ に対して $\xi*f=f$ または $f*\xi=f$ となる基本巾等元が存在することがわかる．

$$\rho(f)\varphi(h)=\int_{A_A{}^\times}\varphi(hg)f(g)dm^\times(g)\qquad(f\in\mathcal{H},\ \varphi\in C(A_A{}^\times))$$

とおく．$\varphi\to\rho(f)\varphi$ は $C(A_A{}^\times)$ の線型変換を定義し，$\rho$ は $\mathcal{H}$ の $C(A_A{}^\times)$ における表現となる．

### b）保型形式

$\eta$ を $\boldsymbol{Q}_A{}^\times/\boldsymbol{Q}^\times$ の指標とする．$A_A{}^\times$ 上の連続関数 $\varphi$ がつぎの条件(i)-(iv)を満

たすとき，$\varphi$ は**指標 $\eta$ をもつ保型形式**であるという．

（i） $\varphi(\gamma z g) = \eta(z)\varphi(g)$ $(\forall \gamma \in A^\times,\ z \in \boldsymbol{Q}_{\boldsymbol{A}}^\times,\ g \in A_{\boldsymbol{A}}^\times)$.

（ii） $K$ を右移動によって $C(A_{\boldsymbol{A}}^\times)$ に作用させるとき，$\varphi$ は $K$ 有限である．

（iii） $K$ に関する任意の基本巾等元 $\xi$ に対し

$$\{\rho(\xi * f)\varphi \mid f \in \mathcal{H}\}$$

は有限次元である．

（iv） （$A_{\boldsymbol{A}}^\times = GL_2(\boldsymbol{A})$ の場合） $GL_2(\boldsymbol{A})$ の任意のコンパクト集合 $C$ に対し

$$|\varphi(a(\alpha)g)| \leqq M\alpha^N \qquad (\forall \alpha \geqq 1,\ g \in C)$$

となる定数 $M>0$, $N \in \boldsymbol{R}$ が存在する．

指標 $\eta$ をもつ保型形式の全体を $\mathcal{A}(\eta, A_{\boldsymbol{A}}^\times)$ で表わす．条件 (iv) は $A_{\boldsymbol{A}}^\times = GL_2(\boldsymbol{A})$ の場合にのみ考えるのである．§10.1, d) の結果からこの条件は商空間 $GL_2(\boldsymbol{Q})\boldsymbol{Q}_{\boldsymbol{A}}^\times \backslash GL_2(\boldsymbol{A})$ の上での $\varphi$ の増大条件を述べていることがわかる．$A$ が多元体ならば，$A^\times \boldsymbol{Q}_{\boldsymbol{A}}^\times \backslash A_{\boldsymbol{A}}^\times$ はコンパクト (定理 10.3) であるから，(i) により任意の $\varphi \in \mathcal{A}(\eta, A_{\boldsymbol{A}}^\times)$ は有界となる．

$\varphi \in \mathcal{A}(\eta, GL_2(\boldsymbol{A}))$ とする．$g \in GL(\boldsymbol{A})$ を固定するとき

$$x \longrightarrow \varphi\left(\begin{bmatrix} 1 & x \\ 0 & 1 \end{bmatrix} g\right)$$

は $\boldsymbol{Q}_{\boldsymbol{A}}/\boldsymbol{Q}$ 上の連続関数である．$\boldsymbol{Q}_{\boldsymbol{A}}/\boldsymbol{Q}$ の指標 ($\neq 1$) の一つを $\psi$ とすれば，$\boldsymbol{Q}_{\boldsymbol{A}}/\boldsymbol{Q}$ の任意の指標は $\psi(\alpha x)$ $(\alpha \in \boldsymbol{Q})$ と表わされるから，上の関数の形式的 Fourier 展開は

$$\sum_{\alpha \in \boldsymbol{Q}} \psi(\alpha x) \int_{\boldsymbol{Q}_{\boldsymbol{A}}/\boldsymbol{Q}} \varphi\left(\begin{bmatrix} 1 & x \\ 0 & 1 \end{bmatrix} g\right) \psi(-\alpha x)\, dx$$

で与えられる．この展開の定数項が任意の $g$ に対して 0 となるとき，$\varphi$ は**尖点形式**であるという．すなわち $\varphi$ が尖点形式であるとは

（v） $$\int_{\boldsymbol{Q}_{\boldsymbol{A}}/\boldsymbol{Q}} \varphi\left(\begin{bmatrix} 1 & x \\ 0 & 1 \end{bmatrix} g\right) dx = 0 \qquad (\forall g \in GL_2(\boldsymbol{A}))$$

が成り立つことである．$\mathcal{A}(\eta, GL_2(\boldsymbol{A}))$ に属する尖点形式の全体を $\mathcal{A}_0(\eta, GL_2(\boldsymbol{A}))$ で表わす．

**補題 10.9** $f \in \mathcal{H}$ とする．$\rho(f)$ は $\mathcal{A}(\eta, A_{\boldsymbol{A}}^\times)$ をそれ自身の中に移す．また $A_{\boldsymbol{A}}^\times = GL_2(\boldsymbol{A})$ ならば $\rho(f)$ は $\mathcal{A}_0(\eta, A_{\boldsymbol{A}}^\times)$ をそれ自身の中に移す．

**証明** 基本巾等元 $\xi$ に対して

$$\rho(\xi)\varphi(g)=\int_K \varphi(gk)\xi(k)dk \qquad (\varphi\in C(A_{\boldsymbol{A}}^\times))$$

とおく．$f\in\mathcal{H}$ ならば $\rho(\xi)\rho(f)=\rho(\xi*f)$ が成り立つ．この記号によれば条件(ii)は $\rho(\xi)\varphi=\varphi$ となる基本巾等元 $\xi$ が存在することと同値である．しかし任意の $f\in\mathcal{H}$ に対して $\xi*f=f$ となる $\xi$ が存在するから，$\rho(f)\varphi$ はつねに条件(ii)を満足する．$\varphi$ が条件(i), (iii), (iv), (v)を満たすとき，$\rho(f)\varphi$ も同じ条件を満たすことは自明である．▌

この補題によって $\mathcal{H}$ の $\mathcal{A}(\eta, A_{\boldsymbol{A}}^\times)$ における表現が得られる．しかし $A_{\boldsymbol{A}}^\times=GL_2(\boldsymbol{A})$ ならばもっぱら $\mathcal{A}_0(\eta, GL_2(\boldsymbol{A}))$ における表現を考える．結果をまとめて述べるために，$A$ が多元体のとき $\mathcal{A}(\eta, A_{\boldsymbol{A}}^\times)=\mathcal{A}_0(\eta, A_{\boldsymbol{A}}^\times)$ と書くことがある．さしあたりわれわれの目標は $\mathcal{A}_0(\eta, A_{\boldsymbol{A}}^\times)$ における $\mathcal{H}$ の表現が完全可約であることを示すことである．

**注意** $\mathcal{H}$ の有限部分

$$\mathcal{H}_f=\bigotimes_{p\neq\infty}\mathcal{H}_p$$

に注目すれば，$\mathcal{H}_f$ の $\mathcal{A}(\eta, A_{\boldsymbol{A}}^\times)$ における表現は第9章で述べた Hecke 作用素と本質的に同じものである．

**c) 空間 $L^2(\eta, A_{\boldsymbol{A}}^\times)$**

つぎの条件を満たす関数 $\varphi$ のつくる空間を $L^2(\eta, A_{\boldsymbol{A}}^\times)$ で表わす．

(i) $\varphi$ は $A_{\boldsymbol{A}}^\times$ 上で可測である．

(ii) $\varphi(\gamma zg)=\eta(z)\varphi(g) \quad (\forall\gamma\in A^\times,\ z\in\boldsymbol{Q}_{\boldsymbol{A}}^\times,\ g\in A_{\boldsymbol{A}}^\times)$.

(iii) $\|\varphi\|^2=\int_{A^\times\boldsymbol{Q}_{\boldsymbol{A}}^\times\backslash A_{\boldsymbol{A}}^\times}|\varphi(g)|^2dm(\dot{g})<\infty.$

$L^2(\eta, A_{\boldsymbol{A}}^\times)$ は(ほとんど到る所等しい二つの関数を等しいものと見なせば)ノルム $\|\varphi\|$ に関して完備である．ゆえにそれは

$$(\varphi_1, \varphi_2)=\int_{A^\times\boldsymbol{Q}_{\boldsymbol{A}}^\times\backslash A_{\boldsymbol{A}}^\times}\varphi_1(g)\overline{\varphi_2(g)}dm(\dot{g})$$

を内積として Hilbert 空間をつくる．

$g\in A_{\boldsymbol{A}}^\times$, $\varphi\in L^2(\eta, A_{\boldsymbol{A}}^\times)$ ならば $\rho(g)\varphi\in L^2(\eta, A_{\boldsymbol{A}}^\times)$，かつ $\|\rho(g)\varphi\|=\|\varphi\|$ が成り立つことは明らかである．$g\to\rho(g)$ は $L^2(\eta, A_{\boldsymbol{A}}^\times)$ における $A_{\boldsymbol{A}}^\times$ の表現を定義する．

**注意** $G$ を局所コンパクト位相群とする．$G$ の Hilbert 空間 $E$ における表現 $\pi$ がつぎの条件を満たすとき，$\pi$ はユニタリ表現であるという．

(1) $\pi(g)$ $(g\in G)$ は $E$ のユニタリ変換である．

(2) 任意の $x\in E$ に対して $g\to\pi(g)x$ は $G$ から $E$ の中への連続写像である．

上述の $L^2(\eta, A_A^\times)$ における $A_A^\times$ の表現 $\rho$ はユニタリ表現である．(2) の意味での表現の連続性は自明ではないが，証明は略する．$\rho$ は $A^\times \boldsymbol{Q}_A^\times$ の1次元表現 $\gamma z\to\eta(z)$ から誘導された表現である．局所コンパクト位相群の誘導表現の理論については Mackey [48] を参照．

$\varphi\in L^2(\eta, A_A^\times)$, $f\in\mathcal{H}$ ならば

$$\rho(f)\varphi(h)=\int_{A_A^\times} f(g)\varphi(hg)dm^\times(g)=\int_{A_A^\times} f(h^{-1}g)\varphi(g)dm^\times(g)$$

は $A_A^\times$ 上の連続関数である．それは明らかに $L^2(\eta, A_A^\times)$ の定義における条件 (ii) を満たす．$\|\rho(f)\varphi\|$ が有限であることを証明しよう．実際，$A_A^\times\times A_A^\times\times(A^\times\boldsymbol{Q}_A^\times\backslash A_A^\times)$ 上の関数

$$(g_1, g_2, \dot{h})\longrightarrow f(g_1)\varphi(hg_1)\overline{f(g_2)\varphi(hg_2)}$$

は可測であって

$$\int_{A_A^\times\times A_A^\times}\left\{\int_{A^\times\boldsymbol{Q}_A^\times\backslash A_A^\times}|f(g_1)\varphi(hg_1)\overline{f(g_2)\varphi(hg_2)}|dm(\dot{h})\right\}dm^\times(g_1)dm^\times(g_2)$$
$$\leqq\|\varphi\|^2\left\{\int_{A_A^\times}|f(g)|dm^\times(g)\right\}^2$$

が成り立つ．ゆえに (Fubini の定理により)

$$\|\rho(f)\varphi\|\leqq\|\varphi\|\int_{A_A^\times}|f(g)|dm^\times(g).$$

ゆえに $f\to\rho(f)$ は $\mathcal{H}$ の $L^2(\eta, A_A^\times)$ における表現を定義する．

**補題 10.10** $\varphi\in L^2(\eta, GL_2(\boldsymbol{A}))$ ならば，ほとんどすべての $g\in GL_2(\boldsymbol{A})$ に対して

$$x\longrightarrow\varphi\left(\begin{bmatrix}1 & x\\ 0 & 1\end{bmatrix}g\right)$$

は $\boldsymbol{Q}_A/\boldsymbol{Q}$ 上で積分可能である．

$$\varphi^0(g)=\int_{\boldsymbol{Q}_A/\boldsymbol{Q}}\varphi\left(\begin{bmatrix}1 & x\\ 0 & 1\end{bmatrix}g\right)dx$$

とおくとき，ほとんどすべての $g$ に対して $\varphi^0(g)=0$ となる $\varphi$ の全体 $L_0^2(\eta,$

$GL_2(\boldsymbol{A}))$ は $L^2(\eta, GL_2(\boldsymbol{A}))$ の閉部分空間である.

**証明**　(10.10) によって

$$\|\varphi\|^2 = \int_{K_f\times\mathcal{D}} |\varphi(k_f g)|^2 dk_f dg.$$

$c>0$ に対して

$$\mathcal{D}(c) = \{n(\beta)a(\alpha)k(\theta) \mid 0\leqq\beta\leqq 1, \alpha\geqq c, 0\leqq\theta\leqq\pi\}$$

とおけば, $K_f\times\mathcal{D}(c)$ は $K_f\times\mathcal{D}$ の $GL_2(\boldsymbol{Q})$ による有限個の像で覆われる. ゆえに

$$(10.38)\quad \int_{K_f\times\mathcal{D}(c)} |\varphi(k_f g)|^2 dk_f dg \leqq N(c)\|\varphi\|^2 \qquad (\forall\varphi\in L^2(\eta, GL_2(\boldsymbol{A})))$$

となる整数 $N(c)>0$ が存在する. しかし $K_f\times\mathcal{D}(c)$ の全測度は有限であるから, (10.38) から

$$(10.39)\quad \int_{K_f\times\mathcal{D}(c)} |\varphi(k_f g)| dk_f dg \leqq M(c)\|\varphi\| \qquad (\forall\varphi\in L^2(\eta, GL_2(\boldsymbol{A})))$$

となる定数 $M(c)$ が存在することがわかる (Schwarz の不等式による). とくに上式の左辺の積分は有限である. Fubini の定理により, ほとんどすべての $\alpha, \theta$ に対して, $K_f\times[0,1]$ 上の関数

$$(k_f, \beta) \longrightarrow \varphi(k_f n(\beta)a(\alpha)k(\theta))$$

は積分可能である. これからほとんどすべての $g\in K_f\times\mathcal{D}(c)$ に対して

$$x \longrightarrow \varphi(n(x)g)$$

は $\prod_{p\neq\infty} \boldsymbol{Z}_p\times[0,1]$ 上で積分可能であることが導かれる. ただし $x\in\boldsymbol{Q}_{\boldsymbol{A}}$ に対し $n(x)=\begin{bmatrix}1 & x\\ 0 & 1\end{bmatrix}$ とおいた. $\prod_{p\neq\infty} \boldsymbol{Z}_p\times[0,1]$ は $\boldsymbol{Q}_{\boldsymbol{A}}$ における $\boldsymbol{Q}$ の基本領域であることに注意しよう.

$x\to\varphi(n(x)g)$ が $\boldsymbol{Q}_{\boldsymbol{A}}/\boldsymbol{Q}$ 上で積分可能となる $g\in GL_2(\boldsymbol{A})$ の集合を $M_\varphi$ とする. すでに証明したことから $M_\varphi$ は $K_f\times\mathcal{D}(c)$ のほとんどすべての点を含む. $GL_2(\boldsymbol{Q})$ の上三角行列の群を $P_{\boldsymbol{Q}}$ で表わすと, 定義から $P_{\boldsymbol{Q}}M_\varphi\subseteqq M_\varphi$, $\boldsymbol{R}^\times M_\varphi\subseteqq M_\varphi$. $N_{\boldsymbol{Z}}=\{n(\xi)\mid\xi\in\boldsymbol{Z}\}$ とおく.

$$GL_2(\boldsymbol{R})_+ = \bigcup_{c>0} \boldsymbol{R}^\times N_{\boldsymbol{Z}}\mathcal{D}(c), \qquad GL_2(\boldsymbol{A}) = P_{\boldsymbol{Q}}(K_f\times GL_2(\boldsymbol{R})_+)$$

であるから, $M_\varphi$ は $GL_2(\boldsymbol{A})$ のほとんどすべての点を含む. 以上で補題の前半が証明された.

ほとんどすべての $g\in GL_2(\boldsymbol{A})$ に対して $\varphi^0(g)=0$ となるためには

$$\int_{K_f\times\mathcal{D}(c)}|\varphi^0(k_fg)|dk_fdg=\int_{K_f\times\mathcal{D}(c)}|\varphi(k_fg)|dk_fdg$$

がすべての $c>0$ に対して 0 となることが必要十分である．しかし(10.39)によって $\varphi$ に上の値を対応させる写像は $L^2(\eta, GL_2(\boldsymbol{A}))$ 上で連続である．これから補題の後半がでる．∎

$\varphi$ を $\varphi(\gamma zg)=\eta(z)\varphi(g)$ $(\forall\gamma\in GL_2(\boldsymbol{Q}),\ z\in\boldsymbol{Q}_{\boldsymbol{A}}^{\times},\ g\in GL_2(\boldsymbol{A}))$ を満たす $GL_2(\boldsymbol{A})$ 上の関数とする．任意のコンパクト集合 $C$ と $N>0$ に対して

$$|\varphi(a(\alpha)g)|\leqq M\alpha^{-N}\qquad(\forall\alpha\geqq1,\ g\in C)$$

となる定数 $M$ が存在するとき，$\varphi$ は**急減少**であるという．

**定理 10.12** $\varphi\in\mathcal{A}_0(\eta, GL_2(\boldsymbol{A}))$ または $\varphi\in L_0{}^2(\eta, GL_2(\boldsymbol{A}))$ とする．$f\in\mathcal{H}$ ならば $\rho(f)\varphi$ は急減少である．とくに $\rho(f)\varphi$ は $GL_2(\boldsymbol{A})$ 上で有界である．

**証明** $N_{\boldsymbol{Q}}=\{n(\xi)\mid\xi\in\boldsymbol{Q}\}$ とおけば

$$\rho(f)\varphi(g)=\int_{GL_2(\boldsymbol{A})}\varphi(h)f(g^{-1}h)dm^{\times}(h) \tag{10.40}$$

$$=\int_{N_{\boldsymbol{Q}}\backslash GL_2(\boldsymbol{A})}\varphi(h)\sum_{\gamma\in N_{\boldsymbol{Q}}}f(g^{-1}\gamma h)dm^{\times}(h).$$

そこで $g,h\in GL_2(\boldsymbol{A})$ に対し

$$K(g,h)=\sum_{\gamma\in N_{\boldsymbol{Q}}}f(g^{-1}\gamma h)$$

とおく．これは $(N_{\boldsymbol{Q}}\backslash GL_2(\boldsymbol{A}))\times(N_{\boldsymbol{Q}}\backslash GL_2(\boldsymbol{A}))$ 上の関数である．いま $g,h$ を固定して $\boldsymbol{Q}_{\boldsymbol{A}}$ 上の関数 $\phi$ を

$$\phi(x)=f(g^{-1}n(x)h)$$

によって定義する．$\phi$ が $\mathcal{S}(\boldsymbol{Q}_{\boldsymbol{A}})$ に属することは容易にわかる(§10.1, c)を参照)．このとき Poisson の和公式(10.14)によって

$$\sum_{\xi\in\boldsymbol{Q}}\phi(\xi)=\sum_{\xi\in\boldsymbol{Q}}\hat{\phi}(\xi)$$

が成り立つ．ゆえに

$$K(g,h)=\sum_{\xi\in\boldsymbol{Q}}\int_{\boldsymbol{Q}_{\boldsymbol{A}}}f(g^{-1}n(x)h)\psi(\xi x)dx. \tag{10.41}$$

さて $f$ の台を $C_0$ とする．$K(g,h)\neq0$ ならば，$g^{-1}\gamma h\in C_0$ となる $\gamma\in N_{\boldsymbol{Q}}$ が存在するが，$\gamma h$ をあらためて $h$ と書けば $g^{-1}h\in C_0$ となる．$C$ を $GL_2(\boldsymbol{A})$ の任意

のコンパクト集合として，$g$ が $\bigcup_{\alpha\geqq 1} a(\alpha)C$ に属すると仮定する．$g=a(\alpha)v$ ($\alpha\geqq 1$, $v\in C$) とおけば，$h=a(\alpha)w$ ($w\in C'=CC_0$)．このとき

$$g^{-1}n(x)h = v^{-1}n(\alpha^{-2}x)w.$$

あらためて $\phi(x)=f(v^{-1}n(x)w)$ によって関数 $\phi$ を定義すれば，$f, C$ のみで定まる $(\boldsymbol{Q_A})_f$ の開コンパクト部分群 $L_f, M_f$ ($L_f\supseteqq M_f$) をとって

$$\phi(x) = \sum_{a\in L_f/M_f} \chi(x_f+a)\phi_a(x_\infty)$$

と書くことができる．ここで $\chi$ は $M_f$ の特性関数，$\phi_a\in C_c^\infty(\boldsymbol{R})$，$|d^n\phi_a/dt^n|$ は $f, C, n$ のみで定まる上界をもつ．このとき

$$\int_{\boldsymbol{Q_A}} f(g^{-1}n(x)h)\psi(\xi x)dx = \int_{\boldsymbol{Q_A}} \phi(\alpha^{-2}x)\psi(\xi x)dx$$

$$= \sum_a \int_{(\boldsymbol{Q_A})_f} \chi(x_f+a)\psi_f(\xi x_f)dx_f \int_{\boldsymbol{R}} \phi_a(\alpha^{-2}t)e^{2\pi i\xi t}dt.$$

ただし $\psi_f(x_f)=\prod_{p\neq\infty}\psi_p(x_p)$ ($x_f=(x_p)\in(\boldsymbol{Q_A})_f$).

$$\tilde{M}_f = \{x_f\in(\boldsymbol{Q_A})_f \mid \psi_f(x_f M_f)=1\}$$

とおく．明らかに，任意の $a$ に対して

$$\left|\int_{(\boldsymbol{Q_A})_f}\right| \leqq \int_{M_f} dx_f, \qquad \int_{(\boldsymbol{Q_A})_f} = 0 \qquad (\xi\notin\tilde{M}_f).$$

一方では，$\xi\neq 0$ ならば部分積分によって評価式

$$\left|\int_{\boldsymbol{R}} \phi_a(\alpha^{-2}t)e^{2\pi i\xi t}dt\right| \leqq (2\pi|\xi|)^{-n}\alpha^{-2n+2}\int_{\boldsymbol{R}}\left|\frac{d^n}{dt^n}\phi_a(t)\right|dt$$

が得られる．ゆえに

$$\left|\sum_{\substack{\xi\in\boldsymbol{Q}\\ \xi\neq 0}}\int_{\boldsymbol{Q_A}} f(g^{-1}n(x)h)\psi(\xi x)dx\right| \leqq c_1 \sum_{\substack{\xi\in\tilde{M}\\ \xi\neq 0}} |\xi|^{-n}\alpha^{-2n+2}.$$

ただし $\tilde{M}=\{\xi\in\boldsymbol{Q}\mid\xi\in\tilde{M}_f\}$，$c_1$ は $f, C, n$ のみで定まる定数である．$\tilde{M}$ は $\boldsymbol{R}$ の格子であるから $n>1$ ならば右辺の級数は収束する．(10.41) を見ればつぎのことが証明されたことになる：$g\in a(\alpha)C$，$K(g,h)\neq 0$ ならば ($h\in a(\alpha)C'$ と仮定してよい)

$$\left|K(g,h)-\int_{\boldsymbol{Q_A}} f(g^{-1}n(x)h)dx\right| \leqq c_2\alpha^{-2n}. \tag{10.42}$$

ここで $n$ は任意の正整数, $c_2$ は $f, C, n$ のみに依存する定数である.

$\varphi$ を定理に述べた通りとして

$$(10.43)\qquad \int_{N_{\boldsymbol{Q}}\backslash GL_2(\boldsymbol{A})}\left\{\int_{\boldsymbol{Q}_{\boldsymbol{A}}} f(g^{-1}n(x)h)dx\right\}\varphi(h)dm^{\times}(h)=0$$

を示そう. 実際, この積分は

$$\int_{GL_2(\boldsymbol{A})}\int_{\boldsymbol{Q}_{\boldsymbol{A}}/\boldsymbol{Q}} f(g^{-1}n(x)h)\varphi(h)dxdm^{\times}(h)$$
$$=\int_{GL_2(\boldsymbol{A})}\int_{\boldsymbol{Q}_{\boldsymbol{A}}/\boldsymbol{Q}} f(g^{-1}h)\varphi(n(-x)h)dxdm^{\times}(h)$$

に等しいが, 仮定により $\boldsymbol{Q}_{\boldsymbol{A}}/\boldsymbol{Q}$ 上の積分は 0 である.

(10.40) と (10.43) から

$$\rho(f)\varphi(g)=\int_{N_{\boldsymbol{Q}}\backslash GL_2(\boldsymbol{A})}\left(K(g,h)-\int_{\boldsymbol{Q}_{\boldsymbol{A}}} f(g^{-1}n(x)h)dx\right)\varphi(h)dm^{\times}(h)$$

が得られる. ゆえに (10.42) によって

$$|\rho(f)\varphi(g)|\leqq c_2\alpha^{-2n}\int_{a(\alpha)C'}|\varphi(h)|dm^{\times}(h)\qquad (\forall g\in a(\alpha)C).$$

いま $\varphi\in\mathscr{A}_0(\eta, GL_2(\boldsymbol{A}))$ と仮定する. 定義により

$$|\varphi(a(\alpha)w)|\leqq M\alpha^N\qquad (\forall\alpha\geqq 1,\ \ w\in C')$$

となる定数 $M, N$ が存在する. ゆえに

$$|\rho(f)\varphi(g)|\leqq c_2Mm^{\times}(C')\alpha^{-2n+N}\qquad (\forall g\in a(\alpha)C,\ \ \alpha\geqq 1).$$

これは $\rho(f)\varphi$ が急減少であることを示す.

つぎに $\varphi\in L_0^2(\eta, GL_2(\boldsymbol{A}))$ と仮定する. $\bigcup_{\alpha\geqq 1}a(\alpha)C'$ は $K_f\times\boldsymbol{R}_+^{\times}\mathscr{D}$ の $GL_2(\boldsymbol{Q})$ による像の有限個で覆われる. また

$$a(\alpha)C'\cap\gamma(K_f\times t\mathscr{D})\neq\phi\qquad (\gamma\in GL_2(\boldsymbol{Q}),\ \ t\in\boldsymbol{R}_+^{\times})$$

ならば $t$ および $t^{-1}$ は有界である. このことからつぎの評価式が得られる.

$$\left(\int_{a(\alpha)C'}|\varphi(h)|dm^{\times}(h)\right)^2\leqq m^{\times}(C')\int_{a(\alpha)C'}|\varphi(h)|^2dm^{\times}(h)$$
$$\leqq c_3\int_{K_f\times\mathscr{D}}|\varphi(k_fh)|^2dk_fdh=c_3\|\varphi\|^2.$$

$c_3$ は $C'$ のみに依存する定数である. ゆえに

$$|\rho(f)\varphi(g)|\leqq c_2c_3^{1/2}\|\varphi\|\alpha^{-2n}\qquad (\forall g\in a(\alpha)C,\ \ \alpha\geqq 1).$$

これは $\rho(f)\varphi$ が急減少であることを示す. ▌

$A$ が多元体のとき, $L^2(\eta, A_A^\times)$ を $L_0^2(\eta, A_A^\times)$ と書くことがある.

### d) 完全可約性と有限重複度の定理

**補題 10.11**　任意の $\varphi \in \mathcal{A}(\eta, A_A^\times)$ に対して $\varphi=\rho(f)\varphi$ となる $f \in \mathcal{H}$ が存在する.

**証明**　$\rho(\xi)\varphi=\varphi$ となる基本巾等元 $\xi$ が存在することはすでに注意した. $V=\rho(\xi*\mathcal{H})\varphi$ は保型形式の定義によって有限次元である. $h\in\xi*\mathcal{H}*\xi$ ならば $\rho(h)V\subseteqq V$. ゆえに $\rho(h)$ は $V$ の線型変換 $\bar{\rho}(h)$ を引き起こす. さてつぎの性質をもつ $C_c(A_A^\times)$ の関数列 $\{f_n\}$ が存在することは明らかである.

(1)　$f_n$ の台は $A_A^\times$ の単位元に収束する.

(2)　$f_n \geqq 0$.

(3)　$\displaystyle\int_{A_A^\times} f_n(g)dm^\times(g) = 1$.

(4)　$f_n(g)=f_n'(g_f)f_n''(g_\infty)$ ($f_n'$ は $(A_A^\times)_f$ 上の局所定値関数, $f_n''\in C^\infty(A_\infty^\times)$).

このとき任意の $\psi\in C(A_A^\times)$ に対して $\rho(f_n)\psi\to\psi$ (収束はコンパクト集合上の一様収束). とくに $\rho(\xi)\psi=\psi$ と仮定する. $h_n=\xi*f_n*\xi$ とおけば $\rho(h_n)\psi\to\psi$. このことから $\bar{\rho}(h)$ が $V$ の恒等変換に任意に近いような $h\in\xi*\mathcal{H}*\xi$ が存在することがわかる. $\bar{\rho}(h)$ の特性多項式を $\sum_{i=0}^{m} a_i X^i$ とする. $\bar{\rho}(h)$ が十分恒等変換に近ければ $a_0\neq 0$ となる. このとき $f=-a_0^{-1}\sum_{i=1}^{m} a_i h^i$ とおけば, $f\in\xi*\mathcal{H}*\xi$, かつ $\bar{\rho}(f)=1$ ($h^i$ は多元環 $\mathcal{H}$ における $i$ 個の $h$ の積を示す).

$\varphi_n=\rho(h_n)\varphi$ とおけば $\varphi_n\in V$, $\varphi_n\to\varphi$. $\rho(f)\varphi_n=\varphi_n$ が成り立つから, 極限をとることによって $\rho(f)\varphi=\varphi$ が得られる. ▌

$A$ が多元体ならば, $\mathcal{A}(\eta, A_A^\times)$ の各元は有界であるから $\mathcal{A}(\eta, A_A^\times)\subseteqq L^2(\eta, A_A^\times)$. 補題 10.11 と定理 10.12 により任意の $\varphi\in\mathcal{A}_0(\eta, GL_2(\boldsymbol{A}))$ は有界である. ゆえに $\mathcal{A}_0(\eta, GL_2(\boldsymbol{A}))\subseteqq L_0^2(\eta, GL_2(\boldsymbol{A}))$. すなわち $A$ が多元体かどうかにかかわらず, $\mathcal{A}_0(\eta, A_A^\times)\subseteqq L_0^2(\eta, A_A^\times)$ が成り立つ. 同じく補題 10.11 から

$$\mathcal{A}_0(\eta, A_A^\times) = \sum_{\varphi} \rho(\mathcal{H})\varphi \tag{10.44}$$

が得られる. ここで $\varphi$ は $\mathcal{A}_0(\eta, A_A^\times)$ のすべての元を動くのである.

$\rho(\mathcal{H})\varphi$ における $\mathcal{H}$ の表現が完全可約であることを証明しよう. $V=\rho(\mathcal{H})\varphi$ とおく. 任意の基本巾等元 $\xi$ に対して $\rho(\xi)V$ は有限次元である.

**補題 10.12** $V$ は $\mathscr{A}_0(\eta, A_A^\times)$ の不変部分空間で，任意の基本巾等元 $\xi$ に対して $\rho(\xi)V$ は有限次元であるとする．このとき $V$ は互いに直交する既約部分空間の直和である．(不変部分空間，既約部分空間は $\mathscr{H}$ の作用に関する不変部分空間，既約部分空間を意味する.)

**証明** はじめに $\rho(\xi)V$ は $V$ に含まれることを注意しておく．実際，補題 10.11 によって $V=\rho(\mathscr{H})V$ であるから，$\rho(\xi)V=\rho(\xi*\mathscr{H})V\subseteqq V$. $W$ を $V$ の不変部分空間とする．$L_0^2(\eta, A_A^\times)$ の内積は $V$ 上の正値 Hermite 形式を定める．それに関する $W$ の直交補空間を $W^\perp$ とする．すなわち

$$W^\perp=\{\varphi'\in V\,|\,(\varphi',\varphi)=0,\ \forall\varphi\in W\}.$$

$V=W\oplus W^\perp$ となることを示す．任意の基本巾等元 $\xi$ に対して

$$W=\rho(\xi)W\oplus(1-\rho(\xi))W$$

が成立する．$(\rho(\xi)\varphi',\varphi)=(\varphi',\rho(\xi)\varphi)$ であるから $\rho(\xi)V$ と $(1-\rho(\xi))W$ は直交する．ゆえに $\rho(\xi)V$ における $\rho(\xi)W$ の直交補空間は $W^\perp\cap\rho(\xi)V=\rho(\xi)W^\perp$ である．$\rho(\xi)V$ は有限次元であるから

$$\rho(\xi)V=\rho(\xi)W\oplus\rho(\xi)W^\perp.$$

任意の $\varphi\in V$ に対し $\rho(\xi)\varphi=\varphi$ となる基本巾等元 $\xi$ が存在することに注意すれば，$V=W+W^\perp$ が成り立つことがわかる．一方，$W\cap W^\perp=\{0\}$ は明らかである．

つぎに $V$ の任意の不変部分空間 $W\neq\{0\}$ は或る既約部分空間を含むことをいう．$\xi$ を $\rho(\xi)W\neq\{0\}$ となる基本巾等元とする．$\dim\rho(\xi)W<\infty$ であるから，$\rho(\xi)W\cap U\neq\{0\}$ となる $W$ の不変部分空間 $U$ のうち $\dim(\rho(\xi)W\cap U)$ が最小となるものがある．これを $U_0$ とし $N=\rho(\xi)W\cap U_0$ とおく．$N$ を含むすべての $W$ の不変部分空間の共通部分を $M$ とすれば，$M$ は既約である．実際，$M_1$ を $M$ の不変部分空間，$M_2=M_1{}^\perp\cap M$ とすれば，すでに証明したことから $M=M_1\oplus M_2$.

$$\begin{aligned}N=M\cap\rho(\xi)W&=\rho(\xi)M=\rho(\xi)M_1\oplus\rho(\xi)M_2\\&=(M_1\cap\rho(\xi)W)\oplus(M_2\cap\rho(\xi)W)\end{aligned}$$

であるから，$M_1\cap\rho(\xi)W=\{0\}$ または $M_2\cap\rho(\xi)W=\{0\}$．ゆえに $M_1=\{0\}$ または $M_1=M$.

$V$ の互いに直交する既約部分空間の族のうちで極大なものが存在する(Zorn の補題による)．これを $\{V_\lambda\}$ とすれば $V=\sum V_\lambda$ が成り立つ．そうではないとす

れば $\sum V_\lambda$ の直交補空間を $W$ とするとき $V=(\sum V_\lambda)\oplus W$, $W\neq\{0\}$. $W$ は既約部分空間 $M$ を含む. $\{V_\lambda, M\}$ は $\{V_\lambda\}$ より大きい族となり仮定に反する. ▌

この補題と(10.44)により $\mathscr{A}_0(\eta, A_{\boldsymbol{A}}^\times)$ は既約部分空間の和空間となる. $\sum V_\lambda$ が直和となるような $\mathscr{A}_0(\eta, A_{\boldsymbol{A}}^\times)$ の既約部分空間の族 $\{V_\lambda\}$ で, 極大なものをとる(ふたたび Zorn の補題を用いる). $V$ を $\mathscr{A}_0(\eta, A_{\boldsymbol{A}}^\times)$ の任意の既約部分空間とする. $(\sum V_\lambda)\cap V=\{0\}$ ならば $\{V_\lambda\}$ の極大性に反するから $\sum V_\lambda \supseteqq V$. ゆえに $\sum V_\lambda=\mathscr{A}_0(\eta, A_{\boldsymbol{A}}^\times)$.

$\mathscr{A}_0(\eta, A_{\boldsymbol{A}}^\times)$ の既約部分空間への分解において, 各既約成分の重複度が有限であることを示そう. そのためにつぎの一般的定理を必要とする.

$X$ を局所コンパクト空間, $\mu$ を $X$ 上の測度とする. 測度空間 $(X, \mu)$ 上の2乗可積分関数のつくる Hilbert 空間を $L^2(X, \mu)$ とする. すなわちこれは

$$\|f\|_2{}^2=\int_X |f(x)|^2 d\mu(x)<\infty$$

となる可測関数 $f$ の全体である. 一方, 可測関数 $f$ に対しほとんど到る所 $|f(x)|\leqq a$ となる $a$ の下限を $\|f\|_\infty$ と書く. $\|f\|_\infty<\infty$ のとき $f$ は**本質的に有界である**という. $\|f\|_\infty<\infty$ となる $f$ の全体 $L^\infty(X, \mu)$ は Banach 空間となる.

**定理 10.13** $\mu$ を局所コンパクト空間 $X$ 上の測度とし, $\mu(X)<\infty$ と仮定する. $E$ は $L^2(X, \mu)$ の閉部分空間で, $E$ の任意の元は本質的に有界であるとする. このとき $E$ は有限次元である.

**証明** $\mu(X)$ は有限であるから

$$\|f\|_2 \leqq \mu(X)^{1/2}\|f\|_\infty \qquad (\forall f\in L^\infty(X, \mu)) \tag{10.45}$$

が成り立つ. このことから $E$ は $L^\infty(X, \mu)$ の閉部分空間でもあることは明らかである. $L^\infty(X, \mu)$ の部分空間としての $E$ から $L^2(X, \mu)$ の部分空間としての $E$ の上への恒等写像は(10.45)により連続であるが, 開写像定理により, それは同相写像である(岩波基礎数学選書“関数解析”を参照). ゆえに

$$\|f\|_\infty \leqq c\|f\|_2 \qquad (\forall f\in E) \tag{10.46}$$

となる定数 $c$ が存在する.

$f_1, \cdots, f_n$ を $E$ に属する正規直交系とする. $a=(a_1, \cdots, a_n)\in \boldsymbol{C}^n$ に対し, ほとんど到る所

$$\left|\sum_{i=1}^{n} a_i f_i(x)\right| \leqq c\|\sum a_i f_i\|_2 = c\left(\sum_{i=1}^{n}|a_i|^2\right)^{1/2} \tag{10.47}$$

が成立する．その補集合において(10.47)が成立するような零集合を $N_a$ とする．$\boldsymbol{C}^n$ の可算密部分集合 $D$ をとり，$N=\bigcup_{a\in D} N_a$ とおく．$x\in X-N$ ならば(10.47)が任意の $a\in D$ に対して，したがって任意の $a\in \boldsymbol{C}^n$ に対して成立する．ゆえに

$$\sum_{i=1}^{n}|f_i(x)|^2 \leqq c^2 \qquad (\forall x\in X-N)$$

((10.47)に $a_i=\overline{f_i(x)}$ を代入する)．積分すれば $n\leqq c^2\mu(X)$ が得られる．∎

さて $V$ を $\mathscr{A}_0(\eta, A_{\boldsymbol{A}}^{\times})$ の既約部分空間として，$V$ に属する $\varphi_0\neq 0$ をとる．補題10.11により $\rho(f)\varphi_0=\varphi_0$ となる $f\in\mathscr{H}$ が存在する．

$$E = \{\varphi\in L_0^2(\eta, A_{\boldsymbol{A}}^{\times})\mid \rho(f)\varphi=\varphi\}$$

は $L^2(\eta, A_{\boldsymbol{A}}^{\times})$ の閉部分空間となり，$E$ の各元は $A_{\boldsymbol{A}}^{\times}$ 上で有界である($A$ が多元体ならば自明である．$A_{\boldsymbol{A}}^{\times}=GL_2(\boldsymbol{A})$ ならば定理10.12による)．定理10.13によって $\dim E<\infty$．しかし $\mathscr{H}$ の $V$ における表現の $\mathscr{A}_0(\eta, A_{\boldsymbol{A}}^{\times})$ における重複度は $\dim E$ を越えない．

以上をまとめてつぎの定理が得られる．

**定理 10.14** $\mathscr{H}$ の $\mathscr{A}_0(\eta, A_{\boldsymbol{A}}^{\times})$ における表現 $\rho$ は完全可約で，各既約成分の重複度は有限である．

## §10.4 許容表現

$M$ は $C^\infty$ 多様体で，可算個のコンパクト集合の合併であるとする．$C_c^\infty(M)$ をコンパクトな台をもつ $M$ 上の $C^\infty$ 級関数の全体とする．$C_c^\infty(M)$ の Schwartz 位相の定義を述べておく．$M$ のコンパクト部分集合 $K$ に対し，$C_K^\infty(M)$ を台が $K$ に含まれる $M$ 上の $C^\infty$ 級関数の全体とする．$C_c^\infty(M)$ は $K$ が $M$ のすべてのコンパクト集合を動くときの $C_K^\infty(M)$ の合併である．$M$ 上の微分作用素 $D$ と $f\in C_K^\infty(M)$ に対し

$$|f|_D = \sup_{x\in M}|Df(x)|$$

とおく．半ノルムの族 $\{|\ |_D\}$ によって $C_K^\infty(M)$ に位相線型空間の構造を入れる(すなわち集合 $\{f\mid |f|_D<\varepsilon\}$ およびそれらの有限個の共通部分の全体を0の近傍の基本系とする)．$C_c^\infty(M)$ には $C_K^\infty(M)$ の帰納的極限としての位相を定義する．

これを $C_c^\infty(M)$ の **Schwartz 位相**という.

前節の通り $A$ を $\boldsymbol{Q}$ 上の不定符号4元数環, $\mathscr{H}=\mathscr{H}(A_A^\times)$ とする. $\boldsymbol{C}$ 上の線型空間 $V$ における $\mathscr{H}$ の表現 $\pi$ がつぎの条件を満たすとき, $\pi$ は**許容表現**(admissible representation)であるという.

(i) 任意の $x\in V$ に対し

$$x=\sum_i \pi(f_i)x_i$$

となる $x_i\in V$, $f_i\in\mathscr{H}$ が存在する. ただし右辺は有限和で, $x_i, f_i$ は $x$ に依存してもよい.

(ii) $\xi$ を任意の基本巾等元とする. このとき

$$\{\pi(\xi * f)x \mid f\in\mathscr{H}, x\in V\}$$

は有限次元空間を生成する.

この有限次元空間を $V(\xi)$ と書く.

(iii) $\xi$ を $\xi=\bigotimes\xi_p$ の形の基本巾等元とする. このとき任意の $x\in V$ に対し

$$f_\infty \longrightarrow \pi\Bigl(f_\infty\otimes\Bigl(\bigotimes_{p\neq\infty}\xi_p\Bigr)\Bigr)x$$

は $\xi_\infty*\mathscr{H}_\infty*\xi_\infty$ から $V(\xi)$ の中への連続写像である. ただし $\xi_\infty*\mathscr{H}_\infty*\xi_\infty$ には $C_c^\infty(A_\infty^\times)$ の Schwartz 位相から誘導された位相を入れ, $V(\xi)$ には $\boldsymbol{C}$ 上の有限次元線型空間としての標準的位相を入れる.

**定理 10.15**　$\mathscr{A}_0(\eta, A_A^\times)$ の既約部分空間 $V$ における $\mathscr{H}$ の表現は許容表現である.

**証明**　補題10.11により任意の $\varphi\in V$ に対し $\varphi=\rho(f)\varphi$ となる $f\in\mathscr{H}$ が存在する. ゆえに条件(i)は満たされる. $V\ni\varphi\neq 0$ とすれば, $V$ は既約であるから $V=\rho(\mathscr{H})\varphi$. ゆえに(ii)は保型形式の定義からでる. 記号は(iii)の通りとして

$$f(g)=f_\infty(g_\infty)\prod_{p\neq\infty}\xi_p(g_p)$$

とおく. このとき

$$\begin{aligned}\rho(f_\infty\otimes(\bigotimes\xi_p))\varphi(g)&=\int_{A_A^\times}\varphi(gh)f(h)dm^\times(h)\\&=\int_{A_\infty^\times}\left\{\int_{(A_A^\times)_f}\varphi(gh)\prod\xi_p(h_p)dm_f^\times(h_f)\right\}f_\infty(h_\infty)dm_\infty^\times(h_\infty).\end{aligned}$$

$V(\xi)$ の線型形式の全体は $\psi\to\psi(g)$ $(g\in A_A^\times)$ によって生成されるから, 任意に

$g$ を固定するとき

$$f_\infty \longrightarrow \rho(f_\infty \otimes (\bigotimes \xi_p))\varphi(g)$$

が連続であることをいえばよい．$K$ を $A_\infty^\times$ のコンパクト部分集合，$f_\infty$, $f_{\infty,n} \in C_K^\infty(A_\infty^\times)$ とする．$f_{\infty,n}$ が Schwartz 位相に関して $f_\infty$ に収束すれば，$f_{\infty,n}$ は $K$ 上で $f_\infty$ に一様収束する．ゆえに $\rho(f_{\infty,n} \otimes (\bigotimes \xi_p))\varphi(g)$ は $\rho(f_\infty \otimes (\bigotimes \xi_p))\varphi(g)$ に収束する．▌

すべての $p$ に対し $\boldsymbol{C}$ 上の線型空間 $V_p$ における $\mathscr{H}_p$ の表現 $\pi_p$ が与えられているとする．$p \neq \infty$ ならば $K_p$ の特性関数を $\varepsilon_p$ と書く．いま次のことを仮定する．

(10.48)　　ほとんどすべての $p$ に対し　$\dim \pi_p(\varepsilon_p)(V_p) = 1.$

$e_p \in \pi_p(\varepsilon_p)(V_p)$ は $\pi_p(\varepsilon_p)e_p = e_p$ と同値である．このようなベクトル $e_p \neq 0$ を任意に固定して

$$V = \bigotimes_{\{e_p\}} V_p$$

とおく．すなわち $V$ は $\{e_p\}$ に関する $V_p$ の制限テンソル積である．$\mathscr{H}$ の元は $\bigotimes f_p$ ($f_p \in \mathscr{H}_p$, ほとんどすべての $p$ に対し $f_p = \varepsilon_p$) の形の元の線型結合である．一方，$V$ の元は $\bigotimes x_p$ ($x_p \in V_p$, ほとんどすべての $p$ に対し $x_p = e_p$) の形の元の線型結合である．ゆえに

$$\pi(\bigotimes f_p)(\bigotimes x_p) = \bigotimes \pi_p(f_p)x_p$$

とおき，これを線型に拡張することによって $\mathscr{H}$ の $V$ における表現 $\pi$ が定義される．$\pi = \bigotimes \pi_p$ と書く．この $\pi$ を $\pi_p$ の**テンソル積**とよぶ．

$\pi = \bigotimes \pi_p$ が $\mathscr{H}$ の許容表現であるためには，$\pi_p$ はつぎの条件を満たさなければならない．

$p$ が有限素点の場合

(i) 任意の $x_p \in V_p$ に対して

$$x_p = \sum_i \pi_p(f_{p,i})x_{p,i}$$

となる $f_{p,i} \in \mathscr{H}_p$, $x_{p,i} \in V_p$ が存在する．

(ii) 任意の基本巾等元 $\xi_p$ に対し $\pi_p(\xi_p)(V_p)$ は有限次元である．

$p = \infty$ の場合

(i)′ 任意の $x_\infty \in V_\infty$ に対して

$$x_\infty = \sum_i \pi_\infty(f_{\infty,i})x_{\infty,i}$$

となる $f_{\infty,i}\in\mathcal{H}_\infty$, $x_{\infty,i}\in V_\infty$ が存在する．

(ii)′ $\xi_\infty$ を任意の基本巾等元とすれば

$$\{\pi_\infty(\xi_\infty*f_\infty)x_\infty \mid f_\infty\in\mathcal{H}_\infty,\ x_\infty\in V_\infty\}$$

は有限次元空間（これを $V_\infty(\xi_\infty)$ と書く）を生成する．

(iii)′ 任意の $x_\infty\in V_\infty$ と基本巾等元 $\xi_\infty$ に対して

$$f_\infty \longrightarrow \pi_\infty(f_\infty)x_\infty$$

は $\xi_\infty*\mathcal{H}_\infty*\xi_\infty$ から $V_\infty(\xi_\infty)$ の中への連続写像である．

これらの条件（$p$ が有限素点ならば(i), (ii), $p=\infty$ ならば(i)′, (ii)′, (iii)′）が満たされるとき，$\pi_p$ は $\mathcal{H}_p$ の**許容表現**であるという．

逆にすべての $\pi_p$ が許容表現ならば，$\pi=\bigotimes\pi_p$ は $\mathcal{H}$ の許容表現である．

**注意**　$p$ が有限素点ならば，基本巾等元 $\xi_p$ は $\mathcal{H}_p$ の元であることに注意する．$\pi_p$ を $\mathcal{H}_p$ の許容表現とすれば，上の条件 (i) から任意の $x_p\in V_p$ に対して $\pi_p(\xi_p)x_p=x_p$ となる $\xi_p$ が存在することはただちにわかる．

$\pi_\infty$ を $\mathcal{H}_\infty$ の許容表現とする．(i)′の記号で $\xi_\infty*f_{\infty,i}=f_{\infty,i}$ ($\forall i$) となる基本巾等元 $\xi_\infty$ が存在する．このとき $x_\infty\in V_\infty(\xi_\infty)$ となる．補題10.11と同様にして任意の $x_\infty\in V_\infty$ に対し $x_\infty=\pi_\infty(f_\infty)x_\infty$ となる $f_\infty\in\mathcal{H}_\infty$ が存在することが示される．実際，$\xi_\infty*\mathcal{H}_\infty*\xi_\infty$ の関数列 $\{h_{\infty,n}\}$ で，任意の $f_\infty\in\xi_\infty*\mathcal{H}_\infty*\xi_\infty$ に対し $h_{\infty,n}*f_\infty$ が Schwartz 位相に関して $f_\infty$ に収束するものが求められる．上の記号で $x_\infty, x_{\infty,i}\in V_\infty(\xi_\infty)$, $f_{\infty,i}\in\xi_\infty*\mathcal{H}_\infty*\xi_\infty$ と仮定してよい．このとき $\pi_\infty(h_{\infty,n})x_\infty$ は $x_\infty$ に収束する．このことから，$V_\infty(\xi_\infty)$ 上では $\pi_\infty(f_\infty)=1$ となる $f_\infty\in\xi_\infty*\mathcal{H}_\infty*\xi_\infty$ が存在することがわかる．さて，任意の基本巾等元 $\xi_\infty$ と $x_\infty\in V_\infty$ に対し，$x_\infty$ を (i)′ のように表わして

$$\pi_\infty(\xi_\infty)x_\infty=\sum_i\pi_\infty(\xi_\infty*f_{\infty,i})x_{\infty,i}$$

とおく．右辺が $x_\infty$ の表わし方によらないことを確かめなければならないが，そのためには

$$\sum_i\pi_\infty(f_{\infty,i})x_{\infty,i}=0 \Longrightarrow \sum_i\pi_\infty(\xi_\infty*f_{\infty,i})x_{\infty,i}=0$$

をいえばよい．$w=\sum_i\pi_\infty(\xi_\infty*f_{\infty,i})x_{\infty,i}$ とおく．すぐ前に注意したように $\pi_\infty(f_\infty)w=w$ となる $f_\infty\in\mathcal{H}_\infty$ が存在する．このとき

$$w=\sum_i\pi_\infty(f_\infty*\xi_\infty*f_{\infty,i})x_{\infty,i}=\pi_\infty(f_\infty*\xi_\infty)\sum_i\pi_\infty(f_{\infty,i})x_{\infty,i}=0.$$

このようにして任意の基本巾等元 $\xi_\infty$ の $V_\infty$ への作用 $\pi_\infty(\xi_\infty)$ が定義される．(ii)′における $V_\infty(\xi_\infty)$ は $\pi_\infty(\xi_\infty)$ の像と一致する．基本巾等元 $\xi_\infty$ の全体で張られる空間を $\mathcal{I}_\infty$ とする．$\widetilde{\mathcal{H}}_\infty$ を $\mathcal{H}_\infty$ と $\mathcal{I}_\infty$ の直和とし，これに乗法

$$(f_\infty\oplus\xi_\infty)*(f_\infty'\oplus\xi_\infty')=(f_\infty*f_\infty'+f_\infty*\xi_\infty'+\xi_\infty*f_\infty')\oplus\xi_\infty*\xi_\infty'$$

を定めて多元環とする．$\mathcal{H}_\infty$ の許容表現 $\pi_\infty$ は $\widetilde{\mathcal{H}}_\infty$ の表現に一意的に拡張される．

$\pi$ を $\mathscr{H}$ の許容表現とする．任意の $x\in V$ に対し $\pi(f)x=x$ となる $f\in\mathscr{H}$ が存在することが上と同様にして示される．

$$\tilde{\mathscr{H}}=\Big(\bigotimes_{p\neq\infty}\mathscr{H}_p\Big)\otimes\tilde{\mathscr{H}}_\infty$$

とおく(第1因子は $\{\varepsilon_p\}$ に関する制限テンソル積)．$\tilde{f}\in\tilde{\mathscr{H}}$, $f\in\mathscr{H}$ ならば $\tilde{f}*f$, $f*\tilde{f}\in\mathscr{H}$ となる．このことを用いて $\mathscr{H}$ の許容表現 $\pi$ を $\tilde{\mathscr{H}}$ の表現 $\pi$ に一意的に拡張することができる．$\xi$ を基本巾等元とすれば $V(\xi)$ は $\pi(\xi)$ の像と一致する．

**補題 10.13** $\mathscr{H}$ の $V$ における許容表現 $\pi$ が既約であるためには，任意の基本巾等元 $\xi$ に対し $\xi*\mathscr{H}*\xi$ の $V(\xi)$ における表現が既約であることが必要十分である($\mathscr{H}_p$ の許容表現に対しても同じ結果が成り立つ)．この場合 $\xi=\otimes\xi_p$ の形のすべての $\xi$ に対し $\xi*\mathscr{H}*\xi$ の $V(\xi)$ における表現が既約ならば十分である．

**証明** $V$ が真の不変部分空間 $W$ を含むとする．$\pi$ によって引き起こされる $\bar{V}=V/W$ における $\mathscr{H}$ の表現は許容表現である．$W(\xi)\neq\{0\}$, $\bar{V}(\xi)\neq\{0\}$ となる基本巾等元 $\xi$ が存在する($\xi=\otimes\xi_p$ の形であると仮定してもよい)．このとき $W(\xi)$ は $V(\xi)$ の真の不変部分空間となる．

逆に或る基本巾等元 $\xi$ に対して $V(\xi)$ が真の不変部分空間 $M$ を含むとする．$W=\pi(\mathscr{H})(M)$ は $\{0\}$ ではない $V$ の不変部分空間となる．$V=W$ ならば $V(\xi)=\pi(\xi*\mathscr{H}*\xi)(M)\subseteq M$. これは矛盾であるから $W$ は $V$ の真の不変部分空間である．▮

**補題 10.14** $\pi_p$ を $\mathscr{H}_p$ の許容表現，$\pi=\otimes\pi_p$ とする．$\pi$ が既約であるためには，すべての $\pi_p$ が既約であることが必要十分である．

**証明** 一つの $\pi_p$ が既約でなければ $\pi$ が既約でないことは明らかである．逆にすべての $\pi_p$ が既約であると仮定する．補題 10.13 によって $\xi=\otimes\xi_p$ の形の任意の基本巾等元 $\xi$ に対して $\xi*\mathscr{H}*\xi$ の $V(\xi)$ における表現が既約であることをいえばよい．このとき

$$V(\xi)=\bigotimes_{\{e_p\}}V_p(\xi_p)$$

となり，ほとんどすべての $p$ に対して $\xi_p=\varepsilon_p$, $V_p(\xi_p)=Ce_p$ である．$p\notin S$ ならば $\xi_p=\varepsilon_p$ となる素点の有限集合 $S$ をとれば

$$V(\xi)\cong\bigotimes_{p\in S}V_p(\xi_p).$$

$\xi_p*\mathscr{H}_p*\xi_p$ の $V_p(\xi_p)$ における表現は既約であるから，$\pi_p(f_p)$ ($f_p\in\xi_p*\mathscr{H}_p*$

$\xi_p$)の全体は $V_p(\xi_p)$ の線型変換の全体と一致する．ゆえに

$$\bigotimes_{p\in S}\pi_p(f_p)\otimes\Big(\bigotimes_{p\notin S}\pi_p(\varepsilon_p)\Big)\qquad (f_p\in\xi_p*\mathscr{H}_p*\xi_p)$$

の線型結合の全体は $V(\xi)$ の線型変換の全体と一致する．したがって $\xi*\mathscr{H}*\xi$ の $V(\xi)$ における表現は既約である．▌

**定理 10.16**　$\mathscr{H}$ の既約許容表現 $\pi$ は $\mathscr{H}_p$ の既約許容表現 $\pi_p$ のテンソル積と同値である．$\pi_p$ の同値類は $\pi$ によって一意的に決まる．

**証明**　定理をいくつかの段階にわけて証明する．

(1)　$\pi$ の表現空間を $V$ とする．$\xi=\bigotimes\xi_p$ の形の基本巾等元で $V(\xi)\neq\{0\}$ となるものの全体を $I$ とする．

$$\xi\leqq\eta\iff\eta*\xi=\xi$$

によって $I$ に順序 $\leqq$ を定めておく($\eta*\xi=\xi$ は $\xi*\eta=\xi$ と同値である．また $\xi=\bigotimes\xi_p$, $\eta=\bigotimes\eta_p$ ならば $\eta*\xi=\xi$ は $\eta_p*\xi_p=\xi_p\ (\forall p)$ と同値である)．$\xi\leqq\eta$ ならば $\xi*\tilde{\mathscr{H}}*\xi\subseteq\eta*\tilde{\mathscr{H}}*\eta$. $L(\xi)=\mathrm{End}(V(\xi))$, $\tilde{\mathscr{H}}(\xi)=\xi*\tilde{\mathscr{H}}*\xi$ とおく．$\pi$ は $\tilde{\mathscr{H}}(\xi)$ の $V(\xi)$ における表現を引き起こす．すなわち $\tilde{\mathscr{H}}(\xi)$ から $L(\xi)$ の中への準同型写像が存在する．これを $\pi_\xi$ で表わす．$\pi$ は既約であるから，補題 10.13 によって $\pi_\xi$ は上への写像である．$f\in\tilde{\mathscr{H}}(\xi)$ とする．$\pi_\xi(f)=0$ ならば $\pi(f)=0$, ゆえに $\pi_\eta(f)=0\ (\forall\eta\geqq\xi)$. ゆえに $\xi*\tilde{\mathscr{H}}*\xi$ から $\eta*\tilde{\mathscr{H}}*\eta$ の中への埋め込みを $id$ で表わすとき，図式

$$\begin{array}{ccc}\tilde{\mathscr{H}}(\xi) & \xrightarrow{id} & \tilde{\mathscr{H}}(\eta)\\ {\scriptstyle\pi_\xi}\downarrow & & \downarrow{\scriptstyle\pi_\eta}\\ L(\xi) & \xrightarrow[\varphi_{\eta\xi}]{} & L(\eta)\end{array}\tag{10.49}$$

を可換にするような $L(\xi)$ から $L(\eta)$ の中への同型写像 $\varphi_{\eta\xi}$ が定まる．

(2)　$\xi=\bigotimes\xi_p\in I$ とする．$\tilde{\mathscr{H}}_p(\xi)=\xi_p*\tilde{\mathscr{H}}_p*\xi_p$ ($p\neq\infty$ ならば $\tilde{\mathscr{H}}_p=\mathscr{H}_p$ とする)から $\tilde{\mathscr{H}}(\xi)$ の中への写像を

$$f_p\longrightarrow f_p\otimes\Big(\bigotimes_{q\neq p}\xi_q\Big)$$

によって定義する．これと $\pi_\xi$ を合成して，$\tilde{\mathscr{H}}_p(\xi)$ から $L(\xi)$ の中への準同型写像

$$\pi_\xi{}^p(f_p)=\pi_\xi\Big(f_p\otimes\Big(\bigotimes_{q\neq p}\xi_q\Big)\Big)$$

が得られる．$\pi_\xi{}^p$ の像を $L_p(\xi)$ とする．$\pi_\xi{}^p(\xi_p)$ は $L_p(\xi)$ の単位元であるが，それは $L(\xi)$ の単位元でもある．$p\neq q$ ならば $L_p(\xi)$ の元と $L_q(\xi)$ の元は可換である．ゆえに $\bigotimes L_p(\xi)$（単位元の族 $\{1_p\}$ に関する制限テンソル積）から $L(\xi)$ の中への準同型写像 $\varphi_\xi$ が

$$\varphi_\xi\colon \bigotimes \lambda_p \longrightarrow \prod \lambda_p$$

によって定義される．これが同型写像であることを証明しよう．

$$\tilde{\mathscr{H}}(\xi)=\bigotimes_{\{\xi_p\}}\tilde{\mathscr{H}}_p(\xi),$$

かつ $\pi_\xi$ は $\tilde{\mathscr{H}}(\xi)$ から $L(\xi)$ の上への写像であるから $\varphi_\xi$ は全射である．$\varphi_\xi$ が単射であることをいうには $L_p(\xi)$ が単純多元環であることをいえばよい．実際，それがいえるならば，任意の素点の有限集合 $S$ に対し $\bigotimes_{p\in S} L_p(\xi)$ は単純，ゆえに $\varphi_\xi$ は $\bigotimes_{p\in S} L_p(\xi)$ 上で単射である．$\bigotimes L_p(\xi)$ は $\bigotimes_{p\in S} L_p(\xi)$ の帰納的極限であるから $\varphi_\xi$ もまた単射となる．

$L_p(\xi)$ が単純であることをいうには，忠実な $L_p(\xi)$ 加群である $V(\xi)$ が互いに同値な既約部分加群の直和であることを示せばよい．$V(\xi)$ の $\{0\}$ ではない $L_p(\xi)$ 不変部分加群のうちで次元最小のものを $M$ とする．このとき

$$\left\{TM \mid T\in 1_p\otimes\left(\bigotimes_{q\neq p} L_q(\xi)\right)\right\}$$

の和空間は，$L(\xi)$ 不変であるから，$V(\xi)$ と一致する．$T$ と $L_p(\xi)$ の各元は可換だから $TM$ は $L_p(\xi)$ 加群として $\{0\}$ または $M$ と同型である．ゆえに $V(\xi)$ は $M$ と同値な既約部分加群の直和である．以上で $\varphi_\xi$ が同型写像であることが証明された．

(3) $\xi,\eta\in I$, $\xi\leqq\eta$ とする．図式

$$\begin{array}{ccc} \tilde{\mathscr{H}}_p(\xi) & \xrightarrow{id} & \tilde{\mathscr{H}}_p(\eta) \\ {\scriptstyle \pi_\xi{}^p}\downarrow & & \downarrow{\scriptstyle \pi_\eta{}^p} \\ L_p(\xi) & \xrightarrow[\varphi_{\eta\xi}{}^p]{} & L_p(\eta) \end{array} \tag{10.50}$$

を可換にするような $L_p(\xi)$ から $L_p(\eta)$ の中への同型写像 $\varphi_{\eta\xi}{}^p$ が存在することを示す．そのためには $f_p\in\tilde{\mathscr{H}}_p(\xi_p)$ に対して

$$\pi_\xi{}^p(f_p)=0 \Longleftrightarrow \pi_\eta{}^p(f_p)=0$$

を示せばよい．

$$E = \pi_\eta\left(\eta_p \otimes \left(\bigotimes_{q \neq p} \xi_q\right)\right)$$

とおけば

$$\pi_\eta{}^p(f_p)E = \pi_\eta\left(f_p \otimes \left(\bigotimes_{q \neq p} \xi_q\right)\right) \tag{10.51}$$

となり，これの $V(\xi)$ への制限は $\pi_\xi{}^p(f_p)$ である．ゆえに $\pi_\eta{}^p(f_p)=0$ ならば $\pi_\xi{}^p(f_p)=0$ であることがわかる．一方 $E$ は

$$M = 1_p \otimes \left(\bigotimes_{q \neq p} L_q(\eta)\right)$$

に属する(ここで $1_p$ は $L_p(\eta)$ の単位元)．ほとんどすべての $q$ に対して $L_q(\eta) \cong \boldsymbol{C}$ であるから $M$ は単純多元環である．$E \neq 0$ であるから $E$ の生成する $M$ の両側イデアルは $M$ と一致する．ゆえに

$$1 = \sum_i A_i E B_i$$

となる $A_i, B_i \in M$ が存在する．$\pi_\eta{}^p(f_p)$ は $M$ の各元と可換であるから

$$\pi_\eta{}^p(f_p) = \sum_i A_i \pi_\eta{}^p(f_p) E B_i. \tag{10.52}$$

いま $\pi_\xi{}^p(f_p)=0$ と仮定すれば，$\pi_\eta{}^p(f_p)E$ の $V(\xi)$ への制限は 0 である．しかし (10.51) により $\pi_\eta{}^p(f_p)E(1-\pi_\eta(\xi))V(\eta)=\{0\}$．ゆえに $\pi_\eta{}^p(f_p)E=0$．(10.52) から $\pi_\eta{}^p(f_p)=0$ が得られる．

(4) $\xi, \eta$ は(3)の通り，$f=\bigotimes f_p \in \tilde{\mathscr{H}}(\xi)$ とする．$p \notin S$ ならば $f_p=\xi_p$，かつ $\xi_p=\eta_p$ となる素点の有限集合 $S$ をとる．定義によって $\varphi_{\eta\xi}\circ\pi_\xi(f)=\pi_\eta(f)$ である．ゆえに

$$\varphi_{\eta\xi}\left(\left(\bigotimes_{p \in S} \pi_\xi{}^p(f_p)\right) \otimes \left(\bigotimes_{p \notin S} 1_p\right)\right) = \left(\bigotimes_{p \in S} \pi_\eta{}^p(f_p)\right) \otimes \left(\bigotimes_{p \notin S} 1_p\right).$$

ふたたび定義により $\varphi_{\eta\xi}{}^p \circ \pi_\xi{}^p(f_p)=\pi_\eta{}^p(f_p)$ であるから $\varphi_{\eta\xi}$ は $\{\varphi_{\eta\xi}{}^p\}$ のテンソル積であることがわかる．

(5) 図式(10.49), (10.50)において $\xi \in I$ に関する帰納的極限をとる．

$$L = \varinjlim L(\xi), \qquad L_p = \varinjlim L_p(\xi)$$

とおく．

$$\tilde{\mathscr{H}} = \varinjlim \tilde{\mathscr{H}}(\xi), \qquad \tilde{\mathscr{H}}_p = \varinjlim \tilde{\mathscr{H}}_p(\xi)$$

であるから，$\{\pi_\xi{}^p\}$ によって $\tilde{\mathscr{H}}_p$ から $L_p$ の中への写像 $\pi^p$ が定まる．(同様に $\{\pi_\xi\}$ によって $\tilde{\mathscr{H}}$ から $L$ の中への写像が定義される.)

$\xi\in I$ を任意にとると，ほとんどすべての $p$ に対して $\xi_p=\varepsilon_p$ となる．$\pi_\xi{}^p(\varepsilon_p)$ は $L_p(\xi)$ の単位元であるから 0 ではない．ゆえにこのような $p$ に対して $\pi^p(\varepsilon_p)=\mu_p\neq 0$．$\{\mu_p\}$ に関する $L_p$ の制限テンソル積 $\bigotimes L_p$ は $L$ と同型になる($\bigotimes L_p$ は $\bigotimes L_p(\xi)$ の帰納的極限であるから).

さて $L$ の $V$ への作用がつぎのようにして定義される．$T\in L$, $x\in V$ ならば，$T\in L(\xi)$, $x\in V(\xi)$ となる基本巾等元 $\xi$ が存在する．ゆえに $Tx$ が定義され，それは $\xi$ のとり方によらない．$Tx=0\ (\forall x\in V)$ ならば $T=0$ となることは明らかである．ゆえに $V$ は忠実な $L$ 加群となる．$L\subseteqq \mathrm{End}(V)$ と考えるならば $\{\pi_\xi\}$ によって定まる $\tilde{\mathscr{H}}$ から $L$ の中への写像は与えられた表現 $\pi$ と一致する．したがって $V$ は既約な $L$ 加群である．

(6) $L$ が単純多元環であることを示す．$\mathfrak{a}$ を $L$ の両側イデアルとする．$L(\xi)$ は全行列環と同型であるから，$L(\xi)\cap\mathfrak{a}=L(\xi)$ または $\{0\}$．すべての $\xi$ に対して $L(\xi)\cap\mathfrak{a}=\{0\}$ ならば $\mathfrak{a}=\{0\}$．或る $\xi$ に対して $L(\xi)\cap\mathfrak{a}=L(\xi)$ が成り立つと仮定する．このとき任意の $\eta\geqq\xi$ に対して $L(\eta)\cap\mathfrak{a}=L(\eta)$．ゆえに $\mathfrak{a}=L$．すなわち $L$ の両側イデアルは $\{0\}$ または $L$ のみである．

$\mathfrak{J}_1$ を $L(\xi)$ の極小左イデアルとする．$\mathfrak{J}=L\mathfrak{J}_1$ とおけば，$\mathfrak{J}$ は $L$ の極小左イデアルである．もし $\mathfrak{J}$ が極小でなければ，それは $L$ の左イデアル $\mathfrak{J}'\ (\neq\{0\},\mathfrak{J})$ を含む．$L(\xi)=\pi(\xi)L\pi(\xi)$ であるから $\mathfrak{J}'\cap L(\xi)=\pi(\xi)\mathfrak{J}'\subseteqq\mathfrak{J}_1$．もし $\pi(\xi)\mathfrak{J}'=\mathfrak{J}_1$ ならば $\mathfrak{J}'=L\mathfrak{J}'\supseteqq L\mathfrak{J}_1=\mathfrak{J}$．これは矛盾であるから $\pi(\xi)\mathfrak{J}'=\{0\}$．$L$ は単純なので $L=L\pi(\xi)L$．ゆえに $\mathfrak{J}'=L\pi(\xi)L\mathfrak{J}'=L\pi(\xi)\mathfrak{J}'=\{0\}$．これもまた矛盾である．

以上の議論は $L$ を $L_p$ で，$L(\xi)$ を $L_p(\xi)$ で置き換えてもそのまま成立する．

(7) $\xi\in I$ を任意に固定する．$\mathfrak{J}_p$ を $L_p(\xi)$ の極小左イデアルとする．ほとんどすべての $p$ に対して $L_p(\xi)=\boldsymbol{C}\mu_p$，ゆえに $\mathfrak{J}_p=\boldsymbol{C}\mu_p$．$\{\mu_p\}$ に関する $\mathfrak{J}_p$ の制限テンソル積 $\mathfrak{J}=\bigotimes\mathfrak{J}_p$ は $L(\xi)$ の極小左イデアルである．ゆえに $L\mathfrak{J}=\bigotimes L_p\mathfrak{J}_p$ は $L$ の極小左イデアル，また $L_p\mathfrak{J}_p$ は $L_p$ の極小左イデアルである．

(8) 記号は(7)の通りとする．$V$ は忠実な既約 $L$ 加群であるから，$L\mathfrak{J}x\neq\{0\}$ となる $x\in V$ が存在し，このとき $V=L\mathfrak{J}x$．ゆえに $T\to Tx$ は $L\mathfrak{J}$ から $V$ の

上への同型写像である．したがって $L$ の $V$ における表現は $L$ の $L\mathfrak{J}$ における表現 $\sigma$ と同値である．$L\mathfrak{J}=\bigotimes L_p\mathfrak{J}_p$ であるから $\sigma$ は $L_p$ の $L_p\mathfrak{J}_p$ における表現 $\sigma_p$ のテンソル積である．結局 $\pi$ は $\mathscr{H}_p$ の $L_p\mathfrak{J}_p$ における表現 $\pi_p=\sigma_p\circ\pi^p$ のテンソル積と同値になる．$\pi_p$ が許容表現であることはすでに見た通りである．$\pi_p$ が既約なことは補題10.14からでる．

(9)　$\pi_p$ の同値類が $\pi$ によって一意的に決まることを示す．$\pi=\bigotimes\pi_p$, $V=\bigotimes V_p$ とする．$\xi\in I$ に対し，$\mathscr{H}_p$ から $\widetilde{\mathscr{H}}$ の中への埋め込み

$$f_p \longrightarrow f_p\otimes\Big(\bigotimes_{q\neq p}\xi_q\Big)$$

と $\pi$ を合成して得られる $\mathscr{H}_p$ の表現を $\tau_p$ とする．$\tau_p$ が $\pi_p$ および零表現の直和と同値であることをいえば十分である．

$$W = V_p\otimes\Big(\bigotimes_{q\neq p}V_q(\xi_q)\Big)$$

は $\mathscr{H}_p$ 不変であり，$\tau_p$ の $W$ への制限は $\pi_p$ の有限個の直和と同値である．一方，$V_q=V_q(\xi_q)\oplus(1-\pi_q(\xi_q))V_q$ であるから，$W$ は $V$ の直和成分となり，その補空間の上では $\tau_p$ は零表現を引き起こす．▌

$\mathscr{A}_0(\eta, A_A^\times)$ における $\mathscr{H}$ の表現 $\rho$ の既約成分となる許容表現を**保型表現**(automorphic representation)ということがある．$\mathscr{H}$ の既約許容表現は定理10.16により $\pi=\bigotimes\pi_p$ の形に表わされる．ここで $\pi_p$ は $\mathscr{H}_p$ の既約許容表現である．逆に $\{\pi_p\}$ を(10.48)を満たす $\mathscr{H}_p$ の既約許容表現の族とすれば，$\pi=\bigotimes\pi_p$ は $\mathscr{H}$ の既約許容表現である．それがどんな条件のもとで保型表現となるかが中心的問題であることはいうまでもない．Hecke は論文 Die Primzahlen in der Theorie der elliptischen Modulfunktionen, Math. Werke, 577-590 において，モジュラー形式の理論の中に‘Euler 積’が現われるという事実をやや驚きの気持をこめて強調しているが，許容表現の言葉によれば大域的なものから局所的なものへの移行，またその逆の移行は円滑である．

## 問　題

1　$A=M_2(\boldsymbol{Q})$ に対しては近似定理(定理3.8)は補題1.16からでることを示せ．

2　$A_p$ を $\boldsymbol{Q}_p$ $(p\neq\infty)$ 上の4元数環，$\mathfrak{O}_p$ を $A_p$ の極大整環とする．$K_p=\mathfrak{O}_p^\times$ とおく．

Hecke 環 $R(K_p, A_p{}^\times)$ の元

$$\sum c_i K_p \alpha_i K_p \qquad (c_i \in \boldsymbol{Z},\ \ \alpha_i \in A_p{}^\times)$$

に $\mathcal{H}_p$ の元

$$\sum c_i f_i$$

を対応させる．ただし $f_i$ は $K_p\alpha_i K_p$ の特性関数である．この対応は $R(K_p, A_p{}^\times)$ から $\mathcal{H}_p$ の中への環としての同型写像である．

**3**　$A$ を $\boldsymbol{Q}$ 上の定符号 4 元数環と仮定して，§10.1, d), e) の記号をそのまま用いる．$A_\infty{}^\times=\boldsymbol{H}^\times$ を $GL_2(\boldsymbol{C})$ の部分群

$$\left\{\begin{bmatrix} a & b \\ -\bar{b} & \bar{a}\end{bmatrix} \,\middle|\, a, b \in \boldsymbol{C},\ |a|^2+|b|^2 \neq 0\right\}$$

と同一視しておく．$\Phi_n$ を $GL_2(\boldsymbol{C})$ の $n$ 次対称テンソル表現とする．$g \in A_\infty{}^\times$ に対し

$$\sigma_n(g) = (\det g)^{-n/2}\Phi_n(g)$$

とおく．$\sigma_n$ の表現空間 $V$ に値をとる $A_{\boldsymbol{A}}{}^\times$ 上の関数 $\varphi$ で，条件

$$\varphi(\xi x u g) = \boldsymbol{\chi}(u)^{-1}\sigma_n(g)^{-1}\varphi(x) \qquad (\forall u \in U_f,\ \ g \in A_\infty{}^\times,\ \ x \in A_{\boldsymbol{A}}{}^\times)$$

を満たすものの全体を $M(n, \chi)$ で表わす．Hecke 環 $R(U^S, (A_{\boldsymbol{A}}{}^\times)^S)$ の $M(n, \chi)$ への作用を

$$(\varphi \mid U^S a U^S)(x) = \sum_i \varphi(x a_i{}^{-1})$$

によって定める．ただし $\{a_i\}$ は $U^S \backslash U^S a U^S$ の代表系である．

$$A_{\boldsymbol{A}}{}^\times = \bigcup_{\lambda=1}^{h} A^\times x_\lambda \mathfrak{O}_{\boldsymbol{A}}{}^\times$$

を $A_{\boldsymbol{A}}{}^\times$ の $A^\times$ および $\mathfrak{O}_{\boldsymbol{A}}{}^\times$ に関する両側剰余類への分解とする (実は $\pi_S(x_\lambda)=1$ となるように $x_\lambda$ を選ぶことができる)．$U_\lambda = x_\lambda(U_f \times A_\infty{}^\times)x_\lambda{}^{-1}$，$\Gamma_\lambda = A^\times \cap U_\lambda$ とおく．このとき $\Gamma_\lambda \subseteq \Delta$．$\Gamma_\lambda$ は有限群である．$\Delta$ の表現 $\chi$ を

$$\chi(\alpha) = \left(\prod_{p|d'} \boldsymbol{\chi}_p(i_p(\alpha))\right)\sigma_n(i_\infty(\alpha)) \qquad (\alpha \in \Delta)$$

によって定義する．

$$V_\lambda = \{v \in V \mid \chi(\gamma)v = v,\ \forall \gamma \in \Gamma_\lambda\}$$

とおけば

$$M(n, \chi) \cong V_1 \times \cdots \times V_h.$$

$U^S a U^S$ の引き起こす $M(n, \chi)$ の線型変換を $T = T(U^S a U^S)$ とする．$T$ を $V_1 \times \cdots \times V_h$ の線型変換と見なし，$T = (T_{\lambda\mu})$ と書く．$T_{\lambda\mu}$ は $V_\mu$ から $V_\lambda$ の中への線型写像である．このとき $\chi(\alpha)$ の $V_\mu$ への制限を $\chi_\mu(\alpha)$ で表わせば

$$T_{\lambda\mu} = \sum \chi_\mu(\alpha^{-1}).$$

右辺の和は $U_\lambda a_\lambda U_\lambda$ に含まれるすべての剰余類 $U_\lambda x_{\lambda\mu}\alpha$ $(\alpha \in A^\times)$ にわたる．ただし $a_\lambda = x_\lambda a x_\lambda{}^{-1}$，$x_{\lambda\mu} = x_\lambda x_\mu{}^{-1}$．

**4**　$\Gamma$ を $SL_2(\boldsymbol{R})$ の離散部分群とする．$\boldsymbol{Q}$ 上の不定符号 4 元数環 $A$ と $A$ の整環 $\mathfrak{O}$ が存

在して，$\Gamma$ は $\Gamma(A, \mathfrak{O})$ と通約可能であると仮定する．$m \in \boldsymbol{Z}$, $r \in \boldsymbol{C}$ を与えるとき，つぎの条件を満たす $SL_2(\boldsymbol{R})$ 上の $C^\infty$ 級関数の全体 $S$ は有限次元空間である．

(i) $\varphi(\gamma g) = \varphi(g) \quad (\forall \gamma \in \Gamma)$.

(ii) $\varphi(gk(\theta)) = e^{im\theta}\varphi(g) \quad (\forall k(\theta) \in SO_2(\boldsymbol{R}))$.

(iii) $\rho(D)\varphi = r\varphi$.

(iv) $|\varphi(g)| \leqq M\|g\|^N$ $(\forall g \in SL_2(\boldsymbol{R}))$ となる定数 $M, N$ が存在する．

(v) $\Gamma$ の任意の尖点 $x$ に対して

$$\int_{\Gamma_x \backslash N_x} \varphi(n(u)g)\,du = 0 \qquad (\forall g \in SL_2(\boldsymbol{R})).$$

ただし $\|g\| = (\mathrm{tr}(g\,{}^t g))^{1/2}$ $(g \in SL_2(\boldsymbol{R}))$．また尖点 $x = g(\infty)$ $(g \in SL_2(\boldsymbol{R}))$ に対して

$$N_x = g\{\pm n(u) \mid u \in \boldsymbol{R}\}g^{-1},$$
$$\Gamma_x = \Gamma \cap N_x$$

とおく．$\Gamma$ の尖点が存在しなければ条件 (iv), (v) は不要である．(結果からいえば，$\boldsymbol{Q}_{\boldsymbol{A}}^\times/\boldsymbol{Q}^\times$ の有限個の指標 $\eta_1, \cdots, \eta_n$ が存在して，$S$ は和空間 $\sum_{i=1}^{n} \mathscr{A}_0(\eta_i, A_{\boldsymbol{A}}^\times)$ に埋め込まれる．$S$ が有限次元であることは任意の第1種 Fuchs 群 $\Gamma$ に対して正しい．)

**5**　$N, a, b, \alpha, \beta$ は整数，$N>0$，$\alpha+\beta>2$ とする．非整型 Eisenstein 級数

$$E(z) = \sum_{\substack{(m,n)\equiv(a,b)\ (\mathrm{mod}\ N)\\ (m,n)\neq(0,0)}} (mz+n)^{-\alpha}(m\bar{z}+n)^{-\beta} \qquad (z \in H)$$

を考える．

$$\varphi(g) = j(g,i)^{\alpha}\overline{j(g,i)}^{\beta}E(g(i)) \qquad (g \in SL_2(\boldsymbol{R}))$$

とおけば

$$\varphi(\gamma g) = \varphi(g) \qquad (\forall \gamma \in \Gamma(N)),$$
$$\varphi(gk(\theta)) = e^{i(\alpha-\beta)\theta}\varphi(g) \qquad (\forall k(\theta) \in SO_2(\boldsymbol{R})),$$
$$\rho(D)\varphi = (\alpha+\beta)(\alpha+\beta-2)\varphi.$$

また $\varphi$ は前問4の条件 (iv) を満たす．

# 第11章　許容表現の基礎理論 (非 Archimedes 的局所体の場合)

## §11.1　4元数環の乗法群の表現としての許容表現

$F$ を非 Archimedes 的付値体とする．$F$ が局所コンパクトであるためには，$F$ は完備，$F$ の付値は離散，かつ $F$ の剰余類体は有限体であることが必要十分である．このとき $F$ を**非 Archimedes 的局所体**という(それは $p$ 進体の有限次拡大または有限体上の形式的巾級数体と同型である)．

本章では $F$ は非 Archimedes 的局所体であると仮定する．$F$ の付値環およびその極大イデアルを $\mathfrak{o}, \mathfrak{p}$ で表わす．$F$ の任意の $\mathfrak{o}$ 格子は $\mathfrak{p}^n$ $(n \in \boldsymbol{Z})$ の形である．その全体は $F$ の 0 の近傍の基本系を作る．また $F$ のコンパクト集合は或る $\mathfrak{o}$ 格子に含まれる．

$F$ の付値 $|\ |_F$ を $|\varpi|_F^{-1}=|\mathfrak{o}/\mathfrak{p}|$ となるように正規化しておく．ただし $\varpi$ は $F$ の素元(すなわち $\mathfrak{p}=\varpi\mathfrak{o}$ となる元)である．このとき加法群 $F$ の不変測度を $dt$ で表わせば

$$d(at) = |a|_F dt \qquad (a \in F^\times)$$

が成り立つ．ゆえに

$$d^\times t = |t|_F^{-1} dt$$

は乗法群 $F^\times$ の不変測度である．なお $|t|_F=|\varpi|_F^n$ ならば $v(t)=n$ とおく．すなわち $v$ は $F$ の指数付値である．

**注意**　本章の結果を第10章で述べた場合に応用するためには，$F$ を $p$ 進体と仮定してよい．

$A$ を $F$ 上の4元数環として，$G_F=A^\times$ と書く．$G_F$ の $\boldsymbol{C}$ 上の線型空間 $V$ における表現 $\pi$ がつぎの条件を満たすとき，$\pi$ は**許容表現**であるという．

(i)　任意の $x \in V$ に対して，$G_F$ における $x$ の固定群

$$\{g \in G_F \mid \pi(g)x=x\}$$

は $G_F$ の開部分群である．

(ii) $H$ を $G_F$ の任意の開部分群とすれば

$$\{x \in V \mid \pi(h)x=x, \forall h \in H\}$$

は $V$ の有限次元部分空間である.

$\mathcal{H}_F$ を $G_F$ 上のコンパクトな台をもつ局所定値関数の全体とする. それはたたみ込みを乗法として多元環を作る. $\mathfrak{O}$ を $A$ の一つの極大整環とし, $K_F=\mathfrak{O}^\times$ とおく. §10.3, a) と同様に $K_F$ に関する基本巾等元を定義する. 以下では $G_F$ の不変測度を $dg$ で表わす.

$G_F$ の許容表現 $\pi$ が与えられたとき, $x \in V$, $f \in \mathcal{H}_F$ に対して

$$\pi(f)x = \int_{G_F} f(g)\pi(g)x dg$$

とおく. $\pi(g)x$ は条件(i)により $V$ に値をとる $G_F$ 上の局所定値関数であるから, 右辺の積分は実際は有限和である. $f \to \pi(f)$ は明らかに $\mathcal{H}_F$ の $V$ における表現となり, さらにつぎの性質をもつ.

(11.1)　任意の $x \in V$ に対して

$$x = \pi(\xi)x$$

となる基本巾等元 $\xi$ が存在する.

(11.2)　任意の基本巾等元 $\xi$ に対して $\pi(\xi)V$ は有限次元である.

すなわち $\mathcal{H}_F$ の表現 $\pi$ は §10.4 で述べた意味での許容表現である.

逆に $\pi$ を線型空間 $V$ における $\mathcal{H}_F$ の許容表現とすれば, $G_F$ の $V$ における表現 $\pi$ を

$$\pi(g)\pi(f) = \pi(\lambda(g)f) \qquad (\forall g \in G_F,\ f \in \mathcal{H}_F)$$

が成立するという条件のもとで, 一意的に定義することができる. 実際, 任意の $x \in V$ に対して $x=\pi(f)x$ となる $f \in \mathcal{H}_F$ がある. このとき

$$\pi(g)x = \pi(\lambda(g)f)x$$

とおく. この定義が意味をもつことをいうためには

$$\sum_i \pi(f_i)x_i = 0 \qquad (f_i \in \mathcal{H}_F,\ x_i \in V)$$

ならば

$$\sum_i \pi(\lambda(g)f_i)x_i = 0$$

をいえばよい. 上式の左辺を $w$ とする. $w=\pi(f)w$ となる $f \in \mathcal{H}_F$ をとれば

$$\begin{aligned} w &= \sum_i \pi(f*\lambda(g)f_i)x_i \\ &= \sum_i \pi(\rho(g^{-1})f*f_i)x_i \\ &= \pi(\rho(g^{-1})f)\sum_i \pi(f_i)x_i = 0. \end{aligned}$$

$\pi$ が $G_F$ の許容表現となることはただちにわかる.

基本巾等元 $\xi$ に対して $V(\xi)=\pi(\xi)V$ とおく.

**定理 11.1**　$\pi$ を線型空間 $V$ における $G_F$ の許容表現とする. このとき線型空間 $\tilde{V}$ における $G_F$ の許容表現 $\tilde{\pi}$ で, つぎの性質をもつものが同値を除きただ一つ存在する.

(1)　$V\times\tilde{V}$ 上に非退化双1次形式 $\langle x, \tilde{x}\rangle$ が存在する.

(2)　$\langle\pi(g)x, \tilde{x}\rangle = \langle x, \tilde{\pi}(g^{-1})\tilde{x}\rangle$　$(\forall g\in G_F,\ x\in V,\ \tilde{x}\in\tilde{V})$.

**証明**　$V$ の双対空間を $V^*$ とする. $x\in V$, $x^*\in V^*$ に対し $x^*(x)=\langle x, x^*\rangle$ と書く. $\pi$ は $\mathcal{H}_F$ の $V$ における表現 $\pi$ を定める.

$$\langle\pi(g)x, x^*\rangle = \langle x, \pi^*(g^{-1})x^*\rangle \qquad (g\in G_F),$$

$$\langle\pi(f)x, x^*\rangle = \langle x, \pi^*(\check{f})x^*\rangle \qquad (f\in\mathcal{H}_F)$$

(ただし $\check{f}(g)=f(g^{-1})$) によって $V^*$ における $G_F$ および $\mathcal{H}_F$ の表現が得られる. $\tilde{V}=\pi^*(\mathcal{H}_F)V^*$ とおき, $\pi^*(g)$, $\pi^*(f)$ の $\tilde{V}$ への制限を $\tilde{\pi}(g), \tilde{\pi}(f)$ とする. このとき

$$\tilde{V} = \sum_\xi \tilde{V}(\xi)$$

が成り立つ. ここで $\xi$ はすべての基本巾等元を動く. また $V(\xi)$ と $\tilde{V}(\check{\xi})$ は互いに他の双対である. とくに $\tilde{V}(\check{\xi})$ は有限次元である. このことから $\tilde{V}$ における $G_F$ または $\mathcal{H}_F$ の表現が許容表現であることがわかる. $\langle x, \tilde{x}\rangle$ が $V\times\tilde{V}$ 上で非退化であることは容易にわかる. また表現 $\tilde{\pi}$ の一意性も明らかである. ▌

$\tilde{\pi}$ を $\pi$ の**反傾表現** (contragradient representation) という.

**補題 11.1**　$\pi$ を線型空間 $V$ における $G_F$ の既約許容表現とする. $T\in\mathrm{End}(V)$ がすべての $\pi(g)$ $(g\in G_F)$ と可換ならば $T$ はスカラーである.

**証明**　$V(\xi)\neq\{0\}$ となる基本巾等元 $\xi$ をとる. $T(V(\xi))\subseteq V(\xi)$ であるから, $V(\xi)$ の中に $T$ の固有ベクトルが存在する. その固有値を $\alpha$ とする.

$$W = \{x\in V \mid Tx=\alpha x\}$$

は $V$ の $\{0\}$ ではない不変部分空間である．$\pi$ は既約であるから $W=V$ となる．▌

とくに $g$ が $G_F$ の中心 $F^\times$ に属するならば $\pi(g)$ はスカラーである．

**定理 11.2**　$A$ が多元体ならば，$G_F$ の既約許容表現は $G_F$ の有限次元(連続)表現である．

**証明**　$\pi$ を $G_F$ の既約許容表現，その表現空間を $V$ とする．$A$ の極大整環を $\mathfrak{O}$，その極大イデアルを $\mathfrak{P}$ とする．

$$G_n = \{k \in \mathfrak{O}^\times \mid k \equiv 1 \pmod{\mathfrak{P}^n}\}$$

は $G_F$ の正規部分群である．

$$V_n = \{x \in V \mid \pi(k)x = x, \forall k \in G_n\}$$

は有限次元空間であるが，$n$ が十分大きければ $V_n \neq \{0\}$．$V_n$ は $V$ の不変部分空間であるから $V_n=V$．ゆえに $V$ は有限次元である．$\pi$ は $G_F/G_n$ の表現であるから連続表現である．▌

$F^\times$ から $\boldsymbol{C}^\times$ の中への連続準同型写像をたんに $F^\times$ の1次元表現とよぶことにする．

**定理 11.3**　$G_F=GL_2(F)$ の有限次元既約許容表現 $\pi$ は1次元である．このとき

$$\pi(g) = \chi(\det g)$$

となる $F^\times$ の1次元表現 $\chi$ が存在する．

**証明**　$\pi$ が有限次元ならば，$\pi$ の核は $G_F$ の或る開部分群を含む．ゆえに $b \in F$ が十分0に近ければ

$$\begin{bmatrix} 1 & b \\ 0 & 1 \end{bmatrix} \in \operatorname{Ker} \pi.$$

$$\begin{bmatrix} a & 0 \\ 0 & 1 \end{bmatrix}\begin{bmatrix} 1 & b \\ 0 & 1 \end{bmatrix}\begin{bmatrix} a^{-1} & 0 \\ 0 & 1 \end{bmatrix} = \begin{bmatrix} 1 & ab \\ 0 & 1 \end{bmatrix} \qquad (a \in F^\times)$$

であるから

$$N_F = \left\{\begin{bmatrix} 1 & b \\ 0 & 1 \end{bmatrix} \middle| \, b \in F\right\} \subseteq \operatorname{Ker} \pi.$$

同様にして

$$N_F' = \left\{\begin{bmatrix} 1 & 0 \\ c & 1 \end{bmatrix} \middle| \, c \in F\right\} \subseteq \operatorname{Ker} \pi$$

が得られる．$N_F, N_F'$ は $SL_2(F)$ を生成するから $SL_2(F) \subseteq \operatorname{Ker} \pi$．ゆえに $\{\pi(g) \mid$

$g\in G_F\}$ は互いに可換である．補題 11.1 により $\dim\pi=1$ となる．

$$\chi(a)=\pi\left(\begin{bmatrix} a & 0 \\ 0 & 1 \end{bmatrix}\right)$$

とおけば $\pi(g)=\chi(\det g)$．$\chi$ の連続性は明らかである．∎

次節§11.2 以下ではおもに無限次元許容表現を考えることにする．

## §11.2　無限次元表現の Kirillov および Whittaker 型モデル

以下 $G_F=GL_2(F)$ とする．本節では $G_F$ の無限次元既約許容表現が 2 通りの仕方で，すなわち $F^\times$ または $G_F$ 上の関数からなる或る空間における表現として，実現されることを証明する．$F$ の加法群の指標 $\psi\neq 1$ を固定しておく．第 1 の実現の仕方はつぎの通りである．

**定理 11.4**　$G_F$ の無限次元既約許容表現が与えられているとする．このとき $F^\times$ 上の複素数値関数の空間 $V$ と $G_F$ の $V$ における表現 $\pi$ でつぎの条件を満たすものがただ一つ存在する．

(1)　$\pi$ は与えられた既約許容表現と同値である．

(2)　任意の $\varphi\in V$ に対して

$$\pi\left(\begin{bmatrix} a & b \\ 0 & 1 \end{bmatrix}\right)\varphi(t)=\psi(bt)\varphi(at)\qquad (a,t\in F^\times,\ b\in F)$$

が成り立つ．——

$\pi$ を与えられた既約許容表現の **Kirillov 型モデル**という．また $\pi$ の作用する空間 $V$ をその **Kirillov 空間**という．定理 11.4 の証明はかなり長く，それをいくつかの補題に分けて述べる(補題 11.2-11.11)．

$F$ の指標 $\psi$ は連続であるから，$\psi(\mathfrak{a})=1$ となる $\mathfrak{o}$ 格子 $\mathfrak{a}$ が存在するが，このような $\mathfrak{o}$ 格子 $\mathfrak{a}$ の中で最大のものを $\psi$ の**導手**という．

$G_F$ の任意の無限次元既約許容表現 $\pi$ を考える．$\pi$ の表現空間を $V$ とする．

$$\int_{\mathfrak{a}}\psi(-t)\pi\left(\begin{bmatrix} 1 & t \\ 0 & 1 \end{bmatrix}\right)x\,dt=0 \tag{11.3}$$

となる $\mathfrak{o}$ 格子 $\mathfrak{a}$ が存在するような $x\in V$ の全体 $V'$ は $V$ の部分空間である．実際，或る $\mathfrak{o}$ 格子 $\mathfrak{a}$ に対して上式が成立すれば，$\mathfrak{a}$ を含む任意の $\mathfrak{o}$ 格子 $\mathfrak{a}'$ に対しても成立する．

$$X = V/V'$$

とおく．$x \in V$ に対して

$$\varphi_x(t) = \pi\left(\begin{bmatrix} t & 0 \\ 0 & 1 \end{bmatrix}\right)x \pmod{V'}$$

は $X$ に値をとる $F^\times$ 上の局所定値関数である．

**補題 11.2**　$x'=\pi\left(\begin{bmatrix} a & b \\ 0 & 1 \end{bmatrix}\right)x$ $(a \in F^\times,\ b \in F)$ ならば

$$\varphi_{x'}(t) = \psi(bt)\varphi_x(at) \qquad (t \in F^\times).$$

**証明**　任意の $t \in F^\times$ に対して

$$\pi\left(\begin{bmatrix} t & 0 \\ 0 & 1 \end{bmatrix}\right)x' - \psi(bt)\pi\left(\begin{bmatrix} at & 0 \\ 0 & 1 \end{bmatrix}\right)x \in V'$$

をいえばよい．$\mathfrak{a}$ を $bt$ を含む $\mathfrak{o}$ 格子とすれば

$$\begin{aligned}
&\int_{\mathfrak{a}} \psi(-u)\pi\left(\begin{bmatrix} 1 & u \\ 0 & 1 \end{bmatrix}\right)\left(\pi\left(\begin{bmatrix} at & bt \\ 0 & 1 \end{bmatrix}\right)x - \psi(bt)\pi\left(\begin{bmatrix} at & 0 \\ 0 & 1 \end{bmatrix}\right)x\right)du \\
&= \int_{\mathfrak{a}} \psi(-u)\pi\left(\begin{bmatrix} at & bt+u \\ 0 & 1 \end{bmatrix}\right)xdu - \int_{\mathfrak{a}} \psi(-u+bt)\pi\left(\begin{bmatrix} at & u \\ 0 & 1 \end{bmatrix}\right)xdu \\
&= 0.
\end{aligned}$$

▮

**系**　$\varphi_x$ の台は $F$ の或るコンパクト集合に含まれる．

**証明**　$\psi$ の導手を $\mathfrak{d}$ とする．$\pi\left(\begin{bmatrix} 1 & u \\ 0 & 1 \end{bmatrix}\right)x=x$ $(\forall u \in \mathfrak{a})$ となる $\mathfrak{o}$ 格子 $\mathfrak{a}$ が存在する．補題 11.2 により $\varphi_x(t)=\psi(ut)\varphi_x(t)$ $(\forall u \in \mathfrak{a})$．ゆえに $t \notin \mathfrak{a}^{-1}\mathfrak{d}$ ならば $\varphi_x(t)=0$．▮

**補題 11.3**　$\mathfrak{a}, \mathfrak{b}$ を $F$ の $\mathfrak{o}$ 格子，$\mathfrak{a} \subseteq \mathfrak{b}$ とする．$f$ を有限次元空間に値をとる $\mathfrak{b}$ 上の局所定値関数とする．任意の $u \in \mathfrak{b}$ に対し $f(u)$ が $u \pmod{\mathfrak{a}}$ のみに依存するためには

$$\int_{\mathfrak{b}} \psi(-tu)f(u)du = 0 \qquad (\forall t \notin \mathfrak{d}\mathfrak{a}^{-1}) \tag{11.4}$$

となることが必要十分である．ただし $\mathfrak{d}$ は $\psi$ の導手である．

**証明**　条件が必要なことは明らかであるから，それが十分なことを示す．$f$ は局所定値であるから，$f(u)$ が $u \pmod{\mathfrak{a}_0}$ のみで決まるような $\mathfrak{o}$ 格子 $\mathfrak{a}_0 \subseteq \mathfrak{b}$ が存在する．$f$ は実際は有限群 $\mathfrak{b}/\mathfrak{a}_0$ 上の関数である．したがって

$$\hat{f}(t) = \int_{\mathfrak{b}} \psi(tu)f(u)du$$

とおけば

$$f(u)=\sum_{t\in\mathfrak{d}\mathfrak{a}_0^{-1}/\mathfrak{d}\mathfrak{b}^{-1}}\psi(tu)\hat{f}(-t)$$

が成り立つ．(11.4)を仮定すれば右辺は $t\in\mathfrak{d}\mathfrak{a}^{-1}/\mathfrak{d}\mathfrak{b}^{-1}$ に関する和となる．ゆえに $f(u)$ は $u\ (\mathrm{mod}\ \mathfrak{a})$ のみに依存する．∎

**補題 11.4**　$\pi\left(\begin{bmatrix}1 & u\\ 0 & 1\end{bmatrix}\right)x=x\ (\forall u\in F)$ ならば $x=0$.

**証明**　$H=\{g\in G_F\mid \pi(g)x=x\}$ とおく．仮定から $H$ は $N_F=\left\{\begin{bmatrix}1 & u\\ 0 & 1\end{bmatrix}\middle|\, u\in F\right\}$ を含む．一方では $H$ は $G_F$ の開部分群であるから，$\begin{bmatrix}a & b\\ c & d\end{bmatrix}$ $(c\neq 0)$ の形の元が $H$ の中に存在する．ゆえに

$$\begin{bmatrix}1 & -ac^{-1}\\ 0 & 1\end{bmatrix}\begin{bmatrix}a & b\\ c & d\end{bmatrix}\begin{bmatrix}1 & -dc^{-1}\\ 0 & 1\end{bmatrix}=\begin{bmatrix}0 & b'\\ c & 0\end{bmatrix}=w_0\in H.$$

ゆえに $H$ は $N_F$ および $w_0N_Fw_0^{-1}=N_F'$ を含み，したがって $SL_2(F)$ を含む．

$$\left\{\begin{bmatrix}t & 0\\ 0 & 1\end{bmatrix}\middle|\, t\in U\right\}\subseteq H$$

となる $\mathfrak{o}^\times$ の開部分群 $U$ が存在することに注意すれば，$F^\times H$ は $G_F$ の指数有限な部分群であることがわかる．ゆえに $\pi(g)x\ (g\in G_F)$ は有限次元空間を生成する．$x\neq 0$ ならば，それは $V$ と一致しなければならないが，これは $\pi$ が無限次元であるという仮定に反する．∎

**補題 11.5**　$x\to\varphi_x$ は線型単射である．

**証明**　上の写像が線型なことは明らかである．それが単射であることを示すために，$\varphi_x=0$ ならば

$$f(u)=\pi\left(\begin{bmatrix}1 & u\\ 0 & 1\end{bmatrix}\right)x$$

は $F$ 上で一定であることをいう．それがいえれば補題 11.4 により $x=0$ となる．任意の $\mathfrak{o}$ 格子 $\mathfrak{a}$ に対して $f$ が $\mathfrak{a}$ 上で一定であることをいえばよい．$f$ の定義から，十分小さい $\mathfrak{o}$ 格子 $\mathfrak{a}_0$ に対して $f(u)$ は $u\ (\mathrm{mod}\ \mathfrak{a}_0)$ のみの関数となる．ゆえに任意の $\mathfrak{o}$ 格子 $\mathfrak{b}$ に対して，$f$ の $\mathfrak{b}$ 上での値は $V$ の有限次元部分空間に含まれる(実際，$f$ は $\mathfrak{b}$ 上では有限個の値しかとらない)．補題 11.3 により

$$\int_{\mathfrak{b}}\psi(-tu)f(u)du=0\qquad(\forall t\notin\mathfrak{d}\mathfrak{a}^{-1})\tag{11.5}$$

となる $\mathfrak{o}$ 格子 $\mathfrak{b}\supseteq\mathfrak{a}$ が存在することを示せば十分である．しかし $\mathfrak{a}_0$ のとり方か

ら，任意の $\mathfrak{b}\supseteqq\mathfrak{a}_0$ に対し

$$\int_{\mathfrak{b}}\psi(-tu)f(u)du = 0 \qquad (\forall t \notin \mathfrak{d}\mathfrak{a}_0^{-1}). \tag{11.6}$$

(11.5)は或る $\mathfrak{b}$ に対して成り立てば，任意の $\mathfrak{b}'\supseteqq\mathfrak{b}$ に対しても成り立つことに注意する．

さて $\varphi_x=0$ と仮定しているので，任意の $t\in F^\times$ に対し

$$\int_{\mathfrak{a}_t}\psi(-u)\pi\left(\begin{bmatrix}1 & u\\ 0 & 1\end{bmatrix}\right)\pi\left(\begin{bmatrix}t & 0\\ 0 & 1\end{bmatrix}\right)xdu = 0$$

すなわち

$$\int_{t^{-1}\mathfrak{a}_t}\psi(-tu)f(u)du = 0$$

となる $\mathfrak{o}$ 格子 $\mathfrak{a}_t$ が存在する．また $\pi\left(\begin{bmatrix}t & 0\\ 0 & 1\end{bmatrix}\right)x=x$ $(\forall t\in U)$ となる $\mathfrak{o}^\times$ の開部分群 $U$ が存在する(ゆえに $t'\in tU$ ならば $\mathfrak{a}_{t'}$ として $\mathfrak{a}_t$ をとることができる)．$\mathfrak{a}_0\subseteqq\mathfrak{a}$ と仮定しておく．コンパクト集合 $\mathfrak{d}\mathfrak{a}_0^{-1}-\mathfrak{d}\mathfrak{a}^{-1}$ は有限個の開集合 $t_iU$ で覆われる．(11.6)により $\mathfrak{a}$ およびすべての $t_i^{-1}\mathfrak{a}_{t_i}$ を含む $\mathfrak{o}$ 格子 $\mathfrak{b}$ が求めるものである．∎

今後は $\{\varphi_x\mid x\in V\}$ をあらためて $V$ と書く．したがって $V$ の元は $X$ に値をとる $F^\times$ 上の局所定値関数である．対応 $x\to\varphi_x$ によって $\pi(g)$ の作用を新しい $V$ に移すならば，補題11.2により

$$\pi\left(\begin{bmatrix}a & b\\ 0 & 1\end{bmatrix}\right)\varphi(t) = \psi(bt)\varphi(at) \qquad (\varphi\in V,\ a,t\in F^\times,\ b\in F)$$

が成立する．

$\mathfrak{o}^\times$ の指標 $\nu$ と $a\in F^\times$ に対して

$$G(\nu,a) = \int_{\mathfrak{o}^\times}\nu(t)\psi(at)d^\times t$$

とおき，これを **Gauss の和**という．$F^\times$ の不変測度 $d^\times t$ は $\mathfrak{o}^\times$ の全測度が1となるように決めておく．つぎの補題11.6はよく知られている．また証明は容易なので省略する．

**補題 11.6**　$\psi$ の導手を $\mathfrak{p}^{-d}$ とする．$\nu\neq 1$ ならば

$$G(\nu,a)\neq 0 \Longleftrightarrow v(a) = -d-f.$$

ただし $f$ は $\nu(1+\mathfrak{p}^f)=1$ となる最小の自然数である．$\nu=1$ ならば

$$G(1,a)=\begin{cases}1 & (v(a)\geqq -d),\\ -|\varpi|_F(1-|\varpi|_F)^{-1} & (v(a)=-d-1),\\ 0 & (v(a)<-d-1).\end{cases}$$ ——

$Y$ を $\boldsymbol{C}$ 上の線型空間とする．$Y$ に値をとる $F^\times$ 上のコンパクト台の局所定値関数の全体を $\mathcal{S}(F^\times, Y)$ で表わす．とくに $Y=\boldsymbol{C}$ ならば $\mathcal{S}(F^\times, Y)$ を $\mathcal{S}(F^\times)$ と書く．任意の $\varphi\in\mathcal{S}(F^\times, Y)$ の値は $Y$ の或る有限次元部分空間に含まれる．$\mathcal{S}(F^\times, Y)=\mathcal{S}(F^\times)\otimes Y$ と考えてよい．

**補題 11.7** $G_F$ の部分群

$$B_F=\left\{\begin{bmatrix}a & b\\ 0 & 1\end{bmatrix}\middle|\, a\in F^\times, b\in F\right\}$$

の $\mathcal{S}(F^\times, Y)$ における表現を

$$\sigma_\psi\left(\begin{bmatrix}a & b\\ 0 & 1\end{bmatrix}\right)\varphi(t)=\psi(bt)\varphi(at)\qquad(\varphi\in\mathcal{S}(F^\times, Y))$$

によって定義する．$\mathcal{V}$ を $\mathcal{S}(F^\times, Y)$ の $B_F$ 不変部分空間とする．もし $Y=\{\varphi(1)\mid\varphi\in\mathcal{V}\}$ ならば $\mathcal{V}=\mathcal{S}(F^\times, Y)$.

**証明** $\mathfrak{o}^\times$ の指標 $\nu$ に対し

$$\phi_\nu(t)=\begin{cases}\nu(t) & (t\in\mathfrak{o}^\times),\\ 0 & (t\notin\mathfrak{o}^\times)\end{cases}$$

とおく．$\{\phi_\nu\}$ は $\mathfrak{o}^\times$ 上の局所定値関数の空間の基底である．ゆえに $\mathcal{S}(F^\times)$ は

$$\left\{\sigma_\psi\left(\begin{bmatrix}a & 0\\ 0 & 1\end{bmatrix}\right)\phi_\nu\,\middle|\, a\in F^\times/\mathfrak{o}^\times,\ \nu\text{ は }\mathfrak{o}^\times\text{ の指標}\right\}$$

によって張られる．このことから

$$\mathcal{S}_\nu=\{\varphi\in\mathcal{S}(F^\times)\mid\varphi(tu)=\nu(u)\varphi(t),\ \forall u\in\mathfrak{o}^\times\}$$

とおけば

$$\mathcal{S}(F^\times)=\sum_\nu\mathcal{S}_\nu\quad(\text{直和})$$

となることがわかる．$\mathcal{S}(F^\times)$ から $\mathcal{S}_\nu$ への射影 $p_\nu$ は

$$p_\nu=\int_{\mathfrak{o}^\times}\nu^{-1}(u)\sigma_\psi\left(\begin{bmatrix}u & 0\\ 0 & 1\end{bmatrix}\right)d^\times u \tag{11.7}$$

によって与えられる．上の結果から

$$\mathcal{S}(F^\times, Y) = \sum_\nu \mathcal{S}_\nu \otimes Y \quad (\text{直和})$$

となり，$\mathcal{S}(F^\times, Y)$ から $\mathcal{S}_\nu \otimes Y$ への射影は同じく(11.7)によって与えられる．$\mathcal{V}=\sum_\nu p_\nu \mathcal{V}$ であるから，仮定により $Y$ は $\bigcup_\nu \{\varphi(1) \mid \varphi \in p_\nu \mathcal{V}\}$ によって生成される．$\varphi \in p_\nu \mathcal{V}$，$y=\varphi(1)$ とする．$\mathfrak{o}^\times$ の指標 $\mu \neq \nu$ に対して

$$\varphi'(t) = p_\mu\left(\sigma_\psi\left(\begin{bmatrix} 1 & b \\ 0 & 1 \end{bmatrix}\right)\varphi\right)(t)$$
$$= \int_{\mathfrak{o}^\times} \mu^{-1}\nu(u)\psi(btu)d^\times u \cdot \varphi(t)$$

とおく．補題 11.6 により，$b$ を適当に選ぶことによって $\varphi'$ の台が $\mathfrak{o}^\times$ に含まれるようにすることができる．このとき $\varphi'(t)$ は定数因子 ($\neq 0$) を除いて $\phi_\mu(t)y$ と一致する．ゆえに $\mathcal{S}_\mu y \subseteqq \mathcal{V}$ ($\forall \mu \neq \nu$)．$\nu$ の代りに任意の $\mu \neq \nu$ をとって同じ議論をすれば $\mathcal{S}_\nu y \subseteqq \mathcal{V}$ もわかる．ゆえに $\mathcal{S}(F^\times)y \subseteqq \mathcal{V}$．しかしすでに注意したように $\bigcup_\nu \{\varphi(1) \mid \varphi \in p_\nu \mathcal{V}\}$ は $Y$ を生成するから $\mathcal{V}=\mathcal{S}(F^\times, Y)$ となる．▌

**補題 11.8**　$w=\begin{bmatrix} 0 & 1 \\ -1 & 0 \end{bmatrix}$ とおけば

$$V = \mathcal{S}(F^\times, X) + \pi(w)\mathcal{S}(F^\times, X).$$

**証明**　補題 11.2 の系により $\varphi \in V$ の台は $F$ の或るコンパクト集合に含まれる．0 の近傍で 0 となる $\varphi \in V$ の全体を $V_0$ とすれば，明らかに $V_0 \subseteqq \mathcal{S}(F^\times, X)$．また任意の $\varphi \in V$，$u \in F$ に対して

$$\varphi' = \varphi - \pi\left(\begin{bmatrix} 1 & u \\ 0 & 1 \end{bmatrix}\right)\varphi \in V_0. \tag{11.8}$$

実際，$\varphi'(t)=(1-\psi(ut))\varphi(t)$ であるが，$t$ が十分 0 に近ければ $\psi(ut)=1$ となる．

$V$ から $X=V/V'$ の上への標準写像は $\varphi \to \varphi(1)$ で与えられる．$\varphi'$ を上の通りとすれば $\varphi'(1)=(1-\psi(u))\varphi(1)$．$\psi(u) \neq 1$ となる $u$ をとることができるので，これは $\varphi \to \varphi(1)$ による $V_0$ の像は $X$ であることを示す．$V_0$ は $B_F$ 不変であるから補題 11.7 により $V_0=\mathcal{S}(F^\times, X)$ が得られる．

$$G_F = F^\times B_F \cup N_F w F^\times B_F$$

であるから，$V$ は $V_0$ と

$$\pi\left(\begin{bmatrix} 1 & u \\ 0 & 1 \end{bmatrix}\right)\pi(w)\varphi \qquad (\varphi \in V_0,\ u \in F)$$

によって生成される．(11.8)に注意すれば，$V$ は $V_0$ と $\pi(w)V_0$ によって生成されることがわかる．▌

$G_F$ は $B_F$ と $w$ によって生成されるので，$G_F$ の $V$ への作用は $\pi(w)$ によって一意的に決まる($B_F$ の作用は既知である)．そこで $\pi(w)$ がどのように表わされるかを考えることにする．補題11.1により，$F^\times$ の1次元表現 $\eta$ が存在して

$$\pi\left(\begin{bmatrix} t & 0 \\ 0 & t \end{bmatrix}\right) = \eta(t) \qquad (t \in F^\times) \tag{11.9}$$

と書くことができる．

$\mathfrak{o}^\times$ の指標 $\nu$ に対して

$$\phi_\nu(t) = \begin{cases} \nu(t) & (t \in \mathfrak{o}^\times), \\ 0 & (t \notin \mathfrak{o}^\times) \end{cases}$$

とおき，$x \in X$ を固定して，$\mathcal{S}(F^\times, X)$ の元

$$t \longrightarrow \phi_\nu(t)x$$

を $\phi_\nu x$ で表わす．任意の $\varphi \in \mathcal{S}(F^\times, X)$ は $\pi\left(\begin{bmatrix} t^{-1} & 0 \\ 0 & 1 \end{bmatrix}\right)\phi_\nu x$ ($x \in X$, $t \in F^\times/\mathfrak{o}^\times$, $\nu$ は $\mathfrak{o}^\times$ の指標)の線型結合で表わされる．実際，

$$\varphi(t) = \sum_{a \in F^\times/\mathfrak{o}^\times} \sum_{\nu} \phi_\nu(a^{-1}t) \int_{\mathfrak{o}^\times} \varphi(au)\overline{\nu(u)}d^\times u. \tag{11.10}$$

$t \in F^\times$ に対して

$$x \longrightarrow \left(\pi(w)\pi\left(\begin{bmatrix} t^{-1} & 0 \\ 0 & 1 \end{bmatrix}\right)\phi_\nu x\right)(1)$$

は明らかに $X$ の線型変換である．これを $J(t, \nu)$ で表わす．

$$\pi(w)\pi\left(\begin{bmatrix} t^{-1} & 0 \\ 0 & 1 \end{bmatrix}\right) = \eta(t)^{-1}\pi\left(\begin{bmatrix} t & 0 \\ 0 & 1 \end{bmatrix}\right)\pi(w) \tag{11.11}$$

に注意すれば

$$J(t, \nu)x = \eta(t^{-1})(\pi(w)\phi_\nu x)(t). \tag{11.12}$$

ゆえに $t \to J(t, \nu)x$ は $F^\times$ 上の局所定値関数で，その台は $F$ のコンパクト集合に含まれる．(11.10)から

$$\pi(w)\varphi(1) = \sum_{a} \sum_{\nu} J(a, \nu) \int_{\mathfrak{o}^\times} \varphi(au)\overline{\nu(u)}d^\times u$$

が得られる．定義により

$$J(tu,\nu)=J(t,\nu)\overline{\nu(u)}\qquad (u\in\mathfrak{o}^\times,\ t\in F^\times) \tag{11.13}$$

が成り立つから

$$\pi(w)\varphi(1)=\sum_\nu\int_{F^\times}J(s,\nu)\varphi(s)d^\times s$$

と書いてもよい. (11.11)によって

$$\pi(w)\varphi(t)=\eta(t)\sum_\nu\int_{F^\times}J(s,\nu)\varphi(t^{-1}s)d^\times s \tag{11.14}$$

$$=\eta(t)\sum_\nu\int_{F^\times}J(ts,\nu)\varphi(s)d^\times s.$$

上式は $\varphi\in\mathcal{S}(F^\times,X)$ に対して成立すること, および与えられた $\varphi$ に対して右辺は有限和であることに注意する.

**補題 11.9**　$X$ の線型変換 $J(t,\nu)$ は互いに可換である.

**証明**　$n(u)=\begin{bmatrix}1 & u\\ 0 & 1\end{bmatrix}$, $a(v)=\begin{bmatrix}v & 0\\ 0 & v^{-1}\end{bmatrix}$ とおけば

$$wn(v)w^{-1}=n(-1/v)wa(v)n(-1/v)\qquad (v\in F^\times)$$

が成り立つ. $\varphi\in\mathcal{S}(F^\times,X)$ に対して

$$\varphi_v=\pi(wn(v)w^{-1})\varphi=\pi(n(-1/v)wa(v)n(-1/v))\varphi$$

とおく. このとき

$$\begin{aligned}\varphi_v&=\pi(wn(v)w^{-1})\varphi\\&=\pi(w)(\pi(n(v))\pi(w^{-1})\varphi-\pi(w^{-1})\varphi)+\varphi\\&=\eta(-1)\pi(w)(\pi(n(v))\pi(w)\varphi-\pi(w)\varphi)+\varphi.\end{aligned}$$

ゆえに(11.14)によって

$$\begin{aligned}\varphi_v(t)&=\varphi(t)+\eta(-t)\sum_\nu\int_{F^\times}J(ts,\nu)(\pi(n(v))\pi(w)\varphi-\pi(w)\varphi)(s)d^\times s\\&=\varphi(t)+\eta(-t)\sum_{\nu,\mu}\int_{F^\times}\int_{F^\times}(\psi(vs)-1)\eta(s)J(ts,\nu)J(su,\mu)\varphi(u)d^\times ud^\times s.\end{aligned}$$

ここで $\nu,\mu$ は $\mathfrak{o}^\times$ のすべての指標を動く. 一方では

$$\begin{aligned}\varphi_v(t)&=\pi(n(-1/v)wa(v)n(-1/v))\varphi(t)\\&=\psi\left(\frac{-t}{v}\right)\eta(t)\sum_\rho\int_{F^\times}J(tu,\rho)\eta(v)^{-1}\psi(-vu)\varphi(v^2u)d^\times u\\&=\psi\left(\frac{-t}{v}\right)\eta\left(\frac{t}{v}\right)\sum_\rho\int_{F^\times}J\left(\frac{tu}{v^2},\rho\right)\psi\left(\frac{-u}{v}\right)\varphi(u)d^\times u.\end{aligned}$$

$\rho$ もまた $\mathfrak{o}^\times$ のすべての指標を動く．$v_1, v_2 \in F^\times$ に対して $\varphi_{v_1}-\varphi_{v_2}$ を考えると，$\varphi_v$ の上の二つの表示から

$$\sum_{\nu,\mu}\int_{F^\times}\int_{F^\times}(\psi(v_1s)-\psi(v_2s))\eta(s)J(ts,\nu)J(su,\mu)\varphi(u)d^\times ud^\times s$$

$$=\sum_{\rho}\int_{F^\times}\left[\eta\left(\frac{-1}{v_1}\right)\psi\left(-\frac{u+t}{v_1}\right)J\left(\frac{tu}{v_1{}^2},\rho\right)-\eta\left(\frac{-1}{v_2}\right)\psi\left(-\frac{u+t}{v_2}\right)J\left(\frac{tu}{v_2{}^2},\rho\right)\right]\varphi(u)d^\times u$$

が得られる．右辺の［ ］内は $t, u$ に関して対称である．ゆえに任意の $x\in X$ と $\phi, \phi'\in\mathcal{S}(F^\times)$ に対して

$$\sum_{\nu,\mu}\iiint\phi(t)\phi'(u)(\psi(v_1s)-\psi(v_2s))\eta(s)J(ts,\nu)J(us,\mu)xd^\times sd^\times td^\times u$$

$$=\sum_{\nu,\mu}\iiint\phi(t)\phi'(u)(\psi(v_1s)-\psi(v_2s))\eta(s)J(us,\mu)J(ts,\nu)xd^\times sd^\times td^\times u.$$

(11.13) を見れば，任意の $\nu, \mu$ に対して

$$\int(\psi(v_1s)-\psi(v_2s))\eta(s)J(ts,\nu)J(us,\mu)xd^\times s$$

$$=\int(\psi(v_1s)-\psi(v_2s))\eta(s)J(us,\mu)J(ts,\nu)xd^\times s$$

が成り立たなければならない．すなわち

$$\varphi(s)=\eta(s)|s|_F{}^{-1}(J(ts,\nu)J(us,\mu)-J(us,\mu)J(ts,\nu))x$$

とおけば

$$\int_F(\psi(v_1s)-\psi(v_2s))\varphi(s)ds=0.$$

ここで $v_1, v_2$ は $F^\times$ の任意の元である．これから $\varphi=0$ が結論される．実際，$\varphi(s)$ は $X$ に値をとる $F^\times$ 上の局所定値関数で，その台は $F$ のコンパクト集合に含まれる．任意の $\mathfrak{o}$ 格子 $\mathfrak{a}$ に対して

$$\varphi'(s)=\begin{cases}\varphi(s) & (s\notin\mathfrak{a}),\\ 0 & (s\in\mathfrak{a})\end{cases}$$

とおく．$\psi$ の導手を $\mathfrak{d}$ とする．$v_1-v_2\in\mathfrak{d}\mathfrak{a}^{-1}$，$s\in\mathfrak{a}$ ならば $\psi((v_1-v_2)s)=1$．このとき

$$\int_F(\psi(v_1s)-\psi(v_2s))\varphi'(s)ds=0.$$

すなわち $\hat{\varphi}'(v_1)=\hat{\varphi}'(v_2)$ $(v_1-v_2\in\mathfrak{d}\mathfrak{a}^{-1})$．$\hat{\varphi}'$ の台および $\mathfrak{d}\mathfrak{a}^{-1}$ を含む $\mathfrak{o}$ 格子 $\mathfrak{b}$ を

とり，補題11.3を $\hat{\varphi}'$ に適用すれば

$$\varphi'(s) = 0 \qquad (s \notin \mathfrak{a})$$

が得られる．しかし $\mathfrak{a}$ は任意であるから $\varphi=0$. これは

$$J(t,\nu)J(u,\mu) = J(u,\mu)J(t,\nu)$$

を示す．▌

**補題 11.10**　　$\dim X = 1.$

**証明**　すべての $J(t,\nu)$ と可換な $X$ の線型変換 $A$ はスカラーであることを証明する．$\varphi \in V$ に対して

$$T\varphi(t) = A(\varphi(t))$$

とおく．補題11.8により $\varphi=\varphi'+\pi(w)\varphi''$ $(\varphi', \varphi'' \in \mathcal{S}(F^\times, X))$ と書ける．いま $\varphi \in \mathcal{S}(F^\times, X)$ と仮定すれば

$$\begin{aligned} T\pi(w)\varphi(t) &= A(\pi(w)\varphi(t)) \\ &= A\left(\eta(t)\sum_\nu \int_{F^\times} J(ts,\nu)\varphi(s)d^\times s\right) \\ &= \eta(t)\sum_\nu \int_{F^\times} J(ts,\nu)A(\varphi(s))d^\times s. \end{aligned}$$

すなわち $T\pi(w)\varphi=\pi(w)T\varphi$ が成立する($\varphi \in \mathcal{S}(F^\times, X)$ ならば $T\varphi \in \mathcal{S}(F^\times, X)$ であることは明らかである)．これから任意の $\varphi \in V$ に対して $T\varphi \in V$ となり，かつ $T$ と $\pi(w)$ は可換であることがわかる．$g \in B_F$ に対して $\pi(g)$ と $T$ が可換なことはただちにわかるので，$T$ はスカラーでなければならない(補題11.1)．$T\varphi=\lambda\varphi$ $(\forall\varphi \in V)$ ならば $Ax=\lambda x$ $(\forall x \in X)$. ゆえに $A$ はスカラーである．とくに $J(t,\nu)$ はすべてスカラーである(補題11.9による)．これは任意の $A \in \mathrm{End}(X)$ が $J(t,\nu)$ と可換で，したがってスカラーであることを意味する．ゆえに $X$ は1次元である．▌

$X$ を $\boldsymbol{C}$ と同一視して，$V$ を $F^\times$ 上の複素数値関数の空間とみなすならば，定理11.4に述べた $V$ および $\pi$ の存在が証明されたことになる．それらの一意性はつぎの補題からでる．

**補題 11.11**　$V$ 上の線型形式 $L$ が

$$L\left(\pi\left(\begin{bmatrix} 1 & b \\ 0 & 1 \end{bmatrix}\right)\varphi\right) = \psi(b)L(\varphi) \qquad (\forall\varphi \in V,\ b \in F)$$

を満たすならば $L(\varphi)=\lambda\varphi(1)$ となる定数 $\lambda$ が存在する.

**証明**　$L$ が上の性質をもつとすれば, $\mathfrak{o}$ 格子 $\mathfrak{a}$ に対して

$$\int_{\mathfrak{a}} \psi(-u) L\left(\pi\left(\begin{bmatrix} 1 & u \\ 0 & 1 \end{bmatrix}\right)\varphi\right) du = L(\varphi)\int_{\mathfrak{a}} du.$$

ゆえに $\varphi \in V'$ ならば, $V'$ の定義により

$$\int_{\mathfrak{a}} \psi(-u)\pi\left(\begin{bmatrix} 1 & u \\ 0 & 1 \end{bmatrix}\right)\varphi du = 0$$

となる $\mathfrak{o}$ 格子 $\mathfrak{a}$ が存在し, したがって, $L(\varphi)=0$. $X=V/V'$ は1次元であるから, このような $L$ は定数因子を除き高々一つである. ▌

定理 11.4 の条件を満たす別の空間 $V'$ と $V'$ における $G_F$ の表現 $\pi'$ が存在するとして, $V$ から $V'$ の上への $G_F$ の作用と可換な同型写像を $\varphi \to \varphi'$ で表わす. $L(\varphi)=\varphi'(1)$ とおけば

$$L\left(\pi\left(\begin{bmatrix} 1 & b \\ 0 & 1 \end{bmatrix}\right)\varphi\right) = \pi'\left(\begin{bmatrix} 1 & b \\ 0 & 1 \end{bmatrix}\right)\varphi'(1)$$
$$= \psi(b)\varphi'(1) = \psi(b)L(\varphi).$$

補題 11.11 によって $L(\varphi)=\lambda\varphi(1)$. $\varphi$ を $\pi\left(\begin{bmatrix} t & 0 \\ 0 & 1 \end{bmatrix}\right)\varphi$ で置き換えれば $\varphi'(t)=\lambda\varphi(t)$ $(\forall t \in F^\times)$ がでる. ゆえに $V'=V$ となり, $\pi$ と $\pi'$ は一致する. 以上で定理 11.4 は完全に証明された.

補題 11.8 において $X=\boldsymbol{C}$ とおけば, $V=\mathcal{S}(F^\times)+\pi(w)\mathcal{S}(F^\times)$. $V$ はつねに $\mathcal{S}(F^\times)$ を含むことに注意する.

**定理 11.5**　$G_F$ の任意の無限次元既約許容表現に対して $G_F$ 上の複素数値関数の空間 $\mathscr{W}$ でつぎの条件を満たすものがただ一つ存在する.

(1)　任意の $W \in \mathscr{W}$ に対して

$$W\left(\begin{bmatrix} 1 & x \\ 0 & 1 \end{bmatrix} g\right) = \psi(x)W(g) \qquad (\forall x \in F,\ g \in G_F)$$

が成り立つ.

(2)　$\mathscr{W}$ は右移動 $\rho(g)$ $(g \in G_F)$ によって不変であり, これによって引き起こされる $G_F$ の $\mathscr{W}$ における表現は与えられた既約許容表現と同値である.

**証明**　$V, \pi$ を与えられた既約許容表現の Kirillov 型モデルとする. $\varphi \in V$ に対して

$$W_\varphi(g) = \pi(g)\varphi(1)$$

とおく．$W_\varphi$ が(1)を満たすことは明らかである．また $\rho(g)W_\varphi = W_{\pi(g)\varphi}$ $(g \in G_F)$．$\varphi \to W_\varphi$ は単射である．実際，$W_\varphi=0$ ならば $\pi(g)\varphi(1)=0$ $(\forall g \in G_F)$．ゆえに $\varphi(t)=\pi\left(\begin{bmatrix} t & 0 \\ 0 & 1 \end{bmatrix}\right)\varphi(1)=0$．ゆえに $\mathscr{W}=\{W_\varphi \mid \varphi \in V\}$ は定理の条件を満たす．

一意性を示すために，いま $\mathscr{W}$ を定理の条件を満たす任意の空間とする．$V$ から $\mathscr{W}$ の上への同型写像 $T$ で $G_F$ の作用と可換なものが存在する．$\varphi \in V$ に対して

$$L(\varphi) = T(\varphi)(1)$$

とおく(1は $G_F$ の単位元を表わす)．このとき

$$L\left(\pi\left(\begin{bmatrix} 1 & x \\ 0 & 1 \end{bmatrix}\right)\varphi\right) = \rho\left(\begin{bmatrix} 1 & x \\ 0 & 1 \end{bmatrix}\right)T(\varphi)(1)$$

$$= T(\varphi)\left(\begin{bmatrix} 1 & x \\ 0 & 1 \end{bmatrix}\right) = \psi(x)\,T(\varphi)(1).$$

補題11.11により $L(\varphi)=\lambda\varphi(1)$ となる定数 $\lambda$ が存在する．ゆえに

$$T(\varphi)(g) = \rho(g)\,T(\varphi)(1) = T(\pi(g)\varphi)(1) = \lambda\pi(g)\varphi(1).$$

したがって $\mathscr{W}$ は上の $W_\varphi$ の空間と一致する．∎

$\mathscr{W}$ における $G_F$ の表現を与えられた既約許容表現の **Whittaker 型モデル**という．また $\mathscr{W}$ をその **Whittaker 空間**という．既約許容表現 $\pi$ の Whittaker 空間を $\mathscr{W}(\pi, \psi)$ と書く．

Kirillov, Whittaker 型モデルはいずれも $F$ の指標 $\psi$ に依存するが，$\psi$ を変えるときのそれらの関係は容易にわかる．たとえば $\psi'(x)=\psi(ax)$ $(a \in F^\times)$ ならば

$$\mathscr{W}(\pi, \psi') = \left\{g \to W\left(\begin{bmatrix} a & 0 \\ 0 & 1 \end{bmatrix} g\right) \,\middle|\, W \in \mathscr{W}(\pi, \psi)\right\}.$$

$G_F$ の1次元表現 $g \to \chi(\det g)$ に対しては Whittaker 型モデルが存在しないことは明らかである．

**注意**　同じ Whittaker 空間をもつ既約許容表現は同値であるが，Kirillov 空間に関してはそうではない．しかし Kirillov 空間への $G_F$ の作用が $w=\begin{bmatrix} 0 & 1 \\ -1 & 0 \end{bmatrix}$ の作用によって決まることはすでに述べた．後者を記述する $\{J(t, \nu)\}$ は(11.9)によって定義される $\eta$ とともに表現の同値類を一意的に決める．

$\pi$ を $G_F$ の既約許容表現，$\chi$ を $F^\times$ の1次元表現とする．$G_F$ の表現

$$g \longrightarrow \chi(\det g)\pi(g)$$

を $\chi\otimes\pi$ で表わす．$V$ を $\pi$ の Kirillov 空間とすれば，$\chi\otimes\pi$ の Kirillov 空間が $\{\chi\varphi \mid \varphi\in V\}$ であることはただちにわかる．

**定理 11.6** $\pi$ を $G_F$ の既約許容表現，$\pi\left(\begin{bmatrix} a & 0 \\ 0 & a\end{bmatrix}\right)=\eta(a)$ $(a\in F^\times)$ とする．このとき $\pi$ の反傾表現 $\tilde{\pi}$ は $\eta^{-1}\otimes\pi$ と同値である．

**証明** $\pi$ は Kirillov 型モデルであると仮定する．$\pi'=\eta^{-1}\otimes\pi$ とおく．$\pi'$ の作用する空間は $\pi$ と同じく $V$ である．$V\times V$ 上に非退化双1次形式 $\langle\varphi,\varphi'\rangle$ が存在し

$$(11.15)\qquad \langle\pi(g)\varphi,\varphi'\rangle=\langle\varphi,\pi'(g^{-1})\varphi'\rangle \qquad (g\in G_F,\ \ \varphi,\varphi'\in V)$$

が成り立つことを示せばよい．

$\varphi,\varphi'$ のどちらか一方が $\mathcal{S}(F^\times)$ に属するとき

$$(11.16)\qquad \langle\varphi,\varphi'\rangle=\int_{F^\times}\varphi(t)\varphi'(-t)\eta(t)^{-1}d^\times t$$

とおく．このとき

$$(11.17)\qquad \langle\pi(w)\varphi,\varphi'\rangle=\langle\varphi,\pi(w)^{-1}\varphi'\rangle \qquad (\varphi,\varphi'\in\mathcal{S}(F^\times))$$

が成立することを証明する．実際，(11.14) により

$$\begin{aligned}\pi(w)^{-1}\varphi'(t)&=\eta(-1)\pi(w)\varphi'(t)\\ &=\eta(-t)\sum_\nu\int_{F^\times}J(ts,\nu)\varphi'(s)d^\times s.\end{aligned}$$

ゆえに

$$\begin{aligned}\langle\varphi,\pi(w)^{-1}\varphi'\rangle&=\sum_\nu\int\int J(-ts,\nu)\varphi(t)\varphi'(s)d^\times s d^\times t\\ &=\sum_\nu\int\int J(ts,\nu)\varphi(t)\varphi'(-s)d^\times t d^\times s\\ &=\int\pi(w)\varphi(s)\varphi'(-s)\eta(s)^{-1}d^\times s\\ &=\langle\pi(w)\varphi,\varphi'\rangle.\end{aligned}$$

補題 11.8 によれば $V=\mathcal{S}(F^\times)+\pi(w)\mathcal{S}(F^\times)$ となる．$\varphi\in V$ を $\varphi=\varphi_1+\pi(w)\varphi_2$ $(\varphi_1,\varphi_2\in\mathcal{S}(F^\times))$ と書いて，

$$(11.18)\qquad \langle\varphi,\varphi'\rangle=\langle\varphi_1,\varphi'\rangle+\langle\varphi_2,\pi(w)^{-1}\varphi'\rangle \qquad (\varphi'\in V)$$

とおく．この定義は上記のような $\varphi$ の表わし方によらず確定する．実際，$\varphi_1+$

$\pi(w)\varphi_2=0$, $\varphi'=\varphi_1'+\pi(w)\varphi_2'$ $(\varphi_1', \varphi_2' \in \mathcal{S}(F^\times))$ ならば

$$\begin{aligned}\langle\varphi_1, \varphi'\rangle &= \langle\varphi_1, \varphi_1'\rangle+\langle\varphi_1, \eta(-1)\pi(w)^{-1}\varphi_2'\rangle \\ &= \langle-\pi(w)\varphi_2, \varphi_1'\rangle+\langle\eta(-1)\pi(w)\varphi_1, \varphi_2'\rangle \\ &= \langle-\varphi_2, \pi(w)^{-1}\varphi_1'\rangle+\langle-\varphi_2, \varphi_2'\rangle.\end{aligned}$$

ゆえに $\langle\varphi_1, \varphi'\rangle+\langle\varphi_2, \pi(w)^{-1}\varphi'\rangle=0$. また $\varphi, \varphi'$ の一方が $\mathcal{S}(F^\times)$ に属するならば, (11.18) による定義が (11.16) による定義と一致することは (11.17) によって明らかである. この双1次形式 $\langle\varphi, \varphi'\rangle$ に対して (11.15) が成立することを証明しよう. まず

(11.19)　$$\langle\pi(w)\varphi, \varphi'\rangle = \langle\varphi, \pi(w)^{-1}\varphi'\rangle \qquad (\varphi, \varphi' \in V)$$

は定義と (11.17) からでる. さらに

(11.20)　$$\langle\pi(g)\varphi, \varphi'\rangle = \langle\varphi, \pi'(g)^{-1}\varphi'\rangle \qquad (g \in B_F,\ \varphi \text{ または } \varphi' \in \mathcal{S}(F^\times))$$

が成り立つ. 実際, $g=\begin{bmatrix} a & b \\ 0 & 1 \end{bmatrix}$ ならば

$$\begin{aligned}\pi(g)\varphi(t) &= \psi(bt)\varphi(at), \\ \pi'(g)^{-1}\varphi'(t) &= \eta(a)\psi(-ba^{-1}t)\varphi'(a^{-1}t).\end{aligned}$$

ゆえに定義 (11.16) を用いれば (11.20) が得られる. $G_F=F^\times B_F \cup F^\times B_F w N_F$ であるから, (11.19), (11.20) から

(11.21)　$$\langle\pi(g)\varphi, \varphi'\rangle = \langle\varphi, \pi'(g)^{-1}\varphi'\rangle \qquad (g \in G_F,\ \varphi, \varphi' \in \mathcal{S}(F^\times))$$

が成立することがわかる. (11.19) と (11.21) から (11.15) は容易にでる. たとえば $\varphi, \varphi' \in \mathcal{S}(F^\times)$ に対して

$$\langle\pi(g)\pi(w)\varphi, \varphi'\rangle = \langle\varphi, \pi'(gw)^{-1}\varphi'\rangle = \langle\pi(w)\varphi, \pi'(g)^{-1}\varphi'\rangle.$$

双1次形式 $\langle\varphi, \varphi'\rangle$ は恒等的に 0 ではなく, $\pi, \pi'$ とも既約であるから $\langle\varphi, \varphi'\rangle$ は非退化である. ▌

## §11.3 主系列

本節では $G_F$ の既約許容表現の例として主系列の表現について述べる. 主系列の表現は, 上三角行列のつくる $G_F$ の部分群 $P_F$ の1次元表現から誘導された表現の既約成分である. $P_F$ の1次元表現は, $F^\times$ の1次元表現 $\mu_1, \mu_2$ を用いて

$$\begin{bmatrix} a & b \\ 0 & d \end{bmatrix} \longrightarrow \mu_1(a)\mu_2(d)$$

の形に書かれる．それから誘導された $G_F$ の表現は極めて見やすい空間における表現である．

$$\varphi\left(\begin{bmatrix} a & b \\ 0 & d \end{bmatrix} g\right) = \mu_1(a)\mu_2(d)\left|\frac{a}{d}\right|_F^{1/2}\varphi(g) \qquad \left(\forall\begin{bmatrix} a & b \\ 0 & d \end{bmatrix}\in P_F,\ g\in G_F\right)$$

を満たす $G_F$ 上の局所定値関数の全体を $\mathcal{B}(\mu_1,\mu_2)$ とする．明らかに $\mathcal{B}(\mu_1,\mu_2)$ は右移動 $\rho(g)$ $(g\in G_F)$ によって不変である．右移動によって引き起こされる $G_F$ の $\mathcal{B}(\mu_1,\mu_2)$ における表現を $\rho(\mu_1,\mu_2)$ で表わす．$G_F=P_F GL_2(\mathfrak{o})$ であるから $\varphi\in\mathcal{B}(\mu_1,\mu_2)$ は $GL_2(\mathfrak{o})$ への制限によって一意的に決まる．このことから $\rho(\mu_1,\mu_2)$ が許容表現であることは明らかである．その既約成分を決定することが以下の議論の主要な部分である．

$p=\begin{bmatrix} x & z \\ 0 & y \end{bmatrix}\in P_F$ に対して $\delta(p)=|x/y|_F$ とおく．

$$d_l p = |x|_F^{-1}d^\times x d^\times y dz$$

は $P_F$ の左不変測度であり

$$d_l(pp') = \delta(p')^{-1}d_l p \qquad (p'\in P_F)$$

が成り立つ．ゆえに $d_r p=\delta(p)d_l p$ は $P_F$ の右不変測度となる．

$G_F$ および $K=GL_2(\mathfrak{o})$ の不変測度をそれぞれ $dg, dk$ とする．このとき

$$\int_{G_F} f(g)dg = c\int_{P_F}\int_K f(pk)dkd_l p \qquad (\forall f\in C_c(G_F)) \tag{11.22}$$

となる定数 $c$ が存在する．なぜなら

$$\int_{G_F} f(g)dg = \int_{G_F/K}\left\{\int_K f(gk)dk\right\}d\dot{g}$$

となる $G_F/K$ 上の $G_F$ 不変な測度 $d\dot{g}$ が存在することはすでに述べた．$\varphi\in C_c(P_F)$ に対し，$P_F/(P_F\cap K)$ 上の関数

$$\varphi_1(\dot{p}) = \int_{P_F\cap K}\varphi(pp')d_l p'$$

を $G_F/K$ 上の関数と見なせば

$$\int_{G_F/K}\varphi_1(\dot{g})d\dot{g}$$

は $P_F$ 上の左不変測度となる．それは定数倍を除き $d_l p$ と一致しなければならない．不変測度を定数倍だけ変更して，(11.22)において $c=1$ と仮定しておく．

**補題 11.12**　$f(pg)=\delta(p)f(g)$ $(\forall p \in P_F,\ g \in G_F)$ を満たす $G_F$ 上の連続関数 $f$ に対し

$$L(f) = \int_K f(k)dk$$

とおけば $L(\rho(g)f)=L(f)$ $(\forall g \in G_F)$.

**証明**　$\alpha(gk)=\alpha(g)$ $(\forall k \in K,\ g \in G_F)$ を満たす任意の $\alpha \in C_c(G_F)$ に対して

$$\int_{G_F} \alpha(g)f(g)dg = \int_{P_F}\int_K \alpha(pk)f(pk)dkd_lp$$
$$= \int_{P_F} \alpha(p)d_rp \cdot L(f).$$

$g' \in G_F$ として $\alpha, f$ を $\rho(g')\alpha, \rho(g')f$ で置き換える．このとき上式の左辺は不変であるが，右辺は

$$\int_{P_F}\int_K \alpha(pkg')f(pkg')dkd_lp$$

に変る．積分の順序を交換し $kg'=p'k'$ $(p' \in P_F,\ k' \in K)$ と書けば，これは

$$\int_{P_F} \alpha(pp')d_rp \int_K f(kg')dk = \int_{P_F} \alpha(p)d_rp \cdot L(\rho(g')f)$$

に等しい．一方

$$\alpha(gk) = \alpha(g) \quad (k \in K,\ g \in G_F), \qquad \int_{P_F} \alpha(p)d_rp \neq 0$$

となる $\alpha \in C_c(G_F)$ の存在することは容易に示される．ゆえに $L(f)=L(\rho(g')f)$. ▮

**定理 11.7**　$\rho(\mu_1, \mu_2)$ の反傾表現は $\rho(\mu_1{}^{-1}, \mu_2{}^{-1})$ である．

**証明**　$\varphi \in \mathcal{B}(\mu_1, \mu_2)$, $\varphi' \in \mathcal{B}(\mu_1{}^{-1}, \mu_2{}^{-1})$ に対して

$$\langle\varphi, \varphi'\rangle = L(\varphi\varphi') = \int_K \varphi(k)\varphi'(k)dk$$

とおく．実際，$f=\varphi\varphi'$ は補題 11.12 の条件を満たす．ゆえに

$$\langle\rho(g)\varphi, \rho(g)\varphi'\rangle = \langle\varphi, \varphi'\rangle \qquad (\forall g \in G_F).$$

$\varphi$ および $\varphi'$ は $K$ への制限によって一意的に決まる．それらの $K$ への制限はそれぞれ

$$\varphi(uk) = \zeta(u)\varphi(k), \qquad \varphi'(uk) = \zeta(u)^{-1}\varphi'(k) \qquad (u \in P_F \cap K,\ k \in K)$$

を満たす $K$ 上の局所定値関数である．ただし $\zeta\left(\begin{bmatrix} a & b \\ 0 & d \end{bmatrix}\right)=\mu_1(a)\mu_2(d)$. ゆえに

$\langle\varphi, \varphi'\rangle$ は非退化である. ∎

$\mu=\mu_1\mu_2^{-1}$ とおく. $g=\begin{bmatrix} a & b \\ c & d \end{bmatrix}(c\neq 0)$ ならば $g\in P_F w^{-1}N_F$. すなわち $P_F w^{-1}N_F$ は $G_F$ の中で密であるから, $\varphi\in\mathcal{B}(\mu_1,\mu_2)$ は $w^{-1}N_F$ への制限によって一意的に決まる. 実際, $\phi(x)=\varphi\left(w^{-1}\begin{bmatrix} 1 & x \\ 0 & 1 \end{bmatrix}\right)$ とおけば

$$\varphi(g) = \mu_1(\det g)|\det g|_F^{1/2}\mu(c)^{-1}|c|_F^{-1}\phi(c^{-1}d) \tag{11.23}$$

$$\left(g=\begin{bmatrix} a & b \\ c & d \end{bmatrix},\ c\neq 0\right).$$

とくに

$$\varphi\left(\begin{bmatrix} 1 & 0 \\ x^{-1} & 1 \end{bmatrix}\right) = \mu(x)|x|_F\phi(x) \qquad (x\in F^{\times}). \tag{11.24}$$

$\varphi$ は局所定値であるから, $\phi$ はつぎの性質をもつ.

(11.25)　$|x|_F$ が十分大きければ, $\mu(x)|x|_F\phi(x)$ は一定である.

逆に $F$ 上の局所定値関数 $\phi$ に対して (11.25) が成り立てば, (11.23) によって定義される $\varphi$ は $G_F$ 上で局所定値となり, $\mathcal{B}(\mu_1,\mu_2)$ に属する. (11.25) を満たす $F$ 上の局所定値関数の全体を $\mathcal{F}_\mu$ で表わす.

**補題 11.13**　$\phi\in\mathcal{F}_\mu$ に対し, $F^{\times}$ 上の関数

$$\hat{\phi}(x) = \sum_{n=-\infty}^{\infty}\int_{\varpi^n\mathfrak{O}^{\times}}\phi(y)\psi(-xy)dy$$

を考える. $\phi\to\hat{\phi}$ は $\mu\neq|\ |_F^{-1}$ ならば単射である. $\mu=|\ |_F^{-1}$ ならば, $\phi\to\hat{\phi}$ の核は定数関数の全体である. また $\phi\to\hat{\phi}$ による $\mathcal{F}_\mu$ の像 $\hat{\mathcal{F}}_\mu$ は $F^{\times}$ 上の局所定値関数で, その台は $F$ の或るコンパクト集合に含まれ, 0 の近傍ではつぎの形に表わされるものの全体である.

$$\hat{\phi}(x) = \begin{cases} a\mu(x)+b & (\mu\neq 1,\ |\ |_F^{-1}), \\ av(x)+b & (\mu=1), \\ b & (\mu=|\ |_F^{-1}). \end{cases}$$

ただし $a, b$ は定数, $v(x)$ は $F$ の指数付値である.

**証明**

$$\phi_\mu(x) = \begin{cases} \mu(x)^{-1}|x|_F^{-1} & (|x|_F\geqq 1), \\ 0 & (|x|_F<1) \end{cases}$$

とおけば $\mathcal{F}_\mu=\mathcal{S}(F)+\boldsymbol{C}\phi_\mu$. $\phi\in\mathcal{S}(F)$ ならば $\hat{\phi}$ は通常の Fourier 変換(ただし $F$ の指標 $x\to\psi(-x)$ に関するもの)

$$\hat{\phi}(x)=\int_F \phi(y)\psi(-xy)dy$$

である．このとき $\hat{\phi}\in\mathcal{S}(F)$．一方では

$$\begin{aligned}\hat{\phi}_\mu(x)&=\sum_{n\leqq 0}\int_{\varpi^n\mathfrak{O}^\times}\mu(y)^{-1}|y|_F{}^{-1}\psi(-xy)dy\\&=\sum_{n\leqq 0}\int_{\varpi^n\mathfrak{O}^\times}\mu(y)^{-1}\psi(-xy)d^\times y\\&=\sum_{n\leqq 0}\mu(\varpi)^{-n}\int_{\mathfrak{O}^\times}\mu(u)^{-1}\psi(-x\varpi^n u)d^\times u.\end{aligned}$$

最後の式に現われる積分は Gauss の和である．補題 11.6 を用いれば，$\hat{\phi}_\mu$ が 0 の或る近傍では

$$\hat{\phi}_\mu(x)=\begin{cases}a\mu(x)+b & (\mu\neq 1,\ |\ |_F{}^{-1}),\\ av(x)+b & (\mu=1),\\ b & (\mu=|\ |_F{}^{-1})\end{cases}$$

(ただし $a,b$ は定数，$a\neq 0$) の形に表わされ，この近傍の外では 0 であることが容易に示される．ゆえに $\hat{\mathcal{F}}_\mu$ は補題に述べた通りとなる．

写像 $\phi\to\hat{\phi}$ の核を調べよう．$\phi\in\mathcal{S}(F)$，$\hat{\phi}=0$ ならば明らかに $\phi=0$．そこで $\phi=\phi'+\phi_\mu$ ($\phi'\in\mathcal{S}(F)$)，$\hat{\phi}=0$ と仮定する．このとき $\hat{\phi}_\mu=-\hat{\phi}'\in\mathcal{S}(F)$ であるから，$\hat{\phi}_\mu$ は 0 の近傍で一定である．これは $\mu=|\ |_F{}^{-1}$ の場合にのみ起る．ゆえに $\mu\neq|\ |_F{}^{-1}$ ならば $\phi\to\hat{\phi}$ の核は $\{0\}$ である．$\mu=|\ |_F{}^{-1}$ と仮定する．このとき

$$\phi_\mu(x)=\begin{cases}1 & (v(x)\leqq 0),\\ 0 & (v(x)>0).\end{cases}$$

ゆえに $\psi$ の導手を $\mathfrak{p}^{-d}$ とすれば，$\hat{\phi}_\mu$ は $v(x)\geqq -d-1$ において一定値 $-|\varpi|_F$ をとり，$v(x)<-d-1$ において 0 となる (ただし不変測度 $dy$ に関する $\mathfrak{o}$ の全測度を 1 と仮定している)．$-\hat{\phi}'$ もこれに等しい．逆 Fourier 変換の公式により

$$\phi'(x)=\begin{cases}0 & (v(x)\leqq 0),\\ 1 & (v(x)>0).\end{cases}$$

したがって $\phi\equiv 1$．これは $\phi\to\hat{\phi}$ の核が定数のみからなることを示す．∎

**補題 11.14**　$\mathcal{B}(\mu_1,\mu_2)$ が $\rho\left(\begin{bmatrix}1 & b\\ 0 & 1\end{bmatrix}\right)\varphi=\varphi$ ($\forall b\in F$) を満たす $\varphi\neq 0$ を含むならば $\mu=|\ |_F{}^{-1}$ となる．またこのような $\varphi$ は定数因子を除き

$$\varphi_0(g)=\mu_1(\det g)|\det g|_F{}^{1/2}$$

と一致する.

**証明** $\phi(x)=\varphi\left(w^{-1}\begin{bmatrix}1 & x\\ 0 & 1\end{bmatrix}\right)$ とおけば，仮定により $\phi$ は一定である．また $\varphi\neq 0$ ならば $\phi\neq 0$. $\phi$ は(11.25)を満たすから，$|x|_F$ が十分大きいとき $\mu(x)|x|_F$ は一定でなければならない．ゆえに任意の $x\in F^\times$ に対して $\mu(x)|x|_F=1$. このとき $\varphi$ が $\varphi_0$ の定数倍であることは(11.23)からわかる. ∎

**定理 11.8** $\mu=\mu_1\mu_2^{-1}$ とおく.

(1) $\mu\neq|\ |_F,\ |\ |_F^{-1}$ ならば $\rho(\mu_1,\mu_2)$ は既約である.

(2) $\mu=|\ |_F^{-1}$ ならば $\mathcal{B}(\mu_1,\mu_2)$ は1次元不変部分空間

$$\mathcal{B}_f(\mu_1,\mu_2)=\boldsymbol{C}\varphi_0$$

を含む．ただし $\varphi_0(g)=\mu_1(\det g)|\det g|_F^{1/2}\ (g\in G_F)$. $\mathcal{B}(\mu_1,\mu_2)/\mathcal{B}_f(\mu_1,\mu_2)$ における $G_F$ の表現は既約である.

(3) $\mu=|\ |_F$ ならば $\mathcal{B}(\mu_1,\mu_2)$ は余次元1の既約不変部分空間 $\mathcal{B}_s(\mu_1,\mu_2)$ を含む．$\varphi_0'(g)=\mu_1^{-1}(\det g)|\det g|_F^{1/2}\ (g\in G_F)$ とおけば，$\mathcal{B}_s(\mu_1,\mu_2)$ は

$$\int_{GL_2(\mathfrak{o})}\varphi(k)\varphi_0'(k)dk=0$$

を満たす $\varphi\in\mathcal{B}(\mu_1,\mu_2)$ の全体である.

$\mathcal{B}(\mu_1,\mu_2)$ の真の不変部分空間は上に述べたもの以外にはない.

**証明** $\varphi\in\mathcal{B}(\mu_1,\mu_2)$ に対して

$$\phi(x)=\varphi\left(w^{-1}\begin{bmatrix}1 & x\\ 0 & 1\end{bmatrix}\right)\qquad(x\in F),$$

$$\xi_\varphi(x)=\mu_2(x)|x|_F^{1/2}\hat{\phi}(x)\qquad(x\in F^\times)$$

とおく．$\hat{\phi}$ は補題11.13で定義されたものである.

$\varphi'=\rho\left(\begin{bmatrix}a & b\\ 0 & 1\end{bmatrix}\right)\varphi$ ならば

$$\xi_{\varphi'}(x)=\psi(bx)\xi_\varphi(ax)\tag{11.26}$$

が成り立つことを証明しよう.

$$\phi'(x)=\varphi\left(w^{-1}\begin{bmatrix}1 & x\\ 0 & 1\end{bmatrix}\begin{bmatrix}a & b\\ 0 & 1\end{bmatrix}\right)=\varphi\left(\begin{bmatrix}1 & 0\\ 0 & a\end{bmatrix}w^{-1}\begin{bmatrix}1 & a^{-1}(b+x)\\ 0 & 1\end{bmatrix}\right)$$
$$=\mu_2(a)|a|_F^{-1/2}\phi(a^{-1}(b+x))$$

に注意する．$b=0$ ならば

$$\begin{aligned}\hat{\phi}'(x) &= \sum_n \int_{\varpi^n\mathfrak{o}^\times} \mu_2(a)|a|_F{}^{-1/2}\phi(a^{-1}y)\psi(-xy)dy \\ &= \sum_n \int_{\varpi^n\mathfrak{o}^\times} \mu_2(a)|a|_F{}^{1/2}\phi(y)\psi(-axy)dy \\ &= \mu_2(a)|a|_F{}^{1/2}\hat{\phi}(ax).\end{aligned}$$

この場合は確かに(11.26)が成立する．つぎに $a=1$ とする．$v(b)=m$ とおけば

$$\begin{aligned}\hat{\phi}'(x) &= \sum_n \int_{\varpi^n\mathfrak{o}^\times} \phi(y+b)\psi(-xy)dy \\ &= \sum_{n<m} \int_{\varpi^n\mathfrak{o}^\times} \phi(y+b)\psi(-xy)dy + \int_{\mathfrak{p}^m} \phi(y+b)\psi(-xy)dy \\ &= \sum_{n<m} \int_{\varpi^n\mathfrak{o}^\times} \phi(y)\psi(-x(y-b))dy + \int_{\mathfrak{p}^m} \phi(y)\psi(-x(y-b))dy.\end{aligned}$$

実際, $\varpi^n\mathfrak{o}^\times$ $(n<m)$, $\mathfrak{p}^m$ は $y\to y+b$ によって不変である．ゆえに $\hat{\phi}'(x)=\psi(bx)\hat{\phi}(x)$．この場合も(11.26)が成立する．

$\mathcal{K}(\mu_1,\mu_2)=\{\xi_\varphi \mid \varphi\in\mathcal{B}(\mu_1,\mu_2)\}$ とおく．補題11.13により $\mu\neq|\ |_F{}^{-1}$ ならば $\varphi\to\xi_\varphi$ は単射である．また $\mu=|\ |_F{}^{-1}$ ならばその核は $\mathcal{B}_f(\mu_1,\mu_2)$ である($\phi$ が定数ならば, $\varphi$ は $\varphi_0$ の定数倍となる)．$\mathcal{B}_f(\mu_1,\mu_2)$ は明らかに $\mathcal{B}(\mu_1,\mu_2)$ の不変部分空間である．いずれの場合も

$$\pi(g)\xi_\varphi = \xi_{\rho(g)\varphi}$$

によって $\mathcal{K}(\mu_1,\mu_2)$ における $G_F$ の表現 $\pi$ を定義することができる．すでに証明したことから

$$\pi\left(\begin{bmatrix} a & b \\ 0 & 1\end{bmatrix}\right)\xi(x) = \psi(bx)\xi(ax) \qquad (a\in F^\times,\ b\in F,\ \xi\in\mathcal{K}(\mu_1,\mu_2)) \tag{11.27}$$

が成り立つ．

いま $\mu\neq|\ |_F{}^{-1}$ と仮定する．$\mathcal{V}\neq\{0\}$ を $\mathcal{B}(\mu_1,\mu_2)$ の不変部分空間, $\mathcal{V}'$ を $\varphi\to\xi_\varphi$ による $\mathcal{V}$ の像とする．任意の $\xi\in\mathcal{V}'$ と $b\in F$ に対して

$$\pi\left(\begin{bmatrix} 1 & b \\ 0 & 1\end{bmatrix}\right)\xi-\xi \in \mathcal{S}(F^\times)\cap\mathcal{V}'$$

となるから $\mathcal{S}(F^\times)\cap\mathcal{V}'\neq\{0\}$．補題11.7により $\mathcal{S}(F^\times)$ は $B_F$ の作用に関して既約である．$\mathcal{S}(F^\times)\cap\mathcal{V}'$ はその不変部分空間であるから $\mathcal{S}(F^\times)\cap\mathcal{V}'=\mathcal{S}(F^\times)$．すなわち $\mathcal{S}(F^\times)\subseteqq\mathcal{V}'$．とくに

$$\pi\left(\begin{bmatrix} 1 & b \\ 0 & 1 \end{bmatrix}\right)\xi-\xi \in \mathscr{V}' \qquad (\forall \xi \in \mathscr{K}(\mu_1, \mu_2),\ b \in F).$$

ゆえに

$$\rho\left(\begin{bmatrix} 1 & b \\ 0 & 1 \end{bmatrix}\right)\varphi-\varphi \in \mathscr{V} \qquad (\forall \varphi \in \mathscr{B}(\mu_1, \mu_2),\ b \in F).$$

定理 11.7 により $\rho(\mu_1, \mu_2)$ の反傾表現は $\rho(\mu_1{}^{-1}, \mu_2{}^{-1})$ であった.

$$\mathscr{V}^{\perp} = \{\varphi' \in \mathscr{B}(\mu_1{}^{-1}, \mu_2{}^{-1}) \mid \langle \varphi, \varphi' \rangle = 0, \forall \varphi \in \mathscr{V}\}$$

とおく. これは $\mathscr{B}(\mu_1{}^{-1}, \mu_2{}^{-1})$ の不変部分空間である. 上述の $\mathscr{V}$ の性質から, $\varphi' \in \mathscr{V}^{\perp}$ ならば, 任意の $\varphi \in \mathscr{B}(\mu_1, \mu_2)$ と $b \in F$ に対して

$$\left\langle \rho\left(\begin{bmatrix} 1 & b \\ 0 & 1 \end{bmatrix}\right)\varphi-\varphi, \varphi' \right\rangle = 0.$$

すなわち

$$\left\langle \varphi, \rho\left(\begin{bmatrix} 1 & b \\ 0 & 1 \end{bmatrix}\right)\varphi' \right\rangle = \langle \varphi, \varphi' \rangle.$$

これは $\rho\left(\begin{bmatrix} 1 & b \\ 0 & 1 \end{bmatrix}\right)\varphi'=\varphi'$ $(\forall b \in F)$ を意味する. 補題 11.14 によって, このような $\varphi' \neq 0$ が存在するならば $\mu=|\ |_F$ で, $\varphi'$ は定数倍を除き

$$\varphi_0'(g) = \mu_1(\det g)|\det g|_F{}^{1/2}$$

と一致しなければならない.

結局 $\mu \neq |\ |_F$ ならば $\mathscr{V}^{\perp}=\{0\}$, $\mu=|\ |_F$ ならば $\mathscr{V}^{\perp}=\{0\}$ または $\mathscr{V}^{\perp}=\boldsymbol{C}\varphi_0'$. $\mu=|\ |_F{}^{-1}$ の場合は反傾表現 $\rho(\mu_1{}^{-1}, \mu_2{}^{-1})$ に以上の議論を適用すればよい. ▌

$\mu \neq |\ |_F$, $|\ |_F{}^{-1}$ のとき $G_F$ の $\mathscr{B}(\mu_1, \mu_2)$ における表現を $\pi(\mu_1, \mu_2)$, $\mu=|\ |_F{}^{-1}$ のとき $\mathscr{B}(\mu_1, \mu_2)/\mathscr{B}_f(\mu_1, \mu_2)$ における表現を $\sigma(\mu_1, \mu_2)$, $\mu=|\ |_F$ のとき $\mathscr{B}_s(\mu_1, \mu_2)$ における表現を $\sigma(\mu_1, \mu_2)$ で表わす. いずれも無限次元既約許容表現である. $\pi(\mu_1, \mu_2)$ を**主系列** (principal series) の表現, $\sigma(\mu_1, \mu_2)$ を**特殊表現** (special representation) という. ここでは主系列の言葉を本節の初めに述べたものよりも狭い意味に用いている.

**定理 11.9** $\pi(\mu_1, \mu_2)$ または $\sigma(\mu_1, \mu_2)$ の Kirillov 空間は $F^{\times}$ 上の局所定値関数で, その台は $F$ の或るコンパクト集合に含まれ, 0 の近傍ではつぎの形に表わされるものの全体である.

$$|x|_F{}^{1/2}(a\mu_1(x)+b\mu_2(x)) \qquad (\mu \neq 1, |\ |_F, |\ |_F{}^{-1}),$$

$$|x|_F^{1/2}\mu_1(x)(av(x)+b) \qquad (\mu=1),$$
$$a|x|_F^{1/2}\mu_1(x) \qquad (\mu=|\ |_F),$$
$$a|x|_F^{1/2}\mu_2(x) \qquad (\mu=|\ |_F^{-1}).$$

ただし $a, b$ は任意の定数である.

**証明**　定理 11.8 の証明の記号をそのまま用いる. $\mu=|\ |_F$ の場合以外は $\varphi\to\xi_\varphi$ による $\mathcal{B}(\mu_1, \mu_2)$ の像が $\pi(\mu_1, \mu_2)$ または $\sigma(\mu_1, \mu_2)$ の Kirillov 空間となる. ゆえに定理は補題 11.13 からでる.

$\mu=|\ |_F$ の場合, $\sigma(\mu_1, \mu_2)$ の Kirillov 空間は $\varphi\to\xi_\varphi$ による $\mathcal{B}_s(\mu_1, \mu_2)$ の像である. 定理 11.8 により $\mathcal{B}_s(\mu_1, \mu_2)$ は

$$\int_{GL_2(\mathfrak{O})}\varphi(k)\mu_1(\det k)^{-1}dk = 0$$

を満たす $\varphi\in\mathcal{B}(\mu_1, \mu_2)$ の全体である. しかし (11.23) を用いてこの条件が

$$\int_F\phi(x)dx = 0 \tag{11.28}$$

と同値であることを示すのは易しい. この場合 $|x|_F$ の十分大きいところで $|x|_F^2\phi(x)$ は一定であるから, $\phi$ は実際 $F$ 上で積分可能となる. (11.28) は $\hat{\phi}(0)=0$ と同値である. 補題 11.13 を見れば, この場合も定理が成り立つことがわかる. ▌

**定理 11.10**　$\pi(\mu_1, \mu_2)$ と $\pi(\mu_2, \mu_1)$ は同値である. また $\sigma(\mu_1, \mu_2)$ と $\sigma(\mu_2, \mu_1)$ も同値である.

**証明**　$F^\times$ の 1 次元表現 $\chi$ に対して $\chi\otimes\pi(\mu_1, \mu_2)=\pi(\chi\mu_1, \chi\mu_2)$, $\chi\otimes\sigma(\mu_1, \mu_2)=\sigma(\chi\mu_1, \chi\mu_2)$ が成り立つ(表現の同値をたんに等号で表わしている). なぜなら $\varphi\in\mathcal{B}(\mu_1, \mu_2)$ に対して $\varphi'(g)=\chi(\det g)\varphi(g)$ とおけば $\varphi\to\varphi'$ は $\mathcal{B}(\mu_1, \mu_2)$ から $\mathcal{B}(\chi\mu_1, \chi\mu_2)$ の上への同型写像で $\rho(g)\varphi'=\chi(\det g)(\rho(g)\varphi)'$ となるからである. 定理 11.7 により $\pi(\mu_1, \mu_2)$ の反傾表現は $\pi(\mu_1^{-1}, \mu_2^{-1})$ である. このことを定理 11.6 の結果と合わせれば

$$\pi(\mu_1^{-1}, \mu_2^{-1}) = (\mu_1\mu_2)^{-1}\otimes\pi(\mu_1, \mu_2) = \pi(\mu_2^{-1}, \mu_1^{-1}).$$

定理 11.8 の証明を見れば, $\sigma(\mu_1, \mu_2)$ の反傾表現は $\sigma(\mu_1^{-1}, \mu_2^{-1})$ であるから, 同様にして $\sigma(\mu_1^{-1}, \mu_2^{-1})=\sigma(\mu_2^{-1}, \mu_1^{-1})$ が得られる. ▌

## §11.4 尖点表現

前節の通り上三角行列の作る $G_F$ の部分群を $P_F$ と書く. $\pi$ を線型空間 $V$ における $G_F$ の既約許容表現とする.

$$\int_{\mathfrak{a}} \pi\left(\begin{bmatrix} 1 & u \\ 0 & 1 \end{bmatrix}\right) x du = 0 \tag{11.29}$$

となる $F$ の $\mathfrak{o}$ 格子 $\mathfrak{a}$ が存在するような $x \in V$ の全体は $V$ の部分空間を作る. これを $V(P_F)$ で表わす. $V(P_F)$ が $P_F$ 不変であることは容易にわかる. さらに

$$\pi\left(\begin{bmatrix} 1 & b \\ 0 & 1 \end{bmatrix}\right) x - x \in V(P_F) \qquad (\forall x \in V,\ b \in F) \tag{11.30}$$

が成立する. 実際, $b$ を含む $\mathfrak{o}$ 格子 $\mathfrak{a}$ をとれば

$$\int_{\mathfrak{a}} \pi\left(\begin{bmatrix} 1 & u \\ 0 & 1 \end{bmatrix}\right)\left(\pi\left(\begin{bmatrix} 1 & b \\ 0 & 1 \end{bmatrix}\right) x - x\right) du = 0.$$

**補題 11.15** $V$ は $P_F$ 加群として有限生成である. すなわち有限個の $x_i \in V$ が存在し, $V$ は $\pi(p)x_i$ $(\forall p \in P_F,\ \forall i)$ によって生成される.

**証明** $x \neq 0$ を $V$ の任意の元とすれば, $V$ は $\pi(g)x$ $(\forall g \in G_F)$ によって生成される. しかし $G_F = P_F GL_2(\mathfrak{o})$ が成り立ち, $G_F$ における $x$ の固定群は $GL_2(\mathfrak{o})$ の指数有限の部分群を含む. ▌

**補題 11.16** $V \neq V(P_F)$ ならば, $V(P_F)$ を含む $V$ の $P_F$ 不変真部分空間の中に極大元 $V_0$ が存在する.

**証明** $\{V_\alpha\}$ を $V(P_F)$ を含む $P_F$ 不変真部分空間の全順序集合(包含関係に関する)とする. $V' = \bigcup_\alpha V_\alpha$ はまた $V$ の真部分空間である. 実際, $x_1, \cdots, x_n$ を $P_F$ 加群としての $V$ の生成元とする. $V' = V$ ならば $x_i \in V'$ $(1 \leqq i \leqq n)$. ゆえに $x_i \in V_\alpha$ $(1 \leqq i \leqq n)$ となる $\alpha$ が存在するが, このとき $V_\alpha = V$ となり仮定に反する. ゆえに補題は Zorn の補題からでる. ▌

$V_0$ を補題 11.16 の通りとして $W = V/V_0$ とおく. $x \to \bar{x}$ を $V$ から $W$ の上への標準写像とする. (11.30) によって $\overline{\pi\left(\begin{bmatrix} 1 & u \\ 0 & 1 \end{bmatrix}\right) x} = \bar{x}$ $(\forall x \in V,\ u \in F)$. $\pi$ は $P_F$ の $W$ における表現を引き起こす. これを $\sigma$ とする. $V_0$ の取り方から $\sigma$ は既約である. $\sigma\left(\begin{bmatrix} 1 & u \\ 0 & 1 \end{bmatrix}\right)$ $(u \in F)$ は $W$ の恒等変換であるから, $\sigma$ は本質的には $P_F/N_F$ の表現である. 対角行列の作る $G_F$ の部分群を $D_F$ とすれば $P_F/N_F \cong D_F$. 以後 $\sigma$ を $D_F$ の表現とも見なす.

**補題 11.17**　整数 $r\geqq 0$ に対して

$$G_r=\{g\in GL_2(\mathfrak{o})\mid g\equiv 1\ (\mathrm{mod}\ \mathfrak{p}^r)\}$$

とおく．$G_F$ の部分群

$$D_F=\left\{\begin{bmatrix}a&0\\0&d\end{bmatrix}\middle|\, a,d\in F^\times\right\},\qquad N_F=\left\{\begin{bmatrix}1&b\\0&1\end{bmatrix}\middle|\, b\in F\right\},$$

$$N_F'=\left\{\begin{bmatrix}1&0\\c&1\end{bmatrix}\middle|\, c\in F\right\}$$

と $G_r$ との共通部分をそれぞれ $D_r, N_r, N_r'$ とする．このとき，$r>0$ ならば

$$G_r=N_r'D_rN_r.$$

**証明**

$$\begin{bmatrix}1&0\\v&1\end{bmatrix}\begin{bmatrix}x&0\\0&y\end{bmatrix}\begin{bmatrix}1&u\\0&1\end{bmatrix}=\begin{bmatrix}x&xu\\xv&xuv+y\end{bmatrix}$$

からただちにわかる．∎

**補題 11.18**　$r>0$ とする．$V$ の $N_r'D_r$ 不変な元の全体

$$\{x\in V\mid \pi(g)x=x,\ \forall g\in N_r'D_r\}$$

の $W$ への像は有限次元である．

**証明**　$x$ を $N_r'D_r$ 不変とする．

$$x'=|\varpi_F|^{-r}\int_{\mathfrak{p}^r}\pi\left(\begin{bmatrix}1&u\\0&1\end{bmatrix}\right)x\,du$$

(ただし不変測度 $du$ を $\mathfrak{o}$ の全測度が 1 となるように定める)とおけば，$\bar{x}'=\bar{x}$．$x'$ は $N_r$ 不変である．また $D_r$ は $N_r$ を正規化するから，$x'$ は $D_r$ 不変である．$x'$ が $N_r'$ 不変でもあることを示す．実際，

$$\begin{bmatrix}1&0\\v&1\end{bmatrix}\begin{bmatrix}1&u\\0&1\end{bmatrix}=\begin{bmatrix}1&u(1+uv)^{-1}\\0&1\end{bmatrix}\begin{bmatrix}(1+uv)^{-1}&0\\0&1+uv\end{bmatrix}\begin{bmatrix}1&0\\v(1+uv)^{-1}&1\end{bmatrix}$$

に注意すれば，$v\in\mathfrak{p}^r$ に対して

$$\pi\left(\begin{bmatrix}1&0\\v&1\end{bmatrix}\right)x'=|\varpi|_F^{-r}\int_{\mathfrak{p}^r}\pi\left(\begin{bmatrix}1&u'\\0&1\end{bmatrix}\right)x\,du$$

が成り立つ．ただし $u'=u(1+uv)^{-1}$．しかし $u\to u'$ は $\mathfrak{p}^r$ を $\mathfrak{p}^r$ の上に写し，測度を不変にする．ゆえに上の等式は $x'$ が $N_r'$ 不変であることを示す．補題 11.17 によって $x'$ は $G_r$ 不変である．

結局，$N_r'D_r$ 不変な任意の $x$ に対し $\bar{x}=\bar{x}'$ となる $G_r$ 不変な $x'$ が存在することが示されたのである．$\pi$ は許容表現であるから，このような $x'$ の全体は有限

次元空間を作る．ゆえにそれの $W$ への像もまた有限次元である．▮

$\sigma$ が実は1次元であることを証明しよう．そのためには任意の $g\in D_F$ に対し $\sigma(g)$ がスカラーであることをいえばよい．$g=\begin{bmatrix} a & 0 \\ 0 & d \end{bmatrix}$，$ad^{-1}\in\mathfrak{o}$ と仮定する(そうでなければ $g$ の代りに $g^{-1}$ を考える)．$\bar{x}\neq 0$ となる $x\in V$ を任意に固定する．このとき

$$\{\sigma(g^n)\bar{x}\mid n\geqq 0\}$$

は有限次元空間 $W'$ を生成する．実際，$x$ の $G_F$ における固定群は或る $G_r\ (r>0)$ を含む．$g^{-n}N_r'D_rg^n\subseteqq N_r'D_r\subseteqq G_r$ であるから，$\pi(g^n)x$ は $N_r'D_r$ 不変である．補題11.18により上の集合は $W$ の有限次元部分空間に含まれる．$\sigma(g)$ は $W'$ を不変にするから，それは少なくとも一つの固有ベクトルをもつ．これから $\sigma(g)$ がスカラーであることがわかる($W$ における $\sigma(g)$ の固有空間は $D_F$ 不変である．それはもし $\{0\}$ でなければ $W$ と一致しなければならない)．

$\pi$ が許容表現であることから，$\sigma$ が連続であることは明らかである．ゆえに $F^\times$ の1次元表現 $\mu_1,\mu_2$ を用いて，$\sigma$ を

$$\sigma\left(\begin{bmatrix} a & 0 \\ 0 & d \end{bmatrix}\right)=\mu_1(a)\mu_2(d)\left|\frac{a}{d}\right|_F^{1/2}$$

の形に書くことができる．

$W$ を $\boldsymbol{C}$ と同一視して，$x\in V$ に対し

$$f_x(g)=\overline{\pi(g)x}\qquad(g\in G_F)$$

とおく．$f_x$ は $\mathcal{B}(\mu_1,\mu_2)$ に属し

$$f_{\pi(g)x}=\rho(g)f_x$$

が成り立つ．$\pi$ は既約であるから $x\to f_x$ は単射である．これは $\pi$ が $\mathcal{B}(\mu_1,\mu_2)$ の不変部分空間における $G_F$ の表現と同値であることを示す．ゆえにつぎの定理が証明された．

**定理 11.11** $\pi$ を線型空間 $V$ における $G_F$ の既約許容表現とする．

$$\int_{\mathfrak{a}}\pi\left(\begin{bmatrix} 1 & u \\ 0 & 1 \end{bmatrix}\right)x\,du=0$$

となる $\mathfrak{o}$ 格子 $\mathfrak{a}$ が存在するような $x\in V$ の全体を $V(P_F)$ で表わす．$V\neq V(P_F)$ ならば，$\pi$ は或る $\rho(\mu_1,\mu_2)$ の既約成分と同値である．——

$V=V(P_F)$ となるとき，$\pi$ は**尖点表現**(absolutely cuspidal representation)

であるという．明らかに尖点表現は1次元ではない．

**定理 11.12**　尖点表現の Kirillov 空間は $\mathcal{S}(F^\times)$ である．

**証明**　定義により任意の $x \in V$ に対し

$$\int_{\mathfrak{a}} \pi\left(\begin{bmatrix} 1 & u \\ 0 & 1 \end{bmatrix}\right) x du = 0$$

となる $F$ の $\mathfrak{o}$ 格子 $\mathfrak{a}$ が存在する．$t \in F^\times$ に対して

$$\int_{t\mathfrak{a}} \psi(-u)\pi\left(\begin{bmatrix} 1 & u \\ 0 & 1 \end{bmatrix}\right)\pi\left(\begin{bmatrix} t & 0 \\ 0 & 1 \end{bmatrix}\right) x du$$
$$= |t|_F \int_{\mathfrak{a}} \psi(-tu)\pi\left(\begin{bmatrix} t & 0 \\ 0 & 1 \end{bmatrix}\right)\pi\left(\begin{bmatrix} 1 & u \\ 0 & 1 \end{bmatrix}\right) x du$$

が成立するが，$|t|_F$ が十分小さければ $\psi(-tu)=1$ $(\forall u \in \mathfrak{a})$ となり，上式の右辺は0である．すなわち§11.2の記号によれば $\pi\left(\begin{bmatrix} t & 0 \\ 0 & 1 \end{bmatrix}\right) x \in V'$.

$$\varphi_x(t) = \pi\left(\begin{bmatrix} t & 0 \\ 0 & 1 \end{bmatrix}\right) x \pmod{V'}$$

とおけば $\{\varphi_x \mid x \in V\}$ が $\pi$ の Kirillov 空間であった($V/V'$ を $\boldsymbol{C}$ と同一視している)．上の注意により $|t|_F$ が十分小さければ $\varphi_x(t)=0$, すなわち $\varphi_x \in \mathcal{S}(F^\times)$．一方, $\pi$ の Kirillov 空間はつねに $\mathcal{S}(F^\times)$ を含むから，それは $\mathcal{S}(F^\times)$ と一致する．▌

**注意**　既約許容表現 $\pi$ に対してつぎの3条件は同値である．

(1)　$\pi$ は尖点表現である．

(2)　$\pi$ はいかなる $\rho(\mu_1, \mu_2)$ にも含まれない．

(3)　$\pi$ の Kirillov 空間は $\mathcal{S}(F^\times)$ である．

実際，(1) $\Longrightarrow$ (3) は定理11.12から，(3) $\Longrightarrow$ (2) は定理11.9から，(2) $\Longrightarrow$ (1) は定理11.11からでる．

**補題 11.19**　$\pi$ は尖点表現で，その Kirillov 型モデルであるとする．$J(t, \nu)$ を§11.2の通りとする．このとき $\mathfrak{o}^\times$ の任意の指標 $\nu$ に対してつぎのような整数 $n(\nu)$ が存在する：

$$J(t, \nu) \neq 0 \iff v(t) = n(\nu).$$

また $\pi\left(\begin{bmatrix} t & 0 \\ 0 & t \end{bmatrix}\right)=\eta(t)$ $(t \in F^\times)$，$\eta$ の $\mathfrak{o}^\times$ への制限を $\eta_0$ とすれば $n(\nu^{-1}\eta_0)=n(\nu)$ が成り立つ．

**証明**　$\varphi \in \mathcal{S}(F^\times)$ に対して $\pi(w)^2\varphi=\eta(-1)\varphi$，$\pi(w)\varphi \in \mathcal{S}(F^\times)$ に注意すれば，(11.14)により

$$\eta(t)\sum_{\mu,\nu}\int_{F^\times}\int_{F^\times}J(tu,\mu)J(su,\nu)\eta(u)\varphi(s)d^\times sd^\times u=\eta(-1)\varphi(t)$$

が成り立つ．ここで $\nu,\mu$ は $\mathfrak{o}^\times$ のすべての指標を動く．しかし与えられた $\varphi$ に対して $\sum_{\mu,\nu}$ は実際上有限和である．また $J(t,\nu)$ は $t$ の関数として $\mathcal{S}(F^\times)$ に属する((11.12)を見よ)．いま $\varphi$ として

$$\phi_\nu(t)=\begin{cases}\nu(t) & (t\in\mathfrak{o}^\times),\\ 0 & (t\notin\mathfrak{o}^\times)\end{cases}$$

をとる．(11.13)によって

$$\begin{aligned}&\eta(-t)\sum_{\mu}\int_{F^\times}J(tu,\mu)J(u,\nu)\eta(u)d^\times u\\ &=\eta(-t)\int_{F^\times}J(tu,\nu^{-1}\eta_0)J(u,\nu)\eta(u)d^\times u=\phi_\nu(t)\end{aligned}$$

が得られる．すなわち

$$\eta(-1)\sum_{n=-\infty}^{\infty}J(\varpi^{n+p},\nu^{-1}\eta_0)J(\varpi^n,\nu)\eta(\varpi)^n=\begin{cases}1 & (p=0),\\ 0 & (p\neq 0).\end{cases}$$

ゆえに数列 $\{a_n\}$, $\{b_n\}$ (ほとんどすべての $n$ に対して $a_n=b_n=0$ とする)が

$$\sum_{n=-\infty}^{\infty}a_nb_{n+p}=\begin{cases}1 & (p=0),\\ 0 & (p\neq 0)\end{cases}$$

を満たすならば

$$a_n\neq 0\Leftrightarrow n=n_0,\qquad b_n\neq 0\Leftrightarrow n=n_0$$

となる整数 $n_0$ が存在することを証明すればよい．実際，$X$ を不定元とするとき

$$\left(\sum_n a_nX^n\right)\left(\sum_m b_mX^{-m}\right)=\sum_p\left(\sum_n a_nb_{n-p}\right)X^p=1.$$

ゆえに $\sum a_nX^n$, $\sum b_nX^{-m}$ はいずれも単項式である．∎

**補題 11.20** 前補題と同じ仮定のもとで，$\psi$ の導手を $\mathfrak{p}^{-d}$ とすれば，$\mathfrak{o}^\times$ の任意の指標 $\nu$ に対して

$$n(\nu)<-2d-1.$$

ただし $\psi$ は Kirillov 型モデルの定義に用いた $F$ の指標である．

**証明** $\varphi\in\mathcal{S}(F^\times)$ とする．

$$\pi\left(w\begin{bmatrix}1&1\\0&1\end{bmatrix}w^{-1}\right)\varphi=\pi\left(\begin{bmatrix}1&-1\\0&1\end{bmatrix}w\begin{bmatrix}1&-1\\0&1\end{bmatrix}\right)\varphi$$

から

$$\eta(-1)\sum_{\mu,\nu}\int_{F^\times}\int_{F^\times}J(tu,\mu)J(su,\nu)\psi(u)\eta(u)\varphi(s)d^\times sd^\times u$$
$$=\psi(-t)\sum_{\rho}\int_{F^\times}J(ts,\rho)\psi(-s)\varphi(s)d^\times s$$

が得られる．ただし $\nu,\mu,\rho$ は $\mathfrak{o}^\times$ のすべての指標を動く．$\varphi$ として関数 $s\to\phi_\nu(s_0^{-1}s)$ をとり，さらに上式の両辺に関数 $t\to\phi_\mu(t_0^{-1}t)$ を乗じて $t$ に関して積分すれば

$$\eta(-1)\int_{F^\times}J(t_0u,\mu)J(s_0u,\nu)\psi(u)\eta(u)d^\times u$$
$$=\sum_{\rho}G(\rho^{-1}\mu,-t_0)G(\rho^{-1}\nu,-s_0)J(t_0s_0,\rho).$$

$\mathfrak{o}^\times$ の指標 $\nu$ を任意に固定し，$n=n(\nu)$ とおく．上式に $\mu=\nu^{-1}\eta_0$, $t_0=s_0=\varpi^{n+d+1}$ を代入すれば，左辺は

$$\eta(-1)\eta(\varpi)^{-d-1}J(\varpi^n,\nu^{-1}\eta_0)J(\varpi^n,\nu)G(1,\varpi^{-d-1})$$

に等しく，それは0ではない(補題11.6および補題11.19)．ゆえに右辺も0ではなく，したがって

$$G(\rho^{-1}\nu^{-1}\eta_0,-\varpi^{n+d+1})G(\rho^{-1}\nu,-\varpi^{n+d+1})J(\varpi^{2(n+d+1)},\rho)\neq 0$$

となる $\rho$ が存在する．もし $\rho=\nu$ ならば $J(\varpi^{2(n+d+1)},\rho)\neq 0$ から $2(n+d+1)=n$, すなわち $n=-2d-2$. $\rho\neq\nu$ ならば $G(\rho^{-1}\nu,-\varpi^{n+d+1})\neq 0$ から $n+d+1<-d$ (補題11.6)．いずれにしても $n<-2d-1$. ∎

## §11.5　既約許容表現の或る特性ベクトル

整数 $n\geqq 0$ に対して

$$G_n=\left\{\begin{bmatrix}a&b\\c&d\end{bmatrix}\in GL_2(\mathfrak{o})\,\middle|\,c\equiv 0\ (\mathrm{mod}\ \mathfrak{p}^n)\right\}$$

とおく(補題11.17で定義した $G_n$ とは別である)．$\pi$ を $G_F$ の無限次元既約許容表現，$\pi\left(\begin{bmatrix}t&0\\0&t\end{bmatrix}\right)=\eta(t)$ $(t\in F^\times)$ とする．$\pi$ の空間 $V$ の部分空間

$$V_n=\left\{x\in V\,\middle|\,\pi\left(\begin{bmatrix}a&b\\c&d\end{bmatrix}\right)x=\eta(d)x,\ \forall\begin{bmatrix}a&b\\c&d\end{bmatrix}\in G_n\right\}\qquad(n>0)$$

を定義する．また $G_0$ 不変な $V$ の元の全体を $V_0$ とする．

**定理 11.13**　$N$ を $V_N\neq\{0\}$ となる最小の整数とする．このとき $\dim V_N=1$．$n\geqq N$ ならば

$$V_n=\sum_{i=0}^{n-N}\pi\left(\begin{bmatrix}1&0\\0&\varpi^i\end{bmatrix}\right)V_N \quad (\text{直和})$$

が成り立つ．

**証明**　$\psi$ を導手が $\mathfrak{o}$ となる $F$ の指標として，$\pi$ はこの $\psi$ に関する Kirillov 型モデルであると仮定してよい．$\varphi\in V_n$ ならば

$$(11.31)\qquad \pi\left(\begin{bmatrix}a&0\\0&1\end{bmatrix}\right)\varphi=\varphi \qquad (a\in\mathfrak{o}^\times),$$

$$(11.32)\qquad \pi\left(\begin{bmatrix}1&b\\0&1\end{bmatrix}\right)\varphi=\varphi \qquad (b\in\mathfrak{o}),$$

$$(11.33)\qquad \pi\left(\begin{bmatrix}1&0\\c&1\end{bmatrix}\right)\varphi=\varphi \qquad (c\in\mathfrak{p}^n).$$

しかし逆も成立する．$G_n$ は上記の元と $\begin{bmatrix}a&0\\0&a\end{bmatrix}$ $(a\in\mathfrak{o}^\times)$ によって生成されるが，$\varphi\neq0$ ならば (11.31)-(11.33) から $\eta(a)=1$ $(\forall a\in\mathfrak{o}^\times,\ a\equiv1 \pmod{\mathfrak{p}^n})$ がでるからである．実際，$\begin{bmatrix}a&0\\0&a\end{bmatrix}=\begin{bmatrix}a^2&0\\0&1\end{bmatrix}\begin{bmatrix}1&-a^{-1}\\0&1\end{bmatrix}\begin{bmatrix}1&0\\c&1\end{bmatrix}\begin{bmatrix}1&1\\0&1\end{bmatrix}\begin{bmatrix}1&0\\-a^{-1}c&1\end{bmatrix}$ (ただし $c=a-1$)．

$$\pi\left(\begin{bmatrix}a&b\\0&1\end{bmatrix}\right)\varphi(t)=\psi(bt)\varphi(at) \qquad (\varphi\in V,\ a,t\in F^\times,\ b\in F)$$

であるから，(11.31), (11.32) はそれぞれつぎの条件と同値である．

$$(11.34)\qquad \varphi(at)=\varphi(t) \qquad (a\in\mathfrak{o}^\times),$$

(11.35)　　$\varphi$ の台は $\mathfrak{o}$ に含まれる．

$\pi\left(\begin{bmatrix}1&0\\0&\varpi^i\end{bmatrix}\right)V_n\subseteqq V_{n+i}$ $(i\geqq0)$ は定義からただちにでる．逆に $\varphi\in V_{n+i}$ に対して $\varphi'=\pi\left(\begin{bmatrix}1&0\\0&\varpi^{-i}\end{bmatrix}\right)\varphi$ とおく．$\varphi'$ が (11.31), (11.33) を満たすことは明らかである．$\varphi'(t)=\eta(\varpi)^{-i}\varphi(\varpi^i t)$ であることを見れば，$\varphi'$ の台が $\mathfrak{o}$ に含まれることは $\varphi$ の台が $\mathfrak{p}^i$ に含まれることと同値で，このとき $\varphi'\in V_n$，すなわち $\varphi\in\pi\left(\begin{bmatrix}1&0\\0&\varpi^i\end{bmatrix}\right)V_n$ となる．

$N>0$ ならば

$$(11.36)\qquad V_N\cap\pi\left(\begin{bmatrix}1&0\\0&\varpi^{-i}\end{bmatrix}\right)V_{N+i-1}=\{0\}$$

が成立する．なぜなら $n=N-1$ に対して上の議論を行えば，左辺が $V_{N-1}$ に等しいことがわかる．$N$ の定義からそれは $\{0\}$ である．しかし(11.36)は $N=0$ に対しても成立する．実際，(11.36)の左辺に属する元はこのとき $\begin{bmatrix} 1 & b \\ 0 & 1 \end{bmatrix}$ $(b \in \mathfrak{o})$, $\begin{bmatrix} 1 & 0 \\ c & 1 \end{bmatrix}$ $(c \in \mathfrak{p}^{-1})$ で不変であるが，これらの元は $SL_2(F)$ を生成する．$\pi$ は無限次元なので，$V$ は 0 以外の $SL_2(F)$ 不変な元を含まない．

(11.36)から

$$\pi\left(\begin{bmatrix} 1 & 0 \\ 0 & \varpi^i \end{bmatrix}\right) V_N \cap V_{N+i-1} = \{0\} \qquad (i>0)$$

がでる．ゆえに一般に $\dim V_{n+1} \leqq \dim V_n + 1$ をいえば，定理が証明されることになる．$\varphi \in V_{n+1}$ は(11.34), (11.35)を満たし，もし $\varphi$ の台が $\mathfrak{p}$ に含まれるならば，すでに注意したように $\varphi \in \pi\left(\begin{bmatrix} 1 & 0 \\ 0 & \varpi \end{bmatrix}\right) V_n$．ゆえに

$$\dim \left( V_{n+1} \Big/ \pi\left(\begin{bmatrix} 1 & 0 \\ 0 & \varpi \end{bmatrix}\right) V_n \right) \leqq 1.$$

これから上の結果がでる．▌

**定理 11.14**　$\pi$ を無限次元線型空間 $V$ における $G_F$ の既約許容表現とする．$V$ が $GL_2(\mathfrak{o})$ 不変な元 $(\neq 0)$ を含むためには $\pi$ が

$$\pi(\mu_1, \mu_2), \qquad \mu_i | \mathfrak{o}^\times = 1 \quad (i=1, 2)$$

と同値であることが必要十分である．ただし $\mu_i | \mathfrak{o}^\times$ は $\mu_i$ の $\mathfrak{o}^\times$ への制限を表わす．このとき $GL_2(\mathfrak{o})$ 不変な $V$ の元のつくる空間は 1 次元である．

**証明**　この定理は定理 11.13 の記号で $V_0 \neq \{0\}$ となるための条件を述べているのである．$\mathcal{B}(\mu_1, \mu_2)$ の元 $\varphi$ の $GL_2(\mathfrak{o})$ への制限は

$$\varphi\left(\begin{bmatrix} a & b \\ 0 & d \end{bmatrix} k\right) = \mu_1(a)\mu_2(d)\varphi(k) \qquad (a, d \in \mathfrak{o}^\times,\ b \in \mathfrak{o},\ k \in GL_2(\mathfrak{o}))$$

を満たし，逆にこの性質をもつ $GL_2(\mathfrak{o})$ 上の局所定値関数は一意的に $\mathcal{B}(\mu_1, \mu_2)$ の元を定める．$\mu_i | \mathfrak{o}^\times = 1$ $(i=1, 2)$ ならば，$GL_2(\mathfrak{o})$ への制限が一定となる $\mathcal{B}(\mu_1, \mu_2)$ の元が存在し，それは $GL_2(\mathfrak{o})$ 不変である．この逆も成り立つ．このとき $GL_2(\mathfrak{o})$ 不変な $\mathcal{B}(\mu_1, \mu_2)$ の元の全体は明らかに 1 次元である．ゆえに主系列の表現 $\pi(\mu_1, \mu_2)$ に対しては定理の条件が必要十分であることが示された．それ以外の表現に対しては $V$ は $GL_2(\mathfrak{o})$ 不変な元を含まないことを証明すればよい．

$\pi = \sigma(\mu_1, \mu_2)$ $(\mu_1 \mu_2^{-1} = |\ |_F)$ とする．$\mathcal{B}_s(\mu_1, \mu_2)$ が $GL_2(\mathfrak{o})$ 不変な元 $\varphi \neq 0$ を含

むならば，$\mu_i|\mathfrak{o}^\times=1$ $(i=1,2)$ でなければならない．$\varphi$ の $GL_2(\mathfrak{o})$ への制限は一定で，かつ定理 11.8 により

$$\int_{GL_2(\mathfrak{o})}\varphi(k)dk=0.$$

これは不可能である．$\pi=\sigma(\mu_1,\mu_2)$ $(\mu_1\mu_2^{-1}=|\ |_F^{-1})$ の場合は定理 11.10 により上の場合に帰着する．

$\pi$ が尖点表現の場合を考えよう．$\psi$ を導手 $\mathfrak{o}$ の $F$ の指標として，$\pi$ はこの $\psi$ に関する Kirillov 型モデルであるとする．$\varphi\in\mathcal{S}(F^\times)$ が $GL_2(\mathfrak{o})$ 不変ならば，定理 11.13 の証明で示したように，$\varphi$ は (11.34), (11.35) を満たし，かつ $\varphi'=\pi(w)\varphi$ とおけば，$\varphi'$ は $\begin{bmatrix}1 & b\\ 0 & 1\end{bmatrix}$ $(b\in\mathfrak{o})$ で不変である．ゆえに $\varphi'$ の台は $\mathfrak{o}$ に含まれる．(11.14) によって

$$\varphi'(t)=\eta(t)\sum_\nu\int_{F^\times}J(ts,\nu)\varphi(s)d^\times s.$$

しかし $t\in\mathfrak{o}$ ならば，補題 11.20 により $J(ts,\nu)=0$ $(\forall s\in\mathfrak{o},\ \forall\nu)$ となり，右辺は 0 である．ゆえに $\varphi'=0$．ゆえに $\varphi=0$．▮

## §11.6 関数等式

まず局所体 $F$ のゼータ関数を定義しよう．

**定理 11.15** $s\in\boldsymbol{C}$，$\chi$ を $F^\times$ の 1 次元表現，$f\in\mathcal{S}(F)$ とする．このとき

$$Z(s,\chi,f)=\int_{F^\times}f(x)\chi(x)|x|_F^s d^\times x$$

は Re $s$ が十分大きいところで収束し，全平面の有理型関数に延長される．

$$L(s,\chi)=\begin{cases}(1-\chi(\varpi)|\varpi|_F^s)^{-1} & (\chi|\mathfrak{o}^\times=1),\\ 1 & (\chi|\mathfrak{o}^\times\neq 1)\end{cases}$$

とおけば，任意の $f\in\mathcal{S}(F)$ に対して

$$\frac{Z(s,\chi,f)}{L(s,\chi)}$$

は整関数である．またこの商が 1 となる $f\in\mathcal{S}(F)$ が存在する．

**証明** $f_0$ を $\mathfrak{o}$ の特性関数とすると $\mathcal{S}(F)=\mathcal{S}(F^\times)+\boldsymbol{C}f_0$．$f\in\mathcal{S}(F^\times)$ ならば，$Z(s,\chi,f)$ が任意の $s$ に対して収束し，$s$ の整関数を表わすことは明らかである．

$f=f_0$ に対しては上の積分はつぎの積分で押えられる．

$$\int_{F^\times\cap\mathfrak{o}}|\chi(x)||x|_F{}^\sigma d^\times x = \sum_{n=0}^{\infty}\int_{\varpi^n\mathfrak{o}^\times}|\chi(x)||x|_F{}^\sigma d^\times x$$
$$= \sum_{n=0}^{\infty}|\chi(\varpi)|^n|\varpi|_F{}^{n\sigma}.$$

ただし $\sigma=\mathrm{Re}\,s$. この級数は $|\chi(\varpi)||\varpi|_F{}^\sigma<1$ ならば収束する. 同じ条件のもとで

$$\int_{F^\times\cap\mathfrak{o}}\chi(x)|x|_F{}^s d^\times x = \sum_{n=0}^{\infty}\chi(\varpi)^n|\varpi|_F{}^{ns}\int_{\mathfrak{o}^\times}\chi(u)d^\times u.$$

ゆえに

$$Z(s,\chi,f_0) = \begin{cases} (1-\chi(\varpi)|\varpi|_F{}^s)^{-1} & (\chi\,|\,\mathfrak{o}^\times=1), \\ 0 & (\chi\,|\,\mathfrak{o}^\times\neq 1). \end{cases}$$

ただし $d^\times x$ に関する $\mathfrak{o}^\times$ の全測度は1であると仮定している. また $f(x)=\chi(x)^{-1}$ $(x\in\mathfrak{o}^\times)$, $f(x)=0$ $(x\notin\mathfrak{o}^\times)$ によって $f$ を定義すれば $Z(s,\chi,f)=1$. 以上のことから定理の主張は明らかである. ∎

$\psi$ を $F$ の指標 $(\neq 1)$ とする. $f\in\mathcal{S}(F)$ の Fourier 変換を

$$\hat{f}(x) = \int_F f(y)\psi(xy)dy$$

によって定義する.

**補題 11.21**　$f,g\in\mathcal{S}(F)$ に対して

$$\int_F\hat{f}(x)g(x)dx = \int_F f(x)\hat{g}(x)dx.$$

**証明**

$$\int\hat{f}(x)g(x)dx = \int\int f(y)\psi(xy)g(x)dydx$$
$$= \int\int f(y)g(x)\psi(xy)dxdy = \int f(y)\hat{g}(y)dy. \quad ∎$$

**補題 11.22**　$f,g\in\mathcal{S}(F)$ に対して

$$Z(s,\chi,f)Z(1-s,\chi^{-1},\hat{g}) = Z(1-s,\chi^{-1},\hat{f})Z(s,\chi,g).$$

**証明**　$\sigma=\mathrm{Re}\,s$ とおき $|\chi(\varpi)||\varpi|_F{}^\sigma<1$, $|\chi(\varpi)|^{-1}|\varpi|_F{}^{1-\sigma}<1$ すなわち $|\chi(\varpi)|^{-1}|\varpi|_F<|\varpi|_F{}^\sigma<|\chi(\varpi)|^{-1}$ と仮定しておく. このとき

(11.37)　$Z(s,\chi,f)Z(1-s,\chi^{-1},\hat{g})$

$$= \left\{\int_{F^\times}f(x)\chi(x)|x|_F{}^s d^\times x\right\}\left\{\int_{F^\times}\hat{g}(y)\chi(y)^{-1}|y|_F{}^{1-s}d^\times y\right\}$$

$$= \int_{F^\times}\int_{F^\times} f(x)\hat{g}(y)\chi(xy^{-1})|xy^{-1}|_F^s|y|_F d^\times x d^\times y$$

$$= \int_{F^\times}\int_{F^\times} f(xy)\hat{g}(y)\chi(x)|x|_F^s d^\times x dy.$$

仮定によりおのおのの積分は絶対収束し，したがって積分の順序を交換してよい．補題 11.21 により

$$\int_{F^\times} f(xy)\hat{g}(y)dy = \int_{F^\times} |x|_F^{-1}\hat{f}(x^{-1}y)\,g(y)dy$$

(関数 $y \to f(xy)$ の Fourier 変換は $y \to |x|_F^{-1}\hat{f}(x^{-1}y)$ である)が成立するから，(11.37)の最後の積分は

$$(11.38)\qquad \int_{F^\times}\int_{F^\times} \hat{f}(x^{-1}y)g(y)\chi(x)|x|_F^{s-1}dyd^\times x$$

$$= \int_{F^\times}\int_{F^\times} \hat{f}(y)g(xy)\chi(x)|x|_F^s dyd^\times x$$

に等しい．これは(11.37)において $f, g$ を入れ換えたものである．ゆえに $Z(s, \chi, f)Z(1-s, \chi^{-1}, \hat{g})$ は $f, g$ に関して対称である．∎

以下の結果は本質的には指標 $\psi$ と不変測度 $dx$ に依存しないが，与えられた $\psi$ に対して，Fourier 逆変換の公式

$$f(x) = \int_F \hat{f}(y)\psi(-xy)dy$$

が成立するように $dx$ を決めておくと好都合である．このとき $dx$ は(内積 $(x, y) \to \psi(xy)$ によって $F$ をそれ自身の双対と同一視する仕方に関して)**自己双対**であるという．$\psi$ の導手が $\mathfrak{p}^{-d}$ ならば，自己双対な不変測度 $dx$ は $\mathfrak{o}$ の全測度を $|\varpi|_F^{d/2}$ とするものである．一方，$F^\times$ の不変測度 $d^\times x$ はつねに $\mathfrak{o}^\times$ の全測度が 1 となるように決めておくことにする．

**定理 11.16** 任意の $f \in \mathcal{S}(F)$ に対して，関数等式

$$\frac{Z(1-s, \chi^{-1}, \hat{f})}{L(1-s, \chi^{-1})} = \varepsilon(s, \chi, \psi)\frac{Z(s, \chi, f)}{L(s, \chi)}$$

が成立する．ここで $\varepsilon(s, \chi, \psi)$ は $ab^s$ ($a, b$ は定数)の形の $f$ には依存しない関数である．

**証明** 補題 11.22 により，或る $g \in \mathcal{S}(F)$ に対して $Z(s, \chi, g)$ は 0 ではなく，

$Z(1-s, \chi^{-1}, \hat{g})/Z(s, \chi, g)$ は $ab^sL(1-s, \chi^{-1})/L(s, \chi)$ ($a, b$ は定数) の形であることを示せばよい．

$\chi|\mathfrak{o}^\times=1$ ならば，$\mathfrak{o}$ の特性関数を $g$ とする．このとき，すでに定理11.15の証明で示したように

$$Z(s, \chi, g) = (1-\chi(\varpi)|\varpi|_F{}^s)^{-1}.$$

$\psi$ の導手を $\mathfrak{p}^{-d}$ とすると，$\hat{g}$ は $\mathfrak{p}^{-d}$ の特性関数の $|\varpi|_F{}^{d/2}$ 倍であるから

$$\begin{aligned} Z(1-s, \chi^{-1}, \hat{g}) &= |\varpi|_F{}^{d/2}\int_{F^\times\cap\mathfrak{p}^{-d}}\chi(x)^{-1}|x|_F{}^{1-s}d^\times x \\ &= |\varpi|_F{}^{d/2}\sum_{n=-d}^{\infty}\chi(\varpi)^{-n}|\varpi|_F{}^{n(1-s)} \\ &= |\varpi|_F{}^{d(s-1/2)}\chi(\varpi)^d(1-\chi(\varpi)^{-1}|\varpi|_F{}^{1-s})^{-1}. \end{aligned}$$

ゆえに

$$\frac{Z(1-s, \chi^{-1}, \hat{g})}{Z(s, \chi, g)} = \chi(\varpi)^d|\varpi|_F{}^{d(s-1/2)}\frac{L(1-s, \chi^{-1})}{L(s, \chi)}.$$

したがって

$$\varepsilon(s, \chi, \psi) = \chi(\varpi)^d|\varpi|_F{}^{d(s-1/2)}.$$

$\chi|\mathfrak{o}^\times\neq1$ の場合，$f$ を $\chi(1+\mathfrak{p}^f)=1$ となる最小の自然数とする．また $\chi|\mathfrak{o}^\times$ を $\chi_0$ で表わす．

$$g(x) = \begin{cases} \chi(x)^{-1} & (x\in\mathfrak{o}^\times), \\ 0 & (x\notin\mathfrak{o}^\times) \end{cases}$$

とおけば $Z(s, \chi, g)=1$．このとき

$$\begin{aligned} \hat{g}(x) &= \int_{\mathfrak{o}^\times}\chi(y)^{-1}\psi(xy)dy \\ &= |\varpi|_F{}^{d/2}(1-|\varpi|_F)\int_{\mathfrak{o}^\times}\chi(y)^{-1}\psi(xy)d^\times y \\ &= |\varpi|_F{}^{d/2}(1-|\varpi|_F)G(\chi_0{}^{-1}, x). \end{aligned}$$

ゆえに，補題11.6により

$$Z(1-s, \chi^{-1}, \hat{g}) = \int_{\varpi^{-d-f}\mathfrak{o}^\times}|\varpi|_F{}^{d/2}(1-|\varpi|_F)G(\chi_0{}^{-1}, x)\chi^{-1}(x)|x|_F{}^{1-s}d^\times x.$$

$L(s, \chi)=L(1-s, \chi^{-1})=1$ であるから $\varepsilon(s, \chi, \psi)=Z(1-s, \chi^{-1}, \hat{g})$ とおけばよい．すなわち

$$\varepsilon(s,\chi,\psi)=|\varpi|_F^{d/2}(1-|\varpi|_F)G(\chi_0^{-1},\varpi^{-d-f})\chi(\varpi)^{d+f}|\varpi|_F^{(d+f)(s-1)}$$

となる. ▌

**系**
$$\varepsilon(s,\chi,\psi)\varepsilon(1-s,\chi^{-1},\psi)=\chi(-1).$$

**証明**　$\tilde{f}(x)=f(-x)$ であるから

$$\chi(-1)\frac{Z(s,\chi,f)}{L(s,\chi)}=\frac{Z(s,\chi,\hat{\tilde{f}})}{L(s,\chi)}=\varepsilon(1-s,\chi^{-1},\psi)\frac{Z(1-s,\chi^{-1},\hat{f})}{L(1-s,\chi^{-1})}$$
$$=\varepsilon(1-s,\chi^{-1},\psi)\varepsilon(s,\chi,\psi)\frac{Z(s,\chi,f)}{L(s,\chi)}.$$

これから系の等式がでる. ▌

$P$ を定数項が1の多項式とするとき

$$P(|\varpi|_F^s)^{-1}$$

の形の関数を **Euler 因子** という. 定理 11.15 における $L(s,\chi)$ は Euler 因子の一例である.

**定理 11.17**　$\pi$ を $G_F$ の無限次元既約許容表現, $\mathscr{W}(\pi,\psi)$ を $\pi$ の Whittaker 空間とする. $W\in\mathscr{W}(\pi,\psi)$ に対し

$$Z(s,\pi,W)=\int_{F^\times}W\left(\begin{bmatrix}x&0\\0&1\end{bmatrix}\right)|x|_F^{s-1/2}d^\times x$$

は Re $s$ の十分大きいところで収束し, 全平面の有理型関数に延長される. さらにつぎの性質をもつ Euler 因子 $L(s,\pi)$ がただ一つ存在する.

(1)　任意の $W\in\mathscr{W}(\pi,\psi)$ に対して

$$\frac{Z(s,\pi,W)}{L(s,\pi)}$$

は整関数である.

(2)
$$\frac{Z(s,\pi,W)}{L(s,\pi)}=a^s \qquad (a\text{ は定数})$$

となる $W\in\mathscr{W}(\pi,\psi)$ が存在する.

**証明**　$\pi$ は Kirillov 型モデルであると仮定しておく.

$$\varphi_W(x)=W\left(\begin{bmatrix}x&0\\0&1\end{bmatrix}\right) \qquad (x\in F^\times)$$

とおくと, $V=\{\varphi_W\mid W\in\mathscr{W}(\pi,\psi)\}$ が $\pi$ の Kirillov 空間となる(定理 11.5 を参照). そこで $\varphi\in V$ に対し

$$M(s, \pi, \varphi) = \int_{F^\times} \varphi(x)|x|_F^{s-1/2} d^\times x$$

とおけば，定義により $Z(s, \pi, W) = M(s, \pi, \varphi_W)$．$\varphi \in \mathcal{S}(F^\times)$ ならば $M(s, \pi, \varphi)$ は $s$ の整関数である．

$\pi$ が尖点表現ならば，定理 11.12 によって $V = \mathcal{S}(F^\times)$ となる．ゆえに $L(s, \pi) = 1$ は定理の条件 (1), (2) を満足する．

$\pi$ が主系列の表現または特殊表現ならば，その Kirillov 空間 $V$ は定理 11.9 において与えられている．$\pi = \pi(\mu_1, \mu_2)$ $(\mu_1 \neq \mu_2)$ ならば，$V$ は $F^\times$ 上の局所定値関数で，その台は $F$ のコンパクト集合に含まれ，0 の近傍では

$$|x|_F^{1/2}\{a\mu_1(x) + b\mu_2(x)\} \qquad (a, b \text{ は定数})$$

の形の関数の全体である．これは $V$ が

(11.39)
$$\varphi(x) = |x|_F^{1/2}\{\mu_1(x)f_1(x) + \mu_2(x)f_2(x)\} \qquad (f_1, f_2 \in \mathcal{S}(F))$$

の形の関数の全体であることを意味する．$\varphi$ が上のように表わされているならば

$$M(s, \pi, \varphi) = Z(s, \mu_1, f_1) + Z(s, \mu_2, f_2).$$

ゆえに $L(s, \pi) = L(s, \mu_1)L(s, \mu_2)$ とおけば，定理 11.15 により，任意の $\varphi \in V$ に対して $M(s, \pi, \varphi)/L(s, \pi)$ は整関数である．さらにこの商が $a^s$ ($a$ は定数) となる $\varphi \in V$ を求めることは容易である．実際，$\mu_1 | \mathfrak{o}^\times = \mu_2 | \mathfrak{o}^\times = 1$ ならば

$$\frac{Z(s, \mu_1, f_1)}{L(s, \mu_1)} = -\frac{Z(s, \mu_2, f_2)}{L(s, \mu_2)} = \frac{1}{\mu_1(\varpi) - \mu_2(\varpi)}$$

となる $f_1, f_2 \in \mathcal{S}(F)$ をとる．このとき (11.39) の $\varphi$ に対して $M(s, \pi, \varphi)/L(s, \pi) = |\varpi|_F^s$ が成り立つ．たとえば $\mu_2 | \mathfrak{o}^\times \neq 1$ ならば $Z(s, \mu_1, f_1) = L(s, \mu_1)$ となる $f_1$ および $f_2 = 0$ をとればよい．

$\pi = \pi(\mu_1, \mu_2)$ $(\mu_1 = \mu_2)$ ならば，$V$ は

(11.40)
$$\varphi(x) = |x|_F^{1/2}\mu_1(x)\{f_1(x) + cv(x)f_0(x)\} \qquad (f_1 \in \mathcal{S}(F),\ c \in \boldsymbol{C})$$

の形の関数の全体であることがわかる．ただし $f_0$ は $\mathfrak{o}$ の特性関数である．ゆえに $M(s, \pi, \varphi)$ は $Z(s, \mu_1, f_1)$ と

(11.41)
$$\int_{F^\times \cap \mathfrak{o}} \mu_1(x)|x|_F^s v(x) d^\times x$$

の和となる．$\mu_1|\mathfrak{o}^\times=1$ ならば(11.41)は

$$\sum_{n=0}^{\infty} n\mu_1(\varpi)^n|\varpi|_F^{ns} = \mu_1(\varpi)|\varpi|_F^s(1-\mu_1(\varpi)|\varpi|_F^s)^{-2}$$

に等しく，$\mu_1|\mathfrak{o}^\times\neq1$ ならば(11.41)は0である．ゆえに $L(s,\pi)=L(s,\mu_1)^2$ が定理の条件(1), (2)を満足する．

$\pi$ が特殊表現ならば，$\pi=\sigma(\mu_1,\mu_2)$ $(\mu_1\mu_2^{-1}=|\ |_F)$ と仮定してよい．このとき $V$ は

$$\varphi(x) = |x|_F^{1/2}\mu_1(x)f(x) \qquad (f\in\mathcal{S}(F)) \tag{11.42}$$

の形の関数の全体である．このとき $M(s,\pi,\varphi)=Z(s,\mu_1,f)$ であるから，$L(s,\pi)=L(s,\mu_1)$ が条件(1), (2)を満足する．

最後に $L(s,\pi)$ の一意性を示す．Euler 因子 $P(|\varpi|_F^s)^{-1}$, $P'(|\varpi|_F^s)^{-1}$ が定理の条件(1), (2)を満たすならば，それらの商は零点をもたない整関数でなければならない．これからただちに $P/P'$ は定数であることがわかる．$P, P'$ の定数項は1であるから，この定数は1である．▌

上の証明の中でわれわれは $L(s,\pi)$ を具体的に求めているので，それを再記する．

**系**　$\pi=\pi(\mu_1,\mu_2)$ ならば

$$L(s,\pi) = L(s,\mu_1)L(s,\mu_2).$$

$\pi=\sigma(\mu_1,\mu_2)$ $(\mu_1\mu_2^{-1}=|\ |_F)$ ならば

$$L(s,\pi) = L(s,\mu_1).$$

$\pi$ が尖点表現ならば

$$L(s,\pi) = 1.$$

——

$\pi$ を $G_F$ の既約許容表現とし，$\pi\left(\begin{bmatrix} t & 0 \\ 0 & t \end{bmatrix}\right)=\eta(t)$ $(t\in F^\times)$ とする．定理11.6により $\pi$ の反傾表現は $\eta^{-1}\otimes\pi$ と同値である．$W\in\mathcal{W}(\pi,\psi)$ に対し

$$T(W)(g) = \eta^{-1}(\det g)W(g) \qquad (g\in G_F) \tag{11.43}$$

とおけば，$T$ は $\mathcal{W}(\pi,\psi)$ から $\mathcal{W}(\tilde{\pi},\psi)$ の上への同型写像で

(11.44)

$$T((\eta^{-1}\otimes\rho)(g)W) = \rho(g)T(W) \qquad (g\in G_F,\quad W\in\mathcal{W}(\pi,\psi))$$

が成り立つ．とくに $w=\begin{bmatrix} 0 & 1 \\ -1 & 0 \end{bmatrix}$ とおけば

$$T(\rho(w)W)=\rho(w)T(W)\qquad (W\in\mathscr{W}(\pi,\psi)). \tag{11.45}$$

**補題 11.23**　或る有理型関数 $\gamma(s,\pi,\psi)$ が存在して，任意の $W\in\mathscr{W}(\pi,\psi)$ に対し

$$Z(1-s,\tilde{\pi},\rho(w)T(W))=\gamma(s,\pi,\psi)Z(s,\pi,W)$$

が成立する．

**証明**　$\pi,\tilde{\pi}$ を Kirillov 型モデルと仮定して，それらの作用する空間を $V,\tilde{V}$ とする．$\mathscr{W}(\pi,\psi)$ から $\mathscr{W}(\tilde{\pi},\psi)$ の上への同型写像 $T$ は $V$ から $\tilde{V}$ の上への同型写像

$$\varphi\longrightarrow\eta^{-1}\varphi$$

に対応する．(11.45) により $\eta^{-1}\pi(w)\varphi=\tilde{\pi}(w)(\eta^{-1}\varphi)$ $(\forall\varphi\in V)$．ゆえに任意の $\varphi\in V$ に対して

$$M(1-s,\tilde{\pi},\eta^{-1}\pi(w)\varphi)=\gamma(s,\pi,\psi)M(s,\pi,\varphi) \tag{11.46}$$

が成立をするような有理型関数 $\gamma(s,\pi,\psi)$ が存在することを証明すればよい．

$\mathfrak{o}^\times$ の指標 $\nu$ に対して，$\varphi(xu)=\varphi(x)\nu(u)$ $(\forall u\in\mathfrak{o}^\times, x\in F^\times)$ を満たす $\varphi\in\mathscr{S}(F^\times)$ の全体を $\mathscr{S}_\nu$ で表わせば，$\mathscr{S}(F^\times)$ は $\mathscr{S}_\nu$ の直和である．$\varphi\in\mathscr{S}_\nu$ ならば，(11.14) により

$$\pi(w)\varphi(x)=\eta(x)\int_{F^\times}J(xy,\nu)\varphi(y)d^\times y.$$

ゆえに，$\mathrm{Re}\,s$ が十分小さいとき

$$\begin{aligned}
&M(1-s,\tilde{\pi},\eta^{-1}\pi(w)\varphi)\\
&=\int_{F^\times}\int_{F^\times}J(xy,\nu)\varphi(y)|x|_F^{1/2-s}d^\times yd^\times x\\
&=\int_{F^\times}\int_{F^\times}J(x,\nu)\varphi(y)|xy^{-1}|_F^{1/2-s}d^\times yd^\times x\\
&=\int_{F^\times}J(x,\nu)|x|_F^{1/2-s}d^\times x\int_{F^\times}\varphi(y)|y|_F^{s-1/2}d^\times y.
\end{aligned}$$

((11.12) により $x\to J(x,\nu)$ は $\tilde{V}$ に属するから，上記の積分は $\mathrm{Re}\,s$ が十分小さいところで絶対収束する．) 最後の式の第2因子はちょうど $M(s,\pi,\varphi)$ に等しい．$\nu\neq 1$ ならば明らかに $M(s,\pi,\varphi)=M(1-s,\tilde{\pi},\eta^{-1}\pi(w)\varphi)=0$ となる．ゆえに

$$\gamma(s,\pi,\psi)=\int_{F^\times}J(x,1)|x|_F^{1/2-s}d^\times x$$

とおけば，(11.46) が任意の $\varphi\in\mathcal{S}(F^\times)$ に対して成立する．すでに証明したことを $\tilde{\pi}$ に適用すれば

(11.47)
$$M(1-s,\pi,\eta\tilde{\pi}(w)\varphi)=\gamma(s,\tilde{\pi},\psi)M(s,\tilde{\pi},\varphi)\qquad(\forall\varphi\in\mathcal{S}(F^\times))$$

となる $\gamma(s,\tilde{\pi},\psi)$ が存在することがわかる．

ここで等式

$$\gamma(1-s,\tilde{\pi},\psi)\gamma(s,\pi,\psi)=\eta(-1) \tag{11.48}$$

を示す．実際，$\varphi\in\pi(w)\mathcal{S}(F^\times)$ ならば $\pi(w)\varphi\in\mathcal{S}(F^\times)$ であるから，(11.47) から

$$\eta(-1)M(s,\pi,\varphi)=\gamma(1-s,\tilde{\pi},\psi)M(1-s,\tilde{\pi},\eta^{-1}\pi(w)\varphi) \tag{11.49}$$

がでる $(\eta(-1)\varphi=\pi(w)^2\varphi=\eta\tilde{\pi}(w)(\eta^{-1}\pi(w)\varphi))$．さらに $\varphi\in\mathcal{S}(F^\times)$ ならば

$$M(1-s,\tilde{\pi},\eta^{-1}\pi(w)\varphi)=\gamma(s,\pi,\psi)M(s,\pi,\varphi). \tag{11.50}$$

ゆえに $M(s,\pi,\varphi)\neq0$ となる $\varphi\in\mathcal{S}(F^\times)\cap\pi(w)\mathcal{S}(F^\times)$ が存在することをいえば，この両式から (11.48) が得られる．$\pi$ が尖点表現ならば $V=\mathcal{S}(F^\times)$ (定理 11.12)，また $\pi=\pi(\mu_1,\mu_2)$ または $\sigma(\mu_1,\mu_2)$ ならば $V/\mathcal{S}(F^\times)$ は 1 次元または 2 次元である (定理 11.9)．$V=\mathcal{S}(F^\times)+\pi(w)\mathcal{S}(F^\times)$ であるから $\mathcal{S}(F^\times)/(\mathcal{S}(F^\times)\cap\pi(w)\mathcal{S}(F^\times))$ は高々 2 次元である．一方，$M(s,\pi,\varphi)$ $(\varphi\in\mathcal{S}(F^\times))$ の中には線型独立な関数が無数にある (実際，$\varphi$ として $\varpi^n\mathfrak{o}^\times$ の特性関数をとれば $M(s,\pi,\varphi)=|\varpi|_F^{n(s-1/2)}$)．ゆえにすべての $\varphi\in\mathcal{S}(F^\times)\cap\pi(w)\mathcal{S}(F^\times)$ に対して $M(s,\pi,\varphi)$ が 0 ではありえない．

さて任意の $\varphi\in V$ に対して (11.46) が成立することをいうためには，$\varphi\in\mathcal{S}(F^\times)$ または $\varphi\in\pi(w)\mathcal{S}(F^\times)$ に対してそれを確かめれば十分である．前の場合はすでに証明した．後の場合は (11.48) により既知の等式 (11.49) に帰着する．▌

**定理 11.18** $ab^s$ ($a,b$ は定数) の形の関数 $\varepsilon(s,\pi,\psi)$ が存在して，任意の $W\in\mathcal{W}(\pi,\psi)$ に対して

$$\frac{Z(1-s,\tilde{\pi},\rho(w)T(W))}{L(1-s,\tilde{\pi})}=\varepsilon(s,\pi,\psi)\frac{Z(s,\pi,W)}{L(s,\pi)}$$

が成立する．

**証明** 補題 11.23 を見れば

$$\gamma(s,\pi,\psi)=\varepsilon(s,\pi,\psi)\frac{L(1-s,\tilde{\pi})}{L(s,\pi)}$$

とおくとき，$\varepsilon(s,\pi,\psi)$ が $ab^s$ ($a, b$ は定数)の形であることを示せばよい．

$\pi=\pi(\mu_1,\mu_2)$ または $\sigma(\mu_1,\mu_2)$ とする．$\mu_1,\mu_2$ を入れ換えてもよいので $\mu=\mu_1\mu_2^{-1}\neq|\ |_F^{-1}$ と仮定してよい．$\pi$ は Kirillov 型モデルであるとする．補題 11.23 の証明の中で $M(s,\pi,\xi)\neq 0$ となる $\xi\in\mathcal{S}(F^\times)\cap\pi(w)\mathcal{S}(F^\times)$ が存在することを示した．このような $\xi$ に対して，関数

$$x \longrightarrow \mu_2(x)^{-1}|x|_F^{-1/2}\xi(x)$$

は $\mathcal{S}(F^\times)$ に属する．その Fourier 変換

$$\phi(x)=\int_F \mu_2(y)^{-1}|y|_F^{-1/2}\xi(y)\psi(xy)dy$$

は $\mathcal{S}(F)$ に属する．ゆえに §11.3 の記号を用いれば $\phi\in\mathcal{F}_\mu$．したがって

$$\varphi\left(w^{-1}\begin{bmatrix}1 & x\\ 0 & 1\end{bmatrix}\right)=\phi(x)$$

となる $\varphi\in\mathcal{B}(\mu_1,\mu_2)$ が存在する．このとき $\xi=\xi_\varphi$ となる．実際，$\hat{\phi}$ を補題 11.13 の通りとすれば，$\phi\in\mathcal{S}(F)$ であるから

$$\hat{\phi}(x)=\int_F \phi(y)\psi(-xy)dy.$$

ゆえに Fourier 逆変換の公式により $\hat{\phi}(x)=\mu_2(x)^{-1}|x|_F^{-1/2}\xi(x)$．ゆえに

$$M(s,\pi,\xi)=\int_{F^\times}\xi(x)|x|_F^{s-1/2}d^\times x \tag{11.51}$$
$$=\int_{F^\times}\hat{\phi}(x)\mu_2(x)|x|_F^{s}d^\times x$$
$$=Z(s,\mu_2,\hat{\phi}).$$

$\pi(w)\xi=\xi_{\rho(w)\varphi}$ に注意すれば，上と同じ理由で

$$\pi(w)\xi(x)=\mu_2(x)|x|_F^{1/2}\hat{\phi}'(x),$$
$$\phi'(x)=\rho(w)\varphi\left(w^{-1}\begin{bmatrix}1 & x\\ 0 & 1\end{bmatrix}\right)$$

となる $\phi'\in\mathcal{S}(F)$ が存在することがわかる．(11.23) により

$$\phi'(x)=\varphi\left(w^{-1}\begin{bmatrix}1 & x\\ 0 & 1\end{bmatrix}w\right)=\varphi\left(\begin{bmatrix}1 & 0\\ -x & 1\end{bmatrix}\right) \tag{11.52}$$
$$=\mu(-x)^{-1}|x|_F^{-1}\phi(-x^{-1}).$$

これは $\phi'\in\mathcal{S}(F^\times)$ を示す．$\mathrm{Re}\,s$ が十分小さいとき

(11.53)
$$M(1-s, \tilde{\pi}, \eta^{-1}\pi(w)\xi) = \int_{F^\times} \pi(w)\xi(x)\eta^{-1}(x)|x|_F{}^{1/2-s}d^\times x \qquad (\eta=\mu_1\mu_2)$$
$$= \int_{F^\times} \hat{\phi}'(x)\mu_1(x)^{-1}|x|_F{}^{1-s}d^\times x$$
$$= Z(1-s, \mu_1{}^{-1}, \hat{\phi}').$$

さらに(11.52)からつぎの等式が得られる.

(11.54)
$$Z(s, \mu_1, \phi') = \mu_1(-1)Z(1-s, \mu_2{}^{-1}, \phi).$$

さて(11.51), (11.53)により

$$\gamma(s, \pi, \psi) = \frac{Z(1-s, \mu_1{}^{-1}, \hat{\phi}')}{Z(s, \mu_2, \hat{\phi})}.$$

しかし $\phi\to\hat{\phi}$ は $F$ の指標 $x\to\psi(-x)$ に関する Fourier 変換であることを考慮すれば, 定理 11.16 により

$$\frac{Z(1-s, \mu_1{}^{-1}, \hat{\phi}')}{L(1-s, \mu_1{}^{-1})} = \mu_1(-1)\varepsilon(s, \mu_1, \psi)\frac{Z(s, \mu_1, \phi')}{L(s, \mu_1)},$$
$$\frac{Z(s, \mu_2, \hat{\phi})}{L(s, \mu_2)} = \mu_2(-1)\varepsilon(1-s, \mu_2{}^{-1}, \psi)\frac{Z(1-s, \mu_2{}^{-1}, \phi)}{L(1-s, \mu_2{}^{-1})}.$$

ゆえに

$$\gamma(s, \pi, \psi) = \varepsilon(s, \mu_1, \psi)\varepsilon(s, \mu_2, \psi)\frac{L(1-s, \mu_1{}^{-1})L(1-s, \mu_2{}^{-1})}{L(s, \mu_1)L(s, \mu_2)}.$$

ここで(11.54)と定理 11.16 の系を用いた. $L(s, \pi)$, $L(s, \tilde{\pi})$ は定理 11.17 の系によって与えられている. 上の結果から $\pi=\pi(\mu_1, \mu_2)$ ならば

(11.55)
$$\varepsilon(s, \pi, \psi) = \varepsilon(s, \mu_1, \psi)\varepsilon(s, \mu_2, \psi)$$

であることがわかる. また $\pi=\sigma(\mu_1, \mu_2)$ $(\mu_1\mu_2{}^{-1}=|\ |_F)$ ならば

(11.56)
$$\varepsilon(s, \pi, \psi) = \varepsilon(s, \mu_1, \psi)\varepsilon(s, \mu_2, \psi)L(1-s, \mu_1{}^{-1})L(s, \mu_2)^{-1}$$
$$= \begin{cases} \varepsilon(s, \mu_1, \psi)\varepsilon(s, \mu_2, \psi) & (\mu_1 \mid \mathfrak{o}^\times \neq 1), \\ -\mu_2(\varpi)|\varpi|_F{}^s\varepsilon(s, \mu_1, \psi)\varepsilon(s, \mu_2, \psi) & (\mu_1 \mid \mathfrak{o}^\times = 1). \end{cases}$$

最後に $\pi$ が尖点表現の場合を考える. このとき $L(s, \pi)=L(s, \tilde{\pi})=1$ であるから $\varepsilon(s, \pi, \psi)=\gamma(s, \pi, \psi)$. すなわち

$$\varepsilon(s,\pi,\psi)=\int_{F^\times}J(x,1)|x|_F^{1/2-s}d^\times x = J(\varpi^n,1)|\varpi|_F^{n(1/2-s)}. \tag{11.57}$$

ここで $n$ は $J(\varpi^n,1)\neq 0$ となるただ一つの整数である(補題 11.19 を参照). ▮

**定理 11.19**　$\pi,\pi'$ を $G_F$ の無限次元既約許容表現,

$$\pi\left(\begin{bmatrix} t & 0 \\ 0 & t\end{bmatrix}\right)=\eta(t),\qquad \pi'\left(\begin{bmatrix} t & 0 \\ 0 & t\end{bmatrix}\right)=\eta'(t)\qquad (t\in F^\times)$$

とする. $\eta=\eta'$ と仮定する. このとき $\pi$ と $\pi'$ が同値であるためには, $F^\times$ の任意の1次元表現 $\chi$ に対して

$$\frac{L(1-s,\chi^{-1}\otimes\tilde{\pi})\varepsilon(s,\chi\otimes\pi,\psi)}{L(s,\chi\otimes\pi)}=\frac{L(1-s,\chi^{-1}\otimes\tilde{\pi}')\varepsilon(s,\chi\otimes\pi',\psi)}{L(s,\chi\otimes\pi')}$$

が成立することが必要十分である.

**証明**　条件の必要なことは定義から明らかであるから, それが十分なことを示す. 与えられた条件は

$$\gamma(s,\chi\otimes\pi,\psi)=\gamma(s,\chi\otimes\pi',\psi)\qquad(\forall\chi) \tag{11.58}$$

と書かれる. $\pi$ と $\pi'$ の Kirillov 型モデルが一致することを証明すればよい. $\pi$, $\pi'$ は Kirillov 型モデルであるとして, それぞれの作用する空間を $V, V'$ で表わす.

$\varphi\in V$ に対して

$$M(s,\chi\otimes\pi,\chi\varphi)=\int_{F^\times}\varphi(x)\chi(x)|x|_F^{s-1/2}d^\times x,$$

$$\begin{aligned} &M(1-s,\chi^{-1}\otimes\tilde{\pi},(\eta\chi^2)^{-1}(\chi\otimes\pi)(w)(\chi\varphi)) \\ &\quad = M(1-s,\chi^{-1}\otimes\tilde{\pi},\eta^{-1}\chi^{-1}\pi(w)\varphi) \\ &\quad = \int_{F^\times}\pi(w)\varphi(x)\eta\chi(x)^{-1}|x|_F^{1/2-s}d^\times x. \end{aligned}$$

一方, $\varphi\in\mathcal{S}(F^\times)$ ならば, $\pi(w)\varphi$ は

$$\pi(w)\varphi(x)=\eta(x)\sum_\nu\int_{F^\times}J(xy,\nu)\varphi(y)d^\times y$$

によって与えられる. ゆえに

$$\chi|\mathfrak{o}^\times=\chi_0,\qquad \varphi\in\mathcal{S}(F^\times),\qquad \varphi(xu)=\varphi(x)\chi_0(u)^{-1}\quad(u\in\mathfrak{o}^\times,\ x\in F^\times)$$

とすれば

$$M(1-s,\chi^{-1}\otimes\tilde{\pi},\eta^{-1}\chi^{-1}\pi(w)\varphi)$$

$$= \int_{F^\times}\int_{F^\times} J(xy, \chi_0^{-1})\varphi(y)\chi(x)^{-1}|x|_F^{1/2-s}d^\times y d^\times x$$
$$= \int_{F^\times} J(x, \chi_0^{-1})\chi(x)^{-1}|x|_F^{1/2-s}d^\times x \int_{F^\times}\varphi(y)\chi(y)|y|_F^{s-1/2}d^\times y.$$

ゆえに

$$\gamma(s, \chi\otimes\pi, \psi) = \int_{F^\times} J(x, \chi_0^{-1})\chi(x)^{-1}|x|_F^{1/2-s}d^\times x$$
$$= \sum_n J(\varpi^n, \chi_0^{-1})\chi(\varpi)^{-n}|\varpi|_F^{n(1/2-s)}.$$

したがって $s$ の関数としての $\gamma(s, \chi\otimes\pi, \psi)$ が与えられると，$\{J(\varpi^n, \chi_0^{-1}) \mid n \in \boldsymbol{Z}\}$ は一意的に決まる．したがって関数 $x \to J(x, \chi_0^{-1})$ は一意的に決まる．$\pi'$ に対する $J(x, \nu)$ を $J'(x, \nu)$ で表わせば，(11.58) から $J(x, \nu) = J'(x, \nu)$ $(\forall\nu)$ が結論される．ゆえに $\varphi \in \mathcal{S}(F^\times)$ に対して $\pi(w)\varphi = \pi'(w)\varphi$．$V = \mathcal{S}(F^\times) + \pi(w)\mathcal{S}(F^\times)$，$V' = \mathcal{S}(F^\times) + \pi'(w)\mathcal{S}(F^\times)$ であるから，$V = V'$ となる．任意の $\varphi \in V$ に対して $\pi(w)\varphi = \pi'(w)\varphi$ が成り立つことは明らかである．Kirillov 型モデルの定義を見れば，これからただちに $\pi(g) = \pi'(g)$ $(\forall g \in G_F)$ がでる．∎

**注意** 本章では非 Archimedes 的局所体 $F$ 上の $G_F$ (おもに $GL_2(F)$) の許容表現の理論を述べたが，許容表現による Hecke の理論を完結させるためには，さらに $\mathcal{H}(GL_2(\boldsymbol{R}))$ の許容表現を考察して，これらの局所体上の理論をふたたび大域的な場合に応用しなければならない (Jacquet–Langlands [35] を参照)．$\mathcal{H}(GL_2(\boldsymbol{R}))$ の任意の既約許容表現 $\pi$ に，§11.6 と同様な仕方で，関数 $L(s, \pi)$，$\varepsilon(s, \pi, \psi)$ を対応させることができる．いま $\mathcal{H}(GL_2(\boldsymbol{A}))$ の既約許容表現 $\pi = \bigotimes_p \pi_p$ を考える ($p$ は $\boldsymbol{Q}$ のすべての素点を動く)．このとき定義によって (10.48) が成立する．定理 11.14 によりほとんどすべての $\pi_p$ は $\pi_p = \pi(\mu_p, \nu_p)$ ($\mu_p, \nu_p$ は $\mu_p|\boldsymbol{Z}_p^\times = \nu_p|\boldsymbol{Z}_p^\times = 1$ となる $\boldsymbol{Q}_p^\times$ の 1 次元表現) の形に書かれなければならない．$\psi(x) = \prod_p \psi_p(x_p)$ を $\boldsymbol{Q}_{\boldsymbol{A}}/\boldsymbol{Q}$ の指標 $(\neq 1)$ として

$$\varepsilon(s, \pi) = \prod_p \varepsilon(s, \pi_p, \psi_p)$$

とおく．実際，ほとんどすべての $p$ に対して $\varepsilon(s, \pi_p, \psi_p) = 1$ となる．さらに形式的無限積

$$L(s, \pi) = \prod_p L(s, \pi_p)$$

を考える．$\boldsymbol{Q}_{\boldsymbol{A}}^\times$ の 1 次元表現 $\chi(t) = \prod_p \chi_p(t_p)$ に対して $\chi\otimes\pi$ を

$$\chi\otimes\pi = \bigotimes_p (\chi_p\otimes\pi_p)$$

によって定義しておく．主要な結果の一つはつぎの通りである．

$\eta$ を $\boldsymbol{Q}_{\boldsymbol{A}}^{\times}/\boldsymbol{Q}^{\times}$ の指標，$\pi=\bigotimes\pi_p$ を $\mathscr{H}(GL_2(\boldsymbol{A}))$ の $\mathscr{A}_0(\eta, GL_2(\boldsymbol{A}))$ における表現の既約成分とする．このとき無限積 $L(s,\pi)$，$L(s,\tilde{\pi})$ は $\mathrm{Re}\, s$ が十分大きいところで収束する．それらは $s$ の整関数に延長され，任意の帯領域 $\sigma_1 \leqq \mathrm{Re}\, s \leqq \sigma_2$ において有界である．さらに関数等式

$$L(s,\pi)=\varepsilon(s,\pi)\, L(1-s,\tilde{\pi})$$

が成立する．

逆に $\pi=\bigotimes\pi_p$ を $\mathscr{H}(GL_2(\boldsymbol{A}))$ の既約許容表現，$\eta(t)=\prod_p \eta_p(t_p)$ を $\boldsymbol{Q}_{\boldsymbol{A}}^{\times}/\boldsymbol{Q}^{\times}$ の指標として，任意の $p$ に対し

$$\pi_p\left(\begin{bmatrix} t & 0 \\ 0 & t \end{bmatrix}\right)=\eta_p(t) \qquad (t\in \boldsymbol{Q}_p^{\times})$$

が成り立つとする．$\pi$ がつぎの条件 (i)-(iii) を満たすならば，$\pi$ は $\mathscr{A}_0(\eta, GL_2(\boldsymbol{A}))$ の既約成分と同値である．

( i ) 或る実数 $r$ が存在し，$\pi_p=\pi(\mu_p,\nu_p)$ となるすべての $p$ に対して

$$p^{-r} \leqq |\mu_p(p)| \leqq p^r, \qquad p^{-r} \leqq |\nu_p(p)| \leqq p^r$$

が成立する．

(ii) $\boldsymbol{Q}_{\boldsymbol{A}}^{\times}/\boldsymbol{Q}^{\times}$ の任意の1次元表現 $\chi$ に対して，$L(s,\chi\otimes\pi)$，$L(s,\chi^{-1}\otimes\tilde{\pi})$ は $s$ の整関数に延長され，任意の帯領域 $\sigma_1 \leqq \mathrm{Re}\, s \leqq \sigma_2$ において有界である．それらは関数等式

$$L(s,\chi\otimes\pi)=\varepsilon(s,\chi\otimes\pi)\, L(1-s,\chi^{-1}\otimes\tilde{\pi})$$

を満たす．(条件 (i) のもとでは無限積 $L(s,\chi\otimes\pi)$，$L(s,\chi^{-1}\otimes\tilde{\pi})$ は $\mathrm{Re}\, s$ の十分大きいところで収束する．)

(iii) すべての $\pi_p$ は無限次元である．

定理11.19により $L(s,\chi_p\otimes\pi_p)$，$\varepsilon(s,\chi_p\otimes\pi_p)$ は表現 $\pi_p$ の不変量と見なされる．上記の結果と Hasse-Minkowski の定理との類似は注意に価する．

## 問　　題

以下の問題においては $F$ を非 Archimedes 的局所体，$\mathfrak{o}$ を $F$ の付値環，$G_F=GL_2(F)$ とする．

**1**　$H$ を $G_F$ のコンパクト部分群とする．$H$ の有限次元既約表現 $\sigma$ に対して

$$\xi_\sigma(h)=\dim\sigma\, \mathrm{tr}\, \sigma(h^{-1}) \qquad (h\in H)$$

とおく．$\pi$ を線型空間 $V$ における $G_F$ の既約許容表現として，$V$ の線型変換 $\pi(\xi_\sigma)$ を

$$\pi(\xi_\sigma)x=\int_H \xi_\sigma(h)\pi(h)x\,dh \qquad (x\in V)$$

によって定義する ($\xi_\sigma\in\mathscr{H}_F$ とは限らないが，§11.1の記号を流用する)．$H=GL_2(\mathfrak{o})$ または $SL_2(\mathfrak{o})$ ならば，$\pi(\xi_\sigma)$ の階数は有限である．

**2**　問題1の記号で，$G_F$ の任意の既約許容表現 $\pi$ と $H$ の任意の既約表現 $\sigma$ に対して，$\pi(\xi_\sigma)$ の階数は有限であると仮定しておく．このとき

$$\omega_\sigma(g) = \mathrm{tr}\,(\pi(\xi_\sigma)\pi(g)) \qquad (g \in G_F)$$

を $\pi$ の**型 $\sigma$ の球関数**とよぶ. $\omega_\sigma$ はつぎの性質をもつ.

(i)　$\omega_\sigma$ は $G_F$ 上の局所定値関数である.

(ii)　$\omega_\sigma(hgh^{-1}) = \omega_\sigma(g) \quad (h \in H,\ g \in G_F)$.

(iii)　$\displaystyle\int_H \xi_\sigma(h)\,\omega_\sigma(hg)\,dh = \omega_\sigma(g) \quad (g \in G_F)$.

(iv)　$G_F$ の既約許容表現 $\pi, \pi'$ の型 $\sigma$ の球関数をそれぞれ $\omega_\sigma, \omega_\sigma'$ で表わす. $H$ の或る既約表現 $\sigma$ に対して $\omega_\sigma=\omega_\sigma' \neq 0$ ならば, $\pi$ と $\pi'$ は同値である.

**3**　$H=GL_2(\mathfrak{o})$ または $SL_2(\mathfrak{o})$ の場合を考える. $\pi=\pi(\mu_1, \mu_2)$ ($\mu_1, \mu_2$ は $F^\times$ の1次元表現) とする. 上三角行列のつくる $G_F$ の部分群を $P$ として, $P$ の表現 $\zeta$ を

$$\zeta\left(\begin{bmatrix} a & b \\ 0 & d \end{bmatrix}\right) = \mu_1(a)\,\mu_2(d)$$

によって定義する. $G_F$ の元を $g=ph$ ($p \in P,\ h \in H$) と書き

$$\phi_\sigma(g) = \delta(p)^{1/2}\int_{P\cap H}\zeta(u)\,\xi_\sigma(h^{-1}u)\,du$$

とおく. このとき

$$\omega_\sigma(g) = \int_H \phi_\sigma(hgh^{-1})\,dh$$

は $\pi$ の型 $\sigma$ の球関数である. このことは $\pi=\sigma(\mu_1, \mu_2)$ に対しても, $\sigma$ が $H$ の1次元表現

$$h \longrightarrow \mu_1(\det h)$$

と一致しない限り, 正しい. ただし $\mu_1\mu_2^{-1}=|\ |_F$ と仮定している.

**4**　問題2, 3の結果を用いて $\pi(\mu_1, \mu_2)=\pi(\mu_2, \mu_1)$, $\sigma(\mu_1, \mu_2)=\sigma(\mu_2, \mu_1)$ を示せ.

**5**　$\pi$ を空間 $V$ における $G_F$ の既約許容表現とする. §11.5の記号で, $N$ を $V_N \neq \{0\}$ となる最小の整数とする. $\pi=\pi(\mu_1, \mu_2)$ または $\sigma(\mu_1, \mu_2)$ に対しては $N$ の値はつぎの通りである.

$m_i$ を $\mu_i(1+\mathfrak{p}^{m_i})=1$ となる最小の整数 $\geqq 0$ とする. このとき $\pi=\pi(\mu_1, \mu_2)$ ならば

$$N = m_1+m_2.$$

$\pi=\sigma(\mu_1, \mu_2)$ (したがって $m_1=m_2$) ならば

$$N = \begin{cases} 2m_1 & (m_1>0), \\ 1 & (m_1=0). \end{cases}$$

**6**　$\pi$ を尖点表現とする. また $\psi$ を導手 $\mathfrak{o}$ の $F$ の指標として $\pi$ は $\psi$ に関する Kirillov 型モデルであると仮定する. $N$ を問題5の通りとする. このとき補題11.19の記号によれば $N=-n(1)$ (ただし1は $\mathfrak{o}^\times$ の単位指標). とくに $N>1$.

**7**　$\pi$ は $G_F$ の既約許容表現で, その表現空間の中に $GL_2(\mathfrak{o})$ 不変なベクトル $\varphi \neq 0$ が存在するものとする.

$$\mathcal{H}_F^0 = \{f \in \mathcal{H}_F \mid f(kgk')=f(g),\ \forall k, k' \in GL_2(\mathfrak{o}),\ g \in G_F\}$$

とおく. このとき $\varphi$ は $\pi(f)$ ($f \in \mathcal{H}_F^0$) の同時固有ベクトルである. 定理11.14により $\pi=\pi(\mu_1, \mu_2)$ となる $F^\times$ の1次元表現 $\mu_1, \mu_2$ が存在する. $f_1, f_2$ をそれぞれ

$$GL_2(\mathfrak{o})\begin{bmatrix}\varpi & 0\\ 0 & 1\end{bmatrix}GL_2(\mathfrak{o}),\qquad \begin{bmatrix}\varpi & 0\\ 0 & \varpi\end{bmatrix}GL_2(\mathfrak{o})$$

の特性関数とする. $\pi(f_i)\varphi=c_i\varphi$ $(i=1, 2)$ ならば

$$\mu_1(\varpi)+\mu_2(\varpi)=|\varpi|_F{}^{1/2}c_1,$$
$$\mu_1(\varpi)\mu_2(\varpi)=c_2.$$

ゆえに $\pi$ の同値類は $c_1, c_2$ によって一意的に決まる.

# 参 考 書


[ 1 ] J. Arthur: The Selberg trace formula for groups of $F$-rank one, Ann. of Math., **100** (1974), 326-385.

[ 2 ] A. O. L. Atkin, J. Lehner: Hecke operators on $\Gamma_0(m)$, Math. Ann., **185** (1970), 130-160.

[ 3 ] F. Conforto: Abelsche Funktionen und algebraische Geometrie, Springer, 1956.

[ 4 ] P. Deligne: Formes modulaires et representations de $GL(2)$, Modular functions of one variable II, Lecture note in mathematics, vol. 349, Springer, 1973.

[ 5 ] 土井公二, 三宅敏恒: 保型形式と整数論, 紀伊国屋書店, 1976.

[ 6 ] M. Duflo, J. P. Labesse: Sur la formule des traces de Selberg, Ann. Sci. Ecole Norm. Sup., 4e serie, **4** (1971), 193-284.

[ 7 ] M. Eichler: Allgemeine Kongruenzklasseneinteilungen der Ideale einfacher Algebren über algebraischen Zahlkörper und ihre $L$-Reihen, J. reine angew. Math., **179** (1938), 227-251.

[ 8 ] M. Eichler: Zur Zahlentheorie der Quaternionen Algebren, J. reine angew. Math., **195** (1956), 127-151.

[ 9 ] M. Eichler: Über die Darstellbarkeit von Modulformen durch Thetareihen, J. reine angew. Math., **195** (1956), 156-171.

[10] M. Eichler: Modular correspondences and their representations, J. Indian Math. Soc., **20** (1956), 163-206.

[11] M. Eichler: Eine Verallgemeinerung der Abelschen Integrale, Math. Zeitschr., **67** (1957), 267-298.

[12] L. R. Ford: Automorphic functions, Chelsea, 1951.

[13] R. Fricke, F. Klein: Vorlesungen über die Theorie der automorphen Funktionen I, II, Teubner, 1897, 1912.

[14] H. Garland, M. S. Raghunathan: Fundamental domains for lattices in ($R$-) rank 1 semisimple Lie groups, Ann. of Math., **92** (1970), 279-326.

[15] S. S. Gelbart: Automorphic forms on adele groups, Ann. Math. Studies, No. 83, Princeton University Press and University of Tokyo Press, 1975.

[16] I. M. Gel'fand, M. I. Graev, I. I. Pyatetskii-Shapiro: Representation theory

and automorphic functions, W. B. Saunders, 1969.

[17] R. Godement: Généralités sur les formes modulaires I, II, Sém. Cartan 1957/58, exp. 7, 8.

[18] R. Godement: Introduction à la thorie de Langlands, Sém. Bourbaki, **19** (1966-67), exp. 321.

[19] R. Godement: Notes on Jacquet-Langlands'theory, Lecture note, Institute for Advanced Study, Princeton, 1970.

[20] R. Godement, H. Jacquet: Zeta-functions of simple algebras, Lecture note in mathematics, vol. 260, Springer, 1972.

[21] Harish-Chandra: Automorphic forms on semisimple Lie groups, Lecture note in mathematics, vol. 62, Springer, 1968.

[22] E. Hecke: Zur Theorie der elliptischen Modulfunktionen, Math. Ann., **97** (1926), 210-242 (Math. Werke, 428-460).

[23] E. Hecke: Theorie der Eisensteinschen Reihen höherer Stufe und ihre Anwendung auf Funktionentheorie und Arithmetik, Abh. Math. Sem. Hamburg, **5** (1927), 199-224 (Math. Werke, 461-486).

[24] E. Hecke: Über die Bestimmung Dirichletscher Reihen durch ihre Funktionalgleichung, Math. Ann., **112** (1936), 664-699 (Math. Werke, 591-626).

[25] E. Hecke: Über Modulfunktionen und die Dirichletschen Reihen mit Eulerscher Produktentwicklung I, II, Math. Ann., **114** (1937), 1-28, 316-351 (Math. Werke, 644-707).

[26] E. Hecke: Analytische Arithmetik der positiven quadratischen Formen, Kgl. Danske Videnskabernes Selskab. Mathematisk-fysiske Meddelelser. XIII, 12, 1940 (Math. Werke, 789-918).

[27] S. Helgason: Differential geometry and symmetric spaces, Academic Press, 1962.

[28] H. Hijikata: Explicit formula of the traces of Hecke operators for $\Gamma_0(N)$, J. Math. Soc. Japan, **26** (1974), 56-82.

[29] 一松信: 多変数函数論, 出立出版, 1956.

[30] A. Hurwitz: Grundlagen einer independenten Theorie der elliptischen Modulfunktionen und Theorie der Multiplikator-Gleichungen erster Stufe, Math. Ann., **18** (1881), 528-592 (Math. Werke I, 1-66).

[31] J. Igusa: Theta functions, Springer, 1972.

[32] Y. Ihara: On congruence monodromy problems, vol. 1, 2, Lecture note, Uni-

versity of Tokyo, 1968, 1969.

[33] H. Ishikawa: On the trace formula for Hecke operators, J. Fac. Sci. Univ. Tokyo, **20** (1973), 217-238.

[34] 岩沢健吉: 代数函数論, 岩波書店, 1952 (増補版 1973).

[35] H. Jacquet, R. P. Langlands: Automorphic forms on $GL(2)$, Lecture note in mathematics, vol. 114, Springer, 1970.

[36] 河田敬義: 一変数保型函数の理論 I, II, 東大数学教室セミナリー・ノート, 1963, 1964.

[37] D. A. Kazdan, G. A. Margolis: A proof of Selberg's hypothesis, Math. Sb., **75** (117) (1968), 163-168 (Russian).

[38] F. Klein, R. Fricke: Vorlesungen über die Theorie der elliptischen Modulfunktionen I, II, Teubner, 1890.

[39] M. Kneser: Starke Approximation in algebraischen Gruppen I, J. reine angew. Math., **218** (1965), 190-203.

[40] T. Kubota: Elementary theory of Eisenstein series, Kodansha, 1973.

[41] 久賀道郎: 弱対称リーマン空間における位相解析とその応用, 数学, **9** (1958), 166-185.

[42] M. Kuga, S. Ihara: Family of families of abelian varieties, Algebraic number theory, Papers contributed for the International Symposium, Kyoto, 1976, 129-142.

[43] S. Lang: Introduction to algebraic and abelian functions, Addison-Wesley, 1972.

[44] R. P. Langlands: Base change for $GL(2)$, Lecture note, Institute for Advanced Study, Princeton, 1975.

[45] J. Lehner: Discontinuous groups and automorphic functions, Amer. Math. Soc., 1964.

[46] H. Maass: Über eine neue Art von nichtanalytischen automorphen Funktionen und die Bestimmung Dirichletscher Reihen durch Funktionalgleichungen, Math. Ann., **121** (1949), 141-183.

[47] H. Maass: Die Differentialgleichungen in der Theorie der elliptischen Modulfunktionen, Math. Ann., **125** (1953), 235-263.

[48] G. W. Mackey: Induced representations of locally compact groups I, Ann. of Math., **55** (1952), 101-139.

[49] Y. Morita: An explicit formula for the dimension of spaces of Siegel modu-

lar forms of degree two, J. Fac. Sci. Univ. Tokyo, **21** (1974), 167-248.

[50] H. Petersson: Konstruktion der sämtlichen Lösungen einer Riemannschen Funktionalgleichung durch Dirichlet-Reihen mit Eulerscher Produktentwicklung I, II, III, Math. Ann., **116** (1939), 401-412, Math. Ann., **117** (1940/41), 39-64, 277-300.

[51] H. Poincaré: Théorie des groupes fuchsiens, Acta Math., **1** (1882), 1-62 (Œuvres II, 108-168).

[52] H. Saito: On Eichler's trace formula, J. Math. Soc. Japan, **24** (1972), 333-340.

[53] H. Saito: Automorphic forms and algebraic extensions of number fields, Lectures in mathematics, Kyoto University, 1975.

[54] I. Satake: Holomorphic imbeddings of symmetric domains into a Siegel space, Amer. J. Math., **87** (1965), 425-461.

[55] B. Schöneberg: Das Verhalten von mehrfachen Thetareihen bei Modulsubstitutionen, Math. Ann., **116** (1939), 511-523.

[56] A. Selberg: Harmonic analysis and discontinuous groups on weakly symmetric riemannian spaces with applications to Dirichlet series, J. Indian Math. Soc., **20** (1956), 47-87.

[57] A. Selberg: Automorphic functions and integral operators, Seminars on analytic functions (Institute for Advanced Study, Princeton, N. J. and U. S. Air Force, Office of Scientific Research, 1957), vol. 2, 152-161.

[58] J.-P. Serre: Cours d'arithmétique, Presses Universitaires de France, 1970.

[59] H. Shimizu: On discontinuous groups operating on the product of the upper half planes, Ann. of Math., **77** (1963), 33-71.

[60] 清水英男: 近似定理, ヘッケ環, ゼータ函数, 東大数学教室セミナリー・ノート, 1968.

[61] G. Shimura: On the theory of automorphic functions, Ann. of Math., **70** (1959), 101-144.

[62] G. Shimura: On Dirichlet series and abelian varieties attached to automorphic forms, Ann. of Math., **76** (1962), 237-294.

[63] G. Shimura: On analytic families of polarized abelian varieties and automorphic functions, Ann. of Math., **78** (1963), 149-192.

[64] G. Shimura: Introduction to the arithmetic theory of automorphic functions, Iwanami Shoten, Publishers and Princeton University Press, 1971.

[65] G. Shimura: On modular forms of half integral weight, Ann. of Math., **97**

(1973), 440–481.

[66] G. Shimura: On the trace formula for Hecke operators, Acta Math., **132** (1974), 245–281.

[67] T. Shintani: On construction of holomorphic cusp forms of half integral weight, Nagoya Math. J., **58** (1975), 83–126.

[68] C. L. Siegel: Discontinuous groups, Ann. of Math., **44** (1943), 674–689 (Ges. Abh. II, 390–405).

[69] C. L. Siegel: On the theory of indefinite quadratic forms, Ann. of Math., **45** (1944), 577–622 (Ges. Abh. II, 421–466).

[70] C. L. Siegel: Some remarks on discontinuous groups, Ann. of Math., **46** (1945), 708–718 (Ges. Abh. III, 67–77).

[71] C. L. Siegel: Analytic functions of several complex variables, Lecture note, Institute for Advanced Study, Princeton, 1950.

[72] K. Takeuchi: A characterization of arithmetic Fuchsian groups, J. Math. Soc. Japan, **27** (1975), 600–612.

[73] 竹内端三: 楕円函数論, 岩波書店, 1936.

[74] T. Tamagawa: On Selberg's trace formula, J. Fac. Sci. Univ. Tokyo, **8** (1960), 363–386.

[75] J. T. Tate: Fourier analysis in number fields and Hecke's Zeta-functions, thesis, Princeton University, 1950 (J. W. S. Cassels, A. Frölich: Algebraic number theory, Academic Press, 1967).

[76] H. Weber: Lehrbuch der Algebra III, F. Vieweg & Sohn, 1908.

[77] A. Weil: Introduction à l'étude des variétés kählériennes, Hermann, 1958.

[78] A. Weil: Discontinuous subgroups of classical groups, Lecture note, University of Chicago, 1958.

[79] A. Weil: Sur certaine groupes d'opérateurs unitaires, Acta Math., **111** (1964), 143–211.

[80] A. Weil: Über die Bestimmung Dirichletscher Reihen durch Funktionalgleichungen, Math. Ann., **168** (1967), 149–156.

[81] T. Yamazaki: On Siegel modular forms of degree two, Amer. J. Math., **98** (1976), 39–53.

[82] Modular functions of one variable, I, II, III, IV, Lecture note in mathematics, vol. 320 (1973), vol. 349 (1973), vol. 350 (1973), vol. 476 (1975), Springer.

[83] Séminaire Henri Cartan, 1957/58, Fonctions automorphes.

土井, 三宅 [5], Ford [12], Gel'fand, Graev, Pyatetskii-Shapiro [16], 河田 [36], Lehner [45], Shimura [64], Séminaire Cartan [83] は保型関数の教科書として (保型関数の予備知識なしに) 読むことができる. Fricke, Klein [13], Hurwitz [30], Klein, Fricke [38], Poincaré [51], Weber [76] は古典的な文献としてあげたものである. 報告集 [82] は最近の話題を知るのに便利である.

以下, 本書を書くために参照した文献および関連する文献を示す. 便宜上, 章の区分に従う.

### 第 1 章

定理 1.9 は初めて Siegel [70] によって証明された. しかし本書では Garland, Raghunathan [14] および Kazdan, Margolis [37] を参照して別証明を紹介した. この証明の根拠となる補題 1.8 は Selberg によるものといわれている. 上記二つの論文はいずれも $SL_2(\boldsymbol{R})$ よりも一般な Lie 群の離散部分群を取り扱っている. 不連続群の一般理論については Siegel [68] を参照.

### 第 2 章

§2.2, §2.3 は Selberg [56, 57], Godement [17] を参照して書いている. 定理 2.9 は Selberg 跡公式の一例である. ここで述べた限りの議論では重さ 2 の尖点形式に対する次元公式を導くことができなかったが, すでに原論文 [56] に示されているように, Selberg 跡公式を応用してこの場合の次元公式を求めることも可能である. Duflo, Labesse [6], Ishikawa [33] を参照. Selberg 跡公式またはその応用に関する文献としては, 上記のほかに Arthur [1], 土井, 三宅 [5], Gel'fand, Graev, Pyatetskii-Shapiro [16], Jacquet, Langlands [35], Kubota [40], Langlands [44], Morita [49], Saito [53], Shimizu [59], Tamagawa [74] などがある. 久賀 [41] は Selberg 理論のすぐれた解説である. Ihara [32] には Selberg のゼータ関数の意外な発展が見られる.

$\Gamma(N)$ の Eisenstein 級数については Hecke [23] を参照. 定理 2.11 の証明は Siegel [71] による.

### 第 3 章

定理 3.3 の証明は Weil [78] による. §3.8 の議論は基本的には Eichler [8, 9] に従っているが, さらに Hijikata [28] を参照している. 補題 3.19 の証明は Shimura [64, Prop. 1.43] の証明を局所体の場合に移したものである. この章で引用した 2 次形式の理論については, 本講座 "2 次形式", "数論" または Serre [58] を参照. 多元環の基礎事項については岩波基礎数学選書 "環と加群" を参照.

定理 3. 8 は行列環 $M_2(\boldsymbol{Q})$ に対しては初等的な補題 1. 16 であることに注意する．Eichler [7] によって代数体上の単純多元環における近似定理が証明され，それは Kneser [39] によって一般化された．定理 3. 8 の証明については，上記の論文または土井，三宅 [5]，清水 [60] を参照．

Takeuchi [72] には数論的部分群の一つの特徴づけが与えられている．

### 第 4 章

本章で述べた Riemann 面または代数関数体の基礎事項は岩沢 [34] による．さらに岩波基礎数学選書 "体と Galois 理論"，"複素解析" を参照．楕円関数の古典的理論については竹内 [73] を参照．§4. 5 の終りに述べた $F_n(X)$ の計算例(すなわち $\wp$ 関数の '変換方程式') は Weber [76] による．モジュラー関数体およびモジュラー曲線の数論的考察については Shimura [64] を参照．

高次元空間にはたらく不連続群に対しても，Riemann-Roch の定理を適用して次元公式が得られる場合がある．Yamazaki [81] を参照．

### 第 5 章

この章は Conforto [3]，一松 [29]，Siegel [71]，Weil [77] など各種教科書を参照して書いているが，定理 5. 4，定理 5. 5，補題 5. 3 の証明は [71] に，定理 5. 6 の証明は [29] による．

### 第 6 章

Conforto [3]，Igusa [31]，Lang [43]，Siegel [71]，Weil [77] はいずれも Abel 関数の教科書として読むことができる．本章はおもに [43]，[77] による．テータ関数の変換公式の定式化は文献によってさまざまである．実際，本書のそれも上記文献のどれとも一致していない．定理 6. 2 は不徹底な定式化だが，元来初等的なことなのでこれで十分であると考えた．Riemann 形式に付随する 2 次指標という用語は [31] による (Weil [79] で定義されている 2 次指標の特殊な場合となる)．

任意の Abel 関数が各点で互いに素なテータ関数の商となるという事実は基本的であるが，本書では証明しなかった．上記教科書のどれにも証明がのっているが，調和解析の基礎知識を前提とすれば [77] の証明はわかり易い．

定理 6. 8 の証明は [71] による．しかし上の事実と次元公式 (定理 6. 5) を用いる別証明がある．

## 第7章

定理7.1はSiegelの結果であるが，本章は全体としてShimura [63]によって書いている．ただし§7.5はShimura [61]を参照した．

§7.4の終りに注意したように，偏極Abel多様体の族の考察から自然に斜交群またはSiegel上半空間への埋め込みの問題が生ずる．これらの問題はKuga, Ihara [42], Satake [54]で論じられている．

高次元空間に作用する不連続群に対する保型関数は(広い意味の保型関数であるAbel関数を除き)本書では取り上げなかった．Séminaire Cartan [83], Siegel [71]は多変数保型関数へのよい入門書である．

## 第8章

§8.2の変換公式の証明はSiegel [69]による．テータ級数のモジュラー群の作用に対する変換公式をきちんと導いたのはHecke [22]がおそらく最初である．正値2次形式に付随する一般のテータ級数についてはSchöneberg [55]を参照．なお補題8.7の証明はSerre [58]による．不定値対称行列$S$に対するテータ級数$\theta(z, S, P)$はSiegelによって考察された．しかしこれがそのままで第10章で述べた意味での非整型保型形式となるわけではない．$P$は直交群$O(S)$の均質空間上の変数であった．上の意味での保型形式を得るには，$O(S)$の数論的部分群の基本領域の上で$\theta(z, S, P)$を$P$に関して積分しなければならない．その結果は実はEisenstein級数と一致する(不定値2次形式に関するSiegelの主定理の一つ)．たんに$P$に関して積分する代りに，上述の数論的部分群に対する保型形式を乗じて積分してもよい．Shintani [67]を参照．

重さ半整数の保型形式に関する最近の結果についてはShimura [65]を参照．

Weil [79]はテータ級数に関して新しい観点を導入した．テータ級数をテータ関数の零値と見る限り，Igusa [31, Chap. II, §5]の証明は変換公式が成立することの最も自然な説明であると思われる．

## 第9章

この章はHeckeの仕事[24, 25]を紹介することを目的としている．Heckeは初めから保型形式の空間における作用素を考察していて，抽象的なHecke環は志村五郎氏によって定義された．§9.2, §9.3はHeckeの[25]に，§9.4は[24]に相当する．ただし定理9.11, 9.12はPetersson [50]によって証明された．この章のHecke環の構造に関する諸定理はShimura [64]による．また定理9.19の定式化はWeil [80]による．[80]においては，$\Gamma_0(N)$に対する保型形式に関して，[24]の理論がより精密にされている．

Hecke作用素の跡公式については，Eichler [10, 11], Selberg [56]を参照．Eichlerの

方法は Selberg のそれと対照的に幾何学的である．この方向での跡公式に関する文献として Saito [52]，Shimura [66] がある．土井，三宅 [5] には Hecke 作用素のくわしい跡公式が与えられ，多くの数値例がのっている．

### 第 10 章

定理 10. 5 は Shimura [62] による．§10. 2 は Helgason [27] を参照した．§10. 3, §10. 4 は Jacquet, Langlands [35]，ただし定理 10. 12 は Godement [18] による．定理 10. 13 は Godement [17] において証明されたが，ここに述べた簡単な証明は Harish-Chandra [21] による (しかし Hörmander の証明であるとのこと)．定理 2. 1 はこの定理に含まれているが，その場合は不等式 (2. 8) が直接得られるので開写像定理は不要である．

### 第 11 章

この章は Jacquet, Langlands [35]，Godement [19] によって書いている．ただし定理 11. 11 の証明 (Jacquet による) は Godement, Jacquet [20]，定理 11. 13 は Deligne [4] による．また定理 11. 15，定理 11. 16 は Tate [75] による．定理 11. 13 の $V_N$ は Atkin, Lehner [2] の意味での new form に相当する．[35] では Weil 表現を用いて既約許容表現の Whittaker 空間が構成されていて，それはテータ級数との関連で興味があるが，多少準備を要するので本書では述べなかった．許容表現に関しては，すでに引用した文献のほかに Gelbart [15]，報告集 [82] を参照．

本書の原稿の一部を竹内喜佐雄氏に読んでいただいた．竹内氏の注意によって改良されたところが多い．この機会に感謝の意を述べたい．

# 欧文索引



# 和文索引

## ア 行



## カ 行

## サ 行



## タ 行

## ナ 行



## ハ 行



## マ 行



## ヤ 行



## ラ 行

■岩波オンデマンドブックス■

保型関数

1992年6月22日　第1刷発行
2017年4月11日　オンデマンド版発行

著　者　清水英男（しみずひでお）

発行者　岡本　厚

発行所　株式会社　岩波書店
〒101-8002　東京都千代田区一ツ橋2-5-5
電話案内　03-5210-4000
http://www.iwanami.co.jp/

印刷／製本・法令印刷

© Hideo Shimizu 2017
ISBN 978-4-00-730593-1　　Printed in Japan